普通高等院校“十三五”规划教材

现代控制理论基础(第3版)

王划一　杨西侠　编著

国防工业出版社
·北京·

内容简介

本书是针对理工科高年级学生编写的控制系统基础理论教科书。本书详细论述了控制系统的状态空间分析的基本方法及状态空间综合的基本理论与方法。包括状态空间模型的建立,状态方程的求解,线性控制系统的能控性和能观测性及状态反馈与状态观测器设计,控制系统的李雅普诺夫稳定性分析等基本内容。另外,为了加强实践环节的教学,最后一章是MATLAB仿真方法和模拟实验内容,以及倒立摆的实时控制实验,从倒立摆的建模、MATLAB仿真及实时控制等方面构建了一个完整的实验环节。这些精心设计的实验有力地配合了教材的理论学习,有效地弥补了近年来教学实验环节的不足,大大提高了教学效果。

本书编写的另一特色是实现了习题解答、学习辅导与科教书的三者合一,引导学生省时省力地学习,对考研的同学有重要帮助。

本书适合高年级本科生、研究生、工程技术人员及计算机开发人员使用。

图书在版编目(CIP)数据

现代控制理论基础/王划一,杨西侠编著. —3版.
—北京:国防工业出版社,2022.1重印
ISBN 978-7-118-12065-3

Ⅰ.①现… Ⅱ.①王… ②杨… Ⅲ.①现代控制理论
—高等学校—教材 Ⅳ.①O231

中国版本图书馆CIP数据核字(2020)第013825号

※

国防工業出版社 出版发行
(北京市海淀区紫竹院南路23号 邮政编码100048)
三河市天利华印刷装订有限公司印刷
新华书店经售

*

开本 787×1092 1/16 印张 28½ 字数 600千字
2022年1月第3版第2次印刷 印数 3001—6000册 定价 54.00元

(本书如有印装错误,我社负责调换)

国防书店:(010)88540777 书店传真:(010)88540776
发行业务:(010)88540717 发行传真:(010)88540762

前　言

本书介绍了控制系统状态空间法的理论体系,以状态空间表达式作为数学模型,以状态的能控性、能观测性为出发点,构建了系统的分析方法和系统综合的理论,适合用作高等院校理工科高年级控制系统课程的教科书。本教材清晰易懂,内容精炼,理论阐述深入浅出,突出物理概念,结合工程实践,便于应用,适合高年级本科生、研究生、工程技术人员及计算机开发人员使用。

全书内容共分 6 章:

第 1 章详细介绍了状态空间法的基本概念和状态空间表达式模型的建立方法,详述了系统各种模型(传递函数、微分方程式、结构图等)之间相互转换方法。

第 2 章研究了状态方程的求解问题,重点介绍了状态转移矩阵的概念及其常见的求解方法。

第 3 章介绍了能控性和能观测性的重要概念,详述了判断系统能控性和能观测性的常用方法,系统的结构分解及最小实现概念与求解方法。

第 4 章介绍了控制系统的状态空间综合理论,包括状态反馈、极点配置以及状态解耦的问题,并讨论了状态观测器的设计方法。

第 5 章介绍了控制系统李雅普诺夫稳定性理论的基本概念和理论意义,讨论了李雅普诺夫第二法在控制系统中的应用。

第 6 章编写了以国际控制界最流行的 MATLAB 仿真和实验室模拟仿真为手段的技能性训练内容。这一章配合全书所讲理论,在计算工具和设计方法上提供了方便而实用的手段。实验内容均通过精心的设计和筛选,精炼且实用,锻炼学生的操作技能,真正指导学生学以致用。最后,以倒立摆为被控对象,构建了一个完整的实时控制综合实验,包括倒立摆的建模、MATLAB 仿真研究及对倒立摆进行实时的控制。这些精心设计的实验有力地配合了教材的理论学习,有效地弥补了教学实验环节的不足,也弥补了近年来教学实践中存在的薄弱环节,大大提高了教学效果。

在这一版中,主要对全书矩阵形式进行了规范修订,并增加了部分习题。

本书的编写仍然突出了我们系列教材的三个特色:一是适应当代教学的要求,在内容选择上精炼,理论阐述深入浅出,编入了国际上流行的 MATLAB 仿真方法,将经典理论与现代技术结合起来,使课程更符合国内外自动化发展的趋势;二是便于学生自学,对于理论性较强的部分,作了详细的阐述和论证,使学生易于读懂,从而节省课堂学时;三是书中各章均配有学习指导和例题精解,以指导学生提高解题能力,灵活掌握所学内容。实现了例题精解、学习指导与教科书三者合一的编写特色,其中内容和例题的精选均具有较强的代表性,特别适合考试、考研的学生复习,学生不必查阅大量的参考书和试题集,节省了大量时间和精力。

因编写水平有限,书中难免有不足之处,恳请读者批评指正。

作者

2019 年 10 月

第 2 版前言

本书介绍了控制系统状态空间法的基本概念,适用于高等院校理工科高年级控制系统课程的教科书。本书清晰易懂,内容精炼,理论阐述深入浅出,突出物理概念,结合工程实践,便于应用,适合于高年级本科生、研究生、工程技术人员及计算机开发人员使用。

在这一版中,主要进行了下列修订工作:

1. 增加了一些新的例题。

2. 增加了系统综合的概念与知识。

3. 增加了倒立摆的实时控制实验,从倒立摆的建模、MATLAB 仿真及实时控制等方面构建了一个完整的实验体系。

本书内容共分六章:

第 1 章详细介绍了状态空间的基本概念和状态空间模型的建立方法,结合经典理论中微分方程和传递函数,将经典理论的基本方法与现代理论方法有机地结合起来,详述了系统模型之间的转换关系。

第 2 章介绍了状态方程求解的基本方法,重点介绍了状态转移矩阵的概念及几种常用求法。

第 3 章介绍了能控性和能观测性的重要概念,详述了判断系统能控性和能观测性的常用方法,系统的结构分解及最小实现方法。

第 4 章介绍了控制系统的状态空间综合方法,包括状态反馈、极点配置以及状态解耦问题,并讨论了状态观测器的设计方法。

第 5 章介绍了控制系统李雅普诺夫稳定性理论的基本概念和理论意义,讨论了李雅普诺夫第二法在控制系统中的应用。

第 6 章编写了以国际控制界最流行的 MATLAB 仿真和实验室模拟仿真为手段的技能性训练内容,以及倒立摆的实时控制实验,从倒立摆的建模、MATLAB 仿真及实时控制这一针对实际的系统构建了一个完整的实验环节。这些精心设计的实验有力地配合了教材的理论学习,有效地弥补了教学实验环节的不足,也弥补了近年来教学实践上存在的薄弱环节,大大提高了教学效果。这一章配合全书所讲理论,在计算工具和设计方法上提供了方便而实用的手段。实验内容均通过精心的设计和筛选,精炼且实用,锻炼学生的操作技能,真正指导学生学以致用。

为了便于自学和消化书中内容,在各章精心编写了解题示范,精选了具有较强代表性的例题,并附有学习指导,便于学生抓住重点,加深对该课程基本内容的理解,实现了习题解答、学习指导与教科书三者合一的编写特色。

因编写水平有限,书中难免有不足之处,恳请读者批评指正。

编 者

2015 年 7 月

第 1 版前言

"现代控制理论基础"课程在我国各高校开设已有近 30 年的历史，随着理论的快速发展和向多学科的渗透，对该课程需求的专业越来越多，课程的内容和实验方法也在不断进步。目前，不仅自动化学科、信息学科、计算机学科将本课程作为本科生的必修课，而且机械类、化工类、经济类、生物工程等学科，也陆续开设了该课程，成为要深入从事科学研究工作者的必修课。对于目前在校的本科生来说，"现代控制理论"的内容，已被多个学科列为研究生入学考试的专业基础理论课之一，受到越来越多学生的重视。

经过多年的教学改革，按照教育部面向 21 世纪教学改革的大纲要求，总结和积累经验，我们重新编写此教材，以适应当前教材改革形势快速发展的需要。

本书编写宗旨是面向高校本科专业教学，内容力求精炼，理论阐述深入浅出，突出物理概念，结合工程实践，便于应用，为下一步研究生教学打下扎实基础。

作者根据多年的教学体会，精选了各章的内容，使其更适宜作大学的教材，并符合教学学时的要求。本书共分 6 章及绪论和附录。第 1 章详细介绍了状态空间的基本概念和状态空间模型的建立方法，结合经典理论中微分方程和传递函数，将经典理论的基本方法与现代理论方法有机地结合起来，详述了系统模型之间的转换关系，使学生顺利地掌握状态空间模型这一新方法，为后面内容的学习奠定牢固的基础。第 2 章介绍了状态方程求解的基本方法，重点介绍了状态转移矩阵的概念及其几种常用求法，为系统的分析打下了基础。第 3 章介绍了能控性和能观测性的重要概念，并详细论述了判断系统能控性和能观测性的常用方法，系统的结构分解及最小实现方法。第 4 章介绍了控制系统的状态空间设计方法，包括状态反馈、极点配置以及状态解耦的问题，并讨论了状态观测器的设计方法。第 5 章介绍了控制系统李雅普诺夫稳定性理论的基本概念和理论意义，并讨论了李雅普诺夫第二法在控制系统中的应用。第 6 章介绍了以国际控制界最流行的 MATLAB 仿真和实验室模拟仿真为手段的技能性训练内容，弥补了近年来教学实践上存在的薄弱环节。这一章配合全书所讲理论，在计算工具和设计方法上提供了方便而实用的手段。实验内容均通过精心的设计和筛选，精炼且实用，锻炼学生的操作技能，真正指导学生达到学以致用。

为了便于自学和消化书中的内容，在各章后面精心编写了解题示范，并附有学习指导与小结，便于学生抓住重点，加深对该课程基本内容的理解。实现了习题解答、学习指导与教科书三者合一的编写目的。

本书可作为高等院校电气工程自动化、通信、计算机、自动化、自动控制等专业本科生教材；也可供研究生以及从事自动化的科技人员参考。

本书第 1 章和第 6 章及绪论和附录由王划一编写，第 2 章和第 3 章由杨西侠编写，第

4章和第5章由林家恒编写。在编写过程中,研究生郭俊美、李建等同学做了不少贡献,并调试了全部仿真程序,提出了很多宝贵意见,在此向他们表示感谢!

因编写时间仓促,作者水平有限,书中难免有不足之处,恳请读者批评指正。

编 者

2004年7月

目　录

绪　论

控制理论一般分为经典控制理论和现代控制理论两大部分。所谓经典控制理论是20世纪50年代之前发展起来的,前后经过了较长的时期,成熟于50年代中期。现代控制理论是50年代末60年代初开始形成并迅速发展的,至今已形成多个分支,渗透到各个科技领域。

1. 经典控制理论的发展过程

经典控制理论最初称为自动调节原理,适用于较简单系统特定变量的调节。随着后期现代控制理论的出现,故改称为经典控制理论。对于早期的控制系统,当时控制的目的多用于恒值控制,主要的设计原则是静态准确度和防止不稳定,而瞬态响应的平滑性及快慢是次要的。于是,由劳斯(Routh)和赫尔维茨(Hurwitz)提出的代数稳定判据,在相当一个历史时期基本满足了控制工程师的需要。直至第二次世界大战期间,这种情况才发生了改变。武器的进化,例如,军舰上的大炮和高射炮组,其伺服机构迫切需要自动控制系统的全程控制。对于迅速变化的信号,控制系统的准确跟踪及补偿能力是最重要的,因此促进了经典控制理论的巨大发展。先后出现了奈奎斯特(Nyquist)、伯德(Bode)的频率法和依万思(Evans)的根轨迹法,这两种方法不用求解微分方程,就能分析高阶系统的稳定性、动态质量和稳态性能,为分析和设计系统提供了工程上实用且有力的工具,使系统分析由初期的时域转到了频域。由于这些工作,控制工程发展的第一阶段基本上完成了。建立在奈奎斯特判据及依万思根轨迹法基础上的理论,目前通称为经典控制理论。

2. 经典控制理论的局限性

在第二次世界大战之后的年代里,经典控制理论在反馈控制系统的应用中,迅速引起了几乎是爆炸性的增长。不少教科书也出版了,控制工程被列为大学的正式课程。针对控制工程所获得的广泛成就,引起了一种更高的希望,以期这些原理能容易地推广到更复杂的系统中。那时数学家维纳(N. Wiener)首创了控制论这个名词。他推测当时所掌握的反馈系统的理论知识可以在短期内促进对例如生物控制机理及神经系统那样的高度复杂系统的理解,同时在工业社会中为复杂的经济及社会过程提供更有效的控制方法。事实上,这些想法远未成熟,经典控制理论暴露出3个十分严重的局限性,妨碍它直接用于更为复杂的控制问题。

第一,经典理论局限于线性定常系统,因其本质上是一种频率法,信号的描述要靠各个频率分量,只有用叠加原理才能进行分析,因此,频率法只限于线性定常系统。

第二,经典理论仅限于所谓“标量”或单回路反馈系统。在这些系统中只有一个叫做输出的变量,它由单输入变量所控制。因为经典控制理论是建立在传递函数基础上的,它所采用的是系统的“输入/输出”描述,从本质上忽视了系统结构的内在特性,归根到底是要设计一个满足一定指标的传递函数,因此只适用于单输入单输出的标量系统。

第三,经典理论的系统设计问题通常是用尝试法进行的,它往往依赖于设计人员的经验,而不能从推理上给出令人满意的设计方案。人们自然会问,对一个特定的应用课题,是否有最好的设计。

3. 现代控制理论的产生

近代科学技术的突飞猛进,特别是空间技术和各类高速飞行器的发展,使受控对象要求高速度、高精度,而系统的结构更加复杂,要求控制理论解决动态耦合的多输入多输出、非线性以及时变系统的设计问题。此外,对控制性能的要求也在逐步提高,很多情况下要求系统的某种性能是最优的,而且对环境的变化要有一定适应能力等。这些新的控制要求用经典理论是无法解决的。

科学技术的发展不仅对控制理论提出了挑战,同时也为理论的形成创造了条件。20世纪60年代迅速发展起来的现代控制理论,在数学分析方法上利用了现代数学如线性代数、泛函分析等,由此而引起的许多分析及设计步骤包含广泛的、耗费时间的计算及运算。大型通用数字计算机的发展为其铺平了道路,使理论的研究和应用成为可能。可以说控制理论与控制技术是和数字计算机平行发展的。

现代控制理论本质上是时域法,是建立在状态空间基础上的,它不用传递函数,而是用状态向量方程作基本工具,从而大大简化了数学表达方法,因此原则上可以分析多输入多输出、非线性以及时变系统。

应用状态空间法对系统进行分析,主要借助于计算机解出状态方程,根据状态解就可以对系统做出评估。由于不需经过任何变换,在时域中直接求解和分析,性能指标是非常直观的。

另外,在系统的设计方法上,可以在严密的理论基础上,推导出满足一定性能指标的最优控制系统。总之,在经典理论应用上存在的局限和困难之处,在现代控制理论中能迎刃而解。

现代控制理论形成的最主要的标志是卡尔曼(Kalman)的滤波理论、庞特里亚金(Pontryayin)的极大值原理以及贝尔曼(Bellman)的动态规划方法。近半个世纪以来,现代控制理论得到了快速发展,已形成了多个分支学科,主要分支有线性系统理论、最优控制理论、自适应控制、动态系统辨识、大系统理论等。

4. 现代控制理论与经典控制理论的关系

现代控制理论是在经典控制理论的基础上发展起来的,虽然二者在数学工具、理论基础和研究方法上有着本质的区别,但对动态系统进行分析研究时,两种理论可以互相补充、相辅相成,而不是互相排斥。特别是对于线性系统的研究,越来越多的经典理论中行之有效的方法已渗透到现代控制理论内部,如零极点配置和频域方法,大大丰富了现代控制理论的研究内容。

对初学者来说,学习现代控制理论应该采取与经典控制理论联系对比的方式进行学习和应用,这样就会在二者之间架起一座“桥梁”,进一步推动实践和理论的发展。例如经典控制理论中的相平面和相变量,可以看作是状态空间和状态变量的雏形。拉普拉斯变换法求解微分方程、结构图和信号流图表示变量之间的关系,都可用于现代控制理论的研究。因此,在学习中强调一下现代控制理论与经典控制理论的密切关系是很有必要的。

第1章　控制系统的状态空间模型

控制系统的数学模型,是用于描述系统动态行为的数学表达式。在经典控制理论中,对于一个线性定常动态系统,是用一个高阶微分方程或传递函数加以描述的。它们将某个单变量作为输出,直接和输入联系起来,建立一个一对一的模型。系统的动态特性仅仅由这个单输出对给定输入的响应来表征。实际上,系统除了这个输出变量之外,还包含其他若干变量,它们之间(包含输出变量在内)是相互独立的。关于它们对给定输入的响应如何,是不易相互导出的,必须重新建立一对一的模型,逐一解出。由此可见,单一的高阶微分方程,是不能完全揭示系统内全部运动状态的。我们把这种输入/输出描述的数学模型称为系统的外部描述,内部若干变量在建模的中间过程被当作中间变量消掉了。

现代控制理论是建立在状态变量基础上的理论,采用状态空间分析法。系统的动态特性是由状态变量构成的一阶微分方程组来描述的,其中包含了系统全部的独立变量。在数字计算机上求解一阶微分方程组比求解与之相应的高阶微分方程要容易得多,而且能同时给出系统的全部独立变量的响应,因而能同时确定系统的全部内部运动状态。此外,在求解过程中,还可以方便地考虑初始条件产生的影响。因此,状态空间法弥补了经典理论的局限,进一步揭示了动态系统内部状态的运动规律。

状态空间分析法,不仅适用于单输入单输出系统,也适用于多输入多输出系统,系统可以是线性的或非线性的,也可以是定常的或时变的。所以,状态空间分析法适用范围广,且数学模型由于采用了矩阵和状态向量的形式使格式简单统一,从而可以方便地利用数字计算机运算和求解,显示了它极大的优越性。

1.1　控制系统的状态空间表达式

状态空间表达式是以状态、状态变量、状态空间等基本概念为基础建立起来的。准确地理解这些概念的含义是很重要的。

1.1.1　状态、状态变量和状态空间

所谓“状态”,是指系统的运动状态,它表征的是系统运动的整体状况。状态一般可理解为一些信息的集合,这些必要且充分的信息,构成了描述系统动态行为的基本变量。为了正确理解状态及状态变量的概念,可以回顾经典理论中熟悉的相平面法。

相平面法是用来求解二阶常微分方程的图解方法,即采用几何作图的方法绘出相轨迹曲线,根据相轨迹图求得二阶系统的运动规律。

设二阶系统的常微分方程为

$$\ddot{x} + f(x,\dot{x}) = 0 \tag{1-1}$$

式中,$f(x,\dot{x})$ 是 x 和 $\dot{x}$ 的线性或非线性函数。

该系统有3个变量$x,\dot{x},\ddot{x}$。但当$x,\dot{x}$已知时,$\ddot{x}$也就唯一确定了,即

$$\ddot{x}=-f(x,\dot{x}) \tag{1-2}$$

也就是说这个二阶方程只有两个实际的未知变量。我们称x和$\dot{x}$为**相变量**。只要这两个量为已知,这个系统的运动状态就完全被确定了。因此,这两个量又可称为二阶系统的两个状态变量。

该系统的解过去习惯于用变量$x(t)$对t的关系曲线来表示。但也可以用t作为参变量,然后用$\dot{x}(t)$对$x(t)$的关系曲线来表示。如果我们用x和$\dot{x}$作为平面的直角坐标轴,则系统在每一时刻的状态均对应于该平面上一点,当时间t变化时,这一点在$x-\dot{x}$平面上绘出一条相应的轨迹线。该轨迹线表征系统状态的变化过程,称为**相轨迹**。由$x-\dot{x}$所组成的平面坐标系称为**相平面**。用相轨迹这种几何方法表示系统的动态过程,叫做系统动态特性的相平面表示法。

例如,当给定初始条件$x(0),\dot{x}(0)$时,由此可确定一条相轨迹如图1-1所示。得到了这个相轨迹,系统运动状态的全部变化过程就一目了然。相平面实际上就是一个二维状态平面,如果我们将两个相变量写成状态变量形式,即

$$x_1=x,x_2=\dot{x}$$

则由x_1与x_2张成的平面即为状态平面。这个概念可以很方便地推广到n维空间中去,用来研究高阶系统状态的变化规律。

由以上回顾可知,采用状态变量来描述系统的运动状态,并非新方法,在二维空间中已经应用过。下面可以给出它们的一般定义。

1. 状态

“状态”的定义是一些变量的集合。也就是说在描述系统动态行为的所有变量中,必定可以找到数目最少的一组变量,它们已经足以完全描述系统的全部运动,这组变量的集合即为状态。

所谓完全描述是指:只要确定了这组变量在某一初始时刻$t=t_0$的值,并且确定了从这一时刻起($t\geqslant t_0$)的输入函数$u(t)$,则系统的全部变量在此刻和以后$t\geqslant t_0$都唯一确定了。必须强调指出,系统在时间$t\geqslant t_0$的状态,仅与系统在t_0时刻的初始状态和$t\geqslant t_0$时的输入有关,与t_0之前的状态和t_0前的输入均无关。

我们研究一下由线性弹簧—质量—阻尼器组成的机械位移系统(k-m-f系统),见图1-2。

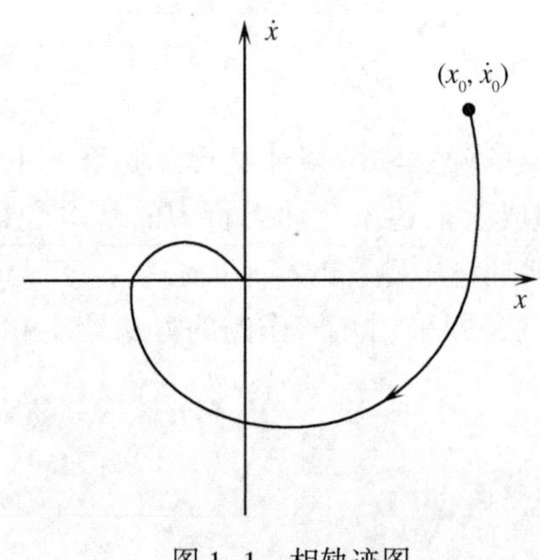

图1-1 相轨迹图

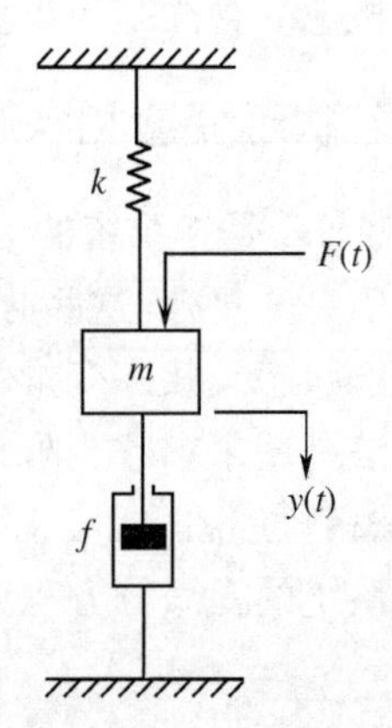

图1-2 k-m-f系统

如果输入量是外力 $F(t)$，输出量是位移 $y(t)$，这个系统的动态特性可由熟知的二阶线性常系数微分方程来描述

$$m\frac{\mathrm{d}^2y}{\mathrm{d}t^2}+f\frac{\mathrm{d}y}{\mathrm{d}t}+ky=F(t) \tag{1-3}$$

当 $F(t)$ 已知时，等号左边的三项只要有两项已知，另一项也就唯一确定了，即该系统只有两个独立的变量。当然，我们可以任取两个，但习惯上选位置 $y(t)$ 和速度 $\frac{\mathrm{d}y}{\mathrm{d}t}$ 作为独立的变量，这是因为它的初始值易于确定。根据常微分方程解的存在与唯一性定理，必要且只要确定了 $y(t)$ 与 $\frac{\mathrm{d}y}{\mathrm{d}t}$ 这两个量在 $t=t_0$ 时的初值，并确定了 $t\geqslant t_0$ 时的输入 $F(t)$，这个微分方程的解就存在而且唯一。所以，$y(t)$ 与 $\frac{\mathrm{d}y}{\mathrm{d}t}$ 就是足以完全描述系统运动的数目最小的一组变量。

2. 状态变量

满足以上条件的最小变量组中的每一个变量，称为系统的状态变量。显然，这些变量应当是相互独立的。一个用 n 阶微分方程描述的系统，就有 n 个独立的变量，当这 n 个独立变量的时间响应都解出时，系统的运动状态也被揭示无遗了。因此，可以说系统的状态变量就是 n 阶系统的 n 个独立变量。由于系统的阶次取决于系统中独立储能元件的个数，因此状态变量的个数就等于系统独立储能元件的个数。

我们研究以下的例子。在图 1-3 所示的 RC 电路中，储能元件有 3 个，即 C_1,C_2,C_3。则根据电路的欧姆定律和基尔霍夫定律，可写出

$$\begin{cases}Ri+u_{C_1}=u(t) & (1-4)\\ u_{C_2}+u_{C_3}=u_{C_1} & (1-5)\\ i_1+i_2=i & (1-6)\\ C_1\dfrac{\mathrm{d}u_{C_1}}{\mathrm{d}t}=i_1 & (1-7)\\ C_2\dfrac{\mathrm{d}u_{C_2}}{\mathrm{d}t}=i_2 & (1-8)\\ C_3\dfrac{\mathrm{d}u_{C_3}}{\mathrm{d}t}=i_2 & (1-9)\end{cases}$$

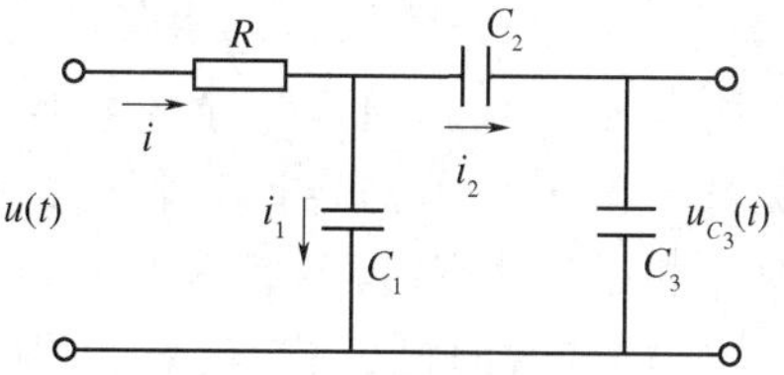

图 1-3　RC 电路

由式(1-8)及式(1-9)可知，这是两个相关的一阶微分方程，故该电路的方程组中真正相互独立的一阶微分方程只有两个。从式(1-5)可以看出，3 个储能元件是相关的，故真正的独立储能元件数也是 2。由此可知，当消掉中间变量时，该电路的微分方程应是二阶的，即

$$(RC_2C_3+RC_1C_3+RC_1C_2)\frac{\mathrm{d}^2u_{C_3}}{\mathrm{d}t^2}+(C_3+C_2)\frac{\mathrm{d}u_{C_3}}{\mathrm{d}t}=C_2\frac{\mathrm{d}u}{\mathrm{d}t} \tag{1-10}$$

同一个系统，究竟选取哪些变量作为状态变量，这不是唯一的，要紧的是这些变量应

该是相互独立的。众所周知,n 阶微分方程要有唯一确定解,必须知道 n 个独立的初始条件。很明显,这 n 个独立的初始条件正是一组状态变量在初始时刻 t_0 的值。所以,在选取状态变量时,考虑易确定初值的变量是常用的选法之一。

3. 状态向量

如果 n 个状态变量用 $x_1(t),x_2(t),\cdots,x_n(t)$ 表示,并把这些状态变量看作是 n 维列向量 $\boldsymbol{x}(t)$ 的分量,则 $\boldsymbol{x}(t)$ 就称为**状态向量**。记作

$$\boldsymbol{x}(t)=\begin{bmatrix} x_1(t) \\ x_2(t) \\ \vdots \\ x_n(t) \end{bmatrix}$$

这样,系统的状态就可以用状态向量来简单表示了。

同样,对于系统的 r 个输入量,也可以用 r 维列向量 $\boldsymbol{u}(t)$ 表示,称为**输入向量**。对于 m 个输出量,用 m 维列向量 $\boldsymbol{y}(t)$ 表示,称为**输出向量**,分别记作

$$\boldsymbol{u}(t)=\begin{bmatrix} u_1(t) \\ u_2(t) \\ \vdots \\ u_r(t) \end{bmatrix},\boldsymbol{y}(t)=\begin{bmatrix} y_1(t) \\ y_2(t) \\ \vdots \\ y_m(t) \end{bmatrix}$$

4. 状态空间

我们认为状态的每一个分量是可以从 $-\infty$ 到 $+\infty$ 的范围内任意取值的。对每一个时刻,各分量均有相应值。因此,由各分量构成的状态向量在每一个时刻都对应了状态的一个点。所有 n 维状态向量的全体就构成了实数域上的 n 维状态空间。若已知初始时刻 t_0 的 $\boldsymbol{x}(t_0)$,就得到状态空间中的一个初始点,随着时间的推移,$\boldsymbol{x}(t)$ 将在状态空间中描绘出一条轨迹,称为状态轨线,形象地描述了状态随时间变化的规律。例如图 1-4 所示的三维状态空间中,初始状态是 (x_{10},x_{20},x_{30})。在输入 $u(t)$ 的作用下,系统的状态开始变化,运动规律一目了然,可见,状态向量的状态空间表示将向量的代数结构和几何概念联系起来了。

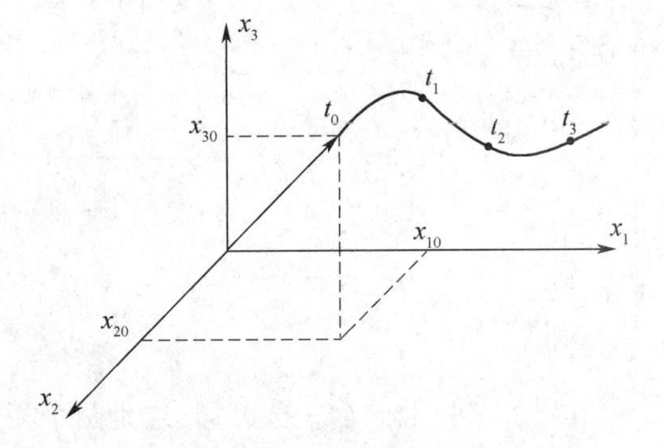

图 1-4 三维状态空间

1.1.2 控制系统的状态空间表达式

系统的状态空间表达式是在状态空间下建立起来的数学模型,由状态方程和输出方

程两部分组成，完整地描述了系统内部与外部的动态行为。

1. 状态方程

由系统的状态变量构成的一阶微分方程组，称为系统的状态方程。实际上，状态方程是用来描述系统内部各状态变量之间以及各状态变量与各输入量之间动态关系的一组一阶微分方程。一个 n 阶系统，有 n 个相互独立的状态变量，应该写出 n 个相互独立的一阶微分方程，最后，不论各状态变量的物理含义如何，均用状态变量的一般符号 $x_i(t)(i=1,2,\cdots,n)$ 表示，并可以方便地写成向量矩阵形式。

例 1-1　*RLC* 串联电路如图 1-5 所示，试建立系统的状态方程描述。

解：状态变量的选取原则上是任意的，但考虑到储能元件电感和电容的物理特性，电感的能量取决于电流 i，电容的能量取决于充电电压 u_c，为方便确定状态的初值，通常就直接选 i 和 u_c 作为状态变量。

根据电路定理，可写出两个一阶微分方程

$$\begin{cases} L\dfrac{\mathrm{d}i}{\mathrm{d}t}+Ri+u_c=u(t) \\ C\dfrac{\mathrm{d}u_c}{\mathrm{d}t}=i \end{cases} \tag{1-11}$$

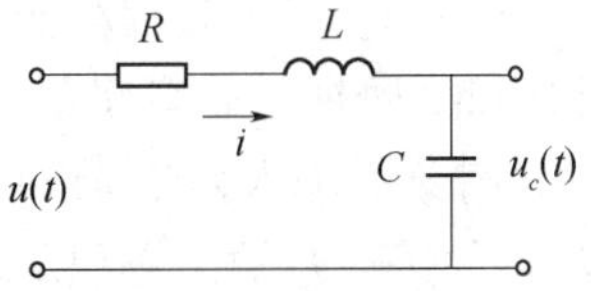

R L i C u(t) $u_c(t)$

图 1-5　*RLC* 串联电路

令 $x_1=u_c$，$x_2=i$，并将两个一阶微分方程整理成左边仅含状态变量的一阶导数，右边则含有状态变量和输入变量各项组合的标准形式，于是有

$$\begin{cases} \dot{x}_1=\dfrac{1}{C}x_2 \\ \dot{x}_2=-\dfrac{1}{L}x_1-\dfrac{R}{L}x_2+\dfrac{1}{L}u \end{cases} \tag{1-12}$$

方程组(1-12)即为系统的状态方程，采用矩阵运算可以写成一阶向量微分方程的形式，即

$$\begin{bmatrix}\dot{x}_1\\ \dot{x}_2\end{bmatrix}=\begin{bmatrix}0 & \dfrac{1}{C}\\ -\dfrac{1}{L} & -\dfrac{R}{L}\end{bmatrix}\begin{bmatrix}x_1\\ x_2\end{bmatrix}+\begin{bmatrix}0\\ \dfrac{1}{L}\end{bmatrix}u \tag{1-13}$$

2. 输出方程

输出量与状态变量和输入量之间的代数方程，称为系统的输出方程。输出量一般是由系统状态中能从外部直接量测的部分组成。把哪些量选为输出量，要根据工程需要来决定，其数量不限。同时，输出量也可以是某些状态变量的线性组合，表达了系统内部运动与外部的联系。当输出量也用向量 $\boldsymbol{y}$ 表示时，输出方程也可以写出向量矩阵的形式。如例 1-1 所示电路系统，当选取状态变量 u_c 作为直接输出时，则有

$$y=u_c \text{ 或 } y=x_1$$

它的向量矩阵表示形式为

$$\boldsymbol{y}=[1\quad 0]\begin{bmatrix}x_1\\ x_2\end{bmatrix} \tag{1-14}$$

3. 状态空间表达式

状态方程和输出方程组合起来,构成了对一个系统动态的完整描述,称为系统的状态空间表达式。如式(1-13)和式(1-14)组合成图1-5所示系统的状态空间表达式,而且向量矩阵形式的状态空间表达式可以简记为

$$\begin{cases}\dot{\boldsymbol{x}} = \boldsymbol{A}\boldsymbol{x} + \boldsymbol{B}u \\ \boldsymbol{y} = \boldsymbol{C}\boldsymbol{x}\end{cases} \tag{1-15}$$

式中,$\dot{\boldsymbol{x}} = \begin{bmatrix}\dot{x}_1 \\ \dot{x}_2\end{bmatrix}$;$\boldsymbol{A} = \begin{bmatrix}0 & \frac{1}{C} \\ -\frac{1}{L} & -\frac{R}{L}\end{bmatrix}$;$\boldsymbol{B} = \begin{bmatrix}0 \\ \frac{1}{L}\end{bmatrix}$;$\boldsymbol{C} = [1 \quad 0]$。

实际上,状态方程和输出方程所描述的关系式,无异于一般系统运动方程的原始方程组,因此,根据状态变量的定义,只要给定了 $t=t_0$ 时刻状态向量的初值 $\boldsymbol{x}(t_0)$,并给定了 $t\geqslant t_0$ 时刻的输入向量 $\boldsymbol{u}(t)$,就可以从状态方程唯一地解出 $t\geqslant t_0$ 的任一时刻的状态向量 $\boldsymbol{x}(t)$,并进而从输出方程求出输出向量 $\boldsymbol{y}(t)$。

4. 线性系统状态空间表达式的标准形式

状态空间模型不仅适用于单输入单输出线性定常系统,也适用于多输入多输出的线性定常和时变系统。而且状态空间表达式在形式上也是一致的。设图1-6所示为一个多输入多输出线性系统,它有 r 个输入,m 个输出,并且系统的输入对输出还有直接影响。

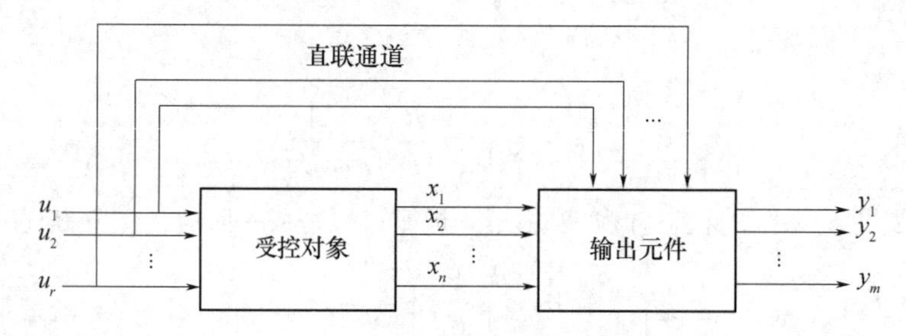

图1-6 多输入多输出线性系统

当为定常系统时,按线性叠加原理可以写出其状态方程和输出方程为

$$\begin{cases}\dot{x}_1 = a_{11}x_1 + a_{12}x_2 + \cdots + a_{1n}x_n + b_{11}u_1 + b_{12}u_2 + \cdots + b_{1r}u_r \\ \dot{x}_2 = a_{21}x_1 + a_{22}x_2 + \cdots + a_{2n}x_n + b_{21}u_1 + b_{22}u_2 + \cdots + b_{2r}u_r \\ \vdots \\ \dot{x}_n = a_{n1}x_1 + a_{n2}x_2 + \cdots + a_{nn}x_n + b_{n1}u_1 + b_{n2}u_2 + \cdots + b_{nr}u_r\end{cases} \tag{1-16}$$

$$\begin{cases}\dot{y}_1 = c_{11}x_1 + c_{12}x_2 + \cdots + c_{1n}x_n + d_{11}u_1 + d_{12}u_2 + \cdots + d_{1r}u_r \\ \dot{y}_2 = c_{21}x_1 + c_{22}x_2 + \cdots + c_{2n}x_n + d_{21}u_1 + d_{22}u_2 + \cdots + d_{2r}u_r \\ \vdots \\ \dot{y}_m = c_{m1}x_1 + c_{m2}x_2 + \cdots + c_{mn}x_n + d_{m1}u_1 + d_{m2}u_2 + \cdots + d_{mr}u_r\end{cases} \tag{1-17}$$

虽然输入与输出变量的增多使方程组(1-16)和方程组(1-17)变得明显庞大,但若用向量矩阵形式表示,还保持形式的简单一致,即

$$\begin{cases}\dot{\boldsymbol{x}} = \boldsymbol{A}\boldsymbol{x} + \boldsymbol{B}\boldsymbol{u} \\ \boldsymbol{y} = \boldsymbol{C}\boldsymbol{x} + \boldsymbol{D}\boldsymbol{u}\end{cases} \tag{1-18}$$

式中,$\boldsymbol{x}$,$\boldsymbol{u}$,$\boldsymbol{y}$ 如前所述均为列向量;

$$\boldsymbol{A} = \begin{bmatrix} a_{11} & a_{12} & \cdots & a_{1n} \\ a_{21} & a_{22} & \cdots & a_{2n} \\ \vdots & \vdots & & \vdots \\ a_{n1} & a_{n2} & \cdots & a_{nn} \end{bmatrix}$$ 称为 $n \times n$ 维系统矩阵

$$\boldsymbol{B} = \begin{bmatrix} b_{11} & b_{12} & \cdots & b_{1r} \\ b_{21} & b_{22} & \cdots & b_{2r} \\ \vdots & \vdots & & \vdots \\ b_{n1} & b_{n2} & \cdots & b_{nr} \end{bmatrix}$$ 称为 $n \times r$ 维输入矩阵(或控制矩阵)

$$\boldsymbol{C} = \begin{bmatrix} c_{11} & c_{12} & \cdots & c_{1n} \\ c_{21} & c_{22} & \cdots & c_{2n} \\ \vdots & \vdots & & \vdots \\ c_{m1} & c_{m2} & \cdots & c_{mn} \end{bmatrix}$$ 称为 $m \times n$ 维输出矩阵

$$\boldsymbol{D} = \begin{bmatrix} d_{11} & d_{12} & \cdots & d_{1r} \\ d_{21} & d_{22} & \cdots & d_{2r} \\ \vdots & \vdots & & \vdots \\ d_{m1} & d_{m2} & \cdots & d_{mr} \end{bmatrix}$$ 称为 $m \times r$ 维直联矩阵(或直通矩阵)

系统矩阵 $\boldsymbol{A}$ 表示了系统内部各状态变量间的耦合关系,它取决于被控系统的作用原理、结构和参数;输入矩阵 $\boldsymbol{B}$ 表示了各输入量如何影响各状态变量;输出矩阵 $\boldsymbol{C}$ 表示了状态变量对输出的转换关系;直联矩阵 $\boldsymbol{D}$ 反映了输入对输出的直接作用,一般情况下,很少有输入量直接传递到输出端,所以常有 $\boldsymbol{D}$ 阵为零阵。

当系统模型考虑参数的时变特性,矩阵 $\boldsymbol{A}$、$\boldsymbol{B}$、$\boldsymbol{C}$、$\boldsymbol{D}$ 中某些元是时间的函数时,即为线性时变系统,对应的矩阵方程为

$$\begin{cases}\dot{\boldsymbol{x}} = \boldsymbol{A}(t)\boldsymbol{x} + \boldsymbol{B}(t)\boldsymbol{u} \\ \boldsymbol{y} = \boldsymbol{C}(t)\boldsymbol{x} + \boldsymbol{D}(t)\boldsymbol{u}\end{cases} \tag{1-19}$$

显然,矩阵方程的形式仍保持一致,没有增加表达的复杂性。若为单输入单输出系统,$\boldsymbol{B}$ 和 $\boldsymbol{C}$ 不再是矩阵,而是向量形式,$\boldsymbol{D}$ 阵也蜕化为标量。平时,为了书写方便,常将线性系统的状态空间模型简记为

$$\sum (\boldsymbol{A},\boldsymbol{B},\boldsymbol{C},\boldsymbol{D})$$

称为系统的四联矩阵。

5. 非线性系统的状态空间表达式

非线性系统不满足叠加原理,故状态方程不能写成式(1-16)的形式,对定常系统只能一般地表示为

$$\begin{cases} \dot{x}_1 = f_1(x_1,x_2,\cdots,x_n;u_1,u_2,\cdots,u_r) \\ \dot{x}_2 = f_2(x_1,x_2,\cdots,x_n;u_1,u_2,\cdots,u_r) \\ \quad\vdots \\ \dot{x}_n = f_n(x_1,x_2,\cdots,x_n;u_1,u_2,\cdots,u_r) \end{cases} \tag{1-20}$$

式中,$f_1,f_2,\cdots,f_n$ 是状态变量和输入变量的非线性函数,方程组是由 n 个一阶非线性微分方程组成。同样,系统的输出方程也是由系统的状态和输入决定的,可由一组非线性代数方程表示为

$$\begin{cases} y_1 = g_1(x_1,x_2,\cdots,x_n;u_1,u_2,\cdots,u_r) \\ y_2 = g_2(x_1,x_2,\cdots,x_n;u_1,u_2,\cdots,u_r) \\ \quad\vdots \\ y_m = g_m(x_1,x_2,\cdots,x_n;u_1,u_2,\cdots,u_r) \end{cases} \tag{1-21}$$

式中,$g_1,g_2,\cdots,g_m$ 也是一组非线性函数,将方程组(1-20)和方程组(1-21)写成向量微分方程的形式,则得到非线性定常系统状态空间表达式的标准形式为

$$\begin{cases} \dot{\boldsymbol{x}} = \boldsymbol{f}(\boldsymbol{x},\boldsymbol{u}) \\ \boldsymbol{y} = \boldsymbol{g}(\boldsymbol{x},\boldsymbol{u}) \end{cases} \tag{1-22}$$

式中

$$\boldsymbol{f}(\boldsymbol{x},\boldsymbol{u}) = \begin{bmatrix} f_1(\boldsymbol{x},\boldsymbol{u}) \\ f_2(\boldsymbol{x},\boldsymbol{u}) \\ \vdots \\ f_n(\boldsymbol{x},\boldsymbol{u}) \end{bmatrix} \qquad n \times 1 \text{ 维向量}$$

$$\boldsymbol{g}(\boldsymbol{x},\boldsymbol{u}) = \begin{bmatrix} g_1(\boldsymbol{x},\boldsymbol{u}) \\ g_2(\boldsymbol{x},\boldsymbol{u}) \\ \vdots \\ g_m(\boldsymbol{x},\boldsymbol{u}) \end{bmatrix} \qquad m \times 1 \text{ 维向量}$$

当系统参数随时间变化时,向量函数 $\boldsymbol{f}$ 和 $\boldsymbol{g}$ 的各元分量,不仅是状态变量和输入变量的非线性函数,且随时间变化,所以,非线性时变系统的状态空间表达式中应显含时间变量 t,通常应表示为

$$\begin{cases}\dot{\boldsymbol{x}}=\boldsymbol{f}(\boldsymbol{x},\boldsymbol{u},t)\\ \boldsymbol{y}=\boldsymbol{g}(\boldsymbol{x},\boldsymbol{u},t)\end{cases} \tag{1-23}$$

1.1.3　线性系统状态空间表达式的结构图和信号流图

对于线性系统,状态空间表达式通过向量矩阵方程可表示成式(1-18)的简单形式,该形式可用结构图的方式方便地表达出来。它形象地表明了系统输入、输出和系统状态之间的传递关系。图 1-7 为 n 阶线性时变系统结构图,由于输入、输出和状态均用向量的形式传递,所以图中传递线及箭头均用双线表示。

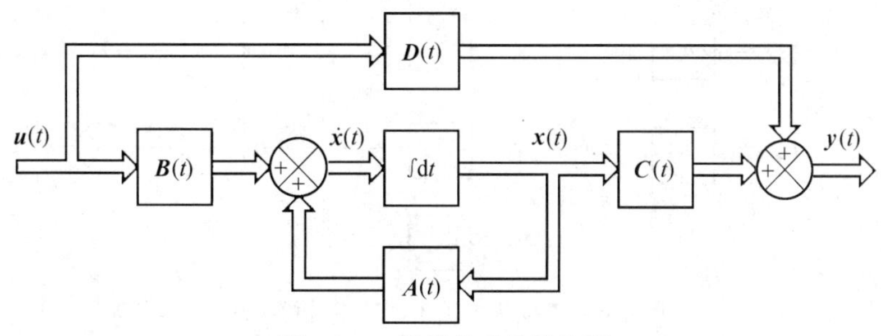

图 1-7　n 阶线性系统结构图

仿照经典控制理论中的信号流图,状态空间表达式也可以用信号流图表示,图 1-8 是这一系统的信号流图。

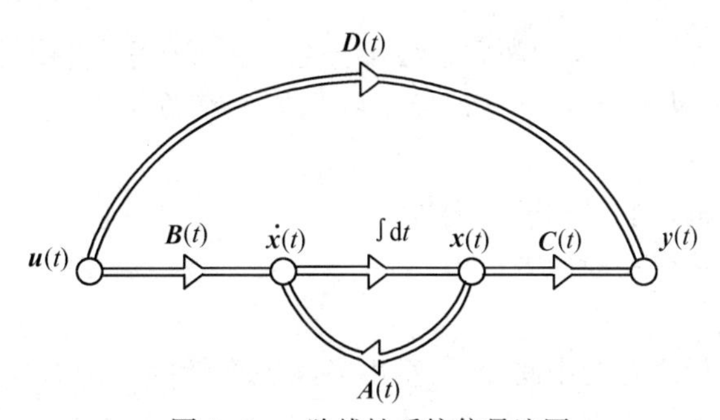

图 1-8　n 阶线性系统信号流图

由于状态空间表达式的形式简单一致,且不受系统的阶次和变量多少的影响,因此,按结构图的统一形式,可直接在模拟计算机上对任何阶次的系统进行方便模拟。只要用 n 个积分器模拟出各状态变量,然后只需加法器和比例器几个基本部件即可完成系统模拟模型。

例 1-2　已知双输入双输出二阶系统状态空间表达式为

$$\begin{cases}\begin{bmatrix}\dot{x}_1\\ \dot{x}_2\end{bmatrix}=\begin{bmatrix}a_{11} & a_{12}\\ a_{21} & a_{22}\end{bmatrix}\begin{bmatrix}x_1\\ x_2\end{bmatrix}+\begin{bmatrix}b_{11} & b_{12}\\ b_{21} & b_{22}\end{bmatrix}\begin{bmatrix}u_1\\ u_2\end{bmatrix}\\ \begin{bmatrix}y_1\\ y_2\end{bmatrix}=\begin{bmatrix}c_{11} & c_{12}\\ c_{21} & c_{22}\end{bmatrix}\begin{bmatrix}x_1\\ x_2\end{bmatrix}\end{cases}$$

试画出该系统计算机模拟图。

解:按实际的状态空间表达式,画出计算机模拟图如图1-9所示。

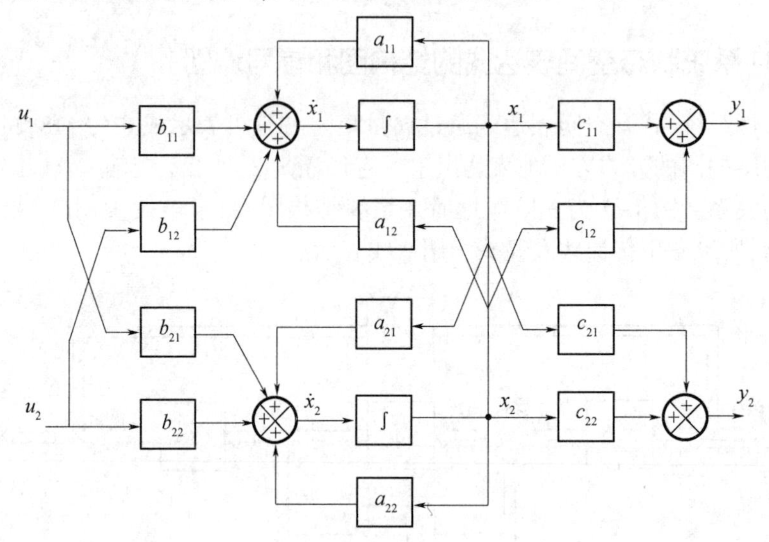

图1-9　双输入双输出二阶系统模拟图

1.2　建立状态空间表达式的直接方法

这里所说的直接方法,是从分析系统各部分运动机理入手,直接写出描述各部分运动的原始微分方程,然后从原始微分方程导出状态方程和输出方程的方法。其一般步骤如下:

(1) 确定系统的输入变量和输出变量。

(2) 根据基本定律列写原始方程组。

(3) 选状态变量。

(4) 消去状态变量之外的中间变量,得出各状态变量的一阶微分方程式及各输出变量的代数方程式。

(5) 将方程整理成状态空间表达式的标准形式。

1.2.1　单变量系统举例

对于单输入单输出的线性系统,建模的关键是确定独立状态变量的个数。一般要根据系统中独立储能元件的个数来确定,但有时并非轻而易举,对于一个复杂的元部件,很难一下子就看出含有多少独立储能元件。只有在原始方程式全部列出之后,通过仔细分析后才能确定。

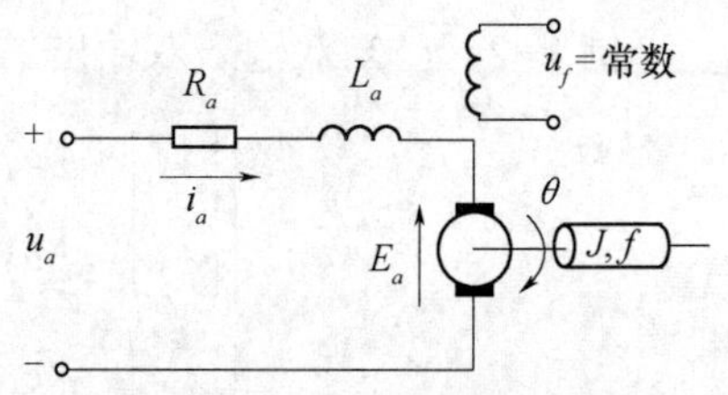

图1-10　电枢控制直流电动机

例1-3　电枢控制的直流电动机原理图如图1-10所示,其中J为折算到电动机轴上的总转动惯量;f为电动机轴上的黏性摩擦系数。当忽略负载转矩影响时（即令 $M_L=0$），试写出电动机的状态空间表达式，并画出其计算机模拟图。

解：(1) 设输入量为电枢电压 u_a，输出量为电动机轴的转角 θ。

(2) 按电动机原理列写原始方程。

电枢回路方程为

$$L_a \frac{\mathrm{d}i_a}{\mathrm{d}t} + R_a i_a + E_a = u_a \tag{1-24}$$

转矩平衡方程为

$$J\frac{\mathrm{d}\omega}{\mathrm{d}t} = M_D - f\omega \tag{1-25}$$

反电势方程为

$$E_a = C_e \omega \tag{1-26}$$

式中，C_e 为反电势系数。

电磁转矩方程为

$$M_D = C_M i_a \tag{1-27}$$

式中，C_M 为转矩系数。

输出转角方程为

$$\theta = \int_0^t \omega \mathrm{d}t \text{ 即 } \omega = \frac{\mathrm{d}\theta}{\mathrm{d}t} \tag{1-28}$$

(3) 选状态变量。

由方程组(1-24)～(1-28)可知，5 个方程中有 3 个相互独立的一阶微分方程式，故应选 3 个状态变量。

$$\begin{cases} x_1 = i_a \\ x_2 = \theta \\ x_3 = \omega \end{cases}$$

(4) 消中间变量，整理方程组得

$$\begin{cases} \dot{x}_1 = -\dfrac{R_a}{L_a}x_1 - \dfrac{C_e}{L_a}x_3 + \dfrac{1}{L_a}u_a \\ \dot{x}_2 = x_3 \\ \dot{x}_3 = \dfrac{C_M}{J}x_1 - \dfrac{f}{J}x_3 \end{cases}$$

(5) 按选定的输入、输出写出标准状态空间表达式

$$\begin{bmatrix} \dot{x}_1 \\ \dot{x}_2 \\ \dot{x}_3 \end{bmatrix} = \begin{bmatrix} -\dfrac{R_a}{L_a} & 0 & -\dfrac{C_e}{L_a} \\ 0 & 0 & 1 \\ \dfrac{C_M}{J} & 0 & -\dfrac{f}{J} \end{bmatrix} \begin{bmatrix} x_1 \\ x_2 \\ x_3 \end{bmatrix} + \begin{bmatrix} \dfrac{1}{L_a} \\ 0 \\ 0 \end{bmatrix} u_a$$

$$y=\begin{bmatrix}0 & 1 & 0\end{bmatrix}\begin{bmatrix}x_1\\x_2\\x_3\end{bmatrix}$$

(6) 画计算机模拟图如图 1-11 所示。

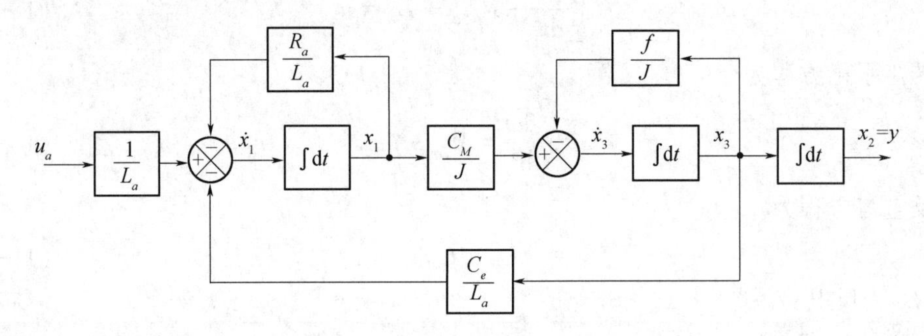

图 1-11 电枢控制直流电动机模拟图

本例中,从电动机原理图上分析,系统有两个独立储能元件电感 L_a 和电动机转动惯量 J,按习惯可选储能元件上的物理量 i_a 和 ω 作为系统的状态变量,此时系统应视为二阶系统,但由于该例选取输出量为转角 θ,故相当于在变量 ω 之后又追加一级积分,应视为加一级储能作用,故变为三阶系统,则有 3 个独立的状态变量。

1.2.2 多变量系统举例

状态空间表达式最突出的特点是可以像处理单变量系统一样来方便地处理多输入多输出系统,而不增加方程的复杂程度。

例 1-4 求图 1-12 所示网络的状态空间表达式。

解:(1) 设输入量为 $u_1(t)$ 和 $u_2(t)$,输出量为 $y(t)$。

(2) 根据基尔霍夫定律列写原始方程。

回路方程 1:

$$L_1\frac{di_1}{dt}+R_1i_1+u_c=u_1$$

回路方程 2:

$$L_2\frac{di_2}{dt}+R_2i_2+u_2=u_c$$

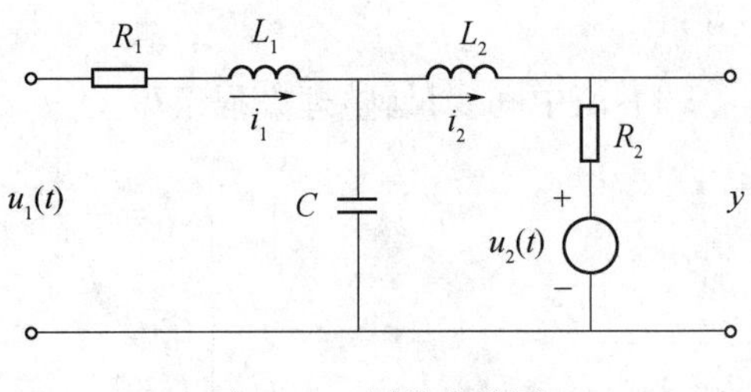

图 1-12 网络电路图

节点电流方程:

$$i_1=i_2+C\frac{du_c}{dt}$$

输出方程:

$$y=R_2i_2+u_2$$

(3) 选状态变量。

网络中有 3 个独立的储能元件电感 L_1,L_2 和电容 C,我们选储能元件的物理量 i_1,i_2

和 u_c 作为状态变量，即

$$\begin{cases} x_1 = i_1 \\ x_2 = i_2 \\ x_3 = u_c \end{cases}$$

（4）将状态变量代入并整理，得

$$\begin{cases} \dot{x}_1 = -\dfrac{R_1}{L_1}x_1 - \dfrac{1}{L_1}x_3 + \dfrac{1}{L_1}u_1 \\ \dot{x}_2 = -\dfrac{R_2}{L_2}x_2 + \dfrac{1}{L_2}x_3 - \dfrac{1}{L_2}u_2 \\ \dot{x}_3 = \dfrac{1}{C}x_1 - \dfrac{1}{C}x_2 \end{cases}$$

$$y = R_2x_2 + u_2$$

（5）写成向量矩阵标准形式

$$\begin{bmatrix} \dot{x}_1 \\ \dot{x}_2 \\ \dot{x}_3 \end{bmatrix} = \begin{bmatrix} -\dfrac{R_1}{L_1} & 0 & -\dfrac{1}{L_1} \\ 0 & -\dfrac{R_2}{L_2} & \dfrac{1}{L_2} \\ \dfrac{1}{C} & -\dfrac{1}{C} & 0 \end{bmatrix} \begin{bmatrix} x_1 \\ x_2 \\ x_3 \end{bmatrix} + \begin{bmatrix} \dfrac{1}{L_1} & 0 \\ 0 & -\dfrac{1}{L_2} \\ 0 & 0 \end{bmatrix} \begin{bmatrix} u_1 \\ u_2 \end{bmatrix}$$

$$\boldsymbol{y} = \begin{bmatrix} 0 & R_2 & 0 \end{bmatrix} \begin{bmatrix} x_1 \\ x_2 \\ x_3 \end{bmatrix} + \begin{bmatrix} 0 & 1 \end{bmatrix} \begin{bmatrix} u_1 \\ u_2 \end{bmatrix}$$

即

$$\begin{cases} \dot{\boldsymbol{x}} = \boldsymbol{A}\boldsymbol{x} + \boldsymbol{B}\boldsymbol{u} \\ \boldsymbol{y} = \boldsymbol{C}\boldsymbol{x} + \boldsymbol{D}\boldsymbol{u} \end{cases}$$

值得注意的是，采用直接法建立状态方程的过程中，状态变量的选取，应最终保证每一个方程式满足以下两条要求：

（1）至多只含有一个状态变量的一阶导数项，而不含有更高阶导数项。

（2）不含输入量的导数项。

至此，才可能方便地写出状态方程的标准形式，且保证方程有唯一解。

1.3　单变量系统线性微分方程转换为状态空间表达式

单变量系统在建立数学模型的过程中，将所有内部变量消去，只保留外部一对输入输出变量，则系统模型为高阶微分方程形式，称为外部描述。反之，若对外部描述重新选择状态变量，建立相应的状态空间表达式，求其内部描述这个逆过程，则称为实现问题。显然,实现形式是非唯一的,这取决于状态变量的选取。但是,无论怎样选取,内部结构均应保持原系统输入输出关系不变。一般习惯选取物理意义明显的量作为状态变量,但同时也要考虑到求唯一解的可能性,做一些相应的状态转换。

1.3.1 输入函数中不包含导数项时的变换

设系统的微分方程为

$$y^{(n)}+a_1y^{(n-1)}+\cdots+a_{n-1}\dot{y}+a_ny=bu \tag{1-29}$$

根据微分方程的理论,若初始时刻 $t_0=0$ 时的初始值 $y(0),\dot{y}(0),\cdots,y^{(n-1)}(0)$ 已知,又给定了 $t\geqslant0$ 时的输入 $u(t)$,则微分方程将有唯一解。因此,选系统 n 个状态变量,可直接按输出 y 和 y 的各阶导数选取一组状态变量,通常称为**相变量**。这组变量物理意义明确,且初始状态容易确定。令

$$\begin{cases}x_1=y\\x_2=\dot{y}\\\quad\vdots\\x_{n-1}=y^{(n-2)}\\x_n=y^{(n-1)}\end{cases} \tag{1-30}$$

则式(1-29)所示的 n 阶常微分方程可改写成由 n 个一阶常微分方程组成的状态方程,即

$$\begin{cases}\dot{x}_1=x_2\\\dot{x}_2=x_3\\\quad\vdots\\\dot{x}_{n-1}=x_n\\\dot{x}_n=-a_nx_1-a_{n-1}x_2-\cdots-a_1x_n+bu\end{cases} \tag{1-31}$$

系统的输出方程为

$$y=x_1 \tag{1-32}$$

将式(1-31)和式(1-32)表示成向量矩阵形式,有

$$\begin{bmatrix}\dot{x}_1\\\dot{x}_2\\\vdots\\\dot{x}_{n-1}\\\dot{x}_n\end{bmatrix}=\begin{bmatrix}0&1&0&\cdots&0\\0&0&1&\cdots&0\\\vdots&\vdots&\vdots&&\vdots\\0&0&0&\cdots&1\\-a_n&-a_{n-1}&-a_{n-2}&\cdots&-a_1\end{bmatrix}\begin{bmatrix}x_1\\x_2\\\vdots\\x_{n-1}\\x_n\end{bmatrix}+\begin{bmatrix}0\\0\\\vdots\\0\\b\end{bmatrix}u \tag{1-33}$$

$$\boldsymbol{y}=[1\quad0\quad\cdots\quad0]\begin{bmatrix}x_1\\x_2\\\vdots\\x_n\end{bmatrix}$$

简记为

$$\begin{cases}\dot{\boldsymbol{x}} = \boldsymbol{A}\boldsymbol{x} + \boldsymbol{B}u \\ \boldsymbol{y} = \boldsymbol{C}\boldsymbol{x}\end{cases} \tag{1-34}$$

式中,系统矩阵 $\boldsymbol{A}$ 为一种规范标准型,称为**友矩阵**。它最后一行元素与常微分方程系数相对应,由方程系数 $a_i(i=1,2,\cdots,n)$ 取负号组成。其他各行除第一列元素全为零外,剩余各元排列为$(n-1)$阶单位矩阵形式,在线性代数中称为**伴随矩阵**。输入矩阵 $\boldsymbol{B}$ 的特点是,其最后一行元素与方程系数 b 对应,而其余各元皆为零。

由相变量实现的内部结构,各状态变量间的关系简单,最方便进行计算机模拟。首先选 n 个积分器串接起来,每个积分器的输出取作一个状态变量,从后到前依次即可实现 $x_1,x_2,\cdots,x_n$ 的模拟,然后按状态方程组(1-31)中最后一个方程(即关于 x_n 的一阶微分方程),用加法器实现 $\dot{x}_n$ 与输入 u 及各状态变量的线性组合即可。实际的计算机模拟图如图 1-13 所示。

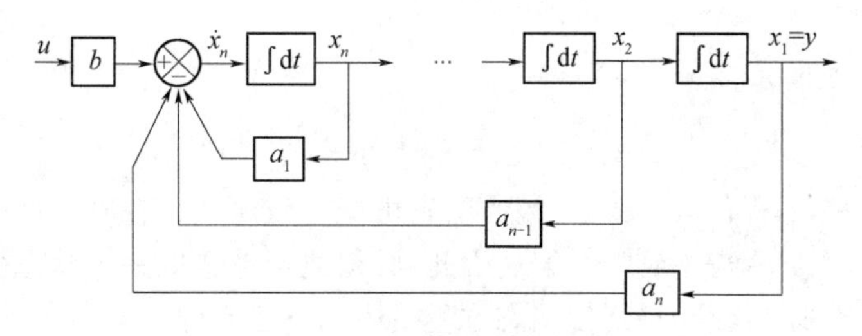

图 1-13　相变量结构模拟图

例 1-5　将以下高阶微分方程

$$\dddot{y} + 6\ddot{y} + 11\dot{y} + 6y = 6u$$

变换为状态空间表达式。

解:按相变量实现内部结构,则由式(1-33),可得

$$\begin{bmatrix}\dot{x}_1 \\ \dot{x}_2 \\ \dot{x}_3\end{bmatrix} = \begin{bmatrix}0 & 1 & 0 \\ 0 & 0 & 1 \\ -6 & -11 & -6\end{bmatrix}\begin{bmatrix}x_1 \\ x_2 \\ x_3\end{bmatrix} + \begin{bmatrix}0 \\ 0 \\ 6\end{bmatrix}u$$

$$\boldsymbol{y} = \begin{bmatrix}1 & 0 & 0\end{bmatrix}\begin{bmatrix}x_1 \\ x_2 \\ x_3\end{bmatrix}$$

1.3.2　输入函数中包含导数项时的变换

当输入函数包含导数项时,系统微分方程的形式如下:

$$y^{(n)} + a_1 y^{(n-1)} + \cdots + a_{n-1}\dot{y} + a_n y = b_0 u^{(n)} + b_1 u^{(n-1)} + \cdots + b_{n-1}\dot{u} + b_n u \tag{1-35}$$

由微分方程解的存在唯一性定理可知,当方程右端输入函数及其各阶导数项函数在区间 $t\geqslant 0$ 均为连续或分段连续时,方程才存在唯一解。因此,在用正规解法求解微分方程时,输入端含有导数项会给求解方程带来麻烦。例如当输入函数 u 是在 $t=0$ 时刻出现的一个有限阶跃,则 $\dot{u}$ 便是在 $t=0$ 时刻出现的 δ 函数。而 $\ddot{u},\cdots,u^{(n)}$ 将是 $t=0$ 时刻上的高阶脉冲函数。这样,方程的初值将产生无穷大跳跃,$u(0),\dot{u}(0),\cdots,u^{(n)}(0)$ 是不确定的,因此,不能唯一地确定 $t\geqslant 0$ 时系统的运动,或者说,得不到唯一解。这个困难在经典控制理论中通过拉普拉斯变换法来解决(因为拉普拉斯变换中对于工程中常见函数是按 $u(0_-)$ 来定义的)。在现代控制理论中,避免这类麻烦可通过选取合适的状态变量来解决。此时若仍选取相变量作为系统状态变量,则有如下一组一阶微分方程组。

$$\begin{cases}\dot{x}_1 = x_2\\ \dot{x}_2 = x_3\\ \quad\vdots\\ \dot{x}_{n-1} = x_n\\ \dot{x}_n = -a_n x_1 - a_{n-1}x_2 - \cdots - a_1 x_n + b_0 u^{(n)} + b_1 u^{(n-1)} + \cdots + b_n u\end{cases} \tag{1-36}$$

其中,最后一个方程包含了 u 的导数项,它可能导致解的存在唯一性被破坏,使状态轨迹出现跳变,状态方程得不到唯一解。因此,必须适当地选取一组状态变量,它可以是输出及输入各项的线性组合,最终使状态方程组中均不含有输入导数项。这样就不会引起状态变量的跳变,使系统得到状态唯一解。基于这种思路选择状态变量的方法很多,下面介绍两种常用方法。

1. 方法一

为了讨论方便,先以一个三阶系统为例,找出这种变换方法的规律,然后将其推广到 n 阶系统。

设系统的微分方程为

$$\dddot{y} + a_1\ddot{y} + a_2\dot{y} + a_3 y = b_0\dddot{u} + b_1\ddot{u} + b_2\dot{u} + b_3 u \tag{1-37}$$

若选择合适的状态变量,使方程(1-37)变换为以下形式的状态空间表达式

$$\begin{cases}\begin{bmatrix}\dot{x}_1\\ \dot{x}_2\\ \dot{x}_3\end{bmatrix} = \begin{bmatrix}0 & 1 & 0\\ 0 & 0 & 1\\ -a_3 & -a_2 & -a_1\end{bmatrix}\begin{bmatrix}x_1\\ x_2\\ x_3\end{bmatrix} + \begin{bmatrix}c_1\\ c_2\\ c_3\end{bmatrix}u\\ \boldsymbol{y} = \begin{bmatrix}1 & 0 & 0\end{bmatrix}\begin{bmatrix}x_1\\ x_2\\ x_3\end{bmatrix} + c_0 u\end{cases} \tag{1-38}$$

上式不仅满足 $\boldsymbol{A}$ 阵为友矩阵的形式,又使状态方程中不包含 u 的导数项。式中 c_0,c_1,c_2,c_3 是待定系数。下面要解决的问题是如何求得这组待定系数,使变换关系成立。将式(1-38)展开,可得

$$\begin{cases}\dot{x}_1 = x_2 + c_1 u \\ \dot{x}_2 = x_3 + c_2 u \\ \dot{x}_3 = -a_3 x_1 - a_2 x_2 - a_1 x_3 + c_3 u \\ y = x_1 + c_0 u\end{cases} \tag{1-39}$$

由方程组可导出

$$\dot{y} = x_2 + c_0 \dot{u} + c_1 u$$

$$\ddot{y} = x_3 + c_0 \ddot{u} + c_1 \dot{u} + c_2 u$$

$$\dddot{y} = -a_3 x_1 - a_2 x_2 - a_1 x_3 + c_0 \dddot{u} + c_1 \ddot{u} + c_2 \dot{u} + c_3 u$$

将上述 $\dddot{y},\ddot{y},\dot{y},y$ 的关系式代入原微分方程(1-37)后可得

$$\begin{aligned}&\dddot{y} + a_1\ddot{y} + a_2\dot{y} + a_3 y \\ = & -a_3 x_1 - a_2 x_2 - a_1 x_3 + c_0 \dddot{u} + c_1 \ddot{u} + c_2 \dot{u} + c_3 u \\ & \qquad\qquad + a_1 x_3 \qquad + a_1 c_0 \ddot{u} + a_1 c_1 \dot{u} + a_1 c_2 u \\ & \qquad + a_2 x_2 \qquad\qquad\qquad + a_2 c_0 \dot{u} + a_2 c_1 u \\ & + a_3 x_1 \qquad\qquad\qquad\qquad\qquad + a_3 c_0 u \\ = & c_0 \dddot{u} + (c_1 + a_1 c_0)\ddot{u} + (c_2 + a_1 c_1 + a_2 c_0)\dot{u} + (c_3 + a_1 c_2 + a_2 c_1 + a_3 c_0) u \\ = & b_0 \dddot{u} + b_1 \ddot{u} + b_2 \dot{u} + b_3 u\end{aligned}$$

按系数对应关系,有

$$\begin{cases}c_0 = b_0 \\ c_1 = b_1 - a_1 c_0 \\ c_2 = b_2 - a_1 c_1 - a_2 c_0 \\ c_3 = b_3 - a_1 c_2 - a_2 c_1 - a_3 c_0\end{cases} \tag{1-40}$$

可见,系数 c_0,c_1,c_2,c_3 是由方程系数 a_1,a_2,a_3 及 b_0,b_1,b_2,b_3 通过简单的递推关系求得的。由此关系可满足式(1-38)的变换。其中状态变量可由式(1-39)导出。

$$\begin{cases}x_1 = y - c_0 u \\ x_2 = \dot{x}_1 - c_1 u = \dot{y} - c_0 \dot{u} - c_1 u \\ x_3 = \dot{x}_2 - c_2 u = \ddot{y} - c_0 \ddot{u} - c_1 \dot{u} - c_2 u\end{cases} \tag{1-41}$$

在这种变换下,状态变量的选取直接按输出 y、输入 u 以及它们的各阶导数项线性组合而成。物理意义明显,且状态初值同样满足以上组合关系。

以上结果可推广到 n 阶微分方程,设

$$y^{(n)} + a_1 y^{(n-1)} + \cdots + a_{n-1}\dot{y} + a_n y = b_0 u^{(n)} + b_1 u^{(n-1)} + \cdots + b_{n-1}\dot{u} + b_n u$$

其变换后的状态空间表达式应为

$$\begin{cases}\begin{bmatrix}\dot{x}_1\\ \dot{x}_2\\ \vdots\\ \dot{x}_{n-1}\\ \dot{x}_n\end{bmatrix}=\begin{bmatrix}0 & 1 & 0 & \cdots & 0\\ 0 & 0 & 1 & \cdots & 0\\ \vdots & \vdots & \vdots & & \vdots\\ 0 & 0 & 0 & \cdots & 1\\ -a_n & -a_{n-1} & -a_{n-2} & \cdots & -a_1\end{bmatrix}\begin{bmatrix}x_1\\ x_2\\ \vdots\\ x_{n-1}\\ x_n\end{bmatrix}+\begin{bmatrix}c_1\\ c_2\\ \vdots\\ c_{n-1}\\ c_n\end{bmatrix}u\\ \boldsymbol{y}=\begin{bmatrix}1 & 0 & \cdots & 0\end{bmatrix}\begin{bmatrix}x_1\\ x_2\\ \vdots\\ x_n\end{bmatrix}+c_0u\end{cases} \tag{1-42}$$

其中,待定系数的递推公式为

$$\begin{cases}c_0=b_0\\ c_1=b_1-a_1c_0\\ c_2=b_2-a_1c_1-a_2c_0\\ \vdots\\ c_n=b_n-a_1c_{n-1}-a_2c_{n-2}-\cdots-a_nc_0\end{cases} \tag{1-43}$$

若采用计算机求解,可写成如下的矩阵形式

$$\begin{bmatrix}c_0\\ c_1\\ c_2\\ \vdots\\ c_n\end{bmatrix}=\begin{bmatrix}1 & 0 & 0 & \cdots & 0 & 0\\ a_1 & 1 & 0 & \cdots & 0 & 0\\ a_2 & a_1 & 1 & \cdots & 0 & 0\\ \vdots & \vdots & \vdots & & \vdots & \vdots\\ a_n & a_{n-1} & a_{n-2} & \cdots & a_1 & 1\end{bmatrix}^{-1}\begin{bmatrix}b_0\\ b_1\\ b_2\\ \vdots\\ b_n\end{bmatrix} \tag{1-44}$$

例1-6 设系统的微分方程为

$$\dddot{y}+4\ddot{y}+2\dot{y}+y=\ddot{u}+\dot{u}+3u$$

试用方法一求出对应的状态空间表达式。

解:按方程的系数,有

$$a_1=4,a_2=2,a_3=1$$
$$b_0=0,b_1=1,b_2=1,b_3=3$$

由式(1-40)可得出

$$c_0=b_0=0$$
$$c_1=b_1-a_1c_0=1$$
$$c_2=b_2-a_1c_1-a_2c_0=-3$$
$$c_3=b_3-a_1c_2-a_2c_1-a_3c_0=13$$

按式(1-38)可写出状态空间表达式为

$$\begin{cases}\begin{bmatrix}\dot{x}_1\\ \dot{x}_2\\ \dot{x}_3\end{bmatrix}=\begin{bmatrix}0 & 1 & 0\\ 0 & 0 & 1\\ -1 & -2 & -4\end{bmatrix}\begin{bmatrix}x_1\\ x_2\\ x_3\end{bmatrix}+\begin{bmatrix}1\\ -3\\ 13\end{bmatrix}u\\ \boldsymbol{y}=\begin{bmatrix}1 & 0 & 0\end{bmatrix}\begin{bmatrix}x_1\\ x_2\\ x_3\end{bmatrix}\end{cases}$$

2. 方法二

方程式(1-35)所描述的外部变量 u 与 y 的关系,可等效成图 1-14 的形式,若将结构图分解成图 1-15 的形式,并引进中间变量 z,便可将常微分方程(1-35)改写成由下列两个常微分方程构成的方程组,即

$$z^{(n)}+a_1z^{(n-1)}+\cdots+a_{n-1}\dot{z}+a_nz=u \tag{1-45}$$

$$y=b_0z^{(n)}+b_1z^{(n-1)}+\cdots+b_{n-1}\dot{z}+b_nz \tag{1-46}$$

其中,式(1-45)描述输入 u 与中间变量 z 之间的运动状态,是一个不含输入函数导数项的常微分方程,式(1-46)表示输出函数 y 与中间变量 z 之间的函数关系。

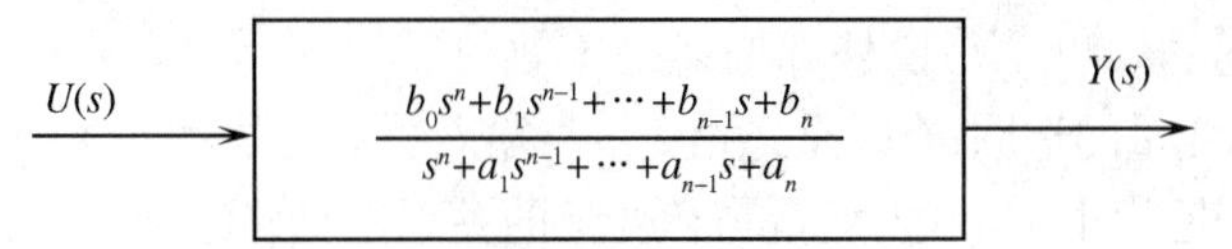

图 1-14　等效方框图

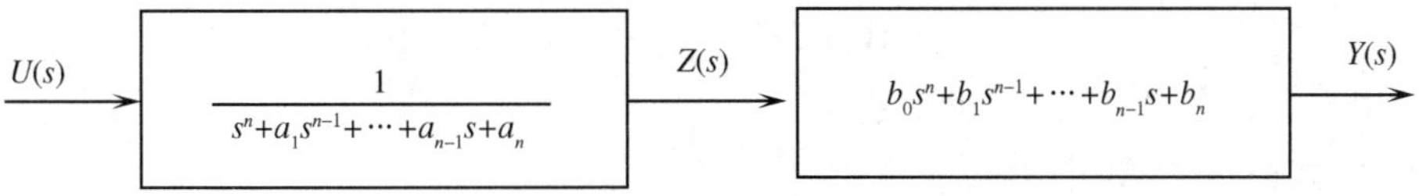

图 1-15　结构图分解

对式(1-45)可选 z 及 z 的各阶导数为相变量形式。即

$$\begin{cases}x_1=z\\ x_2=\dot{z}\\ \vdots\\ x_n=z^{(n-1)}\end{cases} \tag{1-47}$$

则按式(1-33),相应的状态方程为

$$\begin{bmatrix}\dot{x}_1\\ \dot{x}_2\\ \vdots\\ \dot{x}_{n-1}\\ \dot{x}_n\end{bmatrix}=\begin{bmatrix}0 & 1 & 0 & \cdots & 0\\ 0 & 0 & 1 & \cdots & 0\\ \vdots & \vdots & \vdots & & \vdots\\ 0 & 0 & 0 & \cdots & 1\\ -a_n & -a_{n-1} & -a_{n-2} & \cdots & -a_1\end{bmatrix}\begin{bmatrix}x_1\\ x_2\\ \vdots\\ x_{n-1}\\ x_n\end{bmatrix}+\begin{bmatrix}0\\ 0\\ \vdots\\ 0\\ 1\end{bmatrix}u \tag{1-48}$$

式(1-48)中**A**阵和**B**阵所描述的各状态变量与输入的关系是一种规范形式,称为**能控标准型**。状态方程中$\dot{x}_n = z^{(n)}$,将其与式(1-47)的关系一起代入式(1-46)可得输出方程如下

$$\boldsymbol{y} = \begin{bmatrix} b_n - a_n b_0 & b_{n-1} - a_{n-1} b_0 & \cdots & b_1 - a_1 b_0 \end{bmatrix} \begin{bmatrix} x_1 \\ x_2 \\ \vdots \\ x_n \end{bmatrix} + b_0 u \tag{1-49}$$

可见,输出为该组相变量及输入函数的线性组合。若$b_0 = 0$,即输入函数阶次低于输出阶次n时,则有

$$\boldsymbol{y} = \begin{bmatrix} b_n & b_{n-1} & \cdots & b_1 \end{bmatrix} \begin{bmatrix} x_1 \\ x_2 \\ \vdots \\ x_n \end{bmatrix} \tag{1-50}$$

即输出矩阵各元可由方程系数$b_i(i = 1,2,\cdots,n)$直接写出。

需要指出的是,对于同一个微分方程,所选取的状态变量不同,求出的状态方程与输出方程在形式上是不同的,但从外部特性上来看,在同一个输入函数作用下解得的系统输出函数是完全相同的。也就是说外部描述是等效的。

对于内部状态变量的选取,有时是选相变量与输入变量的线性组合,还具有较明显的物理意义(如方法一)。但有时所选状态变量与相变量的关系很难确定,或与系统储能元件的状态关系难定,致使其没有明显的物理意义(如方法二)。这是状态方程描述方法的一个弱点。

例1-7 设系统微分方程为

$$\dddot{y} + 4\ddot{y} + 2\dot{y} + y = \ddot{u} + \dot{u} + 3u$$

试用方法二写出其状态空间表达式。

解:按式(1-48)和式(1-50),可得

$$\begin{cases} \begin{bmatrix} \dot{x}_1 \\ \dot{x}_2 \\ \dot{x}_3 \end{bmatrix} = \begin{bmatrix} 0 & 1 & 0 \\ 0 & 0 & 1 \\ -1 & -2 & -4 \end{bmatrix} \begin{bmatrix} x_1 \\ x_2 \\ x_3 \end{bmatrix} + \begin{bmatrix} 0 \\ 0 \\ 1 \end{bmatrix} u \\ \boldsymbol{y} = \begin{bmatrix} 3 & 1 & 1 \end{bmatrix} \begin{bmatrix} x_1 \\ x_2 \\ x_3 \end{bmatrix} \end{cases}$$

1.4 单变量系统传递函数变换为状态空间表达式

与微分方程对应,系统的传递函数也是经典控制理论中描述系统的一种常用数学模型。由于传递函数可用试验法来确定,对于实际中物理过程比较复杂,相互之间的数量关系又不太清楚的系统,用解析法很难建立其数学模型。这时,往往先通过试验法确定系统的传递函数,然后采用"实现"的方法建立状态空间表达式。

应当指出,由于状态变量的非唯一性,同样从传递函数求得的状态空间表达式可以取无穷多种形式,这就是所谓实现的非唯一性。但为了分析和设计的简便,通常规定了几种规范形式,下面将分别介绍这些常见形式的变换。

1.4.1　与微分方程形式直接对应的变换法

微分方程与传递函数是可以互相转换的,根据形式上直接对应关系,可将 1.3 节中的方法直接应用到传递函数求实现的变换中。

1. 传递函数中没有零点时的变换

在这种情况下,系统的微分方程为

$$y^{(n)}+a_1y^{(n-1)}+\cdots+a_{n-1}\dot{y}+a_ny=bu$$

对应的传递函数为

$$G(s)=\frac{b}{s^n+a_1s^{n-1}+\cdots+a_{n-1}s+a_n} \tag{1-51}$$

则根据 1.3.1 节中公式(1-33),可直接写出状态空间表达式。即

$$\boldsymbol{A}=\begin{bmatrix}0&1&0&\cdots&0\\0&0&1&\cdots&0\\\vdots&\vdots&\vdots&&\vdots\\0&0&0&\cdots&1\\-a_n&-a_{n-1}&-a_{n-2}&\cdots&-a_1\end{bmatrix},\boldsymbol{B}=\begin{bmatrix}0\\0\\\vdots\\0\\b\end{bmatrix},\boldsymbol{C}=[1\quad 0\quad\cdots\quad 0] \tag{1-52}$$

对应的状态变量为相变量。也可以将微分方程分解为以下两个方程构成的方程组,即

$$\begin{cases}z^{(n)}+a_1z^{(n-1)}+\cdots+a_{n-1}\dot{z}+a_nz=u & (1-53)\\ y=bz & (1-54)\end{cases}$$

则传递函数可分解成如图 1-16 所示的结构。

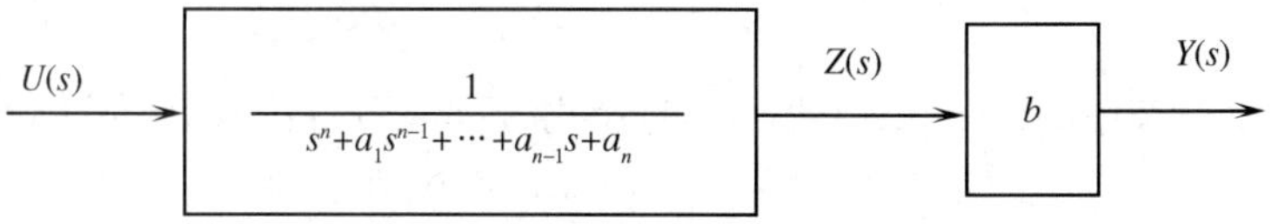

$U(s)$ → $\dfrac{1}{s^n+a_1s^{n-1}+\cdots+a_{n-1}s+a_n}$ → $Z(s)$ → b → $Y(s)$

图 1-16　传递函数分解

选状态变量为

$$\begin{cases}x_1=z=\dfrac{1}{b}y\\ x_2=\dot{z}=\dfrac{1}{b}\dot{y}\\ \vdots\\ x_n=z^{(n-1)}=\dfrac{1}{b}y^{(n-1)}\end{cases}$$

这也是一组相变量,则图 1-16 所示的传递函数,它的模拟电路图如图 1-17 所示,对应的

状态空间表达式为

$$A=\begin{bmatrix}0&1&0&\cdots&0\\0&0&1&\cdots&0\\\vdots&\vdots&\vdots&&\vdots\\0&0&0&\cdots&1\\-a_n&-a_{n-1}&-a_{n-2}&\cdots&-a_1\end{bmatrix},B=\begin{bmatrix}0\\0\\\vdots\\0\\1\end{bmatrix},C=[b\quad 0\quad\cdots\quad 0]\tag{1-55}$$

其中,A 阵和 B 阵为规范形式,这是能控标准型实现。

将图 1-17 与前面图 1-13 相对照,其核心结构是完全一致的,只是分子上的常数 b,前图放在输入矩阵 B 中,而后图放在输出矩阵 C 中。

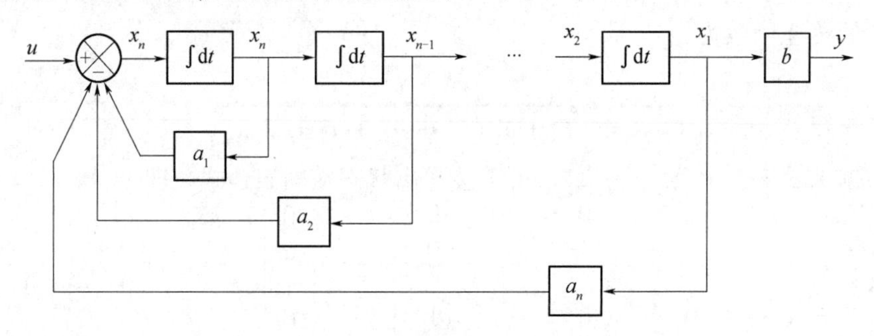

图 1-17 能控标准型实现的模拟图

2. 传递函数中有零点时的变换

此时,系统的微分方程为

$$y^{(n)}+a_1y^{(n-1)}+\cdots+a_{n-1}\dot{y}+a_ny=b_0u^{(n)}+b_1u^{(n-1)}+\cdots+b_{n-1}\dot{u}+b_nu$$

对应的传递函数为

$$G(s)=\frac{b_0s^n+b_1s^{n-1}+\cdots+b_{n-1}s+b_n}{s^n+a_1s^{n-1}+\cdots+a_{n-1}s+a_n}\tag{1-56}$$

则根据 1.3.2 节中的方法二,由式(1-48)及式(1-49)可直接写出能控标准型实现。即

$$A=\begin{bmatrix}0&1&0&\cdots&0\\0&0&1&\cdots&0\\\vdots&\vdots&\vdots&&\vdots\\0&0&0&\cdots&1\\-a_n&-a_{n-1}&-a_{n-2}&\cdots&-a_1\end{bmatrix},\quad B=\begin{bmatrix}0\\0\\\vdots\\0\\1\end{bmatrix}\tag{1-57}$$

$$C=[b_n-a_nb_0\quad b_{n-1}-a_{n-1}b_0\quad\cdots\quad b_1-a_1b_0],D=b_0$$

从传递函数的角度分析,这实际上是一种分子与分母直接分离分解法。设有中间变量 z,则由图 1-15 可得

$$\frac{Y(s)}{U(s)}=\frac{Z(s)}{U(s)}\cdot\frac{Y(s)}{Z(s)}$$

式中

$$\frac{Z(s)}{U(s)}=\frac{1}{s^n+a_1s^{n-1}+\cdots+a_{n-1}s+a_n} \tag{1-58}$$

$$\frac{Y(s)}{Z(s)}=b_0s^n+b_1s^{n-1}+\cdots+b_{n-1}s+b_n \tag{1-59}$$

对式(1-58)的传递函数结构,实际上是系统结构决定的。它对应 n 阶齐次微分方程,描述系统的自由运动规律,与外部变量无关。当选中间变量 z 及 z 的各阶导数为一组相变量形式时,得到的状态方程是能控标准型实现。即式(1-57)中的 $\boldsymbol{A}$ 阵和 $\boldsymbol{B}$ 阵。显然这是与系统结构相对应的一种规范形实现。

式(1-59)所表示的关系,是状态变量与输出的关系,当选定以 z 的相变量组作为状态变量时,输出 y 等于相变量组各变量与输入的线性组合,即式(1-57)中的 $\boldsymbol{C}$ 和 $\boldsymbol{D}$ 阵。但从传递函数的角度来看,式(1-59)所表示的是从输入到输出的前向通道所对应的前向传递函数。它包含了两部分信息,其一是状态变量的组合信息,其二是输入变量的直联信息。

若传递函数等效为

$$G(s)=b_0+\frac{\bar{b}_1s^{n-1}+\bar{b}_2s^{n-1}+\cdots+\bar{b}_{n-1}s+\bar{b}_n}{s^n+a_1s^{n-1}+\cdots+a_{n-1}s+a_n} \tag{1-60}$$

式中,$\bar{b}_i=(b_i-a_ib_0)$,$i=1,2,\cdots,n$。则式(1-57)中的 $\boldsymbol{C}$ 阵和 $\boldsymbol{D}$ 阵可直接写成

$$\boldsymbol{C}=[\bar{b}_n\quad \bar{b}_{n-1}\quad \cdots\quad \bar{b}_1],\boldsymbol{D}=b_0 \tag{1-61}$$

由此画出的系统计算机模拟图如图 1-18 所示。

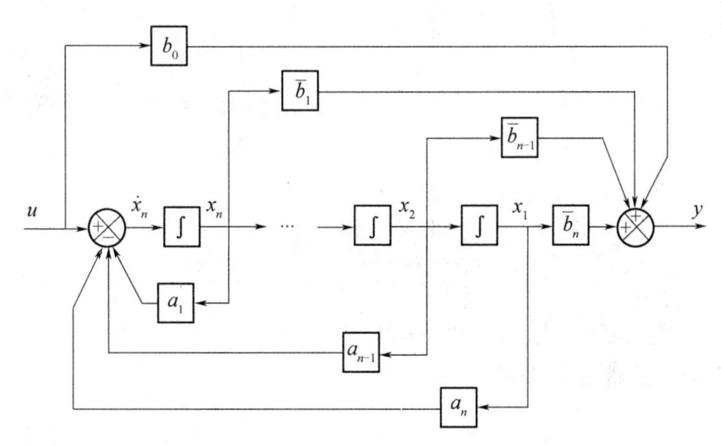

图 1-18　能控标准型实现模拟图

例 1-8　已知系统的传递函数

$$G(s)=\frac{s^2+2s+1}{s^2+5s+6}$$

试按能控标准型实现写出状态空间表达式。

解:由式(1-57)写出能控标准型状态空间表达式为

$$A=\begin{bmatrix}0 & 1\\ -a_2 & -a_1\end{bmatrix}=\begin{bmatrix}0 & 1\\ -6 & -5\end{bmatrix},B=\begin{bmatrix}0\\ 1\end{bmatrix}$$

$$C=[b_2-a_2b_0 \quad b_1-a_1b_0]=[-5 \quad -3],D=b_0=1$$

若将传递函数化成严格真有理分式,则

$$G(s)=1+\frac{-3s-5}{s^2+5s+6}$$

按式(1-60)和式(1-61)可得

$$A=\begin{bmatrix}0 & 1\\ -6 & -5\end{bmatrix},B=\begin{bmatrix}0\\ 1\end{bmatrix}$$

$$C=[b_2 \quad b_1]=[-5 \quad -3],D=1$$

一般情况下,系统输出的阶次高于输入的阶次,故 $b_0=0$,导致直联通道不存在,$D=0$,故传递函数为严格真有理分式形式,即

$$G(s)=\frac{\bar{b}_0s^m+\bar{b}_1s^{m-1}+\cdots+\bar{b}_{m-1}s+\bar{b}_m}{s^n+a_1s^{n-1}+\cdots+a_{n-1}s+a_n} \quad (n>m) \tag{1-62}$$

式中,$\bar{b}_i(i=0,1,\cdots,m)$是任意常系数。

同样按以上方法进行分子与分母直接分离法实现时,A 阵和 B 阵不变,仍是能控标准型,只是 C 阵可以写成

$$C=[\bar{b}_m \quad \bar{b}_{m-1} \quad \cdots \quad \bar{b}_1 \quad \bar{b}_0 \quad 0 \quad \cdots \quad 0] \tag{1-63}$$

此时,输出仅是状态变量的线性组合,与输入无直接关系。可见,只有在传递函数分子与分母阶次相同时才会有直联矩阵。

例 1-9 已知系统的传递函数

$$G(s)=\frac{2s+1}{(s+1)(s+2)(s+4)}$$

试按能控标准型实现写出状态空间表达式。

解:将传递函数整理成标准形式

$$G(s)=\frac{2s+1}{s^3+7s^2+14s+8}=\frac{\bar{b}_0s+\bar{b}_1}{s^3+a_1s^2+a_2s+a_3}$$

按式(1-63)写出能控标准型状态空间表达式为

$$A=\begin{bmatrix}0 & 1 & 0\\ 0 & 0 & 1\\ -a_3 & -a_2 & -a_1\end{bmatrix}=\begin{bmatrix}0 & 1 & 0\\ 0 & 0 & 1\\ -8 & -14 & -7\end{bmatrix},B=\begin{bmatrix}0\\ 0\\ 1\end{bmatrix}$$

$$C=[\bar{b}_1 \quad \bar{b}_0 \quad 0]=[1 \quad 2 \quad 0]$$

1.4.2　基于梅逊公式的信号流图法

单输入单输出系统可以用梅逊公式求传递函数,按梅逊公式的拓扑结构,当将式(1-60)改写成以下形式

$$G(s)=b_0+\frac{\bar{b}_1 s^{-1}+\bar{b}_2 s^{-2}+\cdots+\bar{b}_{n-1} s^{-(n-1)}+\bar{b}_n s^{-n}}{1+a_1 s^{-1}+a_2 s^{-2}+\cdots+a_{n-1} s^{-(n-1)}+a_n s^{-n}} \tag{1-64}$$

可以画出相应的信号流图来表示该传递函数。它的构造原则是根据传递函数的分母来构造相互交叉的反馈回环,再根据传递函数的分子来构造前向通道。按这种原则构造的系统内部结构,可方便选取状态变量,写出状态空间表达式。

1. 按能控标准型实现

图 1-19 是取状态 x_1 及其各阶导数的相变量结构画出的信号流图。这种结构的一个特点是 n 个积分环节直接串联,除第一级外,每一级的输入仅是上一级的输出,无其他输入信号,这是取相变量结构的必要条件;另一个特点是各积分环节输出均直接汇聚输出端,连同输入的直联通道一起线性叠加构成输出信号。这 n 个节点的输出还均反送到第一级积分的输入端构成 n 个相互接触的回环。

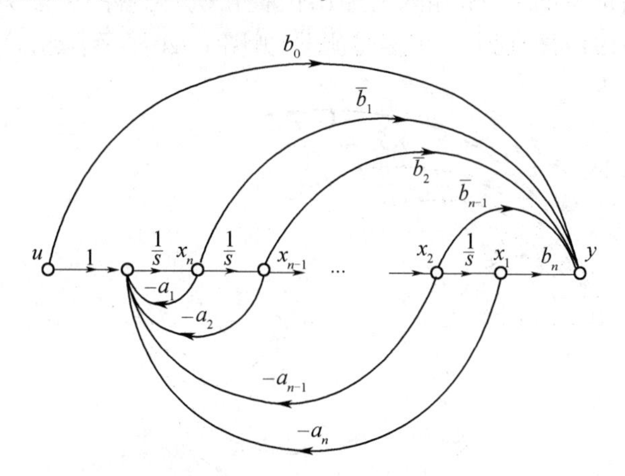

图 1-19　能控标准型状态图

令每个积分器输出为一个状态变量,按信号流图关系,可写出状态空间表达式为

$$\begin{cases}\dot{x}_1=x_2\\ \dot{x}_2=x_3\\ \vdots\\ \dot{x}_{n-1}=x_n\\ \dot{x}_n=-a_n x_1-a_{n-1}x_2-\cdots-a_2 x_{n-1}-a_1 x_n+u\\ y=\bar{b}_n x_1+\bar{b}_{n-1}x_2+\cdots+\bar{b}_2 x_{n-1}+\bar{b}_1 x_n+b_0 u\end{cases}$$

写成矩阵方程的形式为

$$\begin{cases}\begin{bmatrix}\dot{x}_1\\ \dot{x}_2\\ \vdots\\ \dot{x}_{n-1}\\ \dot{x}_n\end{bmatrix}=\begin{bmatrix}0 & 1 & 0 & \cdots & 0\\ 0 & 0 & 1 & \cdots & 0\\ \vdots & \vdots & \vdots & & \vdots\\ 0 & 0 & 0 & \cdots & 1\\ -a_n & -a_{n-1} & -a_{n-2} & \cdots & -a_1\end{bmatrix}\begin{bmatrix}x_1\\ x_2\\ \vdots\\ x_{n-1}\\ x_n\end{bmatrix}+\begin{bmatrix}0\\ 0\\ \vdots\\ 0\\ 1\end{bmatrix}u\\ y=[\bar{b}_n \quad \bar{b}_{n-1} \quad \cdots \quad \bar{b}_1]\begin{bmatrix}x_1\\ x_2\\ \vdots\\ x_n\end{bmatrix}+b_0u\end{cases} \tag{1-65}$$

该结果与式(1-57)完全一致,是能控标准型实现。图1-19所对应的模拟图与图1-18相同。

2. 按能观测标准型实现

根据对偶原则,即将图1-19输入与输出位置互换,再将图中箭头方向反向,然后沿水平方向翻转图1-19,即得到另一个信号流图,如图1-20所示。我们称这种关系的结构

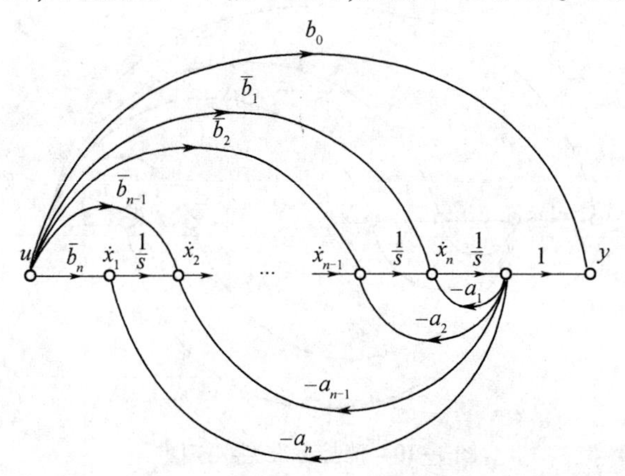

图1-20 能观测标准型状态图

为互为对偶的。按图中所选状态变量,可得一组新的状态空间表达式为

$$\begin{cases}\dot{x}_1=-a_nx_n+\bar{b}_nu\\ \dot{x}_2=x_1-a_{n-1}x_n+\bar{b}_{n-1}u\\ \vdots\\ \dot{x}_{n-1}=x_{n-2}-a_2x_n+\bar{b}_2u\\ \dot{x}_n=x_{n-1}-a_1x_n+\bar{b}_1u\\ y=x_n+b_0u\end{cases}$$

写成矩阵方程的形式为

$$
\begin{cases}
\begin{bmatrix} \dot{x}_1 \\ \dot{x}_2 \\ \dot{x}_3 \\ \vdots \\ \dot{x}_n \end{bmatrix} = \begin{bmatrix} 0 & 0 & \cdots & 0 & -a_n \\ 1 & 0 & \cdots & 0 & -a_{n-1} \\ 0 & 1 & \cdots & 0 & -a_{n-2} \\ \vdots & \vdots & & \vdots & \vdots \\ 0 & 0 & \cdots & 1 & -a_1 \end{bmatrix} \begin{bmatrix} x_1 \\ x_2 \\ x_3 \\ \vdots \\ x_n \end{bmatrix} + \begin{bmatrix} \bar{b}_n \\ \bar{b}_{n-1} \\ \bar{b}_{n-2} \\ \vdots \\ \bar{b}_1 \end{bmatrix} u \\
y = \begin{bmatrix} 0 & \cdots & 0 & 1 \end{bmatrix} \begin{bmatrix} x_1 \\ \vdots \\ x_{n-1} \\ x_n \end{bmatrix} + b_0 u
\end{cases}
\tag{1-66}
$$

比较式(1-66)和式(1-65),能够看到,两式的 $\boldsymbol{A}$ 阵互为转置,$\boldsymbol{B}$ 阵和 $\boldsymbol{C}$ 阵互为转置。我们把具有式(1-66)中 $\boldsymbol{A}$ 阵和 $\boldsymbol{C}$ 阵规范形式的状态空间表达式称为**能观测标准型**。称具有以上转置关系的标准型为互为对偶的。图 1-21 所对应的能观测标准型的状态模拟图如图 1-21 所示。

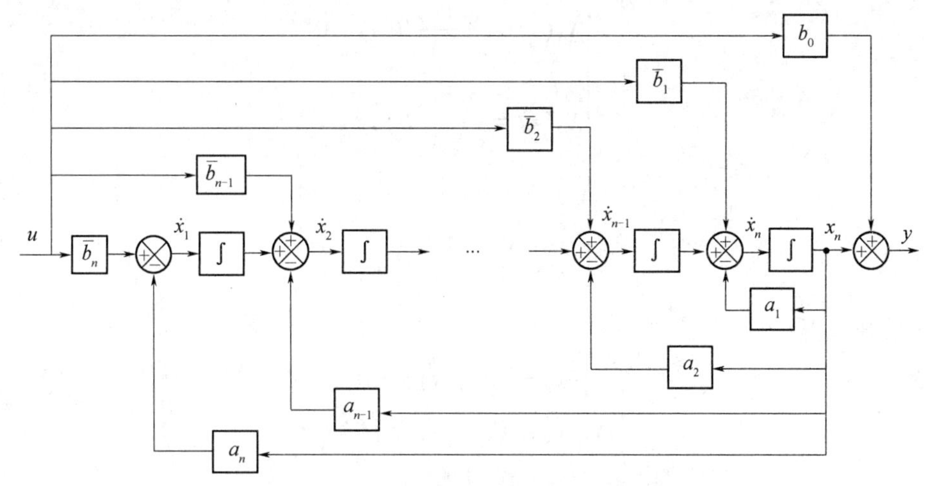

图 1-21　能观测标准型状态模拟图

1.4.3　部分分式法化对角线标准型或约当标准型

传递函数分解成部分分式,可以把复杂的函数分解成简单的一次函数的叠加。这正好符合了状态方程组中均为一阶微分方程的条件,所以,利用部分分式法可以方便地将传递函数化为状态空间表达式。

下面仅讨论严格真有理分式的状态空间实现方法,若分子与分母阶次相同时,按式(1-64)求出直联通道常数 b_0,最后计入 b_0 的影响即可。

1. 传递函数极点互不相同时的变换

设传递函数为

$$
\frac{Y(s)}{U(s)} = \frac{b_1 s^{n-1} + b_2 s^{n-2} + \cdots + b_{n-1} s + b_n}{s^n + a_1 s^{n-1} + \cdots + a_{n-1} s + a_n} =
$$

$$\frac{b_1 s^{n-1} + b_2 s^{n-2} + \cdots + b_{n-1}s + b_n}{(s-\lambda_1)(s-\lambda_2)\cdots(s-\lambda_n)} \tag{1-67}$$

式中,$\lambda_1,\lambda_2,\cdots,\lambda_n$ 为 n 个互异的极点(特征值)。按部分分式法,可将式(1-67)展开成

$$\frac{Y(s)}{U(s)} = \frac{c_1}{s-\lambda_1} + \frac{c_2}{s-\lambda_2} + \cdots + \frac{c_n}{s-\lambda_n} \tag{1-68}$$

式中,$c_1,c_2,\cdots,c_n$ 为待定系数,可按下式计算,即

$$c_i = \lim_{s\to\lambda_i}\frac{Y(s)}{U(s)}(s-\lambda_i) \tag{1-69}$$

式(1-68)可写为

$$Y(s) = \frac{c_1}{s-\lambda_1}U(s) + \frac{c_2}{s-\lambda_2}U(s) + \cdots + \frac{c_n}{s-\lambda_n}U(s) \tag{1-70}$$

定义一组状态变量为

$$\begin{cases} X_1(s) = \dfrac{1}{s-\lambda_1}U(s) \\ X_2(s) = \dfrac{1}{s-\lambda_2}U(s) \\ \quad\vdots \\ X_n(s) = \dfrac{1}{s-\lambda_n}U(s) \end{cases}$$

将上式展开可得

$$\begin{cases} sX_1(s) = \lambda_1 X_1(s) + U(s) \\ sX_2(s) = \lambda_2 X_2(s) + U(s) \\ \quad\vdots \\ sX_n(s) = \lambda_n X_n(s) + U(s) \end{cases}$$

对上式求拉普拉斯反变换,可得状态方程为

$$\begin{cases} \dot{x}_1 = \lambda_1 x_1 + u \\ \dot{x}_2 = \lambda_2 x_2 + u \\ \quad\vdots \\ \dot{x}_n = \lambda_n x_n + u \end{cases} \tag{1-71}$$

依据状态变量的定义,式(1-70)可写成

$$Y(s) = c_1X_1(s) + c_2X_2(s) + \cdots + c_nX_n(s)$$

对上式求拉普拉斯反变换,即得系统的输出方程为

$$y = c_1x_1 + c_2x_2 + \cdots + c_nx_n \tag{1-72}$$

将状态方程式(1-71)和输出方程式(1-72)写成矩阵形式,得到状态空间表达式为

$$\begin{cases}\begin{bmatrix}\dot{x}_1\\\dot{x}_2\\\vdots\\\dot{x}_n\end{bmatrix}=\begin{bmatrix}\lambda_1 & & \\ & \lambda_2 & \\ & & \lambda_n\end{bmatrix}\begin{bmatrix}x_1\\x_2\\\vdots\\x_n\end{bmatrix}+\begin{bmatrix}1\\1\\\vdots\\1\end{bmatrix}u\\ y=\begin{bmatrix}c_1 & c_2 & \cdots & c_n\end{bmatrix}\begin{bmatrix}x_1\\x_2\\\vdots\\x_n\end{bmatrix}\end{cases} \tag{1-73}$$

根据式(1-70)画出的结构图如图1-22所示,它是一种并联分解结构,相应的状态模拟图如图1-23所示。

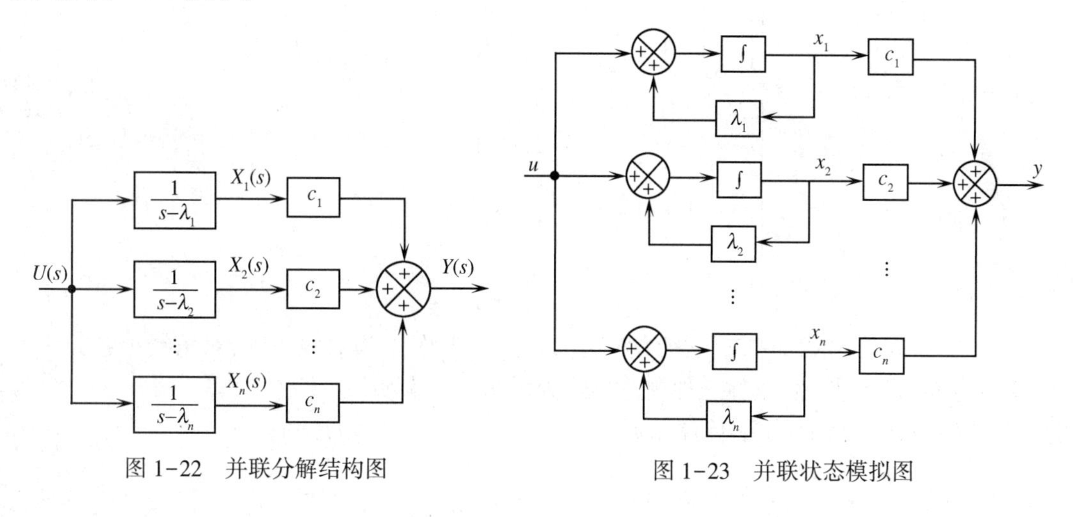

图1-22　并联分解结构图

图1-23　并联状态模拟图

如果按照前述的对偶原则,将图1-22的输入输出互换、相加点和分支点互换、箭头方向反向,则可得到式(1-70)的另一结构图,如图1-24所示,相应的状态模拟图见图1-25。

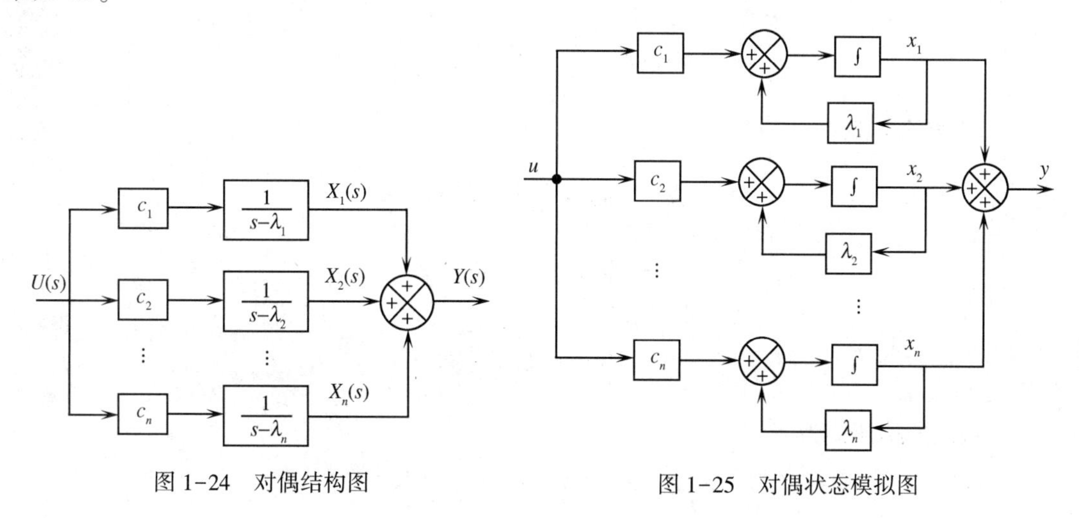

图1-24　对偶结构图

图1-25　对偶状态模拟图

如果选状态变量为

$$X_i(s)=\frac{c_i}{s-\lambda_i}U(s)\qquad i=1,2,\cdots,n$$

则式(1-70)可写成

$$Y(s)=X_1(s)+X_2(s)+\cdots+X_n(s)$$

通过求拉普拉斯反变换,最后整理可得状态空间表达式为

$$\begin{cases}\begin{bmatrix}\dot{x}_1\\\dot{x}_2\\\vdots\\\dot{x}_n\end{bmatrix}=\begin{bmatrix}\lambda_1 & & & \\ & \lambda_2 & & \\ & & \ddots & \\ & & & \lambda_n\end{bmatrix}\begin{bmatrix}x_1\\x_2\\\vdots\\x_n\end{bmatrix}+\begin{bmatrix}c_1\\c_2\\\vdots\\c_n\end{bmatrix}u\\ y=\begin{bmatrix}1 & 1 & \cdots & 1\end{bmatrix}\begin{bmatrix}x_1\\x_2\\\vdots\\x_n\end{bmatrix}\end{cases}\tag{1-74}$$

式(1-74)与式(1-73)是互为对偶的。由于矩阵 $\boldsymbol{A}$ 为对角矩阵,对角线上各元素就是系统的 n 个特征值,故称这种规范形式为对角线标准型。

例 1-10 已知系统的传递函数为

$$G(s)=\frac{1}{(s+1)(s+2)(s+3)}$$

试用部分分式法求其状态空间表达式。

解:将传递函数按部分分式展开为

$$G(s)=\frac{c_1}{s+1}+\frac{c_2}{s+2}+\frac{c_3}{s+3}$$

求待定系数:

$$c_1=\lim_{s\to-1}G(s)(s+1)=\frac{1}{2}$$

$$c_2=\lim_{s\to-2}G(s)(s+2)=-1$$

$$c_3=\lim_{s\to-3}G(s)(s+3)=\frac{1}{2}$$

系统的特征值为

$$\lambda_1=-1,\lambda_2=-2,\lambda_3=-3$$

根据式(1-73)可得到对角线标准型状态空间表达式为

$$
\begin{cases}
\begin{bmatrix}\dot{x}_1\\ \dot{x}_2\\ \dot{x}_3\end{bmatrix}=\begin{bmatrix}-1 & 0 & 0\\ 0 & -2 & 0\\ 0 & 0 & -3\end{bmatrix}\begin{bmatrix}x_1\\ x_2\\ x_3\end{bmatrix}+\begin{bmatrix}1\\ 1\\ 1\end{bmatrix}u\\
y=\begin{bmatrix}\frac{1}{2} & -1 & \frac{1}{2}\end{bmatrix}\begin{bmatrix}x_1\\ x_2\\ x_3\end{bmatrix}
\end{cases}
$$

若根据式(1-74)可得到对偶的状态空间表达式为

$$
\begin{cases}
\begin{bmatrix}\dot{x}_1\\ \dot{x}_2\\ \dot{x}_3\end{bmatrix}=\begin{bmatrix}-1 & 0 & 0\\ 0 & -2 & 0\\ 0 & 0 & -3\end{bmatrix}\begin{bmatrix}x_1\\ x_2\\ x_3\end{bmatrix}+\begin{bmatrix}\frac{1}{2}\\ -1\\ \frac{1}{2}\end{bmatrix}u\\
y=\begin{bmatrix}1 & 1 & 1\end{bmatrix}\begin{bmatrix}x_1\\ x_2\\ x_3\end{bmatrix}
\end{cases}
$$

2. 传递函数中有重极点时的变换

首先讨论系统仅含一个独立 n 重极点的情况。设系统的传递函数可部分分式展开为

$$
\frac{Y(s)}{U(s)}=\frac{M(s)}{(s-\lambda)^n}=\frac{c_1}{(s-\lambda)^n}+\frac{c_2}{(s-\lambda)^{n-1}}+\cdots+\frac{c_n}{s-\lambda} \tag{1-75}
$$

式中,待定系数 c_i 可按下式计算

$$
c_i=\lim_{s\to\lambda}\frac{1}{(i-1)!}\frac{\mathrm{d}^{i-1}}{\mathrm{d}s^{i-1}}\left[\frac{Y(s)}{U(s)}(s-\lambda)^n\right]\quad(i=1,2,\cdots,n) \tag{1-76}
$$

则有关系式

$$
Y(s)=\frac{c_1}{(s-\lambda)^n}U(s)+\frac{c_2}{(s-\lambda)^{n-1}}U(s)+\cdots+\frac{c_n}{s-\lambda}U(s) \tag{1-77}
$$

设状态变量为

$$
\begin{cases}
X_1(s)=\frac{1}{(s-\lambda)^n}U(s)\\
X_2(s)=\frac{1}{(s-\lambda)^{n-1}}U(s)\\
\quad\vdots\\
X_n(s)=\frac{1}{s-\lambda}U(s)
\end{cases} \tag{1-78}
$$

式(1-78)可整理成如下形式

$$\begin{cases} X_1(s) = \dfrac{1}{s-\lambda}X_2(s) \\ X_2(s) = \dfrac{1}{s-\lambda}X_3(s) \\ \quad\vdots \\ X_n(s) = \dfrac{1}{s-\lambda}U(s) \end{cases} \tag{1-79}$$

对上式展开可得

$$\begin{cases} sX_1(s) = \lambda X_1(s) + X_2(s) \\ sX_2(s) = \lambda X_2(s) + X_3(s) \\ \quad\vdots \\ sX_n(s) = \lambda X_n(s) + U(s) \end{cases}$$

对上式求拉普拉斯反变换,即可得系统的状态方程

$$\begin{cases} \dot{x}_1 = \lambda x_1 + x_2 \\ \dot{x}_2 = \lambda x_2 + x_3 \\ \quad\vdots \\ \dot{x}_n = \lambda x_n + u \end{cases} \tag{1-80}$$

将式(1-78)代入式(1-77)可得

$$Y(s) = c_1X_1(s) + c_2X_2(s) + \cdots + c_nX_n(s)$$

取拉普拉斯反变换可得输出方程

$$y = c_1x_1 + c_2x_2 + \cdots + c_nx_n \tag{1-81}$$

将式(1-80)和式(1-81)写成矩阵方程,即得

$$\begin{cases} \begin{bmatrix} \dot{x}_1 \\ \dot{x}_2 \\ \vdots \\ \dot{x}_n \end{bmatrix} = \begin{bmatrix} \lambda & 1 & & \\ & \lambda & \ddots & \\ & & \ddots & 1 \\ & & & \lambda \end{bmatrix} \begin{bmatrix} x_1 \\ x_2 \\ \vdots \\ x_n \end{bmatrix} + \begin{bmatrix} 0 \\ \vdots \\ 0 \\ 1 \end{bmatrix} u \\ y = \begin{bmatrix} c_1 & c_2 & \cdots & c_n \end{bmatrix} \begin{bmatrix} x_1 \\ x_2 \\ \vdots \\ x_n \end{bmatrix} \end{cases} \tag{1-82}$$

式(1-82)中系统矩阵 $\boldsymbol{A}$ 的特点是主对角线上是重特征值 λ,紧靠重特征值上方的元素为

1,其余为零。具有此特点的矩阵称为约当标准型。根据式(1-82)画出的信号流图如图1-26所示。由图可见,各状态积分器是串联的,是一种串联分解法。

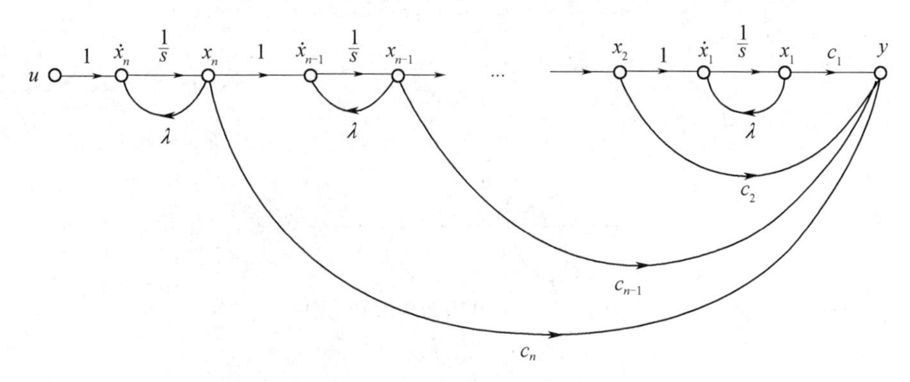

图 1-26　串联分解状态图

对于系统既有单根又有重根的情况,可以分别采用上述两种方法,将 $G(s)$ 展开成部分分式,然后对每一项分别选取合适的状态变量,最后将两部分合起来写出状态空间表达式。

例 1-11　已知系统的传递函数为

$$G(s)=\frac{4s^2+17s+16}{(s+2)^2(s+3)}$$

试用部分分式法写出其状态空间表达式。

解:系统有一个二重特征值 $\lambda_1=-2$,一个单特征值 $\lambda_2=-3$。将 $G(s)$ 展开成部分分式,得

$$G(s)=\frac{c_1}{(s+2)^2}+\frac{c_2}{s+2}+\frac{c_3}{s+3}$$

式中,

$$c_1=\lim_{s\to-2}G(s)(s+2)^2=-2$$

$$c_2=\lim_{s\to-2}\frac{\mathrm{d}}{\mathrm{d}s}[G(s)(s+2)^2]=3$$

$$c_3=\lim_{s\to-3}G(s)(s+3)=1$$

则状态空间表达式为

$$\begin{cases}\begin{bmatrix}\dot{x}_1\\\dot{x}_2\\\dot{x}_3\end{bmatrix}=\left[\begin{array}{cc:c}-2&1&0\\0&-2&0\\\hdashline 0&0&-3\end{array}\right]\begin{bmatrix}x_1\\x_2\\\hdashline x_3\end{bmatrix}+\begin{bmatrix}0\\1\\\hdashline 1\end{bmatrix}u\\ y=\left[\begin{array}{cc:c}-2&3&1\end{array}\right]\begin{bmatrix}x_1\\x_2\\\hdashline x_3\end{bmatrix}\end{cases}$$

按上式画出信号流图,如图 1-27 所示。

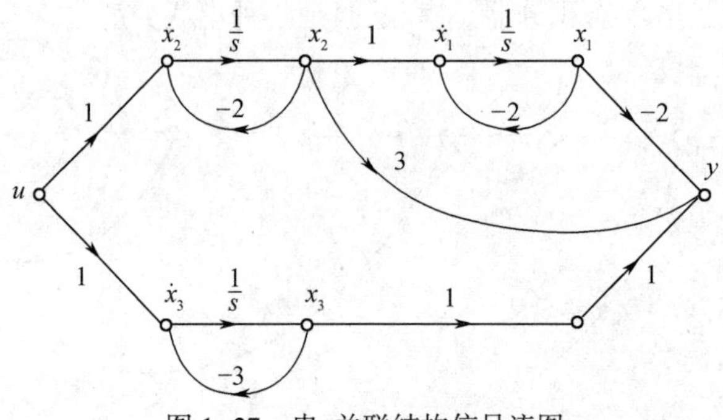

图 1-27 串、并联结构信号流图

1.5 结构图分解法建立状态空间表达式

利用结构图的分解设置状态变量,实质上就是将开环结构中每个环节,分解成一阶环节的形式,这样 n 阶系统的 n 个状态变量就可以从 n 个一阶环节中直接选取。

1.5.1 基本环节的状态变量图

设系统的开环传递函数为以下典型环节串联形式

$$G(s)=\frac{k(s+z_1)(s+z_2)(s^2+2\zeta_1\omega_1 s+\omega_1^2)\cdots}{s^{\nu}(s+p_1)(s+p_2)(s^2+2\zeta\omega_n s+\omega_n^2)\cdots} \tag{1-83}$$

上式可以看做一系列一阶和二阶环节的串联组合,因此只要研究好这两种环节结构的状态变量图,任何复杂系统都可以轻易分解了。所谓状态变量图是指将结构图中每个积分器(或一阶环节)的输出选为状态变量,来描述系统结构中各状态变量关系的图,它可以直接用作状态模拟。

1. 一阶环节的状态变量图

无零点的一阶环节如图 1-28(a)所示,它的状态变量图即是我们熟悉的图 1-28(b)的形式,下面主要讨论带有零点的一阶环节状态变量图的实现方法。

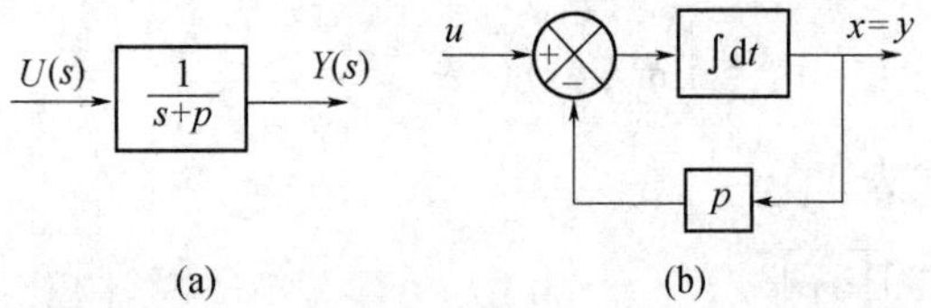

U(s) $\frac{1}{s+p}$ Y(s) u $\int dt$ $x=y$ p

(a) (b)

图 1-28 (a)无零点一阶环节;(b)状态变量图

设含零点的一阶环节的一般形式为

$$G(s)=\frac{s+z}{s+p} \tag{1-84}$$

将上式展开成部分分式为

$$\frac{Y(s)}{U(s)}=\frac{z-p}{s+p}+1 \tag{1-85}$$

则有

$$Y(s)=\frac{z-p}{s+p}U(s)+U(s) \tag{1-86}$$

定义状态变量

$$X(s)=\frac{1}{s+p}U(s)$$

则有

$$sX(s)=-pX(s)+U(s)$$

取拉普拉斯反变换得一阶状态方程为

$$\dot{x}=-px+u \tag{1-87}$$

故式(1-86)可写成

$$Y(s)=X(s)(z-p)+U(s)$$

取拉普拉斯反变换可得输出方程为

$$y=(z-p)x+u \tag{1-88}$$

按式(1-85)可画出一阶环节状态变量图如图 1-29(a)所示,相应的状态模拟图可按式(1-87)和式(1-88)画出,如图 1-29(b)所示。

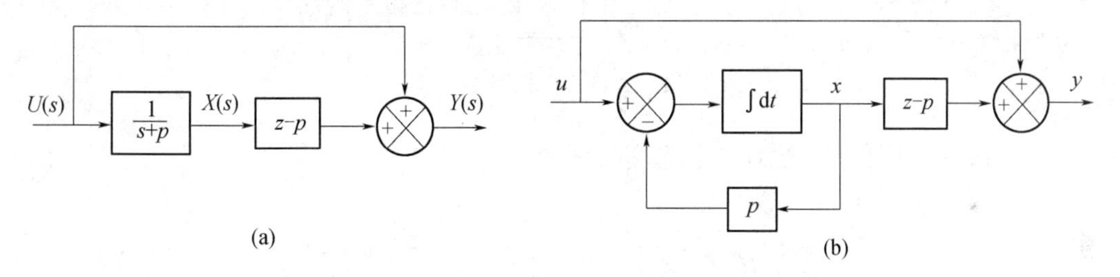

图 1-29　(a)一阶状态变量图;(b)一阶状态模拟图

2. 二阶环节的状态变量图

无零点的二阶环节典型结构图如图 1-30(a)所示。相应的状态变量图如图1-30(b)所示。

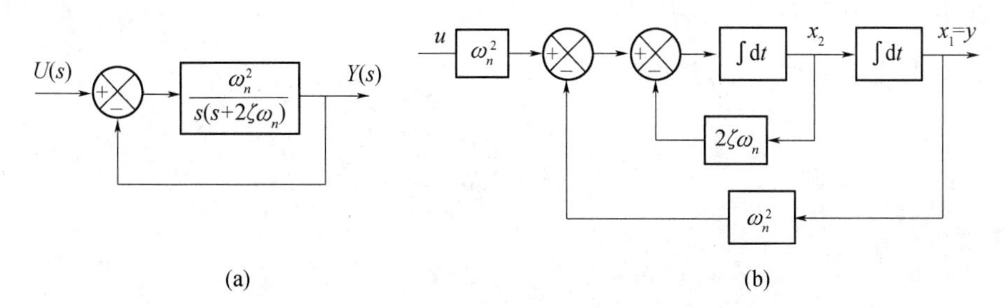

图 1-30　(a)无零点二阶环节;(b)无零点二阶环节状态图

当二阶环节含有一个零点时,设传递函数为

$$G(s)=\frac{s+z}{s^2+2\zeta\omega_n s+\omega_n^2} \tag{1-89}$$

根据分子分母分离法可令

$$G(s)=\frac{X(s)}{U(s)}\cdot\frac{Y(s)}{X(s)}=\frac{1}{s^2+2\zeta\omega_n s+\omega_n^2}\cdot(s+z)$$

即得

$$\frac{X(s)}{U(s)}=\frac{1}{s^2+2\zeta\omega_n s+\omega_n^2} \tag{1-90}$$

$$\frac{Y(s)}{X(s)}=s+z \tag{1-91}$$

式(1-90)为无零点二阶环节,其状态变量图如图1-31所示,按此图所选状态变量,则由式(1-91)可写出输出方程为

$$y=zx_1+x_2 \tag{1-92}$$

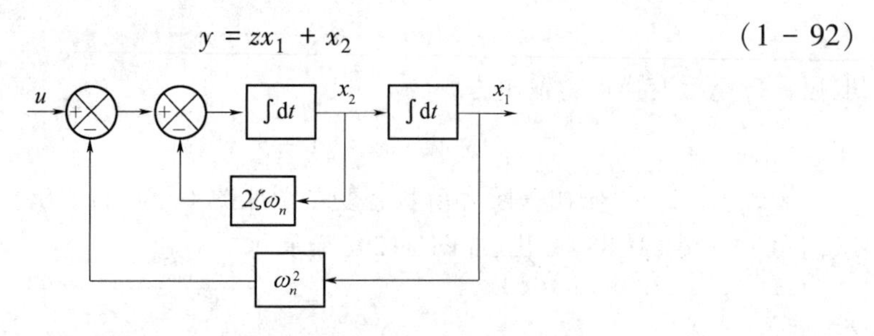

图1-31　无零点二阶环节状态图

故含有一个零点的二阶环节状态变量图如图1-32所示。

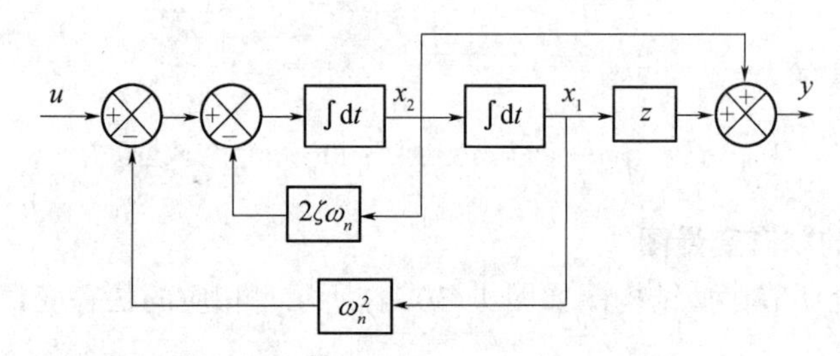

图1-32　含有一个零点的二阶环节状态模拟图

若二阶环节含有两个零点,即

$$G(s)=\frac{s^2+2\zeta_1\omega_1 s+\omega_1^2}{s^2+2\zeta\omega_n s+\omega_n^2} \tag{1-93}$$

通过整理可得

$$G(s)=\frac{b_1 s+b_2}{s^2+2\zeta\omega_n s+\omega_n^2}+1 \tag{1-94}$$

式中,$b_1=2\zeta_1\omega_1-2\zeta\omega_n$,$b_2=\omega_1^2-\omega_n^2$。

式(1-94)的结构图应为图1-33。这是一个含一个零点的二阶环节与输入到输出直

联通道的并联结构。其对应的状态图仅是对图 1-32 增加一条直联通道，如图 1-34 所示。

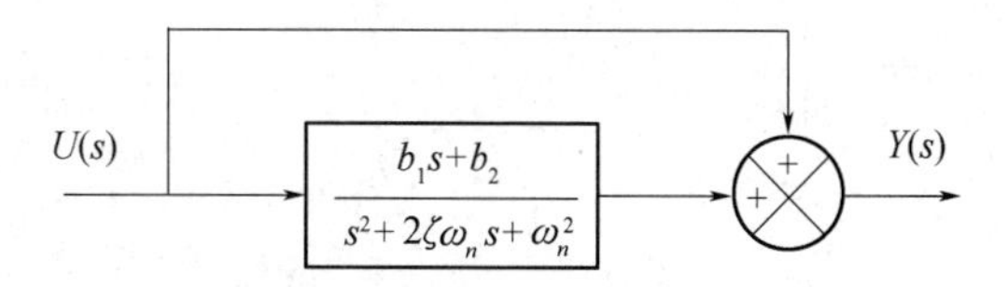

图 1-33　含两个零点的二阶环节等效图

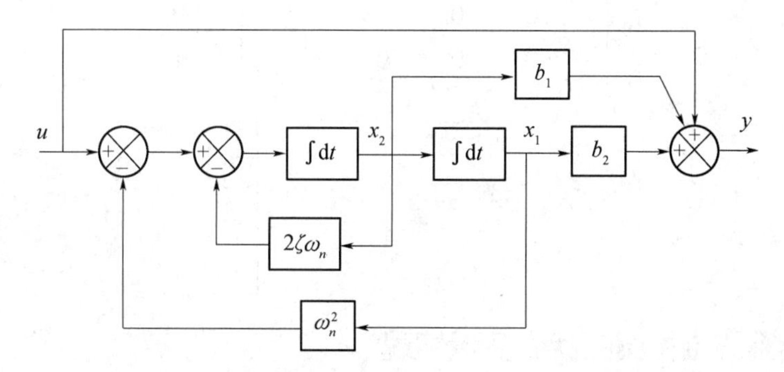

图 1-34　含两个零点的二阶环节状态图

例 1-12　已知系统传递函数为

$$G(s)=\frac{(s+1)(s^2+2s+2)}{s(s+3)(s^2+4s+5)}$$

试用状态变量图典型分解法求状态空间表达式。

解：传递函数可分解为

$$G(s)=\frac{1}{s}\cdot\frac{s+1}{s+3}\cdot\frac{s^2+2s+2}{s^2+4s+5}=\frac{1}{s}\cdot\left(1+\frac{-2}{s+3}\right)\cdot\left(1+\frac{-2s-3}{s^2+4s+5}\right)$$

按基本环节状态图画出各串联部分相应图形，如图 1-35 所示。

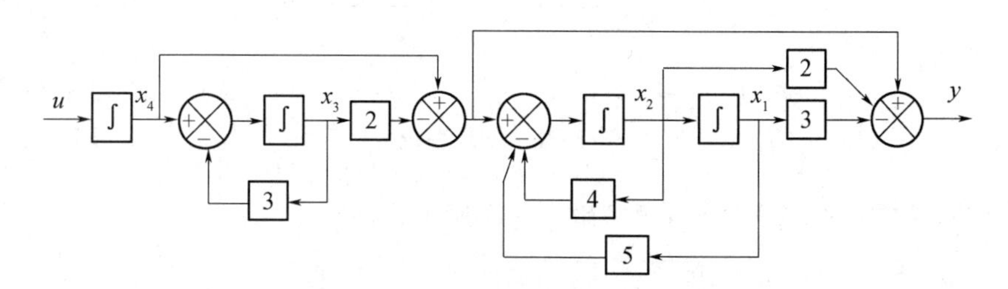

图 1-35　基本环节状态图

按状态图所选状态变量，写出状态空间方程为

$$
\begin{cases}
\dot{x}_1 = x_2 \\
\dot{x}_2 = -5x_1 - 4x_2 - 2x_3 + x_4 \\
\dot{x}_3 = -3x_3 + x_4 \\
\dot{x}_4 = u \\
y = -3x_1 - 2x_2 - 2x_3 - x_4
\end{cases}
$$

写成矩阵形式为

$$
\begin{bmatrix} \dot{x}_1 \\ \dot{x}_2 \\ \dot{x}_3 \\ \dot{x}_4 \end{bmatrix} = \begin{bmatrix} 0 & 1 & 0 & 0 \\ -5 & -4 & -2 & 1 \\ 0 & 0 & -3 & 1 \\ 0 & 0 & 0 & 0 \end{bmatrix} \begin{bmatrix} x_1 \\ x_2 \\ x_3 \\ x_4 \end{bmatrix} + \begin{bmatrix} 0 \\ 0 \\ 0 \\ 1 \end{bmatrix} u
$$

$$
y = \begin{bmatrix} -3 & -2 & -2 & 1 \end{bmatrix} \begin{bmatrix} x_1 \\ x_2 \\ x_3 \\ x_4 \end{bmatrix}
$$

1.5.2 闭环系统结构图的状态变量实现

掌握了开环结构基本环节的状态变量图,对于闭环系统结构图,通过简单结构分解,即可实现状态变量的选取。一般步骤如下:

(1) 首先将结构图中各方框的传递函数重新组合分解,化简成一阶、二阶基本环节的组合形式。

(2) 画出每个基本环节的状态变量图。

(3) 选基本环节积分器的输出为相应状态变量。也可以选无零点的一阶环节输出为状态变量。

(4) 按各环节的连接关系写出状态空间方程式。

例 1-13 试求图 1-36 所示系统的状态空间表达式。

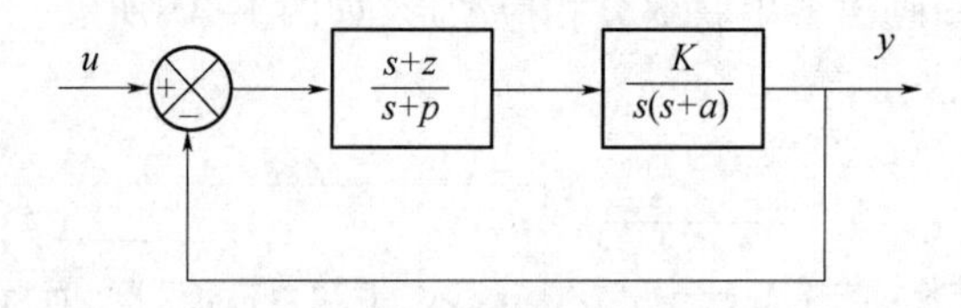

图 1-36 闭环系统

解:将每个方框按基本环节分解为图 1-37 所示。

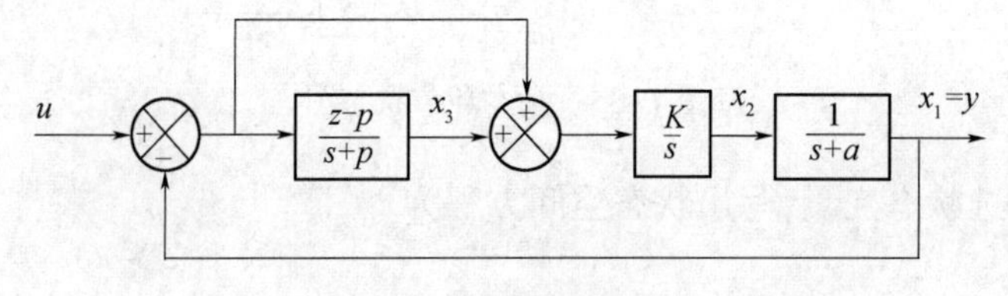

图 1-37 状态变量图

将每一个基本环节的输出定义为状态变量。可写出下列方程

$$
\begin{cases}
X_1(s) = \dfrac{1}{s+a} X_2(s) \\
X_2(s) = \dfrac{K}{s}[X_3(s) + U(s) - X_1(s)] \\
X_3(s) = \dfrac{z-p}{s+p}[U(s) - X_1(s)] \\
Y = X_1(s)
\end{cases}
$$

展开以上各式得

$$
\begin{cases}
sX_1(s) = -aX_1(s) + X_2(s) \\
sX_2(s) = -KX_1(s) + KX_3(s) + KU(s) \\
sX_3(s) = -(z-p)X_1(s) - pX_3(s) + (z-p)U(s) \\
Y(s) = X_1(s)
\end{cases}
$$

取拉普拉斯反变换得

$$
\begin{cases}
\dot{x}_1 = -ax_1 + x_2 \\
\dot{x}_2 = -Kx_1 + Kx_3 + Ku \\
\dot{x}_3 = -(z-p)x_1 - px_3 + (z-p)u \\
y = x_1
\end{cases}
$$

写成矩阵方程为

$$
\begin{cases}
\begin{bmatrix} \dot{x}_1 \\ \dot{x}_2 \\ \dot{x}_3 \end{bmatrix} = \begin{bmatrix} -a & 1 & 0 \\ -K & 0 & K \\ -(z-p) & 0 & -p \end{bmatrix} \begin{bmatrix} x_1 \\ x_2 \\ x_3 \end{bmatrix} + \begin{bmatrix} 0 \\ K \\ z-p \end{bmatrix} u \\
y = \begin{bmatrix} 1 & 0 & 0 \end{bmatrix} \begin{bmatrix} x_1 \\ x_2 \\ x_3 \end{bmatrix}
\end{cases}
$$

1.6　状态方程的线性变换

对于一个给定的动态系统，由于状态变量选择的非唯一性，同一系统可以得到多种不同形式的状态空间表达式。显然，这些不同的状态变量组都选自系统内部，均与系统的运动本质相对应。因此，它们之间必有一定的内在联系，存在相互转换关系。它们均是能够确定系统运动规律的一些最小变量组。本节将讨论线性定常系统状态变量的变换关系和如何化成系统分析中常用的几种标准型的方法。

1.6.1 状态向量的线性变换

1. 系统状态的线性变换

所谓线性变换,就是利用线性运算法则将一组变量 $x_1,x_2,\cdots,x_n$ 变换成与它们有函数关系的另一组变量 $\tilde{x}_1,\tilde{x}_2,\cdots,\tilde{x}_n$。若用向量的形式表示这种关系,可写成

$$\boldsymbol{x}=\boldsymbol{P}\tilde{\boldsymbol{x}} \text{ 或 } \tilde{\boldsymbol{x}}=\boldsymbol{P}^{-1}\boldsymbol{x} \tag{1-95}$$

式中,$\boldsymbol{P}$ 为非奇异常数矩阵,即

$$\boldsymbol{P}=\begin{bmatrix} p_{11} & p_{12} & \cdots & p_{1n} \\ p_{21} & p_{22} & \cdots & p_{2n} \\ \vdots & \vdots & & \vdots \\ p_{n1} & p_{n2} & \cdots & p_{nn} \end{bmatrix} \tag{1-96}$$

于是可得方程组

$$\begin{cases} x_1=p_{11}\tilde{x}_1+p_{12}\tilde{x}_2+\cdots+p_{1n}\tilde{x}_n \\ x_2=p_{21}\tilde{x}_1+p_{22}\tilde{x}_2+\cdots+p_{2n}\tilde{x}_n \\ \quad\vdots \\ x_n=p_{n1}\tilde{x}_1+p_{n2}\tilde{x}_2+\cdots+p_{nn}\tilde{x}_n \end{cases} \tag{1-97}$$

方程组(1-97)明显表示了 $x_1,x_2,\cdots,x_n$ 均为 $\tilde{x}_1,\tilde{x}_2,\cdots,\tilde{x}_n$ 的线性组合(反之,组合关系也成立)。由线性代数可知,当 $\boldsymbol{P}$ 阵为非奇异时,若给定一组 $\tilde{x}_1,\tilde{x}_2,\cdots,\tilde{x}_n$ 是线性无关的,方程组(1-97)必有唯一无关解 $x_1,x_2,\cdots,x_n$。这说明只要线性变换关系 $\boldsymbol{P}$ 确定后,这种对应关系是唯一的。若 $\tilde{\boldsymbol{x}}$ 是系统的状态向量,则 x 也必可作为系统的状态向量,它们均可完全描述系统的动态行为。

从几何意义上来说,向量之间的线性变换,实际上是变换前后各向量所处的坐标系之间的变换。沿向量的每个分量方向,都有一个单位坐标基,则 n 个方向上的坐标基构成了一个 n 维空间的基底,即构成了一个坐标系。由此,该坐标系中所有向量都可以由这组基底线性表示。例如,设 $\tilde{\boldsymbol{e}}_1,\tilde{\boldsymbol{e}}_2,\cdots,\tilde{\boldsymbol{e}}_n$ 是 n 维空间 $\mathbf{R}^n$ 的一组基底,则有

$$\tilde{\boldsymbol{x}}=\tilde{x}_1\tilde{\boldsymbol{e}}_1+\tilde{x}_2\tilde{\boldsymbol{e}}_2+\cdots+\tilde{x}_n\tilde{\boldsymbol{e}}_n=[\tilde{\boldsymbol{e}}_1 \quad \tilde{\boldsymbol{e}}_2 \quad \cdots \quad \tilde{\boldsymbol{e}}_n]\begin{bmatrix} \tilde{x}_1 \\ \tilde{x}_2 \\ \vdots \\ \tilde{x}_n \end{bmatrix} \tag{1-98}$$

若通过线性变换 $\boldsymbol{P}$,将 $\tilde{\boldsymbol{x}}$ 变换到 n 维空间 $\mathbf{R}^n$ 的另一坐标系中,设 $\mathbf{R}^n$ 的另一组基底为 $\boldsymbol{e}_1,\boldsymbol{e}_2,\cdots,\boldsymbol{e}_n$,则有

$$\boldsymbol{P}\tilde{\boldsymbol{x}}=\boldsymbol{P}[\tilde{x}_1\tilde{\boldsymbol{e}}_1+\tilde{x}_2\tilde{\boldsymbol{e}}_2+\cdots+\tilde{x}_n\tilde{\boldsymbol{e}}_n]=\boldsymbol{P}[\tilde{\boldsymbol{e}}_1 \quad \tilde{\boldsymbol{e}}_2 \quad \cdots \quad \tilde{\boldsymbol{e}}_n]\begin{bmatrix} \tilde{x}_1 \\ \tilde{x}_2 \\ \vdots \\ \tilde{x}_n \end{bmatrix}=$$

$$[P\tilde{e}_1 \quad P\tilde{e}_2 \quad \cdots \quad P\tilde{e}_n]\tilde{x} = [e_1 \quad e_2 \quad \cdots \quad e_n]\begin{bmatrix}\tilde{x}_1\\ \tilde{x}_2\\ \vdots\\ \tilde{x}_m\end{bmatrix} \tag{1-99}$$

可见,状态向量的线性变换实质上是状态空间基底的变换,即坐标的变换。当 $\tilde{e}_1, \tilde{e}_2, \cdots, \tilde{e}_n$ 是一组标准正交基,则 $[\tilde{e}_1, \tilde{e}_2, \cdots, \tilde{e}_n] = I$ 为单位矩阵,那么,状态向量 $\tilde{x}$ 在标准正交基下的坐标为 $\tilde{x}_1, \tilde{x}_2, \cdots, \tilde{x}_n$。而另一组基底按式(1-99)可得

$$[e_1, e_2, \cdots, e_n] = P[\tilde{e}_1 \quad \tilde{e}_2 \quad \cdots \quad \tilde{e}_n] = PI = [P_1 \quad P_2 \quad \cdots \quad P_n] \tag{1-100}$$

也就是说,通过线性变换 P,基底由标准正交基变换为 $P_1, P_2, \cdots, P_n$,状态向量 $\tilde{x}$ 变换为坐标系 $e_1, e_2, \cdots, e_n$ 中的状态向量 x,则 $\tilde{x}$ 在该坐标系下的坐标变为

$$[x_1 \quad x_2 \quad \cdots \quad x_n]^{\mathrm{T}} = P[\tilde{x}_1 \quad \tilde{x}_2 \quad \cdots \quad \tilde{x}_n]^{\mathrm{T}} \tag{1-101}$$

式(1-100)说明线性变换是基底的变换,而式(1-101)说明线性变换即为坐标变换。

应当指出,满足以上线性变换关系的非奇异矩阵 P 有无穷多。因此,如已知一个控制系统的状态向量 $\tilde{x}$,通过线性变换 P,可得到无穷多个等价的状态向量,均能完全描述系统的动态行为。我们称状态向量是非唯一的。

2. 系统方程中系数矩阵的变换

在线性定常系统中,状态空间表达式用四联矩阵 $\sum(A,B,C,D)$ 来表示,取不同的状态向量,得到的四联矩阵是不同的,下面讨论经线性变换后,四联矩阵的变换关系。设线性定常系统的状态空间表达式为

$$\begin{cases}\dot{x} = Ax + Bu\\ y = Cx + Du\end{cases}$$

令状态向量线性变换为

$$x = P\tilde{x} \quad 或 \quad \tilde{x} = P^{-1}x \tag{1-102}$$

其中,P 是非奇异线性变换阵。于是,有

$$\begin{cases}\dot{\tilde{x}} = P^{-1}AP\tilde{x} + P^{-1}Bu\\ y = CP\tilde{x} + Du\end{cases} \tag{1-103}$$

若将上式表示为

$$\begin{cases}\dot{\tilde{x}} = \tilde{A}\tilde{x} + \tilde{B}u\\ y = \tilde{C}\tilde{x} + \tilde{D}u\end{cases} \tag{1-104}$$

则得到四联矩阵变换关系式为

$$\begin{cases}\tilde{A} = P^{-1}AP\\ \tilde{B} = P^{-1}B\\ \tilde{C} = CP\\ \tilde{D} = D\end{cases} \tag{1-105}$$

注意,由于满足条件的 $\boldsymbol{P}$ 阵有无穷多,故相应的四联矩阵 $\sum(\boldsymbol{A},\boldsymbol{B},\boldsymbol{C},\boldsymbol{D})$ 所表示的状态方程形式是非唯一的。变换后,相应的初始条件通过下式求出

$$\tilde{\boldsymbol{x}}(t_0)=\boldsymbol{P}^{-1}\boldsymbol{x}(t_0) \tag{1-106}$$

式中,t_0 是分析系统运动的初始时刻。

例 1-14　试建立如图 1-38 所示系统的状态空间表达式的两种形式,并求出对应的变换阵 $\boldsymbol{P}$,验证式(1-105)表示的四联矩阵变换关系。

解:根据电路理论,可得基本方程组

$$\begin{cases} L\dfrac{\mathrm{d}i}{\mathrm{d}t}+Ri+u_c=u_r \\ C\dfrac{\mathrm{d}u_c}{\mathrm{d}t}=i \end{cases}$$

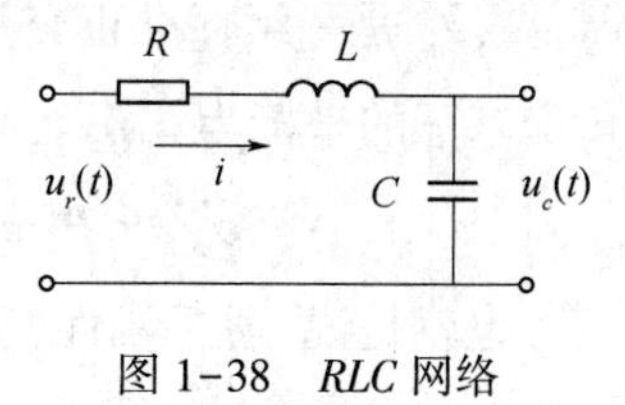

图 1-38　RLC 网络

(1) 若选系统储能元件 L,C 对应的两个状态量 i,u_c 为系统的状态变量,则有

$$\begin{cases} \dfrac{\mathrm{d}i}{\mathrm{d}t}=-\dfrac{R}{L}i-\dfrac{1}{L}u_c+\dfrac{1}{L}u_r \\ \dfrac{\mathrm{d}u_c}{\mathrm{d}t}=\dfrac{1}{C}i \end{cases}$$

令 $x_1=i,x_2=u_c$,可得

$$\begin{cases} \begin{bmatrix}\dot{x}_1\\ \dot{x}_2\end{bmatrix}=\begin{bmatrix}-\dfrac{R}{L} & \dfrac{-1}{L}\\ \dfrac{1}{C} & 0\end{bmatrix}\begin{bmatrix}x_1\\ x_2\end{bmatrix}+\begin{bmatrix}\dfrac{1}{L}\\ 0\end{bmatrix}u_r \\ y=\begin{bmatrix}0 & 1\end{bmatrix}\begin{bmatrix}x_1\\ x_2\end{bmatrix} \end{cases}$$

(2) 若在基本方程组中先消去变量 i,则得到二阶微分方程为

$$LC\frac{\mathrm{d}^2u_c}{\mathrm{d}t^2}+RC\frac{\mathrm{d}u_c}{\mathrm{d}t}+u_c=u_r$$

选输出 u_c 的相变量组作为系统的状态变量,即 $\tilde{x}_1=u_c,\tilde{x}_2=\dot{u}_c$,可得另一组状态空间表达式为

$$\begin{cases} \begin{bmatrix}\dot{\tilde{x}}_1\\ \dot{\tilde{x}}_2\end{bmatrix}=\begin{bmatrix}0 & 1\\ -\dfrac{1}{LC} & -\dfrac{R}{L}\end{bmatrix}\begin{bmatrix}\tilde{x}_1\\ \tilde{x}_2\end{bmatrix}+\begin{bmatrix}0\\ \dfrac{1}{LC}\end{bmatrix}u_r \\ y=\begin{bmatrix}1 & 0\end{bmatrix}\begin{bmatrix}\tilde{x}_1\\ \tilde{x}_2\end{bmatrix} \end{cases}$$

(3) 设两种形式的状态变量具有以下关系

$$\boldsymbol{x}=\boldsymbol{P}\tilde{\boldsymbol{x}}$$

其中，$\boldsymbol{P}=\begin{bmatrix}p_{11} & p_{12}\\ p_{21} & p_{22}\end{bmatrix}$为非奇异变换阵。

根据状态变换前后所取的变量，按变量之间的物理意义可得

$$x_1=i=C\dot{u}_c=C\tilde{x}_2$$

$$x_2=u_c=\tilde{x}_1$$

所以有关系为

$$\begin{bmatrix}x_1\\ x_2\end{bmatrix}=\begin{bmatrix}0 & C\\ 1 & 0\end{bmatrix}\begin{bmatrix}\tilde{x}_1\\ \tilde{x}_2\end{bmatrix}$$

显然

$$\boldsymbol{P}=\begin{bmatrix}0 & C\\ 1 & 0\end{bmatrix},\boldsymbol{P}^{-1}=\begin{bmatrix}0 & 1\\ \dfrac{1}{C} & 0\end{bmatrix}$$

(4) 通过变换阵 $\boldsymbol{P}$，可验证由状态 $\boldsymbol{x}$ 的方程转换为 $\tilde{\boldsymbol{x}}$ 的方程的变换关系是正确的。

$$\tilde{\boldsymbol{x}}=\boldsymbol{P}^{-1}\boldsymbol{x}=\begin{bmatrix}0 & 1\\ \dfrac{1}{C} & 0\end{bmatrix}\begin{bmatrix}i\\ u_c\end{bmatrix}=\begin{bmatrix}u_c\\ \dfrac{i}{C}\end{bmatrix}=\begin{bmatrix}u_c\\ \dot{u}_c\end{bmatrix}$$

$$\tilde{\boldsymbol{A}}=\boldsymbol{P}^{-1}\boldsymbol{A}\boldsymbol{P}=\begin{bmatrix}0 & 1\\ \dfrac{1}{C} & 0\end{bmatrix}\begin{bmatrix}-\dfrac{R}{L} & -\dfrac{1}{L}\\ \dfrac{1}{C} & 0\end{bmatrix}\begin{bmatrix}0 & C\\ 1 & 0\end{bmatrix}=\begin{bmatrix}0 & 1\\ -\dfrac{1}{LC} & -\dfrac{R}{L}\end{bmatrix}$$

$$\tilde{\boldsymbol{B}}=\boldsymbol{P}^{-1}\boldsymbol{B}=\begin{bmatrix}0 & 1\\ \dfrac{1}{C} & 0\end{bmatrix}\begin{bmatrix}\dfrac{1}{L}\\ 0\end{bmatrix}=\begin{bmatrix}0\\ \dfrac{1}{LC}\end{bmatrix}$$

$$\tilde{\boldsymbol{C}}=\boldsymbol{C}\boldsymbol{P}=[0\quad 1]\begin{bmatrix}0 & C\\ 1 & 0\end{bmatrix}=[1\quad 0]$$

1.6.2 系统特征值的不变性

1. 矩阵 A 的特征值与特征向量

对于线性定常系统，系统的特征值是一个重要概念，它决定了系统的基本特性。有关特征值的概念，在经典控制理论中是从高阶齐次微分方程所对应的特征方程来讨论的。在现代控制理论中，数学模型采用状态方程。状态方程的齐次方程仅与系统矩阵 $\boldsymbol{A}$ 有关。它同样反映系统的基本性能。因此，在现代控制理论中，有关特征值的概念，要从系统矩阵 $\boldsymbol{A}$ 得出。讨论与矩阵有关的特征值问题，首先要复习线性代数中的几个定义。

λ-矩阵　用参数 λ 的多项式作元的矩阵，叫做 λ-矩阵。常数矩阵可以看做 λ-矩阵的特殊情况。即常数可看做 λ 的零次多项式。

特征矩阵　设常数矩阵 $\boldsymbol{A}=(a_{ij})$，$\boldsymbol{I}$ 为单位阵，那么 λ-矩阵

$$\lambda \boldsymbol{I}-\boldsymbol{A}=\begin{bmatrix}\lambda-a_{11} & -a_{12} & \cdots & -a_{1n}\\ -a_{21} & \lambda-a_{22} & \cdots & -a_{2n}\\ \vdots & \vdots & & \vdots\\ -a_{n1} & -a_{n2} & \cdots & \lambda-a_{nn}\end{bmatrix} \tag{1-107}$$

叫做 $\boldsymbol{A}$ 的特征矩阵。

特征多项式 特征矩阵的行列式

$$|\lambda \boldsymbol{I}-\boldsymbol{A}|=\lambda^n-(a_{11}+a_{22}+\cdots+a_{nn})\lambda^{n-1}+\cdots+(-1)^n|\boldsymbol{A}|=$$

$$\lambda^n+a_1\lambda^{n-1}+\cdots+a_{n-1}\lambda+a_n \tag{1-108}$$

是首项系数为1的 λ 的 n 次多项式,叫做 $\boldsymbol{A}$ 的特征多项式。其根叫做 $\boldsymbol{A}$ 的**特征值**。

特征向量 若 $\boldsymbol{x}$ 为 n 维向量,齐次线性方程组

$$(\lambda \boldsymbol{I}-\boldsymbol{A})\boldsymbol{x}=0 \tag{1-109}$$

有非零解的充要条件是 $|\lambda \boldsymbol{I}-\boldsymbol{A}|=0$,则式 $|\lambda \boldsymbol{I}-\boldsymbol{A}|=0$ 又称为矩阵 $\boldsymbol{A}$ 的**特征方程**。其根为特征值 $\lambda_i(i=1,2,\cdots,n)$。将每一特征值 λ_i 代入方程(1-109),可得相应非零解 $\boldsymbol{x}_i(i=1,2,\cdots,n)$,若 λ_i 互异,则 $\boldsymbol{x}_i$ 为 n 个线性无关解。我们把解向量 $\boldsymbol{x}_i$ 叫做 $\boldsymbol{A}$ 对于 λ_i 的特征向量。

2. 系统特征值的不变性

已知线性定常系统的状态方程为

$$\dot{\boldsymbol{x}}=\boldsymbol{A}\boldsymbol{x}+\boldsymbol{B}\boldsymbol{u}$$

我们称系统矩阵 $\boldsymbol{A}$ 的特征值为系统的特征值。因此,一个 n 维系统必有 n 个特征值与之对应。对于物理上可实现的 n 维系统,其 $\boldsymbol{A}$ 阵必为实常数方阵。所以,系统的特征值或为实数,或为共轭复数对。

对同一系统,经 $\boldsymbol{x}=\boldsymbol{P}\tilde{\boldsymbol{x}}$ 线性变换后,状态方程为

$$\dot{\tilde{\boldsymbol{x}}}=\boldsymbol{P}^{-1}\boldsymbol{A}\boldsymbol{P}\boldsymbol{x}+\boldsymbol{P}^{-1}\boldsymbol{B}\boldsymbol{u}=\tilde{\boldsymbol{A}}\tilde{\boldsymbol{x}}+\tilde{\boldsymbol{B}}\boldsymbol{u}$$

可以证明,系统经非奇异变换,特征方程是不变的,从而特征值也是不变的。证明如下:

$$|\lambda \boldsymbol{I}-\tilde{\boldsymbol{A}}|=|\lambda \boldsymbol{P}^{-1}\boldsymbol{P}-\boldsymbol{P}^{-1}\boldsymbol{A}\boldsymbol{P}|=|\boldsymbol{P}^{-1}(\lambda \boldsymbol{I}-\boldsymbol{A})\boldsymbol{P}|=$$

$$|\boldsymbol{P}^{-1}||\lambda \boldsymbol{I}-\boldsymbol{A}||\boldsymbol{P}|=$$

$$|\boldsymbol{P}^{-1}\boldsymbol{P}||\lambda \boldsymbol{I}-\boldsymbol{A}|=|\lambda \boldsymbol{I}-\boldsymbol{A}|$$

可见,线性变换不改变系统的本质性能,其特征方程、方程的系数以及方程的根均不改变。因此,为分析系统方便,常通过线性变换把系统矩阵化为一些特定的标准型。

例 1-15 试求系统矩阵 $\boldsymbol{A}=\begin{bmatrix}2 & 5\\ 3 & 4\end{bmatrix}$ 的特征值,并取线性变换 $\boldsymbol{P}=\begin{bmatrix}2 & 1\\ 1 & 1\end{bmatrix}$,检验特征值的不变性。

解:求特征值

$$|\lambda \boldsymbol{I}-\boldsymbol{A}|=\begin{vmatrix}\lambda-2 & -5\\ -3 & \lambda-4\end{vmatrix}=\lambda^2-6\lambda-7=0$$

得 $\lambda_1=-1,\lambda_2=7$。

若取线性变换 $\boldsymbol{P}$,则

$$\boldsymbol{P}^{-1}=\begin{bmatrix}1 & -1\\ -1 & 2\end{bmatrix}$$

对矩阵 $\boldsymbol{A}$ 的变换为

$$\widetilde{\boldsymbol{A}}=\boldsymbol{P}^{-1}\boldsymbol{A}\boldsymbol{P}=\begin{bmatrix}1 & -1\\ -1 & 2\end{bmatrix}\begin{bmatrix}2 & 5\\ 3 & 4\end{bmatrix}\begin{bmatrix}2 & 1\\ 1 & 1\end{bmatrix}=\begin{bmatrix}-1 & 0\\ 11 & 7\end{bmatrix}$$

$$|\lambda\boldsymbol{I}-\widetilde{\boldsymbol{A}}|=\begin{vmatrix}\lambda+1 & 0\\ -11 & \lambda-7\end{vmatrix}=(\lambda+1)(\lambda-7)=0$$

得　$\lambda_1=-1,\lambda_2=7$。

可见,特征值不变。

1.6.3　化系统矩阵 A 为对角标准型或约当标准型

1.4.3 节讨论对传递函数的状态实现方法,是按系统特征值进行部分分式展开,当 n 个特征值互异时,可得到对角线标准型实现;当特征值有重值时,则得到的是约当标准型实现。对于用状态方程建立的系统模型,也可以按照特征值的情况,选择合适的变换阵 $\boldsymbol{P}$,使系统矩阵 $\boldsymbol{A}$ 化为对角线标准型或约当标准型。

1. 化 A 阵为对角线标准型

定理 1-1　线性定常系统,若 $\boldsymbol{A}$ 的特征值 $\lambda_1,\lambda_2,\cdots,\lambda_n$ 互不相同,则必存在一非奇异矩阵 $\boldsymbol{P}$,通过线性变换,使 $\boldsymbol{A}$ 阵化为对角线标准型

$$\widetilde{\boldsymbol{A}}=\boldsymbol{P}^{-1}\boldsymbol{A}\boldsymbol{P}=\begin{bmatrix}\lambda_1 & & & \\ & \lambda_2 & & \\ & & \ddots & \\ & & & \lambda_n\end{bmatrix}$$

并且,变换矩阵

$$\boldsymbol{P}=\begin{bmatrix}p_{11} & p_{12} & \cdots & p_{1n}\\ p_{21} & p_{22} & \cdots & p_{2n}\\ \vdots & \vdots & & \vdots\\ p_{n1} & p_{n2} & \cdots & p_{nn}\end{bmatrix}=[\boldsymbol{P}_1\quad \boldsymbol{P}_2\quad \cdots\quad \boldsymbol{P}_n]$$

式中,列向量 $\boldsymbol{P}_1,\boldsymbol{P}_2,\cdots,\boldsymbol{P}_n$ 分别是 $\boldsymbol{A}$ 的对应于 $\lambda_1,\lambda_2,\cdots,\lambda_n$ 的特征向量。

证明:若齐次线性方程组

$$(\lambda\boldsymbol{I}-\boldsymbol{A})\boldsymbol{x}=0$$

的特征值 $\lambda_1,\lambda_2,\cdots,\lambda_n$ 互异,则对应的 n 个特征解向量 $\boldsymbol{P}_i(i=1,2,\cdots,n)$ 线性无关,且都满足方程

$$(\lambda_i\boldsymbol{I}-\boldsymbol{A})\boldsymbol{P}_i=0$$

于是

$$AP_i = \lambda_i P_i \quad (i = 1,2,\cdots,n) \tag{1-110}$$

因此,有下式成立

$$A[P_1 \quad P_2 \quad \cdots \quad P_n] = [\lambda_1 P_1 \quad \lambda_2 P_2 \quad \cdots \quad \lambda_n P_n]$$

即

$$AP = [P_1 \quad P_2 \quad \cdots \quad P_n]\begin{bmatrix} \lambda_1 & & & \\ & \lambda_2 & & \\ & & \ddots & \\ & & & \lambda_n \end{bmatrix} = P\begin{bmatrix} \lambda_1 & & & \\ & \lambda_2 & & \\ & & \ddots & \\ & & & \lambda_n \end{bmatrix}$$

将上式左乘 P^{-1},可得

$$\widetilde{A} = P^{-1}AP = \begin{bmatrix} \lambda_1 & & & \\ & \lambda_2 & & \\ & & \ddots & \\ & & & \lambda_n \end{bmatrix}$$

[证毕]

可以看出,A 阵化为对角标准型 $\widetilde{A}$ 之后,状态方程 $\dot{\tilde{x}} = \widetilde{A}\tilde{x} + \widetilde{B}u$ 中,每个方程的 $\dot{\tilde{x}}_i$ 只与其自身的状态变量 $\tilde{x}_i$ 有关,而与其他状态变量的耦合关系已被解除,这称为“状态解耦”。这对于研究多变量系统是重要方法之一。

例 1-16 试将状态方程

$$\dot{x} = \begin{bmatrix} 1 & 2 \\ 2 & -2 \end{bmatrix} x + \begin{bmatrix} 1 \\ 2 \end{bmatrix} u$$

变换为对角线标准型。

解:(1) 首先求系统的特征值,由下式

$$|\lambda I - A| = \begin{vmatrix} \lambda - 1 & -2 \\ -2 & \lambda + 2 \end{vmatrix} = \lambda^2 + \lambda - 6 = 0$$

求得 $\lambda_1 = 2, \lambda_2 = -3$。

(2) 求变换矩阵 P。

当 $\lambda_1 = 2$ 时,对应的特征向量记为 $P_1 = \begin{bmatrix} p_{11} \\ p_{21} \end{bmatrix}$,则有 $(\lambda_1 I - A)P_1 = 0$,即

$$\begin{bmatrix} 1 & -2 \\ -2 & 4 \end{bmatrix} \begin{bmatrix} p_{11} \\ p_{21} \end{bmatrix} = 0$$

对特征矩阵作行初等变换,可得

$$\begin{bmatrix} 1 & -2 \\ 0 & 0 \end{bmatrix} \begin{bmatrix} p_{11} \\ p_{21} \end{bmatrix} = 0$$

解得 $p_{11} = 2p_{21}$,取 $p_{21} = 1$,于是 $p_{11} = 2$,则有 $P_1 = \begin{bmatrix} 2 \\ 1 \end{bmatrix}$。

同理,特征值 $\lambda_2=-3$ 所对应的特征向量记为 $\boldsymbol{P}_2=\begin{bmatrix}p_{12}\\p_{22}\end{bmatrix}$,则有 $(\lambda_2\boldsymbol{I}-\boldsymbol{A})\boldsymbol{P}_2=0$。即

$$\begin{bmatrix}-4 & -2\\-2 & -1\end{bmatrix}\begin{bmatrix}p_{12}\\p_{22}\end{bmatrix}=0$$

对特征矩阵作行初等变换,可得

$$\begin{bmatrix}-2 & -1\\0 & 0\end{bmatrix}\begin{bmatrix}p_{12}\\p_{22}\end{bmatrix}=0$$

解得 $p_{22}=-2p_{12}$,取 $p_{12}=1$,于是 $p_{22}=-2$,则有 $\boldsymbol{P}_2=\begin{bmatrix}1\\-2\end{bmatrix}$。变换阵为

$$\boldsymbol{P}=[\boldsymbol{P}_1\quad \boldsymbol{P}_2]=\begin{bmatrix}2 & 1\\1 & -2\end{bmatrix},\boldsymbol{P}^{-1}=\begin{bmatrix}0.4 & 0.2\\0.2 & -0.4\end{bmatrix}$$

(3) 写出变换后的状态方程:

$$\tilde{\boldsymbol{A}}=\boldsymbol{P}^{-1}\boldsymbol{A}\boldsymbol{P}=\begin{bmatrix}2 & 0\\0 & -3\end{bmatrix},\tilde{\boldsymbol{B}}=\boldsymbol{P}^{-1}\boldsymbol{B}=\begin{bmatrix}0.8\\-0.6\end{bmatrix}$$

$$\dot{\tilde{\boldsymbol{x}}}=\begin{bmatrix}2 & 0\\0 & -3\end{bmatrix}\tilde{\boldsymbol{x}}+\begin{bmatrix}0.8\\-0.6\end{bmatrix}u$$

通过求解特征向量的方法得到变换阵 $\boldsymbol{P}$,对任何形式的系统矩阵 $\boldsymbol{A}$ 都是适用的。但随着系统维数的增加,计算特征向量的难度会增加。若系统矩阵 $\boldsymbol{A}$ 具有友矩阵的标准型时,变换阵可直接由以下定理得到。

定理 1-2　线性定常系统,若矩阵 $\boldsymbol{A}$ 为友矩阵的形式,即

$$\boldsymbol{A}=\begin{bmatrix}0 & 1 & 0 & \cdots & 0\\0 & 0 & 1 & \cdots & 0\\\vdots & \vdots & \vdots & & \vdots\\0 & 0 & 0 & \cdots & 1\\-a_n & -a_{n-1} & -a_{n-2} & \cdots & -a_1\end{bmatrix}\tag{1-111}$$

其特征多项式为

$$|\lambda\boldsymbol{I}-\boldsymbol{A}|=\lambda^n+a_1\lambda^{n-1}+\cdots+a_{n-1}\lambda+a_n$$

并且 $\boldsymbol{A}$ 的特征值 $\lambda_1,\lambda_2,\cdots,\lambda_n$ 互异,则使 $\boldsymbol{A}$ 化为对角线标准型的变换阵为

$$\boldsymbol{P}=\begin{bmatrix}1 & 1 & \cdots & 1\\\lambda_1 & \lambda_2 & \cdots & \lambda_n\\\lambda_1^2 & \lambda_2^2 & \cdots & \lambda_n^2\\\vdots & \vdots & & \vdots\\\lambda_1^{n-1} & \lambda_2^{n-1} & \cdots & \lambda_n^{n-1}\end{bmatrix}\tag{1-112}$$

式(1-112)称为范德蒙(Vandermonde)矩阵。

证明:设对应于特征值 λ_i 的特征向量为

$$\boldsymbol{P}_i = \begin{bmatrix} p_{1i} \\ p_{2i} \\ \vdots \\ p_{ni} \end{bmatrix} \qquad (i = 1,2,\cdots,n)$$

应满足

$$(\lambda_i \boldsymbol{I} - \boldsymbol{A})\boldsymbol{P}_i = 0$$

当 $\boldsymbol{A}$ 阵为式(1-111)形式的友矩阵,则

$$\begin{bmatrix} \lambda_i & -1 & 0 & \cdots & 0 \\ 0 & \lambda_i & -1 & \cdots & 0 \\ \vdots & \vdots & \vdots & & \vdots \\ 0 & 0 & 0 & \cdots & -1 \\ a_n & a_{n-1} & a_{n-2} & \cdots & \lambda_i + a_1 \end{bmatrix} \begin{bmatrix} p_{1i} \\ p_{2i} \\ \vdots \\ p_{(n-1)i} \\ p_{ni} \end{bmatrix} = 0$$

展开为

$$\begin{cases} \lambda_i p_{1i} - p_{2i} = 0 \\ \lambda_i p_{2i} - p_{3i} = 0 \\ \quad\vdots \\ \lambda_i p_{(n-1)i} - p_{ni} = 0 \\ a_n p_{1i} + a_{n-1} p_{2i} + \cdots + (\lambda_i + a_1) p_{ni} = 0 \end{cases}$$

令 $p_{1i}=1$,则

$$p_{2i} = \lambda_i$$

$$p_{3i} = \lambda_i^2$$

$$\vdots$$

$$p_{ni} = \lambda_i^{n-1}$$

于是,可得

$$\boldsymbol{P}_i = \begin{bmatrix} 1 \\ \lambda_i \\ \lambda_i^2 \\ \vdots \\ \lambda_i^{n-1} \end{bmatrix} \qquad (i = 1,2,\cdots,n)$$

由于 $\lambda_1,\lambda_2,\cdots,\lambda_n$ 互异,则对应的 n 个特征向量线性独立,可得变换阵

$$P=[P_1\quad P_2\quad \cdots\quad P_n]\begin{bmatrix}1 & 1 & \cdots & 1\\ \lambda_1 & \lambda_2 & \cdots & \lambda_n\\ \lambda_1^2 & \lambda_2^2 & \cdots & \lambda_n^2\\ \vdots & \vdots & & \vdots\\ \lambda_1^{n-1} & \lambda_2^{n-1} & \cdots & \lambda_n^{n-1}\end{bmatrix}$$

即为范德蒙矩阵。

例 1-17　系统状态空间表达式为

$$\begin{cases}\begin{bmatrix}\dot{x}_1\\ \dot{x}_2\\ \dot{x}_3\end{bmatrix}=\begin{bmatrix}0 & 1 & 0\\ 0 & 0 & 1\\ -6 & -11 & -6\end{bmatrix}\begin{bmatrix}x_1\\ x_2\\ x_3\end{bmatrix}+\begin{bmatrix}0\\ 0\\ 6\end{bmatrix}u\\ y=[1\quad 0\quad 0]\begin{bmatrix}x_1\\ x_2\\ x_3\end{bmatrix}\end{cases}$$

试变换为对角线标准型。

解:系统特征方程为

$$|\lambda I-A|=\begin{vmatrix}\lambda & -1 & 0\\ 0 & \lambda & -1\\ 6 & 11 & \lambda+6\end{vmatrix}=(\lambda+1)(\lambda+2)(\lambda+3)=0$$

特征值为:$\lambda_1=-1,\lambda_2=-2,\lambda_3=-3$。

系统矩阵 A 为友矩阵,则变换阵 P 可取范德蒙阵,即

$$P=\begin{bmatrix}1 & 1 & 1\\ \lambda_1 & \lambda_2 & \lambda_3\\ \lambda_1^2 & \lambda_2^2 & \lambda_3^2\end{bmatrix}=\begin{bmatrix}1 & 1 & 1\\ -1 & -2 & -3\\ 1 & 4 & 9\end{bmatrix},P^{-1}=\begin{bmatrix}3 & 2.5 & 0.5\\ -3 & -4 & -1\\ 1 & 1.5 & 0.5\end{bmatrix}$$

$$\tilde{A}=P^{-1}AP=\begin{bmatrix}3 & 2.5 & 0.5\\ -3 & -4 & -1\\ 1 & 1.5 & 0.5\end{bmatrix}\begin{bmatrix}0 & 1 & 0\\ 0 & 0 & 1\\ -6 & -11 & -6\end{bmatrix}\begin{bmatrix}1 & 1 & 1\\ -1 & -2 & -3\\ 1 & 4 & 9\end{bmatrix}=\begin{bmatrix}-1 & 0 & 0\\ 0 & -2 & 0\\ 0 & 0 & -3\end{bmatrix}$$

$$\tilde{B}=P^{-1}B=\begin{bmatrix}3 & 2.5 & 0.5\\ -3 & -4 & -1\\ 1 & 1.5 & 0.5\end{bmatrix}\begin{bmatrix}0\\ 0\\ 6\end{bmatrix}=\begin{bmatrix}3\\ -6\\ 3\end{bmatrix}$$

$$\tilde{C}=CP=[1\quad 0\quad 0]\begin{bmatrix}1 & 1 & 1\\ -1 & -2 & -3\\ 1 & 4 & 9\end{bmatrix}=[1\quad 1\quad 1]$$

经线性变换后系统状态空间表达式为

$$\begin{cases}\begin{bmatrix}\dot{\tilde{x}}_1\\ \dot{\tilde{x}}_2\\ \dot{\tilde{x}}_3\end{bmatrix}=\begin{bmatrix}-1&0&0\\0&-2&0\\0&0&-3\end{bmatrix}\begin{bmatrix}\tilde{x}_1\\ \tilde{x}_2\\ \tilde{x}_3\end{bmatrix}+\begin{bmatrix}3\\-6\\3\end{bmatrix}u\\ \boldsymbol{y}=\begin{bmatrix}1&1&1\end{bmatrix}\begin{bmatrix}\tilde{x}_1\\ \tilde{x}_2\\ \tilde{x}_3\end{bmatrix}\end{cases}$$

图1-39画出了系统线性变换前后的状态变量图,(a)图为变换前的回环嵌套耦合形式;(b)图是变换后的解耦形式。

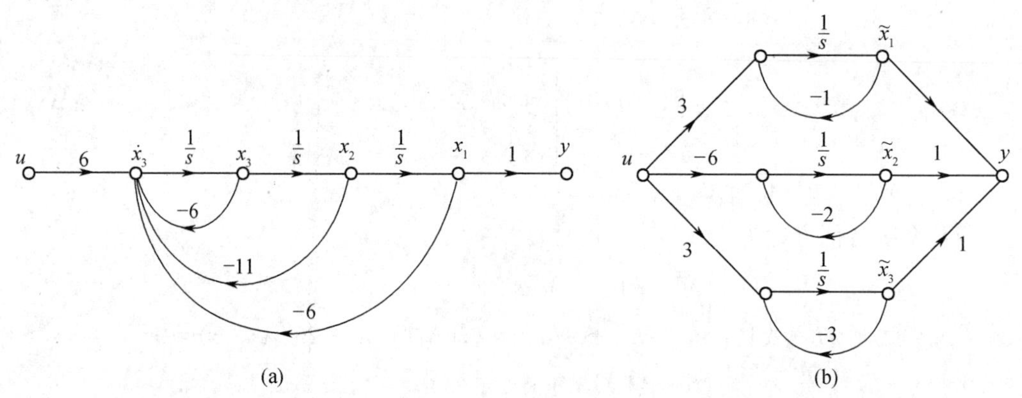

图1-39　系统状态变量图

(a) 嵌套耦合；(b) 状态解耦。

应当指出,在由式(1-110)求特征向量 $\boldsymbol{P}_i$ 时,得到的解向量不是唯一的,而只是一组线性无关的解。这样,由特征向量 $\boldsymbol{P}_i$ 组成的 $\boldsymbol{P}$ 阵也就不唯一。不过变换后的对角线标准型 $\tilde{\boldsymbol{A}}$ 阵除对角线元素排列次序可能不一样外,结果是一致的。但是,变换后其他系数矩阵 $\tilde{\boldsymbol{B}}$ 和 $\tilde{\boldsymbol{C}}$ 不是唯一的。

另外,不可避免的是,系统的特征值会出现复数。显然也可以用上述方法把系统矩阵 $\boldsymbol{A}$ 化为对角形,但是当矩阵中带有复数时,计算很不方便。计算出特征向量将出现复数向量,变换结果中 $\tilde{\boldsymbol{A}}$ 也是复数阵。同样,$\tilde{\boldsymbol{B}}$ 和 $\tilde{\boldsymbol{C}}$ 也是复数矩阵。后面计算矩阵指数 $e^{\tilde{A}t}$ 会更麻烦。并且,带有复数矩阵的状态空间表达式,绘制系统相应的状态变量图也会出现麻烦。复数信号的物理意义不清晰。因此,在状态变换中,希望避免在系数矩阵中出现复数。那么,怎样才能做到既化成规范形又不出现复数呢?此时,我们可以利用特征向量求 $\boldsymbol{P}$ 阵的方法,但放弃化复数特征值对角线标准型,而将其化成以特征值实部、虚部为元素的另一种规范形,我们称之为**模态规范形**。

由于复数特征值都是共轭出现的,若将每一对共轭特征值的实部和虚部分开,使其数值分别出现在变换后的 $\tilde{\boldsymbol{A}}$ 阵元素中,同样保留了特征值,且变换阵也不再出现复数。它同以特征值为对角线元素的对角线标准型一样,在系统的分析中会带来很多方便。

为讨论方便,设 $\boldsymbol{A}$ 为二阶矩阵,具有共轭特征值 $\lambda_1=\sigma+\mathrm{j}\omega$,$\lambda_2=\sigma-\mathrm{j}\omega$。根据特征向量

的定义有

$$(\sigma+\mathrm{j}\omega)\boldsymbol{P}_1=\boldsymbol{A}\boldsymbol{P}_1 \tag{1-113}$$

由于 $\lambda_1=\sigma+\mathrm{j}\omega$ 为复数，则对应的解向量 $\boldsymbol{P}_1$ 也是复数形式，设 $\boldsymbol{P}_1=\boldsymbol{q}_1+\mathrm{j}\boldsymbol{q}_2$，其中，$\boldsymbol{q}_1$、$\boldsymbol{q}_2$ 分别是复数向量 $\boldsymbol{P}_1$ 的实部和虚部写出的两个实数向量。

于是式(1-113)可写成

$$(\sigma+\mathrm{j}\omega)(\boldsymbol{q}_1+\mathrm{j}\boldsymbol{q}_2)=\boldsymbol{A}(\boldsymbol{q}_1+\mathrm{j}\boldsymbol{q}_2)$$

令实部、虚部分别相等，得

$$\begin{cases}\sigma\boldsymbol{q}_1-\omega\boldsymbol{q}_2=\boldsymbol{A}\boldsymbol{q}_1\\ \omega\boldsymbol{q}_1+\sigma\boldsymbol{q}_2=\boldsymbol{A}\boldsymbol{q}_2\end{cases}$$

将两式合并成矩阵方程

$$[\boldsymbol{q}_1\quad\boldsymbol{q}_2]\begin{bmatrix}\sigma&\omega\\-\omega&\sigma\end{bmatrix}=\boldsymbol{A}[\boldsymbol{q}_1\quad\boldsymbol{q}_2] \tag{1-114}$$

这时已把特征值和特征向量中的复数转换成实数形式表示，若取变换后的矩阵为特征值分解形式

$$\widetilde{\boldsymbol{A}}=\begin{bmatrix}\sigma&\omega\\-\omega&\sigma\end{bmatrix}$$

则根据式(1-114)可知，相应的变换矩阵为

$$\boldsymbol{Q}=[\boldsymbol{q}_1\quad\boldsymbol{q}_2] \tag{1-115}$$

因此，将具有共轭复数特征值的 $\boldsymbol{A}$ 阵，通过变换阵 $\boldsymbol{Q}$，就可化为另一种对应特征值实部和虚部的模态规范形 $\widetilde{\boldsymbol{A}}$，即

$$\widetilde{\boldsymbol{A}}=\boldsymbol{Q}^{-1}\boldsymbol{A}\boldsymbol{Q}=\begin{bmatrix}\sigma&\omega\\-\omega&\sigma\end{bmatrix} \tag{1-116}$$

其中变换阵中两个列向量是由特征值 λ_1 所对应的复数特征向量 $\boldsymbol{P}_1$ 的实部和虚部构成的两个独立实数列向量。

例 1-18　已知矩阵

$$\boldsymbol{A}=\begin{bmatrix}-2&1\\-17&-4\end{bmatrix}$$

试化 $\boldsymbol{A}$ 为模态规范形。

解：求出 $\boldsymbol{A}$ 的特征值

$$|\lambda\boldsymbol{I}-\boldsymbol{A}|=\begin{vmatrix}\lambda+2&-1\\17&\lambda+4\end{vmatrix}=\lambda^2+6\lambda+25=0$$

$$\lambda_1=-3+\mathrm{j}4,\lambda_2=-3-\mathrm{j}4$$

对应于 λ_1 的特征向量可求得为

$$(\lambda_1\boldsymbol{I}-\boldsymbol{A})\boldsymbol{P}_1=\begin{bmatrix}-1+\mathrm{j}4&-1\\17&1+\mathrm{j}4\end{bmatrix}\begin{bmatrix}p_{11}\\p_{12}\end{bmatrix}=0$$

解出

$$\boldsymbol{P}_1=\begin{bmatrix}p_{11}\\p_{12}\end{bmatrix}=\begin{bmatrix}1\\-1+\mathrm{j}4\end{bmatrix}=\begin{bmatrix}1\\-1\end{bmatrix}+\mathrm{j}\begin{bmatrix}0\\4\end{bmatrix}$$

因此,由式(1-115)可得出变换阵为

$$\boldsymbol{Q}=[\boldsymbol{q}_1\quad \boldsymbol{q}_2]=\begin{bmatrix}1&0\\-1&4\end{bmatrix},\boldsymbol{Q}^{-1}=\begin{bmatrix}1&0\\0.25&0.25\end{bmatrix}$$

所以,矩阵 $\boldsymbol{A}$ 的模态规范形为

$$\widetilde{\boldsymbol{A}}=\boldsymbol{Q}^{-1}\boldsymbol{A}\boldsymbol{Q}=\begin{bmatrix}1&0\\0.25&0.25\end{bmatrix}\begin{bmatrix}-2&1\\-17&-4\end{bmatrix}\begin{bmatrix}1&0\\-1&4\end{bmatrix}=\begin{bmatrix}-3&4\\-4&-3\end{bmatrix}$$

该阵也可直接按式(1-116)写出。

2. 化 $\boldsymbol{A}$ 阵为约当标准型

当 $n\times n$ 的 $\boldsymbol{A}$ 阵有相重特征值时,一般说来,此时 $\boldsymbol{A}$ 的线性独立的特征向量个数小于它的阶数 n。对于这种情况,$\boldsymbol{A}$ 阵一般是不能化为对角线标准型的,只能化为约当(Jordan)标准型。只有在特殊情况下,当重特征值对应的独立特征向量个数等于它的重数时,$\boldsymbol{A}$ 阵才能化为对角线标准型。

一般情况下,约当标准型的结构可分为3个层次。第一层结构是约当形的阵结构,对应于互异特征值,当 n 阶系统有 l 个互异特征值时,则必存在一个变换阵 $\boldsymbol{Q}$,使得

$$\boldsymbol{J}=\boldsymbol{Q}^{-1}\boldsymbol{A}\boldsymbol{Q}=\begin{bmatrix}\boldsymbol{J}_1&&&\\&\boldsymbol{J}_2&&\\&&\ddots&\\&&&\boldsymbol{J}_l\end{bmatrix}\tag{1-117}$$

其中,$\boldsymbol{J}_i(i=1,2,\cdots,l)$ 为 l 个约当块,每个约当块与一个互异特征值相对应。块的维数(阶次)与每个特征值的重数相对应,各块维数之和等于 n。

第二层结构是约当块的块结构,对应于每个互异特征值存在的独立特征向量个数。若当某个 m 重特征值对应 σ 个($\sigma<m$)独立特征向量时,则相应的约当块分解为

$$\boldsymbol{J}_i=\begin{bmatrix}\boldsymbol{J}_{i1}&&&\\&\boldsymbol{J}_{i2}&&\\&&\ddots&\\&&&\boldsymbol{J}_{i\sigma}\end{bmatrix}\tag{1-118}$$

其中,$\boldsymbol{J}_{ij}(j=1,2,\cdots,\sigma)$ 为 σ 个约当子块,各子块的阶数之和等于 m。

第三层结构是约当子块的结构,也是最底层结构,表示约当子块具有的基本形式,即

$$\boldsymbol{J}_{ij}=\begin{bmatrix}\lambda_i&1&&\\&\lambda_i&\ddots&\\&&\ddots&1\\&&&\lambda_i\end{bmatrix}\tag{1-119}$$

式中，λ_i 是相应的重特征值，一般情况下，一个 m 阶约当块 $\boldsymbol{J}_i$ 中，子块的阶数互不相同，需要分析判断，各子块阶次之和为 m，各子块主对角线上元素均为重特征值 λ_i。

设 $\boldsymbol{A}$ 阵是 5×5 阶方阵，其特征值为 $\lambda_1,\lambda_1,\lambda_1$ 和 λ_4,λ_5，其中 λ_1 为三重特征值，对应了两个独立的特征向量。按照上述三层结构原则，必存在变换矩阵 $\boldsymbol{Q}$，使得

$$\boldsymbol{J}=\boldsymbol{Q}^{-1}\boldsymbol{A}\boldsymbol{Q}=\begin{bmatrix} \boldsymbol{J}_1 & & \\ & \boldsymbol{J}_2 & \\ & & \boldsymbol{J}_3 \end{bmatrix}=\begin{bmatrix} \boldsymbol{J}_{11} & & & \\ & \boldsymbol{J}_{12} & & \\ & & \boldsymbol{J}_2 & \\ & & & \boldsymbol{J}_3 \end{bmatrix}=\begin{bmatrix} \lambda_1 & 1 & & & \\ & \lambda_1 & & & \\ & & \lambda_1 & & \\ & & & \lambda_4 & \\ & & & & \lambda_5 \end{bmatrix}$$

其中，$\boldsymbol{J}_1$ 是由三重特征值 λ_1 形成的，由于存在两个独立特征向量，故该约当块内有两个子块 $\boldsymbol{J}_{11}$ 和 $\boldsymbol{J}_{12}$。$\boldsymbol{J}_{11}$ 是二阶的，$\boldsymbol{J}_{12}$ 是一阶的。$\boldsymbol{J}_2$ 和 $\boldsymbol{J}_3$ 两个约当块是由单特征值 λ_4 和 λ_5 构成的。

对于特殊情况，若三重特征值 λ_1 对应了三个独立的特征向量，则 $\boldsymbol{J}_1$ 中有 3 个子块与其对应，每个子块为一阶，实际上，这时约当形已成为对角线标准型。

例 1-19　已知矩阵

$$\boldsymbol{A}=\begin{bmatrix} 1 & 0 & -1 \\ 0 & 1 & 0 \\ 0 & 0 & 2 \end{bmatrix}$$

试化 $\boldsymbol{A}$ 为约当标准型。

解：(1) 求特征值。

$$|\lambda\boldsymbol{I}-\boldsymbol{A}|=\begin{vmatrix} \lambda-1 & 0 & 1 \\ 0 & \lambda-1 & 0 \\ 0 & 0 & \lambda-2 \end{vmatrix}=(\lambda-1)^2(\lambda-2)=0$$

得 $\lambda_1=\lambda_2=1,\lambda_3=2$。

(2) 求变换阵 $\boldsymbol{P}$。

当 $\lambda_{1,2}=1$，由方程

$$(\lambda_1\boldsymbol{I}-\boldsymbol{A})\boldsymbol{P}_1=\begin{bmatrix} 0 & 0 & 1 \\ 0 & 0 & 0 \\ 0 & 0 & -1 \end{bmatrix}\begin{bmatrix} p_{11} \\ p_{21} \\ p_{31} \end{bmatrix}=0$$

可得 $p_{31}=0$，p_{11} 和 p_{21} 可取任意值。

令 $p_{11}=1,p_{21}=0$；及 $p_{11}=0,p_{21}=1$，可得两组线性无关解，故得到两个独立特征向量：

$$\boldsymbol{P}_1=\begin{bmatrix} 1 \\ 0 \\ 0 \end{bmatrix},\boldsymbol{P}_2=\begin{bmatrix} 0 \\ 1 \\ 0 \end{bmatrix}$$

同样，再由 $\lambda_3=2$，$(\lambda_3\boldsymbol{I}-\boldsymbol{A})\boldsymbol{P}_3=0$

得

$$P_3 = \begin{bmatrix} -1 \\ 0 \\ 1 \end{bmatrix}$$

显然,P_1,P_2,P_3 是线性无关特征向量,则非奇异变换阵为

$$P = \begin{bmatrix} 1 & 0 & -1 \\ 0 & 1 & 0 \\ 0 & 0 & 1 \end{bmatrix}, P^{-1} = \begin{bmatrix} 1 & 0 & 1 \\ 0 & 1 & 0 \\ 0 & 0 & 1 \end{bmatrix}$$

(3) 化对角线标准型。

$$\widetilde{A} = P^{-1}AP = \begin{bmatrix} 1 & 0 & 1 \\ 0 & 1 & 0 \\ 0 & 0 & 1 \end{bmatrix}\begin{bmatrix} 1 & 0 & -1 \\ 0 & 1 & 0 \\ 0 & 0 & 2 \end{bmatrix}\begin{bmatrix} 1 & 0 & -1 \\ 0 & 1 & 0 \\ 0 & 0 & 1 \end{bmatrix} = \begin{bmatrix} 1 & & \\ & 1 & \\ & & 2 \end{bmatrix}$$

由以上讨论可知,化约当标准型的关键是要解决下列两个问题:第一,如何确定对应每个特征值的约当块的子块数和每个子块的阶数;第二,如何构造变换阵 Q。

在第一个问题中,每个约当块含子块的个数与相应重特征值求得的独立特征向量个数相等。按照特征向量的定义,设矩阵 A 的重特征值为 λ_i,则由下式

$$(\lambda_i I - A)Q_i = 0$$

解出的线性独立的特征向量的个数 σ,就是该特征值对应的约当块所含的子块数。σ 的确定可直接由下式计算

$$\sigma = n - \operatorname{rank}(\lambda_i I - A) \tag{1-120}$$

对于每个子块的阶数,讨论起来较麻烦,放到后面举例讨论。

解决第二个问题中关于如何构造变换阵 Q 的问题,要结合约当标准型的具体结构讨论,比较复杂。下面先讨论一种最简单的情况,然后举例说明一般情况下如何构造变换阵 Q。

定理 1-3　若 A 阵具有重特征值,且对应于每个互异的特征值,只存在一个独立的特征向量。则必存在一非奇异阵 Q,使 A 阵化为约当标准型,即

$$J = \begin{bmatrix} J_1 & & & \\ & J_2 & & \\ & & \ddots & \\ & & & J_l \end{bmatrix} \tag{1-121}$$

式中,$J_i(i=1,2,\cdots,l)$ 为约当块,均具有约当子块的基本形式,即

$$J_i = \begin{bmatrix} \lambda_i & 1 & & \\ & \lambda_i & \ddots & \\ & & \ddots & 1 \\ & & & \lambda_i \end{bmatrix} \tag{1-122}$$

下面以 5 阶系统为例,证明变换阵 Q 是存在的。设 A 阵为 5×5 阶方阵,其特征值为

$\lambda_1,\lambda_1,\lambda_1$ 和 λ_4,λ_5,其中 λ_1 为三重特征值,但仅对应一个独立特征向量,若变换矩阵为

$$\boldsymbol{Q}=[\boldsymbol{Q}_1\quad \boldsymbol{Q}_2\quad \boldsymbol{Q}_3\quad \boldsymbol{Q}_4\quad \boldsymbol{Q}_5]$$

使

$$\boldsymbol{J}=\boldsymbol{Q}^{-1}\boldsymbol{A}\boldsymbol{Q}$$

则有

$$\boldsymbol{Q}\boldsymbol{J}=\boldsymbol{A}\boldsymbol{Q}$$

即

$$[\boldsymbol{Q}_1\quad \boldsymbol{Q}_2\quad \boldsymbol{Q}_3\quad \boldsymbol{Q}_4\quad \boldsymbol{Q}_5]\begin{bmatrix}\lambda_1 & 1 & 0 & 0 & 0\\ 0 & \lambda_1 & 1 & 0 & 0\\ 0 & 0 & \lambda_1 & 0 & 0\\ 0 & 0 & 0 & \lambda_4 & 0\\ 0 & 0 & 0 & 0 & \lambda_5\end{bmatrix}=\boldsymbol{A}[\boldsymbol{Q}_1\quad \boldsymbol{Q}_2\quad \boldsymbol{Q}_3\quad \boldsymbol{Q}_4\quad \boldsymbol{Q}_5]$$

将上式展开,可得方程组为

$$\begin{cases}\lambda_1\boldsymbol{Q}_1=\boldsymbol{A}\boldsymbol{Q}_1\\ \boldsymbol{Q}_1+\lambda_1\boldsymbol{Q}_2=\boldsymbol{A}\boldsymbol{Q}_2\\ \boldsymbol{Q}_2+\lambda_1\boldsymbol{Q}_3=\boldsymbol{A}\boldsymbol{Q}_3\\ \lambda_4\boldsymbol{Q}_4=\boldsymbol{A}\boldsymbol{Q}_4\\ \lambda_5\boldsymbol{Q}_5=\boldsymbol{A}\boldsymbol{Q}_5\end{cases}$$

方程组可改写成

$$\begin{cases}(\lambda_1\boldsymbol{I}-\boldsymbol{A})\boldsymbol{Q}_1=0\\ (\lambda_1\boldsymbol{I}-\boldsymbol{A})\boldsymbol{Q}_2=-\boldsymbol{Q}_1\\ (\lambda_1\boldsymbol{I}-\boldsymbol{A})\boldsymbol{Q}_3=-\boldsymbol{Q}_2\\ (\lambda_4\boldsymbol{I}-\boldsymbol{A})\boldsymbol{Q}_4=0\\ (\lambda_5\boldsymbol{I}-\boldsymbol{A})\boldsymbol{Q}_5=0\end{cases}\tag{1-123}$$

解方程组(1-123),即可得到变换阵

$$\boldsymbol{Q}=[\boldsymbol{Q}_1\quad \boldsymbol{Q}_2\quad \boldsymbol{Q}_3\quad \boldsymbol{Q}_4\quad \boldsymbol{Q}_5]$$

其中,$\boldsymbol{Q}_1,\boldsymbol{Q}_4$ 和 $\boldsymbol{Q}_5$ 是独立的特征向量,而 $\boldsymbol{Q}_2$ 和 $\boldsymbol{Q}_3$ 是由相重特征值 λ_1 构成的辅助特征向量,有时也称其为广义的特征向量,只要求出 $\boldsymbol{Q}_1$ 后,$\boldsymbol{Q}_2$ 和 $\boldsymbol{Q}_3$ 就可以相继求出。该方法可以推广到更高阶且多个重特征值的情况。

例 1-20　已知系统矩阵

$$\boldsymbol{A}=\begin{bmatrix}0 & 6 & -5\\ 1 & 0 & 2\\ 3 & 2 & 4\end{bmatrix}$$

试化 $\boldsymbol{A}$ 为约当标准型。

解:求特征值

$$|\lambda \boldsymbol{I}-\boldsymbol{A}|=\begin{vmatrix}\lambda & -6 & 5\\ -1 & \lambda & -2\\ -3 & -2 & \lambda-4\end{vmatrix}=(\lambda-1)^2(\lambda-2)=0$$

得 $\lambda_1=\lambda_2=1,\lambda_3=2$。将 $\lambda_1=1$ 代入 $(\lambda_1\boldsymbol{I}-\boldsymbol{A})\boldsymbol{Q}_1=0$ 得

$$\begin{bmatrix}1 & -6 & 5\\ -1 & 1 & -2\\ -3 & -2 & -3\end{bmatrix}\begin{bmatrix}q_{11}\\ q_{21}\\ q_{31}\end{bmatrix}=0$$

对特征矩阵作行初等变换,可得

$$\begin{bmatrix}1 & -6 & 5\\ 0 & -5 & 3\\ 0 & 0 & 0\end{bmatrix}\begin{bmatrix}q_{11}\\ q_{21}\\ q_{31}\end{bmatrix}=0$$

任取 $q_{31}=-5$,求得 $q_{21}=-3,q_{11}=7$,则

$$\boldsymbol{Q}_1=\begin{bmatrix}7\\ -3\\ -5\end{bmatrix}$$

再将 $\boldsymbol{Q}_1$ 代入下式,求出广义特征向量 $\boldsymbol{Q}_2$,有

$$(\lambda_2\boldsymbol{I}-\boldsymbol{A})\boldsymbol{Q}_2=-\boldsymbol{Q}_1$$

$$\begin{bmatrix}1 & -6 & 5\\ -1 & 1 & -2\\ -3 & -2 & -3\end{bmatrix}\begin{bmatrix}q_{12}\\ q_{22}\\ q_{32}\end{bmatrix}=\begin{bmatrix}-7\\ 3\\ 5\end{bmatrix}$$

同理由初等变换可解出

$$\boldsymbol{Q}_2=\begin{bmatrix}0.6\\ -0.4\\ -2\end{bmatrix}$$

将 $\lambda_3=2$ 代入 $(\lambda_3\boldsymbol{I}-\boldsymbol{A})\boldsymbol{Q}_3=0$ 中,于是

$$\begin{bmatrix}2 & -6 & 5\\ -1 & 2 & -2\\ -3 & -2 & -2\end{bmatrix}\begin{bmatrix}q_{13}\\ q_{23}\\ q_{33}\end{bmatrix}=0$$

对特征矩阵作行初等变换,可得

$$\begin{bmatrix}-1 & 2 & -2\\ 0 & -2 & 1\\ 0 & 0 & 0\end{bmatrix}\begin{bmatrix}q_{13}\\ q_{23}\\ q_{33}\end{bmatrix}=0$$

任取 $q_{33}=-2$,求得 $q_{23}=-1$,$q_{13}=2$,可得

$$\boldsymbol{Q}_3=\begin{bmatrix}2\\-1\\-2\end{bmatrix}$$

变换矩阵为

$$\boldsymbol{Q}=[\boldsymbol{Q}_1\quad\boldsymbol{Q}_2\quad\boldsymbol{Q}_3]=\begin{bmatrix}7&0.6&2\\-3&-0.4&-1\\-5&-2&-2\end{bmatrix},\boldsymbol{Q}^{-1}=\begin{bmatrix}1.2&2.8&-0.2\\1&4&-1\\-4&-11&1\end{bmatrix}$$

所以,$\boldsymbol{A}$ 的约当标准型有

$$\boldsymbol{J}=\boldsymbol{Q}^{-1}\boldsymbol{A}\boldsymbol{Q}=\left[\begin{array}{cc:c}1&1&0\\0&1&0\\\hdashline 0&0&2\end{array}\right]$$

定理 1-4　若 $\boldsymbol{A}$ 阵具有重特征值,且为如下友矩阵的形式

$$\boldsymbol{A}=\begin{bmatrix}0&1&0&\cdots&0\\0&0&1&\cdots&0\\\vdots&\vdots&\vdots&&\vdots\\0&0&0&\cdots&1\\-a_n&-a_{n-1}&-a_{n-2}&\cdots&-a_1\end{bmatrix}$$

则化为约当标准型的变换阵 $\boldsymbol{Q}$ 为以下形式的范德蒙矩阵

$$\boldsymbol{Q}=\begin{bmatrix}1&0&0&\cdots&1&\cdots\\\lambda_1&1&0&\cdots&\lambda_2&\cdots\\\lambda_1^2&2\lambda_1&1&\cdots&\lambda_2^2&\cdots\\\vdots&\vdots&\vdots&&\vdots&\\\lambda_1^{n-1}&(n-1)\lambda_1^{n-1}&\dfrac{(n-1)(n-2)}{2}\lambda_1^{n-3}&\cdots&\lambda_2^{n-1}&\cdots\end{bmatrix}\tag{1-124}$$

值得指出的是,对于友矩阵的形式,肯定有以下结果

$$\sigma=n-\operatorname{rank}(\lambda_i\boldsymbol{I}-\boldsymbol{A})=1$$

即每个特征值仅对应一个特征向量,化成的约当标准型一定是不含子块的最简形式。式(1-124)的结果可根据式(1-123)推出,而式(1-124)所表示的变换阵 $\boldsymbol{Q}$ 可记为

$$\boldsymbol{Q}=[\boldsymbol{Q}_{11}\quad\boldsymbol{Q}_{12}\quad\boldsymbol{Q}_{13}\quad\cdots\quad\boldsymbol{Q}_{1m}\ \vdots\ \boldsymbol{Q}_{21}\quad\cdots]=$$

$$\left[\begin{array}{c:c:c:c:c:c}\boldsymbol{Q}_{11}&\dfrac{\mathrm{d}\boldsymbol{Q}_{11}}{\mathrm{d}\lambda_1}&\dfrac{1}{2!}\dfrac{\mathrm{d}^2\boldsymbol{Q}_{11}}{\mathrm{d}\lambda_1^2}&\cdots&\dfrac{1}{(m-1)!}\dfrac{\mathrm{d}^{m-1}\boldsymbol{Q}_{11}}{\mathrm{d}\lambda_1^{m-1}}&\boldsymbol{Q}_{21}\quad\cdots\end{array}\right]\tag{1-125}$$

式中,λ_1 是 $\boldsymbol{A}$ 的 m 重特征值,其他特征值按重数类推。

例 1-21　已知系统矩阵

$$A=\begin{bmatrix}0&1&0\\0&0&1\\-1&-3&-3\end{bmatrix}$$

试化 A 为约当标准型。

解:求特征值

$$|\lambda I-A|=\begin{vmatrix}\lambda&-1&0\\0&\lambda&-1\\1&3&\lambda+3\end{vmatrix}=(\lambda+1)^3$$

得 $\lambda_1=\lambda_2=\lambda_3=-1$。

按式(1-120)取 Q 阵为

$$Q=[Q_1\quad Q_2\quad Q_3]=\left[Q_1\ \vdots\ \frac{dQ_1}{d\lambda_1}\ \vdots\ \frac{1}{2!}\frac{d^2Q_1}{d\lambda_1^2}\right]=$$

$$\begin{bmatrix}1&0&0\\\lambda_1&1&0\\\lambda_1^2&2\lambda_1&1\end{bmatrix}=\begin{bmatrix}1&0&0\\-1&1&0\\1&-2&1\end{bmatrix}$$

$$Q^{-1}=\begin{bmatrix}1&0&0\\1&1&0\\1&2&1\end{bmatrix}$$

所以,A 的约当形为

$$J=Q^{-1}AQ=\begin{bmatrix}1&0&0\\1&1&0\\1&2&1\end{bmatrix}\begin{bmatrix}0&1&0\\0&0&1\\-1&-3&-3\end{bmatrix}\begin{bmatrix}1&0&0\\-1&1&0\\1&-2&1\end{bmatrix}=\begin{bmatrix}-1&1&0\\0&-1&1\\0&0&-1\end{bmatrix}$$

按式(1-123),求解特征向量及广义特征向量来得到变换阵 Q,原则上可以推广到约当块中含有子块的矩阵中,当重特征值对应的独立特征向量多于一个时,则会出现子块。如前所述,子块的个数容易确定,对于各子块的阶数,要视由式(1-123)导出的广义特征向量个数来定。下面以6阶系统为例,讨论一下子块的确定。

例 1-22 已知矩阵

$$A=\left[\begin{array}{ccc|cc|c}2&-1&0&0&0&0\\0&2&-1&0&0&0\\0&0&2&0&0&0\\\hline0&0&0&3&-0.5&0\\0&0&0&2&1&0\\\hline0&0&0&0&0&2\end{array}\right]=\begin{bmatrix}A_1&&\\&A_2&\\&&A_3\end{bmatrix}$$

试化 A 为约当标准型。

解:(1) 先求 $\boldsymbol{A}$ 的特征值,因为 $\boldsymbol{A}$ 为对角分块矩阵,所以特征多项式可按分块矩阵求出,即

$$|\lambda\boldsymbol{I}-\boldsymbol{A}|=|\lambda\boldsymbol{I}_3-\boldsymbol{A}_1|\cdot|\lambda\boldsymbol{I}_2-\boldsymbol{A}_2|\cdot|\lambda-\boldsymbol{A}_3|=(s-2)^6$$

特征值 $\lambda=2$ 为 6 重特征值。

(2) 确定约当标准型的结构。按式(1-120),特征值 $\lambda=2$ 所对应的独立特征向量数为

$$\sigma=n-\operatorname{rank}(2\boldsymbol{I}-\boldsymbol{A})=6-\operatorname{rank}\begin{bmatrix}0&1&0&0&0&0\\0&0&1&0&0&0\\0&0&0&0&0&0\\0&0&0&-1&0.5&0\\0&0&0&-2&1&0\\0&0&0&0&0&0\end{bmatrix}=6-3=3$$

所以,由 $\boldsymbol{A}$ 化成约当标准型 $\boldsymbol{J}$ 的结构为 3 个子块。

(3) 求特征向量。

将 $\lambda=2$ 代入$(2\boldsymbol{I}-\boldsymbol{A})\boldsymbol{Q}=0$,可以求出以下 3 个线性无关的特征向量:

$$\boldsymbol{Q}_{11}=\begin{bmatrix}1\\0\\0\\0\\0\\0\end{bmatrix},\boldsymbol{Q}_{21}=\begin{bmatrix}0\\0\\0\\1\\2\\0\end{bmatrix},\boldsymbol{Q}_{31}=\begin{bmatrix}0\\0\\0\\0\\0\\1\end{bmatrix}$$

设变换阵对应于约当子块也分为 3 块,即

$$\boldsymbol{Q}=[\boldsymbol{Q}_1 \mid \boldsymbol{Q}_2 \mid \boldsymbol{Q}_3]$$

将以上求出的 3 个独立特征向量 $\boldsymbol{Q}_{11}$、$\boldsymbol{Q}_{21}$、$\boldsymbol{Q}_{31}$ 分别作为变换阵 $\boldsymbol{Q}$ 中各子块的第一个列向量。然后按式(1-118)广义特征向量的递推公式,求出每个变换块存在的广义特征向量,再与各子块中第 1 列向量共同构成变换阵子块。

将 $\boldsymbol{Q}_{11}$ 代入式$(2\boldsymbol{I}-\boldsymbol{A})\boldsymbol{Q}_{12}=-\boldsymbol{Q}_{11}$,可以推出

$$\boldsymbol{Q}_{12}=\begin{bmatrix}0\\-1\\0\\0\\0\\0\end{bmatrix}$$

再由式$(2\boldsymbol{I}-\boldsymbol{A})\boldsymbol{Q}_{13}=-\boldsymbol{Q}_{12}$推出

$$Q_{13} = \begin{bmatrix} 0 \\ 0 \\ 1 \\ 0 \\ 0 \\ 0 \end{bmatrix}$$

继续往下类推,Q_{14}无解,由此可知,变换阵中 Q_1 含有 3 个列向量,故第一个约当子块阶数等于 3。

同理,将 Q_{21}代入式$(2I-A)Q_{22}=-Q_{21}$,可以推出

$$Q_{22} = \begin{bmatrix} 0 \\ 0 \\ 0 \\ 3 \\ 4 \\ 0 \end{bmatrix}$$

往下推,Q_{23}无解,则变换阵中 Q_2 仅含 2 个列向量,说明第二个约当子块是二阶的。显然第三块约当子块为一阶的,若尝试用$(2I-A)Q_{32}=-Q_{31}$递推,Q_{32}无解。

由以上求出的 6 个线性无关列向量按顺序组成变换矩阵

$$Q = [Q_{11} \quad Q_{12} \quad Q_{13} \vdots Q_{21} \quad Q_{22} \vdots Q_{31}] = \left[\begin{array}{ccc|cc|c} 1 & 0 & 0 & & & \\ 0 & -1 & 0 & & & \\ 0 & 0 & 1 & & & \\ \hline & & & 1 & 3 & \\ & & & 2 & 4 & \\ \hline & & & & & 1 \end{array}\right]$$

按分块对角阵求逆,得

$$Q^{-1} = \left[\begin{array}{ccc|cc|c} 1 & 0 & 0 & & & \\ 0 & -1 & 0 & & & \\ 0 & 0 & 1 & & & \\ \hline & & & -2 & 1.5 & \\ & & & 1 & -0.5 & \\ \hline & & & & & 1 \end{array}\right]$$

(4) A 阵的约当标准型 $J=Q^{-1}AQ$,可按分块矩阵的乘法规则进行,其中

$$J_1 = Q_1^{-1}A_1Q_1 = \begin{bmatrix} 1 & 0 & 0 \\ 0 & -1 & 0 \\ 0 & 0 & 1 \end{bmatrix}\begin{bmatrix} 2 & -1 & 0 \\ 0 & 2 & -1 \\ 0 & 0 & 2 \end{bmatrix}\begin{bmatrix} 1 & 0 & 0 \\ 0 & -1 & 0 \\ 0 & 0 & 1 \end{bmatrix} = \begin{bmatrix} 2 & 1 & 0 \\ 0 & 2 & 1 \\ 0 & 0 & 2 \end{bmatrix}$$

$$J_2 = Q_2^{-1}A_2Q_2 = \begin{bmatrix} -2 & 1.5 \\ 1 & -0.5 \end{bmatrix}\begin{bmatrix} 3 & -0.5 \\ 2 & 1 \end{bmatrix}\begin{bmatrix} 1 & 3 \\ 2 & 4 \end{bmatrix} = \begin{bmatrix} 2 & 1 \\ 0 & 2 \end{bmatrix}$$

$$J_3 = Q_3^{-1}A_3Q_3 = [1][2][1] = [2]$$

$$J = \begin{bmatrix} J_1 & & \\ & J_2 & \\ & & J_3 \end{bmatrix} = \left[\begin{array}{ccc:cc:c} 2 & 1 & 0 & & & \\ 0 & 2 & 1 & & & \\ 0 & 0 & 2 & & & \\ \hdashline & & & 2 & 1 & \\ & & & 0 & 2 & \\ \hdashline & & & & & 2 \end{array}\right]$$

实际上,若确定了各子块的阶数结构,约当标准型可直接写出。

同理,在分解约当块的过程中,也会遇到共轭复数的特征值,这时,可以将一对共轭复数特征值单独作为一个约当块来进行分解,直接利用前一节处理共轭复数特征值的方法即可。看以下例子。

例 1-23　已知系统矩阵

$$A = \begin{bmatrix} 0 & 1 & 0 \\ 0 & 0 & 1 \\ -2 & -4 & -3 \end{bmatrix}$$

试化 A 为特征值模态规范形。

解:(1) 求特征值。

$$|\lambda I - A| = \begin{vmatrix} \lambda & -1 & 0 \\ 0 & \lambda & -1 \\ 2 & 4 & \lambda + 3 \end{vmatrix} = (\lambda + 1)(\lambda^2 + 2\lambda + 2) = 0$$

得 $\lambda_1=-1,\lambda_{2,3}=-1\pm j$。

(2) 求特征向量。

将 $\lambda_1=-1$ 代入$(\lambda_1 I-A)Q_1=0$,有

$$\begin{bmatrix} -1 & -1 & 0 \\ 0 & -1 & -1 \\ 2 & 4 & 2 \end{bmatrix}\begin{bmatrix} q_{11} \\ q_{21} \\ q_{31} \end{bmatrix} = 0$$

对特征矩阵作行初等变换,可得

$$\begin{bmatrix} -1 & -1 & 0 \\ 0 & -1 & -1 \\ 0 & 0 & 0 \end{bmatrix}\begin{bmatrix} q_{11} \\ q_{21} \\ q_{31} \end{bmatrix} = 0$$

任取 $q_{11}=1$,则有 $q_{21}=-1,q_{31}=1$,即

$$\boldsymbol{Q}_1 = \begin{bmatrix} 1 \\ -1 \\ 1 \end{bmatrix}$$

再将 $\lambda_2=-1+\mathrm{j}$ 代入$(\lambda_2\boldsymbol{I}-\boldsymbol{A})\boldsymbol{Q}_2=0$,有

$$\begin{bmatrix} -1+\mathrm{j} & -1 & 0 \\ 0 & -1+\mathrm{j} & -1 \\ 2 & 4 & 2+\mathrm{j} \end{bmatrix}\begin{bmatrix} q_{12} \\ q_{22} \\ q_{32} \end{bmatrix} = 0$$

对特征矩阵作行初等变换,得

$$\begin{bmatrix} -1+\mathrm{j} & -1 & 0 \\ 0 & -1+\mathrm{j} & -1 \\ 0 & 0 & 0 \end{bmatrix}\begin{bmatrix} q_{12} \\ q_{22} \\ q_{32} \end{bmatrix} = 0$$

任取 $q_{12}=1$,则得 $q_{22}=-1+\mathrm{j},q_{32}=-2\mathrm{j}$,即

$$\boldsymbol{Q}_2 = \begin{bmatrix} 1 \\ -1+\mathrm{j} \\ -2\mathrm{j} \end{bmatrix} = \begin{bmatrix} 1 \\ -1 \\ 0 \end{bmatrix} + \mathrm{j}\begin{bmatrix} 0 \\ 1 \\ -2 \end{bmatrix} = \boldsymbol{q}_2 + \mathrm{j}\boldsymbol{q}_3$$

因此,由式(1-115)可得变换阵为

$$\boldsymbol{Q} = [\boldsymbol{Q}_1 \quad \boldsymbol{q}_2 \quad \boldsymbol{q}_3] = \begin{bmatrix} 1 & 1 & 0 \\ -1 & -1 & 1 \\ 1 & 0 & -2 \end{bmatrix}$$

$$\boldsymbol{Q}^{-1} = \begin{bmatrix} 2 & 2 & 1 \\ -1 & -2 & -1 \\ 1 & 1 & 0 \end{bmatrix}$$

所以,$\boldsymbol{A}$ 阵的模态规范形为

$$\boldsymbol{J} = \boldsymbol{Q}^{-1}\boldsymbol{A}\boldsymbol{Q} = \begin{bmatrix} 2 & 2 & 1 \\ -1 & -2 & -1 \\ 1 & 1 & 0 \end{bmatrix}\begin{bmatrix} 0 & 1 & 0 \\ 0 & 0 & 1 \\ -2 & -4 & -3 \end{bmatrix}\begin{bmatrix} 1 & 1 & 0 \\ -1 & -1 & 1 \\ 1 & 0 & -2 \end{bmatrix} =$$

$$\left[\begin{array}{c:cc} -1 & 0 & 0 \\ \hdashline 0 & -1 & 1 \\ 0 & -1 & -1 \end{array}\right] = \left[\begin{array}{c:cc} \lambda_1 & 0 & 0 \\ \hdashline 0 & \sigma & \omega \\ 0 & -\omega & \sigma \end{array}\right]$$

1.7　多变量系统的传递函数阵

对于单输入单输出线性定常系统，传递函数表达了系统输入输出之间的传递特性。而对于多输入多输出的线性定常系统，则可用传递函数阵来表达输入向量与输出向量之间的传递特性。由于线性系统满足信号的叠加性，各变量之间的因果关系可通过一对一的信号分量来分析，然后将各分量叠加起来，即可得到总的结果。

1.7.1　传递函数阵的概念

在经典理论中，我们计算过两个输入信号作用下系统的响应，采用的是响应信号叠加方法。而对于在同一输入下选择的不同输出，可以采用分别计算的措施。这样，可以灵活地处理多种输入和输出的关系，当这些关系罗列在一起综合考虑时，就构成一系列方程组。它可以采用矩阵与向量的形式写出来，整体地表示多个输入与多个输出之间的传递关系，这就是**传递矩阵**。

例如一个双输入双输出线性系统如图 1-40 所示。

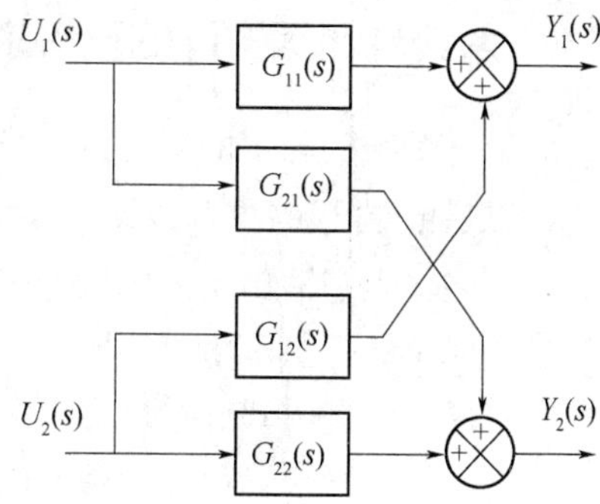

图 1-40　双输入双输出线性系统

其中，$U_1(s)$，$U_2(s)$ 为输入，$Y_1(s)$，$Y_2(s)$ 为输出。当初始条件为零时，可写出如下关系，即

$$\begin{cases} Y_1(s) = G_{11}(s)U_1(s) + G_{12}(s)U_2(s) \\ Y_2(s) = G_{21}(s)U_1(s) + G_{22}(s)U_2(s) \end{cases}$$

式中，$G_{ij}(i=1,2;j=1,2)$ 表示第 i 个输出与第 j 个输入之间的传递关系。若将方程组用矩阵方程表示，得

$$\begin{bmatrix} Y_1(s) \\ Y_2(s) \end{bmatrix} = \begin{bmatrix} G_{11}(s) & G_{12}(s) \\ G_{21}(s) & G_{22}(s) \end{bmatrix} \begin{bmatrix} U_1(s) \\ U_2(s) \end{bmatrix}$$

或简记为

$$\boldsymbol{Y}(s) = \boldsymbol{G}(s)\boldsymbol{U}(s) \tag{1-126}$$

式中，$\boldsymbol{U}(s)$ 为输入向量的拉普拉斯变换；$\boldsymbol{Y}(s)$ 为输出向量的拉普拉斯变换。$\boldsymbol{G}(s)$ 整体反映了双输入与双输出之间的传递关系，因此，称它为系统的传递函数阵。

对于有 r 个输入、m 个输出的多变量线性定常系统，按以上概念延伸，则传递函数阵可表示为

$$\boldsymbol{G}(s) = \begin{bmatrix} G_{11}(s) & G_{12}(s) & \cdots & G_{1r}(s) \\ G_{21}(s) & G_{22}(s) & \cdots & G_{2r}(s) \\ \vdots & \vdots & & \vdots \\ G_{m1}(s) & G_{m2}(s) & \cdots & G_{mr}(s) \end{bmatrix} \tag{1-127}$$

式(1-127)是 $m \times r$ 维传递函数阵，其中各元 $G_{ij}(i=1,2,\cdots,m;j=1,2,\cdots,r)$ 反映了 m

维输出向量中第 i 个输出与 r 维输入向量中第 j 个输入的传递关系。对同一个系统,这些元的阶次应该是相同的。显然,每一个输出都是所有 r 个输入共同作用的结果。而每一个输入同时对所有输出起作用,这称为交叉耦合,变量之间控制关系复杂。

如果选择系统输入与输出个数相同,则传递函数阵 $\boldsymbol{G}(s)$ 为一方阵($m=r$)。通过适当的线性变换,将传递函数阵化为对角形矩阵,称为传递函数阵的解耦形式,即

$$\tilde{\boldsymbol{G}}(s)=\begin{bmatrix}\tilde{G}_{11}(s) & & & \\ & \tilde{G}_{22}(s) & & \\ & & \ddots & \\ & & & \tilde{G}_{mm}(s)\end{bmatrix} \tag{1-128}$$

可见,所谓解耦形式,即表示系统的第 i 个输出只与第 i 个输入有关,与其他输入无关,就相当于 m 个相互独立的单输入单输出系统,实现了分离性控制,可以比较方便地控制各个输出,使之达到了满意的指标。

1.7.2 系统传递函数阵的直接求法和结构图求法

对于一个结构确定的系统,可以通过分析法建立系统传递函数阵。

1. 由微分方程的拉普拉斯变换式求传递函数阵

列写多输入多输出系统的微分方程,原则上与单变量系统微分方程列写方法一致,只不过最终保留的变量多了。实际上,建立过程中也有消中间变量的过程,当只剩输入和输出变量时,应该是一组高阶微分方程组,方程组的个数与输出变量的个数相等,这时只要稍加整理,将输出各项放在等式左端,输入各项放到等式右端,虽然写不出比值的形式,但传递关系可用传递矩阵表示出来。

例 1-24 如图 1-41 所示的机械系统,假设系统原来处于静止平衡状态。系统输入为作用力 F_1 和 F_2,输出为位移 y_1 和 y_2,试求系统的传递函数阵。

解:按图 1-41 对质点 m_1 和 m_2 分别可写出以下微分方程为

$$\begin{cases} m_1\dfrac{\mathrm{d}^2y_1}{\mathrm{d}t^2}+f\dfrac{\mathrm{d}(y_1-y_2)}{\mathrm{d}t}+k_1y_1=F_1 \\ m_2\dfrac{\mathrm{d}^2y_2}{\mathrm{d}t^2}+f\dfrac{\mathrm{d}(y_2-y_1)}{\mathrm{d}t}+k_2y_2=F_2 \end{cases}$$

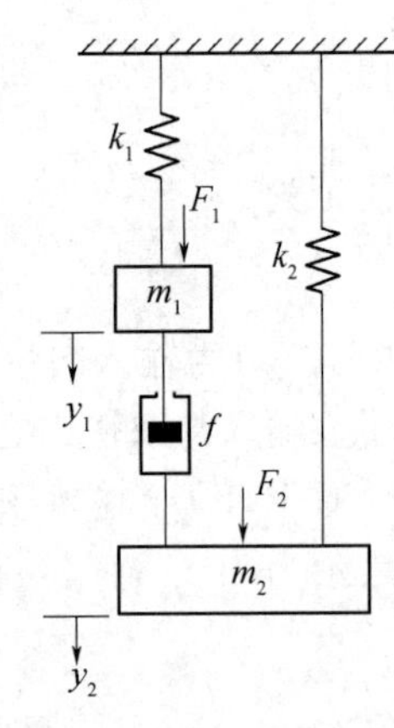

图 1-41 机械系统

对以上两式进行拉普拉斯变换,并设初始条件为零,则有

$$(m_1s^2+fs+k_1)Y_1(s)-fsY_2(s)=F_1(s)$$

$$(m_2s^2+fs+k_2)Y_2(s)-fsY_1(s)=F_2(s)$$

将上式写出矩阵形式,可得

$$\begin{bmatrix} m_1s^2+fs+k_1 & -fs \\ -fs & m_2s^2+fs+k_2 \end{bmatrix}\begin{bmatrix} Y_1(s) \\ Y_2(s)\end{bmatrix}=\begin{bmatrix} F_1(s) \\ F_2(s)\end{bmatrix}$$

写出传递关系为

$$\begin{bmatrix} Y_1(s) \\ Y_2(s) \end{bmatrix} = \begin{bmatrix} m_1s^2+fs+k_1 & -fs \\ -fs & m_2s^2+fs+k_2 \end{bmatrix}^{-1} \begin{bmatrix} F_1(s) \\ F_2(s) \end{bmatrix}$$

因此,系统的传递函数阵为

$$\boldsymbol{G}(s) = \frac{1}{\Delta}\begin{bmatrix} m_2s^2+fs+k_2 & fs \\ fs & m_1s^2+fs+k_1 \end{bmatrix} = \begin{bmatrix} G_{11}(s) & G_{12}(s) \\ G_{21}(s) & G_{22}(s) \end{bmatrix}$$

式中,$\Delta=(m_1s^2+fs+k_1)(m_2s^2+fs+k_2)-f^2s^2$。

通过求出的传递函数阵,该系统两个输入量对两个输出量的传递关系与图 1-40 所表示的关系相同。

2. 由系统结构图求多变量传递函数阵

结构图的特点是可以保留除输入和输出外的其他中间变量,当这些变量中某部分被选作输出时,可以直接引出。另外结构图还可以同时表示多种输入作用,因此,利用线性叠加原理,可很方便地依次将每对输入输出之间的关系确定出来,从而写出多输入多输出的传递函数阵。

例 1-25　已知系统的结构图如图 1-42 所示。若要讨论 u_1 和 u_2 作为输入时,引起两个变量 y_1 和 y_2 的响应。试写出相应的传递函数阵。

解:按照线性叠加原理可由图 1-42 直接写出各变量之间的传递函数。为了更形象地表示多变量之间的结构关系,可以将图 1-42 改画成图 1-43 的形式。

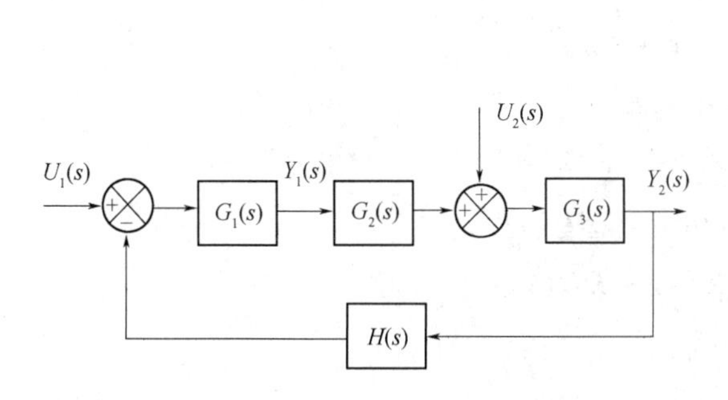

图 1-42　系统结构图

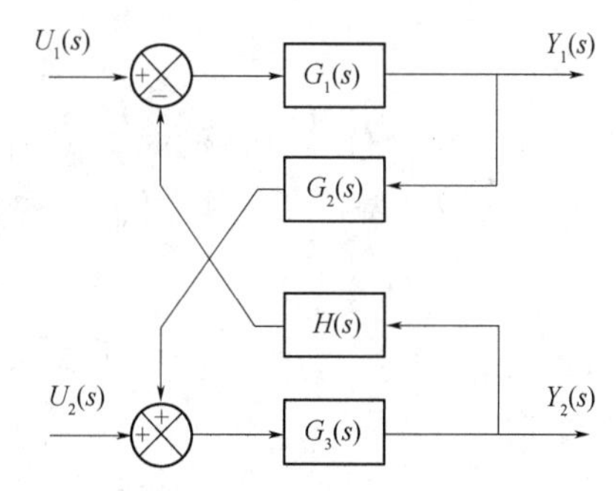

图 1-43　系统结构图的另一种形式

按照叠加原理,系统的传递函数阵应满足以下形式,即

$$\begin{bmatrix} Y_1(s) \\ Y_2(s) \end{bmatrix} = \begin{bmatrix} G_{11}(s) & G_{12}(s) \\ G_{21}(s) & G_{22}(s) \end{bmatrix} \begin{bmatrix} U_1(s) \\ U_2(s) \end{bmatrix}$$

式中,

$$G_{11}(s) = \frac{Y_1(s)}{U_1(s)} = \frac{G_1}{1+G_1G_2G_3H} \qquad (令\ U_2=0)$$

$$G_{12}(s) = \frac{Y_1(s)}{U_2(s)} = \frac{-G_1G_3H}{1+G_1G_2G_3H} \qquad (令\ U_1=0)$$

$$G_{21}(s)=\frac{Y_2(s)}{U_1(s)}=\frac{G_1G_2G_3}{1+G_1G_2G_3H}\qquad (令\ U_2=0)$$

$$G_{22}(s)=\frac{Y_2(s)}{U_2(s)}=\frac{G_3}{1+G_1G_2G_3H}\qquad (令\ U_1=0)$$

所以,传递函数阵为

$$\boldsymbol{G}(s)=\frac{1}{1+G_1G_2G_3H}\begin{bmatrix}G_1 & -G_1G_3H\\ G_1G_2G_3 & G_3\end{bmatrix}$$

可见,同一个系统,传递函数阵中各元具有相同的特征多项式。

1.7.3　由状态空间表达式求传递函数阵

传递函数和状态空间表达式两种模型之间是可以互相转换的,前面几节介绍了从传递函数求状态空间表达式的问题,即系统的实现问题,由于实现的非唯一性,因此只需讨论几种常用的标准型。本节讨论从状态空间表达式求传递函数的问题。由于传递函数是传递函数阵的一种简单情况,而状态空间表达式的形式可以包括多变量系统,因此,以下讨论多变量情况下状态空间表达式求传递函数阵的方法,自然就包括了求单变量传递函数的方法。

设多输入多输出线性定常系统状态空间表达式为

$$\begin{cases}\dot{\boldsymbol{x}}=\boldsymbol{A}\boldsymbol{x}+\boldsymbol{B}\boldsymbol{u}\\ \boldsymbol{y}=\boldsymbol{C}\boldsymbol{x}+\boldsymbol{D}\boldsymbol{u}\end{cases}$$

式中,$\boldsymbol{x}$ 为 n 维向量;$\boldsymbol{u}$ 为 r 维向量;$\boldsymbol{y}$ 为 m 维向量。

对上式取拉普拉斯变换,并假设初始条件为零,则有

$$s\boldsymbol{X}(s)=\boldsymbol{A}\boldsymbol{X}(s)+\boldsymbol{B}\boldsymbol{U}(s)$$

$$\boldsymbol{Y}(s)=\boldsymbol{C}\boldsymbol{X}(s)+\boldsymbol{D}\boldsymbol{U}(s)$$

解出

$$\boldsymbol{X}(s)=(s\boldsymbol{I}-\boldsymbol{A})^{-1}\boldsymbol{B}\boldsymbol{U}(s)\tag{1-129}$$

代入 $\boldsymbol{Y}(s)$关系式,得

$$\boldsymbol{Y}(s)=[\boldsymbol{C}(s\boldsymbol{I}-\boldsymbol{A})^{-1}\boldsymbol{B}+\boldsymbol{D}]\boldsymbol{U}(s)\tag{1-130}$$

式(1-129)表示了输入到状态变量之间的传递关系,可用矩阵函数表示为

$$\boldsymbol{G}_X(s)=(s\boldsymbol{I}-\boldsymbol{A})^{-1}\boldsymbol{B}\tag{1-131}$$

它是一个 $n\times r$ 维矩阵函数,可用以研究输入对状态量的控制作用。

式(1-130)表示输入到输出之间的传递关系,称为系统的传递矩阵,即

$$\boldsymbol{G}(s)=\boldsymbol{C}(s\boldsymbol{I}-\boldsymbol{A})^{-1}\boldsymbol{B}+\boldsymbol{D}\tag{1-132}$$

它是一个 $m\times r$ 维矩阵函数。在控制系统中,更多见的是 $D=0$ 的情况,它表示输入与输出之间没有直接联系,于是

$$\boldsymbol{G}(s)=\boldsymbol{C}(s\boldsymbol{I}-\boldsymbol{A})^{-1}\boldsymbol{B}\tag{1-133}$$

式(1-132)还可以表示为

$$\boldsymbol{G}(s)=\frac{\boldsymbol{C}\mathrm{adj}(s\boldsymbol{I}-\boldsymbol{A})\boldsymbol{B}+\boldsymbol{D}|s\boldsymbol{I}-\boldsymbol{A}|}{|s\boldsymbol{I}-\boldsymbol{A}|} \tag{1-134}$$

可以看出,式(1-134)的分子是一个 $m\times r$ 维的多项式矩阵,分母是 $\boldsymbol{A}$ 的特征多项式,也就是说,$\boldsymbol{G}(s)$ 的各元均具有相同的分母 $|s\boldsymbol{I}-\boldsymbol{A}|$。这说明,对同一个系统,各输入对各输出的传递关系,除分子不同外,均具有相同的特征多项式作分母。而特征多项式是由相同结构决定的,与输入和输出的选择无关。矩阵中各元的分子,取决于一对输入输出之间的前向通道,当无直联通道时,是一个低于分母阶次的多项式。

传递函数阵描述的是多输入与多输出之间的传递关系,当 $m=r=1$ 时,则表示单变量输入输出系统。这时,传递关系可用输出与输入的比值来表示,矩阵 $\boldsymbol{G}(s)$ 则变为标量传递函数,即

$$G(s)=\frac{\boldsymbol{C}\mathrm{adj}(s\boldsymbol{I}-\boldsymbol{A})\boldsymbol{B}+b_0|s\boldsymbol{I}-\boldsymbol{A}|}{|s\boldsymbol{I}-\boldsymbol{A}|}=\frac{b_0s^n+b_1s^{n-1}+\cdots+b_{n-1}s+b_n}{s^n+a_1s^{n-1}+\cdots+a_{n-1}s+a_n} \tag{1-135}$$

可见,在系统的性能分析中,状态空间表达式中系统矩阵 $\boldsymbol{A}$ 的特征多项式和传递函数(阵)中的分母多项式是等价的。因此,系统特征值与系统极点是同一个概念,用来分析系统的固有性能。

例 1-26　已知系统状态空间表达式为

$$\begin{cases}\begin{bmatrix}\dot{x}_1\\ \dot{x}_2\end{bmatrix}=\begin{bmatrix}-5 & -1\\ 3 & -1\end{bmatrix}\begin{bmatrix}x_1\\ x_2\end{bmatrix}+\begin{bmatrix}2\\ 5\end{bmatrix}u\\ y=\begin{bmatrix}1 & 2\end{bmatrix}\begin{bmatrix}x_1\\ x_2\end{bmatrix}\end{cases}$$

试求系统传递函数。

解:

$$G(s)=\boldsymbol{C}(s\boldsymbol{I}-\boldsymbol{A})^{-1}\boldsymbol{B}=\begin{bmatrix}1 & 2\end{bmatrix}\begin{bmatrix}s+5 & 1\\ -3 & s+1\end{bmatrix}^{-1}\begin{bmatrix}2\\ 5\end{bmatrix}=$$

$$\begin{bmatrix}1 & 2\end{bmatrix}\frac{\begin{bmatrix}s+1 & -1\\ 3 & s+5\end{bmatrix}}{s^2+6s+8}\begin{bmatrix}2\\ 5\end{bmatrix}=\frac{12s+59}{(s+2)(s+4)}$$

1.7.4　传递函数阵的不变性

多变量系统的传递函数阵,描述的是系统输入输出之间的传递特性,当外部变量选定时,这种描述关系就是唯一确定的。前面几节我们讨论过单变量系统传递函数的实现问题,显然,同一传递函数可对应若干种状态空间描述,对于多变量系统,这个结论仍然成立,下面证明状态变换不改变系统的传递函数阵。

设 $\boldsymbol{G}(s)$ 为原系统的传递函数阵,即

$$\boldsymbol{G}(s)=\boldsymbol{C}(s\boldsymbol{I}-\boldsymbol{A})^{-1}\boldsymbol{B}+\boldsymbol{D}$$

若对原系统进行状态变换,即令 $\boldsymbol{x}=\boldsymbol{P}\tilde{\boldsymbol{x}}$,则系统的四联矩阵变为

$$\widetilde{\boldsymbol{A}}=\boldsymbol{P}^{-1}\boldsymbol{A}\boldsymbol{P},\widetilde{\boldsymbol{B}}=\boldsymbol{P}^{-1}\boldsymbol{B},\widetilde{\boldsymbol{C}}=\boldsymbol{C}\boldsymbol{P},\widetilde{\boldsymbol{D}}=\boldsymbol{D}$$

对应的传递函数阵应写为

$$\begin{aligned}\widetilde{\boldsymbol{G}}(s)=\widetilde{\boldsymbol{C}}(s\boldsymbol{I}-\widetilde{\boldsymbol{A}})^{-1}\widetilde{\boldsymbol{B}}+\widetilde{\boldsymbol{D}}=\boldsymbol{C}\boldsymbol{P}[\boldsymbol{P}^{-1}s\boldsymbol{P}-\boldsymbol{P}^{-1}\boldsymbol{A}\boldsymbol{P}]^{-1}\boldsymbol{P}^{-1}\boldsymbol{B}+\boldsymbol{D}=\\ \boldsymbol{C}\boldsymbol{P}[\boldsymbol{P}^{-1}(s\boldsymbol{I}-\boldsymbol{A})\boldsymbol{P}]^{-1}\boldsymbol{P}^{-1}\boldsymbol{B}+\boldsymbol{D}=\boldsymbol{C}\boldsymbol{P}[\boldsymbol{P}^{-1}(s\boldsymbol{I}-\boldsymbol{A})^{-1}\boldsymbol{P}]\boldsymbol{P}^{-1}\boldsymbol{B}+\boldsymbol{D}=\\ \boldsymbol{C}(s\boldsymbol{I}-\boldsymbol{A})\boldsymbol{B}+\boldsymbol{D}=\boldsymbol{G}(s)\end{aligned}$$

可见,对同一系统,尽管其状态空间表达式可以作各种非奇异变换,形式不是唯一的。但它的传递函数阵是不变的。

例 1-27 已知系统的状态空间表达式为

$$\begin{cases}\begin{bmatrix}\dot{x}_1\\ \dot{x}_2\end{bmatrix}=\begin{bmatrix}0 & 1\\ -6 & -5\end{bmatrix}\begin{bmatrix}x_1\\ x_2\end{bmatrix}+\begin{bmatrix}0\\ 1\end{bmatrix}u\\ y=\begin{bmatrix}-5 & -3\end{bmatrix}\begin{bmatrix}x_1\\ x_2\end{bmatrix}+u\end{cases}$$

试验证当经过线性变换,将系统矩阵化为对角线标准型时,其传递函数阵不变。

解:针对矩阵 $\boldsymbol{A}$ 为友矩阵规范形,可设变换阵 $\boldsymbol{P}$ 为一范德蒙阵,由于特征值 $\lambda_1=-2,\lambda_2=-3$,则

$$\boldsymbol{P}=\begin{bmatrix}1 & 1\\ -2 & -3\end{bmatrix},\quad \boldsymbol{P}^{-1}=\begin{bmatrix}3 & 1\\ -2 & -1\end{bmatrix}$$

经线性变换后,有

$$\widetilde{\boldsymbol{A}}=\boldsymbol{P}^{-1}\boldsymbol{A}\boldsymbol{P}=\begin{bmatrix}3 & 1\\ -2 & -1\end{bmatrix}\begin{bmatrix}0 & 1\\ -6 & -5\end{bmatrix}\begin{bmatrix}1 & 1\\ -2 & -3\end{bmatrix}=\begin{bmatrix}-2 & 0\\ 0 & -3\end{bmatrix}$$

$$\widetilde{\boldsymbol{B}}=\boldsymbol{P}^{-1}\boldsymbol{B}=\begin{bmatrix}3 & 1\\ -2 & -1\end{bmatrix}\begin{bmatrix}0\\ 1\end{bmatrix}=\begin{bmatrix}1\\ -1\end{bmatrix}$$

$$\widetilde{\boldsymbol{C}}=\boldsymbol{C}\boldsymbol{P}=\begin{bmatrix}-5 & -3\end{bmatrix}\begin{bmatrix}1 & 1\\ -2 & -3\end{bmatrix}=\begin{bmatrix}1 & 4\end{bmatrix}$$

$$\widetilde{\boldsymbol{D}}=\boldsymbol{D}=1$$

相应的状态空间表达式为

$$\begin{cases}\begin{bmatrix}\dot{\tilde{x}}_1\\ \dot{\tilde{x}}_2\end{bmatrix}=\begin{bmatrix}-2 & 0\\ 0 & -3\end{bmatrix}\begin{bmatrix}\tilde{x}_1\\ \tilde{x}_2\end{bmatrix}+\begin{bmatrix}1\\ -1\end{bmatrix}u\\ y=\begin{bmatrix}1 & 4\end{bmatrix}\begin{bmatrix}\tilde{x}_1\\ \tilde{x}_2\end{bmatrix}+u\end{cases}$$

对应原系统的传递函数为

$$G(s)=\boldsymbol{C}(s\boldsymbol{I}-\boldsymbol{A})^{-1}\boldsymbol{B}+\boldsymbol{D}=\begin{bmatrix}-5 & -3\end{bmatrix}\begin{bmatrix}s & -1\\6 & s+5\end{bmatrix}^{-1}\begin{bmatrix}0\\1\end{bmatrix}+1=$$

$$\frac{\begin{bmatrix}-5 & -3\end{bmatrix}\begin{bmatrix}s+5 & 1\\-6 & s\end{bmatrix}\begin{bmatrix}0\\1\end{bmatrix}}{s(s+5)+6}+1=\frac{-5-3s}{s^2+5s+6}+1=\frac{s^2+2s+1}{s^2+5s+6}$$

对应变换后系统的传递函数为

$$\widetilde{G}(s)=\widetilde{\boldsymbol{C}}(s\boldsymbol{I}-\widetilde{\boldsymbol{A}})^{-1}\widetilde{\boldsymbol{B}}+\widetilde{\boldsymbol{D}}=\begin{bmatrix}1 & 4\end{bmatrix}\begin{bmatrix}s+2 & 0\\0 & s+3\end{bmatrix}^{-1}\begin{bmatrix}1\\-1\end{bmatrix}+1=$$

$$\frac{\begin{bmatrix}1 & 4\end{bmatrix}\begin{bmatrix}s+3 & 0\\0 & s+2\end{bmatrix}\begin{bmatrix}1\\-1\end{bmatrix}}{(s+2)(s+3)}+1=\frac{-3s-5}{s^2+5s+6}+1=\frac{s^2+2s+1}{s^2+5s+6}$$

可见,线性变换不改变系统的传递函数。

1.7.5　子系统串并联与闭环系统传递函数阵

实际的控制系统,往往由多个子系统组合而成,或串联、或并联、或形成闭环反馈联接。原则上讲,单变量系统传递函数的运算规律——串联相乘、并联相加、反馈公式等运算法则仍适用于多变量系统的传递函数阵,但要注意矩阵运算与标量函数运算的不同之点以及矩阵运算应满足的维数条件。以下仅以两个子系统作各种连接为例,推导其等效的传递函数阵。

1. 子系统串联

子系统 $\boldsymbol{G}_1$ 和 $\boldsymbol{G}_2$ 串联连接如图 1-44 所示,前一个子系统的输出是后一个子系统的输入。设输入向量 $\boldsymbol{u}_1$ 是 $r\times1$ 维列向量,输出向量 $\boldsymbol{y}_1$ 是 $m_1\times1$ 维列向量,$\boldsymbol{u}_2$ 是第二个子系统的输入向量,故 $\boldsymbol{u}_2=\boldsymbol{y}_1$,第二个子系统的输出向量 $\boldsymbol{y}_2$ 是 $m_2\times1$ 维列向量,则串联后系统的传递函数阵可推导如下:

由图 1-44 可得

$$\boldsymbol{Y}_1(s)=\boldsymbol{G}_1(s)\boldsymbol{U}_1(s)$$

$$\boldsymbol{Y}_2(s)=\boldsymbol{G}_2(s)\boldsymbol{U}_2(s)=\boldsymbol{G}_2(s)\boldsymbol{Y}_1(s)=$$
$$\boldsymbol{G}_2(s)\boldsymbol{G}_1(s)\boldsymbol{U}_1(s)=\boldsymbol{G}(s)\boldsymbol{U}_1(s)$$

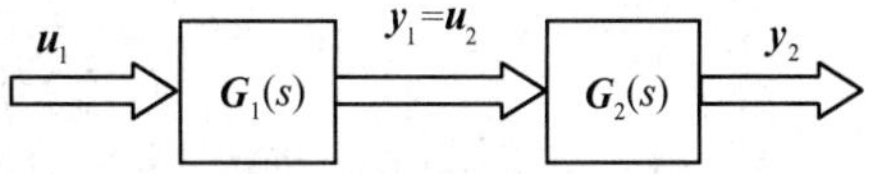

图 1-44　子系统串联

所以,串联后等效传递函数阵为

$$\boldsymbol{G}(s)=\boldsymbol{G}_2(s)\boldsymbol{G}_1(s) \tag{1-136}$$

式中,$\boldsymbol{G}_1(s)$ 为 $m_1\times r$ 维矩阵;$\boldsymbol{G}_2(s)$ 为 $m_2\times m_1$ 维矩阵;$\boldsymbol{G}(s)$ 为 $m_2\times r$ 维矩阵。

可见,两个子系统串联时,系统等效的传递函数阵等于两个子系统传递函数阵的乘积。显然,由于矩阵维数不同,相乘矩阵的先后次序不能颠倒,从输出端依次向前排列。

下面推导其串联系统的状态空间表达式。设子系统 1 的状态空间表达式为

$$\begin{cases}\dot{\boldsymbol{x}}_1(t)=\boldsymbol{A}_1\boldsymbol{x}_1(t)+\boldsymbol{B}_1\boldsymbol{u}_1(t)\\\boldsymbol{y}_1(t)=\boldsymbol{C}_1\boldsymbol{x}_1(t)\end{cases}$$

子系统2的状态空间表达式为

$$\begin{cases}\dot{\boldsymbol{x}}_2(t)=\boldsymbol{A}_2\boldsymbol{x}_2(t)+\boldsymbol{B}_2\boldsymbol{u}_2(t)\\ \boldsymbol{y}_2(t)=\boldsymbol{C}_2\boldsymbol{x}_2(t)\end{cases}$$

则串联后系统的状态变量为

$$\boldsymbol{x}=\begin{bmatrix}\boldsymbol{x}_1\\ \boldsymbol{x}_2\end{bmatrix}$$

串联后系统的输入为 $\boldsymbol{u}(t)=\boldsymbol{u}_1(t)$,输出为 $\boldsymbol{y}(t)=\boldsymbol{y}_2(t)$,并满足

$$\boldsymbol{u}_2(t)=\boldsymbol{y}_1(t)$$

整理得

$$\dot{\boldsymbol{x}}_1(t)=\boldsymbol{A}_1\boldsymbol{x}_1(t)+\boldsymbol{B}_1\boldsymbol{u}_1(t)=\boldsymbol{A}_1\boldsymbol{x}_1(t)+\boldsymbol{B}_1\boldsymbol{u}(t)$$

$$\dot{\boldsymbol{x}}_2(t)=\boldsymbol{A}_2\boldsymbol{x}_2(t)+\boldsymbol{B}_2\boldsymbol{u}_2(t)=\boldsymbol{A}_2\boldsymbol{x}_2(t)+\boldsymbol{B}_2\boldsymbol{y}_1(t)=\boldsymbol{A}_2\boldsymbol{x}_2(t)+\boldsymbol{B}_2\boldsymbol{C}_1\boldsymbol{x}_1(t)$$

$$\boldsymbol{y}(t)=\boldsymbol{y}_2(t)=\boldsymbol{C}_2\boldsymbol{x}_2(t)$$

因此,子系统串联后系统的状态空间表达式为

$$\begin{cases}\dot{\boldsymbol{x}}=\begin{bmatrix}\dot{\boldsymbol{x}}_1\\ \dot{\boldsymbol{x}}_2\end{bmatrix}=\begin{bmatrix}\boldsymbol{A}_1 & 0\\ \boldsymbol{B}_2\boldsymbol{C}_1 & \boldsymbol{A}_2\end{bmatrix}\begin{bmatrix}\boldsymbol{x}_1\\ \boldsymbol{x}_2\end{bmatrix}+\begin{bmatrix}\boldsymbol{B}_1\\ 0\end{bmatrix}\boldsymbol{u}\\ \boldsymbol{y}=\begin{bmatrix}0 & \boldsymbol{C}_2\end{bmatrix}\begin{bmatrix}\boldsymbol{x}_1\\ \boldsymbol{x}_2\end{bmatrix}\end{cases}$$

例1-28 有两个单输入单输出(SISO)系统分别为

$$\Sigma_1\quad\begin{cases}\dot{x}_1(t)=\begin{bmatrix}0 & 1\\ -3 & -4\end{bmatrix}x_1(t)+\begin{bmatrix}0\\ 1\end{bmatrix}u_1(t)\\ y_1(t)=\begin{bmatrix}-2 & 1\end{bmatrix}x_1(t)\end{cases}$$

$$\Sigma_2\quad\begin{cases}\dot{x}_2(t)=2x_2(t)+u_2(t)\\ y_2(t)=x_2(t)\end{cases}$$

(1) 以 $y_1=u_2$ 的形式把 Σ_1 和 Σ_2 串联起来,求串联后系统 Σ 的状态空间表达式,其中状态变量选为 $\boldsymbol{x}=[\boldsymbol{x}_1^{\mathrm{T}}\quad \boldsymbol{x}_2]^{\mathrm{T}}$;

(2) 求系统 Σ_1,Σ_2 及串联后系统 Σ 的传递函数。

解:(1) 以 $y_1=u_2$ 的形式把 Σ_1 和 Σ_2 串联起来,串联后系统的输入为 $u(t)=u_1(t)$,输出为 $y(t)=y_2(t)$,则状态空间表达式为

$$\begin{cases}\dot{\boldsymbol{x}}(t)=\begin{bmatrix}0 & 1 & 0\\ -3 & -4 & 0\\ -2 & 1 & 2\end{bmatrix}\boldsymbol{x}(t)+\begin{bmatrix}0\\ 1\\ 0\end{bmatrix}u(t)\\ y(t)=\begin{bmatrix}0 & 0 & 1\end{bmatrix}\boldsymbol{x}(t)\end{cases}$$

(2) Σ_1

$$\begin{aligned}G_1(s)&=\boldsymbol{C}_1\ (s\boldsymbol{I}-\boldsymbol{A}_1)^{-1}\boldsymbol{B}_1\\ &=\begin{bmatrix}-2 & 1\end{bmatrix}\begin{bmatrix}s & -1\\ 3 & s+4\end{bmatrix}^{-1}\begin{bmatrix}0\\ 1\end{bmatrix}\end{aligned}$$

$$=\frac{s-2}{s^2+4s+3}$$

Σ_2　　$$G_2(s)=\boldsymbol{C}_2\,(s\boldsymbol{I}-\boldsymbol{A}_2)^{-1}\boldsymbol{B}_2=\frac{1}{s-2}$$

Σ　　$$G(s)=G_2(s)G_1(s)=\frac{1}{s^2+4s+3}$$

串联后系统的传递函数也可以由状态空间表达式来求，得

$$G(s)=\boldsymbol{C}\,(s\boldsymbol{I}-\boldsymbol{A})^{-1}\boldsymbol{B}$$

$$=\begin{bmatrix}0 & 0 & 1\end{bmatrix}\begin{bmatrix}s & -1 & 0\\ 3 & s+4 & 0\\ 2 & -1 & s-2\end{bmatrix}^{-1}\begin{bmatrix}0\\1\\0\end{bmatrix}$$

$$=\begin{bmatrix}0 & 0 & 1\end{bmatrix}\frac{1}{s(s+4)(s-2)+3(s-2)}\begin{bmatrix}* & * & *\\ * & * & *\\ -3-2(s+4) & s-2 & s(s+4)+3\end{bmatrix}\begin{bmatrix}0\\1\\0\end{bmatrix}$$

$$=\frac{1}{s(s+4)(s-2)+3(s-2)}\begin{bmatrix}-3-2(s+4) & s-2 & s(s+4)+3\end{bmatrix}\begin{bmatrix}0\\1\\0\end{bmatrix}$$

$$=\frac{s-2}{s(s+4)(s-2)+3(s-2)}=\frac{1}{s(s+4)+3}=\frac{1}{s^2+4s+3}$$

在上式求解过程中，$*$ 代表任意值，对于这道题结合矩阵求解可以不用求出。可以看到两种解法答案是一致的。

2. 子系统并联

子系统 $\boldsymbol{G}_1$ 和 $\boldsymbol{G}_2$ 的并联连接如图 1-45 所示。所谓并联连接，是指各子系统的输入皆相同，输出是各子系统输出的代数和，且各输出的维数都一致，则按图 1-45 可得

$$\boldsymbol{Y}_1(s)=\boldsymbol{G}_1(s)\boldsymbol{U}(s)$$

$$\boldsymbol{Y}_2(s)=\boldsymbol{G}_2(s)\boldsymbol{U}(s)$$

$$\boldsymbol{Y}(s)=\boldsymbol{Y}_1(s)+\boldsymbol{Y}_2(s)=\boldsymbol{G}_1(s)\boldsymbol{U}(s)+\boldsymbol{G}_2(s)\boldsymbol{U}(s)=$$

$$[\boldsymbol{G}_1(s)+\boldsymbol{G}_2(s)]\boldsymbol{U}(s)=\boldsymbol{G}(s)\boldsymbol{U}(s)$$

所以，并联后等效的传递函数阵为

$$\boldsymbol{G}(s)=\boldsymbol{G}_2(s)+\boldsymbol{G}_1(s) \tag{1-137}$$

可见，两个子系统并联时，系统等效的传递函数阵等于两个并联子系统传递函数阵之和。按矩阵加法，显然两个矩阵要求有完全一致的维数。

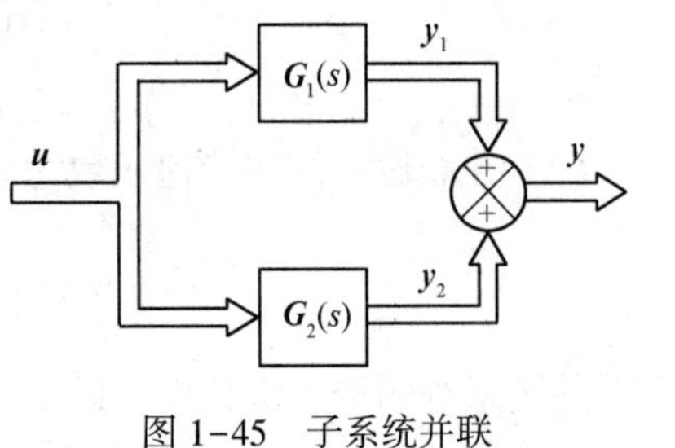

图 1-45　子系统并联

设子系统 1 的状态空间表达式为

$$\begin{cases}\dot{\boldsymbol{x}}_1(t)=\boldsymbol{A}_1\boldsymbol{x}_1(t)+\boldsymbol{B}_1\boldsymbol{u}(t)\\ \boldsymbol{y}_1(t)=\boldsymbol{C}_1\boldsymbol{x}_1(t)\end{cases}$$

子系统 2 的状态空间表达式为

$$\begin{cases}\dot{\boldsymbol{x}}_2(t)=\boldsymbol{A}_2\boldsymbol{x}_2(t)+\boldsymbol{B}_2\boldsymbol{u}(t)\\ \boldsymbol{y}_2(t)=\boldsymbol{C}_2\boldsymbol{x}_2(t)\end{cases}$$

则并联后系统的状态变量为

$$\boldsymbol{x}=\begin{bmatrix}\boldsymbol{x}_1\\ \boldsymbol{x}_2\end{bmatrix}$$

并联系统的输入为 $\boldsymbol{u}(t)$,输出为 $\boldsymbol{y}(t)=\boldsymbol{y}_1(t)+\boldsymbol{y}_2(t)$。整理得

$$\dot{\boldsymbol{x}}_1(t)=\boldsymbol{A}_1\boldsymbol{x}_1(t)+\boldsymbol{B}_1\boldsymbol{u}(t)$$
$$\dot{\boldsymbol{x}}_2(t)=\boldsymbol{A}_2\boldsymbol{x}_2(t)+\boldsymbol{B}_2\boldsymbol{u}(t)$$
$$\boldsymbol{y}(t)=\boldsymbol{y}_1(t)+\boldsymbol{y}_2(t)=\boldsymbol{C}_1\boldsymbol{x}_1(t)+\boldsymbol{C}_2\boldsymbol{x}_2(t)$$

因此,子系统并联后系统的状态空间表达式为

$$\begin{cases}\dot{\boldsymbol{x}}=\begin{bmatrix}\dot{\boldsymbol{x}}_1\\ \dot{\boldsymbol{x}}_2\end{bmatrix}=\begin{bmatrix}\boldsymbol{A}_1 & 0\\ 0 & \boldsymbol{A}_2\end{bmatrix}\begin{bmatrix}\boldsymbol{x}_1\\ \boldsymbol{x}_2\end{bmatrix}+\begin{bmatrix}\boldsymbol{B}_1\\ \boldsymbol{B}_2\end{bmatrix}\boldsymbol{u}\\ \boldsymbol{y}=[\boldsymbol{C}_1\quad \boldsymbol{C}_2]\begin{bmatrix}\boldsymbol{x}_1\\ \boldsymbol{x}_2\end{bmatrix}\end{cases}$$

例 1-29 两个单输入单输出($SISO$)系统分别为

$$\Sigma_1\quad\begin{cases}\dot{\boldsymbol{x}}_1(t)=\begin{bmatrix}0 & 1\\ -3 & -4\end{bmatrix}x_1(t)+\begin{bmatrix}0\\ 1\end{bmatrix}u_1(t)\\ y_1(t)=[-2\quad 1]\,x_1(t)\end{cases}$$

$$\Sigma_2\quad\begin{cases}\dot{\boldsymbol{x}}_2(t)=2\,\boldsymbol{x}_2(t)+u_2(t)\\ y_2(t)=\boldsymbol{x}_2(t)\end{cases}$$

(1) 以 $u=u_1=u_2$,$y=y_1+y_2$ 的形式把 Σ_1 和 Σ_2 并联起来,求并联后系统 Σ 的状态空间表达式。

(2) 求系统 Σ_1,Σ_2 及并联后系统 Σ 的传递函数。

解:(1) 以 $u=u_1=u_2$,$y=y_1+y_2$ 的形式把 Σ_1 和 Σ_2 并联起来,得并联后系统的状态空间表达式为

$$\begin{cases}\dot{\boldsymbol{x}}(t)=\begin{bmatrix}0 & 1 & 0\\ -3 & -4 & 0\\ 0 & 0 & 2\end{bmatrix}\boldsymbol{x}(t)+\begin{bmatrix}0\\ 1\\ 1\end{bmatrix}u(t)\\ y(t)=[-2\quad 1\quad 1]\boldsymbol{x}(t)\end{cases}$$

(2) 并联后系统的传递函数为

$$G(s)=G_1(s)+G_2(s)=\frac{s-2}{s^2+4s+3}+\frac{1}{s-2}$$

并联系统的传递函数也可以由状态空间表达式来求,得

$$G(s)=C\,(s\boldsymbol{I}-\boldsymbol{A})^{-1}\boldsymbol{B}=$$

$$[-2\quad 1\quad 1]\begin{bmatrix} s & -1 & 0 \\ 3 & s+4 & 0 \\ 0 & 0 & s-2 \end{bmatrix}^{-1}\begin{bmatrix} 0 \\ 1 \\ 1 \end{bmatrix}=$$

$$[-2\quad 1\quad 1]\begin{bmatrix} \dfrac{s+4}{s(s+4)+3} & \dfrac{1}{s(s+4)+3} & 0 \\ \dfrac{-3}{s(s+4)+3} & \dfrac{s}{s(s+4)+3} & 0 \\ 0 & 0 & \dfrac{1}{(s-2)} \end{bmatrix}\begin{bmatrix} 0 \\ 1 \\ 1 \end{bmatrix}=$$

$$[-2\quad 1\quad 1]\begin{bmatrix} \dfrac{1}{s(s+4)+3} \\ \dfrac{s}{s(s+4)+3} \\ \dfrac{1}{(s-2)} \end{bmatrix}=\frac{s-2}{s(s+4)+3}+\frac{1}{s-2}$$

3. 具有输出反馈的闭环系统

子系统 $\boldsymbol{G}_0$ 和 $\boldsymbol{H}$ 构成的反馈连接如图 1-46 所示。

设输入向量 $\boldsymbol{u}$ 是 $r\times1$ 维列向量，输出向量 $\boldsymbol{y}$ 是 $m\times1$ 维列向量，反馈子系统的输入等于系统的输出，反馈子系统的输出向量 $\boldsymbol{F}$ 是 $r\times1$ 维列向量，则前向通道子系统的传递函数阵 $\boldsymbol{G}_0(s)$ 是 $m\times r$ 维矩阵，反馈通道子系统的传递函数阵 $\boldsymbol{H}(s)$ 是 $r\times m$ 维矩阵，从两矩阵的维数关系上，不论先后次序如何，均满足矩阵乘法的数学意义，但两种次序相乘结果不同，故不可随意交换次序。

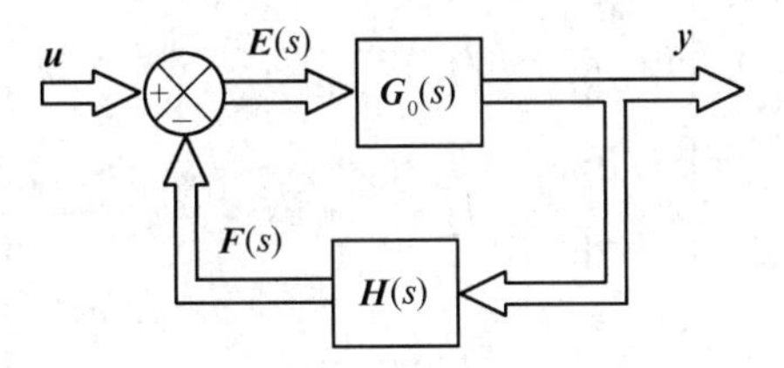

图 1-46　子系统反馈连接

下面推导闭环系统等效传递函数阵 $\boldsymbol{G}(s)$。按图 1-46 可得

$$\boldsymbol{Y}(s)=\boldsymbol{G}_0(s)[\boldsymbol{U}(s)-\boldsymbol{F}(s)]=\boldsymbol{G}_0(s)[\boldsymbol{U}(s)-\boldsymbol{H}(s)\boldsymbol{Y}(s)]$$

整理得

$$[\boldsymbol{I}+\boldsymbol{G}_0(s)\boldsymbol{H}(s)]\boldsymbol{Y}(s)=\boldsymbol{G}_0(s)\boldsymbol{U}(s)\tag{1-138}$$

故

$$\boldsymbol{Y}(s)=[\boldsymbol{I}+\boldsymbol{G}_0(s)\boldsymbol{H}(s)]^{-1}\boldsymbol{G}_0(s)\boldsymbol{U}(s)$$

于是，闭环系统传递函数阵为

$$\boldsymbol{G}(s)=[\boldsymbol{I}+\boldsymbol{G}_0(s)\boldsymbol{H}(s)]^{-1}\boldsymbol{G}_0(s)\tag{1-139}$$

另外，由式(1-138)还可作为如下不同的整理，得

$$\boldsymbol{G}_0^{-1}(s)[\boldsymbol{I}+\boldsymbol{G}_0(s)\boldsymbol{H}(s)]\boldsymbol{Y}(s)=\boldsymbol{U}(s)$$

即

$$[\boldsymbol{G}_0(s)^{-1}+\boldsymbol{H}(s)]\boldsymbol{Y}(s)=\boldsymbol{U}(s)$$

$$[\boldsymbol{I}+\boldsymbol{H}(s)\boldsymbol{G}_0(s)]\boldsymbol{G}_0^{-1}(s)\boldsymbol{Y}(s)=\boldsymbol{U}(s)$$

$$\boldsymbol{Y}(s)=\boldsymbol{G}_0(s)[\boldsymbol{I}+\boldsymbol{H}(s)\boldsymbol{G}_0(s)]^{-1}\boldsymbol{U}(s)$$

于是,闭环系统传递函数阵又可等效为

$$\boldsymbol{G}(s)=\boldsymbol{G}_0(s)[\boldsymbol{I}+\boldsymbol{H}(s)\boldsymbol{G}_0(s)]^{-1} \tag{1-140}$$

应当注意,在使用式(1-139)和式(1-140)求传递函数阵时,切不可将矩阵相乘顺序随意颠倒。

解 题 示 范

例 1-30 设有一机械系统如图 1-47 所示。开始时系统处于静止状态。若系统的输入量为作用于 m_1 的力 F,输出量分别为质点 m_1 的位移 y_1 和质点 m_2 的位移 y_2。试求:

(1) 状态空间表达式。

(2) 状态变量图。

(3) 传递函数阵 $\boldsymbol{G}(s)$。

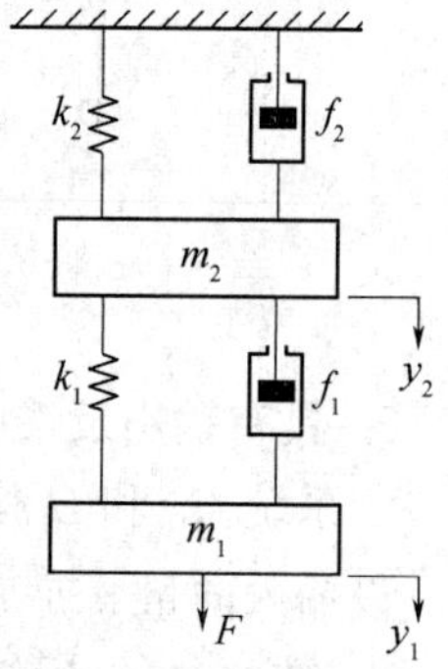

图 1-47 机械系统

解:(1) 求状态空间表达式。

按图 1-47 所示,对质点 m_1 和质点 m_2 分别写出运动方程为

$$\begin{cases} m_1\dfrac{\mathrm{d}^2y_1}{\mathrm{d}t^2}+f_1\dfrac{\mathrm{d}(y_1-y_2)}{\mathrm{d}t}+k_1(y_1-y_2)=F \\ m_2\dfrac{\mathrm{d}^2y_2}{\mathrm{d}t^2}+f_2\dfrac{\mathrm{d}y_2}{\mathrm{d}t}+k_2y_2=f_1\dfrac{\mathrm{d}(y_1-y_2)}{\mathrm{d}t}+k_1(y_1-y_2) \end{cases} \tag{1-141}$$

设状态变量 $x_1=y_1, x_2=\dot{y}_1, x_3=y_2, x_4=\dot{y}_2$。则式(1-141)可写成

$$\begin{cases} \dot{x}_1=x_2 \\ \dot{x}_2=-\dfrac{k_1}{m_1}x_1-\dfrac{f_1}{m_1}x_2+\dfrac{k_1}{m_1}x_3+\dfrac{f_1}{m_1}x_4+\dfrac{F}{m_1} \\ \dot{x}_3=x_4 \\ \dot{x}_4=\dfrac{k_1}{m_2}x_1+\dfrac{f_1}{m_2}x_2-\dfrac{k_1+k_2}{m_2}x_3-\dfrac{f_1+f_2}{m_2}x_4 \\ y_1=x_1 \\ y_2=x_3 \end{cases} \tag{1-142}$$

将方程组写成矩阵方程,得

$$\begin{bmatrix}\dot{x}_1\\ \dot{x}_2\\ \dot{x}_3\\ \dot{x}_4\end{bmatrix}=\begin{bmatrix}0 & 1 & 0 & 0\\ -\dfrac{k_1}{m_1} & -\dfrac{f_1}{m_1} & \dfrac{k_1}{m_1} & \dfrac{f_1}{m_1}\\ 0 & 0 & 0 & 1\\ \dfrac{k_1}{m_2} & \dfrac{f_1}{m_2} & -\dfrac{k_1+k_2}{m_2} & -\dfrac{f_1+f_2}{m_2}\end{bmatrix}\begin{bmatrix}x_1\\ x_2\\ x_3\\ x_4\end{bmatrix}+\begin{bmatrix}0\\ \dfrac{1}{m_1}\\ 0\\ 0\end{bmatrix}F$$

$$
\begin{bmatrix} y_1 \\ y_2 \end{bmatrix} = \begin{bmatrix} 1 & 0 & 0 & 0 \\ 0 & 0 & 1 & 0 \end{bmatrix} \begin{bmatrix} x_1 \\ x_2 \\ x_3 \\ x_4 \end{bmatrix}
$$

（2）画状态变量图（图 1-48）。

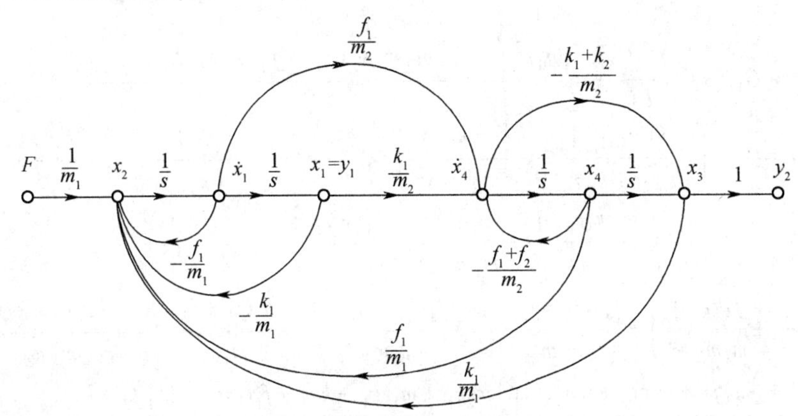

图 1-48　机械系统状态变量图

（3）求传递函数阵。

① 直接求法。

对方程(1-141)求拉普拉斯变换，令初始条件为零，得

$$
\begin{cases} (m_1 s^2 + f_1 s + k_1) Y_1(s) - (f_1 s + k_1) Y_2(s) = F(s) \\ -(f_1 s + k_1) Y_1(s) + [m_2 s^2 + (f_1 + f_2) s + (k_1 + k_2)] Y_2(s) = 0 \end{cases}
$$

写成矩阵形式

$$
\begin{bmatrix} m_1 s^2 + f_1 s + k_1 & -(f_1 s + k_1) \\ -(f_1 s + k_1) & m_2 s^2 + (f_1 + f_2) s + (k_1 + k_2) \end{bmatrix} \begin{bmatrix} Y_1(s) \\ Y_2(s) \end{bmatrix} = \begin{bmatrix} F(s) \\ 0 \end{bmatrix} \tag{1 - 143}
$$

于是有

$$
\begin{bmatrix} Y_1(s) \\ Y_2(s) \end{bmatrix} = \begin{bmatrix} \dfrac{m_2 s^2 + (f_1 + f_2) s + (k_1 + k_2)}{\boldsymbol{\Delta}} \\ \dfrac{f_1 s + k_1}{\boldsymbol{\Delta}} \end{bmatrix} F(s) \tag{1 - 144}
$$

其中

$$
\begin{aligned} \boldsymbol{\Delta} = & (m_1 s^2 + f_1 s + k_1)[m_2 s^2 + (f_1 + f_2) s + (k_1 + k_2)] - (f_1 s + k_1)^2 = \\ & m_1 m_2 s^4 + [m_2 f_1 + m_1 (f_1 + f_2)] s^3 + [m_2 k_1 + m_1 (k_1 + k_2) + f_1 f_2] s^2 + \\ & (k_1 f_2 + k_2 f_1) s + k_1 k_2 \end{aligned} \tag{1 - 145}
$$

由此可得系统的传递函数阵为

$$
\boldsymbol{G}(s) = \begin{bmatrix} \dfrac{m_2 s^2 + (f_1 + f_2) s + (k_1 + k_2)}{\boldsymbol{\Delta}} \\ \dfrac{f_1 s + k_1}{\boldsymbol{\Delta}} \end{bmatrix}
$$

② 由状态变量图求传递函数阵。

根据叠加原理,传递函数阵为

$$G(s)=\begin{bmatrix}G_{11}(s)\\G_{21}(s)\end{bmatrix}$$

其中,各元按梅逊公式有

$$G_{11}(s)=\frac{Y_1(s)}{F(s)}=\frac{\frac{1}{m_1s^2}\Delta_1}{\Delta'}=\frac{[m_2s^2+(f_1+f_2)s+(k_1+k_2)]}{\Delta}$$

$$\Delta_1=1-\left(-\frac{f_1+f_2}{m_2}\frac{1}{s}-\frac{k_1+k_2}{m_2}\frac{1}{s^2}\right)=\frac{m_2s^2+(f_1+f_2)s+(k_1+k_2)}{m_2s^2}$$

$$\Delta'=1-\left(-\frac{f_1}{m_1}\frac{1}{s}-\frac{k_1}{m_1}\frac{1}{s^2}+\frac{k_1f_1}{m_1m_2}\frac{1}{s^3}+\frac{k_1^2}{m_1m_2}\frac{1}{s^4}-\frac{k_1+k_2}{m_2}\frac{1}{s^2}-\frac{f_1+f_2}{m_2}\frac{1}{s}+\right.$$
$$\left.\frac{f_1^2}{m_1m_2}\frac{1}{s^2}+\frac{f_1k_1}{m_1m_2}\frac{1}{s^3}\right)+\left(\frac{f_1(f_1+f_2)}{m_1m_2}\frac{1}{s^2}+\frac{f_1(k_1+k_2)}{m_1m_2}\frac{1}{s^3}+\frac{k_1(f_1+f_2)}{m_1m_2}\frac{1}{s^3}+\frac{k_1(k_1+k_2)}{m_1m_2}\frac{1}{s^4}\right)=$$
$$\frac{m_1m_2s^4+[m_2f_1+m_1(f_1+f_2)]s^3+[m_2k_1+m_1(k_1+k_2)+f_1f_2]s^2+(k_1f_2+k_2f_1)s+k_1k_2}{m_1m_2s^4}$$

$$G_{21}(s)=\frac{Y_2(s)}{F(s)}=\frac{\frac{k_1}{m_2}\frac{1}{s^4}\Delta_1+\frac{f_1}{m_2}\frac{1}{s^3}\Delta_2}{\Delta'}=\frac{f_1s+k_1}{\Delta}$$

$$\Delta_1=1;\Delta_2=1;\Delta\text{ 与式}(1-145)\text{ 相同};\Delta'=\frac{\Delta}{m_1m_2s^4}$$

所以,系统传递函数阵为

$$G(s)=\begin{bmatrix}\dfrac{[m_2s^2+(f_1+f_2)s+(k_1+k_2)]}{\Delta}\\[2ex]\dfrac{(f_1s+k_1)}{\Delta}\end{bmatrix}$$

③ 由状态空间表达式求传递函数阵。

$G(s)=C(sI-A)^{-1}B=$

$$\begin{bmatrix}1&0&0&0\\0&0&1&0\end{bmatrix}\begin{bmatrix}s&-1&0&0\\\frac{k_1}{m_1}&s+\frac{f_1}{m_1}&-\frac{k_1}{m_1}&-\frac{f_1}{m_1}\\0&0&s&-1\\-\frac{k_1}{m_2}&-\frac{f_1}{m_2}&\frac{k_1+k_2}{m_2}&s+\frac{f_1+f_2}{m_2}\end{bmatrix}^{-1}\begin{bmatrix}0\\\frac{1}{m_1}\\0\\0\end{bmatrix}=$$

$$\begin{bmatrix}1&0&0&0\\0&0&1&0\end{bmatrix}\begin{bmatrix}*&\frac{\Delta_{12}}{\Delta''}&*&*\\ *&*&*&*\\ *&\frac{\Delta_{32}}{\Delta''}&*&*\\ *&*&*&*\end{bmatrix}\begin{bmatrix}0\\\frac{1}{m_1}\\0\\0\end{bmatrix}=$$

$$\begin{bmatrix} \dfrac{\Delta_{12}}{\Delta'' m_1} \\ \dfrac{\Delta_{32}}{\Delta'' m_1} \end{bmatrix} = \begin{bmatrix} \dfrac{[m_2 s^2 + (f_1 + f_2)s + (k_1 + k_2)]}{\Delta} \\ \dfrac{(f_1 s + k_1)}{\Delta} \end{bmatrix}$$

其中，

$$\Delta'' = |sI - A| = s\begin{vmatrix} s + \dfrac{f_1}{m_1} & -\dfrac{k_1}{m_1} & -\dfrac{f_1}{m_1} \\ 0 & s & -1 \\ -\dfrac{f_1}{m_2} & \dfrac{k_1 + k_2}{m_2} & s + \dfrac{f_2 + f_1}{m_2} \end{vmatrix} - \begin{vmatrix} \dfrac{k_1}{m_1} & -\dfrac{k_1}{m_1} & -\dfrac{f_1}{m_1} \\ 0 & s & -1 \\ -\dfrac{k_1}{m_2} & \dfrac{k_1 + k_2}{m_2} & s + \dfrac{f_1 + f_2}{m_2} \end{vmatrix} =$$

$$s\left[s\left(s + \frac{f_1}{m_1}\right)\left(s + \frac{f_1 + f_2}{m_2}\right) - \frac{k_1 f_1}{m_1 m_2} - \frac{f_1^2}{m_1 m_2}s + \left(s + \frac{f_1}{m_1}\right)\frac{k_1 + k_2}{m_2}\right] -$$

$$\left[\left(s + \frac{f_1 + f_2}{m_2}\right) \cdot s \cdot \frac{k_1}{m_1} - \frac{k_1^2}{m_1 m_2} - \frac{k_1 f_1}{m_1 m_2}s + \frac{k_1(k_1 + k_2)}{m_1 m_2}\right] =$$

$$\frac{m_1 m_2 s^4 + [f_1 m_2 + m_1(f_1 + f_2)]s^3 + [m_2 k_1 + m_1(k_1 + k_2) + f_1 f_2]s^2 + (k_1 f_2 + k_2 f_1)s + k_1 k_2}{m_1 m_2}$$

$$\Delta_{12} = -\begin{vmatrix} -1 & 0 & 0 \\ 0 & s & -1 \\ -\dfrac{f_1}{m_2} & \dfrac{k_1 + k_2}{m_2} & s + \dfrac{f_1 + f_2}{m_2} \end{vmatrix} = s\left(s + \frac{f_1 + f_2}{m_2}\right) + \frac{k_1 + k_2}{m_2} =$$

$$\frac{m_2 s^2 + (f_1 + f_2)s + (k_1 + k_2)}{m_2}$$

$$\Delta_{32} = -\begin{vmatrix} s & -1 & 0 \\ 0 & 0 & -1 \\ -\dfrac{k_1}{m_2} & \dfrac{-f_1}{m_2} & s + \dfrac{f_1 + f_2}{m_2} \end{vmatrix} = \frac{f_1}{m_2}s + \frac{k_1}{m_2} = \frac{f_1 s + k_1}{m_2}$$

例1-31　控制系统的结构图如图 1-49 所示，试求状态空间表达式。

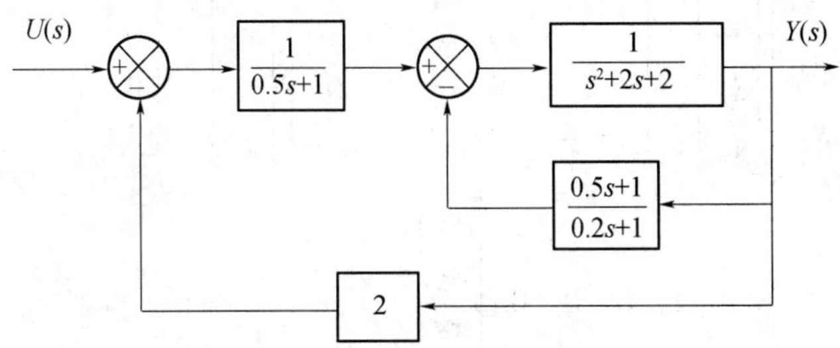

图 1-49　系统结构图

解:(1) 结构图基本环节分解法。

首先将结构图分解成基本环节的组合形式,如图 1-50 所示。

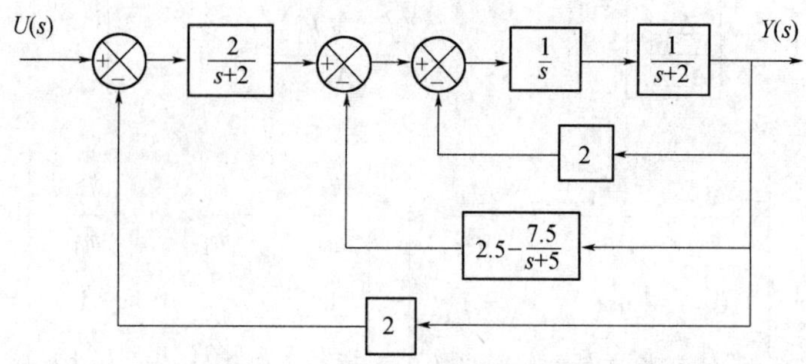

图 1-50　基本环节组合结构图

画出状态变量图如图 1-51 所示。

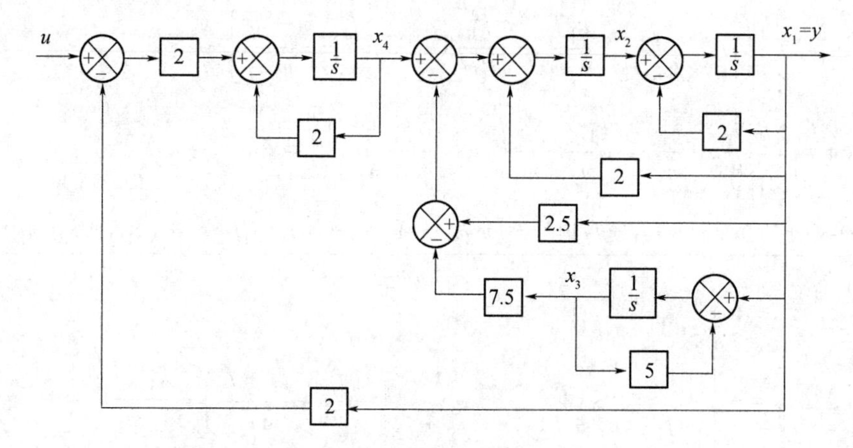

图 1-51　状态变量图

按图 1-51 可写出方程组为

$$\begin{cases}\dot{x}_1 = -2x_1 + x_2 \\ \dot{x}_2 = -4.5x_1 + 7.5x_3 + x_4 \\ \dot{x}_3 = x_1 - 5x_3 \\ \dot{x}_4 = -4x_1 - 2x_4 + 2u \\ y = x_1\end{cases}$$

写成矩阵方程为

$$\begin{cases}\begin{bmatrix}\dot{x}_1 \\ \dot{x}_2 \\ \dot{x}_3 \\ \dot{x}_4\end{bmatrix} = \begin{bmatrix}-2 & 1 & 0 & 0 \\ -4.5 & 0 & 7.5 & 1 \\ 1 & 0 & -5 & 0 \\ -4 & 0 & 0 & -2\end{bmatrix}\begin{bmatrix}x_1 \\ x_2 \\ x_3 \\ x_4\end{bmatrix} + \begin{bmatrix}0 \\ 0 \\ 0 \\ 2\end{bmatrix}u \\ y = \begin{bmatrix}1 & 0 & 0 & 0\end{bmatrix}\begin{bmatrix}x_1 \\ x_2 \\ x_3 \\ x_4\end{bmatrix}\end{cases}$$

(2) 传递函数实现法。

由结构图 1-49 求传递函数可得

$$G(s)=\frac{2s+10}{s^4+9s^3+28.5s^2+48s+50}$$

按能控标准型实现为

$$\begin{cases}\dot{\boldsymbol{x}}=\begin{bmatrix}0 & 1 & 0 & 0\\ 0 & 0 & 1 & 0\\ 0 & 0 & 0 & 1\\ -50 & -48 & -28.5 & -9\end{bmatrix}\boldsymbol{x}+\begin{bmatrix}0\\0\\0\\1\end{bmatrix}u\\ y=[10\quad 2\quad 0\quad 0]\boldsymbol{x}\end{cases}$$

例 1-32　对于图 1-52 所示的电路,设 u_1 和 u_2 为输入变量,y 为输出,试求电路的状态空间表达式。

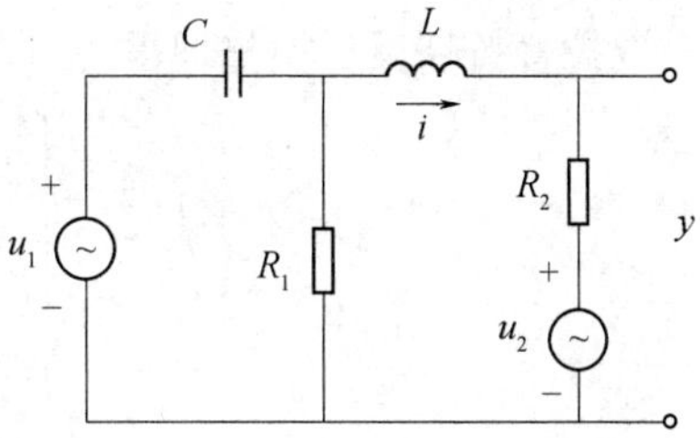

解:根据基尔霍夫定律列写电路方程为

$$\begin{cases}u_1-u_c=R_1\left(C\dfrac{\mathrm{d}u_c}{\mathrm{d}t}-i\right)\\ u_1-u_c=R_2i+L\dfrac{\mathrm{d}i}{\mathrm{d}t}+u_2\\ y=iR_2+u_2\end{cases}$$

图 1-52　*RLC* 电路

电路中有两个储能元件电容和电感,我们选电容电压 u_c 和电感电流 i 作为状态变量,即

$$x_1=u_c,x_2=i$$

则有

$$\begin{cases}\dot{x}_1=-\dfrac{1}{R_1C}x_1+\dfrac{1}{C}x_2+\dfrac{1}{R_1C}u_1\\ \dot{x}_2=-\dfrac{1}{L}x_1-\dfrac{R_2}{L}x_2+\dfrac{1}{L}u_1-\dfrac{1}{L}u_2\\ y=R_2x_2+u_2\end{cases}$$

写成矩阵方程

$$\begin{cases}\dot{\boldsymbol{x}}=\begin{bmatrix}-\dfrac{1}{R_1C} & \dfrac{1}{C}\\ -\dfrac{1}{L} & -\dfrac{R_2}{L}\end{bmatrix}\boldsymbol{x}+\begin{bmatrix}\dfrac{1}{R_1C} & 0\\ \dfrac{1}{L} & -\dfrac{1}{L}\end{bmatrix}\begin{bmatrix}u_1\\u_2\end{bmatrix}\\ y=[0\quad R_2]\boldsymbol{x}+[0\quad 1]\begin{bmatrix}u_1\\u_2\end{bmatrix}\end{cases}$$

例 1-33　系统结构图如图 1-53 所示,试求系统状态空间表达式。

解:由于结构图中各部分传递函数均为无零点的基本形式,可直接按每个方框的输出

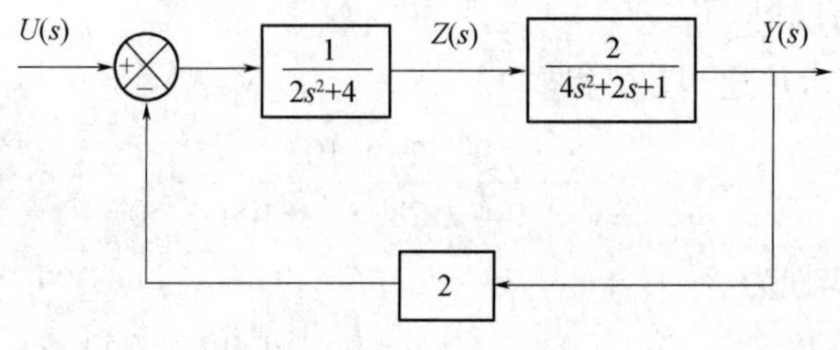

图 1-53　系统结构图

设相变量形式的状态变量,即

$$x_1 = z, x_2 = \dot{z}, x_3 = y, x_4 = \dot{y}$$

由图 1-53 可得

$$\begin{cases}(2s^2+4)Z(s) = [U(s) - 2Y(s)] \\ (s^2+2s+1)Y(s) = 2Z(s)\end{cases}$$

取拉普拉斯反变换整理得

$$\begin{cases}\dot{x}_1 = x_2 \\ \dot{x}_2 = -2x_1 - x_3 + \dfrac{1}{2}u \\ \dot{x}_3 = x_4 \\ \dot{x}_4 = 2x_1 - x_3 - 2x_4 \\ y = x_3\end{cases}$$

写成矩阵方程为

$$\begin{cases}\begin{bmatrix}\dot{x}_1 \\ \dot{x}_2 \\ \dot{x}_3 \\ \dot{x}_4\end{bmatrix} = \begin{bmatrix}0 & 1 & 0 & 0 \\ -2 & 0 & -1 & 0 \\ 0 & 0 & 0 & 1 \\ 2 & 0 & -1 & -2\end{bmatrix}\begin{bmatrix}x_1 \\ x_2 \\ x_3 \\ x_4\end{bmatrix} + \begin{bmatrix}0 \\ 0.5 \\ 0 \\ 0\end{bmatrix}u \\ y = \begin{bmatrix}0 & 0 & 1 & 0\end{bmatrix}\begin{bmatrix}x_1 \\ x_2 \\ x_3 \\ x_4\end{bmatrix}\end{cases}$$

例1-34　系统结构图如图 1-54 所示,试求其状态空间表达式。

解:由于内环存在微分反馈,状态变量的等效点见图 1-55。

图中有两处是状态 x_2 的等效点。在这种情况下,可把 x_2 取在反馈回路中,而不必对图 1-54 进行分解。按图 1-54,可得

$$\begin{cases}s(s+1)X_1(s) = 2[X_3(s) - X_2(s)] \\ X_2(s) = sX_1(s) \\ (s+3)X_3(s) = 2[U(s) - X_1(s)]\end{cases}$$

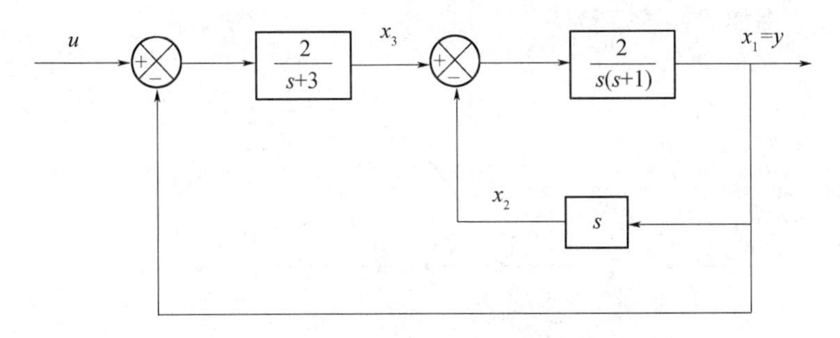

图 1-54　系统结构图

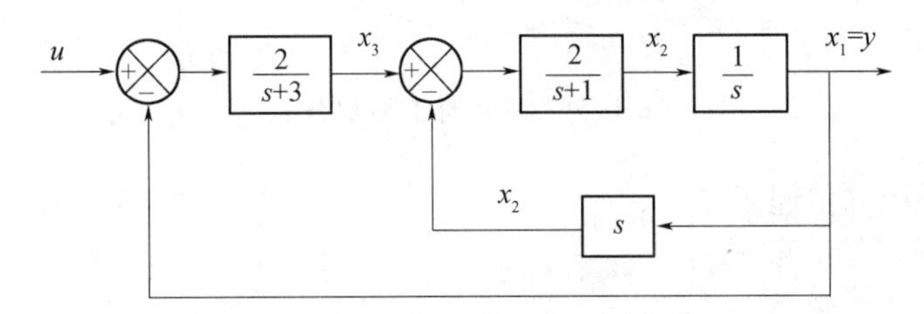

图 1-55　状态变量图

取拉普拉斯反变换并整理得

$$\begin{cases}\dot{x}_1 = x_2 \\ \dot{x}_2 = -3x_2 + 2x_3 \\ \dot{x}_3 = -3x_1 - 3x_3 + 2u \\ y = x_1\end{cases}$$

写成矩阵形式

$$\begin{cases}\dot{\boldsymbol{x}} = \begin{bmatrix} 0 & 1 & 0 \\ 0 & -3 & 2 \\ -2 & 0 & -3 \end{bmatrix}\boldsymbol{x} + \begin{bmatrix} 0 \\ 0 \\ 2 \end{bmatrix}u \\ y = \begin{bmatrix} 1 & 0 & 0 \end{bmatrix}\boldsymbol{x}\end{cases}$$

例1-35　设系统的微分方程为

$$\dddot{y} + 7\ddot{y} + 14\dot{y} + 8y = \ddot{u} + 8\dot{u} + 15u$$

试求状态空间表达式,并画出状态图:

(1) 按能控标准型实现。

(2) 按对角线标准型实现。

解:(1)由微分方程可直接写出能控标准型:

$$\begin{cases}\dot{\boldsymbol{x}} = \begin{bmatrix} 0 & 1 & 0 \\ 0 & 0 & 1 \\ -8 & -14 & -7 \end{bmatrix}\boldsymbol{x} + \begin{bmatrix} 0 \\ 0 \\ 1 \end{bmatrix}u \\ y = \begin{bmatrix} 15 & 8 & 1 \end{bmatrix}\boldsymbol{x}\end{cases}$$

相应的状态变量图如图1-56所示。

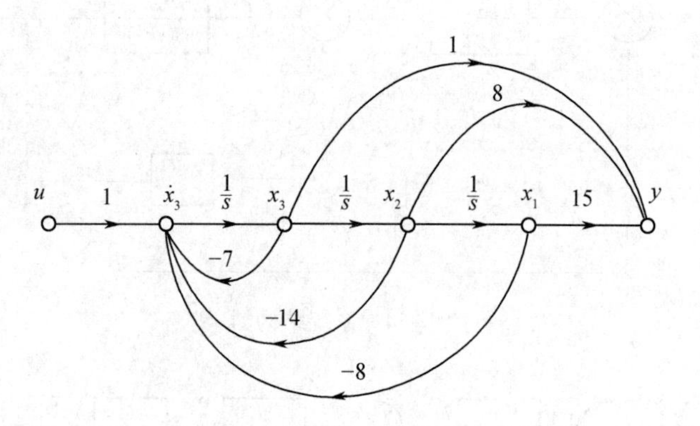

图1-56 能控标准型状态图

(2) 写出系统的传递函数:

$$G(s)=\frac{s^2+8s+15}{s^3+7s^2+14s+8}=\frac{s^2+8s+15}{(s+1)(s+2)(s+4)}$$

对传递函数进行部分分式展开,有

$$G(s)=\frac{8/3}{s+1}-\frac{3/2}{s+2}-\frac{1/6}{s+4}=\frac{Y(s)}{U(s)}$$

令

$$\begin{cases}X_1(s)=\dfrac{1}{s+1}U(s)\\X_2(s)=\dfrac{1}{s+2}U(s)\\X_3(s)=\dfrac{1}{s+4}U(s)\end{cases}$$

则有

$$\begin{cases}\dot{x}_1=-x_1+u\\\dot{x}_2=-2x_2+u\\\dot{x}_3=-4x_3+u\\y=\dfrac{8}{3}x_1-\dfrac{3}{2}x_2-\dfrac{1}{6}x_3\end{cases}$$

写成矩阵方程

$$\begin{cases}\dot{\boldsymbol{x}}=\begin{bmatrix}-1&0&0\\0&-2&0\\0&0&-4\end{bmatrix}\boldsymbol{x}+\begin{bmatrix}1\\1\\1\end{bmatrix}u\\y=\begin{bmatrix}\dfrac{8}{3}&-\dfrac{3}{2}&-\dfrac{1}{6}\end{bmatrix}\boldsymbol{x}\end{cases}$$

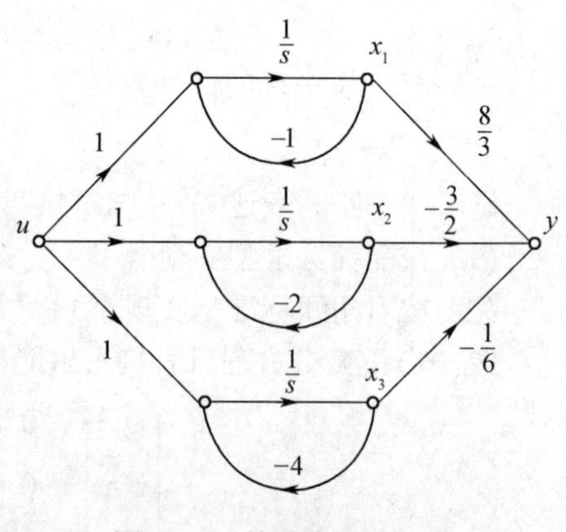

图1-57 并联分解状态图

对应的状态变量图如图1-57所示。

例 1-36　已知系统矩阵

$$A=\begin{bmatrix}0&1&0\\1&0&0\\0&2&0\end{bmatrix}$$

试求线性变换阵 $\boldsymbol{P}$,使 $\boldsymbol{A}$ 阵化为对角线标准型。

解:首先求系统的特征值

$$|\lambda \boldsymbol{I}-\boldsymbol{A}|=\begin{vmatrix}\lambda&-1&0\\-1&\lambda&0\\0&-2&\lambda\end{vmatrix}=\lambda^3-\lambda=\lambda(\lambda+1)(\lambda-1)=0$$

$\lambda_1=0,\lambda_2=-1,\lambda_3=1$,分别求对应 3 个特征值的特征向量。对于 $\lambda_1=0$,有

$$(\lambda_1\boldsymbol{I}-\boldsymbol{A})\boldsymbol{P}_1=0$$

即

$$\begin{bmatrix}0&-1&0\\-1&0&0\\0&-2&0\end{bmatrix}\begin{bmatrix}p_{11}\\p_{21}\\p_{31}\end{bmatrix}=0$$

任取 $p_{31}=1$,得 $p_{11}=p_{21}=0$,即

$$\boldsymbol{P}_1=\begin{bmatrix}0\\0\\1\end{bmatrix}$$

对于 $\lambda_2=-1$,有

$$(\lambda_2\boldsymbol{I}-\boldsymbol{A})\boldsymbol{P}_2=0$$

即

$$\begin{bmatrix}-1&-1&0\\-1&-1&0\\0&-2&-1\end{bmatrix}\begin{bmatrix}p_{12}\\p_{22}\\p_{32}\end{bmatrix}=0$$

任取 $p_{22}=1$,得 $p_{12}=-1,p_{32}=-2$,即

$$\boldsymbol{P}_2=\begin{bmatrix}-1\\1\\-2\end{bmatrix}$$

对于 $\lambda_3=1$,有

$$(\lambda_3\boldsymbol{I}-\boldsymbol{A})\boldsymbol{P}_3=0$$

即

$$\begin{bmatrix} 1 & -1 & 0 \\ -1 & 1 & 0 \\ 0 & -2 & 1 \end{bmatrix} \begin{bmatrix} p_{13} \\ p_{23} \\ p_{33} \end{bmatrix} = 0$$

任取 $p_{13}=1$,得 $p_{23}=1, p_{33}=2$,即

$$\boldsymbol{P}_3 = \begin{bmatrix} 1 \\ 1 \\ 2 \end{bmatrix}$$

于是得变换阵

$$\boldsymbol{P} = \begin{bmatrix} 0 & -1 & 1 \\ 0 & 1 & 1 \\ 1 & -2 & 2 \end{bmatrix}, \quad \boldsymbol{P}^{-1} = \begin{bmatrix} -2 & 0 & 1 \\ -0.5 & 0.5 & 0 \\ 0.5 & 0.5 & 0 \end{bmatrix}$$

可以将 $\boldsymbol{A}$ 化为对角形

$$\widetilde{\boldsymbol{A}} = \boldsymbol{P}^{-1}\boldsymbol{A}\boldsymbol{P} = \begin{bmatrix} 0 & 0 & 0 \\ 0 & -1 & 0 \\ 0 & 0 & 1 \end{bmatrix}$$

例 1-37 已知系统的状态方程为

$$\dot{\boldsymbol{x}} = \begin{bmatrix} 2 & 4 & 5 \\ 0 & 1 & 0 \\ 0 & 0 & 1 \end{bmatrix} \boldsymbol{x} + \begin{bmatrix} 1 \\ 2 \\ 3 \end{bmatrix} u$$

试将状态方程化为约当标准型。

解:首先确定系统的特征值,因为 $\boldsymbol{A}$ 阵是上三角形矩阵,其对角线上元素即为其特征值。所以,有

$$|\lambda \boldsymbol{I} - \boldsymbol{A}| = (\lambda - 2)(\lambda - 1)^2 = 0$$

$\lambda_1=2$, $\lambda_2=\lambda_3=1$。

求特征向量:当 $\lambda_1=2$,可得

$$(\lambda_1 \boldsymbol{I} - \boldsymbol{A})\boldsymbol{P}_1 = \begin{bmatrix} 0 & -4 & -5 \\ 0 & 1 & 0 \\ 0 & 0 & 1 \end{bmatrix} \boldsymbol{P}_1 = 0$$

可解出

$$\boldsymbol{P}_1 = \begin{bmatrix} 1 \\ 0 \\ 0 \end{bmatrix}$$

由 $\lambda_2=1$,可得

$$(\lambda_2 \boldsymbol{I} - \boldsymbol{A})\boldsymbol{P}_2 = \begin{bmatrix} -1 & -4 & -5 \\ 0 & 0 & 0 \\ 0 & 0 & 0 \end{bmatrix} \boldsymbol{P}_2 = 0$$

上式可解出对应于 $\lambda_2 = 1$ 的两个线性无关的特征向量,即

$$\boldsymbol{P}_2 = \begin{bmatrix} 4 \\ -1 \\ 0 \end{bmatrix}, \qquad \boldsymbol{P}_3 = \begin{bmatrix} 5 \\ 0 \\ -1 \end{bmatrix}$$

于是线性变换阵为

$$\boldsymbol{P} = \begin{bmatrix} 1 & 4 & 5 \\ 0 & -1 & 0 \\ 0 & 0 & -1 \end{bmatrix}, \qquad \boldsymbol{P}^{-1} \begin{bmatrix} 1 & 4 & 5 \\ 0 & -1 & 0 \\ 0 & 0 & -1 \end{bmatrix}$$

矩阵 $\boldsymbol{A}$ 化为对角线标准型为

$$\widetilde{\boldsymbol{A}} = \boldsymbol{P}^{-1}\boldsymbol{A}\boldsymbol{P} = \begin{bmatrix} 2 & 0 & 0 \\ 0 & 1 & 0 \\ 0 & 0 & 1 \end{bmatrix}$$

$$\widetilde{\boldsymbol{B}} = \boldsymbol{P}^{-1}\boldsymbol{B} = \begin{bmatrix} 1 & 4 & 5 \\ 0 & -1 & 0 \\ 0 & 0 & -1 \end{bmatrix} \begin{bmatrix} 1 \\ 2 \\ 3 \end{bmatrix} = \begin{bmatrix} 24 \\ -2 \\ -3 \end{bmatrix}$$

所以,状态方程化为约当标准型的最简形式,即对角线标准型。

$$\dot{\boldsymbol{x}} = \begin{bmatrix} 2 & 0 & 0 \\ 0 & 1 & 0 \\ 0 & 0 & 1 \end{bmatrix} \boldsymbol{x} + \begin{bmatrix} 24 \\ -2 \\ -3 \end{bmatrix} u$$

例 1-38　已知系统的微分方程式为

$$\ddot{y}(t) + 3\dot{y}(t) + 2y(t) = u(t)$$

(1) 选择相变量为状态变量,即 $x_1 = y, x_2 = \dot{y}$,写出系统的状态方程。

(2) 选择状态变量 $\tilde{x}_1$ 和 $\tilde{x}_2$,且满足

$$x_1 = \tilde{x}_1 + \tilde{x}_2$$

$$x_2 = -\tilde{x}_1 - 2\tilde{x}_2$$

写出系统在 $\tilde{\boldsymbol{x}}$ 坐标下的状态方程。

解:(1) 选 $x_1 = y, x_2 = \dot{y}$,则有

$$\begin{cases} \dot{x}_1 = x_2 \\ \dot{x}_2 = -2x_1 - 3x_2 + u \end{cases}$$

写出矩阵方程

$$\begin{bmatrix}\dot{x}_1\\ \dot{x}_2\end{bmatrix}=\begin{bmatrix}0 & 1\\ -2 & -3\end{bmatrix}\begin{bmatrix}x_1\\ x_2\end{bmatrix}+\begin{bmatrix}0\\ 1\end{bmatrix}u$$

(2) 状态变量的变换关系满足 $\boldsymbol{x}=\boldsymbol{P}\tilde{\boldsymbol{x}}$,即

$$\begin{bmatrix}x_1\\ x_2\end{bmatrix}=\begin{bmatrix}1 & 1\\ -1 & -2\end{bmatrix}\begin{bmatrix}\tilde{x}_1\\ \tilde{x}_2\end{bmatrix}$$

则变换阵为

$$\boldsymbol{P}=\begin{bmatrix}1 & 1\\ -1 & -2\end{bmatrix},\qquad \boldsymbol{P}^{-1}=\begin{bmatrix}2 & 1\\ -1 & -1\end{bmatrix}$$

所以

$$\tilde{\boldsymbol{A}}=\boldsymbol{P}^{-1}\boldsymbol{A}\boldsymbol{P}=\begin{bmatrix}2 & 1\\ -1 & -1\end{bmatrix}\begin{bmatrix}0 & 1\\ -2 & -3\end{bmatrix}\begin{bmatrix}1 & 1\\ -1 & -2\end{bmatrix}=\begin{bmatrix}-1 & 0\\ 0 & -2\end{bmatrix}$$

$$\tilde{\boldsymbol{B}}=\boldsymbol{P}^{-1}\boldsymbol{B}=\begin{bmatrix}2 & 1\\ -1 & -1\end{bmatrix}\begin{bmatrix}0\\ 1\end{bmatrix}=\begin{bmatrix}1\\ -1\end{bmatrix}$$

于是,系统在新坐标系内的状态方程为

$$\dot{\tilde{\boldsymbol{x}}}=\begin{bmatrix}-1 & 0\\ 0 & -2\end{bmatrix}\tilde{\boldsymbol{x}}+\begin{bmatrix}1\\ -1\end{bmatrix}u$$

例 1-39 已知系统矩阵

$$\boldsymbol{A}=\begin{bmatrix}0 & 1 & 0 & 0\\ 0 & 0 & 1 & 0\\ 0 & 0 & 0 & 1\\ 1 & 0 & 0 & 0\end{bmatrix}$$

(1) 求 $\boldsymbol{A}$ 的特征方程、特征值和特征向量。

(2) 将 $\boldsymbol{A}$ 化为约当形,并求变换阵 $\boldsymbol{P}$。

(3) 将 $\boldsymbol{A}$ 化为模态规范形,并求变换阵 $\boldsymbol{P}$。

解:(1) 由于 $\boldsymbol{A}$ 为4阶友矩阵,特征方程可由最后一行元素确定,即

$$|\lambda\boldsymbol{I}-\boldsymbol{A}|=\lambda^4-1=0$$

特征值为

$$\lambda_1=1,\ \lambda_2=-1,\ \lambda_3=\mathrm{j},\ \lambda_4=-\mathrm{j}$$

由式

$$(\lambda_i\boldsymbol{I}-\boldsymbol{A})\boldsymbol{P}_i=0$$

可依次解出特征向量

$$\boldsymbol{P}_1=\begin{bmatrix}1\\ 1\\ 1\\ 1\end{bmatrix},\quad \boldsymbol{P}_2=\begin{bmatrix}1\\ -1\\ 1\\ -1\end{bmatrix},\quad \boldsymbol{P}_3=\begin{bmatrix}1\\ \mathrm{j}\\ -1\\ -\mathrm{j}\end{bmatrix},\quad \boldsymbol{P}_4=\begin{bmatrix}1\\ -\mathrm{j}\\ -1\\ \mathrm{j}\end{bmatrix}$$

（2）特征值为 4 个互异的值，则化约当标准型的变换阵由特征向量构成，即

$$P=\begin{bmatrix}1&1&1&1\\1&-1&j&-j\\1&1&-1&-1\\1&-1&-j&j\end{bmatrix}$$

将 $\boldsymbol{A}$ 阵化为对角线标准型

$$\widetilde{A}=P^{-1}AP=\begin{bmatrix}1&0&0&0\\0&-1&0&0\\0&0&j&0\\0&0&0&-j\end{bmatrix}$$

（3）由于特征值有一对共轭虚根，使变换阵 $\boldsymbol{P}$ 和 $\boldsymbol{A}$ 阵都含有虚数。为了避免计算中出现复数，将 λ_3 所对应的特征向量 $\boldsymbol{P}_3$ 进行实、虚部分离。

$$P_3=\begin{bmatrix}1\\j\\-1\\-j\end{bmatrix}=\begin{bmatrix}1\\0\\-1\\0\end{bmatrix}+j\begin{bmatrix}0\\1\\0\\-1\end{bmatrix}$$

用实部向量和虚部向量分别代替原特征向量 P_3 和 P_4。得一实变换阵

$$Q=\begin{bmatrix}1&1&1&0\\1&-1&0&1\\1&1&-1&0\\1&-1&0&-1\end{bmatrix}$$

可将 $\boldsymbol{A}$ 化为不含复数的模态规范形

$$J=Q^{-1}AQ=\begin{bmatrix}1&0&0&0\\0&-1&0&0\\0&0&0&1\\0&0&-1&0\end{bmatrix}=\begin{bmatrix}\lambda_1&0&0&0\\0&\lambda_2&0&0\\0&0&\sigma&\omega\\0&0&-\omega&\sigma\end{bmatrix}$$

例 1-40　已知系统的状态空间表达式

$$\begin{cases}\dot{x}=\begin{bmatrix}0&1&0\\0&0&1\\2&-5&4\end{bmatrix}x+\begin{bmatrix}0&0\\0&-1\\1&0\end{bmatrix}u\\ y=\begin{bmatrix}1&0&0\\0&0&-1\end{bmatrix}x+\begin{bmatrix}1&0\\0&-1\end{bmatrix}u\end{cases}$$

试求系统的传递函数阵。

解：传递函数阵为

$$G(s)=C(sI-A)^{-1}B+D=$$

$$\begin{bmatrix}2&0&0\\0&0&-1\end{bmatrix}\begin{bmatrix}s&-1&0\\0&s&-1\\-2&5&-4\end{bmatrix}^{-1}\begin{bmatrix}0&0\\0&-1\\1&0\end{bmatrix}+\begin{bmatrix}1&0\\0&-1\end{bmatrix}=$$

$$\begin{bmatrix}\dfrac{s(s^2-4s+5)}{(s-1)^2(s-2)}&\dfrac{-2(s-4)}{(s-1)^2(s-2)}\\\dfrac{-s^2}{(s-1)^2(s-2)}&\dfrac{-s^2(s-4)}{(s-1)^2(s-2)}\end{bmatrix}$$

例 1-41 已知系统的传递函数为

$$G(s)=\frac{s^2+s+2}{s^3+2s^2+2s}$$

试用部分分式法求状态方程实现。

解：将传递函数展开成部分分式

$$G(s)=\frac{s^2+s+2}{s(s^2+2s+2)}=\frac{c_1}{s}+\frac{c_2s+c_3}{(s+1)^2+1}$$

其极点为：$\lambda_1=0,\lambda_{2,3}=-1\pm j$，存在一对共轭复极点。

为了避免系统实现中出现矩阵 $\boldsymbol{A},\boldsymbol{B},\boldsymbol{C}$ 的元素为复数，一般将一对共轭极点 $\sigma\pm j\omega$ 展开成二阶项，即

$$g_i(s)=\frac{as+b}{(s-\sigma)^2+\omega^2}$$

确定待定系数 a,b 后，对应的实现应为

$$\boldsymbol{A}_1=\begin{bmatrix}\sigma&\omega\\-\omega&\sigma\end{bmatrix},\quad \boldsymbol{B}_i=\begin{bmatrix}0\\1\end{bmatrix},\quad \boldsymbol{C}=\begin{bmatrix}\dfrac{a\sigma+b}{\omega}&a\end{bmatrix}$$

或者是它的对偶形式。

按照以上分析，先确定部分分式中待定系数 c_1,c_2,c_3，即

$$c_1=\lim_{s\to 0}sG(s)=1$$

$$G(s)=\frac{1}{s}+\frac{c_2s+c_3}{s^2+2s+2}=\frac{(c_2+1)s^2+(c_3+2)s+2}{s(s^2+2s+2)}=\frac{s^2+s+2}{s(s^2+2s+2)}$$

比较分子系数可得

$$\begin{cases}c_2+1=1\\c_3+2=1\end{cases}\Rightarrow\begin{cases}c_2=0\\c_3=-1\end{cases}$$

由此可得：$\sigma=-1,\omega=1,a=c_2=0,b=c_3=-1$

对应的约当标准型实现为

$$A=\left[\begin{array}{c:c}A_1 & \\ \hdashline & A_2\end{array}\right]=\left[\begin{array}{c:cc}\lambda_1 & 0 & 0\\ \hdashline 0 & \sigma & \omega\\ 0 & -\omega & \sigma\end{array}\right]=\left[\begin{array}{c:cc}0 & 0 & 0\\ \hdashline 0 & -1 & 1\\ 0 & -1 & -1\end{array}\right]$$

$$B=\left[\begin{array}{c}B_1\\ \hdashline B_2\end{array}\right]=\left[\begin{array}{c}1\\ \hdashline 0\\ 1\end{array}\right]$$

$$C=\left[\begin{array}{c:c}C_1 & C_2\end{array}\right]=\left[\begin{array}{c:cc}c_1 & \dfrac{c_2\sigma+c_3}{\omega} & c_2\end{array}\right]=\left[\begin{array}{c:cc}1 & -1 & 0\end{array}\right]$$

学习指导与小结

本章主要介绍系统状态空间模型的建立、转换以及与传递函数之间的互化。通过这一章的学习,可以牢固地建立有关状态的概念,熟练地掌握状态变量的性质,并密切联系经典理论有关系统性能的结论,不断地比较,为今后学习系统分析方法打下坚实的基础。

1. 基本要求

(1) 正确理解状态、状态变量、状态空间等基本概念。

(2) 熟练掌握建立系统状态空间表达式的直接方法。

(3) 熟练掌握系统实现的几种常用方法。

(4) 明确状态线性变换的定义及一般方法。

(5) 熟练掌握状态空间表达式化成能控标准型、能观测标准型、对角线标准型、约当标准型以及模态规范形的基本方法。

(6) 掌握多变量系统传递函数阵的基本概念与求法。

(7) 熟练掌握状态空间表达式求传递函数阵的方法。

2. 内容提要及小结

(1) 几个重要概念。

状态　表征系统的运动状况,是一些确定系统动态行为的信息的集合,即一组变量的集合。

状态变量　确定系统状态的一个最少变量组中所含的变量,它对于确定系统的运动状态是必需的,也是充分的。

状态向量　以状态变量为元素构成的向量。

状态空间　以状态变量为坐标所张成的空间,系统某时刻的状态可用状态空间上的点来表示。

状态轨迹　在状态空间中,状态点随时间变化的轨迹。

状态方程　由状态变量构成的一阶微分方程组,表示每个状态变量的一阶导数与各状态变量及输入变量的关系式。

输出方程　输出变量与状态变量和输入变量之间的代数方程组,表示每个输出变量与内部状态变量和输入变量的组合关系。

完全描述　指对系统运动规律的全面确定。当状态初值和输入确定之后,系统的零输入响应和零状态响应就唯一确定了。

(2) 状态空间表达式的一般形式(仅讨论线性定常系统)。

状态空间模型把系统从输入到输出的响应过程划分为两个阶段来分别描述,第一阶段是输入到状态变量之间的动态微分方程组,描述状态响应输入的变化过程。第二阶段是状态变量到输出的代数方程,描述状态到输出的转换和组合关系。即:

$$\boldsymbol{u}(t)\xrightarrow[\text{状态方程}]{\dot{\boldsymbol{x}}=\boldsymbol{A}\boldsymbol{x}+\boldsymbol{B}\boldsymbol{u}}\boldsymbol{x}(t)\xrightarrow[\text{输出方程}]{\boldsymbol{y}=\boldsymbol{C}\boldsymbol{x}+\boldsymbol{D}\boldsymbol{u}}\boldsymbol{y}(t)$$

状态空间表达式的特点如下:

① 模型的形式统一, 任意阶次的系统, 都用简单的四联矩阵表示, 即 $\sum(A,B,C,D)$。

② 独立状态变量的个数等于系统的阶次 n。

③ 状态变量的选取是非唯一的。

④ 模型是时域的,但可用信号流图或结构图画出系统的状态变量图,直接进行模拟仿真。

(3) 状态空间表达式的建立方法。

① 直接建模法。直接建模法是一种分析法,建立的模型往往具有较明显的物理意义,由于状态的初值根据系统储能元件的初始状态确定比较容易,一般在分析法中直接取储能元件所对应的变量作为状态变量,且这种方法对多输入多输出系统也同样适用。

② 系统实现法(仅讨论单变量系统)。

a) 能控标准型实现。

情况 1: $y^{(n)}+a_1y^{(n-1)}+\cdots+a_{n-1}\dot{y}+a_ny=bu$　　(输入不含导数项)

$$G(s)=\frac{b}{s^n+a_1s^{n-1}+\cdots+a_{n-1}s+a_n}\quad\text{(传递函数无零点)}$$

状态变量图如图 1-58 所示。

状态变量取等价输出相变量,即

$$\begin{cases}x_1=\dfrac{1}{b}y\\x_2=\dfrac{1}{b}\dot{y}\\\quad\vdots\\x_n=\dfrac{1}{b}y^{(n-1)}\end{cases}$$

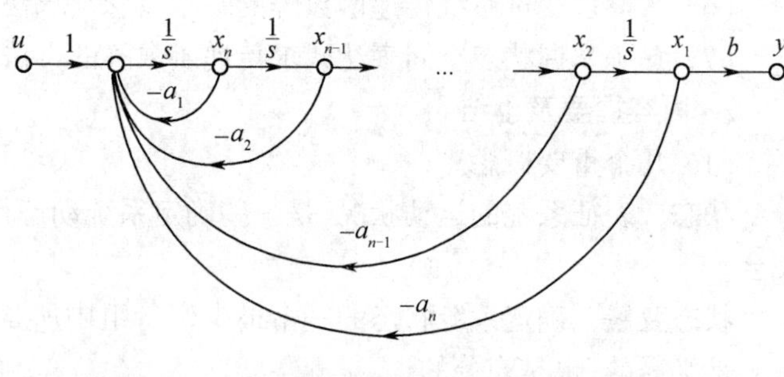

图 1-58　传递函数无零点的系统状态变量图

则

$$\boldsymbol{A}=\begin{bmatrix}0&1&0&\cdots&0\\0&0&1&\cdots&0\\\vdots&\vdots&\vdots&&\vdots\\0&0&0&\cdots&1\\-a_n&-a_{n-1}&-a_{n-2}&\cdots&-a_1\end{bmatrix},\quad\boldsymbol{B}=\begin{bmatrix}0\\0\\\vdots\\0\\1\end{bmatrix},\quad\boldsymbol{C}=\begin{bmatrix}b&0&\cdots&0\end{bmatrix}$$

情况 2：微分方程输入含有导数项，即

$$y^{(n)}+a_1y^{(n-1)}+\cdots+a_{n-1}\dot{y}+a_ny=$$

$$b_0u^{(m)}+b_1u^{(m-1)}+\cdots+b_{m-1}\dot{u}+b_mu \quad (n>m)$$

则传递函数含有零点。

$$G(s)=\frac{b_0s^m+b_1s^{m-1}+\cdots+b_{m-1}s+b_m}{s^n+a_1s^{n-1}+\cdots+a_{n-1}s+a_n} \quad (n>m)$$

状态变量图如图 1-59 所示。

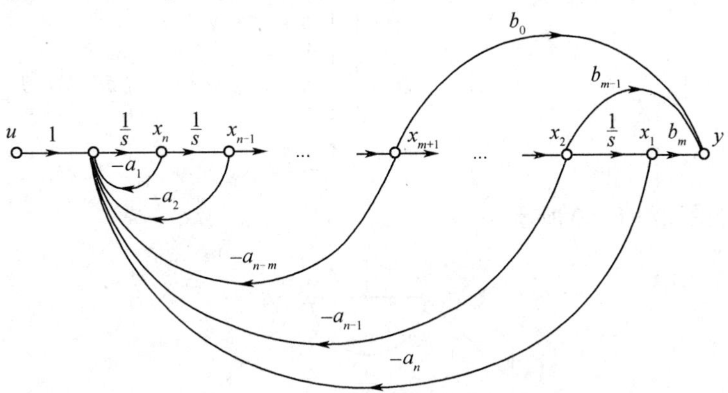

图 1-59　传递函数含有零点的系统状态变量图

对应的系统矩阵为

$$A=\begin{bmatrix}0&1&0&\cdots&0\\0&0&1&\cdots&0\\\vdots&\vdots&\vdots&&\vdots\\0&0&0&\cdots&1\\-a_n&-a_{n-1}&-a_{n-2}&\cdots&-a_1\end{bmatrix},\quad B=\begin{bmatrix}0\\0\\\vdots\\0\\1\end{bmatrix},$$

$$C=[b_m \quad b_{m-1} \quad \cdots \quad b_0 \quad 0 \quad \cdots \quad 0]$$

注：由此选择的状态变量不再具有明显的物理意义，这是存在的不足之处。

b）能观测标准型实现。

根据对偶原则，a）中的两种情况都可以有相应的对偶结构状态变量图，因此，得到的能观测标准型与能控标准型具有对偶转置关系。即

$$A=\begin{bmatrix}0&\cdots&0&-a_n\\1&\cdots&0&-a_{n-1}\\\vdots&&\vdots&\vdots\\0&\cdots&1&-a_1\end{bmatrix},\quad B=\begin{bmatrix}b_m\\\vdots\\b_0\\0\\\vdots\\0\end{bmatrix},\quad C=[0 \quad \cdots \quad 0 \quad 1]$$

从能控、能观测标准型实现的状态图可以看出,各积分环节是串联在一起的,故称这种结构为串联实现。

c)对角线标准型和约当标准型实现(部分分式法)

情况1:传递函数无重极点,即

$$G(s)=\frac{k_1}{s-\lambda_1}+\frac{k_2}{s-\lambda_2}+\cdots+\frac{k_n}{s-\lambda_n}$$

则有对角线标准型实现为

$$\boldsymbol{A}=\begin{bmatrix}\lambda_1 & & & \\ & \lambda_2 & & \\ & & \ddots & \\ & & & \lambda_n\end{bmatrix},\quad \boldsymbol{B}=\begin{bmatrix}1\\1\\\vdots\\1\end{bmatrix},\quad \boldsymbol{C}=\begin{bmatrix}k_1 & k_2 & \cdots & k_n\end{bmatrix}$$

状态变量图如图1-60所示。

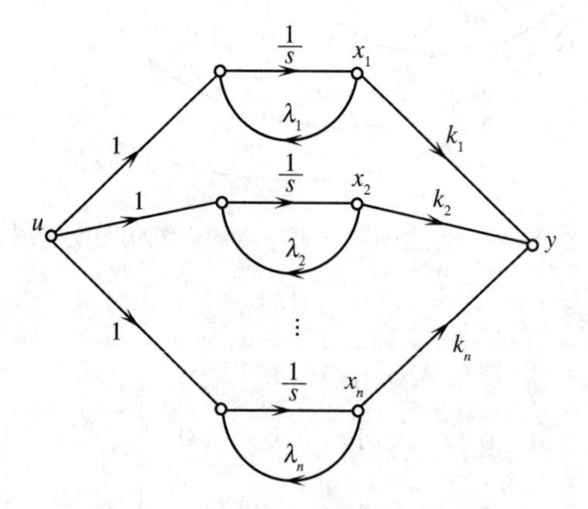

图1-60 无重极点并联分解状态图

情况2:传递函数有重极点,即

$$G(s)=\frac{k_{11}}{(s-\lambda_1)^n}+\frac{k_{12}}{(s-\lambda_1)^{n-1}}+\cdots+\frac{k_{1n}}{s-\lambda_1}$$

则有约当标准型实现为

$$\boldsymbol{A}=\begin{bmatrix}\lambda_1 & 1 & & \\ & \lambda_2 & \ddots & \\ & & \ddots & 1 \\ & & & \lambda_n\end{bmatrix},\quad \boldsymbol{B}=\begin{bmatrix}0\\\vdots\\0\\1\end{bmatrix},\quad \boldsymbol{C}=\begin{bmatrix}k_{11} & k_{12} & \cdots & k_{1n}\end{bmatrix}$$

状态变量图如图1-61所示。

③ 结构图分解法。

a)一阶环节的分解,即

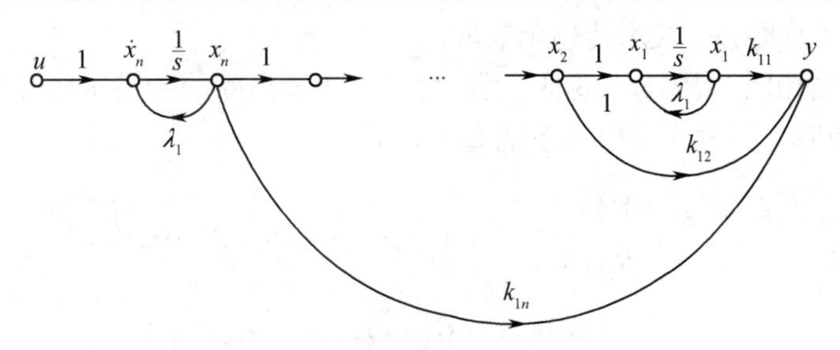

图 1-61　有重极点串联分解状态图

$$G(s)=\frac{s+z}{s+p}=1+\frac{z-p}{s+p}$$

状态变量图如图 1-62 所示。

b）二阶环节的分解，即

$$G(s)=\frac{s^2+bs+c}{s^2+2\zeta\omega_n s+\omega_n^2}=1+\frac{k_1 s+k_2}{s^2+2\zeta\omega_n s+\omega_n^2}$$

状态变量图如图 1-63 所示。

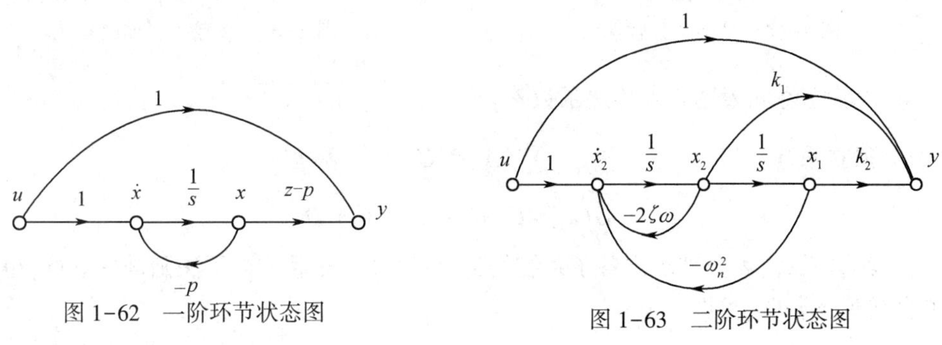

图 1-62　一阶环节状态图

图 1-63　二阶环节状态图

c）闭环系统的结构分解。

原则 1：将结构图中每个方框分解成一阶、二阶典型状态图形式，然后从输出端依次向前顺序设置状态变量，一般设在每个积分环节输出端，即可按结构图关系写出状态方程。

原则 2：可将结构图各单元分解成无零点的一阶环节的组合，然后在每个一阶环节输出端设置状态变量。如图 1-64 所示。

（4）传递函数阵。

多变量系统的传递函数阵是单变量系统传递函数的推广，对应于线性定常系统，用拉普拉斯变换在复数域建立多变量系统的数学模型。

① 由直接法求传递函数阵。

步骤：

a）直接列写原始方程组。

b）取拉普拉斯变换化为代数方程。

c）消中间变量，仅保留输入和输出变量。

d）写成矩阵方程即得传递函数阵。

② 由结构图及梅逊公式求传递函数阵。

原则:根据结构图,利用叠加原理,写出每对输入输出间的传递函数 $G_{ij}(s)$,最后按顺序组成传递函数阵。多输入多输出系统如图 1-65 所示。

$$G_{ij}(s)=\frac{Y_i(s)}{R_j(s)} \quad (i=1,2,\cdots,m;j=1,2,\cdots,r)$$

$$\boldsymbol{G}(s)=\begin{bmatrix} G_{11}(s) & G_{12}(s) & \cdots & G_{1r}(s) \\ G_{21}(s) & G_{22}(s) & \cdots & G_{2r}(s) \\ \vdots & \vdots & & \vdots \\ G_{m1}(s) & G_{m2}(s) & \cdots & G_{mr}(s) \end{bmatrix}$$

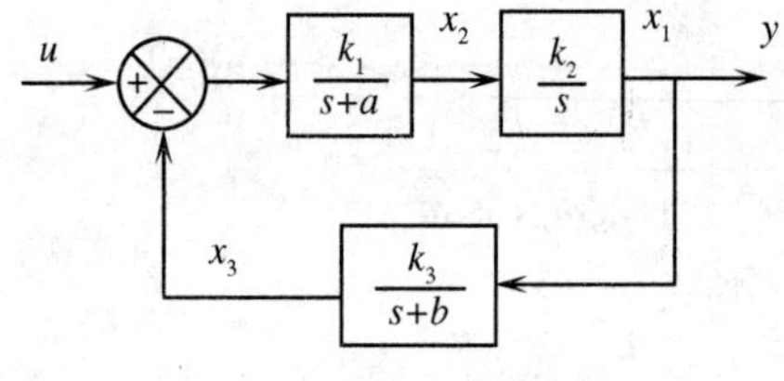

图 1-64 结构图分解法

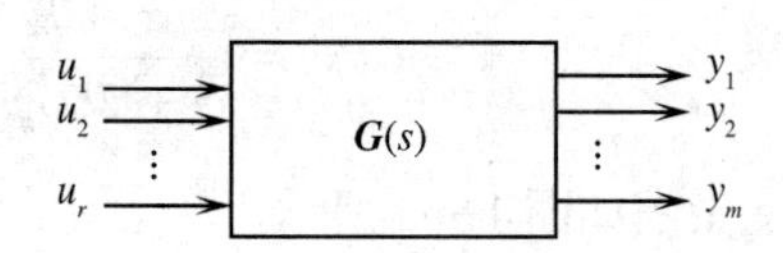

图 1-65 多输入多输出系统

③ 由状态空间表达式求传递函数阵。

a) 独立系统: $\sum(\boldsymbol{A},\boldsymbol{B},\boldsymbol{C},\boldsymbol{D})$

$$\boldsymbol{G}(s)=\boldsymbol{C}(s\boldsymbol{I}-\boldsymbol{A})^{-1}\boldsymbol{B}+\boldsymbol{D}$$

b) 组合系统:可分别求出各子系统的传递函数阵,然后按以下法则进行运算,得出系统总的传递函数阵,见图 1-66。

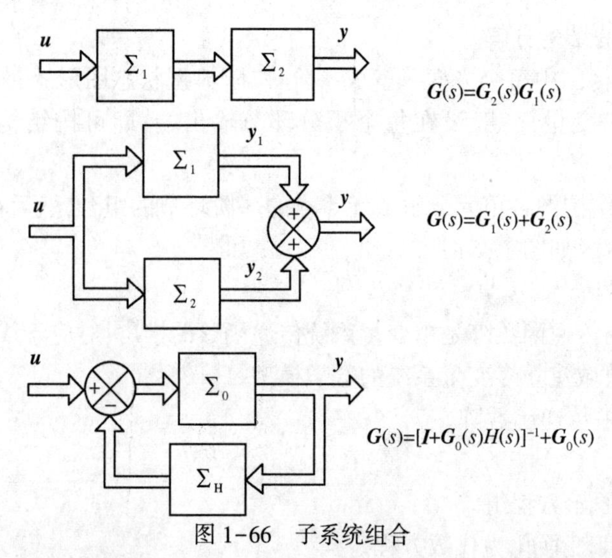

图 1-66 子系统组合

(5) 状态向量的线性变换。

① 状态变换的定义: $\boldsymbol{x}=\boldsymbol{P}\tilde{\boldsymbol{x}}$ 或 $\tilde{\boldsymbol{x}}=\boldsymbol{P}^{-1}\boldsymbol{x}$

② 四联矩阵变换关系：

$$\widetilde{A}=P^{-1}AP,\ \widetilde{B}=P^{-1}B,\ \widetilde{C}=CP,\ \widetilde{D}=D$$

③ 基本性质：状态变换不改变系统的特征值及传递函数阵，即

$$|sI-\widetilde{A}|=|sI-A|$$

$$\widetilde{G}(s)=\widetilde{C}(sI-\widetilde{A})^{-1}\widetilde{B}+\widetilde{D}=G(s)$$

④ 一类重要线性变换——化 A 为对角线标准型或约当标准型。

对角线标准型：A 的特征值互异，有变换阵 $P=[P_1\quad P_2\quad \cdots\quad P_n]$，使

$$\widetilde{A}=P^{-1}AP=\begin{bmatrix}\lambda_1 & & & \\ & \lambda_2 & & \\ & & \ddots & \\ & & & \lambda_n\end{bmatrix}$$

其中，P_i 为特征向量，满足 $(\lambda_i I-A)P_i=0(i=1,2,\cdots,n)$。

约当标准型：A 有相重特征值，有变换阵 $Q=[Q_1\quad Q_2\quad \cdots\quad Q_n]$，使

$$J=Q^{-1}AQ=\begin{bmatrix}J_1 & & & \\ & J_2 & & \\ & & \ddots & \\ & & & J_l\end{bmatrix},\quad J_i=\begin{bmatrix}\lambda_i & 1 & & \\ & \lambda_i & \ddots & \\ & & \ddots & 1\\ & & & \lambda_i\end{bmatrix}$$

其中，设每个特征值只对应一个独立特征向量，Q_i 为特征向量和广义特征向量，而广义特征向量应满足

$$(\lambda_i I-A)Q_i=-Q_{i-1}$$

模态规范形：A 的特征值有共轭复数 $\lambda_{1,2}=\sigma\pm j\omega$，有变换阵 $Q=[q_1\quad q_2]$，使

$$J=Q^{-1}AQ=\begin{bmatrix}\sigma & \omega\\ -\omega & \sigma\end{bmatrix}$$

其中，q_1,q_2 是对应特征值 $\lambda_1=\sigma+j\omega$ 的特征向量 $P_1=q_1+jq_2$ 的实部和虚部。

习　题

1.1　试求题图所示网络的状态空间表达式，选电容两端的电压 u_c 为输出，并选状态 $x_1=i_1,x_2=i_2,x_3=u_c$。

1.2　试求题图所示 RC 电路的状态空间表达式，选状态 $x_1=q_1,x_2=q_2$。

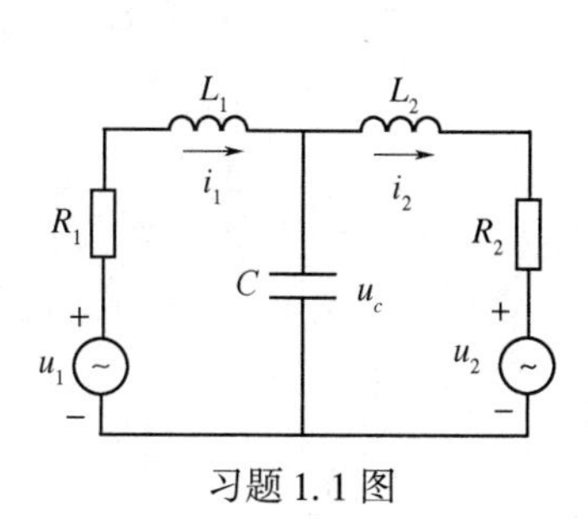

习题 1.1 图

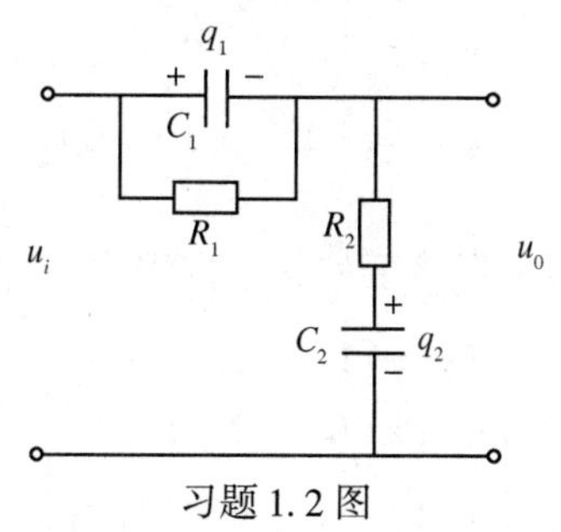

习题 1.2 图

1.3 已知系统的微分方程如下,试将其变换为状态空间表达式。

(1) $\dddot{y}+2\ddot{y}+4\dot{y}+6y=3u$

(2) $2\dddot{y}-3y=\ddot{u}-2u$

(3) $y^{(4)}+3\dddot{y}+2y=-\dot{u}$

(4) $\dddot{y}+2\ddot{y}+3\dot{y}+4y=5\ddot{u}+6\dot{u}+7u$

(5) $\begin{cases}\ddot{y}_1+4\dot{y}_1-3y_2=u_1\\ \dot{y}_2+\dot{y}_1+y_1+2y_2=u_2\end{cases}$

1.4 已知系统的传递函数如下,试分别写出系统的能控标准型、能观测标准型和约当标准型实现。

(1) $G(s)=\dfrac{2s^2+18s+40}{s^3+6s^2+11s+6}$

(2) $G(s)=\dfrac{2s^2+6s+5}{s^3+4s^2+5s+2}$

(3) $G(s)=\dfrac{s^3+8s^2+12s+9}{s^3+7s^2+14s+8}$

(4) $G(s)=\dfrac{4}{s(s+1)^2(s+3)}$

1.5 试求图示系统的状态空间表达式。

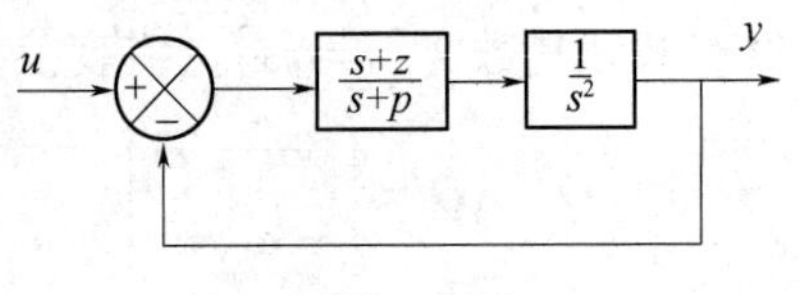

习题 1.5 图

1.6 试将下列状态方程化为对角线标准型。

(1) $\begin{bmatrix}\dot{x}_1\\ \dot{x}_2\end{bmatrix}=\begin{bmatrix}0 & 1\\ -5 & -6\end{bmatrix}\begin{bmatrix}x_1\\ x_2\end{bmatrix}+\begin{bmatrix}0\\ 1\end{bmatrix}u$

(2) $\begin{bmatrix}\dot{x}_1\\ \dot{x}_2\\ \dot{x}_3\end{bmatrix}=\begin{bmatrix}0 & 1 & 0\\ 3 & 0 & 2\\ -12 & -7 & -6\end{bmatrix}\begin{bmatrix}x_1\\ x_2\\ x_3\end{bmatrix}+\begin{bmatrix}2 & 3\\ 1 & 5\\ 7 & 1\end{bmatrix}\begin{bmatrix}u_1\\ u_2\end{bmatrix}$

1.7 试将下列状态方程化为约当标准型。

(1) $\begin{bmatrix}\dot{x}_1\\ \dot{x}_2\\ \dot{x}_3\end{bmatrix}=\begin{bmatrix}0 & 1 & 0\\ 0 & 0 & 1\\ 2 & -5 & 4\end{bmatrix}\begin{bmatrix}x_1\\ x_2\\ x_3\end{bmatrix}$

(2) $\begin{bmatrix}\dot{x}_1\\\dot{x}_2\\\dot{x}_3\end{bmatrix}=\begin{bmatrix}4&1&-2\\1&0&2\\1&-1&3\end{bmatrix}\begin{bmatrix}x_1\\x_2\\x_3\end{bmatrix}+\begin{bmatrix}3&1\\2&7\\5&3\end{bmatrix}\begin{bmatrix}u_1\\u_2\end{bmatrix}$

1.8　已知系统状态空间表达式如下：

$$\begin{bmatrix}\dot{x}_1\\\dot{x}_2\\\dot{x}_3\end{bmatrix}=\begin{bmatrix}3&0&0\\1&5&2\\0&2&1\end{bmatrix}\begin{bmatrix}x_1\\x_2\\x_3\end{bmatrix}+\begin{bmatrix}1&0\\2&0\\0&5\end{bmatrix}\begin{bmatrix}u_1\\u_2\end{bmatrix}$$

$$\begin{bmatrix}y_1\\y_2\end{bmatrix}=\begin{bmatrix}2&0&1\\6&2&0\end{bmatrix}\begin{bmatrix}x_1\\x_2\\x_3\end{bmatrix}$$

用 $\tilde{\boldsymbol{x}}=\boldsymbol{P}^{-1}\boldsymbol{x}$ 进行线性变换，其变换阵为

$$\boldsymbol{P}^{-1}=\begin{bmatrix}1&0&0\\0&2&0\\0&0&3\end{bmatrix}$$

(1) 试求状态变换后的状态空间表达式。

(2) 试验证传递函数阵的不变性。

1.9　设控制系统结构图如题图所示，试写出状态空间表达式。

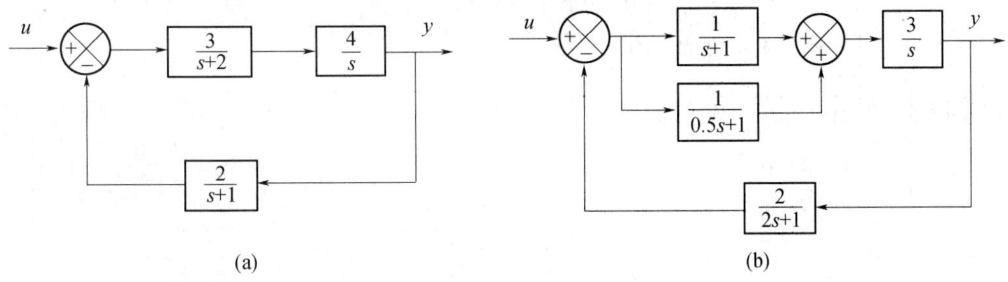

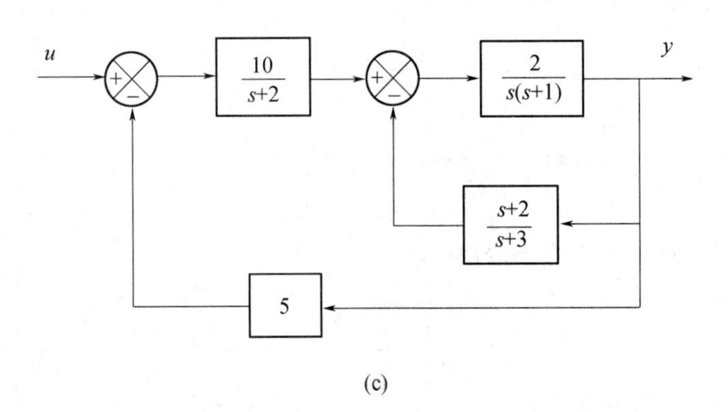

习题1.9图

1.10 试画出以下系统的状态模拟图。

$$\begin{bmatrix}\dot{x}_1\\ \dot{x}_2\\ \dot{x}_3\end{bmatrix}=\begin{bmatrix}-2 & 0 & 0\\ 0 & -3 & 0\\ 0 & 0 & -4\end{bmatrix}\begin{bmatrix}x_1\\ x_2\\ x_3\end{bmatrix}+\begin{bmatrix}-1 & -1\\ -5 & 4\\ 5 & -3\end{bmatrix}\begin{bmatrix}u_1\\ u_2\end{bmatrix}$$

$$\begin{bmatrix}y_1\\ y_2\end{bmatrix}=\begin{bmatrix}1 & 1 & 1\\ -2 & -3 & -4\end{bmatrix}\begin{bmatrix}x_1\\ x_2\\ x_3\end{bmatrix}$$

1.11 试求下列系统的传递函数阵。

(1) $$\begin{cases}\dot{\boldsymbol{x}}=\begin{bmatrix}-1 & -1\\ 3 & -2\end{bmatrix}\boldsymbol{x}+\begin{bmatrix}2\\ 1\end{bmatrix}u\\ y=[1 \quad 4]\boldsymbol{x}\end{cases}$$

(2) $$\begin{cases}\dot{\boldsymbol{x}}=\begin{bmatrix}0 & 1 & 0\\ 0 & 0 & 1\\ -5 & -3 & -2\end{bmatrix}\boldsymbol{x}+\begin{bmatrix}0\\ 0\\ 1\end{bmatrix}u\\ y=[1.5 \quad 1 \quad 0.5]\boldsymbol{x}+2u\end{cases}$$

(3) $$\begin{cases}\dot{\boldsymbol{x}}=\begin{bmatrix}0 & 1 & 0\\ 0 & -4 & 3\\ -1 & -1 & -2\end{bmatrix}\boldsymbol{x}+\begin{bmatrix}0 & 0\\ 1 & 0\\ 0 & 2\end{bmatrix}u\\ y=\begin{bmatrix}1 & 0 & 0\\ 0 & 0 & 1\end{bmatrix}\boldsymbol{x}\end{cases}$$

(4) $$\begin{cases}\dot{\boldsymbol{x}}=\begin{bmatrix}0 & 1 & 0\\ 0 & 0 & 3\\ -1 & -1 & -2\end{bmatrix}\boldsymbol{x}+\begin{bmatrix}0 & 0\\ 1 & 0\\ 0 & 1\end{bmatrix}u\\ y=\begin{bmatrix}1 & 0 & 0\\ 0 & 0 & 1\end{bmatrix}\boldsymbol{x}+\begin{bmatrix}0 & 1\\ 1 & 1\end{bmatrix}u\end{cases}$$

1.12 已知两个子系统的传递函数阵为

$$\boldsymbol{G}_1(s)=\begin{bmatrix}\dfrac{1}{s+1} & \dfrac{1}{s+2}\\ 0 & \dfrac{s+1}{s+2}\end{bmatrix},\qquad \boldsymbol{G}_2(s)=\begin{bmatrix}\dfrac{1}{s+3} & \dfrac{1}{s+4}\\ \dfrac{1}{s+1} & 0\end{bmatrix}$$

求下列图示系统的传递函数阵。

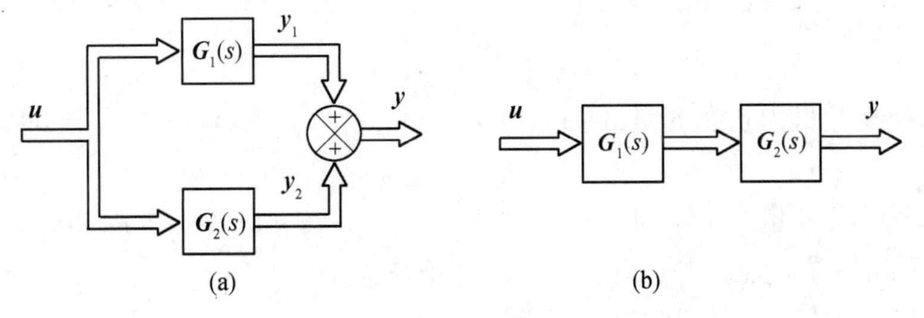

习题 1.12 图

1.13　已知系统结构图如下,其中子系统为

$$G_0(s)=\begin{bmatrix}\frac{2}{s} & \frac{1}{s+1}\\ 3 & \frac{1}{s+2}\end{bmatrix},\quad H(s)=\begin{bmatrix}1 & -1\\ 0 & 1\end{bmatrix}$$

试求系统传递函数阵 $G(s)$。

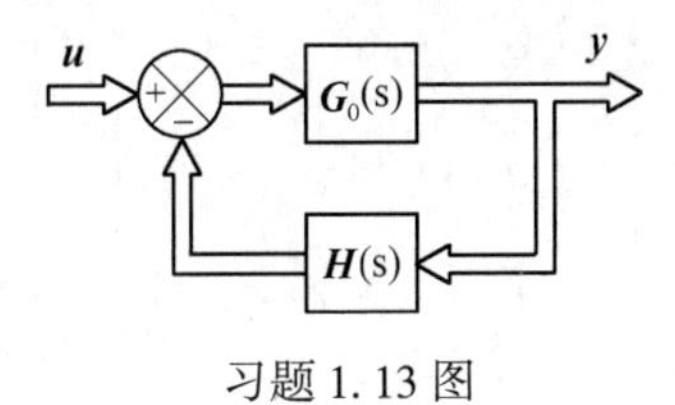

习题 1.13 图

1.14　求下列矩阵的特征向量。

(1) $A=\begin{pmatrix}-2 & 1\\ -1 & -2\end{pmatrix}$　　(2) $A=\begin{pmatrix}0 & 1\\ -6 & -5\end{pmatrix}$

(3) $A=\begin{pmatrix}0 & 1 & 0\\ 3 & 0 & 2\\ -12 & -7 & -6\end{pmatrix}$　　(4) $A=\begin{pmatrix}1 & 2 & -1\\ -1 & 0 & -1\\ 4 & 4 & 5\end{pmatrix}$

1.15　给定状态空间表达式:

$$\begin{pmatrix}\dot{x}_1(t)\\ \dot{x}_2(t)\\ \dot{x}_3(t)\end{pmatrix}=\begin{pmatrix}0 & 1 & 0\\ -2 & -3 & 0\\ -1 & 1 & -3\end{pmatrix}\begin{pmatrix}x_1(t)\\ x_2(t)\\ x_3(t)\end{pmatrix}+\begin{pmatrix}0\\ 1\\ 2\end{pmatrix}u(t)$$

$$y(t)=(0\ 0\ 1)\begin{pmatrix}x_1(t)\\ x_2(t)\\ x_3(t)\end{pmatrix}$$

(1) 画出其模拟结构图。

(2) 求系统的传递函数。

1.16　已知系统的微分方程式为:

$$\ddot{y}(t)+3\dot{y}(t)+2y(t)=u(t)$$

(1) 选择相变量为状态变量,即 $x_1(t)=y(t)$,$x_2(t)=\dot{y}(t)$,写出系统的状态空间表达式。

(2) 选择状态变量 $\tilde{x}_1(t)$ 和 $\tilde{x}_2(t)$,且满足 $x_1(t)=\tilde{x}_1(t)+\tilde{x}_2(t)$,$x_2(t)=-\tilde{x}_1(t)-2\tilde{x}_2(t)$,试写出系统在 $\tilde{x}(t)$ 坐标下的状态空间表达式。

1.17　考虑下列状态方程和输出方程:

$$\begin{pmatrix}\dot{x}_1(t)\\ \dot{x}_2(t)\\ \dot{x}_3(t)\end{pmatrix}=\begin{pmatrix}-6&1&0\\ -11&0&1\\ -6&0&0\end{pmatrix}\begin{pmatrix}x_1(t)\\ x_2(t)\\ x_3(t)\end{pmatrix}+\begin{pmatrix}2\\ 6\\ 2\end{pmatrix}u(t)$$

$$y(t)=(1\ 0\ 0)\begin{pmatrix}x_1(t)\\ x_2(t)\\ x_3(t)\end{pmatrix}$$

试证明:通过采用适当的变换矩阵,状态方程可转换为下列形式:

$$\begin{pmatrix}\dot{\tilde{x}}_1(t)\\ \dot{\tilde{x}}_2(t)\\ \dot{\tilde{x}}_3(t)\end{pmatrix}=\begin{pmatrix}0&0&-6\\ 1&0&-11\\ 0&1&-6\end{pmatrix}\begin{pmatrix}\tilde{x}_1(t)\\ \tilde{x}_2(t)\\ \tilde{x}_3(t)\end{pmatrix}+\begin{pmatrix}1\\ 0\\ 0\end{pmatrix}u(t)$$

求基于 $\tilde{x}_1(t)$,$\tilde{x}_2(t)$ 和 $\tilde{x}_3(t)$ 的输出 $y(t)$。

第2章　控制系统的状态方程求解

建立了控制系统状态空间表达式后,接着就要进行系统分析。本章讨论线性定常连续系统和线性定常离散系统在给定输入信号和初始状态下,状态空间表达式的求解,并说明状态转移矩阵的概念。

应该指出,为了保证状态方程解的存在,且具有唯一性,对于线性定常系统,系统矩阵和控制矩阵中的各元都必须是实数有界的。对于大多数实际物理系统,上述条件一般总是能够满足的。

在本章随后各节的讨论中,总是假定系统满足上述存在唯一性条件,并在这一前提条件下进行系统分析。

2.1　线性定常系统状态方程的解

2.1.1　齐次状态方程的解

与齐次微分方程相类似,齐次状态方程是指输入函数 $\boldsymbol{u}(t)$ 等于零的情况。设初始时刻为 $t_0=0$,初始状态为 $\boldsymbol{x}(0)$,则齐次状态方程为

$$\dot{\boldsymbol{x}}(t)=\boldsymbol{A}\boldsymbol{x}(t) \tag{2-1}$$

式中,$\boldsymbol{x}(t)$ 为 n 维状态变量;$\boldsymbol{A}$ 为 $n\times n$ 常阵。

式(2-1)是矩阵微分方程,它与标量微分方程求解一样,可以采用拉普拉斯变换法。

对方程(2-1)两边取拉普拉斯变换,可得

$$s\boldsymbol{X}(s)-\boldsymbol{x}(0)=\boldsymbol{A}\boldsymbol{X}(s)$$

$$(s\boldsymbol{I}-\boldsymbol{A})\boldsymbol{X}(s)=\boldsymbol{x}(0)$$

则

$$\boldsymbol{X}(s)=(s\boldsymbol{I}-\boldsymbol{A})^{-1}\boldsymbol{x}(0)$$

对上式取拉普拉斯反变换,得

$$\boldsymbol{x}(t)=L^{-1}[(s\boldsymbol{I}-\boldsymbol{A})^{-1}]\boldsymbol{x}(0) \tag{2-2}$$

式(2-2)就是齐次状态方程(2-1)的解。

考虑到,对于标量 a 有以下关系式成立

$$(s-a)^{-1}=\frac{1}{s}+\frac{a}{s^2}+\frac{a^2}{s^3}+\cdots \tag{2-3}$$

及

$$\mathrm{e}^{at}=1+at+\frac{(at)^2}{2!}+\cdots \tag{2-4}$$

同样,对矩阵 $\boldsymbol{A}$ 亦有以下关系式成立

$$(s\boldsymbol{I}-\boldsymbol{A})^{-1}=\frac{\boldsymbol{I}}{s}+\frac{\boldsymbol{A}}{s^2}+\frac{\boldsymbol{A}^2}{s^3}+\cdots \tag{2-5}$$

及

$$\mathrm{e}^{\boldsymbol{A}t}=\boldsymbol{I}+\boldsymbol{A}t+\frac{(\boldsymbol{A}t)^2}{2!}+\cdots \tag{2-6}$$

利用式(2-5)和式(2-6)两个关系式可将式(2-2)改写为

$$\begin{aligned}\boldsymbol{x}(t)=&L^{-1}\left[\frac{\boldsymbol{I}}{s}+\frac{\boldsymbol{A}}{s^2}+\frac{\boldsymbol{A}^2}{s^3}+\cdots\right]\boldsymbol{x}(0)=\\&\left\{L^{-1}\left[\frac{\boldsymbol{I}}{s}\right]+L^{-1}\left[\frac{\boldsymbol{A}}{s^2}\right]+L^{-1}\left[\frac{\boldsymbol{A}^2}{s^3}\right]+\cdots\right\}\boldsymbol{x}(0)=\\&\left[\boldsymbol{I}+\boldsymbol{A}t+\frac{(\boldsymbol{A}t)^2}{2!}+\cdots\right]\boldsymbol{x}(0)=\\&\mathrm{e}^{\boldsymbol{A}t}\boldsymbol{x}(0)\end{aligned} \tag{2-7}$$

当初始时刻 $t_0\neq0$,且初始状态 $\boldsymbol{x}(t_0)$ 为已知时,齐次状态方程的解为

$$\boldsymbol{x}(t)=\mathrm{e}^{\boldsymbol{A}(t-t_0)}\boldsymbol{x}(t_0) \tag{2-8}$$

由解的表达式(2-7)或式(2-8)可以看出,齐次状态方程的解实质上是初始状态 $\boldsymbol{x}(0)$ 或 $\boldsymbol{x}(t_0)$ 在 t 时间内的转移,其转移特性由矩阵指数函数 $\mathrm{e}^{\boldsymbol{A}t}$ 或 $\mathrm{e}^{\boldsymbol{A}(t-t_0)}$ 决定。若令

$$\boldsymbol{\Phi}(t)=\mathrm{e}^{\boldsymbol{A}t}$$

或

$$\boldsymbol{\Phi}(t-t_0)=\mathrm{e}^{\boldsymbol{A}(t-t_0)}$$

则齐次状态方程的解可表示为

$$\boldsymbol{x}(t)=\boldsymbol{\Phi}(t)\boldsymbol{x}(0) \tag{2-9}$$

或

$$\boldsymbol{x}(t)=\boldsymbol{\Phi}(t-t_0)\boldsymbol{x}(t_0) \tag{2-10}$$

式中,$\boldsymbol{\Phi}(t)$ 或 $\boldsymbol{\Phi}(t-t_0)$ 称为系统状态转移矩阵。

齐次状态方程的解表示了系统自由运动分量。由解的表达式中可以看出,在状态空间中系统自由运动的轨线是从初始状态到 t 时刻状态的自由转移。当初始状态给定以后,系统的转移特性完全由状态转移矩阵来决定。因此,状态转移矩阵包含了系统自由运动的全部信息。

从解的表达式(2-2)中可以得出

$$\boldsymbol{\Phi}(t)=\mathrm{e}^{\boldsymbol{A}t}=L^{-1}[(s\boldsymbol{I}-\boldsymbol{A})^{-1}] \tag{2-11}$$

上式表明了用拉普拉斯变换法可以方便地求出状态转移矩阵。

例 2-1 试求系统矩阵 $\boldsymbol{A}=\begin{bmatrix}0&1\\-2&-3\end{bmatrix}$ 的状态转移矩阵 $\mathrm{e}^{\boldsymbol{A}t}$。

解：用拉普拉斯变换法求 e^{At}

$$sI - A = \begin{bmatrix} s & -1 \\ 2 & s+3 \end{bmatrix}$$

$$(sI - A)^{-1} = \frac{\text{adj}(sI - A)}{|sI - A|} = \frac{1}{s^2 + 3s + 2}\begin{bmatrix} s+3 & 1 \\ -2 & s \end{bmatrix} =$$

$$\begin{bmatrix} \dfrac{s+3}{(s+2)(s+1)} & \dfrac{1}{(s+2)(s+1)} \\ \dfrac{-2}{(s+2)(s+1)} & \dfrac{s}{(s+2)(s+1)} \end{bmatrix}$$

$$\boldsymbol{\Phi}(t) = e^{At} = L^{-1}[(sI - A)^{-1}] = \begin{bmatrix} 2e^{-t} - e^{-2t} & e^{-t} - e^{-2t} \\ -2e^{-t} + 2e^{-2t} & -e^{-t} + 2e^{-2t} \end{bmatrix}$$

2.1.2 状态转移矩阵

1. 状态转移矩阵的定义

对于线性定常系统，当初始时刻为 t_0 时，满足以下矩阵微分方程和初始条件

$$\begin{cases} \dot{\boldsymbol{\Phi}}(t - t_0) = A\boldsymbol{\Phi}(t - t_0) \\ \boldsymbol{\Phi}(0) = I \end{cases} \tag{2-12}$$

的解 $\boldsymbol{\Phi}(t)$，即定义为系统的状态转移矩阵。因为当状态方程满足解的存在和唯一性条件时，$\boldsymbol{\Phi}(t)$ 是上述方程的唯一解。

当 A 是 $n\times n$ 阵时，状态转移矩阵也必为 $n\times n$ 阵。

2. 状态转移矩阵的性质

(1) $\boldsymbol{\Phi}(0) = I$　　(2-13)

(2) $\dot{\boldsymbol{\Phi}}(t) = A\boldsymbol{\Phi}(t) = \boldsymbol{\Phi}(t)A$　　(2-14)

证明：根据定义，有

$$\boldsymbol{\Phi}(t) = e^{At} = I + At + \frac{(At)^2}{2!} + \cdots + \frac{1}{i!}A^i t^i + \cdots$$

因为无穷级数对任意有限时间 t 均收敛，所以上式逐项对 t 求导，可得

$$\dot{\boldsymbol{\Phi}}(t) = A + A^2 t + \cdots + \frac{1}{(i-1)!}A^i t^{i-1} + \cdots =$$

$$A\left[I + At + \frac{(At)^2}{2!} + \cdots + \frac{1}{(i-1)!}A^{i-1}t^{i-1} + \cdots\right] =$$

$$A\boldsymbol{\Phi}(t) = \boldsymbol{\Phi}(t)A$$

$A\boldsymbol{\Phi}(t)$ 与 $\boldsymbol{\Phi}(t)A$ 可交换，且有

$$A = \dot{\boldsymbol{\Phi}}(0) \tag{2-15}$$

例 2-2　已知状态转移矩阵 $\boldsymbol{\Phi}(t)$，试求系统矩阵 A。

$$\boldsymbol{\Phi}(t)=\begin{bmatrix}2\mathrm{e}^{-t}-\mathrm{e}^{-2t} & \mathrm{e}^{-t}-\mathrm{e}^{-2t}\\ -2\mathrm{e}^{-t}+2\mathrm{e}^{-2t} & -\mathrm{e}^{-t}+2\mathrm{e}^{-2t}\end{bmatrix}$$

解: $\boldsymbol{A}=\dot{\boldsymbol{\Phi}}(0)=$

$$\begin{bmatrix}-2\mathrm{e}^{-t}+2\mathrm{e}^{-2t} & -\mathrm{e}^{-t}+2\mathrm{e}^{-2t}\\ 2\mathrm{e}^{-t}-4\mathrm{e}^{-2t} & \mathrm{e}^{-t}-4\mathrm{e}^{-2t}\end{bmatrix}_{t=0}=\begin{bmatrix}0 & 1\\ -2 & -3\end{bmatrix}$$

(3) $\boldsymbol{\Phi}(t-t_0)$是非奇异矩阵,其逆矩阵

$$\boldsymbol{\Phi}^{-1}(t-t_0)=\boldsymbol{\Phi}(t_0-t) \tag{2-16}$$

证明: $\because \quad \boldsymbol{\Phi}(t-t_0)\boldsymbol{\Phi}(t_0-t)=\mathrm{e}^{A(t-t_0)}\cdot \mathrm{e}^{A(t_0-t)}=\boldsymbol{I}$

而

$$\boldsymbol{\Phi}(t_0-t)\boldsymbol{\Phi}(t-t_0)=\mathrm{e}^{A(t_0-t)}\cdot \mathrm{e}^{A(t-t_0)}=\boldsymbol{I}$$

$$\therefore \quad \boldsymbol{\Phi}^{-1}(t-t_0)=\boldsymbol{\Phi}(t_0-t)$$

此性质说明状态转移有可逆性。

(4) $\boldsymbol{\Phi}(t_1+t_2)=\boldsymbol{\Phi}(t_1)\boldsymbol{\Phi}(t_2)=\boldsymbol{\Phi}(t_2)\boldsymbol{\Phi}(t_1)$ (2-17)

证明:

$$\boldsymbol{\Phi}(t_1+t_2)=\mathrm{e}^{A(t_1+t_2)}=\mathrm{e}^{At_1}\cdot \mathrm{e}^{At_2}=\boldsymbol{\Phi}(t_1)\boldsymbol{\Phi}(t_2)$$

$$\boldsymbol{\Phi}(t_2+t_1)=\mathrm{e}^{A(t_2+t_1)}=\mathrm{e}^{At_2}\cdot \mathrm{e}^{At_1}=\boldsymbol{\Phi}(t_2)\boldsymbol{\Phi}(t_1)$$

$$\therefore \quad \boldsymbol{\Phi}(t_1+t_2)=\boldsymbol{\Phi}(t_1)\boldsymbol{\Phi}(t_2)=\boldsymbol{\Phi}(t_2)\boldsymbol{\Phi}(t_1)$$

(5) $[\boldsymbol{\Phi}(t)]^k=\boldsymbol{\Phi}(kt)$ (k 为整数) (2-18)

证明:

$$[\boldsymbol{\Phi}(t)]^k=\boldsymbol{\Phi}(t)\cdot\boldsymbol{\Phi}(t)\cdots\boldsymbol{\Phi}(t)=\mathrm{e}^{At}\cdot \mathrm{e}^{At}\cdots \mathrm{e}^{At}=$$

$$\mathrm{e}^{A(t+t+\cdots+t)}=\mathrm{e}^{Akt}=\boldsymbol{\Phi}(kt)$$

(6) $\boldsymbol{\Phi}(t_2-t_1)\boldsymbol{\Phi}(t_1-t_0)=\boldsymbol{\Phi}(t_2-t_0)$ (2-19)

证明:

$$\boldsymbol{\Phi}(t_2-t_1)\boldsymbol{\Phi}(t_1-t_0)=\mathrm{e}^{A(t_2-t_1)}\mathrm{e}^{A(t_1-t_0)}=\mathrm{e}^{A(t_2-t_1+t_1-t_0)}=$$

$$\mathrm{e}^{A(t_2-t_0)}=\boldsymbol{\Phi}(t_2-t_0)$$

式(2-19)意为 t_0 至 t_2 的状态过程可分为 t_0 至 t_1,t_1 至 t_2 的分段转移过程。

(7) 对于 $n\times n$ 矩阵 $\boldsymbol{A}$ 和 $\boldsymbol{B}$,如果满足

$$\boldsymbol{AB}=\boldsymbol{BA}$$

则

$$\mathrm{e}^{(\boldsymbol{A}+\boldsymbol{B})t}=\mathrm{e}^{\boldsymbol{A}t}\mathrm{e}^{\boldsymbol{B}t} \tag{2-20}$$

证明:

左$=\mathrm{e}^{(\boldsymbol{A}+\boldsymbol{B})t}=$

$$I+(A+B)t+\frac{1}{2!}(A+B)^2t^2+\frac{1}{3!}(A+B)^3t^3+\cdots=$$

$$I+(A+B)t+\frac{1}{2!}(A^2+AB+BA+B^2)t^2+$$

$$\frac{1}{3!}(A^3+A^2B+ABA+AB^2+BA^2+BAB+B^2A+B^3)t^3+\cdots=$$

$$I+(A+B)t+\frac{1}{2!}(A^2+2AB+B^2)t^2+\frac{1}{3!}(A^3+3A^2B+3AB^2+B^3)t^3+\cdots$$

右$=e^{At}e^{Bt}=$

$$\left[I+At+\frac{1}{2!}A^2t^2+\frac{1}{3!}A^3t^3+\cdots\right]\left[I+Bt+\frac{1}{2!}B^2t^2+\frac{1}{3!}B^3t^3+\cdots\right]=$$

$$I+(A+B)t+\frac{1}{2!}(A^2+2AB+B^2)t^2+\frac{1}{3!}(A^3+3A^2B+3AB^2+B^3)t^3+\cdots$$

比较上述左右两式即得证。

从上述证明过程中,也可得到当 $AB\neq BA$ 时

$$e^{(A+B)t}\neq e^{At}e^{Bt}\neq e^{Bt}e^{At}$$

(8) 设 $\dot{x}=Ax$ 的状态转移矩阵为 e^{At},引入非奇异变换 $x=P\hat{x}$ 后 $\dot{\hat{x}}=\hat{A}\hat{x}$ 的状态转移矩阵为

$$\Phi(t)=P^{-1}e^{At}P \tag{2-21}$$

证明:引入非奇异变换 $x=P\hat{x}$ 后

$$\dot{\hat{x}}=P^{-1}AP\hat{x}$$

其状态转移矩阵为

$$\Phi(t)=e^{(P^{-1}AP)t}=I+(P^{-1}AP)t+\frac{1}{2!}(P^{-1}AP)^2t^2+\cdots=$$

$$I+(P^{-1}AP)t+\frac{1}{2!}P^{-1}A^2Pt^2+\cdots=$$

$$P^{-1}(I+At+\frac{1}{2!}A^2t^2+\cdots)P=P^{-1}e^{At}P$$

(9) 两种常见的状态转移矩阵。

设系统矩阵 $A=\mathrm{diag}[\lambda_1,\lambda_2,\cdots,\lambda_n]$,即 A 为对角阵,且具有互异元素,则

$$\Phi(t)=\begin{bmatrix} e^{\lambda_1 t} & & & \\ & e^{\lambda_2 t} & & \\ & & \ddots & \\ & & & e^{\lambda_n t}\end{bmatrix} \tag{2-22}$$

设系统矩阵 $\boldsymbol{A}$ 为 $n\times n$ 约当阵

$$\boldsymbol{A}=\begin{bmatrix}\lambda & 1 & & \\ & \lambda & \ddots & \\ & & \ddots & 1 \\ & & & \lambda\end{bmatrix}$$

则

$$\boldsymbol{\Phi}(t)=\begin{bmatrix}e^{\lambda t} & te^{\lambda t} & \dfrac{t^2}{2}e^{\lambda t} & \cdots & \dfrac{t^{n-1}}{(n-1)!}e^{\lambda t} \\ 0 & e^{\lambda t} & te^{\lambda t} & \cdots & \dfrac{t^{n-2}}{(n-2)!}e^{\lambda t} \\ \vdots & \vdots & \vdots & & \vdots \\ 0 & 0 & 0 & \cdots & e^{\lambda t}\end{bmatrix} \tag{2-23}$$

用幂级数展开式即可证明式(2-22)和式(2-23)成立。

2.1.3 非齐次状态方程的解

当系统具有输入控制作用时,必须用非齐次状态方程对系统进行描述。

线性定常系统的非齐次状态方程为

$$\dot{\boldsymbol{x}}(t)=\boldsymbol{A}\boldsymbol{x}(t)+\boldsymbol{B}\boldsymbol{u}(t) \tag{2-24}$$

式中,$\boldsymbol{x}(t)$是 n 维状态向量;$\boldsymbol{u}(t)$是 r 维控制向量;$\boldsymbol{A}$ 是 $n\times n$ 常阵;$\boldsymbol{B}$ 是 $n\times r$ 常阵。

设初始时刻为 t_0,初始状态为 $\boldsymbol{x}(t_0)$,则非齐次状态方程的解为

$$\boldsymbol{x}(t)=\boldsymbol{\Phi}(t-t_0)\boldsymbol{x}(t_0)+\int_{t_0}^{t}\boldsymbol{\Phi}(t-\tau)\boldsymbol{B}\boldsymbol{u}(\tau)\mathrm{d}\tau \tag{2-25}$$

当 $t_0=0$ 时,则有

$$\boldsymbol{x}(t)=\boldsymbol{\Phi}(t)\boldsymbol{x}(0)+\int_{0}^{t}\boldsymbol{\Phi}(t-\tau)\boldsymbol{B}\boldsymbol{u}(\tau)\mathrm{d}\tau \tag{2-26}$$

式中,$\boldsymbol{\Phi}(t-t_0)=e^{\boldsymbol{A}(t-t_0)}$。

下面采用两种方法来证明。

1. 直接求解法

将式(2-24)移项,可得

$$\dot{\boldsymbol{x}}(t)-\boldsymbol{A}\boldsymbol{x}(t)=\boldsymbol{B}\boldsymbol{u}(t)$$

上式两端分别左乘 $e^{-\boldsymbol{A}t}$,于是

$$e^{-\boldsymbol{A}t}[\dot{\boldsymbol{x}}(t)-\boldsymbol{A}\boldsymbol{x}(t)]=e^{-\boldsymbol{A}t}\boldsymbol{B}\boldsymbol{u}(t)$$

即

$$\frac{d}{dt}[e^{-At}\boldsymbol{x}(t)] = e^{-At}\boldsymbol{Bu}(t) \tag{2-27}$$

对式(2-27)在$[t_0,t]$区间内积分,得

$$\int_{t_0}^{t}\frac{d}{d\tau}[e^{-A\tau}\boldsymbol{x}(\tau)]d\tau = \int_{t_0}^{t}e^{-A\tau}\boldsymbol{Bu}(\tau)d\tau$$

$$e^{-A\tau}\boldsymbol{x}(\tau)\Big|_{t_0}^{t} = \int_{t_0}^{t}e^{-A\tau}\boldsymbol{Bu}(\tau)d\tau$$

$$\boldsymbol{x}(t) = e^{\boldsymbol{A}(t-t_0)}\boldsymbol{x}(t_0) + \int_{t_0}^{t}e^{\boldsymbol{A}(t-\tau)}\boldsymbol{Bu}(\tau)d\tau$$

即

$$\boldsymbol{x}(t) = \boldsymbol{\Phi}(t-t_0)\boldsymbol{x}(t_0) + \int_{t_0}^{t}\boldsymbol{\Phi}(t-\tau)\boldsymbol{Bu}(\tau)d\tau$$

2. 拉普拉斯变换法

对方程(2-24)两边取拉普拉斯变换,得

$$s\boldsymbol{X}(s) - \boldsymbol{x}(0) = \boldsymbol{AX}(s) + \boldsymbol{BU}(s)$$

$$(s\boldsymbol{I}-\boldsymbol{A})\boldsymbol{X}(s) = \boldsymbol{x}(0) + \boldsymbol{BU}(s) \tag{2-28}$$

将式(2-28)左乘$(s\boldsymbol{I}-\boldsymbol{A})^{-1}$,得

$$\boldsymbol{X}(s)=(s\boldsymbol{I}-\boldsymbol{A})^{-1}\boldsymbol{x}(0)+(s\boldsymbol{I}-\boldsymbol{A})^{-1}\boldsymbol{BU}(s)$$

对上式取拉普拉斯反变换,并利用卷积分可求得

$$\begin{aligned}\boldsymbol{x}(t) &= L^{-1}[(s\boldsymbol{I}-\boldsymbol{A})^{-1}]\boldsymbol{x}(0) + L^{-1}[(s\boldsymbol{I}-\boldsymbol{A})^{-1}\boldsymbol{BU}(s)] = \\ &e^{\boldsymbol{A}t}\boldsymbol{x}(0) + \int_{0}^{t}e^{\boldsymbol{A}(t-\tau)}\boldsymbol{Bu}(\tau)d\tau = \\ &\boldsymbol{\Phi}(t)\boldsymbol{x}(0) + \int_{0}^{t}\boldsymbol{\Phi}(t-\tau)\boldsymbol{Bu}(\tau)d\tau\end{aligned}$$

从解的表达式(2-25)可以看出,非齐次状态方程的解是由两部分组成的,第一部分是系统自由运动引起的,它是系统初始状态的转移;第二部分是由控制输入引起的,它与输入函数的性质和大小有关。这表明,只要知道系统的初始状态和$t \geqslant t_0$的输入函数,就能求出系统在任意时刻t的状态。而输入函数是可以人为控制的,因此可以根据最优控制规律选择$\boldsymbol{u}(t)$,使系统的状态在状态空间中获得最优轨线。

例 2-3　设系统的状态方程为

$$\dot{\boldsymbol{x}}(t) = \begin{bmatrix} 0 & 1 \\ -2 & -3 \end{bmatrix}\boldsymbol{x}(t) + \begin{bmatrix} 0 \\ 1 \end{bmatrix}u(t)$$

式中,$u(t)$为单位阶跃函数;$\boldsymbol{x}(0)=0$,求系统的状态$\boldsymbol{x}(t)$。

解:(1) 根据例 2-1 可知系统的状态转移矩阵为

$$\boldsymbol{\Phi}(t)=\begin{bmatrix}2e^{-t}-e^{-2t} & e^{-t}-e^{-2t}\\ -2e^{-t}+2e^{-2t} & -e^{-t}+2e^{-2t}\end{bmatrix}$$

(2) 当 $u(t)$ 为单位阶跃函数,$\boldsymbol{x}(0)=0$,求系统的状态。

根据式(2-26),可得

$$\boldsymbol{x}(t)=\int_0^t e^{\boldsymbol{A}(t-\tau)}\boldsymbol{Bu}(\tau)d\tau=$$

$$\int_0^t\begin{bmatrix}2e^{-(t-\tau)}-e^{-2(t-\tau)} & e^{-(t-\tau)}-e^{-2(t-\tau)}\\ -2e^{-(t-\tau)}+2e^{-2(t-\tau)} & -e^{-(t-\tau)}+2e^{-2(t-\tau)}\end{bmatrix}\begin{bmatrix}0\\1\end{bmatrix}d\tau=$$

$$\int_0^t\begin{bmatrix}e^{-(t-\tau)}-e^{-2(t-\tau)}\\ -e^{-(t-\tau)}+2e^{-2(t-\tau)}\end{bmatrix}d\tau=\begin{bmatrix}\frac{1}{2}-e^{-t}+\frac{1}{2}e^{-2t}\\ e^{-t}-e^{-2t}\end{bmatrix}$$

(3) 若将本例的输入改为单位斜坡函数,则系统的状态为

$$\boldsymbol{x}(t)=\int_0^t e^{\boldsymbol{A}(t-\tau)}\boldsymbol{B}\tau d\tau=\int_0^t\begin{bmatrix}\tau e^{-(t-\tau)}-\tau e^{-2(t-\tau)}\\ -\tau e^{-(t-\tau)}+2\tau e^{-2(t-\tau)}\end{bmatrix}d\tau=$$

$$\begin{bmatrix}\frac{1}{2}t-\frac{3}{4}+e^{-t}+\frac{1}{4}e^{-2t}\\ \frac{1}{2}-e^{-t}+\frac{1}{2}e^{-2t}\end{bmatrix}$$

2.1.4 系统的脉冲响应及脉冲响应矩阵

当输入为单位脉冲函数时,系统的响应即称之为脉冲响应。在单变量系统中,定义了脉冲响应函数 $\boldsymbol{h}(t)=L^{-1}[G(s)]$,因此脉冲响应和传递函数一样,反映了线性定常系统的基本特性。

单位脉冲函数 $\delta(t)$ 可表示为

$$\begin{cases}\delta(t)=\begin{cases}0 & t\neq 0\\ \infty & t=0\end{cases}\\ \int_{0_-}^{0_+}\delta(t)dt=1\end{cases}\tag{2-29}$$

则系统状态方程的解为

$$\boldsymbol{x}(t)=\boldsymbol{\Phi}(t)\boldsymbol{x}(0)+\int_0^t\boldsymbol{\Phi}(t-\tau)\boldsymbol{B}\delta(\tau)d\tau=$$

$$\boldsymbol{\Phi}(t)\boldsymbol{x}(0)+\boldsymbol{\Phi}(t)\boldsymbol{B}\tag{2-30}$$

系统的输出响应为

$$\boldsymbol{y}(t)=\boldsymbol{Cx}(t)=\boldsymbol{C\Phi}(t)\boldsymbol{x}(0)+\boldsymbol{C\Phi}(t)\boldsymbol{B}\tag{2-31}$$

当 $\boldsymbol{x}(0)=0$ 时,得系统单位脉冲响应为

$$y(t) = C\Phi(t)B \tag{2-32}$$

显然,对单输入单输出系统 $h(t)=y(t)$,$h(t)$是系统传递函数的拉普拉斯反变换

$$h(t) = L^{-1}[C(sI - A)^{-1}B] \tag{2-33}$$

或

$$G(s) = C(sI - A)^{-1}B = L[h(t)] \tag{2-34}$$

对多输入多输出系统,$h(t) \neq y(t)$,但式(2-33)和式(2-34)仍成立。

2.2　线性定常连续系统状态转移矩阵的几种算法

在线性定常系统状态方程求解的过程中,关键是对状态转移矩阵 $\Phi(t)$的计算。本节总结并再介绍几种求 $\Phi(t)$的简易方法,它们都有各自的特点,可运用于不同的场合。

2.2.1　拉普拉斯变换法

上节中,已经介绍了用拉普拉斯变换求 $\Phi(t)$的方法,即

$$\Phi(t) = e^{At} = L^{-1}[(sI - A)^{-1}]$$

当阶数较低时,此方法简单有效。但当系统阶数较高时,这种方法过于复杂而不好使用。

2.2.2　幂级数法——直接计算法

已知 e^{At}可展开为一个无穷级数,因此,可按

$$e^{At} = I + At + \frac{(At)^2}{2!} + \cdots$$

对它直接进行计算。

在计算中,对无穷级数必须考虑其对收敛性的要求。可以证明,对所有常数矩阵 A 和有限的 t 值来说,级数一定是收敛的。显然用这种方法计算 e^{At}的精确度取决于所取的项数。如果项数取得很多,则用手工计算是非常麻烦的。但由于其编制程序容易,很适合于在数字计算机上计算。

这种方法的缺点是难于得到计算结果的解析表达式。因此,求得的只是近似值。

例 2-4　已知系统状态方程为

$$\dot{x}(t) = \begin{bmatrix} 0 & 1 \\ -2 & -3 \end{bmatrix} x(t)$$

试求状态转移矩阵。

解:

$$e^{At} = I + At + \frac{(At)^2}{2!} + \cdots =$$

$$\begin{bmatrix} 1 & 0 \\ 0 & 1 \end{bmatrix} + \begin{bmatrix} 0 & 1 \\ -2 & -3 \end{bmatrix} t + \frac{1}{2!}\begin{bmatrix} 0 & 1 \\ -2 & -3 \end{bmatrix}^2 t^2 + \cdots =$$

$$\begin{bmatrix} 1-t^2+\cdots & t-1.5t^2+\cdots \\ -2t+3t^2+\cdots & 1-3t+3.5t^2+\cdots \end{bmatrix}$$

2.2.3 对角形法与约当形法

当已知系统矩阵的特征值及其对应的特征向量时,用对角形法和约当形法求 e^{At} 是很方便的。下面分两种情况进行分析。

1. 系统矩阵 A 的特征值互不相同的情况

设系统矩阵 A 的 n 个特征值 $\lambda_1,\lambda_2,\cdots,\lambda_n$ 互不相同,根据状态转移矩阵性质 8 和性质 9,可得

$$e^{At} = P\begin{bmatrix} e^{\lambda_1 t} & & & \\ & e^{\lambda_2 t} & & \\ & & \ddots & \\ & & & e^{\lambda_n t} \end{bmatrix}P^{-1} \tag{2-35}$$

式中,P 是使 A 化为对角标准型的线性变换矩阵。

例 2-5 已知齐次系统状态方程为

$$\dot{x}(x) = \begin{bmatrix} 0 & 1 \\ -2 & -3 \end{bmatrix}x(t)$$

试求状态转移矩阵。

解:系统矩阵 A 的特征方程为

$$|\lambda I - A| = \begin{vmatrix} \lambda & -1 \\ 2 & \lambda+3 \end{vmatrix} = (\lambda+1)(\lambda+2) = 0$$

特征值 $\lambda_1=-1,\lambda_2=-2$,可求得对应的特征向量

$$P_1 = \begin{bmatrix} 1 \\ -1 \end{bmatrix} \qquad P_2 = \begin{bmatrix} 1 \\ -2 \end{bmatrix}$$

$$P = \begin{bmatrix} 1 & 1 \\ -1 & -2 \end{bmatrix} \qquad P^{-1} = \begin{bmatrix} 2 & 1 \\ -1 & -1 \end{bmatrix}$$

矩阵指数

$$e^{At} = P\begin{bmatrix} e^{-t} & 0 \\ 0 & e^{-2t} \end{bmatrix}P^{-1} = \begin{bmatrix} 2e^{-t}-e^{-2t} & e^{-t}-e^{-2t} \\ -2e^{-t}+2e^{-2t} & -e^{-t}+2e^{-2t} \end{bmatrix}$$

例 2-6 已知系统矩阵

$$A = \begin{bmatrix} 0 & 1 \\ 0 & -2 \end{bmatrix}$$

试用对角线法求状态转移矩阵 e^{At}。

解:首先求 A 的特征值

$$|\lambda I - A| = \begin{vmatrix} \lambda & -1 \\ 0 & \lambda+2 \end{vmatrix} = \lambda(\lambda+2) = 0$$

特征值 $\lambda_1=0,\lambda_2=-2$。其次求变换矩阵 P

$$P=\begin{bmatrix}1 & 1\\0 & -2\end{bmatrix}\qquad P^{-1}=\begin{bmatrix}1 & \frac{1}{2}\\0 & -\frac{1}{2}\end{bmatrix}$$

最后,计算 e^{At}

$$e^{At}=P\begin{bmatrix}e^{\lambda_1 t} & \\ & e^{\lambda_2 t}\end{bmatrix}P^{-1}$$

$$=\begin{bmatrix}1 & 1\\0 & -2\end{bmatrix}\begin{bmatrix}e^{0} & \\ & e^{-2t}\end{bmatrix}\begin{bmatrix}1 & \frac{1}{2}\\0 & -\frac{1}{2}\end{bmatrix}=\begin{bmatrix}1 & \frac{1}{2}(1-e^{-2t})\\0 & e^{-2t}\end{bmatrix}$$

2. 系统矩阵 A 有重特征值时

设系统矩阵 A 有 n 重特征值 λ,则状态转移矩阵应为

$$e^{At}=P\begin{bmatrix}e^{\lambda t} & te^{\lambda t} & \frac{t^2}{2}e^{\lambda t} & \cdots & \frac{t^{n-1}}{(n-1)!}e^{\lambda t}\\0 & e^{\lambda t} & te^{\lambda t} & \cdots & \frac{t^{n-2}}{(n-2)!}e^{\lambda t}\\ \vdots & \vdots & \vdots & & \vdots\\0 & 0 & 0 & \cdots & e^{\lambda t}\end{bmatrix}P^{-1}\qquad(2-36)$$

式中,P 为化矩阵 A 为约当标准型的变换矩阵。

当系统矩阵 A 有 m_1 重特征值 λ_1,m_2 重特征值 λ_2,…,则状态转移矩阵由相应的约当块组成。

例 2-7　已知系统矩阵

$$A=\begin{bmatrix}0 & 1 & 0\\0 & 0 & 1\\1 & -3 & 3\end{bmatrix}$$

试用对角线法求状态转移矩阵 e^{At}。

解:首先求 A 的特征值

$$|\lambda I-A|=\begin{vmatrix}\lambda & -1 & 0\\0 & \lambda & -1\\-1 & 3 & \lambda-3\end{vmatrix}=(\lambda-1)^3=0$$

特征值是一个三重特征值 $\lambda=1$。其次求变换矩阵 P

$$P=\begin{bmatrix}1 & 0 & 0\\1 & 1 & 0\\1 & 2 & 1\end{bmatrix}\qquad P^{-1}=\begin{bmatrix}1 & 0 & 0\\-1 & 1 & 0\\1 & -2 & 1\end{bmatrix}$$

最后,计算 e^{At}

$$e^{At}=P\begin{bmatrix} e^{\lambda t} & te^{\lambda t} & \frac{1}{2}t^2e^{\lambda t} \\ 0 & e^{\lambda t} & te^{\lambda t} \\ 0 & 0 & e^{\lambda t} \end{bmatrix}P^{-1}$$

$$=\begin{bmatrix} 1 & 0 & 0 \\ 1 & 1 & 0 \\ 1 & 2 & 1 \end{bmatrix}\begin{bmatrix} e^t & te^t & \frac{1}{2}t^2e^t \\ & e^t & te^t \\ & & e^t \end{bmatrix}\begin{bmatrix} 1 & 0 & 0 \\ -1 & 1 & 0 \\ 1 & -2 & 1 \end{bmatrix}$$

$$=\begin{bmatrix} e^{-t}-te^t+\frac{1}{2}t^2e^t & te^t-t^2e^t & \frac{1}{2}t^2e^t \\ \frac{1}{2}t^2e^t & e^{-t}-te^t-t^2e^t & te^t+\frac{1}{2}t^2e^t \\ te^t+\frac{1}{2}t^2e^t & -3te^t-t^2e^t & e^{-t}+2te^t+\frac{1}{2}t^2e^t \end{bmatrix}$$

例 2-8 已知系统矩阵为

$$A=\begin{bmatrix} 0 & 1 & 0 \\ 0 & 0 & 1 \\ 2 & -5 & 4 \end{bmatrix}$$

试求系统矩阵 A 的矩阵指数 e^{At}。

解:系统矩阵 A 的特征方程为

$$|\lambda I-A|=\begin{vmatrix} \lambda & -1 & 0 \\ 0 & \lambda & -1 \\ -2 & 5 & \lambda-4 \end{vmatrix}=(\lambda-1)^2(\lambda-2)=0$$

特征值 $\lambda_1=\lambda_2=1,\lambda_3=2$,可求得对应的特征向量

$$P=\begin{bmatrix} 1 & 0 & 1 \\ 1 & 1 & 2 \\ 1 & 2 & 4 \end{bmatrix}\qquad P^{-1}=\begin{bmatrix} 0 & 2 & -1 \\ -2 & 3 & -1 \\ 1 & -2 & 1 \end{bmatrix}$$

矩阵指数为

$$e^{At}=P\begin{bmatrix} e^t & te^t & 0 \\ 0 & e^t & 0 \\ 0 & 0 & e^{2t} \end{bmatrix}P^{-1}=$$

$$\begin{bmatrix} -2te^t+e^{2t} & (3t+2)e^t-2e^{2t} & -(t+1)e^t+e^{2t} \\ -2(1+t)e^t+2e^{2t} & (3t+5)e^t-4e^{2t} & -(t+2)e^t+2e^{2t} \\ -2(t+2)e^t+4e^{2t} & (3t+8)e^t-8e^{2t} & -(t+3)e^t+4e^{2t} \end{bmatrix}$$

2.2.4　化 e^{At} 为 A 的有限项法

1. 凯莱—哈密顿(Cayley-Hamilton)定理

设 $\boldsymbol{A}$ 为 $n \times n$ 阵,其特征多项式为

$$f(\lambda)=|(\lambda \boldsymbol{I}-\boldsymbol{A})|=\lambda^{n}+a_{1}\lambda^{n-1}+a_{2}\lambda^{n-2}+\cdots+a_{n-1}\lambda+a_{n}$$

则矩阵 $\boldsymbol{A}$ 必满足其本身的零化特征多项式,即

$$f(\boldsymbol{A})=\boldsymbol{A}^{n}+a_{1}\boldsymbol{A}^{n-1}+a_{2}\boldsymbol{A}^{n-2}+\cdots+a_{n-1}\boldsymbol{A}+a_{n}\boldsymbol{I}=0 \tag{2-37}$$

证明:已知

$$(\lambda \boldsymbol{I}-\boldsymbol{A})^{-1}(\lambda \boldsymbol{I}-\boldsymbol{A})=\frac{\operatorname{adj}(\lambda \boldsymbol{I}-\boldsymbol{A})}{|\lambda \boldsymbol{I}-\boldsymbol{A}|}(\lambda \boldsymbol{I}-\boldsymbol{A})=\boldsymbol{I}$$

故

$$|\lambda \boldsymbol{I}-\boldsymbol{A}| \cdot \boldsymbol{I}=\operatorname{adj}(\lambda \boldsymbol{I}-\boldsymbol{A}) \cdot(\lambda \boldsymbol{I}-\boldsymbol{A})$$

上式中,$\operatorname{adj}(\lambda \boldsymbol{I}-\boldsymbol{A})$的元为 λ 的$(n-1)$次多项式,可一般地表示为

$$\operatorname{adj}(\lambda \boldsymbol{I}-\boldsymbol{A})=\boldsymbol{B}_{1}\lambda^{n-1}+\boldsymbol{B}_{2}\lambda^{n-2}+\cdots+\boldsymbol{B}_{n-1}\lambda+\boldsymbol{B}_{n}$$

而

$$|(\lambda \boldsymbol{I}-\boldsymbol{A})|=\lambda^{n}+a_{1}\lambda^{n-1}+a_{2}\lambda^{n-2}+\cdots+a_{n-1}\lambda+a_{n}$$

由此得出

$$\boldsymbol{I}\lambda^{n}+a_{1}\boldsymbol{I}\lambda^{n-1}+a_{2}\boldsymbol{I}\lambda^{n-2}+\cdots+a_{n-1}\boldsymbol{I}\lambda+a_{n}\boldsymbol{I}=$$
$$(\boldsymbol{B}_{1}\lambda^{n-1}+\boldsymbol{B}_{2}\lambda^{n-2}+\cdots+\boldsymbol{B}_{n-1}\lambda+\boldsymbol{B}_{n})(\lambda \boldsymbol{I}-\boldsymbol{A})$$

将上式展开,有

$$\boldsymbol{I}\lambda^{n}+a_{1}\boldsymbol{I}\lambda^{n-1}+a_{2}\boldsymbol{I}\lambda^{n-2}+\cdots+a_{n-1}\boldsymbol{I}\lambda+a_{n}\boldsymbol{I}=$$
$$\boldsymbol{B}_{1}\lambda^{n}+(\boldsymbol{B}_{2}-\boldsymbol{B}_{1}\boldsymbol{A})\lambda^{n-1}+\cdots+(\boldsymbol{B}_{n}-\boldsymbol{B}_{n-1}\boldsymbol{A})\lambda+\boldsymbol{B}_{n}\boldsymbol{A} \tag{2-38}$$

由式(2-38),等式两边的同幂次项的系数应相等,所以

$$\begin{cases}\boldsymbol{B}_{1}=\boldsymbol{I}\\ \boldsymbol{B}_{2}-\boldsymbol{B}_{1}\boldsymbol{A}=a_{1}\boldsymbol{I}\\ \boldsymbol{B}_{3}-\boldsymbol{B}_{2}\boldsymbol{A}=a_{2}\boldsymbol{I}\\ \quad\vdots\\ \boldsymbol{B}_{n}-\boldsymbol{B}_{n-1}\boldsymbol{A}=a_{n-1}\boldsymbol{I}\\ -\boldsymbol{B}_{n}\boldsymbol{A}=a_{n}\boldsymbol{I}\end{cases} \tag{2-39}$$

将式(2-39)各等式从上到下依次右乘 $\boldsymbol{A}^{n},\boldsymbol{A}^{n-1},\cdots,\boldsymbol{A},\boldsymbol{I}$,然后再将等式左右两边分别相加,即得

$$\boldsymbol{A}^{n}+a_{1}\boldsymbol{A}^{n-1}+a_{2}\boldsymbol{A}^{n-2}+\cdots+a_{n-1}\boldsymbol{A}+a_{n}\boldsymbol{I}=$$

$$B_1A^n + (B_2A^{n-1} - B_1A^n) + \cdots + (B_nA - B_{n-1}A^2) - B_nA = 0$$

因而证得

$$f(A) = A^n + a_1A^{n-1} + a_2A^{n-2} + \cdots + a_{n-1}A + a_nI = 0$$ [证毕]

例 2-9　已知系统矩阵

$$A = \begin{bmatrix} 1 & 2 & 0 \\ 3 & -1 & -2 \\ 1 & 0 & -3 \end{bmatrix}$$

试证明凯莱—哈密顿定理。

解:系统矩阵 A 的特征多项式为

$$|\lambda I - A| = \lambda^3 + 3\lambda^2 - 7\lambda - 17$$

在上式中,以 A 代替 λ 代入后,可得

$$A^3 + 3A^2 - 7A - 17I =$$

$$\begin{bmatrix} 3 & 14 & 12 \\ 27 & -11 & -38 \\ 13 & -6 & -31 \end{bmatrix} + 3\begin{bmatrix} 7 & 0 & -4 \\ -2 & 7 & 8 \\ -2 & 2 & 9 \end{bmatrix} - 7\begin{bmatrix} 1 & 2 & 0 \\ 3 & -1 & -2 \\ 1 & 0 & -3 \end{bmatrix} - 17\begin{bmatrix} 1 & & \\ & 1 & \\ & & 1 \end{bmatrix} =$$

$$\begin{bmatrix} 0 & 0 & 0 \\ 0 & 0 & 0 \\ 0 & 0 & 0 \end{bmatrix}$$

2. 化 e^{At} 为 A 的有限项法

已知 $n \times n$ 的系统矩阵 A,其 e^{At} 可表示为一个无穷项的幂级数,即

$$e^{At} = I + At + \frac{(At)^2}{2!} + \cdots = \sum_{k=0}^{\infty} \frac{A^k t^k}{k!}$$

由凯莱—哈密顿定理可知,$A^n, A^{n+1}, \cdots$ 均可用 $A^{n-1}, A^{n-2}, \cdots, A, I$ 的线性组合表示,所以矩阵指数 e^{At} 的无穷项级数表达式可化为 A 的 n 个有限项表达式,即

$$e^{At} = \alpha_0(t)I + \alpha_1(t)A + \cdots + \alpha_{n-1}(t)A^{n-1} \tag{2-40}$$

式中,$\alpha_0(t), \alpha_1(t), \cdots, \alpha_{n-1}(t)$ 均是时间 t 的标量函数。

3. $\alpha_i(t)$ 的计算

(1) 系统矩阵 A 的特征值互异时。根据凯莱—哈密顿定理,系统矩阵 A 满足其自身的特征方程。由于 A 的 $\lambda_i (i = 1,2,\cdots,n)$ 都是特征多项式 $|\lambda I - A|$ 的零根,并且 e^{At} 可表示为 A 的有限项,则可用同样方法证明,$e^{\lambda_i t}$ 也可表示为 λ_i 的有限项,于是

$$\begin{cases} e^{\lambda_1 t} = \alpha_0(t) + \alpha_1(t)\lambda_1 + \cdots + \alpha_{n-1}(t)\lambda_1^{n-1} \\ e^{\lambda_2 t} = \alpha_0(t) + \alpha_1(t)\lambda_2 + \cdots + \alpha_{n-1}(t)\lambda_2^{n-1} \\ \quad \vdots \\ e^{\lambda_n t} = \alpha_0(t) + \alpha_1(t)\lambda_n + \cdots + \alpha_{n-1}(t)\lambda_n^{n-1} \end{cases} \tag{2-41}$$

解方程组(2-41),即可求得系数 $\alpha_i(t)$ 为

$$\begin{bmatrix}\alpha_0(t)\\\alpha_1(t)\\\vdots\\\alpha_{n-1}(t)\end{bmatrix}=\begin{bmatrix}1&\lambda_1&\lambda_1^2&\cdots&\lambda_1^{n-1}\\1&\lambda_2&\lambda_2^2&\cdots&\lambda_2^{n-1}\\\vdots&\vdots&\vdots&&\vdots\\1&\lambda_n&\lambda_n^2&\cdots&\lambda_n^{n-1}\end{bmatrix}^{-1}\begin{bmatrix}e^{\lambda_1 t}\\e^{\lambda_2 t}\\\vdots\\e^{\lambda_n t}\end{bmatrix}\tag{2-42}$$

(2) 系统矩阵 $\boldsymbol{A}$ 有重特征值时。设系统矩阵 $\boldsymbol{A}$ 的特征值中,λ_1 为 n 重特征值,λ_1 满足下式:

$$e^{\lambda_1 t}=\alpha_0(t)+\alpha_1(t)\lambda_1+\cdots+\alpha_{n-1}(t)\lambda_1^{n-1}$$

将上式依次对 λ_1 求导 $n-1$ 次,得到

$$\begin{cases}e^{\lambda_1 t}=\alpha_0(t)+\alpha_1(t)\lambda_1+\cdots+\alpha_{n-1}(t)\lambda_1^{n-1}\\te^{\lambda_1 t}=\alpha_1(t)+2\alpha_2(t)\lambda_1+\cdots+m\alpha_m(t)\lambda_1^{m-1}+\cdots+(n-1)\alpha_{n-1}(t)\lambda_1^{n-2}\\t^2e^{\lambda_1 t}=2\alpha_2(t)+\cdots+m(m-1)\alpha_m(t)\lambda_1^{m-2}+\cdots+(n-1)(n-2)\alpha_{n-1}(t)\lambda_1^{n-3}\\\quad\vdots\\t^me^{\lambda_1 t}=m!\ \alpha_m(t)+\cdots+(n-1)(n-2)\cdots(n-m)\alpha_{n-1}(t)\lambda_n^{n-m-1}\\\quad\vdots\\t^{n-1}e^{\lambda_1 t}=(n-1)!\ \alpha_{n-1}(t)\end{cases}\tag{2-43}$$

解方程组(2-43),即可求得系数 $\alpha_i(t)(i=0,1,2,\cdots,n-1)$。

(3) 系统矩阵 $\boldsymbol{A}$ 有单根,也有重特征根时。设系统矩阵 $\boldsymbol{A}$ 的特征值中,λ_1 为 m 重特征值,$\lambda_{m+1},\cdots,\lambda_n$ 为互异的单特征值,根据式(2-43)列写 m 维方程,根据式(2-41)列写 $(n-m)$ 维方程,解上述 n 维方程,即可得出系数 $\alpha_i(t)$ $(i=0,1,2,\cdots,n-1)$ 的计算公式。

例 2-10　已知系统矩阵

$$\boldsymbol{A}=\begin{bmatrix}0&1&0\\0&0&1\\-6&-11&-6\end{bmatrix}$$

试用化 $e^{\boldsymbol{A}t}$ 为 $\boldsymbol{A}$ 的有限项法求 $e^{\boldsymbol{A}t}$。

解:系统矩阵 $\boldsymbol{A}$ 的特征方程

$$|(\lambda\boldsymbol{I}-\boldsymbol{A})|=\lambda^3+6\lambda^2+11\lambda+6=(\lambda+1)(\lambda+2)(\lambda+3)=0$$

其特征值为 $\lambda_1=-1,\lambda_2=-2,\lambda_3=-3$。根据方程组(2-41)可写出如下方程组

$$\begin{cases} e^{-t}=\alpha_0(t)-\alpha_1(t)+\alpha_2(t) \\ e^{-2t}=\alpha_0(t)-2\alpha_1(t)+4\alpha_2(t) \\ e^{-3t}=\alpha_0(t)-3\alpha_1(t)+9\alpha_2(t) \end{cases}$$

解此方程组,即可求得各系数

$$\begin{cases} \alpha_0(t)=3e^{-t}-3e^{-2t}+e^{-3t} \\ \alpha_1(t)=\dfrac{5}{2}e^{-t}-4e^{-2t}+\dfrac{3}{2}e^{-3t} \\ \alpha_2(t)=\dfrac{1}{2}e^{-t}-e^{-2t}+\dfrac{1}{2}e^{-3t} \end{cases}$$

按照式(2-40),即可求得系统状态转移矩阵

$$e^{\boldsymbol{A}t}=\alpha_0(t)\boldsymbol{I}+\alpha_1(t)\boldsymbol{A}+\alpha_2(t)\boldsymbol{A}^2=$$

$$\begin{bmatrix} 3e^{-t}-3e^{-2t}+e^{-3t} & \dfrac{5}{2}e^{-t}-4e^{-2t}+\dfrac{3}{2}e^{-3t} & \dfrac{1}{2}e^{-t}-e^{-2t}+\dfrac{1}{2}e^{-3t} \\ -3e^{-t}+6e^{-2t}-3e^{-3t} & -\dfrac{5}{2}e^{-t}+8e^{-2t}-\dfrac{9}{2}e^{-3t} & -\dfrac{1}{2}e^{-t}+2e^{-2t}-\dfrac{3}{2}e^{-3t} \\ 3e^{-t}-12e^{-2t}+9e^{-3t} & \dfrac{5}{2}e^{-t}-16e^{-2t}+\dfrac{27}{2}e^{-3t} & \dfrac{1}{2}e^{-t}-4e^{-2t}+\dfrac{9}{2}e^{-3t} \end{bmatrix}$$

例 2-11 已知系统矩阵

$$\boldsymbol{A}=\begin{bmatrix} 0 & 1 & 0 \\ 0 & 0 & 1 \\ 2 & -5 & 4 \end{bmatrix}$$

试用化 $e^{\boldsymbol{A}t}$为 $\boldsymbol{A}$ 的有限项法求 $e^{\boldsymbol{A}t}$。

解:系统矩阵 $\boldsymbol{A}$ 的特征方程

$$|(\lambda\boldsymbol{I}-\boldsymbol{A})|=\lambda^3-4\lambda^2+5\lambda-2=(\lambda-1)^2(\lambda-2)=0$$

其特征值为 $\lambda_1=\lambda_2=1,\lambda_3=2$。根据式(2- 43)和式(2- 41)可写出如下方程组

$$\begin{cases} e^{\lambda_1 t}=\alpha_0(t)+\alpha_1(t)\lambda_1+\alpha_2(t)\lambda_1^2 \\ te^{\lambda_1 t}=\alpha_1(t)+2\alpha_2(t)\lambda_1 \\ e^{\lambda_3 t}=\alpha_0(t)+\alpha_1(t)\lambda_3+\alpha_2(t)\lambda_3^2 \end{cases}$$

将 λ_1,λ_3 的数值代入上述方程组,得

$$\begin{cases} e^{t}=\alpha_0(t)+\alpha_1(t)+\alpha_2(t) \\ te^{t}=\alpha_1(t)+2\alpha_2(t) \\ e^{2t}=\alpha_0(t)+2\alpha_1(t)+4\alpha_2(t) \end{cases}$$

解此方程组,即可求得各系数

$$\begin{cases}\alpha_0(t) = -2te^t + e^{2t} \\ \alpha_1(t) = 2e^t + 3te^t - 2e^{2t} \\ \alpha_2(t) = -e^t - te^t + e^{2t}\end{cases}$$

按照式(2-40),即可求得系统状态转移矩阵

$$e^{\boldsymbol{A}t} = \alpha_0(t)\boldsymbol{I} + \alpha_1(t)\boldsymbol{A} + \alpha_2(t)\boldsymbol{A}^2 =$$

$$\begin{bmatrix} -2te^t + e^{2t} & (3t+2)e^t - 2e^{2t} & -(t+1)e^t + e^{2t} \\ -2(1+t)e^t + 2e^{2t} & (3t+5)e^t - 4e^{2t} & -(t+2)e^t + 2e^{2t} \\ -2(t+2)e^t + 4e^{2t} & (3t+8)e^t - 8e^{2t} & -(t+3)e^t + 4e^{2t}\end{bmatrix}$$

2.2.5 最小多项式

最小多项式的概念很重要。在证明了凯莱—哈密顿定理后,可对最小多项式作如下定义。

设系统矩阵 $\boldsymbol{A}$ 是 $n\times n$ 阵,其特征多项式为

$$|s\boldsymbol{I} - \boldsymbol{A}| = s^n + a_1 s^{n-1} + a_2 s^{n-2} + \cdots + a_{n-1}s + a_n$$

根据凯莱—哈密顿定理,$\boldsymbol{A}$ 必满足其自身的零化多项式,即

$$\boldsymbol{A}^n + a_1\boldsymbol{A}^{n-1} + a_2\boldsymbol{A}^{n-2} + \cdots + a_{n-1}\boldsymbol{A} + a_n\boldsymbol{I} = 0 \tag{2-44}$$

但是,式(2-44)并不一定就是 $\boldsymbol{A}$ 所满足的幂次最低的零化多项式。

对于以 $\boldsymbol{A}$ 为根的幂次最低的零化多项式,称为 $\boldsymbol{A}$ 的最小多项式,用 $\varphi(s)$ 表示。或者说,$\boldsymbol{A}$ 的最小多项式 $\varphi(s)$ 定义为满足 $\boldsymbol{\varphi}(\boldsymbol{A})=0$ 的一个幂次最低的多项式,即

$$\varphi(s) = s^m + b_1 s^{m-1} + \cdots + b_{m-1}s + b_m$$

并且

$$\varphi(\boldsymbol{A}) = \boldsymbol{A}^m + b_1\boldsymbol{A}^{m-1} + \cdots + b_{m-1}\boldsymbol{A} + b_m\boldsymbol{I} = 0 \tag{2-45}$$

式中,$m \leqslant n$。

最小多项式 $\varphi(s)$ 的求法:首先将伴随矩阵 $\mathrm{adj}(s\boldsymbol{I}-\boldsymbol{A})$ 的各元变成因子相乘的多项式,然后找出 $\mathrm{adj}(s\boldsymbol{I}-\boldsymbol{A})$ 各元的最大公因子 $d(s)$,$d(s)$ 也是一个多项式,但其最高幂次项的系数应为 1,则矩阵 $\boldsymbol{A}$ 的最小多项式为

$$\varphi(s) = \frac{|s\boldsymbol{I} - \boldsymbol{A}|}{d(s)} \tag{2-46}$$

如果 $\mathrm{adj}(s\boldsymbol{I}-\boldsymbol{A})$ 的所有元中不存在最大公因式,即 $d(s)=1$,则 $\varphi(s)$ 就是 $\boldsymbol{A}$ 的特征多项式 $|s\boldsymbol{I}-\boldsymbol{A}|$。

例 2-12　已知系统矩阵

$$\boldsymbol{A} = \begin{bmatrix} 2 & 0 & 0 \\ 0 & 2 & 0 \\ 0 & 3 & 1\end{bmatrix}$$

试求其最小多项式。

解:

$$|s\boldsymbol{I}-\boldsymbol{A}|=(s-2)^2(s-1)$$

$$\mathrm{adj}(s\boldsymbol{I}-\boldsymbol{A})=\begin{bmatrix}(s-2)(s-1) & 0 & 0\\ 0 & (s-2)(s-1) & 0\\ 0 & 3(s-2) & (s-2)^2\end{bmatrix}$$

故

$$\varphi(s)=\frac{|s\boldsymbol{I}-\boldsymbol{A}|}{d(s)}=\frac{(s-2)^2(s-1)}{s-2}=s^2-3s+2$$

进一步验证 $\varphi(\boldsymbol{A})=0$,由于

$$\varphi(\boldsymbol{A})=\boldsymbol{A}^2-3\boldsymbol{A}+2\boldsymbol{I}=$$

$$\begin{bmatrix}4&0&0\\0&4&0\\0&9&1\end{bmatrix}-3\begin{bmatrix}2&0&0\\0&2&0\\0&3&1\end{bmatrix}+2\begin{bmatrix}1&&\\&1&\\&&1\end{bmatrix}=\begin{bmatrix}0&0&0\\0&0&0\\0&0&0\end{bmatrix}$$

可见,$\boldsymbol{A}$ 的最小多项式幂次比其特征多项式幂次低了一次。

2.3 线性离散系统的状态空间表达式及连续系统的离散化

离散系统与连续系统的根本区别是:在连续系统中系统各处的信号都是时间的连续函数,而在离散系统中,系统的一处或者多处信号则是时间的断续信号,即脉冲序列式的信号。

如果对连续系统采用数字计算机作实时控制,或者用数字计算机求解连续系统状态方程,都必须用离散化的状态方程对系统进行描述。因此,提出了将连续系统状态方程离散化的问题。

线性连续系统状态方程离散化的实质是将矩阵微分方程化为矩阵差分方程,它是描述多输入多输出离散系统的一种方便的数学模型。本节首先讨论离散系统状态空间表达式的建立,然后分析线性定常系统状态方程的离散化问题。

2.3.1 线性离散系统状态空间表达式

线性离散系统的状态空间表达式,由离散状态方程和离散输出方程组成,它们表示为如下形式的矩阵差分方程

$$\boldsymbol{x}[(k+1)T]=\boldsymbol{G}(kT)\boldsymbol{x}(kT)+\boldsymbol{H}(kT)\boldsymbol{u}(kT) \tag{2-47}$$

$$\boldsymbol{y}(kT)=\boldsymbol{C}(kT)\boldsymbol{x}(kT)+\boldsymbol{D}(kT)\boldsymbol{u}(kT) \tag{2-48}$$

式中,T 为采样周期;$\boldsymbol{G}(kT)$ 为 $n\times n$ 维系统矩阵;$\boldsymbol{x}(kT)$ 为 n 维状态向量;$\boldsymbol{H}(kT)$ 为 $n\times r$ 维控制矩阵;$\boldsymbol{u}(kT)$ 为 r 维控制向量;$\boldsymbol{C}(kT)$ 为 $m\times n$ 维输出矩阵;$\boldsymbol{y}(kT)$ 为 m 维输出向量;$\boldsymbol{D}(kT)$ 为 $m\times r$ 维直联矩阵。

方程(2-47)是线性离散系统的状态方程,表示在 kT 采样时刻的状态 $\boldsymbol{x}(kT)$ 和输入 $\boldsymbol{u}(kT)$ 与 $(k+1)T$ 采样时刻的状态 $\boldsymbol{x}[(k+1)T]$ 的关系。方程(2-48)是线性离散系统的输出方程,表示采样时刻为 kT 时系统的输出 $\boldsymbol{y}(kT)$ 与 $\boldsymbol{x}(kT)$ 和 $\boldsymbol{u}(kT)$ 的关系。

为了简单,常常省去 T 将方程(2-47)和方程(2-48)写成如下形式

$$\begin{cases}\boldsymbol{x}(k+1)=\boldsymbol{G}(k)\boldsymbol{x}(k)+\boldsymbol{H}(k)\boldsymbol{u}(k)\\ \boldsymbol{y}(k)=\boldsymbol{C}(k)\boldsymbol{x}(k)+\boldsymbol{D}(k)\boldsymbol{u}(k)\end{cases}\tag{2-49}$$

在以下的讨论中,假设所分析的线性离散系统是周期性采样,并且采样脉冲宽度远小于采样周期,采样周期 T 的选择已满足采样定理的要求。此外,假设系统具有零阶保持特性,即在两个采样瞬时之间,采样值不变,并等于前一个采样时刻的值。

与连续系统类似,也可以将线性离散系统的状态空间表达式(2-49)表示为图 2-1 的结构图形式。

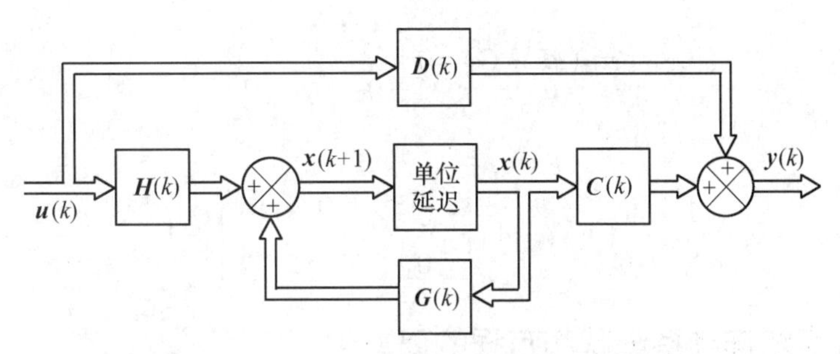

图 2-1　线性离散系统的结构图

如果 $\boldsymbol{G}(k)$,$\boldsymbol{H}(k)$,$\boldsymbol{C}(k)$,$\boldsymbol{D}(k)$ 均为常数矩阵,式(2-49)就变为线性定常离散系统,其状态空间表达式为

$$\begin{cases}\boldsymbol{x}(k+1)=\boldsymbol{G}\boldsymbol{x}(k)+\boldsymbol{H}\boldsymbol{u}(k)\\ \boldsymbol{y}(k)=\boldsymbol{C}\boldsymbol{x}(k)+\boldsymbol{D}\boldsymbol{u}(k)\end{cases}\tag{2-50}$$

在经典控制理论中,离散系统的数学模型分为差分方程和脉冲传递函数两类,它们与离散系统状态空间表达式之间的变换,以及由离散系统状态空间表达式求脉冲传递函数阵等和连续系统分析相类似。下面举例说明。

例 2-13　已知线性定常离散系统的脉冲传递函数

$$G(z)=\frac{Y(z)}{U(z)}=\frac{z^2+2z+1}{z^2+5z+6}=1+\frac{-3z-5}{z^2+5z+6}$$

试求其状态空间表达式。

解:(1) 类似于连续系统的求法,可写出其状态方程的能控标准型

$$\begin{cases}\boldsymbol{x}(k+1)=\begin{bmatrix}0 & 1\\ -6 & -5\end{bmatrix}\boldsymbol{x}(k)+\begin{bmatrix}0\\ 1\end{bmatrix}u(k)\\ \boldsymbol{y}(k)=\begin{bmatrix}-5 & -3\end{bmatrix}\boldsymbol{x}(k)+u(k)\end{cases}$$

(2) 对角线标准型。

将脉冲传递函数用部分分式展开,得

$$G(z)=1+\frac{1}{z+2}-\frac{4}{z+3}$$

$$\begin{cases}\boldsymbol{x}(k+1)=\begin{bmatrix}-2 & 0\\ 0 & -3\end{bmatrix}\boldsymbol{x}(k)+\begin{bmatrix}1\\1\end{bmatrix}u(k)\\ y(k)=\begin{bmatrix}1 & -4\end{bmatrix}\boldsymbol{x}(k)+u(k)\end{cases}$$

如果已知上面的对角线标准型状态空间表达式,而要求出系统脉冲传递函数,则也与连续系统相类似,有

$$\boldsymbol{G}(z)=\boldsymbol{C}(z\boldsymbol{I}-\boldsymbol{G})^{-1}\boldsymbol{H}+\boldsymbol{D}$$

$$|z\boldsymbol{I}-\boldsymbol{G}|=\begin{vmatrix}z+2 & 0\\ 0 & z+3\end{vmatrix}=z^2+5z+6$$

$$\text{adj}(z\boldsymbol{I}-\boldsymbol{G})=\begin{bmatrix}z+3 & 0\\ 0 & z+2\end{bmatrix}$$

则

$$G(z)=\frac{1}{z^2+5z+6}\begin{bmatrix}1 & -4\end{bmatrix}\begin{bmatrix}z+3 & 0\\ 0 & z+2\end{bmatrix}\begin{bmatrix}1\\1\end{bmatrix}+1=\frac{z^2+2z+1}{z^2+5z+6}$$

2.3.2 线性定常连续系统状态方程的离散化

所谓线性定常连续系统状态方程的离散化,就是将线性定常连续系统的状态方程

$$\dot{\boldsymbol{x}}(t)=\boldsymbol{A}\boldsymbol{x}(t)+\boldsymbol{B}\boldsymbol{u}(t)$$

变成如下形式的线性定常离散系统的状态方程

$$\boldsymbol{x}(k+1)=\boldsymbol{G}\boldsymbol{x}(k)+\boldsymbol{H}\boldsymbol{u}(k)$$

因此,离散化的实质就是用一个矩阵差分方程去代替一个矩阵微分方程。但是,必须满足在离散化以后,系统在各采样时刻的情况与原连续系统的情况相一致的条件。

设采样周期为 T,采样时刻为 $kT(k=0,1,2,\cdots)$,系统具有零阶保持特性。

已知线性定常连续系统状态方程的解为

$$\boldsymbol{x}(t)=\mathrm{e}^{\boldsymbol{A}(t-t_0)}\boldsymbol{x}(t_0)+\int_0^t \mathrm{e}^{\boldsymbol{A}(t-\tau)}\boldsymbol{B}\boldsymbol{u}(\tau)\mathrm{d}\tau \tag{2-51}$$

当考虑两相邻采样时刻 $t=kT$ 和 $t=(k+1)T$ 之间状态方程的解时,其输入向量 $\boldsymbol{u}(t)=\boldsymbol{u}(kT)$,初始时刻 $t_0=kT$,则状态方程(2-51)的解为

$$\boldsymbol{x}(t)=\mathrm{e}^{\boldsymbol{A}(t-kT)}\boldsymbol{x}(kT)+\int_{kT}^{(k+1)T}\mathrm{e}^{\boldsymbol{A}(t-\tau)}\boldsymbol{B}\boldsymbol{u}(kT)\mathrm{d}\tau \quad kT\leqslant t\leqslant(k+1)T \tag{2-52}$$

考虑采样时刻的状态,令 $t=(k+1)T$ 代入式(2-52),得

$$\boldsymbol{x}[(k+1)T]=\mathrm{e}^{\boldsymbol{A}T}\boldsymbol{x}(kT)+\int_{kT}^{(k+1)T}\mathrm{e}^{\boldsymbol{A}[(k+1)T-\tau]}\boldsymbol{B}\mathrm{d}\tau\cdot\boldsymbol{u}(kT) \tag{2-53}$$

对上式进行积分变换，即令

$$t=(k+1)T-\tau$$

则式(2-53)变为

$$\boldsymbol{x}[(k+1)T]=\mathrm{e}^{\boldsymbol{A}T}\boldsymbol{x}(kT)+\int_0^T\mathrm{e}^{\boldsymbol{A}t}\boldsymbol{B}\mathrm{d}t\cdot\boldsymbol{u}(kT) \tag{2-54}$$

令

$$\begin{cases}\boldsymbol{G}=\mathrm{e}^{\boldsymbol{A}T}\\ \boldsymbol{H}=\int_0^T\mathrm{e}^{\boldsymbol{A}t}\boldsymbol{B}\mathrm{d}t\end{cases} \tag{2-55}$$

得线性定常连续系统状态方程的离散化方程为

$$\boldsymbol{x}(k+1)=\boldsymbol{G}\boldsymbol{x}(k)+\boldsymbol{H}\boldsymbol{u}(k) \tag{2-56}$$

由于输出方程是一个线性方程，离散化后，在采样时刻 kT，系统的离散输出 $\boldsymbol{y}(kT)$ 与离散状态 $\boldsymbol{x}(kT)$ 和离散输入 $\boldsymbol{u}(kT)$ 之间仍保持原来的线性关系。因此，离散化前后的矩阵 $\boldsymbol{C}$ 和 $\boldsymbol{D}$ 均不改变。离散化后的输出方程为

$$\boldsymbol{y}(k)=\boldsymbol{C}\boldsymbol{x}(k)+\boldsymbol{D}\boldsymbol{u}(k) \tag{2-57}$$

例 2-14　试求线性定常连续系统状态方程

$$\dot{\boldsymbol{x}}(t)=\begin{bmatrix}0&-1\\0&-2\end{bmatrix}\boldsymbol{x}(t)+\begin{bmatrix}0\\1\end{bmatrix}u(t)$$

的离散化方程。

解：根据公式(2-55)，先求 $\mathrm{e}^{\boldsymbol{A}t}$。

$$\boldsymbol{\Phi}(t)=\mathrm{e}^{\boldsymbol{A}t}=L^{-1}[(s\boldsymbol{I}-\boldsymbol{A})^{-1}]=L^{-1}\left\{\begin{bmatrix}s&1\\0&s+2\end{bmatrix}^{-1}\right\}=$$

$$L^{-1}\begin{bmatrix}\dfrac{1}{s}&-\dfrac{1}{s(s+2)}\\0&\dfrac{1}{s+2}\end{bmatrix}=\begin{bmatrix}1&-\dfrac{1}{2}+\dfrac{1}{2}\mathrm{e}^{-2t}\\0&\mathrm{e}^{-2t}\end{bmatrix}$$

于是

$$\boldsymbol{G}=\mathrm{e}^{\boldsymbol{A}T}=\begin{bmatrix}1&-\dfrac{1}{2}+\dfrac{1}{2}\mathrm{e}^{-2T}\\0&\mathrm{e}^{-2T}\end{bmatrix}$$

$$\boldsymbol{H}=\int_0^T\mathrm{e}^{\boldsymbol{A}t}\boldsymbol{B}\mathrm{d}t=\int_0^T\begin{bmatrix}1&-\dfrac{1}{2}+\dfrac{1}{2}\mathrm{e}^{-2t}\\0&\mathrm{e}^{-2t}\end{bmatrix}\begin{bmatrix}0\\1\end{bmatrix}\mathrm{d}t=$$

$$\int_0^T\begin{bmatrix}-\dfrac{1}{2}+\dfrac{1}{2}\mathrm{e}^{-2t}\\\mathrm{e}^{-2t}\end{bmatrix}\mathrm{d}t=\begin{bmatrix}-\dfrac{T}{2}+\dfrac{1}{4}-\dfrac{1}{4}\mathrm{e}^{-2T}\\\dfrac{1}{2}-\dfrac{1}{2}\mathrm{e}^{-2T}\end{bmatrix}$$

对于求线性定常连续系统离散化的状态方程,还有一种方法,就是首先写出连续系统的传递函数,然后将传递函数变换为脉冲传递函数,这个过程实质上就是离散化过程。有了系统脉冲传递函数以后,可按照各种标准型写出其离散化后的状态方程。这种方法应用起来也很方便。

例 2-15 某系统如图2-2所示,试写出该系统离散化的状态方程。

$$u(t) \xrightarrow{T} \boxed{\frac{1-e^{-Ts}}{s}} \rightarrow \boxed{\frac{1}{s(s+1)}} \rightarrow y(t)$$

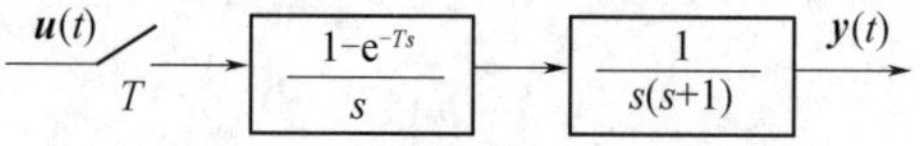

图 2-2 离散系统的结构图

解:系统的传递函数是

$$G(s)=\frac{1-e^{-Ts}}{s}\cdot\frac{1}{s(s+1)}$$

可得其对应的脉冲传递函数

$$\begin{aligned}G(z)&=(1-z^{-1})Z\left[\frac{1}{s^2(s+1)}\right]\\&=(1-z^{-1})Z\left\{\frac{1}{s^2}-\frac{1}{s}+\frac{1}{s+1}\right\}\\&=(1-z^{-1})\left\{\frac{Tz}{(z-1)^2}-\frac{z}{z-1}+\frac{z}{z-e^{-T}}\right\}\\&=\frac{(T-1+e^{-T})z+(1-e^{-T}-Te^{-T})}{(z-1)(z-e^{-T})}\\&=\frac{(T-1+e^{-T})z+(1-e^{-T}-Te^{-T})}{z^2-(1+e^{-T})z+e^{-T}}\end{aligned}$$

由上式可写出其能控标准型的状态空间表达式

$$\begin{cases}\boldsymbol{x}(k+1)=\begin{bmatrix}0&1\\-e^{-T}&1+e^{-T}\end{bmatrix}\boldsymbol{x}(k)+\begin{bmatrix}0\\1\end{bmatrix}u(k)\\y(k)=\begin{bmatrix}1-e^{-T}-Te^{-T}&T-1+e^{-T}\end{bmatrix}\boldsymbol{x}(k)\end{cases}$$

2.3.3 线性连续系统状态方程离散化的近似方法

当采样周期 T 较小时,在满足所要求精度的前提下,用近似的离散化方程,其计算容易得多。特别是对于离散化方程复杂的时变系统,这个方法更有实际意义。

近似方法的出发点是用差商代替微商,即令

$$\dot{\boldsymbol{x}}(kT)=\frac{1}{T}[\boldsymbol{x}(k+1)T-\boldsymbol{x}(kT)] \tag{2-58}$$

式中,T 为采样周期,将式(2-58)代入

$$\dot{\boldsymbol{x}}(t)=\boldsymbol{A}\boldsymbol{x}(t)+\boldsymbol{B}\boldsymbol{u}(t)$$

中,并令 $t=kT$,可得

$$\frac{1}{T}[\boldsymbol{x}(k+1)T-\boldsymbol{x}(kT)]=\boldsymbol{A}\boldsymbol{x}(kT)+\boldsymbol{B}\boldsymbol{u}(kT)$$

即

$$\begin{aligned}\boldsymbol{x}[(k+1)T] = [\boldsymbol{I}+T\boldsymbol{A}]\boldsymbol{x}(kT)+T\boldsymbol{B}\boldsymbol{u}(kT) = \\ \boldsymbol{G}\boldsymbol{x}(kT)+\boldsymbol{H}\boldsymbol{u}(kT)\end{aligned} \tag{2-59}$$

式中

$$\begin{cases}\boldsymbol{G}=\boldsymbol{I}+T\boldsymbol{A}\\ \boldsymbol{H}=T\boldsymbol{B}\end{cases} \tag{2-60}$$

显然,采样周期 T 越小,近似的离散化状态方程精度越高。

例 2-16　试求例2-14的近似离散化方程。

解:

$$\boldsymbol{G}=\boldsymbol{I}+T\boldsymbol{A}\begin{bmatrix}1&0\\0&1\end{bmatrix}+\begin{bmatrix}0&-T\\0&-2T\end{bmatrix}=\begin{bmatrix}1&-T\\0&1-2T\end{bmatrix}$$

$$\boldsymbol{H}=T\boldsymbol{B}=\begin{bmatrix}0\\T\end{bmatrix}$$

当 $T=0.1$ 时,

离散化方程　$\boldsymbol{G}=\begin{bmatrix}1&-0.09063\\0&0.8187\end{bmatrix}$　$\boldsymbol{H}=\begin{bmatrix}-0.004685\\0.09063\end{bmatrix}$

近似离散化方程　$\boldsymbol{G}=\begin{bmatrix}1&-0.1\\0&0.8\end{bmatrix}$　$\boldsymbol{H}=\begin{bmatrix}0\\0.1\end{bmatrix}$

由以上两种方法可看出,采样周期 T 较小时,系统离散化的状态空间表达式近似相等。

2.4　线性定常离散系统状态方程求解

对于线性定常离散系统状态方程可用 z 变换法和迭代法求解。

2.4.1　迭代法求解

迭代法是一种递推的数值解法。当给定初始状态及输入函数,将其代入方程式(2-50),采用迭代运算可求得方程在各个采样时刻的数值解。这种方法特别适用于计算机求解。

设线性定常离散系统的初始状态为 $\boldsymbol{x}(0)$,系统的输入向量为 $\boldsymbol{u}(k)\,(k=0,1,2,\cdots)$,将其直接代入方程式(2-50),经递推迭代,可得

$k=0$　$\boldsymbol{x}(1)=\boldsymbol{G}\boldsymbol{x}(0)+\boldsymbol{H}\boldsymbol{u}(0)$

$k=1$　$\boldsymbol{x}(2)=\boldsymbol{G}\boldsymbol{x}(1)+\boldsymbol{H}\boldsymbol{u}(1)=\boldsymbol{G}^2\boldsymbol{x}(0)+\boldsymbol{G}\boldsymbol{H}\boldsymbol{u}(0)+\boldsymbol{H}\boldsymbol{u}(1)$

$k=2$　$\boldsymbol{x}(3)=\boldsymbol{G}\boldsymbol{x}(2)+\boldsymbol{H}\boldsymbol{u}(2)=\boldsymbol{G}^3\boldsymbol{x}(0)+\boldsymbol{G}^2\boldsymbol{H}\boldsymbol{u}(0)+\boldsymbol{G}\boldsymbol{H}\boldsymbol{u}(1)+\boldsymbol{H}\boldsymbol{u}(2)$

$\vdots$

$k-1$　$$\boldsymbol{x}(k)=\boldsymbol{G}^k\boldsymbol{x}(0)+\sum_{i=0}^{k-1}\boldsymbol{G}^{k-i-1}\boldsymbol{H}\boldsymbol{u}(i) \tag{2-61}$$

由解的表达式(2-61)可以看出,线性离散系统非齐次状态方程的解和连续系统类似,也由两部分组成。第一部分是由初始状态引起的响应,是系统运动的自由分量;第二部分是由各采样时刻的输入信号引起的响应,是系统运动的强迫分量。此外,式(2-61)还清楚地表明,第 k 个采样时刻的状态只与前 $k-1$ 采样时刻的输入值有关,而与第 k 个采样时刻的输入值无关。这是带惯性的物理系统所具有的一种基本特性。

方程(2-61)中的 $\boldsymbol{G}^k$ 称为线性定常离散系统的状态转移矩阵,与线性连续系统相类似,可将其表示为

$$\boldsymbol{\Phi}(k)=\boldsymbol{G}^k \tag{2-62}$$

$\boldsymbol{\Phi}(k)$ 是满足如下矩阵差分方程和初始条件

$$\begin{cases}\boldsymbol{\Phi}(k+1)=\boldsymbol{G}\boldsymbol{\Phi}(k)\\ \boldsymbol{\Phi}(0)=\boldsymbol{I}\end{cases} \tag{2-63}$$

的解。将式(2-62)代入式(2-61)中,则线性离散系统状态方程的解有

$$\boldsymbol{x}(k)=\boldsymbol{\Phi}(k)\boldsymbol{x}(0)+\sum_{i=0}^{k-1}\boldsymbol{\Phi}(k-i-1)\boldsymbol{H}\boldsymbol{u}(i) \tag{2-64}$$

或

$$\boldsymbol{x}(k)=\boldsymbol{\Phi}(k)\boldsymbol{x}(0)+\sum_{i=0}^{k-1}\boldsymbol{\Phi}(i)\boldsymbol{H}\boldsymbol{u}(k-i-1) \tag{2-65}$$

将状态解的表达式代入线性定常离散系统的输出方程中,可得

$$\boldsymbol{y}(k)=\boldsymbol{C}\boldsymbol{\Phi}(k)\boldsymbol{x}(0)+\boldsymbol{C}\sum_{i=0}^{k-1}\boldsymbol{\Phi}(k-i-1)\boldsymbol{H}\boldsymbol{u}(i) \tag{2-66}$$

或

$$\boldsymbol{y}(k)=\boldsymbol{C}\boldsymbol{\Phi}(k)\boldsymbol{x}(0)+\boldsymbol{C}\sum_{i=0}^{k-1}\boldsymbol{\Phi}(i)\boldsymbol{H}\boldsymbol{u}(k-i-1) \tag{2-67}$$

2.4.2 z 变换法求解

对于线性定常离散系统,其状态方程为

$$\boldsymbol{x}(k+1)=\boldsymbol{G}\boldsymbol{x}(k)+\boldsymbol{H}\boldsymbol{u}(k)$$

对上式两边取 z 变换,得

$$z\boldsymbol{X}(z)-z\boldsymbol{x}(0)=\boldsymbol{G}\boldsymbol{X}(z)+\boldsymbol{H}\boldsymbol{U}(z)$$

于是

$$\boldsymbol{X}(z)=(z\boldsymbol{I}-\boldsymbol{G})^{-1}z\boldsymbol{x}(0)+(z\boldsymbol{I}-\boldsymbol{G})^{-1}\boldsymbol{H}\boldsymbol{U}(z) \tag{2-68}$$

式(2-68)两边取 z 反变换,得到

$$\boldsymbol{x}(k)=Z^{-1}[(z\boldsymbol{I}-\boldsymbol{G})^{-1}z]\boldsymbol{x}(0)+Z^{-1}[(z\boldsymbol{I}-\boldsymbol{G})^{-1}\boldsymbol{H}\boldsymbol{U}(z)] \tag{2-69}$$

比较式(2-69)与式(2-64),有

$$\boldsymbol{\Phi}(k) = Z^{-1}[(z\boldsymbol{I} - \boldsymbol{G})^{-1}z] \tag{2-70}$$

$$\sum_{i=0}^{k-1} \boldsymbol{\Phi}(k-i-1)\boldsymbol{H}\boldsymbol{u}(i) = Z^{-1}[(z\boldsymbol{I} - \boldsymbol{G})^{-1}\boldsymbol{H}\boldsymbol{U}(z)] \tag{2-71}$$

例 2-17　求线性定常离散系统

$$\boldsymbol{x}(k+1) = \begin{bmatrix} 0 & 1 \\ -0.16 & -1 \end{bmatrix}\boldsymbol{x}(k) + \begin{bmatrix} 1 \\ 1 \end{bmatrix}u(k)$$

的解。已知 $u(k)=1\ (k=0,1,2,\cdots)$;$\boldsymbol{x}(0)=[1-1]^{\mathrm{T}}$。

解:(1) 用迭代法求解。

$$\boldsymbol{x}(1) = \begin{bmatrix} 0 & 1 \\ -0.16 & -1 \end{bmatrix}\begin{bmatrix} 1 \\ -1 \end{bmatrix} + \begin{bmatrix} 1 \\ 1 \end{bmatrix} = \begin{bmatrix} 0 \\ 1.84 \end{bmatrix}$$

$$\boldsymbol{x}(2) = \begin{bmatrix} 0 & 1 \\ -0.16 & -1 \end{bmatrix}\begin{bmatrix} 0 \\ 1.84 \end{bmatrix} + \begin{bmatrix} 1 \\ 1 \end{bmatrix} = \begin{bmatrix} 2.84 \\ -0.84 \end{bmatrix}$$

$$\boldsymbol{x}(3) = \begin{bmatrix} 0 & 1 \\ -0.16 & -1 \end{bmatrix}\begin{bmatrix} 2.84 \\ -0.84 \end{bmatrix} + \begin{bmatrix} 1 \\ 1 \end{bmatrix} = \begin{bmatrix} 0.16 \\ 1.386 \end{bmatrix}$$

$$\vdots$$

可继续迭代下去,直到所需要的时刻为止。

(2) 用 z 变换法求解。

$$\boldsymbol{\Phi}(k) = \boldsymbol{G}^k = Z^{-1}[(z\boldsymbol{I} - \boldsymbol{G})^{-1}z]$$

先计算$(z\boldsymbol{I}-\boldsymbol{G})^{-1}$

$$|z\boldsymbol{I} - \boldsymbol{G}| = \begin{vmatrix} z & -1 \\ 0.16 & z+1 \end{vmatrix} = z^2 + z + 0.16 = (z+0.2)(z+0.8)$$

$$(z\boldsymbol{I} - \boldsymbol{G})^{-1} = \frac{1}{(z+0.2)(z+0.8)}\begin{bmatrix} z+1 & 1 \\ -0.16 & z \end{bmatrix}$$

又知

$$u(k)=1 \quad U(z)=\frac{z}{z-1}$$

于是

$$\boldsymbol{X}(z) = (z\boldsymbol{I} - \boldsymbol{G})^{-1}[z\boldsymbol{x}(0) + \boldsymbol{H}U(z)] =$$

$$\frac{1}{(z+0.2)(z+0.8)}\begin{bmatrix} z+1 & 1 \\ -0.16 & z \end{bmatrix}\left\{z\begin{bmatrix} 1 \\ -1 \end{bmatrix} + \begin{bmatrix} 1 \\ 1 \end{bmatrix}\frac{z}{z-1}\right\}$$

$$\begin{bmatrix} \dfrac{(z^2+2)z}{(z+0.2)(z+0.8)(z-1)} \\ \dfrac{(-z^2+1.84z)z}{(z+0.2)(z+0.8)(z-1)} \end{bmatrix} = \begin{bmatrix} \dfrac{-\dfrac{17}{6}z}{z+0.2} + \dfrac{\dfrac{22}{9}z}{z+0.8} + \dfrac{\dfrac{25}{18}z}{z-1} \\ \dfrac{\dfrac{3.4}{6}z}{z+0.2} + \dfrac{-\dfrac{17.6}{9}z}{z+0.8} + \dfrac{\dfrac{7}{18}z}{z-1} \end{bmatrix}$$

$$\boldsymbol{x}(k)=Z^{-1}[\boldsymbol{X}(z)]=\begin{bmatrix}-\dfrac{17}{6}(-0.2)^k+\dfrac{22}{9}(-0.8)^k+\dfrac{25}{18}\\ \dfrac{3.4}{6}(-0.2)^k-\dfrac{17.6}{9}(-0.8)^k+\dfrac{7}{18}\end{bmatrix}$$

令 $k=0,1,2,3,\cdots$ 代入上式,可得

$$\boldsymbol{x}(k)=\begin{bmatrix}1\\-1\end{bmatrix},\begin{bmatrix}0\\1.84\end{bmatrix},\begin{bmatrix}2.84\\-0.84\end{bmatrix},\begin{bmatrix}0.16\\1.386\end{bmatrix}\cdots$$

以上两种方法计算结果完全一致,只是迭代法是一个数值解,而 z 变换法则得到了一个解析表达式。

2.4.3　离散系统的状态转移矩阵

离散系统状态转移矩阵 $\boldsymbol{\Phi}(k)$ 的求取与连续系统转移矩阵 $\boldsymbol{\Phi}(t)$ 极为类似。

1. 直接法

根据离散系统递推迭代法中的定义

$$\boldsymbol{\Phi}(k)=\boldsymbol{G}^k$$

来计算。该方法简单,易于用计算机来解,但不易得到 $\boldsymbol{\Phi}(k)$ 的封闭式。

2. z 变换法

根据 z 变换法求取离散系统状态方程解中的对应关系,状态转移矩阵 $\boldsymbol{\Phi}(k)$ 为

$$\boldsymbol{\Phi}(k)=Z^{-1}[(z\boldsymbol{I}-\boldsymbol{G})^{-1}z]$$

3. 化系统矩阵 $\boldsymbol{G}$ 为标准型法

(1) 当离散系统矩阵 $\boldsymbol{G}$ 的特征值均为单根时。

当离散系统矩阵 $\boldsymbol{G}$ 的特征根均为单根时,经过线性变换可将系统矩阵 $\boldsymbol{G}$ 化为对角线标准型,即

$$\boldsymbol{P}^{-1}\boldsymbol{G}\boldsymbol{P}=\boldsymbol{\Lambda}\tag{2-72}$$

那么,离散系统的状态转移矩阵 $\boldsymbol{\Phi}(k)$ 为

$$\boldsymbol{\Phi}(k)=\boldsymbol{G}^k=\boldsymbol{P}\boldsymbol{\Lambda}^k\boldsymbol{P}^{-1}\tag{2-73}$$

式中,$\boldsymbol{\Lambda}$ 为对角线标准型,若特征方程 $|\lambda\boldsymbol{I}-\boldsymbol{G}|=0$ 的特征根为 $\lambda_1,\lambda_2,\cdots,\lambda_n$,则有

$$\boldsymbol{\Lambda}=\begin{bmatrix}\lambda_1&&&\\&\lambda_2&&\\&&\ddots&\\&&&\lambda_n\end{bmatrix}$$

$$\boldsymbol{\Lambda}^k=\begin{bmatrix}\lambda_1^k&&&\\&\lambda_2^k&&\\&&\ddots&\\&&&\lambda_n^k\end{bmatrix}$$

$$\boldsymbol{\Phi}(k)=\boldsymbol{P}\begin{bmatrix}\lambda_1^k & & & \\ & \lambda_2^k & & \\ & & \ddots & \\ & & & \lambda_n^k\end{bmatrix}\boldsymbol{P}^{-1} \tag{2-74}$$

式中,$\boldsymbol{P}$ 为化系统矩阵 $\boldsymbol{G}$ 为对角线标准型的变换矩阵。

例 2-18　齐次离散系统状态方程为

$$\boldsymbol{x}(k+1)=\begin{bmatrix}0 & 1\\ -0.16 & -1\end{bmatrix}\boldsymbol{x}(k)$$

试求其状态转移矩阵 $\boldsymbol{\Phi}(k)$。

解:

$$|\lambda\boldsymbol{I}-\boldsymbol{G}|=\begin{vmatrix}\lambda & -1\\ 0.16 & \lambda+1\end{vmatrix}=(\lambda+0.2)(\lambda+0.8)=0$$

其特征值 $\lambda_1=-0.2$　$\lambda_2=-0.8$

化系统矩阵 $\boldsymbol{G}$ 为对角线标准型的变换矩阵 $\boldsymbol{P}$ 为

$$\boldsymbol{P}=\begin{bmatrix}1 & 1\\ -0.2 & -0.8\end{bmatrix}\qquad \boldsymbol{P}^{-1}=\frac{1}{3}\begin{bmatrix}4 & 5\\ -1 & -5\end{bmatrix}$$

则

$$\boldsymbol{\Phi}(k)=\boldsymbol{G}^k=\boldsymbol{P}\boldsymbol{\Lambda}^k\boldsymbol{P}^{-1}=$$

$$\begin{bmatrix}1 & 1\\ -0.2 & -0.8\end{bmatrix}\begin{bmatrix}(-0.2)^k & \\ & (-0.8)^k\end{bmatrix}\frac{1}{3}\begin{bmatrix}4 & 5\\ -1 & -5\end{bmatrix}=$$

$$\frac{1}{3}\begin{bmatrix}4(-0.2)^k-(0.8)^k & 5(-0.2)^k-5(-0.8)^k\\ -0.8(-0.2)^k+0.8(-0.8)^k & -(-0.2)^k+4(-0.8)^k\end{bmatrix}$$

(2) 当离散系统矩阵 $\boldsymbol{G}$ 的特征值有重根时,有

$$\boldsymbol{\Phi}(k)=\boldsymbol{G}^k=\boldsymbol{P}\boldsymbol{J}^k\boldsymbol{P}^{-1} \tag{2-75}$$

式中,$\boldsymbol{J}$ 为约当标准型;$\boldsymbol{P}$ 为化系统矩阵 $\boldsymbol{G}$ 为约当标准型的变换矩阵。

4. 化为 $\boldsymbol{G}$ 的有限项法

应用凯莱—哈密顿定理,系统矩阵 $\boldsymbol{G}$ 满足其自身的零化多项式。离散系统状态转移矩阵可化为 $\boldsymbol{G}$ 的有限项,即

$$\boldsymbol{\Phi}(k)=\alpha_0(k)\boldsymbol{I}+\alpha_1(k)\boldsymbol{G}+\alpha_2(k)\boldsymbol{G}^2+\cdots+\alpha_{n-1}(k)\boldsymbol{G}^{n-1} \tag{2-76}$$

式中,$\alpha_i(k)(i=0,1,\cdots,n-1)$为待定系数,可仿照连续系统的方法来求取。

例 2-19　线性定常离散系统的状态方程为

$$\boldsymbol{x}(k+1)=\begin{bmatrix}0 & 1\\ -2 & -3\end{bmatrix}\boldsymbol{x}(k)$$

试求系统的状态转移矩阵 $\boldsymbol{\Phi}(k)$。

解:离散系统特征方程为

$$|\lambda\boldsymbol{I}-\boldsymbol{G}|=\begin{bmatrix}\lambda & -1\\ 2 & \lambda+3\end{bmatrix}=(\lambda+1)(\lambda+2)=0$$

其特征值 $\lambda_1=-1,\lambda_2=-2$。

待定系数可按下式求取

$$\begin{cases}(\lambda_1)^k=\alpha_0(k)+\alpha_1(k)\lambda_1\\ (\lambda_2)^k=\alpha_0(k)+\alpha_1(k)\lambda_2\end{cases}$$

$$\begin{cases}(-1)^k=\alpha_0(k)-\alpha_1(k)\\ (-2)^k=\alpha_0(k)-2\alpha_1(k)\end{cases}$$

解之得

$$\begin{cases}\alpha_0(k)=2(-1)^k-(-2)^k\\ \alpha_1(k)=(-1)^k-(-2)^k\end{cases}$$

则离散系统状态转移矩阵为

$$\boldsymbol{\Phi}(k)=\alpha_0(k)\boldsymbol{I}+\alpha_1(k)\boldsymbol{G}=$$

$$\alpha_0(k)\begin{bmatrix}1 & \\ & 1\end{bmatrix}+\alpha_1(k)\begin{bmatrix}0 & 1\\ -2 & -3\end{bmatrix}=$$

$$\begin{bmatrix}2(-1)^k-(-2)^k & (-1)^k-(-2)^k\\ -2(-1)^k+2(-2)^k & -(-1)^k+2(-2)^k\end{bmatrix}$$

解题示范

例 2-20 已知连续系统的状态转移矩阵是

$$\boldsymbol{\Phi}(t)=\begin{bmatrix}e^{-t} & 0 & 0\\ 0 & (1-2t)e^{-2t} & 4te^{-2t}\\ 0 & -te^{-2t} & (1+2t)e^{-2t}\end{bmatrix}$$

试确定系统矩阵 $\boldsymbol{A}$。

解：根据定义条件

$$\dot{\boldsymbol{\Phi}}(t) = \boldsymbol{A}\boldsymbol{\Phi}(t)$$

$$\boldsymbol{\Phi}(0) = \boldsymbol{I}$$

得　$\boldsymbol{A} = \dot{\boldsymbol{\Phi}}(0) =$

$$\begin{bmatrix} -e^{-t} & 0 & 0 \\ 0 & -2te^{-2t}-2(1-2t)e^{-2t} & 4e^{-2t}-8te^{-2t} \\ 0 & -e^{-2t}+2te^{-2t} & 2e^{-2t}-2(1+2t)e^{-2t} \end{bmatrix}_{t=0} =$$

$$\begin{bmatrix} -1 & 0 & 0 \\ 0 & -4 & 4 \\ 0 & -1 & 0 \end{bmatrix}$$

例 2-21　已知 $\dot{\boldsymbol{x}}(t) = \boldsymbol{A}\boldsymbol{x}(t)$

当 $\boldsymbol{x}(0) = \begin{bmatrix} 1 \\ -1 \end{bmatrix}$ 时，状态方程的解为 $\boldsymbol{x}(t) = \begin{bmatrix} e^{-2t} \\ -e^{-2t} \end{bmatrix}$，而当 $\boldsymbol{x}(0) = \begin{bmatrix} 2 \\ -1 \end{bmatrix}$ 时，状态方程的解为 $\boldsymbol{x}(t) = \begin{bmatrix} 2e^{-t} \\ -e^{-t} \end{bmatrix}$，试求状态转移矩阵 $\boldsymbol{\Phi}(t)$。

解：利用齐次状态方程的解

$$\boldsymbol{x}(t) = \boldsymbol{\Phi}(t)\boldsymbol{x}(0)$$

因为

$$\begin{bmatrix} e^{-2t} \\ -e^{-2t} \end{bmatrix} = \boldsymbol{\Phi}(t)\begin{bmatrix} 1 \\ -1 \end{bmatrix}$$

$$\begin{bmatrix} 2e^{-t} \\ -e^{-t} \end{bmatrix} = \boldsymbol{\Phi}(t)\begin{bmatrix} 2 \\ -1 \end{bmatrix}$$

所以

$$\begin{bmatrix} e^{-2t} & 2e^{-t} \\ -e^{-2t} & -e^{-t} \end{bmatrix} = \boldsymbol{\Phi}(t)\begin{bmatrix} 1 & 2 \\ -1 & -1 \end{bmatrix}$$

$$\boldsymbol{\Phi}(t) = \begin{bmatrix} e^{-2t} & 2e^{-t} \\ -e^{-2t} & -e^{-t} \end{bmatrix}\begin{bmatrix} 1 & 2 \\ -1 & -1 \end{bmatrix}^{-1} =$$

$$\begin{bmatrix} 2e^{-t}-e^{-2t} & 2e^{-t}-2e^{-2t} \\ -e^{-t}+e^{-2t} & -e^{-t}+2e^{-2t} \end{bmatrix}$$

例 2-22 已知系统矩阵

$$\boldsymbol{A}=\begin{bmatrix} 0 & 1 & -1 \\ -6 & -11 & 6 \\ -6 & -11 & 5 \end{bmatrix}$$

试用对角线法求状态转移矩阵 $e^{\boldsymbol{A}t}$。

解:首先求 $\boldsymbol{A}$ 的特征值

$$|\lambda\boldsymbol{I}-\boldsymbol{A}|=\begin{vmatrix} \lambda & -1 & 1 \\ 6 & \lambda+11 & -6 \\ 6 & 11 & \lambda-5 \end{vmatrix}=(\lambda+1)(\lambda+2)(\lambda+3)=0$$

特征值 $\lambda_1=-1,\lambda_2=-2,\lambda_3=-3$,其次求变换矩阵 $\boldsymbol{P}$

$$\boldsymbol{P}=\begin{bmatrix} 1 & 1 & 1 \\ 0 & 2 & 6 \\ 1 & 4 & 9 \end{bmatrix} \qquad \boldsymbol{P}^{-1}=\begin{bmatrix} 3 & 2.5 & -2 \\ -3 & -4 & 3 \\ 1 & 1.5 & -1 \end{bmatrix}$$

最后,计算 $e^{\boldsymbol{A}t}$

$$e^{\boldsymbol{A}t}=\boldsymbol{P}\begin{bmatrix} e^{\lambda_1 t} & & \\ & e^{\lambda_2 t} & \\ & & e^{\lambda_3 t} \end{bmatrix}\boldsymbol{P}^{-1}=$$

$$\begin{bmatrix} 1 & 1 & 1 \\ 0 & 2 & 6 \\ 1 & 4 & 9 \end{bmatrix}\begin{bmatrix} e^{-t} & & \\ & e^{-2t} & \\ & & e^{-3t} \end{bmatrix}\begin{bmatrix} 3 & 2.5 & -2 \\ -3 & -4 & 3 \\ 1 & 1.5 & -1 \end{bmatrix}=$$

$$\begin{bmatrix} 3e^{-t}-3e^{-2t}+e^{-3t} & 2.5e^{-t}-4e^{-2t}+1.5e^{-3t} & -2e^{-t}+3e^{-2t}-e^{-3t} \\ -6e^{-2t}+6e^{-3t} & -8e^{-2t}+9e^{-3t} & 6e^{-2t}-6e^{-3t} \\ 3e^{-t}-12e^{-2t}+9e^{-3t} & 2.5e^{-t}-16e^{-2t}+13.5e^{-3t} & -2e^{-t}+12e^{-2t}-9e^{-3t} \end{bmatrix}$$

例 2-23 已知系统矩阵

$$\boldsymbol{A}=\begin{bmatrix} 0 & 1 & 0 \\ 0 & 0 & 1 \\ -6 & -11 & -6 \end{bmatrix}$$

试用拉普拉斯变换法求矩阵指数 e^{At}。

解：

$$(sI-A)=\begin{bmatrix} s & -1 & 0 \\ 0 & s & -1 \\ 6 & 11 & s+6 \end{bmatrix}$$

$$(sI-A)^{-1}=\frac{\operatorname{adj}(sI-A)}{|sI-A|}=$$

$$\frac{1}{(s+1)(s+2)(s+3)}\begin{bmatrix} s^2+6s+11 & s+6 & 1 \\ -6 & s(s+6) & s \\ -6s & -(11s+6) & s^2 \end{bmatrix}=$$

$$\begin{bmatrix} \frac{3}{s+1}-\frac{3}{s+2}+\frac{1}{s+3} & \frac{\frac{5}{2}}{s+1}-\frac{4}{s+2}+\frac{\frac{3}{2}}{s+3} & \frac{\frac{1}{2}}{s+1}-\frac{1}{s+2}+\frac{\frac{1}{2}}{s+3} \\ -\frac{3}{s+1}+\frac{6}{s+2}-\frac{3}{s+3} & -\frac{\frac{5}{2}}{s+1}+\frac{8}{s+2}-\frac{\frac{9}{2}}{s+3} & -\frac{\frac{1}{2}}{s+1}+\frac{2}{s+2}-\frac{\frac{3}{2}}{s+3} \\ \frac{3}{s+1}-\frac{12}{s+2}+\frac{9}{s+3} & \frac{\frac{5}{2}}{s+1}-\frac{16}{s+2}+\frac{\frac{27}{2}}{s+3} & \frac{\frac{1}{2}}{s+1}-\frac{4}{s+2}+\frac{\frac{9}{2}}{s+3} \end{bmatrix}$$

$$e^{At}=L^{-1}[(sI-A)^{-1}]=$$

$$\begin{bmatrix} 3e^{-t}-3e^{-2t}+e^{-3t} & \frac{5}{2}e^{-t}-4e^{-2t}+\frac{3}{2}e^{-3t} & \frac{1}{2}e^{-t}-e^{-2t}+\frac{1}{2}e^{-3t} \\ -3e^{-t}+6e^{-2t}-3e^{-3t} & -\frac{5}{2}e^{-t}+8e^{-2t}-\frac{9}{2}e^{-3t} & -\frac{1}{2}e^{-t}+2e^{-2t}-\frac{3}{2}e^{-3t} \\ 3e^{-t}-12e^{-2t}+9e^{-3t} & \frac{5}{2}e^{-t}-16e^{-2t}+\frac{27}{2}e^{-3t} & \frac{1}{2}e^{-t}-4e^{-2t}+\frac{9}{2}e^{-3t} \end{bmatrix}$$

例 2-24　已知系统矩阵

$$A=\begin{bmatrix} 4 & 1 & -2 \\ 1 & 0 & 2 \\ 1 & -1 & 3 \end{bmatrix}$$

试用化 e^{At} 为 A 的有限项法求矩阵指数 e^{At}。

解：系统矩阵 A 的特征方程为

$$|\lambda \boldsymbol{I}-\boldsymbol{A}|=\begin{vmatrix}\lambda-4 & -1 & 2\\ -1 & \lambda & -2\\ -1 & 1 & \lambda-3\end{vmatrix}=(\lambda-3)^2(\lambda-1)=0$$

其特征值为 $\lambda_1=\lambda_2=3,\lambda_3=1$。可写出如下方程组

$$\begin{bmatrix}\alpha_0(t)\\ \alpha_1(t)\\ \alpha_2(t)\end{bmatrix}=\begin{bmatrix}1 & \lambda_1 & \lambda_1^2\\ 0 & 1 & 2\lambda_1\\ 1 & \lambda_3 & \lambda_3^2\end{bmatrix}^{-1}\begin{bmatrix}e^{\lambda_1 t}\\ te^{\lambda_1 t}\\ e^{\lambda_3 t}\end{bmatrix}=\begin{bmatrix}1 & 3 & 9\\ 0 & 1 & 6\\ 1 & 1 & 1\end{bmatrix}^{-1}\begin{bmatrix}e^{3t}\\ te^{3t}\\ e^{t}\end{bmatrix}=$$

$$\begin{bmatrix}-\dfrac{5}{4}e^{3t}+\dfrac{3}{2}te^{3t}+\dfrac{9}{4}e^{t}\\ \dfrac{3}{2}e^{3t}-2te^{3t}-\dfrac{3}{2}e^{t}\\ -\dfrac{1}{4}e^{3t}+\dfrac{1}{2}te^{3t}+\dfrac{1}{4}e^{t}\end{bmatrix}$$

系统状态转移矩阵

$$e^{\boldsymbol{A}t}=\alpha_0(t)\boldsymbol{I}+\alpha_1(t)\boldsymbol{A}+\alpha_2(t)\boldsymbol{A}^2=$$

$$\begin{bmatrix}e^{3t}+te^{3t} & te^{3t} & -2te^{3t}\\ te^{3t} & -e^{3t}+te^{3t}+2e^{t} & 2e^{3t}-2te^{3t}-2e^{t}\\ te^{3t} & -e^{3t}+te^{3t}+e^{t} & 2e^{3t}-2te^{3t}-e^{t}\end{bmatrix}$$

例 2-25 已知 $\boldsymbol{A}=\begin{bmatrix}1 & 2\\ 0 & 1\end{bmatrix}$,求 $\boldsymbol{A}^{100}=?$

解:写出 $\boldsymbol{A}$ 的特征多项式:

$$f(s)=|s\boldsymbol{I}-\boldsymbol{A}|=\begin{vmatrix}s-1 & 2\\ 0 & s-1\end{vmatrix}=s^2-2s+1$$

根据凯莱—哈密顿定理

$$f(\boldsymbol{A})=\boldsymbol{A}^2-2\boldsymbol{A}+\boldsymbol{I}=0$$

得

$$\boldsymbol{A}^2=2\boldsymbol{A}-\boldsymbol{I}$$

故

$$\boldsymbol{A}^3=\boldsymbol{A}\cdot\boldsymbol{A}^2=\boldsymbol{A}\cdot(2\boldsymbol{A}-\boldsymbol{I})=2\boldsymbol{A}^2-\boldsymbol{A}=2(2\boldsymbol{A}-\boldsymbol{I})-\boldsymbol{A}=3\boldsymbol{A}-2\boldsymbol{I}$$

$$\boldsymbol{A}^4=\boldsymbol{A}\cdot\boldsymbol{A}^3=\boldsymbol{A}\cdot(3\boldsymbol{A}-2\boldsymbol{I})=3\boldsymbol{A}^2-2\boldsymbol{A}=3(2\boldsymbol{A}-\boldsymbol{I})-2\boldsymbol{A}=4\boldsymbol{A}-3\boldsymbol{I}$$

根据数学归纳法有

$$A^k = kA - (k-1)I$$

故

$$A^{100} = 100A - 99I = \begin{bmatrix} 100 & 200 \\ 0 & 100 \end{bmatrix} - \begin{bmatrix} 99 & 0 \\ 0 & 99 \end{bmatrix} = \begin{bmatrix} 1 & 200 \\ 0 & 1 \end{bmatrix}$$

例 2-26　已知齐次运动系统的状态方程是

$$\dot{x}(t) = \begin{bmatrix} 0 & 1 & 0 \\ 0 & 0 & 1 \\ 0 & 0 & 0 \end{bmatrix} x(t)$$

求系统始于初始状态 $x(0)=[1 \quad 1 \quad 2]^{\mathrm{T}}$ 的状态轨线。

解：首先需求出系统状态转移矩阵。由于

$$A = \begin{bmatrix} 0 & 1 & 0 \\ 0 & 0 & 1 \\ 0 & 0 & 0 \end{bmatrix} \qquad A^2 = \begin{bmatrix} 0 & 0 & 1 \\ 0 & 0 & 0 \\ 0 & 0 & 0 \end{bmatrix} \qquad A^k = 0 \quad (k \geqslant 3)$$

所以

$$e^{At} = \sum_{k=0}^{\infty} \frac{t^k}{k!} A^k = I + At + \frac{1}{2} A^2 t^2 =$$

$$\begin{bmatrix} 1 & t & \frac{1}{2}t^2 \\ 0 & 1 & t \\ 0 & 0 & 1 \end{bmatrix}$$

另外，A 为特征值 $\lambda=0$ 的一个约当标准型，可直接写出转移矩阵

$$e^{At} = \begin{bmatrix} e^{\lambda t} & te^{\lambda t} & \frac{1}{2}t^2 e^{\lambda t} \\ 0 & e^{\lambda t} & te^{\lambda t} \\ 0 & 0 & e^{\lambda t} \end{bmatrix} = \begin{bmatrix} 1 & t & \frac{1}{2}t^2 \\ 0 & 1 & t \\ 0 & 0 & 1 \end{bmatrix}$$

$$x(t) = e^{At} x(0) = \begin{bmatrix} 1 & t & \frac{1}{2}t^2 \\ 0 & 1 & t \\ 0 & 0 & 1 \end{bmatrix} \begin{bmatrix} 1 \\ 1 \\ 2 \end{bmatrix} = \begin{bmatrix} 1 + t + t^2 \\ 1 + 2t \\ 2 \end{bmatrix}$$

例 2-27　齐次状态方程和初始条件如下

$$\dot{\boldsymbol{x}}(t)=\begin{bmatrix}2&1&0\\0&2&1\\0&0&2\end{bmatrix}\boldsymbol{x}(t)\qquad \boldsymbol{x}(0)=\begin{bmatrix}0\\0\\x_3(0)\end{bmatrix}$$

求 $\boldsymbol{x}(t)$ 的表达式。

解:因为系统矩阵 $\boldsymbol{A}$ 为一个标准的约当阵,特征根为 $\lambda=2$,则系统转移矩阵为

$$\boldsymbol{\Phi}(t)=\begin{bmatrix}e^{2t}&te^{2t}&\frac{t^2}{2}e^{2t}\\0&e^{2t}&te^{2t}\\0&0&e^{2t}\end{bmatrix}$$

$$\boldsymbol{x}(t)=\boldsymbol{\Phi}(t)\boldsymbol{x}(0)=\begin{bmatrix}e^{2t}&te^{2t}&\frac{t^2}{2}e^{2t}\\0&e^{2t}&te^{2t}\\0&0&e^{2t}\end{bmatrix}\begin{bmatrix}0\\0\\x_3(0)\end{bmatrix}=e^{2t}\begin{bmatrix}\frac{t^2}{2}\\t\\1\end{bmatrix}x_3(0)$$

例 2-28 设系统运动方程为

$$\ddot{y}(t)+(a+b)\dot{y}(t)+aby(t)=\dot{u}(t)+cu(t)$$

式中,a,b,c 均为实数;$u(t)$ 为系统的输入;$y(t)$ 为输出。

(1) 求系统状态空间表达式。

(2) 当输入函数 $u(t)=1(t)$ 时,求系统状态方程的解。

解:(1) 依题意可写出系统传递函数

$$G(s)=\frac{Y(s)}{U(s)}=\frac{s+c}{s^2+(a+b)s+ab}=\frac{s+c}{(s+a)(s+b)}=$$

$$\frac{c-a}{b-a}\cdot\frac{1}{s+a}+\frac{c-b}{a-b}\cdot\frac{1}{s+b}$$

故有

$$\dot{\boldsymbol{x}}(t)=\begin{bmatrix}-a&0\\0&-b\end{bmatrix}\boldsymbol{x}(t)+\begin{bmatrix}1\\1\end{bmatrix}u(t)$$

$$y(t)=\begin{bmatrix}\frac{c-a}{b-a}&\frac{c-b}{a-b}\end{bmatrix}\boldsymbol{x}(t)$$

(2) 因为系统矩阵 $\boldsymbol{A}$ 为一个对角线标准型,系统状态转移矩阵为

$$\boldsymbol{\Phi}(t)=\begin{bmatrix}e^{-at}&0\\0&e^{-bt}\end{bmatrix}$$

$$\boldsymbol{x}(t)=\boldsymbol{\Phi}(t)\boldsymbol{x}(0)+\int_0^t \boldsymbol{\Phi}(t-\tau)\boldsymbol{Bu}(\tau)\mathrm{d}\tau=$$

$$\begin{bmatrix} \mathrm{e}^{-at} & 0 \\ 0 & \mathrm{e}^{-bt} \end{bmatrix}\begin{bmatrix} x_1(0) \\ x_2(0) \end{bmatrix}+\int_0^t \begin{bmatrix} \mathrm{e}^{-a(t-\tau)} & 0 \\ 0 & \mathrm{e}^{-b(t-\tau)} \end{bmatrix}\begin{bmatrix} 1 \\ 1 \end{bmatrix}\cdot 1\mathrm{d}\tau=$$

$$\begin{bmatrix} x_1(0)\mathrm{e}^{-at}+\dfrac{1}{a}(1-\mathrm{e}^{-at}) \\ x_2(0)\mathrm{e}^{-bt}+\dfrac{1}{b}(1-\mathrm{e}^{-bt}) \end{bmatrix}$$

状态变量取得不同,状态方程形式就不同。本题采用对角线标准型实现,可以使状态方程求解比较简便。

例 2-29　设系统离散状态空间描述为

$$\begin{cases} \boldsymbol{x}(k+1)=\begin{bmatrix} -1 & 1 & 0 \\ 0 & -1 & 1 \\ -6 & -11 & -7 \end{bmatrix}\boldsymbol{x}(k)+\begin{bmatrix} 1 \\ 3 \\ 0 \end{bmatrix}u(k) \\ y(k)=[2 \quad 1 \quad 1]\boldsymbol{x}(k) \end{cases}$$

已知 $\boldsymbol{x}(0)=[1 \quad 1 \quad -2]^{\mathrm{T}}$,　$u(0)=-2, u(1)=1$。求 $\boldsymbol{x}(2)$。

解:用迭代法进行求解

$$\boldsymbol{x}(1)=\begin{bmatrix} -1 & 1 & 0 \\ 0 & -1 & 1 \\ -6 & -11 & -7 \end{bmatrix}\boldsymbol{x}(0)+\begin{bmatrix} 1 \\ 3 \\ 0 \end{bmatrix}u(0)=$$

$$\begin{bmatrix} -1 & 1 & 0 \\ 0 & -1 & 1 \\ -6 & -11 & -7 \end{bmatrix}\begin{bmatrix} 1 \\ 1 \\ -2 \end{bmatrix}+\begin{bmatrix} 1 \\ 3 \\ 0 \end{bmatrix}\cdot(-2)=\begin{bmatrix} -2 \\ -9 \\ -3 \end{bmatrix}$$

$$\boldsymbol{x}(2)=\begin{bmatrix} -1 & 1 & 0 \\ 0 & -1 & 1 \\ -6 & -11 & -7 \end{bmatrix}\boldsymbol{x}(1)+\begin{bmatrix} 1 \\ 3 \\ 0 \end{bmatrix}u(1)=$$

$$\begin{bmatrix} -1 & 1 & 0 \\ 0 & -1 & 1 \\ -6 & -11 & -7 \end{bmatrix}\begin{bmatrix} -2 \\ -9 \\ -3 \end{bmatrix}+\begin{bmatrix} 1 \\ 3 \\ 0 \end{bmatrix}\cdot 1=\begin{bmatrix} -6 \\ 9 \\ 132 \end{bmatrix}$$

例 2-30　线性定常连续系统的状态空间表达式为

$$\begin{cases}\dot{\boldsymbol{x}}(t)=\begin{bmatrix}0 & 1\\ 0 & 2\end{bmatrix}\boldsymbol{x}(t)+\begin{bmatrix}0\\ 1\end{bmatrix}u(t)\\ y(t)=\begin{bmatrix}1 & 0\end{bmatrix}\boldsymbol{x}(t)\end{cases}$$

设采样周期 $T=1\text{s}$,求离散化后系统的离散状态空间表达式。

解:先求连续系统状态转移矩阵

$$(s\boldsymbol{I}-\boldsymbol{A})=\begin{bmatrix}s & -1\\ 0 & s-2\end{bmatrix}$$

$$(s\boldsymbol{I}-\boldsymbol{A})^{-1}=\frac{\text{adj}(s\boldsymbol{I}-\boldsymbol{A})}{|s\boldsymbol{I}-\boldsymbol{A}|}=\frac{1}{s(s-2)}\begin{bmatrix}s-2 & 1\\ 0 & s\end{bmatrix}=$$

$$\begin{bmatrix}\frac{1}{s} & \frac{1}{2}\left(\frac{1}{s-2}-\frac{1}{s}\right)\\ 0 & \frac{1}{s-2}\end{bmatrix}$$

$$\mathrm{e}^{\boldsymbol{A}t}=L^{-1}[(s\boldsymbol{I}-\boldsymbol{A})^{-1}]=\begin{bmatrix}1 & \frac{1}{2}(\mathrm{e}^{2t}-1)\\ 0 & \mathrm{e}^{2t}\end{bmatrix}$$

$$\boldsymbol{G}=\mathrm{e}^{\boldsymbol{A}T}=\begin{bmatrix}1 & \frac{1}{2}(\mathrm{e}^{2T}-1)\\ 0 & \mathrm{e}^{2T}\end{bmatrix}=\begin{bmatrix}1 & 3.195\\ 0 & 7.389\end{bmatrix}$$

$$\boldsymbol{H}=\int_0^T\mathrm{e}^{\boldsymbol{A}t}\boldsymbol{B}\mathrm{d}t=\int_0^1\begin{bmatrix}1 & 0.5(\mathrm{e}^{2t}-1)\\ 0 & \mathrm{e}^{2t}\end{bmatrix}\begin{bmatrix}0\\ 1\end{bmatrix}\mathrm{d}t=\begin{bmatrix}1.097\\ 3.195\end{bmatrix}$$

离散化后系统的离散状态空间表达式为

$$\begin{cases}\boldsymbol{x}(k+1)=\begin{bmatrix}1 & 3.195\\ 0 & 7.389\end{bmatrix}\boldsymbol{x}(k)+\begin{bmatrix}1.097\\ 3.195\end{bmatrix}u(k)\\ y(k)=\begin{bmatrix}1 & 0\end{bmatrix}\boldsymbol{x}(k)\end{cases}$$

例 2-31 已知线性时变连续系统的状态方程为

$$\dot{\boldsymbol{x}}(t)=\boldsymbol{A}(t)\boldsymbol{x}(t)+\boldsymbol{B}(t)\boldsymbol{u}(t)$$

式中

$$\boldsymbol{A}(t)=\begin{bmatrix}0 & 5(1-\mathrm{e}^{-5t})\\ 0 & 5\mathrm{e}^{-5t}\end{bmatrix}\qquad \boldsymbol{B}(t)=\begin{bmatrix}5 & 5\mathrm{e}^{-5t}\\ 0 & 5(1-\mathrm{e}^{-5t})\end{bmatrix}$$

试求其近似离散化状态方程。

解:近似离散化状态方程

$$G(k)=I+TA(kT)=$$

$$\begin{bmatrix}1&0\\0&1\end{bmatrix}+T\begin{bmatrix}0&5(1-\mathrm{e}^{-5kT})\\0&5\mathrm{e}^{-5kT}\end{bmatrix}=\begin{bmatrix}1&5T(1-\mathrm{e}^{-5kT})\\0&1+5T\mathrm{e}^{-5kT}\end{bmatrix}$$

$$H(k)=TB(kT)=\begin{bmatrix}5T&5T\mathrm{e}^{-5kT}\\0&5T(1-\mathrm{e}^{-5kT})\end{bmatrix}$$

学习指导与小结

本章主要介绍了以下内容：

1. 线性定常连续系统

(1) 线性定常系统状态转移矩阵 $\boldsymbol{\Phi}(t-t_0)=\mathrm{e}^{A(t-t_0)}$，它包含了系统运动的全部信息，可以完全表征系统的动态特征。

① 定义条件。

$$\begin{cases}\dot{\boldsymbol{\Phi}}(t-t_0)=A\boldsymbol{\Phi}(t-t_0)\\ \boldsymbol{\Phi}(0)=I\end{cases}$$

② 求法。

a) 幂级数法。

$$\boldsymbol{\Phi}(t)=\mathrm{e}^{At}=I+At+\frac{(At)^2}{2!}+\cdots+\frac{1}{i!}A^it^i+\cdots$$

b) 拉普拉斯变换法。

$$\boldsymbol{\Phi}(t)=\mathrm{e}^{At}=L^{-1}[(sI-A)^{-1}]$$

c) 对角形法或约当形法。

$$\boldsymbol{\Phi}(t)=P\begin{bmatrix}\mathrm{e}^{\lambda_1t}&&&\\&\mathrm{e}^{\lambda_2t}&&\\&&\ddots&\\&&&\mathrm{e}^{\lambda_nt}\end{bmatrix}P^{-1}$$

或

$$\mathrm{e}^{At}=P\begin{bmatrix}\mathrm{e}^{\lambda t}&t\mathrm{e}^{\lambda t}&\frac{t^2}{2}\mathrm{e}^{\lambda t}&\cdots&\frac{t^{n-1}}{(n-1)!}\mathrm{e}^{\lambda t}\\0&\mathrm{e}^{\lambda t}&t\mathrm{e}^{\lambda t}&\cdots&\frac{t^{n-2}}{(n-2)!}\mathrm{e}^{\lambda t}\\\vdots&\vdots&\vdots&&\vdots\\0&0&0&\cdots&\mathrm{e}^{\lambda t}\end{bmatrix}P^{-1}$$

d) 化 e^{At} 为 A 的有限项法。

凯莱—哈密顿定理：矩阵 A 满足其本身的零化特征多项式。

则

$$\mathrm{e}^{At}=\alpha_0(t)I+\alpha_1(t)A+\cdots+\alpha_{n-1}(t)A^{n-1}$$

$\alpha_i(t)$的计算按$\boldsymbol{A}$的特征值互异或有重根时分别计算。

e) 最小多项式法。

最小多项式为

$$\varphi(s)=\frac{|s\boldsymbol{I}-\boldsymbol{A}|}{d(s)}$$

式中,$d(s)$为伴随矩阵$(s\boldsymbol{I}-\boldsymbol{A})$各元的最大公因子。则$\boldsymbol{A}$也要满足其零化的最小多项式,即$\varphi(\boldsymbol{A})=0$。

求$\mathrm{e}^{\boldsymbol{A}t}$的方法与化$\mathrm{e}^{\boldsymbol{A}t}$为有限项法完全相似。

(2) 线性定常系统齐次方程的解可表示为

$$\boldsymbol{x}(t)=\boldsymbol{\Phi}(t-t_0)\boldsymbol{x}(x_0)$$

(3) 线性定常连续系统非齐次方程的解分为零输入的状态转移和零状态的状态转移,即

$$\boldsymbol{x}(t)=\boldsymbol{\Phi}(t-t_0)\boldsymbol{x}(t_0)+\int_0^t\boldsymbol{\Phi}(t-\tau)\boldsymbol{B}\boldsymbol{u}(\tau)\mathrm{d}\tau$$

2. 线性定常离散系统

(1) 线性定常离散系统状态空间表达式

$$\begin{cases}\boldsymbol{x}(k+1)=\boldsymbol{G}\boldsymbol{x}(k)+\boldsymbol{H}\boldsymbol{u}(k)\\ \boldsymbol{y}(k)=\boldsymbol{C}\boldsymbol{x}(k)+\boldsymbol{D}\boldsymbol{u}(k)\end{cases}$$

(2) 线性定常连续系统状态方程的离散化。

① 采样周期为T,离散化后系统矩阵和输入矩阵分别为

$$\begin{cases}\boldsymbol{G}=\mathrm{e}^{\boldsymbol{A}T}\\ \boldsymbol{H}=\int_0^T\mathrm{e}^{\boldsymbol{A}t}\boldsymbol{B}\mathrm{d}t\end{cases}$$

② 近似离散化。

当采样周期较小时,则

$$\begin{cases}\boldsymbol{G}=\boldsymbol{I}+T\boldsymbol{A}\\ \boldsymbol{H}=T\boldsymbol{B}\end{cases}$$

(3) 线性定常离散系统状态方程的解。

① 迭代法。

把初始条件和输入函数直接代入状态方程表达式即可。

$$\boldsymbol{x}(k+1)=\boldsymbol{G}\boldsymbol{x}(k)+\boldsymbol{H}\boldsymbol{u}(k)\quad k=0,1,2,\cdots$$

② z变换法。

$$\boldsymbol{x}(k)=Z^{-1}[(z\boldsymbol{I}-\boldsymbol{G})^{-1}z]\boldsymbol{x}(0)+Z^{-1}[(z\boldsymbol{I}-\boldsymbol{G})^{-1}\boldsymbol{H}\boldsymbol{U}(z)]$$

③ 状态转移矩阵$\boldsymbol{\Phi}(k)$

$$\boldsymbol{\Phi}(k)=\boldsymbol{G}^k$$

或

$$\boldsymbol{\Phi}(k)=Z^{-1}[(z\boldsymbol{I}-\boldsymbol{G})^{-1}z]$$

习　题

2.1　试求下列系统矩阵 $\boldsymbol{A}$ 对应的状态转移矩阵 $\boldsymbol{\Phi}(t)$。

(1) $\boldsymbol{A}=\begin{bmatrix}0 & 1\\0 & -2\end{bmatrix}$　　(2) $\boldsymbol{A}=\begin{bmatrix}0 & 1\\-1 & -2\end{bmatrix}$

(3) $\boldsymbol{A}=\begin{bmatrix}0 & 1 & 0\\0 & 0 & 1\\2 & -5 & 4\end{bmatrix}$　　(4) $\boldsymbol{A}=\begin{bmatrix}0 & 1 & 0 & 0\\0 & 0 & 1 & 0\\0 & 0 & 0 & 1\\0 & 0 & 0 & 0\end{bmatrix}$

2.2　已知系统状态方程和初始条件为

$$\dot{\boldsymbol{x}}(t)=\begin{bmatrix}1 & 0 & 0\\0 & 1 & 0\\0 & 1 & 2\end{bmatrix}\boldsymbol{x}(t)\qquad \boldsymbol{x}(0)=\begin{bmatrix}1\\0\\1\end{bmatrix}$$

(1) 试用拉普拉斯变换法求其状态转移矩阵。

(2) 试用对角线标准型法求其状态转移矩阵。

(3) 试用化 $\mathrm{e}^{\boldsymbol{A}t}$ 为有限项法求其状态转移矩阵。

(4) 根据所给初始条件,求齐次状态方程的解。

2.3　试判断下列矩阵是否满足状态转移矩阵的条件。如果满足,试求对应的系统矩阵 $\boldsymbol{A}$。

(1) $\boldsymbol{\Phi}(t)=\begin{bmatrix}1 & 0 & 0\\0 & \sin t & \cos t\\0 & -\cos t & \sin t\end{bmatrix}$　　(2) $\boldsymbol{\Phi}(t)=\begin{bmatrix}1 & \frac{1}{2}(1-\mathrm{e}^{-2t})\\0 & \mathrm{e}^{-2t}\end{bmatrix}$

(3) $\boldsymbol{\Phi}=\begin{bmatrix}2\mathrm{e}^{-t}-\mathrm{e}^{-2t} & -2\mathrm{e}^{-t}+2\mathrm{e}^{-2t}\\ \mathrm{e}^{-t}-\mathrm{e}^{-2t} & -\mathrm{e}^{-t}+2\mathrm{e}^{-2t}\end{bmatrix}$

(4) $\boldsymbol{\Phi}(t)=\begin{bmatrix}\frac{1}{2}(\mathrm{e}^{-t}+\mathrm{e}^{3t}) & \frac{1}{4}(-\mathrm{e}^{-t}+\mathrm{e}^{3t})\\ -\mathrm{e}^{-t}+\mathrm{e}^{3t} & \frac{1}{2}(\mathrm{e}^{-t}+\mathrm{e}^{3t})\end{bmatrix}$

2.4　线性定常系统的齐次状态方程为

$$\dot{\boldsymbol{x}}(t)=\boldsymbol{A}\boldsymbol{x}(t)$$

已知当 $\boldsymbol{x}(0)=[1\quad -2]^{\mathrm{T}}$ 时,状态方程的解为 $\boldsymbol{x}(t)=[\mathrm{e}^{-2t}\quad -2\mathrm{e}^{-2t}]^{\mathrm{T}}$;而当 $\boldsymbol{x}(0)=[1\quad -1]^{\mathrm{T}}$ 时,状态方程的解为 $\boldsymbol{x}(t)=[\mathrm{e}^{-t}\quad -\mathrm{e}^{-t}]^{\mathrm{T}}$。试求:

(1) 系统的状态转移矩阵 $\boldsymbol{\Phi}(t)$。

(2) 系统的系统矩阵 $\boldsymbol{A}$。

2.5 已知系统状态方程为

$$\dot{\boldsymbol{x}}(t)=\begin{bmatrix}0 & 1\\ -5 & -6\end{bmatrix}\boldsymbol{x}(t)+\begin{bmatrix}1\\ 1\end{bmatrix}u(t)$$

令初始状态 $\boldsymbol{x}(0)=[1\quad 0]^{\mathrm{T}}$,

(1) 求 $u(t)$为单位阶跃函数时,状态方程的解。

(2) 求 $u(t)$为单位斜坡函数时,状态方程的解。

2.6 已知线性定常连续系统状态方程为

$$\dot{\boldsymbol{x}}(t)=\begin{bmatrix}0 & 1\\ 0 & 0\end{bmatrix}\boldsymbol{x}(t)+\begin{bmatrix}0\\ 1\end{bmatrix}u(t)$$

假定采样周期 $T=2\mathrm{s}$,试将连续系统状态方程离散化。

2.7 已知离散系统的差分方程如下:

(1) $y(k+2)+3y(k+1)+2y(k)=u(k)$

(2) $y(k+3)+3y(k+2)+2y(k+1)+y(k)=u(k+2)+2u(k+1)+u(k)$

试写出该系统的状态空间表达式。

2.8 已知线性定常离散系统状态方程和初始条件为

$$\boldsymbol{x}(k+1)=\begin{bmatrix}\frac{1}{2} & \frac{1}{8}\\ \frac{1}{8} & \frac{1}{2}\end{bmatrix}\boldsymbol{x}(k)+\begin{bmatrix}1 & 0\\ 0 & 1\end{bmatrix}\boldsymbol{u}(k)\qquad \boldsymbol{x}(0)=\begin{bmatrix}-1\\ 3\end{bmatrix}$$

设 $u_1(k)$与 $u_2(k)$是同步采样,$\boldsymbol{u}_1(k)$是来自斜坡函数 t 的采样,而 $u_2(k)$是来自指数函数 e^{-t}的采样。试求该状态方程的解 $\boldsymbol{x}(k)$。

2.9 离散系统的结构图如图所示。

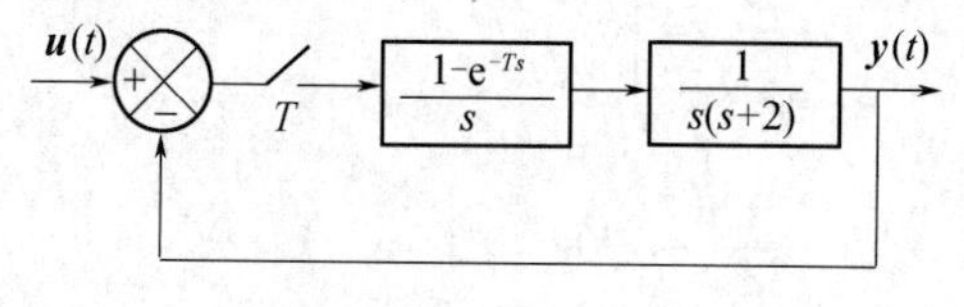

习题 2.9 图

(1) 试求系统离散化的状态空间表达式。

(2) 试求当采样周期 $T=0.1\mathrm{s}$,输入为单位阶跃函数,且初始条件为零时,离散系统的输出 $y(k)$。

2.10 已知 $ad=bc$,试计算 $\begin{pmatrix}a & c\\ c & d\end{pmatrix}^{100}=?$

2.11 证明:如果矩阵 $\boldsymbol{A}$ 可化为对角线标准型,则

$$\mathrm{e}^{\boldsymbol{A}t}=\boldsymbol{P}\mathrm{e}^{\boldsymbol{D}t}\boldsymbol{P}^{-1}$$

式中,$\boldsymbol{P}$ 是使 $\boldsymbol{A}$ 化为对角线标准型的变换矩阵,即 $\boldsymbol{D}=\boldsymbol{P}^{-1}\boldsymbol{A}\boldsymbol{P}$,$\boldsymbol{D}$ 是对角线矩阵。

2.12　给定系统方程为

$$\dot{\boldsymbol{x}}(t)=\begin{pmatrix}2 & 1 & 0\\ 0 & 2 & 1\\ 0 & 0 & 2\end{pmatrix}\boldsymbol{x}(t)$$

试求基于初始条件 $x_1(0)$，$x_2(0)$，$x_3(0)$ 的解。

2.13　已知离散系统为：

$$\boldsymbol{x}(k+1)=\begin{pmatrix}1 & 0.5\\ 0 & 0.1\end{pmatrix}\boldsymbol{x}(k)+\begin{pmatrix}0.3\\ 0.4\end{pmatrix}u(k)$$

$$\boldsymbol{x}(0)=\begin{pmatrix}1\\ 1\end{pmatrix}$$

试求 $u(k)$，使系统能在第二个采样时刻转移到原点。

第3章　控制系统的状态空间分析

3.1　线性控制系统能控性和能观测性概述

系统的能控性和能观测性是现代控制理论中两个很重要的基础性概念,是由卡尔曼(*Kalman*)在20世纪60年代初提出的。现代控制理论建立在用状态空间描述的基础上,状态方程描述了输入$\boldsymbol{u}(t)$引起状态$\boldsymbol{x}(t)$的变化过程;输出方程则描述了由状态$\boldsymbol{x}(t)$变化引起的输出$\boldsymbol{y}(t)$的变化。能控性,指的是控制作用对被控系统状态进行控制的可能性;能观测性,则反映由系统输出的量测值确定系统状态的可能性。对状态的控制能力和测辨能力两个方面,揭示了控制系统构成中的两个基本问题。而经典控制理论只限于讨论控制系统输入量和输出量之间的关系,可以唯一地由系统传递函数所确定,只要系统满足稳定性条件,输出量就可以按一定的要求进行控制;对于一个实际的物理系统而言,它同时也是能观测到的。所以,无论从理论上和实践上,一般均不涉及能否控制和能否观测的问题。而在现代控制理论中,我们着眼于对状态的控制。状态向量的每个分量能否被输入所控制,而状态能否通过输出量的量测来获得,这些完全取决于被控系统的内部特性。

3.2　线性连续系统的能控性

能控性是讨论系统的状态或输出与控制作用间的关系。众所周知,不是任意系统都可以加以控制的。因而就有必要研究什么样的系统是能够加以控制的。或者说,一个系统具备能控的性质,究竟要满足哪些条件。

3.2.1　状态能控性

设线性连续系统的状态方程为

$$\dot{\boldsymbol{x}}(t)=\boldsymbol{A}(t)\boldsymbol{x}(t)+\boldsymbol{B}(t)\boldsymbol{u}(t) \tag{3-1}$$

式中,$\boldsymbol{x}(t)$为n维状态向量;$\boldsymbol{u}(t)$为r维控制向量;$\boldsymbol{A}(t)$为$n\times n$系统矩阵;$\boldsymbol{B}(t)$为$n\times r$输入矩阵。

定义　若系统$\Sigma(\boldsymbol{A}(t),\boldsymbol{B}(t))$对初始时刻$t_0$,存在另一时刻$t_f(t_f>t_0)$,对$t_0$时刻的初始状态$\boldsymbol{x}(t_0)=\boldsymbol{x}_0$,可以找到一个允许控制$\boldsymbol{u}(t)$,能在有限时间$t_f-t_0$内把系统从初态$\boldsymbol{x}(t_0)$转移至任意指定的终态$\boldsymbol{x}(t_f)$,那么就称系统在$t_0$时刻的状态$\boldsymbol{x}(t_0)$是能控的。若系统在状态空间中的每一个状态都能控,那么就称系统在(t_0,t_f)时间间隔内是状态完全能控的,简称状态能控的或能控系统。

若系统存在某一个状态$\boldsymbol{x}(t_0)$不满足上述条件,则此系统称为不能控系统。

由能控性定义出发,可以得到如下几点结论:

(1) 根据定义,如果系统(3-1)在(t_0,t_1)时间间隔内完全能控,那么对于$t_2>t_1$,该系统在(t_0,t_2)时间间隔内也一定完全能控。

这个结论从物理概念上也是容易理解的。既然在较短的时间内能够将初始状态$\boldsymbol{x}_0$转移到任意终态$\boldsymbol{x}(t_1)$,当然也允许在较长时间内把同样的初始状态转移到任意终态$\boldsymbol{x}(t_1)$,这只要在(t_0,t_1)时间间隔内的控制采用原来的控制,而在(t_1,t_2)时间间隔内让控制为零就可以了。

(2) 如果在系统的状态方程(3-1)右边叠加一项不依赖于控制$\boldsymbol{u}(t)$的扰动$\boldsymbol{f}(t)$,即

$$\dot{\boldsymbol{x}}(t)=\boldsymbol{A}(t)\boldsymbol{x}(t)+\boldsymbol{B}(t)\boldsymbol{u}(t)+\boldsymbol{f}(t) \tag{3-2}$$

那么,只要$\boldsymbol{f}(t)$是绝对可积函数,就不会影响系统的能控性。

这是因为,当上述的初始状态为$\boldsymbol{x}_0$时,上式的解为

$$\begin{aligned}\boldsymbol{x}(t)=&\boldsymbol{\Phi}(t,t_0)\boldsymbol{x}(t_0)+\int_{t_0}^{t}\boldsymbol{\Phi}(t,\tau)[\boldsymbol{B}(\tau)\boldsymbol{u}(\tau)+\boldsymbol{f}(\tau)]\mathrm{d}\tau=\\&\boldsymbol{\Phi}(t,t_0)\boldsymbol{x}(t_0)+\int_{t_0}^{t}\boldsymbol{\Phi}(t,\tau)\boldsymbol{B}(\tau)\boldsymbol{u}(\tau)\mathrm{d}\tau+\int_{t_0}^{t}\boldsymbol{\Phi}(t,\tau)\boldsymbol{f}(\tau)\mathrm{d}\tau=\\&\boldsymbol{\Phi}(t,t_0)\boldsymbol{x}(t_0)+\boldsymbol{\Phi}(t,t_0)\int_{t_0}^{t}\boldsymbol{\Phi}(t_0,\tau)\boldsymbol{f}(\tau)\mathrm{d}\tau+\int_{t_0}^{t}\boldsymbol{\Phi}(t,\tau)\boldsymbol{B}(\tau)\boldsymbol{u}(\tau)\mathrm{d}\tau=\\&\boldsymbol{\Phi}(t,t_0)\left[\boldsymbol{x}(t_0)+\int_{t_0}^{t}\boldsymbol{\Phi}(t_0,\tau)\boldsymbol{f}(\tau)\mathrm{d}\tau\right]+\int_{t_0}^{t}\boldsymbol{\Phi}(t,\tau)\boldsymbol{B}(\tau)\boldsymbol{u}(\tau)\mathrm{d}\tau\end{aligned} \tag{3-3}$$

当$t=t_f$时,则有

$$\boldsymbol{x}(t_f)=\boldsymbol{\Phi}(t_f,t_0)\left[\boldsymbol{x}(t_0)+\int_{t_0}^{t_f}\boldsymbol{\Phi}(t_0,\tau)\boldsymbol{f}(\tau)\mathrm{d}\tau\right]+\int_{t_0}^{t_f}\boldsymbol{\Phi}(t,\tau)\boldsymbol{B}(\tau)\boldsymbol{u}(\tau)\mathrm{d}\tau \tag{3-4}$$

由式(3-4)可知,因t_f为固定值,$\boldsymbol{f}(t)$为一确定的n维向量,这相当于把原来的原始状态$\boldsymbol{x}_0$变成了初始状态$\boldsymbol{x}(t_0)+\int_{t_0}^{t_f}\boldsymbol{\Phi}(t_0,\tau)\boldsymbol{f}(\tau)\mathrm{d}\tau$,即初始状态改变成了另一个常向量。这就是说,如果系统(3-1)在(t_0,t_f)时间间隔内完全能控,则在扰动作用下,系统仍为完全能控。这就是为什么通常在讨论系统的能控性时,不考虑确定性扰动作用的原因。

3.2.2 线性定常系统的状态能控性

设线性定常系统$\Sigma(\boldsymbol{A},\boldsymbol{B})$的状态方程为

$$\dot{\boldsymbol{x}}(t)=\boldsymbol{A}\boldsymbol{x}(t)+\boldsymbol{B}\boldsymbol{u}(t) \tag{3-5}$$

式中,$\boldsymbol{x}(t)$为n维状态向量;$\boldsymbol{u}(t)$为r维控制向量;$\boldsymbol{A}$为$n\times n$系统矩阵;$\boldsymbol{B}$为$n\times r$输入矩阵。

定理 3-1　线性定常连续系统$\Sigma(\boldsymbol{A},\boldsymbol{B})$其状态完全能控的充要条件是其能控性矩阵

$$\boldsymbol{Q}_c=[\boldsymbol{B}\quad \boldsymbol{A}\boldsymbol{B}\quad \boldsymbol{A}^2\boldsymbol{B}\quad\cdots\quad \boldsymbol{A}^{n-1}\boldsymbol{B}]$$

的秩为n,即

$$\mathrm{rank}\boldsymbol{Q}_c = n \tag{3-6}$$

证明:已知状态方程(3-5)的解为

$$\boldsymbol{x}(t_f) = \mathrm{e}^{\boldsymbol{A}(t_f-t_0)}\boldsymbol{x}(t_0) + \int_{t_0}^{t_f}\mathrm{e}^{\boldsymbol{A}(t_f-\tau)}\boldsymbol{B}\boldsymbol{u}(\tau)\mathrm{d}\tau \tag{3-7}$$

在以下讨论中,不失一般性,可设初始时刻为零,即 $t_0=0$ 以及终端状态为状态空间的原点,即 $\boldsymbol{x}(t_f)=0$。则有

$$\boldsymbol{x}(0) = -\int_0^{t_f}\mathrm{e}^{-\boldsymbol{A}\tau}\boldsymbol{B}\boldsymbol{u}(\tau)\mathrm{d}\tau \tag{3-8}$$

利用凯莱—哈密顿定理,可将 $\mathrm{e}^{-A\tau}$ 表示为

$$\mathrm{e}^{-A\tau} = \alpha_0(\tau)\boldsymbol{I} + \alpha_1(\tau)\boldsymbol{A} + \cdots + \alpha_{n-1}(\tau)\boldsymbol{A}^{n-1} = \sum_{k=0}^{n-1}\alpha_k(\tau)\boldsymbol{A}^k \tag{3-9}$$

将式(3-9)代入式(3-8),得

$$\boldsymbol{x}(0) = -\sum_{k=0}^{n-1}\boldsymbol{A}^k\boldsymbol{B}\int_0^{t_f}\alpha_k(\tau)\boldsymbol{u}(\tau)\mathrm{d}\tau \tag{3-10}$$

式(3-10)中,因 t_f 是固定的,所以每一个积分都代表一个确定的量,令

$$\int_0^{t_f}\alpha_k(\tau)\boldsymbol{u}(\tau)\mathrm{d}\tau = \beta_k$$

则式(3-10)变为

$$\boldsymbol{x}(0) = -\sum_{k=0}^{n-1}\boldsymbol{A}^k\boldsymbol{B}\cdot\beta_k =$$

$$-\begin{bmatrix}\boldsymbol{B} & \boldsymbol{A}\boldsymbol{B} & \boldsymbol{A}^2\boldsymbol{B} & \cdots & \boldsymbol{A}^{n-1}\boldsymbol{B}\end{bmatrix}\begin{bmatrix}\beta_0\\ \beta_1\\ \vdots\\ \beta_{n-1}\end{bmatrix} \tag{3-11}$$

若系统是能控的,那么对于任意给定的初始状态 $\boldsymbol{x}(0)$ 都应从上述方程中解出 β_0, $\beta_1,\cdots,\beta_{n-1}$ 来。这就要求系统能控性矩阵的秩为 n,即

$$\mathrm{rank}\boldsymbol{Q}_c = \mathrm{rank}\begin{bmatrix}\boldsymbol{B} & \boldsymbol{A}\boldsymbol{B} & \boldsymbol{A}^2\boldsymbol{B} & \cdots & \boldsymbol{A}^{n-1}\boldsymbol{B}\end{bmatrix} = n \tag{3-12}$$

[证毕]

需要强调指出:

(1) 在时变系统中,$\boldsymbol{A}(t)$,$\boldsymbol{B}(t)$ 是随时间变化的,所以状态变量 $\boldsymbol{x}(t)$ 的转移与初始时刻 t_0 的选取有关,故要强调在一定的时间间隔 $[t_0,t_f]$ 内系统的能控性。而在定常系统中,系统的能控性和初始时刻 t_0 的选取是无关的,即它是时变系统的一种特殊情况。

(2) 在线性定常系统中,为简单起见,可以假设初始时刻 $t_0=0$,初始状态为 $x(0)$,而任意终端状态就指定为零状态,即 $\boldsymbol{x}(t_f)=0$。

(3) 反之,若假设 $\boldsymbol{x}(t_0)=0$,而 $\boldsymbol{x}(t_f)$ 为任意终端状态时,若存在一个无约束控制信号

$\boldsymbol{u}(t)$，在有限时间间隔$[t_0, t_f]$内，能将$\boldsymbol{x}(t)$由零状态转移到任意终端状态$\boldsymbol{x}(t_f)$，则称之为状态的能达性。在线性定常系统中，能控性和能达性是可逆的，即能控一定能达，能达也一定能控。而在时变系统中，严格地说，能控不一定能达，反之亦然。

(4) 在讨论能控性问题时，输入信号从理论上说是无约束的，其取值并非唯一的，因为我们关心的只是它能否将$\boldsymbol{x}(t_0)$驱动到$\boldsymbol{x}(t_f)$，而不计较$\boldsymbol{x}(t)$的轨迹如何。

例 3-1　设系统的状态方程为

$$\dot{\boldsymbol{x}}(t)=\begin{bmatrix}1&3&2\\0&2&0\\0&1&3\end{bmatrix}\boldsymbol{x}(t)+\begin{bmatrix}2&1\\1&1\\-1&-1\end{bmatrix}\boldsymbol{u}(t)$$

试判断其状态能控性。

解：系统的能控性矩阵为

$$\boldsymbol{Q}_c=[\boldsymbol{B}\quad \boldsymbol{AB}\quad \boldsymbol{A}^2\boldsymbol{B}]=\begin{bmatrix}2&1&3&2&5&4\\1&1&2&2&4&4\\-1&-1&-2&-2&-4&-4\end{bmatrix}$$

$$\mathrm{rank}\boldsymbol{Q}_c=2\neq n$$

所以系统状态不完全能控。

例 3-2　试判断下列系统

$$\dot{\boldsymbol{x}}(t)=\begin{bmatrix}-1&2&2\\0&-2&0\\1&3&-3\end{bmatrix}\boldsymbol{x}(t)+\begin{bmatrix}0\\0\\1\end{bmatrix}u(t)$$

是否具有状态能控性。

解：系统的能控性矩阵为

$$\boldsymbol{Q}_c=[\boldsymbol{B}\quad \boldsymbol{AB}\quad \boldsymbol{A}^2\boldsymbol{B}]=\begin{bmatrix}0&2&-8\\0&0&0\\1&-3&11\end{bmatrix}$$

$$\mathrm{rank}\boldsymbol{Q}_c=2\neq n$$

所以系统状态不完全能控。

例 3-3　*RC* 系统如图 3-1 所示，取状态变量为电容电压x_1和x_2，试判断状态的能控性。

解：从直观上看，当$R_1=R_2$，$C_1=C_2$，且初始状态$x_1(t_0)=x_2(t_0)$时，则无论输入u取为何种形式，对于所有$t\geqslant t_0$，只能是$x_1(t)=x_2(t)$，不可能做到$x_1(t)\neq x_2(t)$。也就是说，输入u能够做到使x_1和x_2同时转移到任意相同的目标值，但不能将x_1和x_2分别转移到不同的目标值。这表明此电路不完全能控。

从理论上进行分析，先建立模型：

$$x_1+R_1C_1\dot{x}_1=x_2+R_2C_2\dot{x}_2=u$$

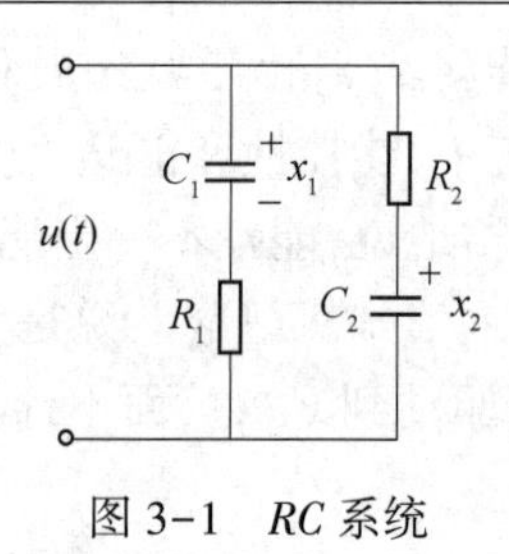

图 3-1 RC 系统

$$x_1 = u_{c1} = \frac{1}{C}\int i_1 \mathrm{d}t \qquad x_2 = u_{c2} = \frac{1}{C}\int i_2 \mathrm{d}t$$

系统的状态方程为

$$\begin{bmatrix} \dot{x}_1 \\ \dot{x}_2 \end{bmatrix} = \begin{bmatrix} -\dfrac{1}{R_1C_1} & 0 \\ 0 & -\dfrac{1}{R_2C_2} \end{bmatrix}\begin{bmatrix} x_1 \\ x_2 \end{bmatrix} + \begin{bmatrix} \dfrac{1}{R_1C_1} \\ \dfrac{1}{R_2C_2} \end{bmatrix} u$$

能控性矩阵为

$$\boldsymbol{Q}_c = [\boldsymbol{B} \quad \boldsymbol{AB}] = \begin{bmatrix} \dfrac{1}{R_1C_1} & -\dfrac{1}{R_1^2C_1^2} \\ \dfrac{1}{R_2C_2} & -\dfrac{1}{R_2^2C_2^2} \end{bmatrix}$$

当 $R_1C_1 \neq R_2C_2$ 时,$\mathrm{rank}\boldsymbol{Q}_c = 2$,系统能控。当 $R_1 = R_2$,$C_1 = C_2$ 时,$\mathrm{rank}\boldsymbol{Q}_c = 1$,系统不能控。

状态完全能控性的充要条件还可用另一种形式表示。

定理 3-2 设线性定常连续系统 $\Sigma(\boldsymbol{A},\boldsymbol{B})$ 具有两两相异的特征值,则其状态完全能控的充要条件,是系统经线性变换后的对角线矩阵

$$\dot{\tilde{\boldsymbol{x}}}(t) = \begin{bmatrix} \lambda_1 & & & \\ & \lambda_2 & & \\ & & \ddots & \\ & & & \lambda_n \end{bmatrix} \tilde{\boldsymbol{x}}(t) + \tilde{\boldsymbol{B}}\boldsymbol{u}(t) \tag{3-13}$$

式中,$\tilde{\boldsymbol{B}}$ 不包含元素全为零的行。

为了证明上述结论,可分两步进行。

首先证明系统经线性非奇异变换后状态能控性不变。

由前章可知,系统 $\Sigma(\boldsymbol{A},\boldsymbol{B})$ 和 $\Sigma(\tilde{\boldsymbol{A}},\tilde{\boldsymbol{B}})$ 之间做线性非奇异变换时有

$$\boldsymbol{x} = \boldsymbol{P}\tilde{\boldsymbol{x}}$$

$$\tilde{\boldsymbol{A}} = \boldsymbol{P}^{-1}\boldsymbol{AP}$$

$$\tilde{\boldsymbol{B}} = \boldsymbol{P}^{-1}\boldsymbol{B}$$

$$\tilde{\boldsymbol{Q}}_c = [\tilde{\boldsymbol{B}} \quad \tilde{\boldsymbol{A}}\tilde{\boldsymbol{B}} \quad \tilde{\boldsymbol{A}}^2\tilde{\boldsymbol{B}} \quad \cdots \quad \tilde{\boldsymbol{A}}^{n-1}\tilde{\boldsymbol{B}}] =$$

$$[\boldsymbol{P}^{-1}\boldsymbol{B} \quad \boldsymbol{P}^{-1}\boldsymbol{A}\boldsymbol{P}\boldsymbol{P}^{-1}\boldsymbol{B} \quad \boldsymbol{P}^{-1}\boldsymbol{A}\boldsymbol{P}\boldsymbol{P}^{-1}\boldsymbol{A}\boldsymbol{P}\boldsymbol{P}^{-1}\boldsymbol{B} \quad \cdots] =$$

$$\boldsymbol{P}^{-1}[\boldsymbol{B} \quad \boldsymbol{A}\boldsymbol{B} \quad \boldsymbol{A}^2\boldsymbol{B} \quad \cdots \quad \boldsymbol{A}^{n-1}\boldsymbol{B}] = \boldsymbol{P}^{-1}\boldsymbol{Q}_c$$

因为 $\boldsymbol{P}$ 是非奇异阵

所以
$$\mathrm{rank}\tilde{\boldsymbol{Q}}_c = \mathrm{rank}\boldsymbol{Q}_c$$

其次证明不包含元素为零的行是系统 $\Sigma(\boldsymbol{A},\boldsymbol{B})$ 状态完全能控的充要条件。

将式(3-13)写成如下展开形式

$$\dot{\tilde{x}}_i = \lambda_i \tilde{x}_i + (\tilde{b}_{i1}u_1 + \tilde{b}_{i2}u_2 + \cdots + \tilde{b}_{ir}u_r) \quad (i = 1,2,\cdots,n)$$

显见,上述方程组中,没有变量间的耦合。因此,$\tilde{x}_i(i=1,2,\cdots,n)$ 能控的充要条件是下列元素 $\tilde{b}_{i1},\tilde{b}_{i2},\cdots,\tilde{b}_{ir}$ 不同时为零。

[证毕]

例 3-4　考察下列系统的状态能控性。

(1) $\dot{\boldsymbol{x}}(t)=\begin{bmatrix}-7 & & \\ & -5 & \\ & & -1\end{bmatrix}\boldsymbol{x}(t)+\begin{bmatrix}2\\5\\7\end{bmatrix}u(t)$

(2) $\dot{\boldsymbol{x}}(t)=\begin{bmatrix}-7 & & \\ & -5 & \\ & & -1\end{bmatrix}\boldsymbol{x}(t)+\begin{bmatrix}2\\0\\9\end{bmatrix}u(t)$

(3) $\dot{\boldsymbol{x}}(t)=\begin{bmatrix}-7 & & \\ & -5 & \\ & & -1\end{bmatrix}\boldsymbol{x}(t)+\begin{bmatrix}0 & 1\\4 & 0\\7 & 5\end{bmatrix}\boldsymbol{u}(t)$

解:由定理 3-2 可知,(1)和(3)是状态完全能控的。(2)是状态不完全能控的。

定理 3-3　若线性连续系统 $\Sigma(\boldsymbol{A},\boldsymbol{B})$ 有相重的特征值时,即 $\boldsymbol{A}$ 为约当形时,则系统能控的充要条件是:

(1) 输入矩阵 $\boldsymbol{B}$ 中对应于互异的特征值的各行,没有一行的元素全为零。

(2) 输入矩阵 $\boldsymbol{B}$ 中与每个约当块最后一行相对应的各行,没有一行的元素全为零。

上述结论的证明与具有两两相异特征值的证明类同,故省略。

例 3-5　考察下列各系统的状态能控性。

(1) $\dot{\boldsymbol{x}}(t)=\begin{bmatrix}-4 & 1 & 0\\0 & -4 & 0\\0 & 0 & -2\end{bmatrix}\boldsymbol{x}(t)+\begin{bmatrix}0\\4\\3\end{bmatrix}u(t)$

(2) $\dot{\boldsymbol{x}}(t)=\begin{bmatrix}-4 & 1 & 0\\0 & -4 & 0\\0 & 0 & -2\end{bmatrix}\boldsymbol{x}(t)+\begin{bmatrix}4 & 2\\0 & 0\\3 & 0\end{bmatrix}u(t)$

解：由定理3-3可知,(1)是状态完全能控的;(2)是状态不完全能控的。

最后指出一点,当系统矩阵 $\boldsymbol{A}$ 为对角线标准型,但在含有相同的对角元素情况下,定理3-2不成立;或系统矩阵 $\boldsymbol{A}$ 为约当标准型,但有两个或两个以上的约当块的特征值相同时,定理3-3不成立。

例3-6 分析下列各系统的状态能控性。

$$(1)\ \dot{\boldsymbol{x}}(t)=\begin{bmatrix}1 & \\ & 1\end{bmatrix}\boldsymbol{x}(t)+\begin{bmatrix}1\\1\end{bmatrix}u(t)$$

$$(2)\ \dot{\boldsymbol{x}}(t)=\begin{bmatrix}-4 & 1 & 0\\0 & -4 & 0\\0 & 0 & -4\end{bmatrix}\boldsymbol{x}(t)+\begin{bmatrix}0\\1\\2\end{bmatrix}u(t)$$

解：(1) 系统矩阵 $\boldsymbol{A}$ 为对角阵,但含有相同的元素,$\boldsymbol{B}$ 阵虽无全为零的行,系统仍是不能控的。因为

$$\mathrm{rank}\boldsymbol{Q}_c=\mathrm{rank}[\boldsymbol{B}\quad \boldsymbol{AB}]=\mathrm{rank}\begin{bmatrix}1 & 1\\1 & 1\end{bmatrix}=1<2$$

(2) 系统矩阵 $\boldsymbol{A}$ 为约当阵,但有两个相同特征值的约当块,$\boldsymbol{B}$ 阵虽无对应于约当块最后一行全为零的行,但系统仍是不能控的。因为

$$\mathrm{rank}\boldsymbol{Q}_c=\mathrm{rank}\begin{bmatrix}0 & 1 & -8\\1 & -4 & -16\\2 & -8 & -32\end{bmatrix}=2<3$$

3.2.3 线性定常系统的输出能控性

在分析和设计控制系统的许多情况下,系统的被控制量往往不是系统的状态,而是系统的输出,因此有必要研究系统的输出是否能控的问题。

设系统的状态空间表达式为

$$\begin{cases}\dot{\boldsymbol{x}}(t)=\boldsymbol{Ax}(t)+\boldsymbol{Bu}(t)\\ \boldsymbol{y}(t)=\boldsymbol{Cx}(t)+\boldsymbol{Du}(t)\end{cases}\tag{3-14}$$

式中,$\boldsymbol{A}$ 为 $n\times n$ 系统矩阵;$\boldsymbol{B}$ 为 $n\times r$ 输入矩阵;$\boldsymbol{C}$ 为 $m\times n$ 输出矩阵;$\boldsymbol{D}$ 为 $m\times r$ 直通矩阵。

定义 如果存在一个无约束的控制向量 $\boldsymbol{u}(t)$,在有限时间间隔 $[t_0,t_f]$ 内,能将任一给定的初始输出 $\boldsymbol{y}(t_0)$ 转移到任一指定的最终输出 $\boldsymbol{y}(t_f)$,那么就称 $\Sigma(\boldsymbol{A},\boldsymbol{B},\boldsymbol{C},\boldsymbol{D})$ 是输出完全能控的,或简称输出是能控的。

定理3-4 线性定常系统 $\Sigma(\boldsymbol{A},\boldsymbol{B},\boldsymbol{C},\boldsymbol{D})$,其输出完全能控的充要条件是输出能控性矩阵满秩,即

$$\mathrm{rank}\boldsymbol{Q}=\mathrm{rank}[\boldsymbol{CB}\quad \boldsymbol{CAB}\quad \cdots\quad \boldsymbol{CA}^{n-1}\boldsymbol{B}\quad \boldsymbol{D}]=m\tag{3-15}$$

证明:根据式(3-11)和式(3-14),有

$$
\begin{aligned}
\boldsymbol{y}(0) &= \boldsymbol{C}\boldsymbol{x}(0) + \boldsymbol{D}\boldsymbol{u}(0) = \\
&-\begin{bmatrix} \boldsymbol{CB} & \boldsymbol{CAB} & \boldsymbol{CA}^2\boldsymbol{B} & \cdots & \boldsymbol{CA}^{n-1}\boldsymbol{B} \end{bmatrix}\begin{bmatrix} \beta_0 \\ \beta_1 \\ \vdots \\ \beta_{n-1} \end{bmatrix} + \boldsymbol{D}\boldsymbol{u}(0) = \\
&-\begin{bmatrix} \boldsymbol{CB} & \boldsymbol{CAB} & \boldsymbol{CA}^2\boldsymbol{B} & \cdots & \boldsymbol{CA}^{n-1}\boldsymbol{B} & \boldsymbol{D} \end{bmatrix}\begin{bmatrix} \beta_0 \\ \beta_1 \\ \vdots \\ \beta_{n-1} \\ -\boldsymbol{u}(0) \end{bmatrix}
\end{aligned}
$$

显然,当给定 $\boldsymbol{x}(0)$ 只有在 $m\times(nr+r)$ 矩阵 $\boldsymbol{Q}=[\boldsymbol{CB} \quad \boldsymbol{CAB} \quad \cdots \quad \boldsymbol{CA}^{n-1}\boldsymbol{B} \quad \boldsymbol{D}]$ 满秩,即

$$\operatorname{rank}\boldsymbol{Q}=m$$

时,才能从上式解出 β_i,从而找到相应的控制信号 $\boldsymbol{u}(t)$。

[证毕]

例 3-7　设某一系统,其方块图如图 3-2 所示,试分析系统输出能控性和状态能控性。

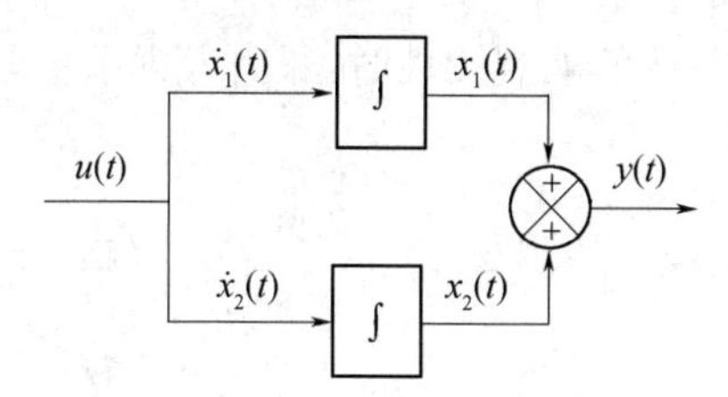

图 3-2　例 3-7 系统方块图

解:描述系统的状态空间表达式为

$$
\begin{cases}
\dot{\boldsymbol{x}}(t) = \begin{bmatrix} 0 & 0 \\ 0 & 0 \end{bmatrix}\boldsymbol{x}(t) + \begin{bmatrix} 1 \\ 1 \end{bmatrix}u(t) \\
y(t) = \begin{bmatrix} 1 & 1 \end{bmatrix}\boldsymbol{x}(t)
\end{cases}
$$

因为

$$\boldsymbol{Q}_c = [\boldsymbol{B} \quad \boldsymbol{AB}] = \begin{bmatrix} 1 & 0 \\ 1 & 0 \end{bmatrix}$$

$$\operatorname{rank}Q_c = 1 < 2$$

所以状态是不完全能控的。

又

$$\boldsymbol{Q}=[\boldsymbol{CB} \quad \boldsymbol{CAB} \quad \boldsymbol{D}]=[2 \quad 0 \quad 0]$$

$$\operatorname{rank}\boldsymbol{Q}=1=m$$

所以输出是完全能控的。

从本例也可说明,系统的状态能控性与输出能控性是不等价的,也就是两者之间没有必然的联系。

3.3 线性连续系统的能观测性

3.3.1 状态能观测性

在现代控制理论中,控制系统的反馈信息是由系统的状态变量组合而成的。但并非所有系统的状态变量在物理上都能测取到,于是提出能否通过对输出的测量获得全部状态变量的信息。

假设线性连续系统的状态空间表达式为

$$\begin{cases}\dot{\boldsymbol{x}}(t)=\boldsymbol{A}\boldsymbol{x}(t)+\boldsymbol{B}\boldsymbol{u}(t)\\ \boldsymbol{y}(t)=\boldsymbol{C}\boldsymbol{x}(t)\end{cases} \tag{3-16}$$

定义 对任意给定的输入信号 $\boldsymbol{u}(t)$,在有限时间 $t_f>t_0$,能够根据输出量 $\boldsymbol{y}(t)$ 在 $[t_0, t_f]$ 内的测量值,唯一地确定系统在时刻 t_0 的初始状态 $\boldsymbol{x}(t_0)$,则称此系统的状态是完全能观测的,或简称系统能观测的。

值得注意的是,在讨论系统的能观测性时,只需考虑系统的自由运动即可。

非齐次状态方程的解为

$$\boldsymbol{x}(t_f)=\mathrm{e}^{\boldsymbol{A}(t_f-t_0)}\boldsymbol{x}(t_0)+\int_{t_0}^{t_f}\mathrm{e}^{\boldsymbol{A}(t_f-\tau)}\boldsymbol{B}\boldsymbol{u}(\tau)\mathrm{d}\tau$$

由输出方程得

$$\boldsymbol{y}(t_f)=\boldsymbol{C}\mathrm{e}^{\boldsymbol{A}(t_f-t_0)}\boldsymbol{x}_0(t_0)+\boldsymbol{C}\int_{t_0}^{t_f}\mathrm{e}^{\boldsymbol{A}(t_f-\tau)}\boldsymbol{B}\boldsymbol{u}(\tau)\mathrm{d}\tau$$

因为矩阵 $\boldsymbol{A}$ 和 $\boldsymbol{B}$ 是已知的,且 $\boldsymbol{u}(t)$ 也是已知的,因此上式右边的积分项也是已知量,故可以从 $\boldsymbol{y}(t)$ 的观测值中减去这个量,即

$$\bar{\boldsymbol{y}}(t)=\boldsymbol{y}(t_f)-\int_{t_0}^{t_f}\mathrm{e}^{\boldsymbol{A}(t_f-\tau)}\boldsymbol{B}\boldsymbol{u}(\tau)\mathrm{d}\tau=\boldsymbol{C}\mathrm{e}^{\boldsymbol{A}(t-t_0)}\boldsymbol{x}(t_0)$$

所以,为了研究系统能观测性的充要条件,不考虑 $\boldsymbol{u}(t)$ 是可以的。

3.3.2 线性定常连续系统的状态能观测性

定理 3-5 线性定常系统 $\Sigma(\boldsymbol{A},\boldsymbol{C})$ 状态完全能观测的充要条件是能观测性矩阵

$$\boldsymbol{Q}_o=\begin{bmatrix}\boldsymbol{C}\\ \boldsymbol{C}\boldsymbol{A}\\ \vdots\\ \boldsymbol{C}\boldsymbol{A}^{n-1}\end{bmatrix} \tag{3-17}$$

满秩,即

$$\mathrm{rank}\boldsymbol{Q}_o = n$$

证明:不失一般性,假设 $t_0=0$, 则齐次状态方程的解为

$$\boldsymbol{x}(t) = \mathrm{e}^{\boldsymbol{A}t}\boldsymbol{x}(0)$$

系统的输出为

$$\boldsymbol{y}(t) = \boldsymbol{C}\mathrm{e}^{\boldsymbol{A}t}\boldsymbol{x}(0)$$

利用凯莱—哈密顿定理,可将 $\mathrm{e}^{\boldsymbol{A}t}$表示成

$$\mathrm{e}^{\boldsymbol{A}t} = \sum_{k=0}^{n-1}\alpha_k(t)\boldsymbol{A}^k$$

则

$$\boldsymbol{y}(t) = \boldsymbol{C}\sum_{k=0}^{n-1}\alpha_k(t)\boldsymbol{A}^k \cdot \boldsymbol{x}(0) =$$

$$[\alpha_0(t)\boldsymbol{I}_m \quad \alpha_1(t)\boldsymbol{I}_m \quad \cdots \quad \alpha_{n-1}(t)\boldsymbol{I}_m]\begin{bmatrix}\boldsymbol{C}\\ \boldsymbol{CA}\\ \vdots\\ \boldsymbol{CA}^{n-1}\end{bmatrix}\boldsymbol{x}(0)$$

有 m 个方程,n 个未知数,其中 $\boldsymbol{I}_m$ 为 $m\times m$ 的单位阵。

因为一般 $m<n$,此时,方程无唯一解。要使方程有唯一解,可以在不同时刻进行观测,得到 $\boldsymbol{y}(t_1),\boldsymbol{y}(t_2),\cdots,\boldsymbol{y}(t_f)$,此时把方程个数扩展到 n 个,即

$$\begin{bmatrix}y(t_1)\\ y(t_2)\\ \vdots\\ y(t_f)\end{bmatrix} = \begin{bmatrix}\alpha_0(t_1)\boldsymbol{I}_m & \alpha_1(t_1)\boldsymbol{I}_m & \cdots & \alpha_{n-1}(t_1)\boldsymbol{I}_m\\ \alpha_0(t_2)\boldsymbol{I}_m & \alpha_1(t_2)\boldsymbol{I}_m & \cdots & \alpha_{n-1}(t_2)\boldsymbol{I}_m\\ \vdots & \vdots & & \vdots\\ \alpha_0(t_f)\boldsymbol{I}_m & \alpha_1(t_f)\boldsymbol{I}_m & \cdots & \alpha_{n-1}(t_f)\boldsymbol{I}_m\end{bmatrix}\begin{bmatrix}\boldsymbol{C}\\ \boldsymbol{CA}\\ \vdots\\ \boldsymbol{CA}^{n-1}\end{bmatrix}\boldsymbol{x}(0) \quad (3-18)$$

上式表明,根据在$(0,t_f)$时间间隔的量测值 $\boldsymbol{y}(t_1),\boldsymbol{y}(t_2),\cdots,\boldsymbol{y}(t_f)$,能将初始状态 $\boldsymbol{x}(0)$唯一确定下来的充要条件是能观测性矩阵 $\boldsymbol{Q}_o$ 满秩,或表示成

$$\mathrm{rank}\boldsymbol{Q}_o = \mathrm{rank}\begin{bmatrix}C\\ CA\\ \vdots\\ \boldsymbol{CA}^{n-1}\end{bmatrix} = n$$

[证毕]

例 3-8　考察系统

$$\begin{cases}\dot{\boldsymbol{x}}(t) = \begin{bmatrix}2 & -1\\ 1 & -3\end{bmatrix}\boldsymbol{x}(t) + \begin{bmatrix}-1\\ 1\end{bmatrix}u(t)\\ \boldsymbol{y}(t) = \begin{bmatrix}1 & 0\\ -1 & 0\end{bmatrix}\boldsymbol{x}(t)\end{cases}$$

的能观测性。

解：系统的能观测性矩阵为

$$\boldsymbol{Q}_o=\begin{bmatrix}\boldsymbol{C}\\\boldsymbol{CA}\end{bmatrix}=\begin{bmatrix}1&0\\-1&0\\2&-1\\-2&1\end{bmatrix}$$

$$\mathrm{rank}\boldsymbol{Q}_o=2=n$$

所以系统是能观测的。

状态完全能观测的充要条件还可以用另外形式表示。

定理 3-6 设线性定常连续系统 $\Sigma(\boldsymbol{A},\boldsymbol{C})$ 具有互不相同的特征值,则其状态完全能观测的充要条件,是系统经线性非奇异变换后的对角线标准型

$$\begin{cases}\dot{\hat{\boldsymbol{x}}}(t)=\begin{bmatrix}\lambda_1&&&\\&\lambda_2&&\\&&\ddots&\\&&&\lambda_n\end{bmatrix}\hat{\boldsymbol{x}}(t)\\\boldsymbol{y}(t)=\hat{\boldsymbol{C}}\hat{\boldsymbol{x}}(t)\end{cases}\tag{3-19}$$

式中,$\hat{\boldsymbol{C}}$ 不包含全为零的列。

定理 3-7 设线性定常连续系统 $\Sigma(\boldsymbol{A},\boldsymbol{C})$ 具有重特征值,则其状态完全能观测的充要条件,是系统经线性非奇异变换后的约当标准型

$$\begin{cases}\dot{\hat{\boldsymbol{x}}}(t)=\begin{bmatrix}\boldsymbol{J}_1&&&\\&\boldsymbol{J}_2&&\\&&\ddots&\\&&&\boldsymbol{J}_k\end{bmatrix}\hat{\boldsymbol{x}}(t)\\\boldsymbol{y}(t)=\hat{\boldsymbol{C}}\hat{\boldsymbol{x}}(t)\end{cases}\tag{3-20}$$

式中,和每个约当块 $\boldsymbol{J}_i(i=1,2,\cdots,k)$ 首行相对应的 $\hat{\boldsymbol{C}}$ 的所有那些列,其元素不全为零。

上述两个定理的证明与能控性充要条件的证明相仿,故省略。

例 3-9 分析下列系统的状态能观测性。

(1) $\dot{\boldsymbol{x}}(t)=\begin{bmatrix}-7&&\\&-5&\\&&-1\end{bmatrix}\boldsymbol{x}(t)\qquad \boldsymbol{y}(t)=\begin{bmatrix}0&4&5\end{bmatrix}\boldsymbol{x}(t)$

(2) $\dot{\boldsymbol{x}}(t)=\begin{bmatrix}-7&&\\&-5&\\&&-1\end{bmatrix}\boldsymbol{x}(t)\qquad \boldsymbol{y}(t)=\begin{bmatrix}3&2&0\\0&3&1\end{bmatrix}\boldsymbol{x}(t)$

(3) $\dot{\boldsymbol{x}}(t)=\begin{bmatrix}3&1&0&&\\0&3&1&&\\0&0&3&&\\&&&-2&1\\&&&0&-2\end{bmatrix}\boldsymbol{x}(t)$　　$\boldsymbol{y}(t)=\begin{bmatrix}1&1&1&1&0\\0&1&1&0&0\end{bmatrix}\boldsymbol{x}(t)$

(4) $\dot{\boldsymbol{x}}(t)=\begin{bmatrix}2&1&&\\0&2&&\\&&3&1\\&&0&3\end{bmatrix}\boldsymbol{x}(t)$　　$\boldsymbol{y}(t)=\begin{bmatrix}0&1&1&0\\0&1&1&1\end{bmatrix}\boldsymbol{x}(t)$

解：由定理 3-6 和定理 3-7 知，(1)和(4)系统状态不完全能观测；(2)和(3)系统状态完全能观测。

3.4　线性离散系统的能控性和能观测性

3.4.1　线性定常离散系统的能控性

设线性定常离散系统状态方程式为

$$\boldsymbol{x}(k+1)=\boldsymbol{G}\boldsymbol{x}(k)+\boldsymbol{H}\boldsymbol{u}(k) \tag{3-21}$$

式中，$\boldsymbol{x}(k)$为 n 维状态变量；$\boldsymbol{u}(k)$为 r 维输入变量；$\boldsymbol{G}$ 为 $n\times n$ 系统矩阵；$\boldsymbol{H}$ 为 $n\times r$ 输入矩阵。

上述系统可简单表示为 $\Sigma(\boldsymbol{G},\boldsymbol{H})$。

不失一般性，假设初始状态是任意的，最终状态是状态空间的坐标原点。

定义　对于系统 $\Sigma(\boldsymbol{G},\boldsymbol{H})$，如果在有限采样间隔 $kT\leqslant t\leqslant nT$ 内，存在阶梯控制信号序列 $\boldsymbol{u}(k),\boldsymbol{u}(k+1),\cdots,\boldsymbol{u}(n-1)$，使得系统从第 k 个采样时刻的状态 $\boldsymbol{x}(k)$开始，能在第 n 个采样时刻到达零状态，即 $\boldsymbol{x}(n)=0$，则称该系统在第 k 个采样时刻上是能控的。若系统在第 k 个采样时刻上的所有状态都是能控的，那么该系统即称为状态完全能控的，或简称状态能控的。

定理 3-8　线性定常离散系统 $\Sigma(\boldsymbol{G},\boldsymbol{H})$，定义能控性矩阵为

$$\boldsymbol{U}_c=[\boldsymbol{H}\quad \boldsymbol{GH}\quad \boldsymbol{G}^2\boldsymbol{H}\quad \cdots\quad \boldsymbol{G}^{n-1}\boldsymbol{H}] \tag{3-22}$$

若系统矩阵 $\boldsymbol{G}$ 非奇异，则系统状态完全能控的充要条件为

$$\operatorname{rank}\boldsymbol{U}_c=\operatorname{rank}[\boldsymbol{H}\quad \boldsymbol{GH}\quad \boldsymbol{G}^2\boldsymbol{H}\quad \cdots\quad \boldsymbol{G}^{n-1}\boldsymbol{H}]=n \tag{3-23}$$

证明：已知状态方程(3-21)的解为

$$\boldsymbol{x}(k)=\boldsymbol{G}^k\boldsymbol{x}(0)+\sum_{i=0}^{k-1}\boldsymbol{G}^{k-i-1}\boldsymbol{H}\boldsymbol{u}(i)\quad (k=0,1,2,\cdots)$$

根据假设条件，当 $k\geqslant n$ 时，$\boldsymbol{x}(k)=0$，即

$$x(n)=0=G^n x(0)+\sum_{i=0}^{n-1}G^{n-i-1}Hu(i)$$

即

$$G^{n-1}Hu(0)+G^{n-2}Hu(1)+\cdots+GHu(n-2)+Hu(n-1)=-G^n x(0)$$

$$[G^{n-1}H\quad G^{n-2}H\quad\cdots\quad GH\quad H]\begin{bmatrix}u(0)\\u(1)\\\vdots\\u(n-1)\end{bmatrix}=-G^n x(0)\qquad(3-24)$$

当G是非奇异矩阵时,对于任意给定的非零初态$x(0)$,$G^n x(0)$必为某一非零的n维列向量。因此,方程(3-24)有解的充要条件是$n\times n$系数矩阵,即系统的能控性矩阵

$$\mathrm{rank}[G^{n-1}H\quad G^{n-2}H\quad\cdots\quad GH\quad H]=n$$

或

$$\mathrm{rank}[H\quad GH\quad G^2H\quad\cdots\quad G^{n-1}H]=n$$

[证毕]

例3-10 线性离散系统的状态方程为

$$x(k+1)=\begin{bmatrix}0&1&0\\0&0&1\\-2&-3&-1\end{bmatrix}x(k)+\begin{bmatrix}0\\0\\1\end{bmatrix}u(k)$$

试判断系统是否具有能控性。

解: $$\mathrm{rank}[H\quad GH\quad G^2H]=\mathrm{rank}\begin{bmatrix}0&0&1\\0&1&-1\\1&-1&-2\end{bmatrix}=3$$

所以系统完全状态能控。

例3-11 设线性定常离散系统为

$$x(k+1)=\begin{bmatrix}1&2&-1\\0&1&0\\1&0&3\end{bmatrix}x(k)+\begin{bmatrix}1&0\\0&1\\0&0\end{bmatrix}u(k)$$

试分析系统的能控性。

解: $$\mathrm{rank}[H\quad GH\quad G^2H]=\mathrm{rank}\begin{bmatrix}1&0&1&2&0&4\\0&1&0&1&0&1\\0&0&1&0&4&2\end{bmatrix}=3$$

所以系统状态是完全能控的。

例3-12 设单输入线性定常离散系统状态方程为

$$\boldsymbol{x}(k+1)=\begin{bmatrix}1&0&0\\0&2&-2\\-1&1&0\end{bmatrix}\boldsymbol{x}(k)+\begin{bmatrix}1\\0\\1\end{bmatrix}\boldsymbol{u}(k)$$

试判断其能控性。若初始状态为 $\boldsymbol{x}(0)=[2\quad 1\quad 0]^{\mathrm{T}}$,确定使 $x(3)=0$ 的控制序列 $u(0),u(1),u(2)$;研究使 $x(2)=0$ 的可能性。

解:判断能控性

$$\operatorname{rank}\boldsymbol{U}_c=\operatorname{rank}[\boldsymbol{H}\quad \boldsymbol{GH}\quad \boldsymbol{G}^2\boldsymbol{H}]=\operatorname{rank}\begin{bmatrix}1&1&-1\\0&-2&-2\\1&-1&-3\end{bmatrix}=3$$

故系统能控。

$$\boldsymbol{x}(1)=Gx(0)+Hu(0)=\begin{bmatrix}1&0&0\\0&2&-2\\-1&1&0\end{bmatrix}\begin{bmatrix}2\\1\\0\end{bmatrix}+\begin{bmatrix}1\\0\\1\end{bmatrix}u(0)=\begin{bmatrix}2\\2\\-1\end{bmatrix}+\begin{bmatrix}1\\0\\1\end{bmatrix}u(0)$$

$$\boldsymbol{x}(2)=Gx(1)+Hu(1)=\begin{bmatrix}1&0&0\\0&2&-2\\-1&1&0\end{bmatrix}\left(\begin{bmatrix}2\\2\\-1\end{bmatrix}+\begin{bmatrix}1\\0\\1\end{bmatrix}u(0)\right)+\begin{bmatrix}1\\0\\1\end{bmatrix}u(1)$$

$$=\begin{bmatrix}2\\6\\0\end{bmatrix}+\begin{bmatrix}1\\-2\\-1\end{bmatrix}u(0)+\begin{bmatrix}1\\0\\1\end{bmatrix}u(1)$$

$$\boldsymbol{x}(3)=Gx(2)+Hu(2)=\begin{bmatrix}2\\12\\4\end{bmatrix}+\begin{bmatrix}1\\-2\\-3\end{bmatrix}u(0)+\begin{bmatrix}1\\-2\\-1\end{bmatrix}u(1)+\begin{bmatrix}1\\0\\1\end{bmatrix}u(2)$$

由题意令 $x(3)=0$,则有

$$\begin{bmatrix}1&1&1\\-2&-2&0\\-3&-1&1\end{bmatrix}\begin{bmatrix}u(0)\\u(1)\\u(2)\end{bmatrix}=-\begin{bmatrix}2\\12\\4\end{bmatrix}$$

$$\begin{bmatrix}u(0)\\u(1)\\u(2)\end{bmatrix}=-\begin{bmatrix}1&1&1\\-2&-2&0\\-3&-1&1\end{bmatrix}^{-1}\begin{bmatrix}2\\12\\4\end{bmatrix}=\begin{bmatrix}-5\\11\\-8\end{bmatrix}$$

若令 $x(2)=0$,则

$$\begin{bmatrix}1&1\\-2&0\\-1&1\end{bmatrix}\begin{bmatrix}u(0)\\u(1)\end{bmatrix}=-\begin{bmatrix}2\\6\\0\end{bmatrix}$$

容易看出其系数矩阵的秩为 2,但增广矩阵

$$\left[\begin{array}{cc:c}1&1&-2\\-2&0&-6\\-1&1&0\end{array}\right]$$

的秩为3,两个秩不同,方程组无解,意味着不能在两个采样周期内使状态由初始状态转移至原点。若该两个秩相等,则可用两步完成状态转移。

3.4.2 线性定常离散系统的能观测性

设线性定常离散系统的状态表达式为

$$\begin{cases} \boldsymbol{x}(k+1)=\boldsymbol{G}\boldsymbol{x}(k)+\boldsymbol{H}\boldsymbol{u}(k) \\ \boldsymbol{y}(k)=\boldsymbol{C}\boldsymbol{x}(k) \end{cases} \tag{3-25}$$

式中,$\boldsymbol{y}(k)$为 m 维输出向量;$\boldsymbol{C}$ 为 $m\times n$ 输出矩阵。

定义 如果根据第 i 步以后的观测值 $\boldsymbol{y}(i),\boldsymbol{y}(i+1),\cdots,\boldsymbol{y}(N)$,能唯一地确定出第 i 步的状态 $\boldsymbol{x}(i)$,则称系统在第 i 步是能观测的。若系统在任意采样时刻上都是能观测的,则称系统为状态完全能观测的,或简称系统能观测。

定理 3-9 线性定常离散系统 $\Sigma(\boldsymbol{G},\boldsymbol{C})$ 状态完全能观测的充要条件是 $m\times n$ 的能观测性矩阵满秩,即

$$\operatorname{rank}\boldsymbol{U}_o=\operatorname{rank}\begin{bmatrix} \boldsymbol{C} \\ \boldsymbol{C}\boldsymbol{G} \\ \vdots \\ \boldsymbol{C}\boldsymbol{G}^{n-1} \end{bmatrix}=n \tag{3-26}$$

证明:由于所研究的系统是线性定常系统,所以可假设观测从第0步开始,并认为输入 $\boldsymbol{u}(k)=0$,此时系统为

$$\begin{cases} \boldsymbol{x}(k+1)=\boldsymbol{G}\boldsymbol{x}(k) \\ \boldsymbol{y}(k)=\boldsymbol{C}\boldsymbol{x}(k) \end{cases}$$

利用递推法,可得

$$\begin{cases} \boldsymbol{y}(0)=\boldsymbol{C}\boldsymbol{x}(0) \\ \boldsymbol{y}(1)=\boldsymbol{C}\boldsymbol{x}(1)=\boldsymbol{C}\boldsymbol{G}\boldsymbol{x}(0) \\ \vdots \\ \boldsymbol{y}(n-1)=\boldsymbol{C}\boldsymbol{G}^{n-1}\boldsymbol{x}(0) \end{cases}$$

写成矩阵形式

$$\begin{bmatrix} \boldsymbol{y}(0) \\ \boldsymbol{y}(1) \\ \vdots \\ \boldsymbol{y}(n-1) \end{bmatrix}=\begin{bmatrix} \boldsymbol{C} \\ \boldsymbol{C}\boldsymbol{G} \\ \vdots \\ \boldsymbol{C}\boldsymbol{G}^{n-1} \end{bmatrix}\boldsymbol{x}(0)$$

由于 $\boldsymbol{y}(t)$ 是 m 维向量,因此上述 n 个联立方程实质上代表了 $n\cdot m$ 方程。要想从这 $n\cdot m$ 个方程中求得唯一的一组解 $\boldsymbol{x}(0)$,必须从这 $n\cdot m$ 个方程中找出 n 个线性无关的方程,即 $\boldsymbol{x}(0)$ 有唯一解的充要条件是

$$\operatorname{rank}\boldsymbol{U}_o = \operatorname{rank}\begin{bmatrix} \boldsymbol{C} \\ \boldsymbol{CG} \\ \vdots \\ \boldsymbol{CG}^{n-1} \end{bmatrix} = n$$

[证毕]

例 3-13　试确定由下列状态表达式

$$\begin{cases} \boldsymbol{x}(k+1) = \begin{bmatrix} 1 & 0 & -1 \\ 0 & -2 & 1 \\ 3 & 0 & 2 \end{bmatrix}\boldsymbol{x}(k) \\ \boldsymbol{y}(k) = \begin{bmatrix} 0 & 0 & 1 \\ 1 & 0 & 0 \end{bmatrix}\boldsymbol{x}(k) \end{cases}$$

所描述的系统是否能观测。

解：系统的观测性矩阵为

$$\boldsymbol{U}_o = \begin{bmatrix} \boldsymbol{C} \\ \boldsymbol{CG} \\ \boldsymbol{CG}^2 \end{bmatrix} = \begin{bmatrix} 0 & 0 & 1 \\ 1 & 0 & 0 \\ 3 & 0 & 2 \\ 1 & 0 & -1 \\ 9 & 0 & 1 \\ -2 & 0 & -3 \end{bmatrix}$$

$$\operatorname{rank}\boldsymbol{U}_o = 2 \neq n$$

所以系统是不完全能观测的。

3.4.3　离散化系统的能控性和能观测性

这里所说的离散化系统的能控性和能观测性，是指一个线性连续系统在其离散化后是否能保持其完全能控性和完全能观测性的问题。这是在构成采样数据系统或计算机控制系统时所要考虑的一个重要问题。

先看一个例子。

例 3-14　设线性定常系统的状态空间表达式为

$$\begin{cases} \dot{\boldsymbol{x}}(t) = \begin{bmatrix} 0 & 1 \\ -1 & 0 \end{bmatrix}\boldsymbol{x}(t) + \begin{bmatrix} 1 \\ 0 \end{bmatrix}u(t) \\ \boldsymbol{y}(t) = \begin{bmatrix} 0 & 1 \end{bmatrix}\boldsymbol{x}(t) \end{cases}$$

试分析其离散化后系统的能控性和能观测性。

解：(1) 分析 $\Sigma(\boldsymbol{A},\boldsymbol{B},\boldsymbol{C})$ 的能控性和能观测性。

$$Q_c=[B \quad AB]=\begin{bmatrix}1 & 0\\0 & -1\end{bmatrix}$$

$$\mathrm{rank}Q_c=2$$

$$Q_o=\begin{bmatrix}C\\CA\end{bmatrix}=\begin{bmatrix}0 & 1\\-1 & 0\end{bmatrix}$$

$$\mathrm{rank}Q_o=2$$

所以连续系统是状态完全能控且完全能观测的。

(2) 分析$\Sigma(A,B,C)$的离散化系统。

$$sI-A=\begin{bmatrix}s & -1\\1 & s\end{bmatrix}$$

$$|sI-A|=s^2+1=(s-\mathrm{j})(s+\mathrm{j})$$

$$\begin{bmatrix}\alpha_0(t)\\\alpha_1(t)\end{bmatrix}=\begin{bmatrix}1 & \mathrm{j}\\1 & -\mathrm{j}\end{bmatrix}^{-1}\begin{bmatrix}\mathrm{e}^{\mathrm{j}t}\\\mathrm{e}^{-\mathrm{j}t}\end{bmatrix}=$$

$$\frac{1}{-2\mathrm{j}}\begin{bmatrix}-\mathrm{j} & -\mathrm{j}\\-1 & 1\end{bmatrix}\begin{bmatrix}\mathrm{e}^{\mathrm{j}t}\\\mathrm{e}^{-\mathrm{j}t}\end{bmatrix}=\begin{bmatrix}\cos t\\\sin t\end{bmatrix}$$

$$\mathrm{e}^{At}=\alpha_0(t)I+\alpha_1(t)A=\begin{bmatrix}\cos t & 0\\0 & \cos t\end{bmatrix}+\begin{bmatrix}0 & \sin t\\-\sin t & 0\end{bmatrix}=\begin{bmatrix}\cos t & \sin t\\-\sin t & \cos t\end{bmatrix}$$

所以 $G=\mathrm{e}^{AT}=\begin{bmatrix}\cos T & \sin T\\-\sin T & \cos T\end{bmatrix}$

$$H=\int_0^T\mathrm{e}^{At}\mathrm{d}t\cdot B=\int_0^T\begin{bmatrix}\cos t & \sin t\\-\sin t & \cos t\end{bmatrix}\mathrm{d}t\cdot\begin{bmatrix}1\\0\end{bmatrix}=\begin{bmatrix}\sin T\\\cos T-1\end{bmatrix}$$

$$C=[0 \quad 1]$$

(3) 离散化系统的能控性和能观测性。

$$U_c=[H \quad GH]=\begin{bmatrix}\sin T & -\sin T+2\cos T\sin T\\\cos T-1 & \cos^2T-\sin^2T-\cos T\end{bmatrix}$$

$$U_o=\begin{bmatrix}C\\CG\end{bmatrix}=\begin{bmatrix}0 & 1\\-\sin T & \cos T\end{bmatrix}$$

$$\det U_c=2\sin T\cdot[\cos T-1]$$

$$\det U_o=\sin T$$

显然,上述矩阵是否满秩,唯一地取决于采样周期T的数值。

若取$T=k\pi \quad k=1,2,\cdots$

$$\mathrm{rank}\boldsymbol{U}_c = 1$$

$$\mathrm{rank}\boldsymbol{U}_o = 1$$

此时离散化系统是不完全能控且不完全能观测的。

若取 $T \neq k\pi \quad k = 1,2,\cdots$

$$\mathrm{rank}\boldsymbol{U}_c = 2$$

$$\mathrm{rank}\boldsymbol{U}_o = 2$$

这时，上述离散化系统是完全能控且能观测的。

从这个例子的求解中，可以清楚地看到，若连续系统能控（能观测），经离散化后能否保证系统仍为能控（能观测），这完全取决于采样周期 T 的选择。

定理 3-10　线性定常连续系统 $\Sigma(\boldsymbol{A},\boldsymbol{B},\boldsymbol{C})$，是状态完全能控（能观测）的，经离散化后的系统，其状态完全能控（能观测）的充分条件是：对满足

$$\mathrm{Re}[\lambda_i - \lambda_j] = 0$$

的一切特征值，使采样周期 T 的值满足关系式

$$\mathrm{Im}[\lambda_i - \lambda_j] \neq 2\pi k/T \qquad k = \pm 1, \pm 2, \cdots \tag{3-27}$$

证明略。

例 3-15　设线性定常连续系统的离散化系统如图 3-3 所示。

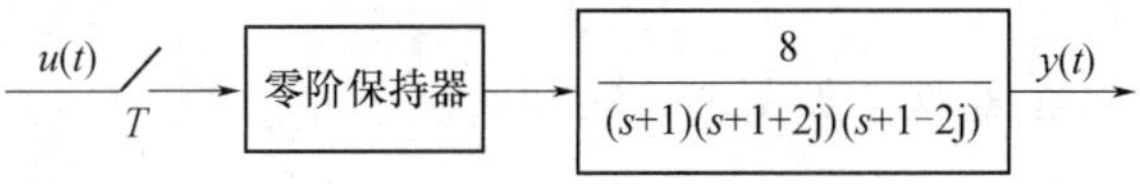

图 3-3　例 3-15 系统结构图

试分析其能控性。

解：连续系统传递函数为

$$G(s) = \frac{8}{(s+1)(s+1+2\mathrm{j})(s+1-2\mathrm{j})} = \frac{8}{s^3 + 3s^3 + 7s + 5}$$

连续部分状态空间表达式为

$$\begin{cases} \dot{\boldsymbol{x}}(t) = \begin{bmatrix} 0 & 1 & 0 \\ 0 & 0 & 1 \\ -5 & -7 & -3 \end{bmatrix}\boldsymbol{x}(t) + \begin{bmatrix} 0 \\ 0 \\ 1 \end{bmatrix}\boldsymbol{u}(t) \\ \boldsymbol{y}(t) = [8 \quad 0 \quad 0]\boldsymbol{x}(t) \end{cases}$$

$$\boldsymbol{Q}_c = [\boldsymbol{B} \quad \boldsymbol{AB} \quad \boldsymbol{A}^2\boldsymbol{B}] = \begin{bmatrix} 0 & 0 & 1 \\ 0 & 1 & -3 \\ 1 & -3 & 2 \end{bmatrix}$$

$$\mathrm{rank}\boldsymbol{Q}_c = 3$$

由能控性判据，得知上述系统为状态完全能控。

由定理 3-10，若使离散化后系统仍为状态完全能控，则

$$T \neq 2\pi k/4 \quad k = \pm 1, \pm 2, \cdots$$

3.5 对偶性原理

从前面几节的讨论中可以看出控制系统的能控性和能观测性,无论从定义或其判据方面都是很相似的。这种相似关系决非偶然的巧合,而是有着内在的必然联系,这种必然的联系即为对偶性原理。

设系统 Σ_1 的状态空间表达式为

$$\begin{cases}\dot{\boldsymbol{x}}_1(t)=\boldsymbol{A}\boldsymbol{x}_1(t)+\boldsymbol{B}\boldsymbol{u}_1(t)\\ \boldsymbol{y}_1(t)=\boldsymbol{C}\boldsymbol{x}_1(t)\end{cases}\tag{3-28}$$

若系统 Σ_2 的状态空间表达式为

$$\begin{cases}\dot{\boldsymbol{x}}_2(t)=\boldsymbol{A}^{\mathrm{T}}\boldsymbol{x}_2(t)+\boldsymbol{C}^{\mathrm{T}}\boldsymbol{u}_2(t)\\ \boldsymbol{y}_2(t)=\boldsymbol{B}^{\mathrm{T}}\boldsymbol{x}_2(t)\end{cases}\tag{3-29}$$

式中,$\boldsymbol{x}_1(t)$为 n 维状态向量;$\boldsymbol{x}_2(t)$为 n 维状态向量;$\boldsymbol{u}_1(t)$为 r 维控制向量;$\boldsymbol{u}_2(t)$为 m 维控制向量;$\boldsymbol{y}_1(t)$为 m 维输出向量;$\boldsymbol{y}_2(t)$为 r 维输出向量;$\boldsymbol{A}$ 为 $n\times n$ 系统矩阵;$\boldsymbol{A}^{\mathrm{T}}$ 为 $\boldsymbol{A}$ 的转置矩阵;$\boldsymbol{B}$ 为 $n\times r$ 输入矩阵;$\boldsymbol{B}^{\mathrm{T}}$ 为 $\boldsymbol{B}$ 的转置矩阵;$\boldsymbol{C}$ 为 $m\times n$ 输出矩阵;$\boldsymbol{C}^{\mathrm{T}}$ 为 $\boldsymbol{C}$ 的转置矩阵。

称系统 Σ_1 和系统 Σ_2 是互为对偶的,即系统 Σ_2 是系统 Σ_1 的对偶系统,反之,系统 Σ_1 是系统 Σ_2 的对偶系统。

系统 Σ_1 和系统 Σ_2 的结构图如图 3-4(a)和(b)所示。

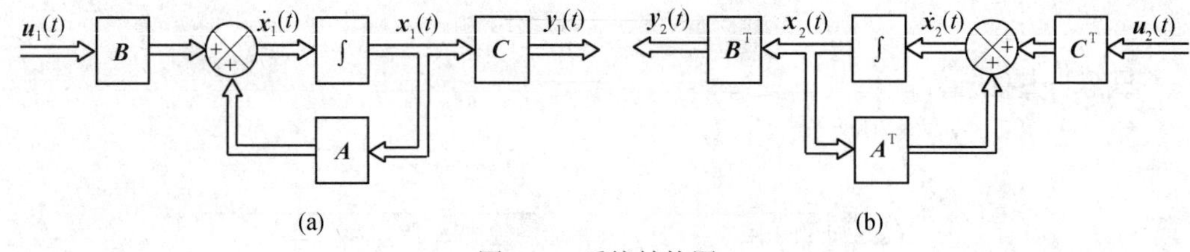

图 3-4 系统结构图

(a) 系统 Σ_1; (b) 系统 Σ_2。

从结构图上看,系统 Σ_1 和其对偶系统 Σ_2 的输入端和输出端互换,信号传递方向相反,信号引出点和比较点互换,各矩阵转置。

对偶性原理 系统 Σ_1 状态完全能控(完全能观测)的充要条件与其对偶系统 Σ_2 状态完全能观测(完全能控)的充要条件相同。

证明:系统 Σ_1 的能控性和能观测性矩阵分别为

$$\boldsymbol{Q}_{c1}=[\boldsymbol{B}\quad \boldsymbol{AB}\quad \boldsymbol{A}^2\boldsymbol{B}\quad \cdots\quad \boldsymbol{A}^{n-1}\boldsymbol{B}]$$

$$\boldsymbol{Q}_{o1}=\begin{bmatrix}\boldsymbol{C}\\ \boldsymbol{CA}\\ \vdots\\ \boldsymbol{CA}^{n-1}\end{bmatrix}$$

系统 Σ_2 的能控性和能观测性矩阵分别为

$$Q_{c2}=[\boldsymbol{C}^{\mathrm{T}}\quad \boldsymbol{A}^{\mathrm{T}}\boldsymbol{C}^{\mathrm{T}}\quad \cdots\quad (\boldsymbol{A}^{\mathrm{T}})^{n-1}\boldsymbol{C}^{\mathrm{T}}]=\begin{bmatrix}\boldsymbol{C}\\ \boldsymbol{CA}\\ \vdots\\ \boldsymbol{CA}^{n-1}\end{bmatrix}^{\mathrm{T}}$$

$$Q_{o2}=\begin{bmatrix}\boldsymbol{B}^{\mathrm{T}}\\ \boldsymbol{B}^{\mathrm{T}}\boldsymbol{A}^{\mathrm{T}}\\ \vdots\\ \boldsymbol{B}^{\mathrm{T}}(\boldsymbol{A}^{\mathrm{T}})^{n-1}\end{bmatrix}=[\boldsymbol{B}\quad \boldsymbol{AB}\quad \cdots\quad \boldsymbol{A}^{n-1}\boldsymbol{B}]^{\mathrm{T}}$$

所以

$$\mathrm{rank}\boldsymbol{Q}_{c1}=\mathrm{rank}\boldsymbol{Q}_{o2}$$

$$\mathrm{rank}\boldsymbol{Q}_{o1}=\mathrm{rank}\boldsymbol{Q}_{c2}$$

[证毕]

对偶原理同样适用于线性时变系统和线性离散系统。

根据这一原理,一个系统的状态完全能控性(能观测性)就可以借助其对偶系统的状态完全能观测性(能控性)来研究。

事实上,系统的能控性与能观测性的对偶特征,只是线性系统对偶原理的一种体现,而最优控制与最佳估计之间也有类似的对偶特性。利用这一特征,不仅可作相互的校验,而且在线性系统的设计中也是很有用的。

3.6　系统的能控性和能观测性与传递函数阵的关系

前已述及,系统的能控性和能观测性是现代控制理论中两个重要的基本概念。而传递函数矩阵概念,目前已被广泛用于控制工程中,那么它们之间是否存在内在联系呢?回答是肯定的。为了阐明它们之间的联系,首先应该对不完全能控,或者不完全能观测系统进行结构分解,即把系统中不能控或不能观测的部分同系统的能控与能观测部分区分开来,要做到这一点,一般可用线性变换来解决。

3.6.1　系统的结构分解

从前述对系统的能控性和能观测性的分析和研究可以看出,系统不能控或不能观测时,并不意味着系统所有状态都不能控或不能观测,在这种情况下可通过坐标变换的方法对状态空间进行分解,将系统划分为能控(能观测)部分与不能控(不能观测)部分。把线性系统的状态按能控与能观测性进行结构分解是状态空间分析中的一个重要内容和方法。在理论上,它揭示了状态空间的本质特性,为最小实现问题提供了理论依据;在实践上,它与系统的状态反馈、系统镇定等问题都有密切的关系。

1. 系统按能控性分解

定理 3-11　设有 n 维状态不完全能控线性定常系统 $\Sigma(\boldsymbol{A},\boldsymbol{B},\boldsymbol{C})$,$\mathrm{rank}\boldsymbol{Q}_c=k<n$,则必

存在一个非奇异变换矩阵 $\boldsymbol{T}_c$,令 $\boldsymbol{x}(t)=\boldsymbol{T}_c\tilde{\boldsymbol{x}}(t)$,能将系统变为

$$\begin{cases}\begin{bmatrix}\dot{\tilde{\boldsymbol{x}}}_1(t)\\ \dot{\tilde{\boldsymbol{x}}}_2(t)\end{bmatrix}=\begin{bmatrix}\tilde{\boldsymbol{A}}_{11} & \tilde{\boldsymbol{A}}_{12}\\ 0 & \tilde{\boldsymbol{A}}_{22}\end{bmatrix}\begin{bmatrix}\tilde{\boldsymbol{x}}_1(t)\\ \tilde{\boldsymbol{x}}_2(t)\end{bmatrix}+\begin{bmatrix}\tilde{\boldsymbol{B}}_1\\ 0\end{bmatrix}\boldsymbol{u}(t)\\ \boldsymbol{y}(t)=[\tilde{C}_1 \quad \tilde{C}_2]\tilde{x}(t)\end{cases} \tag{3-30}$$

式中,k 维子系统

$$\begin{cases}\dot{\tilde{\boldsymbol{x}}}_1(t)=\tilde{\boldsymbol{A}}_{11}\tilde{\boldsymbol{x}}_1(t)+\tilde{\boldsymbol{A}}_{12}\tilde{\boldsymbol{x}}_2(t)+\tilde{\boldsymbol{B}}_1\boldsymbol{u}(t)\\ \boldsymbol{y}_1(t)=\tilde{\boldsymbol{C}}_1\tilde{\boldsymbol{x}}_1(t)\end{cases} \tag{3-31}$$

是能控的。而$(n-k)$维子系统

$$\begin{cases}\dot{\tilde{\boldsymbol{x}}}_2(t)=\tilde{\boldsymbol{A}}_{22}\tilde{\boldsymbol{x}}_2(t)\\ \boldsymbol{y}_2(t)=\tilde{\boldsymbol{C}}_2\tilde{\boldsymbol{x}}_2(t)\end{cases} \tag{3-32}$$

是不能控的。

非奇异变换矩阵 $\boldsymbol{T}_c$ 为

$$\boldsymbol{T}_c=[\boldsymbol{q}_1 \quad \cdots \quad \boldsymbol{q}_k \quad \boldsymbol{q}_{k+1} \quad \cdots \quad \boldsymbol{q}_n] \tag{3-33}$$

式中,列向量 $\boldsymbol{q}_1,\boldsymbol{q}_2,\cdots,\boldsymbol{q}_k$ 是能控性矩阵 $\boldsymbol{Q}_c$ 中 k 个线性无关的列,另外 $n-k$ 个列向量 $\boldsymbol{q}_{k+1},\cdots,\boldsymbol{q}_n$ 是在确保 $\boldsymbol{T}_c$ 为非奇异的情况下任意选取的。

证明:(1) 分解后的形式为式(3-30)。

对于不完全能控系统 $\Sigma(\boldsymbol{A},\boldsymbol{B},\boldsymbol{C})$,就能控性而论,系统的状态变量总是可以分解为

$$\boldsymbol{x}(t)=\boldsymbol{x}_c(t)+\boldsymbol{x}_{Nc}(t) \tag{3-34}$$

式中,$\boldsymbol{x}_c(t)$和 $\boldsymbol{x}_{Nc}(t)$为能控向量和不能控向量,它们分别属于能控和不能控的子空间。

假设系统能控性矩阵

$$\boldsymbol{Q}_c=[\boldsymbol{B} \quad \boldsymbol{AB} \quad \boldsymbol{A}^2\boldsymbol{B} \quad \cdots \quad \boldsymbol{A}^{n-1}\boldsymbol{B}]$$

的秩为 k,于是可以找到一个向量集合 $\boldsymbol{q}_1,\boldsymbol{q}_2,\cdots,\boldsymbol{q}_k$,它们形成了一个能控子空间 $R(\boldsymbol{Q}_c)$ 的基。同样还可以找到一组线性无关向量 $\boldsymbol{q}_{k+1},\cdots,\boldsymbol{q}_n$,使它们和$\{\boldsymbol{q}_1,\boldsymbol{q}_2,\cdots,\boldsymbol{q}_k\}$线性无关,它们形成了一个不能控子空间 $R(\boldsymbol{Q}'_c)$的基。此时

$$\boldsymbol{T}_c=[\boldsymbol{q}_1 \quad \cdots \quad \boldsymbol{q}_k \quad \boldsymbol{q}_{k+1} \quad \cdots \quad \boldsymbol{q}_n] \tag{3-35}$$

必是非奇异的。

利用线性变换

$$\tilde{\boldsymbol{x}}(t)=\boldsymbol{T}_c^{-1}\boldsymbol{x}(t)=\begin{bmatrix}\tilde{\boldsymbol{x}}_1(t)\\ \tilde{\boldsymbol{x}}_2(t)\end{bmatrix} \tag{3-36}$$

则有

$$\boldsymbol{x}(t)=\boldsymbol{T}_c\tilde{\boldsymbol{x}}(t)=[\boldsymbol{q}_1 \quad \cdots \quad \boldsymbol{q}_k \quad \boldsymbol{q}_{k+1} \quad \cdots \quad \boldsymbol{q}_n]\begin{bmatrix}\tilde{\boldsymbol{x}}_1(t)\\ \tilde{\boldsymbol{x}}_2(t)\end{bmatrix}=$$

$$\sum_{i=1}^{k}\boldsymbol{q}_i\tilde{x}_i(t)+\sum_{i=k+1}^{n}\boldsymbol{q}_i\tilde{x}_i(t)=\boldsymbol{x}_c(t)+\boldsymbol{x}_{Nc}(t) \tag{3-37}$$

也就是说用状态向量 $\tilde{\boldsymbol{x}}(t)$ 表示后，子向量 $\tilde{\boldsymbol{x}}_1(t)$ 和 $\tilde{\boldsymbol{x}}_2(t)$ 即分别表示状态的能控和不能控分量。

把 $\boldsymbol{T}_c^{-1}$ 写成

$$\boldsymbol{T}_c^{-1}=\begin{bmatrix}\boldsymbol{T}_1^{\mathrm{T}}\\ \boldsymbol{T}_2^{\mathrm{T}}\\ \vdots\\ \boldsymbol{T}_n^{\mathrm{T}}\end{bmatrix} \tag{3-38}$$

则有 $\boldsymbol{T}_c^{-1}\cdot\boldsymbol{T}_c=\boldsymbol{I}$，此时

$$\boldsymbol{T}_i^{\mathrm{T}}\cdot\boldsymbol{q}_j=0\qquad(i\neq j) \tag{3-39}$$

$$\boldsymbol{A}\boldsymbol{T}_c=[\boldsymbol{A}\boldsymbol{q}_1\quad\boldsymbol{A}\boldsymbol{q}_2\quad\cdots\quad\boldsymbol{A}\boldsymbol{q}_n] \tag{3-40}$$

考虑到前 k 列可表示为 $\{\boldsymbol{q}_1,\boldsymbol{q}_2,\cdots,\boldsymbol{q}_k\}$ 的线性组合，有

$$\boldsymbol{T}_i^{\mathrm{T}}\cdot\boldsymbol{A}\boldsymbol{q}_j=0\quad i\geqslant k+1,j\leqslant k \tag{3-41}$$

因为上式是 $\boldsymbol{T}_c^{-1}\boldsymbol{A}\boldsymbol{T}_c$ 的第 ij 个单元的表达式，这个矩阵的左下部 $(n-k)\times k$ 块应为零。考虑到矩阵 $\boldsymbol{B}$ 各列属于 $R(\boldsymbol{Q}_c)$，所以下式

$$\boldsymbol{T}_c^{-1}\boldsymbol{B}=\begin{bmatrix}\boldsymbol{T}_1^{\mathrm{T}}\boldsymbol{B}\\ \boldsymbol{T}_2^{\mathrm{T}}\boldsymbol{B}\\ \vdots\\ \boldsymbol{T}_n^{\mathrm{T}}\boldsymbol{B}\end{bmatrix} \tag{3-42}$$

中最后的 $(n-k)$ 行全变为 0。

(2) $\tilde{\boldsymbol{x}}_1(t)$ 为能控状态。

$$k=\mathrm{rank}\boldsymbol{Q}_c=\mathrm{rank}\widetilde{\boldsymbol{Q}}_c=\mathrm{rank}[\widetilde{\boldsymbol{B}}\quad\widetilde{\boldsymbol{A}}\widetilde{\boldsymbol{B}}\quad\cdots\quad\widetilde{\boldsymbol{A}}^{n-1}\widetilde{\boldsymbol{B}}]=$$

$$\mathrm{rank}\begin{bmatrix}\widetilde{\boldsymbol{B}}_1 & \widetilde{\boldsymbol{A}}_{11}\widetilde{\boldsymbol{B}}_1 & \cdots & \widetilde{\boldsymbol{A}}_{11}^{n-1}\widetilde{\boldsymbol{B}}_1\\ 0 & 0 & \cdots & 0\end{bmatrix}=$$

$$\mathrm{rank}[\widetilde{\boldsymbol{B}}_1\quad\widetilde{\boldsymbol{A}}_{11}\widetilde{\boldsymbol{B}}_1\quad\cdots\quad\widetilde{\boldsymbol{A}}_{11}^{n-1}\widetilde{\boldsymbol{B}}_1] \tag{3-43}$$

由凯莱—哈密顿定理，有

$\widetilde{\boldsymbol{A}}_{11}^{k}\widetilde{\boldsymbol{B}}_1,\cdots,\widetilde{\boldsymbol{A}}_{11}^{n-1}\widetilde{\boldsymbol{B}}_1$ 均可表示为 $\{\widetilde{\boldsymbol{B}}_1,\widetilde{\boldsymbol{A}}_{11}\widetilde{\boldsymbol{B}}_1,\cdots,\widetilde{\boldsymbol{A}}_{11}^{k-1}\widetilde{\boldsymbol{B}}_1\}$ 线性组合，从而

$$\mathrm{rank}[\widetilde{\boldsymbol{B}}_1\quad\widetilde{\boldsymbol{A}}_{11}\widetilde{\boldsymbol{B}}_1\quad\cdots\quad\widetilde{\boldsymbol{A}}_{11}^{k-1}\widetilde{\boldsymbol{B}}_1]=k \tag{3-44}$$

即$(\widetilde{\boldsymbol{A}}_{11},\widetilde{\boldsymbol{B}}_1)$完全能控。从而,证明$\tilde{\boldsymbol{x}}_1(t)$为能控状态。

[证毕]

系统分解后的结构图如图3-5所示。从图中明显看出,输入信号$\boldsymbol{u}(t)$是通过能控子系统传递到系统输出量$\boldsymbol{y}(t)$,而对不能控子系统却毫无影响。

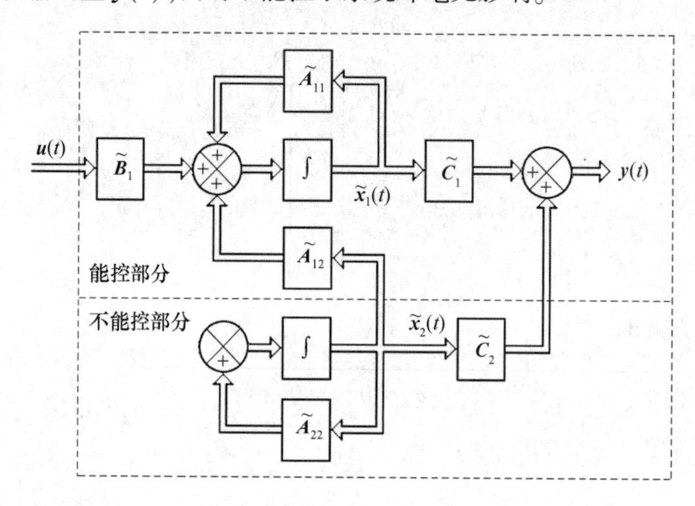

图3-5 系统按能控性分解后的结构图

例3-16 线性定常系统状态空间表达式为

$$\begin{cases}\dot{\boldsymbol{x}}(t)=\begin{bmatrix}0 & 0 & -1\\1 & 0 & -3\\0 & 1 & -3\end{bmatrix}\boldsymbol{x}(t)+\begin{bmatrix}1\\1\\0\end{bmatrix}\boldsymbol{u}(t)\\ \boldsymbol{y}(t)=\begin{bmatrix}0 & 1 & -2\end{bmatrix}\boldsymbol{x}(t)\end{cases}$$

试求系统的能控子系统。

解:(1) 判断系统是否完全能控。

$$\boldsymbol{Q}_c=\begin{bmatrix}\boldsymbol{B} & \boldsymbol{AB} & \boldsymbol{A}^2\boldsymbol{B}\end{bmatrix}=\begin{bmatrix}1 & 0 & -1\\1 & 1 & -3\\0 & 1 & -2\end{bmatrix}$$

$$\text{rank}\boldsymbol{Q}_c=2$$

所以原系统是状态不完全能控的。

(2) 结构分解。

取

$$\boldsymbol{T}_c=\begin{bmatrix}1 & 0 & 0\\1 & 1 & 0\\0 & 1 & 1\end{bmatrix}$$

则

$$\widetilde{A}=T_c^{-1}AT_c=\begin{bmatrix}1&0&0\\1&1&0\\0&1&1\end{bmatrix}^{-1}\begin{bmatrix}0&0&-1\\1&0&-3\\0&1&-3\end{bmatrix}\begin{bmatrix}1&0&0\\1&1&0\\0&1&1\end{bmatrix}=\left[\begin{array}{cc:c}0&-1&-1\\1&-2&-2\\\hdashline 0&0&-1\end{array}\right]$$

$$\widetilde{B}=T_c^{-1}B=\begin{bmatrix}1&0&0\\1&1&0\\0&1&1\end{bmatrix}^{-1}\begin{bmatrix}1\\1\\0\end{bmatrix}=\left[\begin{array}{c}1\\0\\\hdashline 0\end{array}\right]$$

$$\widetilde{C}=CT_c=[0\quad 1\quad -2]\begin{bmatrix}1&0&0\\1&1&0\\0&1&1\end{bmatrix}=\left[\begin{array}{cc:c}1&-1&-2\end{array}\right]$$

(3) 能控子系统。

$$\begin{cases}\dot{\tilde{x}}_1(t)=\begin{bmatrix}0&-1\\1&-2\end{bmatrix}\tilde{x}_1(t)+\begin{bmatrix}-1\\-2\end{bmatrix}\tilde{x}_2(t)+\begin{bmatrix}1\\0\end{bmatrix}u(t)\\ y_1(t)=[1\quad -1]\tilde{x}_1(t)\end{cases}$$

2. 系统按能观测性分解

定理 3-12　设有 n 维状态不完全能观测线性定常系统 $\Sigma(A,B,C)$，$\mathrm{rank}Q_o=l<n$，则必存在一个非奇异变换矩阵 T_o，令 $x(t)=T_o\tilde{x}(t)$，能将系统变为

$$\begin{cases}\begin{bmatrix}\dot{\tilde{x}}_1(t)\\\dot{\tilde{x}}_2(t)\end{bmatrix}=\begin{bmatrix}\widetilde{A}_{11}&0\\\widetilde{A}_{21}&\widetilde{A}_{22}\end{bmatrix}\begin{bmatrix}\tilde{x}_1(t)\\\tilde{x}_2(t)\end{bmatrix}+\begin{bmatrix}\widetilde{B}_1\\\widetilde{B}_2\end{bmatrix}u(t)\\ y(t)=[\widetilde{C}_1\quad 0]\tilde{x}_1(t)\end{cases}\tag{3-45}$$

式中，l 维子系统

$$\begin{cases}\dot{\tilde{x}}_1(t)=\widetilde{A}_{11}\tilde{x}_1(t)+\widetilde{B}_1u(t)\\ y(t)=\widetilde{C}_1\tilde{x}_1(t)\end{cases}\tag{3-46}$$

是能观测的。而 $(n-l)$ 维子系统

$$\dot{\tilde{x}}_2(t)=\widetilde{A}_{21}\tilde{x}_1(t)+\widetilde{A}_{22}\tilde{x}_2(t)+\widetilde{B}_2u_1(t)\tag{3-47}$$

是不能观测的。

非奇异变换矩阵 T_o 为

$$T_o^{-1}=\begin{bmatrix}T_1\\\vdots\\T_l\\T_{l+1}\\\vdots\\T_n\end{bmatrix}\tag{3-48}$$

式中，行向量 $T_1,T_2,\cdots,T_l$ 是能观测性矩阵 Q_o 中 l 个线性无关的行，另外 $n-l$ 个行向量

$T_{l+1},\cdots,T_n$ 是在确保 T_o^{-1} 为非奇异的情况下任意选取的。

此定理的证明可以应用对偶原理或仿照定理 3-11 的证明过程,不再重复。

系统分解后的结构图如图 3-6 所示。从图中明显看出,系统的输出信号 $y(t)$ 只与能观测部分有关,而与不能观测部分完全无关。

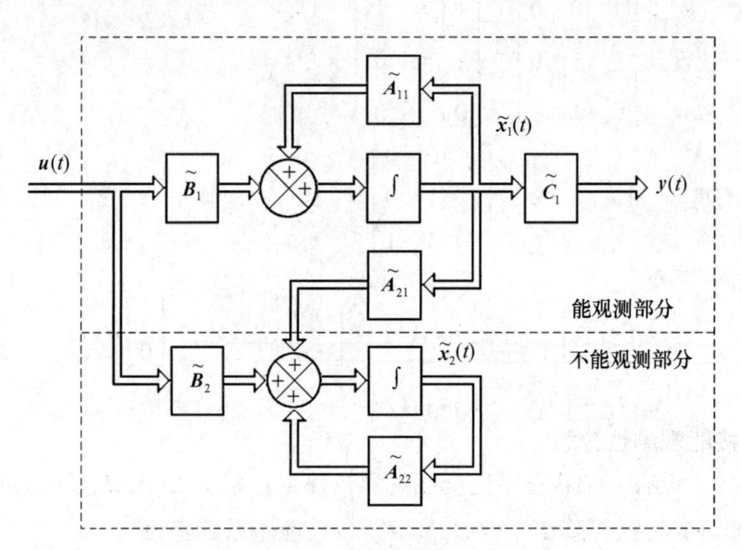

图 3-6 系统按能观测性分解后的结构图

例 3-17 把例 3-14 系统按能观测性分解。

解:(1) 判断系统是否完全能观测。

$$Q_o=\begin{bmatrix} C \\ CA \\ CA^2 \end{bmatrix}=\begin{bmatrix} 0 & 1 & -2 \\ 1 & -2 & 3 \\ -2 & 3 & -4 \end{bmatrix}$$

$$\text{rank}Q_o=2$$

所以原系统是状态不完全能观测的。

(2) 结构分解。

$$T_o^{-1}=\begin{bmatrix} 0 & 1 & -2 \\ 1 & -2 & 3 \\ 0 & 0 & 1 \end{bmatrix}\quad T_o=\begin{bmatrix} 2 & 1 & 1 \\ 1 & 0 & 2 \\ 0 & 0 & 1 \end{bmatrix}$$

$$\tilde{A}=T_o^{-1}AT_o=\begin{bmatrix} 0 & 1 & -2 \\ 1 & -2 & 3 \\ 0 & 0 & 1 \end{bmatrix}\begin{bmatrix} 0 & 0 & -1 \\ 1 & 0 & -3 \\ 0 & 1 & -3 \end{bmatrix}\begin{bmatrix} 2 & 1 & 1 \\ 1 & 0 & 2 \\ 0 & 0 & 1 \end{bmatrix}=\left[\begin{array}{cc:c} 0 & 1 & 0 \\ -1 & -2 & 0 \\ \hdashline 1 & 0 & -1 \end{array}\right]$$

$$\tilde{B}=T_o^{-1}B=\begin{bmatrix} 0 & 1 & -2 \\ 1 & -2 & 3 \\ 0 & 0 & 1 \end{bmatrix}\begin{bmatrix} 1 \\ 1 \\ 0 \end{bmatrix}=\left[\begin{array}{c} 1 \\ -1 \\ \hdashline 0 \end{array}\right]$$

$$\widetilde{C}=CT_o=\begin{bmatrix}0 & 1 & -2\end{bmatrix}\begin{bmatrix}2 & 1 & 1\\1 & 0 & 2\\0 & 0 & 1\end{bmatrix}=\begin{bmatrix}1 & 0 & \vdots & 0\end{bmatrix}$$

(3) 能观测子系统。

$$\begin{cases}\dot{\tilde{x}}_1(t)=\begin{bmatrix}0 & 1\\-1 & -2\end{bmatrix}\tilde{x}_1(t)+\begin{bmatrix}1\\-1\end{bmatrix}u(t)\\ y(t)=\begin{bmatrix}1 & 0\end{bmatrix}\tilde{x}_1(t)\end{cases}$$

3. 系统按能控性和能观测性分解

将上述两个定理结合起来,就可得到卡尔曼(Kalman)标准分解定理。

定理 3-13　设有 n 维线性定常系统 $\Sigma(\boldsymbol{A},\boldsymbol{B},\boldsymbol{C})$,若系统既不完全能控,也不完全能观测,那么存在一个非奇异线性变换 $\boldsymbol{x}(t)=\boldsymbol{T}\tilde{\boldsymbol{x}}(t)$,可使系统变换为如下形式

$$\begin{cases}\dot{\tilde{x}}(t)=\widetilde{A}\tilde{x}(t)+\widetilde{B}u(t)\\ y(t)=\widetilde{C}\tilde{x}(t)\end{cases}\tag{3-49}$$

式中

$$\widetilde{A}=\begin{bmatrix}\widetilde{A}_{11} & 0 & \widetilde{A}_{13} & 0\\ \widetilde{A}_{21} & \widetilde{A}_{22} & \widetilde{A}_{23} & \widetilde{A}_{24}\\ 0 & 0 & \widetilde{A}_{33} & 0\\ 0 & 0 & \widetilde{A}_{43} & \widetilde{A}_{44}\end{bmatrix}$$

$$\widetilde{B}=\begin{bmatrix}\widetilde{B}_1\\ \widetilde{B}_2\\ 0\\ 0\end{bmatrix}$$

$$\widetilde{C}=\begin{bmatrix}\widetilde{C}_1 & 0 & \widetilde{C}_2 & 0\end{bmatrix}$$

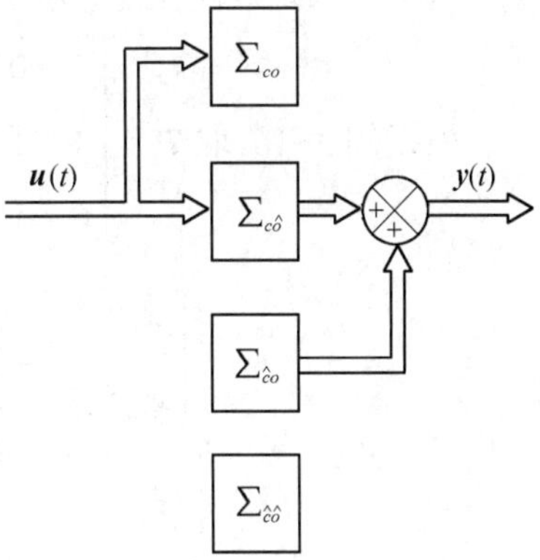

图 3-7　系统的典型分解

这个形式把系统分为 4 个子系统,这 4 个子系统也可用图 3-7 来表示。

(1) 能控又能观测的子系统 Σ_{co}

$$\begin{cases}\dot{\tilde{x}}_1(t)=\widetilde{A}_{11}\tilde{x}_1(t)+\widetilde{A}_{13}\tilde{x}_3(t)+\widetilde{B}_1u(t)\\ y_1(t)=\widetilde{C}_1\tilde{x}_1(t)\end{cases}$$

(2) 能控但不能观测的子系统 $\Sigma_{c\hat{o}}$

$$\begin{cases}\dot{\tilde{x}}_2(t)=\widetilde{A}_{21}\tilde{x}_1(t)+\widetilde{A}_{22}\tilde{x}_2(t)+\widetilde{A}_{23}\tilde{x}_3(t)+\widetilde{A}_{24}\tilde{x}_4(t)+\widetilde{B}_2u_1(t)\\ y_2(t)=0\cdot\tilde{x}_2(t)\end{cases}$$

(3) 不能控但能观测的子系统 $\Sigma_{\hat{c}o}$

$$\begin{cases}\dot{\tilde{x}}_3(t)=\widetilde{A}_{33}\tilde{x}_3(t)\\ y_3(t)=\widetilde{C}_3\tilde{x}_3(t)\end{cases}$$

(4) 不能控也不能观测的子系统 $\Sigma_{\hat{c}\hat{o}}$

$$\begin{cases}\dot{\tilde{\boldsymbol{x}}}_4(t)=\tilde{\boldsymbol{A}}_{43}\tilde{\boldsymbol{x}}_3(t)+\tilde{\boldsymbol{A}}_{44}\tilde{\boldsymbol{x}}_4(t)\\ \boldsymbol{y}_4(t)=0\cdot\tilde{\boldsymbol{x}}_4(t)\end{cases}$$

事实上,任意线性系统都包含其中一部分或全部子系统。关于变换矩阵的选择计算,由于涉及较多的线性空间概念,比较复杂,下面重点介绍两种工程上对于线性定常系统常用的结构分解方法。

1. 逐步分解法

(1) 首先将系统按能控性分解,求得变换矩阵 $\boldsymbol{T}_c$,这时 $\boldsymbol{x}(t)=\boldsymbol{T}_c[\boldsymbol{x}_c\quad \boldsymbol{x}_{Nc}]^{\mathrm{T}}$。

(2) 对能控子系统进行能观测性结构分解,可得变换矩阵 $\boldsymbol{T}_{o1}$。

(3) 对不能控子系统进行能观测性结构分解,可得变换矩阵 $\boldsymbol{T}_{o2}$。

(4) 求变换矩阵,先确定 $\boldsymbol{T}_o=\mathrm{diag}[\boldsymbol{T}_{o1}\quad \boldsymbol{T}_{o2}]$,其次确定 $\boldsymbol{T}=\boldsymbol{T}_c\cdot\boldsymbol{T}_o$。

例 3-18 把例 3-16 系统按能控性和能观测性结构分解。

解:(1) 判断系统的能控性和能观测性。由例 3-16 和例 3-17 知

$$\mathrm{rank}\boldsymbol{Q}_c=2<n\qquad \mathrm{rank}\boldsymbol{Q}_o=2<n$$

(2) 将系统按能控性分解。

根据例 3-16,取 $\boldsymbol{T}_c=\begin{bmatrix}1&0&0\\1&1&0\\0&1&1\end{bmatrix}$,系统分解后

$$\begin{cases}\begin{bmatrix}\dot{\boldsymbol{x}}_c(t)\\ \dot{\boldsymbol{x}}_{Nc}(t)\end{bmatrix}=\begin{bmatrix}0&-1&-1\\1&-2&-2\\0&0&-1\end{bmatrix}\begin{bmatrix}\boldsymbol{x}_c(t)\\ \boldsymbol{x}_{Nc}(t)\end{bmatrix}+\begin{bmatrix}1\\0\\0\end{bmatrix}u(t)\\ y(t)=[1\quad -1\quad -2]\begin{bmatrix}\boldsymbol{x}_c(t)\\ \boldsymbol{x}_{Nc}(t)\end{bmatrix}\end{cases}$$

由上述可知,此系统的不能控子系统是一维的,且容易看出,它也是能观测的,故无需再进行能观测性分解。

(3) 将能控子系统按能观测性分解。

非奇异线性变换矩阵为

$$\boldsymbol{T}_{o1}^{-1}=\begin{bmatrix}1&-1\\0&1\end{bmatrix}\qquad \boldsymbol{T}_{o1}=\begin{bmatrix}1&1\\0&1\end{bmatrix}$$

能控子系统分解为

$$\begin{bmatrix}\dot{\boldsymbol{x}}_{co}(t)\\ \dot{\boldsymbol{x}}_{c\hat{o}}(t)\end{bmatrix}=\boldsymbol{T}_{o1}^{-1}\begin{bmatrix}0&-1\\1&-2\end{bmatrix}\boldsymbol{T}_{o1}\begin{bmatrix}\boldsymbol{x}_{co}(t)\\ \boldsymbol{x}_{c\hat{o}}(t)\end{bmatrix}+\boldsymbol{T}_{o1}^{-1}\begin{bmatrix}-1\\-2\end{bmatrix}\boldsymbol{x}_{\hat{c}o}+\boldsymbol{T}_{o1}^{-1}\begin{bmatrix}1\\0\end{bmatrix}u(t)=$$

$$\begin{bmatrix}-1&0\\1&-1\end{bmatrix}\begin{bmatrix}\boldsymbol{x}_{co}(t)\\ \boldsymbol{x}_{c\hat{o}}(t)\end{bmatrix}+\begin{bmatrix}1\\-2\end{bmatrix}\boldsymbol{x}_{\hat{c}o}+\begin{bmatrix}1\\0\end{bmatrix}u(t)$$

$$y_1(t)=[1 \quad -1]\boldsymbol{T}_{o1}\begin{bmatrix}\boldsymbol{x}_{co}(t)\\ \boldsymbol{x}_{c\hat{o}}(t)\end{bmatrix}=[1 \quad 0]\begin{bmatrix}\boldsymbol{x}_{co}(t)\\ \boldsymbol{x}_{c\hat{o}}(t)\end{bmatrix}$$

综合以上结果,系统按能控性和能观测性分解后

$$\begin{cases}\begin{bmatrix}\dot{x}_{co}(t)\\ \dot{x}_{c\hat{o}}(t)\\ \dot{x}_{\hat{c}o}(t)\end{bmatrix}=\begin{bmatrix}-1 & 0 & 1\\ 1 & -1 & -2\\ 0 & 0 & -1\end{bmatrix}\begin{bmatrix}x_{co}(t)\\ x_{c\hat{o}}(t)\\ x_{\hat{c}o}(t)\end{bmatrix}+\begin{bmatrix}1\\0\\0\end{bmatrix}u(t)\\ y(t)=[1 \quad 0 \quad -2]\begin{bmatrix}x_{co}(t)\\ x_{c\hat{o}}(t)\\ x_{\hat{c}o}(t)\end{bmatrix}\end{cases}$$

2. 排列变换法

(1) 首先将待分解的系统化成标准型,即将系统矩阵 $\boldsymbol{A}$ 化成对角线标准型或约当标准型,并得到新的状态空间表达式。

(2) 按能控性和能观测性的法则判别系统各状态变量的能控性和能观测性,并将系统的状态变量分为能控又能观测的状态变量 $\boldsymbol{x}_{co}$,能控但不能观测的状态变量 $\boldsymbol{x}_{c\hat{o}}$,不能控但能观测的状态变量 $\boldsymbol{x}_{\hat{c}o}$,不能控也不能观测的状态变量 $\boldsymbol{x}_{\hat{c}\hat{o}}$。

(3) 按照 $\boldsymbol{x}_{co},\boldsymbol{x}_{c\hat{o}},\boldsymbol{x}_{\hat{c}o},\boldsymbol{x}_{\hat{c}\hat{o}}$ 的顺序重新排列状态变量的关系,就可组成相应的子系统。

例 3-19　将下列不完全能控也不完全能观测的系统进行结构分解。

$$\begin{bmatrix}\dot{x}_1(t)\\ \dot{x}_2(t)\\ \dot{x}_3(t)\\ \dot{x}_4(t)\end{bmatrix}=\begin{bmatrix}-3 & & & \\ & -1 & & \\ & & -2 & \\ & & & -4\end{bmatrix}\begin{bmatrix}x_1(t)\\ x_2(t)\\ x_3(t)\\ x_4(t)\end{bmatrix}+\begin{bmatrix}1\\2\\0\\0\end{bmatrix}u(t)$$

$$y(t)=[0 \quad 1 \quad 1 \quad 0]\boldsymbol{x}(t)$$

解:由于 $\boldsymbol{A}$ 为对角阵,故可按照对角线标准型的能控性和能观测性判据,很容易判定:

$\boldsymbol{x}_1$ 为能控但不能观测的状态变量 $\boldsymbol{x}_{c\hat{o}}$;

$\boldsymbol{x}_2$ 为能控又能观测的状态变量 $\boldsymbol{x}_{co}$;

$\boldsymbol{x}_3$ 为不能控但能观测的状态变量 $\boldsymbol{x}_{\hat{c}o}$;

$\boldsymbol{x}_4$ 为不能控也不能观测的状态变量 $\boldsymbol{x}_{\hat{c}\hat{o}}$。

将上述方程的状态变量按 $\boldsymbol{x}_{co},\boldsymbol{x}_{c\hat{o}},\boldsymbol{x}_{\hat{c}o},\boldsymbol{x}_{\hat{c}\hat{o}}$ 顺序排列,则有

$$\begin{bmatrix}\dot{x}_2(t)\\ \dot{x}_1(t)\\ \dot{x}_3(t)\\ \dot{x}_4(t)\end{bmatrix}=\begin{bmatrix}-1 & & & \\ & -3 & & \\ & & -2 & \\ & & & -4\end{bmatrix}\begin{bmatrix}x_2(t)\\ x_1(t)\\ x_3(t)\\ x_4(t)\end{bmatrix}+\begin{bmatrix}2\\1\\0\\0\end{bmatrix}u(t)$$

$$y(t)=\begin{bmatrix}1 & 0 & 1 & 0\end{bmatrix}\begin{bmatrix}x_2(t)\\x_1(t)\\x_3(t)\\x_4(t)\end{bmatrix}$$

3.6.2 系统传递函数中零点、极点相消定理

在经典控制理论中,是将传递函数作为主要数学工具来分析和研究控制系统特性。而在现代控制理论中,则是用状态表达式来描述系统。在前面已讨论过状态表达式与传递函数之间的关系。那么系统的能控性和能观测性与传递函数阵之间有什么样的关系?下面我们加以讨论。

定理 3-14 一个单输入单输出线性定常系统 $\Sigma(\boldsymbol{A},\boldsymbol{B},\boldsymbol{C})$,若其传递函数中没有零点和极点相消现象,那么系统一定是既能控又能观测的。若有零、极点相消现象,则系统视状态变量的选择不同,它将是不能控的,或者是不能观测的,或者是不能控不能观测的。

证明:$\Sigma(\boldsymbol{A},\boldsymbol{B},\boldsymbol{C})$的传递函数为

$$G(s)=\boldsymbol{C}(s\boldsymbol{I}-\boldsymbol{A})^{-1}\boldsymbol{B}$$

(1) 证充分性。如果传递函数 $\boldsymbol{C}(s\boldsymbol{I}-\boldsymbol{A})^{-1}\boldsymbol{B}$ 中不出现零、极点对消,系统 $\Sigma(\boldsymbol{A},\boldsymbol{B},\boldsymbol{C})$ 一定是能控能观测的。

假设 $G(s)$的分子、分母无零极点对消,系统 $\Sigma(\boldsymbol{A},\boldsymbol{B},\boldsymbol{C})$ 却不能控或不能观测,因而一定可对系统进行能控性或能观测性结构分解。如设系统 $\Sigma(\boldsymbol{A},\boldsymbol{B},\boldsymbol{C})$ 不完全能观测,则将其按能观测性分解后可得

$$\begin{cases}\begin{bmatrix}\dot{\tilde{\boldsymbol{x}}}_1(t)\\\dot{\tilde{\boldsymbol{x}}}_2(t)\end{bmatrix}=\begin{bmatrix}\tilde{\boldsymbol{A}}_{11} & 0\\\tilde{\boldsymbol{A}}_{21} & \tilde{\boldsymbol{A}}_{22}\end{bmatrix}\begin{bmatrix}\tilde{\boldsymbol{x}}_1(t)\\\tilde{\boldsymbol{x}}_2(t)\end{bmatrix}+\begin{bmatrix}\tilde{\boldsymbol{B}}_1\\\tilde{\boldsymbol{B}}_2\end{bmatrix}\boldsymbol{u}(t)\\ \boldsymbol{y}(t)=\begin{bmatrix}\tilde{\boldsymbol{C}}_1 & 0\end{bmatrix}\tilde{\boldsymbol{x}}(t)\end{cases}$$

系统传递函数应满足

$$\begin{aligned}\boldsymbol{C}(s\boldsymbol{I}-\boldsymbol{A})^{-1}\boldsymbol{B}&=\begin{bmatrix}\tilde{\boldsymbol{C}}_1 & 0\end{bmatrix}\begin{bmatrix}s\boldsymbol{I}-\tilde{\boldsymbol{A}}_{11} & 0\\-\tilde{\boldsymbol{A}}_{21} & s\boldsymbol{I}-\tilde{\boldsymbol{A}}_{22}\end{bmatrix}^{-1}\begin{bmatrix}\tilde{\boldsymbol{B}}_1\\\tilde{\boldsymbol{B}}_2\end{bmatrix}\\&=\begin{bmatrix}\tilde{\boldsymbol{C}}_1 & 0\end{bmatrix}\begin{bmatrix}(s\boldsymbol{I}-\tilde{\boldsymbol{A}}_{11})^{-1} & 0\\-(s\boldsymbol{I}-\tilde{\boldsymbol{A}}_{11})^{-1}\tilde{\boldsymbol{A}}_{21}(s\boldsymbol{I}-\tilde{\boldsymbol{A}}_{22})^{-1} & (s\boldsymbol{I}-\tilde{\boldsymbol{A}}_{22})^{-1}\end{bmatrix}\begin{bmatrix}\tilde{\boldsymbol{B}}_1\\\tilde{\boldsymbol{B}}_2\end{bmatrix}\\&=\tilde{\boldsymbol{C}}_1(s\boldsymbol{I}-\tilde{\boldsymbol{A}}_{11})^{-1}\tilde{\boldsymbol{B}}_1\end{aligned}$$

由于 $\tilde{\boldsymbol{A}}_{11}$ 的维数低于 $\boldsymbol{A}$ 的维数,但又假设系统无零极点对消,故上式不可能成立,因此系统 $\Sigma(\boldsymbol{A},\boldsymbol{B},\boldsymbol{C})$ 的传递函数无零极点对消,系统必是能观测的。同理,可证明系统也必能控。

(2) 证必要性。如果系统 $\Sigma(\boldsymbol{A},\boldsymbol{B},\boldsymbol{C})$ 能控且能观测,传递函数 $G(s)$ 中没有零极点相消现象。

如果系统 $\Sigma(\boldsymbol{A},\boldsymbol{B},\boldsymbol{C})$ 不是 $G(s)$ 的最小实现，则必存在另一个系统，有更小的维数，使得

$$\widetilde{\boldsymbol{C}}(s\boldsymbol{I}-\widetilde{\boldsymbol{A}})^{-1}\widetilde{\boldsymbol{B}}=G(s)=\boldsymbol{C}(s\boldsymbol{I}-\boldsymbol{A})^{-1}\boldsymbol{B}$$

由于 $\widetilde{\boldsymbol{A}}$ 的阶次比 $\boldsymbol{A}$ 低，于是多项式 $\det(s\boldsymbol{I}-\widetilde{\boldsymbol{A}})$ 的阶次也一定比 $\det(s\boldsymbol{I}-\boldsymbol{A})$ 的阶次低，但是欲使上式成立，必须是 $\boldsymbol{C}(s\boldsymbol{I}-\boldsymbol{A})^{-1}\boldsymbol{B}$ 的分子分母之间出现零极点对消，于是反设不成立。

[证毕]

这时特别需要指出，上述定理对于多输入多输出系统只是充分条件，而不是必要条件。

例 3-20　试判定系统

$$\begin{cases}\dot{\boldsymbol{x}}(t)=\begin{bmatrix}3 & 1\\ 2 & 2\end{bmatrix}\boldsymbol{x}(t)+\begin{bmatrix}1\\ 1\end{bmatrix}u(t)\\ y(t)=\begin{bmatrix}1 & 0\end{bmatrix}\boldsymbol{x}(t)\end{cases}$$

的传递函数中是否有零极点相消现象。

解：系统的能控性矩阵

$$\boldsymbol{Q}_c=[\boldsymbol{B}\quad \boldsymbol{AB}]=\begin{bmatrix}1 & 4\\ 1 & 4\end{bmatrix}$$

其秩为 1，系统不完全能控。所以系统传递函数中必有零极点相消现象。

系统的能观测性矩阵为

$$\boldsymbol{Q}_o=\begin{bmatrix}\boldsymbol{C}\\ \boldsymbol{CA}\end{bmatrix}=\begin{bmatrix}1 & 0\\ 3 & 1\end{bmatrix}$$

其秩为 2，系统完全能观测。

容易求出系统的传递函数为

$$G(s)=\frac{Y(s)}{U(s)}=\boldsymbol{C}(s\boldsymbol{I}-\boldsymbol{A})^{-1}\boldsymbol{B}=$$

$$\begin{bmatrix}1 & 0\end{bmatrix}\begin{bmatrix}s-3 & -1\\ -2 & s-2\end{bmatrix}^{-1}\begin{bmatrix}1\\ 1\end{bmatrix}=\frac{s-1}{(s-4)(s-1)}$$

系统矩阵 $\boldsymbol{A}$ 有两个特征值：$\lambda_1=1,\lambda_2=4$。从上式可看出，$\lambda_1=1$ 的因子被约去了。

如果把系统矩阵 $\boldsymbol{A}$ 化为对角线标准型，那么 $\lambda_1=1$ 被约去的现象就看得更清楚了。不难求得变换矩阵为

$$\boldsymbol{P}=\begin{bmatrix}1 & 1\\ -2 & 1\end{bmatrix}\qquad \boldsymbol{P}^{-1}=\frac{1}{3}\begin{bmatrix}1 & -1\\ 2 & 1\end{bmatrix}$$

$$\begin{cases}\dot{\tilde{\boldsymbol{x}}}(t)=\begin{bmatrix}1 & 0\\ 0 & 4\end{bmatrix}\tilde{\boldsymbol{x}}(t)+\begin{bmatrix}0\\ 1\end{bmatrix}u(t)\\ y(t)=\begin{bmatrix}1 & 1\end{bmatrix}\tilde{\boldsymbol{x}}(t)\end{cases}$$

由上述状态表达式清楚地看到,对应于 $\lambda_1=1$ 的状态方程根本没有输入,自然不能控,也不会出现于系统的传递函数之中。

通过以上分析我们得知,系统的传递函数(传递函数阵)所表征的只能是既能控又能观测的子系统。除此之外,由于系统不能控或不能观测部分的运动无法用传递函数(或传递函数阵)反映出来,若没有反映出来的部分有不稳定的运动模式,那就会有"潜伏振荡"发生,这就是用传递函数来描述系统的局限性。

3.7 系统的能控标准型和能观测标准型

标准型亦称规范形,它是系统的系数在一组特定的状态空间基底下导出的标准形式。而系统的能控标准型和能观测标准型,指的是系统的状态方程和输出方程若能变换成某一种标准形式,即可说明这一系统必是能控的或能观测的,那么这一标准形式就称为能控标准型或能观测标准型。由于能控标准型常用于极点的最优配置,而能观测标准型常常用于观测器的状态重构,所以这两种标准型对系统的分析和综合有着十分重要的意义。

3.7.1 系统的能控标准型

1. 单输入单输出系统

定理 3-15 设单输入单输出系统的状态空间表达式为

$$\begin{cases}\dot{\boldsymbol{x}}(t)=\boldsymbol{A}\boldsymbol{x}(t)+\boldsymbol{B}\boldsymbol{u}(t)\\ \boldsymbol{y}(t)=\boldsymbol{C}\boldsymbol{x}(t)\end{cases} \tag{3-50}$$

其中

$$\boldsymbol{A}=\begin{bmatrix}0&1&0&\cdots&0\\0&0&1&\cdots&0\\\vdots&\vdots&\vdots&&\vdots\\0&0&0&\cdots&1\\-a_n&-a_{n-1}&-a_{n-2}&\cdots&-a_1\end{bmatrix}\quad \boldsymbol{B}=\begin{bmatrix}0\\0\\\vdots\\0\\1\end{bmatrix}$$

式中,$a_1,a_2,\cdots,a_n$ 为系统特征多项式

$$|s\boldsymbol{I}-\boldsymbol{A}|=s^n+a_1s^{n-1}+\cdots+a_{n-1}s+a_n$$

的系数;则式(3-50)为系统的能控标准型,那么该系统一定是完全能控的。

证明:因为

$$\boldsymbol{AB}=\begin{bmatrix}0\\\vdots\\0\\1\\-a_1\end{bmatrix}\quad \boldsymbol{A}^2\boldsymbol{B}=\begin{bmatrix}0\\\vdots\\0\\1\\-a_1\\-a_2+a_1^2\end{bmatrix}\quad\cdots\quad \boldsymbol{A}^{n-1}\boldsymbol{B}=\begin{bmatrix}1\\-a_1\\ *\\\vdots\\ *\end{bmatrix}$$

于是

$$\operatorname{rank}\boldsymbol{Q}_c=\operatorname{rank}[\boldsymbol{B}\quad \boldsymbol{AB}\quad \cdots\quad \boldsymbol{A}^{n-1}\boldsymbol{B}]=$$

$$\operatorname{rank}\begin{bmatrix}0 & 0 & \cdots & 1\\ \vdots & \vdots & & \vdots\\ 0 & 1 & \cdots & *\\ 1 & * & \cdots & *\end{bmatrix}=n$$

式中，* 为某一常数。

所以该系统是状态完全能控的。

[证毕]

定理 3-16　设线性定常系统 $\Sigma(\boldsymbol{A},\boldsymbol{B},\boldsymbol{C})$，如果系统是能控的，那么，就一定存在一个非奇异变换 $\tilde{\boldsymbol{x}}=\boldsymbol{P}^{-1}\boldsymbol{x}$，能将上述系统 $\Sigma(\boldsymbol{A},\boldsymbol{B},\boldsymbol{C})$ 变换成能控标准型。

变换矩阵 $\boldsymbol{P}$ 由下式确定

$$\boldsymbol{P}^{-1}=\begin{bmatrix}\boldsymbol{P}_1\\ \boldsymbol{P}_1\boldsymbol{A}\\ \vdots\\ \boldsymbol{P}_1\boldsymbol{A}^{n-1}\end{bmatrix}\tag{3-51}$$

式中

$$\boldsymbol{P}_1=[0\quad \cdots\quad 0\quad 1][\boldsymbol{B}\quad \boldsymbol{AB}\quad \cdots\quad \boldsymbol{A}^{n-1}\boldsymbol{B}]^{-1}=[0\quad \cdots\quad 0\quad 1]\boldsymbol{Q}_c^{-1}\tag{3-52}$$

证明：假设下式成立

$$\boldsymbol{P}^{-1}\boldsymbol{AP}=\begin{bmatrix}0 & 1 & 0 & \cdots & 0\\ 0 & 0 & 1 & \cdots & 0\\ \vdots & \vdots & \vdots & & \vdots\\ 0 & 0 & 0 & \cdots & 1\\ -a_n & -a_{n-1} & -a_{n-2} & \cdots & -a_1\end{bmatrix}$$

则

$$\boldsymbol{P}^{-1}\boldsymbol{A}=\begin{bmatrix}0 & 1 & 0 & \cdots & 0\\ 0 & 0 & 1 & \cdots & 0\\ \vdots & \vdots & \vdots & & \vdots\\ 0 & 0 & 0 & \cdots & 1\\ -a_n & -a_{n-1} & -a_{n-2} & \cdots & -a_1\end{bmatrix}\boldsymbol{P}^{-1}$$

令

$$\boldsymbol{P}^{-1}=\begin{bmatrix}\boldsymbol{P}_1\\ \boldsymbol{P}_2\\ \vdots\\ \boldsymbol{P}_n\end{bmatrix}$$

则

$$\begin{bmatrix} \boldsymbol{P}_1\boldsymbol{A} \\ \boldsymbol{P}2\boldsymbol{A} \\ \vdots \\ \boldsymbol{P}_{n-1}\boldsymbol{A} \\ \boldsymbol{P}_n\boldsymbol{A} \end{bmatrix} = \begin{bmatrix} 0 & 1 & 0 & \cdots & 0 \\ 0 & 0 & 1 & \cdots & 0 \\ \vdots & \vdots & \vdots & & \vdots \\ 0 & 0 & 0 & \cdots & 1 \\ -a_n & -a_{n-1} & -a_{n-2} & \cdots & -a_1 \end{bmatrix} \begin{bmatrix} \boldsymbol{P}_1 \\ \boldsymbol{P}_2 \\ \vdots \\ \boldsymbol{P}_{n-1} \\ \boldsymbol{P}_n \end{bmatrix}$$

因此有

$$\begin{cases} \boldsymbol{P}_1\boldsymbol{A} = \boldsymbol{P}_2 \\ \boldsymbol{P}_2\boldsymbol{A} = \boldsymbol{P}_1\boldsymbol{A}^2 = \boldsymbol{P}_3 \\ \quad\vdots \\ \boldsymbol{P}_{n-1}\boldsymbol{A} = \boldsymbol{P}_1\boldsymbol{A}^{n-1} = \boldsymbol{P}_n \end{cases}$$

于是

$$\boldsymbol{P}^{-1} = \begin{bmatrix} \boldsymbol{P}_1 \\ \boldsymbol{P}_1\boldsymbol{A} \\ \vdots \\ \boldsymbol{P}_1\boldsymbol{A}^{n-1} \end{bmatrix}$$

又因为

$$\boldsymbol{P}^{-1}\boldsymbol{B} = \begin{bmatrix} 0 \\ \vdots \\ 0 \\ 1 \end{bmatrix} = \begin{bmatrix} \boldsymbol{P}_1\boldsymbol{B} \\ \boldsymbol{P}_1\boldsymbol{A}\boldsymbol{B} \\ \vdots \\ \boldsymbol{P}_1\boldsymbol{A}^{n-1}\boldsymbol{B} \end{bmatrix}$$

将等式两边转置后有

$$\boldsymbol{P}_1[\boldsymbol{B} \quad \boldsymbol{A}\boldsymbol{B} \quad \cdots \quad \boldsymbol{A}^{n-1}\boldsymbol{B}] = [0 \quad \cdots \quad 0 \quad 1]$$

由此可得

$$\boldsymbol{P}_1 = [0 \quad \cdots \quad 0 \quad 1][\boldsymbol{B} \quad \boldsymbol{A}\boldsymbol{B} \quad \cdots \quad \boldsymbol{A}^{n-1}\boldsymbol{B}]^{-1}$$

[证毕]

例 3-21 试将下列系统的状态方程

$$\dot{\boldsymbol{x}}(t) = \begin{bmatrix} 1 & 0 \\ -1 & 2 \end{bmatrix}\boldsymbol{x}(t) + \begin{bmatrix} -1 \\ 1 \end{bmatrix}u(t)$$

变换为能控标准型。

解:

$$Q_c = [B \quad AB] = \begin{bmatrix} -1 & -1 \\ 1 & 3 \end{bmatrix}$$

$$\text{rank}Q_c = 2 = n$$

所以系统是能控的。

$$P_1 = [0 \quad 1][B \quad AB]^{-1} = [0 \quad 1]\begin{bmatrix} -1.5 & -0.5 \\ 0.5 & 0.5 \end{bmatrix} = [0.5 \quad 0.5]$$

$$P^{-1} = \begin{bmatrix} P_1 \\ P_1A \end{bmatrix} = \begin{bmatrix} 0.5 & 0.5 \\ 0 & 1 \end{bmatrix} \qquad P = \begin{bmatrix} 2 & -1 \\ 0 & 1 \end{bmatrix}$$

从而得能控标准型为

$$\dot{\tilde{x}}(t) = P^{-1}AP\tilde{x}(t) + P^{-1}Bu(t) = \begin{bmatrix} 0 & 1 \\ -2 & 3 \end{bmatrix}\tilde{x}(t) + \begin{bmatrix} 0 \\ 1 \end{bmatrix}u(t)$$

2. 多输入多输出系统

设线性定常系统 $\Sigma(A,B,C)$，A 为 $n\times n$ 系统矩阵，B 为 $n\times r$ 输入矩阵，C 为 $m\times n$ 输出矩阵，如果系统是能控的，那么就一定存在一个非奇异线性变换，能把系统变换为如下的能控标准型

$$\begin{cases} \dot{\tilde{x}}(t) = A\tilde{x}(t) + Bu(t) \\ y(t) = C\tilde{x}(t) \end{cases} \tag{3-53}$$

式中

$$A = \begin{bmatrix} \mathbf{0}_r & I_r & \mathbf{0}_r & \cdots & \mathbf{0}_r \\ \mathbf{0}_r & \mathbf{0}_r & I_r & \cdots & \mathbf{0}_r \\ \vdots & \vdots & \vdots & & \vdots \\ \mathbf{0}_r & \mathbf{0}_r & \mathbf{0}_r & \cdots & I_r \\ -a_nI_r & -a_{n-1}I_r & -a_{n-2}I_r & \cdots & -aI_r \end{bmatrix} \qquad B = \begin{bmatrix} \mathbf{0}_r \\ \mathbf{0}_r \\ \vdots \\ \mathbf{0}_r \\ I_r \end{bmatrix} \qquad C \text{ 为任意}$$

其中，$a_1,a_2,\cdots,a_n$ 为系统特征多项式

$$|sI - A| = s^n + a_1s^{n-1} + \cdots + a_{n-1}s + a_n$$

的系数；$\mathbf{0}_r$ 和 I_r 分别表示 $r\times r$ 零矩阵和单位矩阵。

3.7.2　系统的能观测标准型

1. 单输入单输出系统

定理 3-17　设单输入单输出系统 $\Sigma(A,C)$，其中

$$A = \begin{bmatrix} 0 & 0 & \cdots & 0 & -a_n \\ 1 & 0 & \cdots & 0 & -a_{n-1} \\ 0 & 1 & \cdots & 0 & -a_{n-2} \\ \vdots & \vdots & & \vdots & \vdots \\ 0 & 0 & \cdots & 1 & -a_1 \end{bmatrix}$$

$$C=[0\quad 0\quad \cdots\quad 0\quad 1] \tag{3-54}$$

则式(3-54)为系统的能观测标准型,那么该系统一定是完全能观测的。

定理 3-18　设线性定常系统$\Sigma(A,C)$,如果系统是能观测的,那么,就一定存在一个非奇异变换$x=\tilde{T}x$,能将上述系统$\Sigma(A,C)$变换成能观测标准型。且系统矩阵中a_1,$a_2,\cdots,a_n$为系统特征多项式

$$|sI-A|=s^n+a_1s^{n+1}+\cdots+a_{n-1}s+a_n$$

的系数;变换矩阵

$$T=[T_1\quad AT_1\quad \cdots\quad A^{n-1}T_1] \tag{3-55}$$

式中

$$T_1=\begin{bmatrix}C\\CA\\\vdots\\CA^{n-1}\end{bmatrix}^{-1}\begin{bmatrix}0\\\vdots\\0\\1\end{bmatrix} \tag{3-56}$$

证明从略。

例 3-22　若系统的状态空间表达式为

$$\begin{cases}\dot{x}(t)=\begin{bmatrix}1&-1\\0&2\end{bmatrix}x(t)\\ y(t)=[-1\quad -0.5]x(t)\end{cases}$$

试将其变换为能观测标准型。

解:因为

$$Q_o=\begin{bmatrix}-1&-0.5\\-1&0\end{bmatrix}$$

$$\mathrm{rank}Q_c=2=n$$

所以系统是能观测的。

根据

$$T_1=\begin{bmatrix}C\\CA\end{bmatrix}^{-1}\begin{bmatrix}0\\1\end{bmatrix}=\begin{bmatrix}-1&-0.5\\-1&0\end{bmatrix}^{-1}\begin{bmatrix}0\\1\end{bmatrix}=\begin{bmatrix}-1\\2\end{bmatrix}$$

$$T=[T_1\quad AT_1]=\begin{bmatrix}-1&-3\\2&4\end{bmatrix}$$

故有

$$\tilde{A}=T^{-1}AT=\begin{bmatrix}0 & -2\\ 1 & 3\end{bmatrix}$$

$$\tilde{C}=CT=[0 \quad 1]$$

有一点需要特别指出，即对于单输入单输出系统而言，因其能控性矩阵 $\boldsymbol{Q}_c$ 和能观测性矩阵 $\boldsymbol{Q}_o$ 只有唯一的一组线性无关向量，所以当原系统状态表达式变换为能控标准型或能观测标准型时，其表示方法是唯一的。

2. 多输入多输出系统

设线性定常系统 $\Sigma(\boldsymbol{A},\boldsymbol{B},\boldsymbol{C})$，$\boldsymbol{A}$ 为 $n\times n$ 系统矩阵，$\boldsymbol{B}$ 为 $n\times r$ 输入矩阵，$\boldsymbol{C}$ 为 $m\times n$ 输出矩阵，如果系统是能观测的，那么就一定存在一个非奇异线性变换，能把系统变换为如下的能观测标准型：

$$\begin{cases}\dot{\tilde{\boldsymbol{x}}}(t)=\boldsymbol{A}\tilde{\boldsymbol{x}}(t)+\boldsymbol{B}\boldsymbol{u}(t)\\ \boldsymbol{y}(t)=\boldsymbol{C}\tilde{\boldsymbol{x}}(t)\end{cases} \tag{3-57}$$

式中

$$\boldsymbol{A}=\begin{bmatrix}\boldsymbol{0}_m & \cdots & \boldsymbol{0}_m & -a_n\boldsymbol{I}_m\\ \boldsymbol{I}_m & \cdots & \boldsymbol{0}_m & -a_{n-1}\boldsymbol{I}_m\\ \vdots & & \vdots & \vdots\\ \boldsymbol{0}_m & \cdots & \boldsymbol{I}_m & -a_1\boldsymbol{I}_m\end{bmatrix}$$

$$\boldsymbol{C}=[\boldsymbol{0}_m \quad \cdots \quad \boldsymbol{0}_m \quad \boldsymbol{I}_m]$$

其中，$a_1,a_2,\cdots,a_n$ 为系统特征多项式

$$|s\boldsymbol{I}-\boldsymbol{A}|=s^n+a_1s^{n-1}+\cdots+a_{n-1}s+a_n$$

的系数；$\boldsymbol{0}_m$ 和 $\boldsymbol{I}_m$ 分别表示 $m\times m$ 零矩阵和单位矩阵。

3.8 实现问题

状态空间分析法是现代控制理论的基础。因此，如何建立状态方程和输出方程是分析和综合系统首先要解决的问题。对于结构和参数已知的系统，可以通过对系统物理过程的深入研究后，直接建立系统的状态空间表达式。但是，有很多实际系统，其物理过程比较复杂，相互之间的数量关系又不太清楚。此时，要直接导出其状态空间表达式显得十分困难，甚至是不可能。为了解决这类问题，一个可能的办法是，先用实验的方法确定系统的传递函数（或传递函数阵），然后根据传递函数推导出相应的状态方程和输出方程。由传递函数阵或相应的脉冲响应阵来建立系统的状态方程和输出方程的问题，即称为实现问题。而系统的状态方程和输出方程则称为系统传递函数阵的一个实现。

3.8.1 定义和基本特性

1. 定义

如果对给定的一个传递函数阵 $\boldsymbol{G}(s)$,能找到相应的线性定常系统状态空间表达式

$$\begin{cases}\dot{\boldsymbol{x}}(t)=\boldsymbol{A}\boldsymbol{x}(t)+\boldsymbol{B}\boldsymbol{u}(t)\\ \boldsymbol{y}(t)=\boldsymbol{C}\boldsymbol{x}(t)\end{cases} \tag{3-58}$$

使得

$$\boldsymbol{G}(s)=\boldsymbol{C}(s\boldsymbol{I}-\boldsymbol{A})^{-1}\boldsymbol{B} \tag{3-59}$$

成立,则称系统 $\Sigma(\boldsymbol{A},\boldsymbol{B},\boldsymbol{C})$ 是 $\boldsymbol{G}(s)$ 的一个实现。相应地,如果其

$$\boldsymbol{H}(t)=L^{-1}[\boldsymbol{G}(s)]=\boldsymbol{C}\mathrm{e}^{\boldsymbol{A}t}\boldsymbol{B} \tag{3-60}$$

则称该系统是脉冲响应阵 $\boldsymbol{H}(t)$ 的一个实现。

2. 基本特性

(1) 对任意给定的传递函数阵 $\boldsymbol{G}(s)$,只要满足物理上可实现的条件,那么一定可以得到其实现,这是实现的存在性问题。

(2) 实现的实质是用状态空间分析法,寻找一个与真实系统具有相同传递函数阵的假想系统。但从传递函数阵出发,一般可以构造无数个与真实系统输入输出特性相同的假想系统。因此,实现具有非唯一性。

(3) 当传递函数阵 $\boldsymbol{G}(s)$ 所有元的传递函数 $G_{ij}(s)$ 均为 s 的真有理分式函数(即分子多项式的阶次低于分母多项式的阶次)时,其实现为 $\Sigma(\boldsymbol{A},\boldsymbol{B},\boldsymbol{C})$ 形式。当 $G_{ij}(s)$ 的分子多项式的阶次等于分母多项式的阶次时,其实现为 $\Sigma(\boldsymbol{A},\boldsymbol{B},\boldsymbol{C},\boldsymbol{D})$ 形式。且有

$$\boldsymbol{D}=\lim_{s\to\infty}\boldsymbol{G}(s) \tag{3-61}$$

3.8.2 按标准型实现

能控标准型(能观测标准型)实现就是由传递函数阵或相应的脉冲响应阵所建立的状态表达式,不但完全能控(能观测),而且为标准形式,则称为能控标准型(能观测标准型)实现。这两种典型实现,是找到最小实现的必经之路。

1. 单输入单输出系统的实现

定理 3-19 若单输入单输出系统的传递函数 $G(s)$ 为

$$G(s)=\frac{b_1s^{n-1}+\cdots+b_{n-1}s+b_n}{s^n+a_1s^{n-1}+\cdots+a_{n-1}s+a_n}=\frac{Y(s)}{U(s)} \tag{3-62}$$

式中,a_i 和 $b_i(i=1,2,\cdots,n)$ 为实常数,则其能控标准型的实现为

$$
\boldsymbol{A}=\begin{bmatrix} 0 & 1 & 0 & \cdots & 0 \\ 0 & 0 & 1 & \cdots & 0 \\ \vdots & \vdots & \vdots & & \vdots \\ 0 & 0 & 0 & \cdots & 1 \\ -a_n & -a_{n-1} & -a_{n-2} & \cdots & -a_1 \end{bmatrix} \qquad \boldsymbol{B}=\begin{bmatrix} 0 \\ 0 \\ \vdots \\ 0 \\ 1 \end{bmatrix} \tag{3-63}
$$

$$
\boldsymbol{C}=[b_n \quad b_{n-1} \quad \cdots \quad b_1]
$$

能观测标准型的实现为

$$
\boldsymbol{A}=\begin{bmatrix} 0 & 0 & \cdots & 0 & -a_n \\ 1 & 0 & \cdots & 0 & -a_{n-1} \\ 0 & 1 & \cdots & 0 & -a_{n-2} \\ \vdots & \vdots & & \vdots & \vdots \\ 0 & 0 & \cdots & 1 & -a_1 \end{bmatrix} \qquad \boldsymbol{B}=\begin{bmatrix} b_n \\ b_{n-1} \\ \vdots \\ b_1 \end{bmatrix} \tag{3-64}
$$

$$
\boldsymbol{C}=[0 \quad 0 \quad \cdots \quad 0 \quad 1]
$$

证明:先证能控标准型的实现。

因为

$$
\boldsymbol{C}(s\boldsymbol{I}-\boldsymbol{A})^{-1}\boldsymbol{B}=\boldsymbol{C}\frac{\mathrm{adj}(s\boldsymbol{I}-\boldsymbol{A})}{|s\boldsymbol{I}-\boldsymbol{A}|}\boldsymbol{B}=
$$

$$
[b_n \quad b_{n-1} \quad \cdots \quad b_1]\frac{1}{s^n+a_1s^{n-1}+\cdots+a_{n-1}s+a_n}\begin{bmatrix} * & \cdots & * & 1 \\ * & \cdots & * & s \\ \vdots & & \vdots & \vdots \\ * & \cdots & * & s^{n-1} \end{bmatrix}\begin{bmatrix} 0 \\ \vdots \\ 0 \\ 1 \end{bmatrix}=
$$

$$
\frac{1}{s^n+a_1s^{n-1}+\cdots+a_{n-1}s+a_n}[b_n \quad b_{n-1} \quad \cdots \quad b_1]\begin{bmatrix} 1 \\ s \\ \vdots \\ s^{n-1} \end{bmatrix}=
$$

$$
\frac{b_1s^{n-1}+\cdots+b_{n-1}s+b_n}{s^n+a_1s^{n-1}+\cdots+a_{n-1}s+a_n}
$$

同理,也能证明能观测标准型实现。

[证毕]

能控标准型实现和能观测标准型实现的模拟电路图如图 3-8(a)和(b)所示。

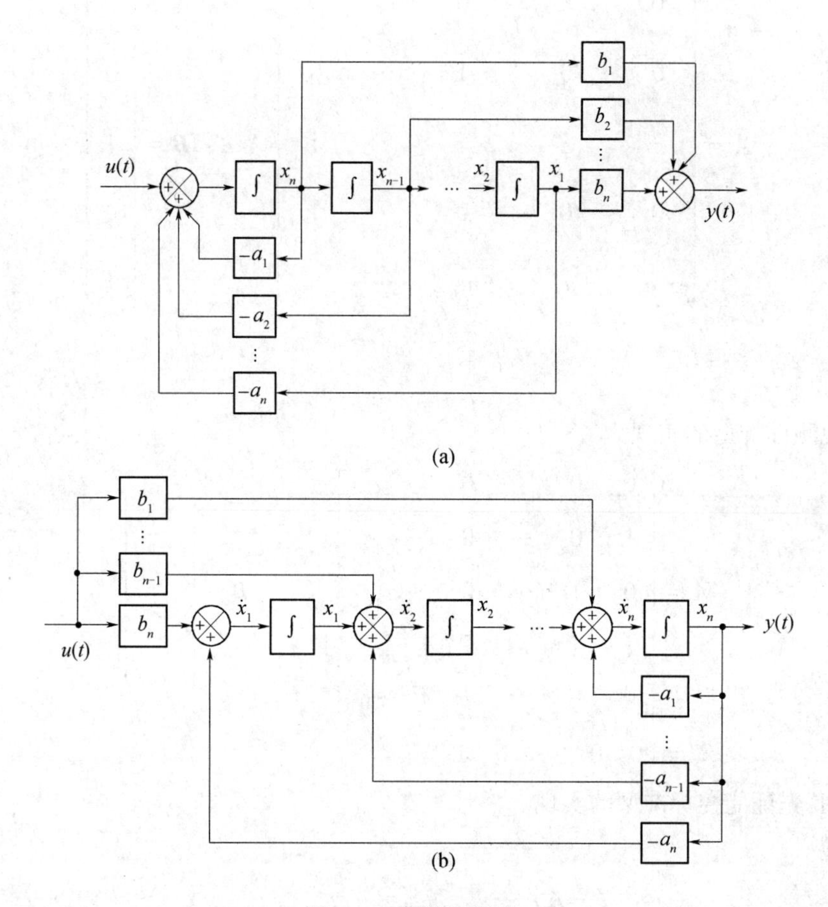

图 3-8 模拟电路图

(a) 能控标准型实现；(b) 能观测标准型实现。

例 3-23 试求传递函数

$$G(s)=\frac{s^2+4s+5}{s^3+6s^2+11s+6}$$

的能控标准型实现和能观测标准型实现。

解：因为

$$a_1=6 \quad a_2=11 \quad a_3=6$$

$$b_1=1 \quad b_2=4 \quad b_3=5$$

(1) 能控标准型为

$$\begin{cases}\dot{\boldsymbol{x}}(t)=\begin{bmatrix}0 & 1 & 0\\ 0 & 0 & 1\\ -6 & -11 & -6\end{bmatrix}\boldsymbol{x}(t)+\begin{bmatrix}0\\ 0\\ 1\end{bmatrix}u(t)\\ y(t)=\begin{bmatrix}5 & 4 & 1\end{bmatrix}\boldsymbol{x}(t)\end{cases}$$

(2) 能观测标准型为

$$\begin{cases}\dot{\boldsymbol{x}}(t)=\begin{bmatrix}0 & 0 & -6\\ 1 & 0 & -11\\ 0 & 1 & -6\end{bmatrix}\boldsymbol{x}(t)+\begin{bmatrix}5\\ 4\\ 1\end{bmatrix}u(t)\\ y(t)=\begin{bmatrix}0 & 0 & 1\end{bmatrix}\boldsymbol{x}(t)\end{cases}$$

2. 多输入多输出系统

对具有 r 个输入和 m 个输出的多输入多输出系统，可把 $m\times r$ 的传递函数阵 $\boldsymbol{G}(s)$ 写成和单输入单输出系统传递函数相类似的形式，即

$$\boldsymbol{G}(s)=\frac{\boldsymbol{B}_1 s^{n-1}+\cdots+\boldsymbol{B}_{n-1}s+\boldsymbol{B}_n}{s^n+a_1 s^{n-1}+\cdots+a_{n-1}s+a_n}=\frac{\boldsymbol{Y}(s)}{\boldsymbol{U}(s)} \tag{3-65}$$

式中，$\boldsymbol{B}_1,\boldsymbol{B}_2,\cdots,\boldsymbol{B}_n$ 均为 $m\times r$ 实常数矩阵，分母多项式为该传递函数阵的特征多项式（最小公分母）。

对于式(3–65)形式的传递函数阵的能控标准型实现的各系数矩阵为

$$\boldsymbol{A}=\begin{bmatrix}\boldsymbol{0}_r & \boldsymbol{I}_r & \cdots & \boldsymbol{0}_r\\ \vdots & \vdots & & \vdots\\ \boldsymbol{0}_r & \boldsymbol{0}_r & \cdots & \boldsymbol{I}_r\\ -a_n\boldsymbol{I}_r & -a_{n-1}\boldsymbol{I}_r & \cdots & -a_1\boldsymbol{I}_r\end{bmatrix}\qquad \boldsymbol{B}=\begin{bmatrix}\boldsymbol{0}_r\\ \vdots\\ \boldsymbol{0}_r\\ \boldsymbol{I}_r\end{bmatrix}$$

$$\boldsymbol{C}=\begin{bmatrix}\boldsymbol{B}_n & \boldsymbol{B}_{n-1} & \cdots & \boldsymbol{B}_1\end{bmatrix}$$

其中，$\boldsymbol{0}_r$ 和 $\boldsymbol{I}_r$ 分别表示 $r\times r$ 零矩阵和单位矩阵。

能观测标准型实现的各系数矩阵为

$$\boldsymbol{A}=\begin{bmatrix}\boldsymbol{0}_m & \cdots & \boldsymbol{0}_m & -a_n\boldsymbol{I}_m\\ \boldsymbol{I}_m & \cdots & \boldsymbol{0}_m & -a_{n-1}\boldsymbol{I}_m\\ \vdots & & \vdots & \vdots\\ \boldsymbol{0}_m & \cdots & \boldsymbol{I}_m & -a_1\boldsymbol{I}_m\end{bmatrix}\qquad \boldsymbol{B}=\begin{bmatrix}\boldsymbol{B}_n\\ \boldsymbol{B}_{n-1}\\ \vdots\\ \boldsymbol{B}_1\end{bmatrix}$$

$$\boldsymbol{C}=\begin{bmatrix}\boldsymbol{0}_m & \boldsymbol{0}_m & \cdots & \boldsymbol{I}_m\end{bmatrix}$$

其中，$\boldsymbol{0}_m$ 和 $\boldsymbol{I}_m$ 分别表示 $m\times m$ 零矩阵和单位矩阵。

显然，能控标准型实现的维数是 $n\times r$，能观测标准型实现的维数是 $n\times m$，为了保证实现的维数较小，当 $m>r$，即输出的维数大于输入的维数时，应采用能控标准型实现；当 $m<r$ 时应采用能观测标准型实现。

例 3–24　试求传递函数阵

$$\boldsymbol{G}(s)=\begin{bmatrix}\dfrac{1}{s+1} & \dfrac{1}{s+3}\\ -\dfrac{1}{s+1} & -\dfrac{1}{s+2}\end{bmatrix}$$

的能控标准型实现和能观测标准型实现。

解:将$\boldsymbol{G}(s)$写成按s的降幂排列的标准格式,即

$$\boldsymbol{G}(s)=\frac{1}{(s+1)(s+2)(s+3)}\begin{bmatrix} s^2+5s+6 & s^2+3s+2 \\ -(s^2+5s+6) & -(s^2+4s+3) \end{bmatrix}=$$

$$\frac{1}{(s+1)(s+2)(s+3)}\left\{\begin{bmatrix} 1 & 1 \\ -1 & -1 \end{bmatrix}s^2+\begin{bmatrix} 5 & 3 \\ -5 & -4 \end{bmatrix}s+\begin{bmatrix} 6 & 2 \\ -6 & -3 \end{bmatrix}\right\}$$

$$a_1=6 \quad a_2=11 \quad a_3=6$$

$$\boldsymbol{B}_1=\begin{bmatrix} 1 & 1 \\ -1 & -1 \end{bmatrix} \quad \boldsymbol{B}_2=\begin{bmatrix} 5 & 3 \\ -5 & -4 \end{bmatrix} \quad \boldsymbol{B}_3=\begin{bmatrix} 6 & 2 \\ -6 & -3 \end{bmatrix}$$

$$r=2 \qquad m=2$$

能控标准型实现的各系数矩阵

$$\boldsymbol{A}=\begin{bmatrix} 0_2 & \boldsymbol{I}_2 & 0_2 \\ 0_2 & 0_2 & \boldsymbol{I}_2 \\ -a_3\boldsymbol{I}_2 & -a_2\boldsymbol{I}_2 & -a_1\boldsymbol{I}_2 \end{bmatrix}=\begin{bmatrix} 0 & 0 & 1 & 0 & 0 & 0 \\ 0 & 0 & 0 & 1 & 0 & 0 \\ 0 & 0 & 0 & 0 & 1 & 0 \\ 0 & 0 & 0 & 0 & 0 & 1 \\ -6 & 0 & -11 & 0 & -6 & 0 \\ 0 & -6 & 0 & -11 & 0 & -6 \end{bmatrix}$$

$$\boldsymbol{B}=\begin{bmatrix} 0_2 \\ 0_2 \\ \boldsymbol{I}_2 \end{bmatrix}=\begin{bmatrix} 0 & 0 \\ 0 & 0 \\ 0 & 0 \\ 0 & 0 \\ 1 & 0 \\ 0 & 1 \end{bmatrix}$$

$$\boldsymbol{C}=[\boldsymbol{B}_3 \quad \boldsymbol{B}_2 \quad \boldsymbol{B}_1]=\begin{bmatrix} 6 & 2 & 5 & 3 & 1 & 1 \\ -6 & -3 & -5 & -4 & -1 & -1 \end{bmatrix}$$

能观测标准型实现的各系数矩阵为

$$\boldsymbol{A}=\begin{bmatrix} 0_2 & 0_2 & -a_3\boldsymbol{I}_2 \\ \boldsymbol{I}_2 & 0_2 & -a_2\boldsymbol{I}_2 \\ 0_2 & \boldsymbol{I}_2 & -a_1\boldsymbol{I}_2 \end{bmatrix}=\begin{bmatrix} 0 & 0 & 0 & 0 & -6 & 0 \\ 0 & 0 & 0 & 0 & 0 & -6 \\ 1 & 0 & 0 & 0 & -11 & 0 \\ 0 & 1 & 0 & 0 & 0 & -11 \\ 0 & 0 & 1 & 0 & -6 & 0 \\ 0 & 0 & 0 & 1 & 0 & -6 \end{bmatrix} \qquad \boldsymbol{B}=\begin{bmatrix} \boldsymbol{B}_3 \\ \boldsymbol{B}_2 \\ \boldsymbol{B}_1 \end{bmatrix}=\begin{bmatrix} 6 & 2 \\ -6 & -3 \\ 5 & 3 \\ -5 & -4 \\ 1 & 1 \\ -1 & -1 \end{bmatrix}$$

$$\boldsymbol{C}=[0_2\quad 0_2\quad \boldsymbol{I}_2]=\begin{bmatrix}0&0&0&0&1&0\\0&0&0&0&0&1\end{bmatrix}$$

3.8.3　最小实现

由上述分析可知,对应于一个传递函数阵(传递函数)$\boldsymbol{G}(s)$的实现不是唯一的,而且实现的阶数上也有很大的差别。一般总希望实现的阶次越低越好,但是,阶数显然是不能无限地降低。因此,在很多可能实现中,总会存在一个状态变量个数最小或阶数最低的实现,这就是最小实现。事实上,最小实现反映了系统最简单的结构,因此最具有工程意义。如用模拟计算机来实现,则所用的积分器的数目是最少的。

对于给定的传递函数阵$\boldsymbol{G}(s)$,虽然其最小实现也不是唯一的,但是,它们的维数是相同的,而且必是代数等价的。

定理 3-20　传递函数阵$\boldsymbol{G}(s)$的一个实现$\Sigma(\boldsymbol{A},\boldsymbol{B},\boldsymbol{C})$为最小实现的充要条件是:$\Sigma(\boldsymbol{A},\boldsymbol{B},\boldsymbol{C})$不但能控而且能观测。

证明:先采用反证法证必要性。

设系统$\Sigma(\boldsymbol{A},\boldsymbol{B},\boldsymbol{C})$为$\boldsymbol{G}(s)$的一个最小实现,其阶数为$n$,但系统$\Sigma(\boldsymbol{A},\boldsymbol{B},\boldsymbol{C})$不完全能控和不完全能观测。

因为$\Sigma(\boldsymbol{A},\boldsymbol{B},\boldsymbol{C})$不完全能控和不完全能观测,那么系统$\Sigma(\boldsymbol{A},\boldsymbol{B},\boldsymbol{C})$必可进行结构分解,其能控且能观测部分也是一个实现。显然其维数一定比系统$\Sigma(\boldsymbol{A},\boldsymbol{B},\boldsymbol{C})$的维数$n$低,这表明$\Sigma(\boldsymbol{A},\boldsymbol{B},\boldsymbol{C})$不是最小实现,与假设条件相矛盾。故系统$\Sigma(\boldsymbol{A},\boldsymbol{B},\boldsymbol{C})$必为完全能控且完全能观测的。

再采用反证法证充分性。

设$\Sigma(\boldsymbol{A},\boldsymbol{B},\boldsymbol{C})$是$\boldsymbol{G}(s)$的一个实现,但不是最小实现,并能控能观测的,其阶数为n。

此时必存在另一个实现Σ_1,其阶数为$n'<n$。

由于Σ和Σ_1都是$\boldsymbol{G}(s)$的一个实现,则对任意的输入$\boldsymbol{u}(t)$,必具有相同的输出$\boldsymbol{y}(t)$,即

$$\boldsymbol{y}(t)=\boldsymbol{C}\int_0^t \mathrm{e}^{\boldsymbol{A}(t-\tau)}\boldsymbol{B}\boldsymbol{u}(\tau)\mathrm{d}\tau=$$

$$\widetilde{\boldsymbol{C}}\int_0^t \mathrm{e}^{\widetilde{\boldsymbol{A}}(t-\tau)}\widetilde{\boldsymbol{B}}\boldsymbol{u}(\tau)\mathrm{d}\tau$$

考虑到$\boldsymbol{u}(t)$和t的任意性,故

$$\boldsymbol{C}\mathrm{e}^{\boldsymbol{A}(t-\tau)}\boldsymbol{B}=\widetilde{\boldsymbol{C}}\mathrm{e}^{\widetilde{\boldsymbol{A}}(t-\tau)}\widetilde{\boldsymbol{B}}$$

对上式两边微分,推得

$$\boldsymbol{C}\boldsymbol{A}\mathrm{e}^{\boldsymbol{A}(t-\tau)}\boldsymbol{B}=\widetilde{\boldsymbol{C}}\widetilde{\boldsymbol{A}}\mathrm{e}^{\widetilde{\boldsymbol{A}}(t-\tau)}\widetilde{\boldsymbol{B}}$$

$$\boldsymbol{C}\boldsymbol{A}^2\mathrm{e}^{\boldsymbol{A}(t-\tau)}\boldsymbol{B}=\widetilde{\boldsymbol{C}}\widetilde{\boldsymbol{A}}^2\mathrm{e}^{\widetilde{\boldsymbol{A}}(t-\tau)}\widetilde{\boldsymbol{B}}$$

$$\vdots$$

$$\boldsymbol{C}\boldsymbol{A}^{n-1}\mathrm{e}^{\boldsymbol{A}(t-\tau)}\boldsymbol{B}=\widetilde{\boldsymbol{C}}\widetilde{\boldsymbol{A}}^{n-1}\mathrm{e}^{\widetilde{\boldsymbol{A}}(t-\tau)}\widetilde{\boldsymbol{B}}$$

当$t=\tau$时,则得

$$\begin{bmatrix} C \\ CA \\ \vdots \\ CA^{n-1} \end{bmatrix} B = \begin{bmatrix} \tilde{C} \\ \tilde{C}\tilde{A} \\ \vdots \\ \tilde{C}^{n-1}\tilde{A} \end{bmatrix} \tilde{B}$$

上式可改写成

$$\begin{bmatrix} C \\ CA \\ \vdots \\ CA^{n-1} \end{bmatrix} [B \quad AB \quad\quad A^{n-1}B] = \begin{bmatrix} \tilde{C} \\ \tilde{C}\tilde{A} \\ \vdots \\ \tilde{C}^{n-1}\tilde{A} \end{bmatrix} [\tilde{B} \quad \tilde{A}\tilde{B} \quad \cdots \quad \tilde{A}^{n-1}\tilde{B}]$$

因为已设$\Sigma(\boldsymbol{A},\boldsymbol{B},\boldsymbol{C})$为完全能控且能观测,所以上式等号左边矩阵的秩为$n$,等号右边矩阵的最大的秩为$n'$,假设$n'<n$不成立,故系统$\Sigma(\boldsymbol{A},\boldsymbol{B},\boldsymbol{C})$必为最小实现。

[证毕]

根据这个定理,一般而言,构造最小实现大致可按如下步骤进行。

(1) 对给定的系统传递函数阵$\boldsymbol{G}(s)$先找出一种实现$\Sigma(\boldsymbol{A},\boldsymbol{B},\boldsymbol{C})$;通常,最方便的方法是选取能控标准型实现或能观测标准型实现。

(2) 对所得实现$\Sigma(\boldsymbol{A},\boldsymbol{B},\boldsymbol{C})$中,找出其完全能控且完全能观测部分,即为最小实现。

例 3-25　试求传递函数阵

$$\boldsymbol{G}(s) = \begin{bmatrix} \dfrac{1}{(s+1)(s+2)} & \dfrac{1}{(s+2)(s+3)} \end{bmatrix}$$

的最小实现。

解:

$$\boldsymbol{G}(s) = \frac{1}{(s+1)(s+2)(s+3)}[s+3 \quad s+1] =$$

$$\frac{1}{(s+1)(s+2)(s+3)}\{[1 \quad 1]s + [3 \quad 1]\}$$

因为　　$m=1 \qquad r=2$

$a_1=6 \qquad a_2=11 \qquad a_3=6$

$\boldsymbol{B}_1=[0 \quad 0] \qquad \boldsymbol{B}_2=[1 \quad 1] \qquad \boldsymbol{B}_3=[3 \quad 1]$

因$m<r$,故采用能观测标准型实现。

$$\begin{cases} \dot{\boldsymbol{x}}(t) = \begin{bmatrix} 0 & 0 & -6 \\ 1 & 0 & -11 \\ 0 & 1 & -6 \end{bmatrix} \boldsymbol{x}(t) + \begin{bmatrix} 3 & 1 \\ 1 & 1 \\ 0 & 0 \end{bmatrix} \boldsymbol{u}(t) \\ y(t) = [0 \quad 0 \quad 1]\boldsymbol{x}(t) \end{cases}$$

又因为
$$\operatorname{rank}\boldsymbol{Q}_c=\operatorname{rank}\begin{bmatrix}3&1&0&0&\cdots\\1&1&3&1&\cdots\\0&0&1&1&\cdots\end{bmatrix}=3=n$$

所以系统是既能控又能观测的,它为最小实现。

如果现采用能控标准型实现

$$\boldsymbol{A}=\begin{bmatrix}0_2&\boldsymbol{I}_2&0_2\\0_2&0_2&\boldsymbol{I}_2\\-a_3\boldsymbol{I}_2&-a_2\boldsymbol{I}_2&-a_1\boldsymbol{I}_2\end{bmatrix}=\begin{bmatrix}0&0&1&0&0&0\\0&0&0&1&0&0\\0&0&0&0&1&0\\0&0&0&0&0&1\\-6&0&-11&0&-6&0\\0&-6&0&-11&0&-6\end{bmatrix}$$

$$\boldsymbol{B}=\begin{bmatrix}0_2\\0_2\\\boldsymbol{I}_2\end{bmatrix}=\begin{bmatrix}0&0\\0&0\\0&0\\0&0\\1&0\\0&1\end{bmatrix}$$

$$\boldsymbol{C}=[\boldsymbol{B}_3\quad\boldsymbol{B}_2\quad\boldsymbol{B}_1]=[3\quad1\quad1\quad1\quad0\quad0]$$

此实现是否为最小实现,须判断系统是否完全能观测,若完全能观测,则为一个最小实现;若状态不完全能观测,则需要进行结构分解,找出其状态完全能观测部分。显然,能控标准型实现不是最小实现。

解题示范

例 3-26　判断以下连续定常系统 $\Sigma(\boldsymbol{A},\boldsymbol{B},\boldsymbol{C})$ 的可控性和可观测性。

(1) $$\begin{cases}\dot{\boldsymbol{x}}(t)=\begin{bmatrix}-a&&&\\&-b&&\\&&-c&\\&&&-d\end{bmatrix}\boldsymbol{x}(t)+\begin{bmatrix}0\\0\\1\\1\end{bmatrix}u(t)\\y(t)=[1\quad0\quad0\quad0]\boldsymbol{x}(t)\end{cases}$$

(2) $$\begin{cases}\dot{\boldsymbol{x}}(t)=\begin{bmatrix}0&1&0\\0&0&1\\-6&-11&-6\end{bmatrix}\boldsymbol{x}(t)+\begin{bmatrix}0\\0\\1\end{bmatrix}u(t)\\y(t)=[1\quad0\quad0]\boldsymbol{x}(t)\end{cases}$$

(3) $\begin{cases}\dot{\boldsymbol{x}}(t)=\begin{bmatrix}\lambda & 1 & 0\\0 & \lambda & 0\\0 & 0 & \lambda\end{bmatrix}\boldsymbol{x}(t)+\begin{bmatrix}0\\\alpha_2\\\alpha_3\end{bmatrix}u(t)\\y(t)=\begin{bmatrix}0 & \beta_2 & \beta_3\end{bmatrix}\boldsymbol{x}(t)\end{cases}$

解:(1) 因为系统矩阵 $\boldsymbol{A}$ 是对角阵,$\boldsymbol{B}$ 中有全为 0 的行,$\boldsymbol{C}$ 中有全为 0 的列,所以系统是状态不完全能控且不完全能观测的。

(2) $\Sigma(\boldsymbol{A},\boldsymbol{B},\boldsymbol{C})$ 为能控标准型,所以 $\Sigma(\boldsymbol{A},\boldsymbol{B},\boldsymbol{C})$ 一定是状态完全能控的。

$$\boldsymbol{Q}_o=\begin{bmatrix}\boldsymbol{C}\\\boldsymbol{CA}\\\boldsymbol{CA}^2\end{bmatrix}=\begin{bmatrix}1 & 0 & 0\\0 & 1 & 0\\0 & 0 & 1\end{bmatrix}$$

$$\text{rank}\boldsymbol{Q}_o=3$$

所以系统是状态完全能观测的。

(3) $$\boldsymbol{Q}_c=\begin{bmatrix}\boldsymbol{B} & \boldsymbol{AB} & \boldsymbol{A}^2\boldsymbol{B}\end{bmatrix}=\begin{bmatrix}0 & \alpha_2 & 2\lambda\alpha_2\\\alpha_2 & \lambda\alpha_2 & \lambda^2\alpha_2\\\alpha_3 & \lambda\alpha_3 & \lambda^2\alpha_3\end{bmatrix}$$

$$|\boldsymbol{Q}_c|=0$$

所以 $\boldsymbol{Q}_c$ 不满秩,系统状态不完全能控。

$$\boldsymbol{Q}_o=\begin{bmatrix}\boldsymbol{C}\\\boldsymbol{CA}\\\boldsymbol{CA}^2\end{bmatrix}=\begin{bmatrix}0 & \beta_2 & \beta_3\\0 & \lambda\beta_2 & \lambda\beta_3\\0 & \lambda^2\beta_2 & \lambda^2\beta_3\end{bmatrix}$$

$$\text{rank}\boldsymbol{Q}_o<3$$

所以系统不完全能观测。

例 3-27 若系统的状态空间表达式为

$$\begin{cases}\dot{\boldsymbol{x}}(t)=\begin{bmatrix}-a & c\\-d & -b\end{bmatrix}\boldsymbol{x}(t)+\begin{bmatrix}1\\1\end{bmatrix}u(t)\\y(t)=\begin{bmatrix}1 & 0\end{bmatrix}\boldsymbol{x}(t)\end{cases}$$

分别确定当系统状态可控及系统可观测时,a,b,c,d 应满足的条件。

解:

$$|\boldsymbol{Q}_c|=|\boldsymbol{B}\quad\boldsymbol{AB}|=\begin{vmatrix}1 & c-a\\1 & -b-d\end{vmatrix}=-b-d-c+a$$

$$|\boldsymbol{Q}_o|=\begin{vmatrix}\boldsymbol{C}\\\boldsymbol{CA}\end{vmatrix}=\begin{vmatrix}1 & 0\\-a & c\end{vmatrix}=c$$

可见,当 $a-b-c-d\neq0$ 时系统可控;当 $c\neq0$ 时系统可观测。

例 3-28　若系统的状态空间表达式为

$$\begin{cases}\dot{\boldsymbol{x}}(t)=\begin{bmatrix}0 & 1\\ -2 & -3\end{bmatrix}\boldsymbol{x}(t)+\begin{bmatrix}b_1\\ b_2\end{bmatrix}u(t)\\ y(t)=\begin{bmatrix}c_1 & c_2\end{bmatrix}\boldsymbol{x}(t)\end{cases}$$

欲使系统中有一个状态既可控又可观测,另一个状态既不可控又不可观测,试确定 b_1,b_2 和 c_1,c_2 应满足的关系。

解:系统的特征方程为

$$|s\boldsymbol{I}-\boldsymbol{A}|=\begin{vmatrix}s & -1\\ 2 & s+3\end{vmatrix}=s^2+3s+2=(s+1)(s+2)$$

可见系统特征值为互异单根,且矩阵 $\boldsymbol{A}$ 为友矩阵,可用范德蒙矩阵实现对角化,即

$$\boldsymbol{P}=\begin{bmatrix}1 & 1\\ -1 & -2\end{bmatrix}$$

$$\hat{\boldsymbol{A}}=\boldsymbol{P}^{-1}\boldsymbol{A}\boldsymbol{P}=\begin{bmatrix}1 & 1\\ -1 & -2\end{bmatrix}^{-1}\begin{bmatrix}0 & 1\\ -2 & -3\end{bmatrix}\begin{bmatrix}1 & 1\\ -1 & -2\end{bmatrix}=\begin{bmatrix}-1 & 0\\ 0 & -2\end{bmatrix}$$

$$\hat{\boldsymbol{B}}=\boldsymbol{P}^{-1}\boldsymbol{B}=\begin{bmatrix}1 & 1\\ -1 & -2\end{bmatrix}^{-1}\begin{bmatrix}b_1\\ b_2\end{bmatrix}=\begin{bmatrix}2b_1+b_2\\ -b_1-b_2\end{bmatrix}$$

$$\hat{\boldsymbol{C}}=\boldsymbol{C}\boldsymbol{P}=\begin{bmatrix}c_1 & c_2\end{bmatrix}\begin{bmatrix}1 & 1\\ -1 & -2\end{bmatrix}=\begin{bmatrix}c_1-c_2 & c_1-2c_2\end{bmatrix}$$

对角化后系统状态空间表达式为

$$\dot{\hat{\boldsymbol{x}}}(t)=\begin{bmatrix}-1 & 0\\ 0 & -2\end{bmatrix}\hat{\boldsymbol{x}}(t)+\begin{bmatrix}2b_1+b_2\\ -b_1-b_2\end{bmatrix}u(t)$$

$$y(t)=\begin{bmatrix}c_1-c_2 & c_1-2c_2\end{bmatrix}\hat{\boldsymbol{x}}(t)$$

令 $\hat{x}_1$ 可控可观测,$\hat{x}_2$ 不可控不可观测,则应有

$$\begin{cases}2b_1+b_2\neq0\\ c_1-c_2\neq0\end{cases}\qquad\begin{cases}b_1+b_2=0\\ c_1-2c_2=0\end{cases}\qquad\text{即}\qquad\begin{cases}b_1=-b_2\\ c_1=2c_2\end{cases}$$

当令 $\hat{x}_1$ 不可控不可观测,$\hat{x}_2$ 可控可观测时,可同理讨论。

本题通过线性变换将系统化为对角形,利用对角形可控可观测来解题。可控性、可观测性是系统的固有特性,不会因线性变换而改变。对角化的目的是为了解题方便。

例 3-29　设 n 阶系统的状态空间表达式为

$$\begin{cases}\dot{\boldsymbol{x}}(t)=\boldsymbol{A}\boldsymbol{x}(t)+\boldsymbol{B}\boldsymbol{u}(t)\\ \boldsymbol{y}(t)=\boldsymbol{C}\boldsymbol{x}(t)\end{cases}$$

若 $\boldsymbol{CB}=0,\boldsymbol{CAB}=0,\cdots,\boldsymbol{CA}^{n-1}\boldsymbol{B}=0$,试证:系统不能同时满足可控性、可观测性的条件。

证明:系统可控性矩阵

$$Q_c = [B \quad AB \quad A^2B \quad \cdots \quad A^{n-1}B]$$

可观测性矩阵

$$Q_o = \begin{bmatrix} C \\ CA \\ \vdots \\ CA^{n-1} \end{bmatrix}$$

$$Q_oQ_c = \begin{bmatrix} C \\ CA \\ CA^2 \\ \vdots \\ CA^{n-1} \end{bmatrix} [B \quad AB \quad A^2B \quad \cdots \quad A^{n-1}B] =$$

$$\begin{bmatrix} CB & CAB & CA^2B & \cdots & CA^{n-1}B \\ CAB & CA^2B & CA^3B & \cdots & CA^nB \\ \vdots & \vdots & \vdots & & \vdots \\ CA^{n-1}B & CA^nB & CA^{n+1}B & \cdots & CA^{2(n-1)}B \end{bmatrix} =$$

$$\begin{bmatrix} 0 & 0 & 0 & \cdots & 0 \\ 0 & 0 & 0 & \cdots & CA^nB \\ \vdots & \vdots & \vdots & & \vdots \\ 0 & CA^nB & CA^{n+1}B & \cdots & CA^{2(n-1)}B \end{bmatrix}$$

可见,Q_oQ_c 不满秩。根据矩阵理论,Q_o,Q_c 中至少有一个矩阵不满秩,即系统不能同时可控可观测。 [证毕]

例 3-30 若系统的状态方程为

$$\dot{x}(t) = \begin{bmatrix} 0 & 2 & -2 \\ 1 & 1 & -2 \\ 2 & -2 & 1 \end{bmatrix} x(t) + \begin{bmatrix} 2 \\ 1 \\ 1 \end{bmatrix} u(t)$$

将它变换为能控标准型。

解:(1)

$$\text{rank}Q_c = \text{rank}[B \quad AB \quad A^2B] = \text{rank}\begin{bmatrix} 2 & 0 & -4 \\ 1 & 1 & -5 \\ 1 & 3 & 1 \end{bmatrix} = 3$$

系统是能控的,所以可以变换为能控标准型。

(2) 根据

$$P_1=[0\quad 0\quad 1][B\quad AB\quad A^2B]^{-1}=\begin{bmatrix}\frac{1}{12} & -\frac{1}{4} & \frac{1}{12}\end{bmatrix}$$

$$P^{-1}=\begin{bmatrix}P_1\\P_1A\\P_1A^2\end{bmatrix}=\begin{bmatrix}\frac{1}{12} & -\frac{1}{4} & \frac{1}{12}\\ -\frac{1}{12} & -\frac{1}{4} & \frac{5}{12}\\ -\frac{7}{12} & -\frac{15}{12} & \frac{13}{12}\end{bmatrix}\qquad P=\begin{bmatrix}-6 & -4 & -2\\-8 & -1 & 1\\-6 & 1 & 1\end{bmatrix}$$

$$\dot{\tilde{x}}(t)=P^{-1}AP\tilde{x}(t)+P^{-1}Bu(t)=\begin{bmatrix}0 & 1 & 0\\0 & 0 & 1\\-2 & 1 & 2\end{bmatrix}\tilde{x}(t)+\begin{bmatrix}0\\0\\1\end{bmatrix}u(t)$$

(3) 本题由于无输出方程,因为特征多项式 $|sI-A|=\begin{vmatrix}s & -2 & 2\\-1 & s-1 & 2\\-2 & 2 & s-1\end{vmatrix}=s^3-2s^2-s+2$

所以可直接写出能控标准型为

$$\dot{\tilde{x}}(t)=\begin{bmatrix}0 & 1 & 0\\0 & 0 & 1\\-2 & 1 & 2\end{bmatrix}\tilde{x}(t)+\begin{bmatrix}0\\0\\1\end{bmatrix}u(t)$$

例 3-31　试将系统

$$\begin{cases}\dot{x}(t)=\begin{bmatrix}-1 & & \\ & -2 & \\ & & -3\end{bmatrix}x(t)+\begin{bmatrix}2\\3\\4\end{bmatrix}u(t)\\ y(t)=[1\quad -1\quad 2]x(t)\end{cases}$$

化为能观测标准型。

解:解法 1:因为 A 为对角线标准型,且 C 所有列的元素不全为零,所以系统是状态完全能观测的,可以变换为能观测标准型。

$$Q_o=\begin{bmatrix}C\\CA\\CA^2\end{bmatrix}=\begin{bmatrix}1 & -1 & 2\\-1 & 2 & -6\\1 & -4 & 18\end{bmatrix}$$

$$T_1=Q_o^{-1}\begin{bmatrix}0\\0\\1\end{bmatrix}=\begin{bmatrix}\frac{1}{2}\\1\\\frac{1}{4}\end{bmatrix}$$

$$T=[T_1 \quad AT_1 \quad A^2T_1]=\begin{bmatrix}\frac{1}{2} & -\frac{1}{2} & \frac{1}{2}\\ 1 & -2 & 4\\ \frac{1}{4} & -\frac{3}{4} & \frac{9}{4}\end{bmatrix} \qquad T^{-1}=\begin{bmatrix}6 & -3 & 4\\ 5 & -4 & 6\\ 1 & -1 & 2\end{bmatrix}$$

$$\widetilde{A}=T^{-1}AT=\begin{bmatrix}0 & 0 & -6\\ 1 & 0 & -11\\ 0 & 1 & -6\end{bmatrix} \qquad \widetilde{B}=T^{-1}B=\begin{bmatrix}19\\ 22\\ 7\end{bmatrix}$$

$$\widetilde{C}=CT=[0 \quad 0 \quad 1]$$

解法2:

$$G(s)=C(sI-A)^{-1}B=[1 \quad -1 \quad 2]\begin{bmatrix}s+1 & & \\ & s+2 & \\ & & s+3\end{bmatrix}^{-1}\begin{bmatrix}2\\ 3\\ 4\end{bmatrix}=$$

$$\frac{2}{s+1}-\frac{3}{s+2}+\frac{8}{s+3}=\frac{7s^2+22s+19}{s^3+6s^2+11s+6}$$

能观测标准型为

$$\begin{cases}\dot{x}(t)=\begin{bmatrix}0 & 0 & -6\\ 1 & 0 & -11\\ 0 & 1 & -6\end{bmatrix}x(t)+\begin{bmatrix}19\\ 22\\ 7\end{bmatrix}u(t)\\ y(t)=[0 \quad 0 \quad 1]x(t)\end{cases}$$

例3-32 已知系统的传递函数为

$$G(s)=\frac{s+a}{s^3+10s^2+27s+18}$$

(1) 试确定 a 的取值,使系统成为不能控,或为不能观测。

(2) 在上述的 a 取值下,求使系统为状态能控的状态空间表达式。

(3) 在上述的 a 取值下,求使系统为状态能观测的状态空间表达式。

(4) 求 $a=1$ 时,系统的一个最小实现。

解:

$$G(s)=\frac{s+a}{(s+1)(s+3)(s+6)}$$

(1) 当 $a=+1$,或 $+3$,或 $+6$ 时,传递函数有零极点对消,这时系统或是不完全能控,或是不完全能观测。

(2) 取能控标准型的实现。

$$\begin{cases}\dot{x}(t)=\begin{bmatrix}0 & 1 & 0\\ 0 & 0 & 1\\ -18 & -27 & -10\end{bmatrix}x(t)+\begin{bmatrix}0\\ 0\\ 1\end{bmatrix}u(t)\\ y(t)=[a \quad 1 \quad 0]x(t)\end{cases}$$

(3) 取能观测标准型的实现。

$$\begin{cases}\dot{\boldsymbol{x}}(t)=\begin{bmatrix}0 & 0 & -18\\1 & 0 & -27\\0 & 1 & -10\end{bmatrix}\boldsymbol{x}(t)+\begin{bmatrix}a\\1\\0\end{bmatrix}u(t)\\ y(t)=\begin{bmatrix}0 & 0 & 1\end{bmatrix}\boldsymbol{x}(t)\end{cases}$$

(4) 方法有很多。比如把(2)中的能控标准型系统进行能观测性结构分解,求出能控能观测子系统,即为一个最小实现;把(3)中的能观测标准型系统进行能控性结构分解,求出能控能观测子系统,也可找出一个最小实现;现在把传递函数中的零、极点消去,然后找出一个实现即为最小实现。

$$G(s)=\frac{s+1}{(s+1)(s+3)(s+6)}=\frac{1}{s^2+9s+18}$$

$$\begin{cases}\dot{\boldsymbol{x}}(t)=\begin{bmatrix}0 & 1\\-18 & -9\end{bmatrix}\boldsymbol{x}(t)+\begin{bmatrix}0\\1\end{bmatrix}u(t)\\ y(t)=\begin{bmatrix}1 & 0\end{bmatrix}\boldsymbol{x}(t)\end{cases}$$

例 3-33　有两个既可控又可观测的单输入单输出(SISO)系统

$$\Sigma_1:\quad\begin{cases}\dot{\boldsymbol{x}}_1(t)=\begin{bmatrix}0 & 1\\-3 & -4\end{bmatrix}\boldsymbol{x}_1(t)+\begin{bmatrix}0\\1\end{bmatrix}u_1(t)\\ y_1(t)=\begin{bmatrix}-2 & 1\end{bmatrix}\boldsymbol{x}_1(t)\end{cases}$$

$$\Sigma_2:\quad\begin{cases}\dot{\boldsymbol{x}}_2(t)=2\boldsymbol{x}_2(t)+u_2(t)\\ y_2(t)=\boldsymbol{x}_2(t)\end{cases}$$

(1) 以 $y_1=u_2$ 的形式把 Σ_1 和 Σ_2 串联起来,求增广系统 Σ 的状态空间表达式,其中状态变量选为 $\boldsymbol{x}=[\boldsymbol{x}_1^{\mathrm{T}}\quad \boldsymbol{x}_2^{\mathrm{T}}]$。

(2) 判定系统 Σ 的能控性和能观测性。

(3) 求系统 Σ_1,Σ_2 及 Σ 的传递函数。

解:(1) 以 $y_1=u_2$ 的形式把 Σ_1 和 Σ_2 串联起来

$$\begin{cases}\dot{\boldsymbol{x}}(t)=\begin{bmatrix}0 & 1 & 0\\-3 & -4 & 0\\-2 & 1 & 2\end{bmatrix}\boldsymbol{x}(t)+\begin{bmatrix}0\\1\\0\end{bmatrix}u(t)\\ y(t)=\begin{bmatrix}0 & 0 & 1\end{bmatrix}\boldsymbol{x}(t)\end{cases}$$

(2)
$$\boldsymbol{Q}_c=[\boldsymbol{B}\quad \boldsymbol{AB}\quad \boldsymbol{A}^2\boldsymbol{B}]=\begin{bmatrix}0 & 1 & -4\\1 & -4 & 13\\0 & 1 & -4\end{bmatrix}$$

$$\mathrm{rank}\boldsymbol{Q}_c=2$$

所以 Σ 不完全能控。

$$Q_c = \begin{bmatrix} C \\ CA \\ CA^2 \end{bmatrix} = \begin{bmatrix} 0 & 0 & 1 \\ -2 & 1 & 2 \\ -7 & -4 & 4 \end{bmatrix}$$

$$\text{rank}\boldsymbol{Q}_o = 3$$

所以系统 Σ 是状态完全能观测的。

(3) Σ_1:
$$G_1(s) = \boldsymbol{C}_1(s\boldsymbol{I}-\boldsymbol{A}_1)^{-1}\boldsymbol{B}_1 = \begin{bmatrix} -2 & 1 \end{bmatrix}\begin{bmatrix} s & -1 \\ 3 & s+4 \end{bmatrix}^{-1}\begin{bmatrix} 0 \\ 1 \end{bmatrix} = \frac{s-2}{s^2+4s+3}$$

Σ_2:
$$G_2(s) = \boldsymbol{C}_2(s\boldsymbol{I}-\boldsymbol{A}_2)^{-1}\boldsymbol{B}_2 = \frac{1}{s-2}$$

Σ:
$$G(s) = G_1(s)G_2(s) = \frac{1}{s^2+4s+3}$$

从传递函数也可以看出,存在零极点对消。

例 3-34 线性定常系统的状态空间表达式为

$$\begin{cases} \dot{\boldsymbol{x}}(t) = \begin{bmatrix} 1 & 2 & -1 \\ 0 & 1 & 0 \\ 1 & -4 & 3 \end{bmatrix}\boldsymbol{x}(t) + \begin{bmatrix} 0 \\ 0 \\ 1 \end{bmatrix}u(t) \\ y(t) = \begin{bmatrix} 1 & -1 & 1 \end{bmatrix}\boldsymbol{x}(t) \end{cases}$$

试求系统的能控子系统。

解:

$$\boldsymbol{Q}_c = \begin{bmatrix} \boldsymbol{B} & \boldsymbol{AB} & \boldsymbol{A}^2\boldsymbol{B} \end{bmatrix} = \begin{bmatrix} 0 & -1 & -4 \\ 0 & 0 & 0 \\ 1 & 3 & 8 \end{bmatrix}$$

$$\text{rank}\boldsymbol{Q}_c = 2$$

所以原系统是状态不完全能控的。能控部分状态变量数目为 $k=2$。

取

$$\boldsymbol{T}_c = \begin{bmatrix} 0 & -1 & 0 \\ 0 & 0 & 1 \\ 1 & 3 & 0 \end{bmatrix}$$

$$\widetilde{\boldsymbol{A}} = \boldsymbol{T}_c^{-1}\boldsymbol{A}\boldsymbol{T}_c = \begin{bmatrix} 0 & -4 & 2 \\ 1 & 4 & -2 \\ 0 & 0 & 1 \end{bmatrix} \qquad \widetilde{\boldsymbol{B}} = \boldsymbol{T}_c^{-1}\boldsymbol{B} = \begin{bmatrix} 1 \\ 0 \\ 0 \end{bmatrix}$$

$$\widetilde{\boldsymbol{C}} = \boldsymbol{C}\boldsymbol{T}_c = \begin{bmatrix} 1 & 2 & -1 \end{bmatrix}$$

能控子系统

$$\begin{cases}\dot{\tilde{\boldsymbol{x}}}_c(t)=\begin{bmatrix}0 & -4\\ 1 & 4\end{bmatrix}\tilde{\boldsymbol{x}}_c(t)+\begin{bmatrix}2\\ -2\end{bmatrix}\tilde{\boldsymbol{x}}_{\hat{c}}(t)+\begin{bmatrix}1\\ 0\end{bmatrix}u(t)\\ y_1(t)=\begin{bmatrix}1 & 2\end{bmatrix}\tilde{\boldsymbol{x}}_c(t)\end{cases}$$

例 3-35　线性定常系统的状态空间表达式为

$$\begin{cases}\dot{\boldsymbol{x}}(t)=\begin{bmatrix}1 & 2 & -1\\ 0 & 1 & 0\\ 1 & -4 & 3\end{bmatrix}\boldsymbol{x}(t)+\begin{bmatrix}0\\ 0\\ 1\end{bmatrix}u(t)\\ y(t)=\begin{bmatrix}1 & -1 & 1\end{bmatrix}\boldsymbol{x}(t)\end{cases}$$

试求系统的能观测子系统。

解：

$$\boldsymbol{Q}_o=\begin{bmatrix}\boldsymbol{C}\\ \boldsymbol{CA}\\ \boldsymbol{CA}^2\end{bmatrix}=\begin{bmatrix}1 & -1 & 1\\ 2 & -3 & 2\\ 4 & -7 & 4\end{bmatrix}$$

$$\text{rank}\boldsymbol{Q}_o=2$$

所以原系统是状态不完全能观测的。

取

$$\boldsymbol{T}_o^{-1}=\begin{bmatrix}1 & -1 & 1\\ 2 & -3 & 2\\ 0 & 0 & 1\end{bmatrix}\qquad \boldsymbol{T}_o=\begin{bmatrix}3 & -1 & -1\\ 2 & -1 & 0\\ 0 & 0 & 1\end{bmatrix}$$

$$\tilde{\boldsymbol{A}}=\boldsymbol{T}_o^{-1}\boldsymbol{A}\boldsymbol{T}_o=\begin{bmatrix}0 & 1 & 0\\ -2 & 3 & 0\\ -5 & 3 & 2\end{bmatrix}\qquad \tilde{\boldsymbol{B}}=\boldsymbol{T}_o^{-1}\boldsymbol{B}=\begin{bmatrix}1\\ 2\\ 1\end{bmatrix}$$

$$\tilde{\boldsymbol{C}}=\boldsymbol{C}\boldsymbol{T}_o=\begin{bmatrix}1 & 0 & 0\end{bmatrix}$$

能观测子系统

$$\begin{cases}\dot{\tilde{\boldsymbol{x}}}_o(t)=\begin{bmatrix}0 & 1\\ -2 & 3\end{bmatrix}\tilde{\boldsymbol{x}}_o(t)+\begin{bmatrix}1\\ 2\end{bmatrix}u(t)\\ y(t)=\begin{bmatrix}1 & 0\end{bmatrix}\tilde{\boldsymbol{x}}_o(t)\end{cases}$$

例 3-36　设单输入单输出系统传递函数为

$$G(s)=\frac{5}{s^3+4s^2+5s+2}$$

试写出它的一个约当形实现。

解：

$$G(s)=\frac{5}{(s+1)^2(s+2)}=\frac{5}{(s+1)^2}-\frac{5}{s+1}+\frac{5}{s+2}$$

$$\begin{cases}\dot{\boldsymbol{x}}(t)=\begin{bmatrix}-1 & 1 & 0\\ 0 & -1 & 0\\ 0 & 0 & -2\end{bmatrix}\boldsymbol{x}(t)+\begin{bmatrix}0\\1\\1\end{bmatrix}u(t)\\ y(t)=\begin{bmatrix}5 & -5 & 5\end{bmatrix}\boldsymbol{x}(t)\end{cases}$$

例 3-37 线性定常连续系统状态方程为

$$\dot{\boldsymbol{x}}(t)=\begin{bmatrix}0 & 1\\ -4 & 0\end{bmatrix}\boldsymbol{x}(t)+\begin{bmatrix}0\\2\end{bmatrix}u(t)$$

(1) 设采样周期为 T,建立系统离散状态方程。

(2) 为维持离散化前系统原有的可控性,试确定采样周期 T 的取值。

解法 1:(1) 系统状态转移矩阵为

$$\boldsymbol{\Phi}(t)=L^{-1}[(s\boldsymbol{I}-\boldsymbol{A})^{-1}]=L^{-1}\left\{\begin{bmatrix}s & -1\\ 4 & s\end{bmatrix}^{-1}\right\}=$$

$$L^{-1}\left\{\frac{1}{s^2+4}\begin{bmatrix}s & 1\\ -4 & s\end{bmatrix}\right\}=\begin{bmatrix}\cos 2t & 0.5\sin 2t\\ -2\sin 2t & \cos 2t\end{bmatrix}$$

$$\boldsymbol{G}=\begin{bmatrix}\cos 2T & 0.5\sin 2T\\ -2\sin 2T & \cos 2T\end{bmatrix}$$

$$\boldsymbol{H}=\int_0^T\begin{bmatrix}\cos 2t & 0.5\sin 2t\\ -2\sin 2t & \cos 2t\end{bmatrix}\begin{bmatrix}0\\2\end{bmatrix}\mathrm{d}t=$$

$$\int_0^T\begin{bmatrix}\sin 2t\\ 2\cos 2t\end{bmatrix}\mathrm{d}t=\begin{bmatrix}0.5(1-\cos 2T)\\ \sin 2T\end{bmatrix}$$

离散化状态方程为

$$\boldsymbol{x}(k+1)=\begin{bmatrix}\cos 2T & 0.5\sin 2T\\ -2\sin 2T & \cos 2T\end{bmatrix}\boldsymbol{x}(k)+\begin{bmatrix}0.5(1-\cos 2T)\\ \sin 2T\end{bmatrix}u(k)$$

(2) $\boldsymbol{U}_c=[\boldsymbol{H}\quad \boldsymbol{GH}]=$

$$\begin{bmatrix}0.5(1-\cos 2T) & 0.5[\cos 2T(1-\cos 2T)+\sin^2 2T]\\ \sin 2T & \sin 2T(2\cos 2T-1)\end{bmatrix}$$

$$|\boldsymbol{U}_c|=\sin 2T(\cos 2T-1)$$

可见,只要有 $T\neq k\pi/2(k=\pm1,\pm2,\cdots)$,离散系统便能控。

解法 2:(1) 同解法 1。

(2) 连续系统的能控性矩阵

$$Q_c = [B \quad AB] = \begin{bmatrix} 0 & 2 \\ 2 & 0 \end{bmatrix}$$

$$\mathrm{rank}Q_c = 2$$

所以原连续系统是状态完全能控的。

$$|sI - A| = \begin{vmatrix} s & -1 \\ 4 & s \end{vmatrix} = s^2 + 4 = (s + 2\mathrm{j})(s - 2\mathrm{j})$$

根据相应的定理,要使离散化后的系统状态仍然能控,则

$$T \neq \frac{2k\pi}{\mathrm{Im}(\lambda_i - \lambda_j)} \neq \frac{2k\pi}{4} \neq \frac{k\pi}{2} \qquad k = \pm 1, \pm 2, \cdots$$

例 3-38　线性定常离散系统的状态空间表达式为

$$\begin{cases} x(k+1) = \begin{bmatrix} 0 & 0 & -1 \\ 1 & 0 & -3 \\ 0 & 1 & -3 \end{bmatrix} x(k) + \begin{bmatrix} 1 \\ 1 \\ 0 \end{bmatrix} u(k) \\ y(k) = [0 \quad 1 \quad -2] x(k) \end{cases}$$

试判断系统的能控性和能观测性。

解:

$$U_c = [H \quad GH \quad G^2H] = \begin{bmatrix} 1 & 0 & -1 \\ 1 & 1 & -3 \\ 0 & 1 & -2 \end{bmatrix}$$

$$\mathrm{rank}U_c = 2 < 3$$

所以离散系统状态不完全能控。

$$U_o = \begin{bmatrix} C \\ CG \\ CG^2 \end{bmatrix} = \begin{bmatrix} 0 & 1 & -2 \\ 1 & -2 & 3 \\ -2 & 3 & -2 \end{bmatrix}$$

$$\mathrm{rank}U_o = 2 < 3$$

所以离散系统状态不完全能观测。

学习指导与小结

1. 系统的状态能控性

(1) 若线性定常系统 $\Sigma(A, B)$ 在有限时间间隔 $[t_0, t_f]$ 内存在无约束的分段连续输入信号 $u(t)$,能使系统的任意初始状态 $x(t_0)$ 转移到状态 $x(t_f) = 0$,则称系统是状态完全能控的。反之,若存在能将系统从 $x(t_0) = 0$ 转移到任意终态 $x(t_f)$ 的控制作用,则称系统是可达的。

对线性定常系统,可控与可达是可逆的。

(2) 线性定常系统能控性判据。

① $\mathrm{rank}\boldsymbol{Q}_c=\mathrm{rank}[\boldsymbol{B}\quad \boldsymbol{AB}\quad \boldsymbol{A}^2\boldsymbol{B}\quad \cdots\quad \boldsymbol{A}^{n-1}\boldsymbol{B}]=n$

② 当 $\boldsymbol{A}$ 为对角阵且特征值互异时,输入矩阵 $\boldsymbol{B}$ 中无全为零行;当 $\boldsymbol{A}$ 为约当阵时且相同特征值分布在一个约当块内时,$\boldsymbol{B}$ 中与约当块最后一行对应的行不全为零,且 $\boldsymbol{B}$ 中相异特征值对应的行不全为零。

③ SISO 系统,由状态空间表达式导出的传递函数没有零极点对消。

④ $\Sigma(\boldsymbol{A},\boldsymbol{B})$ 为能控标准型。

(3) 线性定常离散系统能控性判据。

$$\mathrm{rank}\boldsymbol{U}_c=\mathrm{rank}[\boldsymbol{H}\quad \boldsymbol{GH}\quad \boldsymbol{G}^2\boldsymbol{H}\quad \cdots\quad \boldsymbol{G}^{n-1}\boldsymbol{H}]=n$$

(4) 线性定常系统离散化后的能控性:连续系统不能控,离散化后的系统一定不能控;连续系统能控,离散化后的系统不一定能控,与采样周期 T 的选择有关。

当 $\mathrm{Re}[\lambda_i(\boldsymbol{A})-\lambda_j(\boldsymbol{A})]=0$ 时,$T\neq 2k\pi/\mathrm{Im}[\lambda_i(\boldsymbol{A})-\lambda_j(\boldsymbol{A})]\,(k=\pm1,\pm2,\cdots)$时,系统完全可控。

(5) 能控标准型。

① SISO $\Sigma(\boldsymbol{A},\boldsymbol{B})$,其 $\boldsymbol{A}$ 和 $\boldsymbol{B}$ 有以下的标准格式

$$\boldsymbol{A}=\begin{bmatrix}0&1&0&\cdots&0\\0&0&1&\cdots&0\\\vdots&\vdots&\vdots&&\vdots\\0&0&0&\cdots&1\\-a_n&-a_{n-1}&-a_{n-2}&\cdots&-a_1\end{bmatrix}\qquad \boldsymbol{B}=\begin{bmatrix}0\\0\\\vdots\\0\\1\end{bmatrix}$$

则称系统能控标准型。

② 对能控系统 $\Sigma(\boldsymbol{A},\boldsymbol{B})$ 化为能控标准型的变换矩阵 $\boldsymbol{P}$ 是唯一的,且

$$\boldsymbol{P}^{-1}=\begin{bmatrix}\boldsymbol{P}_1\\\boldsymbol{P}_1\boldsymbol{A}\\\vdots\\\boldsymbol{P}_1\boldsymbol{A}^{n-1}\end{bmatrix}$$

其中,$\boldsymbol{P}_1=[0\quad\cdots\quad 0\quad 1][\boldsymbol{B}\quad \boldsymbol{AB}\quad\cdots\quad \boldsymbol{A}^{n-1}\boldsymbol{B}]^{-1}=[0\quad\cdots\quad 0\quad 1]\boldsymbol{Q}_c^{-1}$

2. 系统的输出能控性

(1) 若线性定常系统 $\Sigma(\boldsymbol{A},\boldsymbol{B},\boldsymbol{C},\boldsymbol{D})$ 在有限时间间隔 $[t_0,t_f]$ 内存在无约束的分段连续输入信号 $\boldsymbol{u}(t)$,能使系统的任意初始输出 $\boldsymbol{y}(t_0)$ 转移到 $\boldsymbol{y}(t_f)$,则称系统是输出完全能控的。

(2) 输出能控性判据为

$$\mathrm{rank}\boldsymbol{Q}_c=\mathrm{rank}[\boldsymbol{CB}\quad \boldsymbol{CAB}\quad\cdots\quad \boldsymbol{CA}^{n-1}\boldsymbol{B}\quad \boldsymbol{D}]=m\quad(输出维数)$$

(3) 状态能控性和输出能控性是两个不同的概念,其间没有必然联系。

3. 系统的状态能观测性

(1) 若线性定常系统 $\Sigma(\boldsymbol{A},\boldsymbol{B},\boldsymbol{C})$ 能根据有限时间间隔 $[t_0,t_f]$ 内测量到的输出 $\boldsymbol{y}(t)$,

唯一地确定初始状态 $\boldsymbol{x}(t_0)$，则称系统是状态完全能观测的。

(2) 线性定常系统能观测性判据。

①

$$\text{rank}\boldsymbol{Q}_o = \text{rank}\begin{bmatrix} \boldsymbol{C} \\ \boldsymbol{CA} \\ \vdots \\ \boldsymbol{CA}^{n-1} \end{bmatrix} = n$$

② 当 $\boldsymbol{A}$ 为对角阵且特征值互异时，输出矩阵 $\boldsymbol{C}$ 中无全为零的列；当 $\boldsymbol{A}$ 为约当阵时且相同特征值分布在一个约当块内时，$\boldsymbol{C}$ 中与约当块第一列对应的列不全为零，且 $\boldsymbol{C}$ 中相异特征值对应的列不全为零。

③ SISO 系统，由状态空间表达式导出的传递函数没有零极点对消。

④ $\Sigma(\boldsymbol{A},\boldsymbol{B},\boldsymbol{C})$ 为能观测标准型。

(3) 线性定常离散系统能观测性判据。

$$\text{rank}\boldsymbol{U}_o = \text{rank}\begin{bmatrix} \boldsymbol{C} \\ \boldsymbol{CG} \\ \vdots \\ \boldsymbol{CG}^{n-1} \end{bmatrix} = n$$

(4) 线性定常系统离散化后的能观测性：连续系统不能观测，离散化后的系统一定不能观测；连续系统能观测，离散化后的系统不一定能观测，与采样周期 T 的选择有关。

当 $\text{Re}[\lambda_i(\boldsymbol{A})-\lambda_j(\boldsymbol{A})]=0$ 时，$T\neq 2k\pi/\text{Im}[\lambda_i(\boldsymbol{A})-\lambda_j(\boldsymbol{A})]$ $(k=\pm1,\pm2,\cdots)$ 时，系统完全可观测。

(5) 能观测标准型。

① SISO 系统 $\Sigma(\boldsymbol{A},\boldsymbol{C})$，其 $\boldsymbol{A}$ 和 $\boldsymbol{C}$ 有以下的标准格式

$$\boldsymbol{A} = \begin{bmatrix} 0 & 0 & \cdots & 0 & -a_n \\ 1 & 0 & \cdots & 0 & -a_{n-1} \\ 0 & 1 & \cdots & 0 & -a_{n-2} \\ \vdots & \vdots & & \vdots & \vdots \\ 0 & 0 & \cdots & 1 & -a_1 \end{bmatrix}$$

$$\boldsymbol{C} = [0 \quad 0 \quad \cdots \quad 0 \quad 1]$$

则称系统 $\Sigma(\boldsymbol{A},\boldsymbol{C})$ 为能观测标准型。

② 对能观测系统 $\Sigma(\boldsymbol{A},\boldsymbol{C})$ 化为能观测标准型的变换矩阵 $\boldsymbol{T}$ 是唯一的，且

$$\boldsymbol{T} = [\boldsymbol{T}_1 \quad \boldsymbol{AT}_1 \quad \cdots \quad \boldsymbol{A}^{n-1}\boldsymbol{T}_1]$$

其中，

$$T_1 = \begin{bmatrix} C \\ CA \\ \vdots \\ CA^{n-1} \end{bmatrix}^{-1} \begin{bmatrix} 0 \\ \vdots \\ 0 \\ 1 \end{bmatrix}$$

4. 对偶原理

线性系统 $\Sigma_1(\boldsymbol{A},\boldsymbol{B},\boldsymbol{C})$ 与 $\Sigma_2(\boldsymbol{A}^{\mathrm{T}},\boldsymbol{C}^{\mathrm{T}},\boldsymbol{B}^{\mathrm{T}})$ 互为对偶系统。若系统 Σ_1 能控(能观测),则 Σ_2 能观测(能控)。

5. 线性定常系统的结构分解

从能控性和能观测性出发,状态变量可分解为能控能观测 $\boldsymbol{x}_{co}$,能控不能观测 $\boldsymbol{x}_{c\hat{o}}$,不能控能观测 $\boldsymbol{x}_{\hat{c}o}$,不能控不能观测 $\boldsymbol{x}_{\hat{c}\hat{o}}$ 四类。以此对应,将状态空间分为4个子空间,系统也对应分解为4个子系统,这称为系统的结构分解。研究结构分解更能揭示系统结构特性和传递特性。

6. 最小实现

(1) 已知传递函数阵 $\boldsymbol{G}(s)$,找一个系统 $\Sigma(\boldsymbol{A},\boldsymbol{B},\boldsymbol{C},\boldsymbol{D})$ 满足关系

$$\boldsymbol{C}(s\boldsymbol{I}-\boldsymbol{A})^{-1}\boldsymbol{B}+\boldsymbol{D}=\boldsymbol{G}(s)$$

则称 $\Sigma(\boldsymbol{A},\boldsymbol{B},\boldsymbol{C},\boldsymbol{D})$ 为 $\boldsymbol{G}(s)$ 的一个实现。

(2) 若传递函数阵 $\boldsymbol{G}(s)$ 的各个元素均为 s 的有理分式,且分子分母多项式的系数为实常数时,则 $\boldsymbol{G}(s)$ 一定是可实现的,且其可能的实现有无穷多个。

(3) 在传递函数阵 $\boldsymbol{G}(s)$ 的所有可能实现中,状态空间维数最小的实现称为最小实现,也叫不可约实现。

(4) 若传递函数阵 $\boldsymbol{G}(s)$ 是可实现的,则其最小实现有无穷多个,而且相互间彼此代数等价。

(5) 传递函数阵 $\boldsymbol{G}(s)$ 的一个实现 $\Sigma(\boldsymbol{A},\boldsymbol{B},\boldsymbol{C},\boldsymbol{D})$ 为最小实现的充要条件是不但能控而且能观测。

习 题

3.1 试判断下列系统是否具有能控性。

(1) $\dot{\boldsymbol{x}}(t)=\begin{bmatrix} 1 & 0 \\ -1 & 2 \end{bmatrix}\boldsymbol{x}(t)+\begin{bmatrix} 1 \\ 0 \end{bmatrix}u(t)$

(2) $\dot{\boldsymbol{x}}(t)=\begin{bmatrix} 1 & 0 & 0 \\ 0 & 2 & -2 \\ -1 & 1 & 0 \end{bmatrix}\boldsymbol{x}(t)+\begin{bmatrix} 1 \\ 0 \\ 0 \end{bmatrix}u(t)$

(3) $\dot{\boldsymbol{x}}(t)=\begin{bmatrix} -3 & 1 & 0 \\ 0 & -3 & 0 \\ 0 & 0 & -1 \end{bmatrix}\boldsymbol{x}(t)+\begin{bmatrix} 1 & -1 \\ 0 & 0 \\ 2 & 0 \end{bmatrix}\boldsymbol{u}(t)$

3.2　试判断下列系统的输出能控性。

(1) $\begin{cases}\dot{\boldsymbol{x}}(t)=\begin{bmatrix}1 & 0\\ -1 & 2\end{bmatrix}\boldsymbol{x}(t)+\begin{bmatrix}1\\ 0\end{bmatrix}u(t)\\ y(t)=\begin{bmatrix}0 & 1\end{bmatrix}\boldsymbol{x}(t)\end{cases}$

(2) $\begin{cases}\dot{\boldsymbol{x}}(t)=\begin{bmatrix}-3 & 1 & 0\\ 0 & -3 & 0\\ 0 & 0 & -1\end{bmatrix}\boldsymbol{x}(t)+\begin{bmatrix}1 & -1\\ 0 & 0\\ 2 & 0\end{bmatrix}\boldsymbol{u}(t)\\ \boldsymbol{y}(t)=\begin{bmatrix}1 & 0 & 1\\ -1 & 1 & 0\end{bmatrix}\boldsymbol{x}(t)\end{cases}$

(3) $\begin{cases}\dot{\boldsymbol{x}}(t)=\begin{bmatrix}1 & 3 & 2\\ 0 & 2 & 0\\ 0 & 1 & 3\end{bmatrix}\boldsymbol{x}(t)+\begin{bmatrix}2 & 1\\ 1 & 1\\ -1 & -1\end{bmatrix}\boldsymbol{u}(t)\\ y(t)=\begin{bmatrix}1 & 0 & 0\end{bmatrix}\boldsymbol{x}(t)\end{cases}$

3.3　试判断下列系统是否具有能观测性。

(1) $\dot{\boldsymbol{x}}(t)=\begin{bmatrix}-1 & 0\\ 0 & -2\end{bmatrix}\boldsymbol{x}(t)$　　$y(t)=\begin{bmatrix}1 & 0\end{bmatrix}\boldsymbol{x}(t)$

(2) $\dot{\boldsymbol{x}}(t)=\begin{bmatrix}2 & -1\\ 2 & -1\end{bmatrix}\boldsymbol{x}(t)$　　$y(t)=\begin{bmatrix}1 & 1\end{bmatrix}\boldsymbol{x}(t)$

(3) $\dot{\boldsymbol{x}}(t)=\begin{bmatrix}2 & 1 & 0\\ 0 & 2 & 0\\ 0 & 0 & -3\end{bmatrix}\boldsymbol{x}(t)$　　$y(t)=\begin{bmatrix}0 & 1 & 1\end{bmatrix}\boldsymbol{x}(t)$

(4) $\dot{\boldsymbol{x}}(t)=\begin{bmatrix}1 & 0 & -1\\ -1 & -2 & 0\\ 3 & 0 & 1\end{bmatrix}\boldsymbol{x}(t)$　　$\boldsymbol{y}(t)=\begin{bmatrix}1 & 0 & 0\\ 0 & -1 & 0\end{bmatrix}\boldsymbol{x}(t)$

3.4　设系统的状态方程为

$$\dot{\boldsymbol{x}}(t)=\begin{bmatrix}a & 1\\ -1 & 0\end{bmatrix}\boldsymbol{x}(t)+\begin{bmatrix}b\\ -1\end{bmatrix}u(t)$$

试确定满足状态完全能控条件的 a 和 b。

3.5　设系统的状态方程为

$$\dot{\boldsymbol{x}}(t)=\begin{bmatrix}\lambda & 1 & 0\\ 0 & \lambda & 1\\ 0 & 0 & \lambda\end{bmatrix}\boldsymbol{x}(t)+\begin{bmatrix}a\\ b\\ c\end{bmatrix}u(t)$$

试确定满足状态完全能控条件的 a,b 和 c。

3.6 设系统的状态空间表达式为

$$\begin{cases}\dot{\boldsymbol{x}}(t)=\begin{bmatrix}a & 1\\0 & b\end{bmatrix}\boldsymbol{x}(t)+\begin{bmatrix}1\\1\end{bmatrix}u(t)\\ y(t)=\begin{bmatrix}1 & -1\end{bmatrix}\boldsymbol{x}(t)\end{cases}$$

试确定满足状态完全能控和能观测条件的 a 和 b。

3.7 试证系统的状态方程为

$$\dot{\boldsymbol{x}}(t)=\begin{bmatrix}20 & -1 & 0\\4 & 16 & 0\\12 & -6 & 18\end{bmatrix}\boldsymbol{x}(t)+\begin{bmatrix}a\\b\\c\end{bmatrix}u(t)$$

时,不论 a,b 和 c 取什么值,该系统状态不能控。

3.8 设系统的传递函数为

$$G(s)=\frac{s+a}{s^3+7s^2+14s+8}$$

问当 a 取什么值时,系统将是不能控或不能观测的。

3.9 设上题中的 $a=1$,试选择一组状态变量将系统的状态表达式写成

(1) 能控但不能观测。

(2) 能观测但不能控。

3.10 已知线性连续系统

$$\dot{\boldsymbol{x}}(t)=\begin{bmatrix}0 & 1\\-1 & 0\end{bmatrix}\boldsymbol{x}(t)+\begin{bmatrix}0\\1\end{bmatrix}u(t)$$

是能控的,与它相应的离散化系统是否一定能控,为什么?

3.11 试将状态空间方程

$$\dot{\boldsymbol{x}}(t)=\begin{bmatrix}-1 & 0\\1 & -2\end{bmatrix}\boldsymbol{x}(t)+\begin{bmatrix}1\\-1\end{bmatrix}u(t)$$

化为能控标准型。

3.12 试将状态空间表达式

$$\dot{\boldsymbol{x}}(t)=\begin{bmatrix}1 & 0\\-2 & 4\end{bmatrix}\boldsymbol{x}(t)\qquad y(t)=\begin{bmatrix}-1 & 1\end{bmatrix}\boldsymbol{x}(t)$$

化为能观测标准型。

3.13 设线性定常系统的状态空间表达式

$$\begin{cases}\dot{\boldsymbol{x}}(t)=\begin{bmatrix}0 & 0 & -1\\1 & 0 & -3\\0 & 1 & -3\end{bmatrix}\boldsymbol{x}(t)+\begin{bmatrix}1\\1\\0\end{bmatrix}u(t)\\ y(t)=\begin{bmatrix}0 & 1 & -2\end{bmatrix}\boldsymbol{x}(t)\end{cases}$$

(1) 判断系统的能控性,并找出能控子系统。

(2) 判断系统的能观测性,并找出能观测子系统。

3.14　若题 3.13 系统是不完全能控和能观测的,试找出系统中能控且能观测的子系统。

3.15　试确定系统传递函数阵

$$G(s)=\begin{bmatrix}\dfrac{1}{s+1} & \dfrac{1}{s^2+3s+2}\end{bmatrix}$$

的一个实现,并检验是否为最小实现和找出其最小实现。

3.16　已知系统的微分方程为

$$y''(t)+4y'(t)+3y(t)=u''(t)+6u'(t)+8u(t)$$

试分别求出满足下述要求的状态空间表达式:

(1) 系统为能控能观测的对角标准型。

(2) 系统为能控不能观测的。

(3) 系统为不能控但能观测的。

(4) 系统为不能控也不能观测的。

3.17　设系统 Σ_1 和系统 Σ_2 的状态空间表达式为

$$\Sigma_1:\begin{cases}\dot{\boldsymbol{x}}_1(t)=\begin{bmatrix}0 & 1\\ -3 & -4\end{bmatrix}\boldsymbol{x}_1(t)+\begin{bmatrix}0\\ 1\end{bmatrix}u_1(t)\\ y_1(t)=\begin{bmatrix}2 & 1\end{bmatrix}\boldsymbol{x}_1(t)\end{cases}$$

$$\Sigma_2:\begin{cases}\dot{\boldsymbol{x}}_2(t)=-2\boldsymbol{x}_2(t)+u_2(t)\\ y_2(t)=\boldsymbol{x}_2(t)\end{cases}$$

(1) 试分析系统 Σ_1 和 Σ_2 的能控性和能观测性,并写出其传递函数。

(2) 试分析由 Σ_1 和 Σ_2 所组成的串联系统的能控性和能观测性,并写出其传递函数。

(3) 试分析由 Σ_1 和 Σ_2 所组成的并联系统的能控性和能观测性,并写出其传递函数。

3.18　已知一时不变系统

$$\dot{\boldsymbol{x}}(t)=\begin{bmatrix}-3 & 1\\ 1 & -3\end{bmatrix}\boldsymbol{x}(t)+\begin{bmatrix}1 & 1\\ 1 & 1\end{bmatrix}\boldsymbol{u}(t)$$

$$\boldsymbol{y}(t)=\begin{bmatrix}1 & 1\\ 1 & -1\end{bmatrix}\boldsymbol{x}(t)$$

试用两种方法判别其能控性和能观测性。

3.19　已知能观测系统

$$A=\begin{bmatrix}1 & -1\\ 1 & 1\end{bmatrix},b=\begin{bmatrix}2\\ 1\end{bmatrix},C=\begin{bmatrix}-1 & 1\end{bmatrix}$$

试将该状态空间表达式变换为能观测标准型。

3.20　由能控性矩阵构造变换 $\tilde{\boldsymbol{x}} = P^{-1}\boldsymbol{x}$，将状态方程化为能控标准型。

$$\dot{\boldsymbol{x}}(t) = \begin{bmatrix} 1 & 0 & 0 \\ 0 & -1 & 0 \\ 0 & 0 & -2 \end{bmatrix}\boldsymbol{x}(t) + \begin{bmatrix} 1 \\ 1 \\ -1 \end{bmatrix}u(t)$$

3.21　给定系统的结构图如图所示，试分析系统的能控性和能观测性。

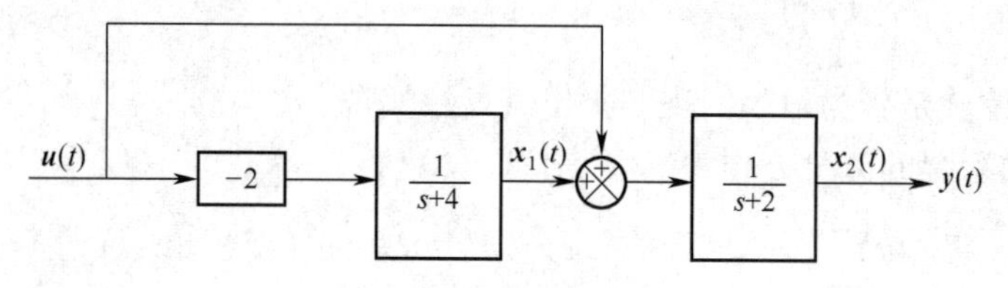

习题3.21图

3.22　试将下列系统按能控性进行结构分解。

(1) $\boldsymbol{A} = \begin{bmatrix} 1 & 2 & -1 \\ 0 & 1 & 0 \\ 0 & -4 & 3 \end{bmatrix}, \boldsymbol{b} = \begin{bmatrix} 0 \\ 0 \\ 1 \end{bmatrix}, \boldsymbol{C} = [1 \quad -1 \quad 1]$

(2) $\boldsymbol{A} = \begin{bmatrix} -2 & 2 & -1 \\ 0 & -2 & 0 \\ 1 & -4 & 0 \end{bmatrix}, \boldsymbol{b} = \begin{bmatrix} 0 \\ 0 \\ 1 \end{bmatrix}, \boldsymbol{C} = [1 \quad -1 \quad 1]$

3.23　试将下列系统按能观性进行结构分解。

(1) $\boldsymbol{A} = \begin{bmatrix} 1 & 2 & -1 \\ 0 & 1 & 0 \\ 0 & -4 & 3 \end{bmatrix}, \boldsymbol{b} = \begin{bmatrix} 0 \\ 0 \\ 1 \end{bmatrix}, \boldsymbol{C} = [1 \quad -1 \quad 1]$

(2) $\boldsymbol{A} = \begin{bmatrix} -2 & 2 & -1 \\ 0 & -2 & 0 \\ 1 & -4 & 0 \end{bmatrix}, \boldsymbol{b} = \begin{bmatrix} 0 \\ 0 \\ 1 \end{bmatrix}, \boldsymbol{C} = [1 \quad -1 \quad 1]$

3.24　求下列传递函数阵的最小实现：

(1) $\boldsymbol{G}(s) = \begin{bmatrix} \dfrac{1}{s+1} & \dfrac{1}{s+1} \\ \dfrac{1}{s+1} & \dfrac{1}{s+1} \end{bmatrix}$

(2) $\boldsymbol{G}(s) = \begin{bmatrix} \dfrac{1}{s} & \dfrac{1}{s^2} \\ \dfrac{1}{s^2} & \dfrac{1}{s^3} \end{bmatrix}$

3.25　已知系统 $2\dddot{y}(t) + 2y(t) = \dddot{u}(t) + \dot{u}(t) + 2u(t)$，试求其状态空间最小实现。

3.26　给定系统

$$\begin{bmatrix}\dot{x}_1(t)\\ \dot{x}_2(t)\\ \dot{x}_3(t)\end{bmatrix}=\begin{bmatrix}1 & 0 & 0\\ 2 & 2 & 3\\ -2 & 0 & 1\end{bmatrix}\begin{bmatrix}x_1(t)\\ x_2(t)\\ x_3(t)\end{bmatrix}+\begin{bmatrix}1\\ 2\\ -2\end{bmatrix}u(t)$$

$$y(t)=\begin{bmatrix}1 & 1 & 2\end{bmatrix}\begin{bmatrix}x_1(t)\\ x_2(t)\\ x_3(t)\end{bmatrix}$$

进行 $\tilde{\boldsymbol{x}}=\boldsymbol{P}^{-1}\boldsymbol{x}$ 变换。

(1) 找出能控能观测的状态变量 $\tilde{\boldsymbol{x}}_i$，表示为 $x_1(t)$，$x_2(t)$ 和 $x_3(t)$ 的组合形式；

(2) 找出不能控能观测的状态变量 $\tilde{\boldsymbol{x}}_i$，表示为 $x_1(t)$，$x_2(t)$ 和 $x_3(t)$ 的组合形式。

第 4 章　控制系统的状态空间综合

前面 3 章详细地介绍了线性系统的状态空间模型和状态空间分析,本章将继续讨论线性系统的状态空间综合。众所周知,在自动控制系统中,反馈控制是最主要的控制方式,状态空间综合也不例外。

给定系统的状态空间描述为

$$\begin{cases}\dot{\boldsymbol{x}} = \boldsymbol{A}\boldsymbol{x} + \boldsymbol{B}\boldsymbol{u} \\ \boldsymbol{y} = \boldsymbol{C}\boldsymbol{x}\end{cases}$$

再给出所期望的性能指标,可以是对系统状态运动期望形式所规定的某些特征量,也可以是运动过程所规定的某种期望形式或需取极小(极大)值的一个性能函数。

所谓的综合就是寻找一个控制作用 u(t),使得在其作用下系统运动行为满足所给出的期望性能指标。

如果所得到的控制作用依赖于系统的实际响应,可表示为系统状态或输出的一个线性向量函数,即

$$u = r - Kx\text{(状态反馈控制)}$$

或

$$u = r - Hy\text{(输出反馈控制)}$$

性能指标的类型有非优化型性能指标(一类不等式型的指标)和优化型性能指标(一类极值型的指标)。

常用的非优化型性能指标的提法如下:

(1) 以渐近稳定作为性能指标。称相应的综合问题为镇定问题,综合目标是使控制系统为渐近稳定。

(2) 以期望的闭环极点为性能指标。称相应的综合问题为极点配置问题,综合目标是使系统的特征值配置在期望位置。

(3) 以使系统"一个输入只控制一个输出" 为性能指标。称相应的综合问题为解耦控制,综合目标是使系统实现一个输出有且仅有一个输入控制。

(4) 以使系统的输出无静差地跟踪一个外部信号为性能指标。称相应的综合问题为跟踪问题,综合目标是使系统实现扰动抑制和渐近跟踪。

优化型性能指标:

$$J(u(.)) = \int_0^{\infty} (\boldsymbol{x}^{\mathrm{T}}\boldsymbol{Q}x + \boldsymbol{u}^{\mathrm{T}}\boldsymbol{R}u)\,\mathrm{d}t$$

综合任务之一就是针对具体问题合理选取加权矩阵 $\boldsymbol{R}$ 和 $\boldsymbol{Q}$,综合目标是确定一个控制 $u^*(.)$ 使对所导出的系统性能指标 $J(u^*(.))$ 取为极小值 $J(u^*(.))$。并且,称 $u^*(.)$ 为最优控制,$J(u^*(.))$ 为最优性能。

研究问题的思路：

给定一个综合问题，不管是非优化型性能指标还是优化型性能指标，不管性能指标取哪种具体形式，也不管采用状态反馈还是输出反馈类型的控制，从以下两方面进行研究：

(1) 建立可综合的条件：相对于给定系统和指定期望性能指标，为使实现综合目标的反馈控制存在所需要满足的条件。可综合条件的建立，可避免系统综合过程中的盲目性。

(2) 建立相应的控制规律。

系统中会存在外部干扰和内部参数的变动，在系统的设计中，还要考虑综合中所得到的控制规律的工程实现问题，比如线路的选择，元器件的选用，参数的确定等。

因此本章将主要讨论在状态空间综合中两种常用的设计方法：状态反馈和输出反馈。内容包括状态反馈和输出反馈的基本概念和性质，以及利用这两种反馈实现极点配置和解耦控制的方法。最后讨论状态反馈的实现问题，即状态观测器设计。

4.1　状态反馈和输出反馈

4.1.1　状态反馈

所谓状态反馈是将受控系统的每一个状态变量，按照线性反馈规律反馈到输入端，构成闭环系统。这种控制规律称为状态反馈，其结构图如图 4-1 所示。

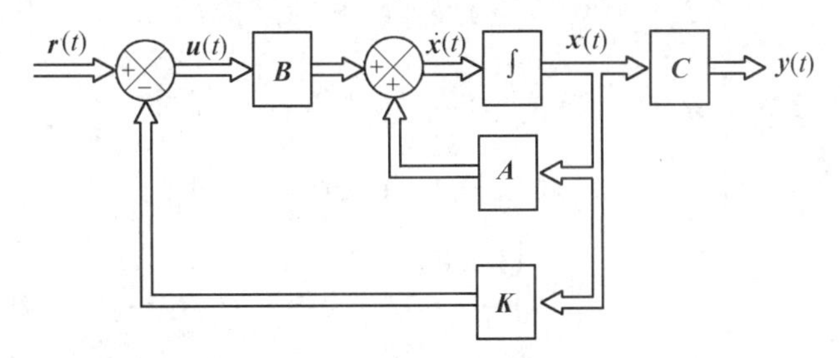

图 4-1　状态反馈系统的结构图

图中受控系统 $\Sigma_0(\boldsymbol{A},\boldsymbol{B},\boldsymbol{C})$ 的状态空间表达式为

$$\begin{cases}\dot{\boldsymbol{x}} = \boldsymbol{A}\boldsymbol{x} + \boldsymbol{B}\boldsymbol{u} \\ \boldsymbol{y} = \boldsymbol{C}\boldsymbol{x}\end{cases} \tag{4-1}$$

式中，$\boldsymbol{A}$ 为 $n\times n$ 矩阵；$\boldsymbol{B}$ 为 $n\times r$ 矩阵；$\boldsymbol{C}$ 为 $m\times n$ 矩阵。

状态反馈控制律为

$$\boldsymbol{u} = \boldsymbol{r} - \boldsymbol{K}\boldsymbol{x} \tag{4-2}$$

式中，$\boldsymbol{r}$ 为 $r\times 1$ 参考输入；$\boldsymbol{K}$ 为 $r\times n$ 状态反馈阵。对单输入系统，$\boldsymbol{K}$ 为 $1\times n$ 的行向量。

把式(4-2)代入式(4-1)中，可得状态反馈闭环系统的状态空间表达式为

$$\begin{cases}\dot{\boldsymbol{x}} = (\boldsymbol{A} - \boldsymbol{B}\boldsymbol{K})\boldsymbol{x} + \boldsymbol{B}\boldsymbol{r} \\ \boldsymbol{y} = \boldsymbol{C}\boldsymbol{x}\end{cases} \tag{4-3}$$

简记为 $\Sigma_K[(\boldsymbol{A}-\boldsymbol{BK}),\boldsymbol{B},\boldsymbol{C}]$。该系统的闭环传递函数阵为

$$\boldsymbol{G}_K(s)=\boldsymbol{C}[s\boldsymbol{I}-(\boldsymbol{A}-\boldsymbol{BK})]^{-1}\boldsymbol{B} \tag{4-4}$$

由此可见,经过状态反馈后,系数矩阵 $\boldsymbol{C}$ 和 $\boldsymbol{B}$ 没有变化,仅仅是系统矩阵 $\boldsymbol{A}$ 发生了变化,变成了($\boldsymbol{A}-\boldsymbol{BK}$)。也就是说状态反馈矩阵 $\boldsymbol{K}$ 的引入,没有增加新的状态变量,也没有增加系统的维数,但可以通过 $\boldsymbol{K}$ 阵的选择自由地改变闭环系统的特征值,从而使系统达到所要求的性能。

4.1.2　输出反馈

输出反馈是将受控系统的输出变量,按照线性反馈规律反馈到输入端,构成闭环系统。这种控制规律称为输出反馈。经典控制理论中所讨论的反馈就是这种反馈,其结构图如图4-2所示。

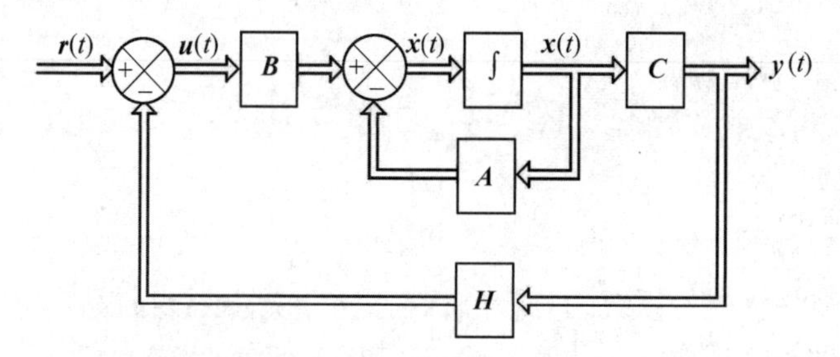

图4-2　输出反馈系统的结构图

图中受控系统 $\Sigma_0(\boldsymbol{A},\boldsymbol{B},\boldsymbol{C})$ 的状态空间表达式为

$$\begin{cases}\dot{\boldsymbol{x}}=\boldsymbol{Ax}+\boldsymbol{Bu}\\ \boldsymbol{y}=\boldsymbol{Cx}\end{cases} \tag{4-5}$$

输出反馈控制律为

$$\boldsymbol{u}=\boldsymbol{r}-\boldsymbol{Hy} \tag{4-6}$$

式中,$\boldsymbol{H}$ 为 $r\times m$ 输出反馈阵。对单输出系统,$\boldsymbol{H}$ 为 $r\times1$ 的列向量。

将式(4-6)代入式(4-5)中,可得输出反馈闭环系统的状态空间表达式

$$\begin{cases}\dot{\boldsymbol{x}}=(\boldsymbol{A}-\boldsymbol{BHC})\boldsymbol{x}+\boldsymbol{Br}\\ \boldsymbol{y}=\boldsymbol{Cx}\end{cases} \tag{4-7}$$

简记为 $\Sigma_H[(\boldsymbol{A}-\boldsymbol{BHC}),\boldsymbol{B},\boldsymbol{C}]$。该系统的闭环传递函数阵为

$$\boldsymbol{G}_H(s)=\boldsymbol{C}(s\boldsymbol{I}-\boldsymbol{A}+\boldsymbol{BHC})^{-1}\boldsymbol{B} \tag{4-8}$$

若原受控系统的传递函数阵为

$$\boldsymbol{G}_0(s)=\boldsymbol{C}(s\boldsymbol{I}-\boldsymbol{A})^{-1}\boldsymbol{B}$$

则 $\boldsymbol{G}_0(s)$ 与 $\boldsymbol{G}_H(s)$ 有如下关系

$$G_H(s) = [\boldsymbol{I} + \boldsymbol{G}_0(s)\boldsymbol{H}]^{-1}\boldsymbol{G}_0(s)$$

或

$$G_H(s) = \boldsymbol{G}_0(s)[\boldsymbol{I} + \boldsymbol{H}\boldsymbol{G}_0(s)]^{-1}$$

由此可见，与状态反馈一样，经过输出反馈后，闭环系统同样没有引入新的状态变量，仅仅是系统矩阵 $\boldsymbol{A}$ 变成了$(\boldsymbol{A}-\boldsymbol{BHC})$。比较这两种反馈形式，若令 $\boldsymbol{K}=\boldsymbol{HC}$，则 $\boldsymbol{Kx}=\boldsymbol{HCx}=\boldsymbol{Hy}$。因此输出反馈只是状态反馈的一种特殊情况。

4.1.3　闭环系统的能控性和能观测性

上述两种反馈控制，其闭环系统的能控性和能观测性相对于原受控系统来说，是否发生变化，是关系到能否实现状态控制和状态观测的重要问题。

定理 4-1　状态反馈不改变受控系统 $\Sigma_0(\boldsymbol{A},\boldsymbol{B},\boldsymbol{C})$ 的能控性，但却不一定保持系统的能观测性。

证明：因为原受控系统 $\Sigma_0(\boldsymbol{A},\boldsymbol{B},\boldsymbol{C})$ 的能控性矩阵为

$$[\boldsymbol{B}\quad \boldsymbol{AB}\quad \cdots\quad \boldsymbol{A}^{n-1}\boldsymbol{B}]$$

而状态反馈闭环系统 Σ_K 的能控性矩阵为

$$[\boldsymbol{B}\quad (\boldsymbol{A}-\boldsymbol{BK})\boldsymbol{B}\quad \cdots\quad (\boldsymbol{A}-\boldsymbol{BK})^{n-1}\boldsymbol{B}]$$

$$\boldsymbol{B} = [b_1\quad b_2\quad \cdots\quad b_r]\qquad \boldsymbol{AB} = [\boldsymbol{A}b_1\quad \boldsymbol{A}b_2\quad \cdots\quad \boldsymbol{A}b_r]$$

$$(\boldsymbol{A}-\boldsymbol{BK})\boldsymbol{B} = [(\boldsymbol{A}-\boldsymbol{BK})b_1\quad (\boldsymbol{A}-\boldsymbol{BK})b_2\quad \cdots\quad (\boldsymbol{A}-\boldsymbol{BK})b_r]$$

将 $\boldsymbol{K}$ 表示为行向量

$$\boldsymbol{K} = \begin{bmatrix} k_1 \\ k_2 \\ \vdots \\ k_r \end{bmatrix}$$

$$(\boldsymbol{A}-\boldsymbol{BK})b_i = \boldsymbol{A}b_i - [b_1\quad b_2\quad \cdots\quad b_r]\begin{bmatrix} k_1 b_i \\ k_2 b_i \\ \vdots \\ k_r b_i \end{bmatrix}$$

令 $c_{1i}=k_1 b_i, c_{2i}=k_2 b_i, \cdots, c_{ri}=k_r b_i$，式中 $c_{ji}(j=1,2,\cdots,r)$ 均为标量。故

$$(\boldsymbol{A}-\boldsymbol{BK})b_i = \boldsymbol{A}b_i - (c_{1i}b_1 + c_{2i}b_2 + \cdots + c_{ri}b_r)$$

这说明$(\boldsymbol{A}-\boldsymbol{BK})\boldsymbol{B}$ 的列向量可以由$[\boldsymbol{B}\quad \boldsymbol{AB}]$的列向量的线性组合来表示。$(\boldsymbol{A}-\boldsymbol{BK})^2\boldsymbol{B}$ 的列向量可以由$[\boldsymbol{B}\quad \boldsymbol{AB}\quad \boldsymbol{A}^2\boldsymbol{B}]$的列向量的线性组合来表示。其余类推，于是有$[\boldsymbol{B}\quad (\boldsymbol{A}-\boldsymbol{BK})\boldsymbol{B}\quad \cdots\quad (\boldsymbol{A}-\boldsymbol{BK})^{n-1}\boldsymbol{B}]$的列向量可以由$[\boldsymbol{B}\quad \boldsymbol{AB}\quad \cdots\quad \boldsymbol{A}^{n-1}\boldsymbol{B}]$的列向量的线性组合来表示。因此有

$$\text{rank}[\boldsymbol{B}\quad (\boldsymbol{A}-\boldsymbol{BK})\boldsymbol{B}\quad \cdots\quad (\boldsymbol{A}-\boldsymbol{BK})^{n-1}\boldsymbol{B}] \leqslant \text{rank}[\boldsymbol{B}\quad \boldsymbol{AB}\quad \cdots\quad \boldsymbol{A}^{n-1}\boldsymbol{B}]$$

而受控系统又可认为是系统$\Sigma_K[(\boldsymbol{A}-\boldsymbol{BK}),\boldsymbol{B},\boldsymbol{C}]$通过$\boldsymbol{K}$阵正反馈构成的状态反馈系统,于是有

$$\operatorname{rank}[\boldsymbol{B}\quad \boldsymbol{AB}\quad \cdots\quad \boldsymbol{A}^{n-1}\boldsymbol{B}] \leqslant \operatorname{rank}[\boldsymbol{B}\quad (\boldsymbol{A}-\boldsymbol{BK})\boldsymbol{B}\quad \cdots\quad (\boldsymbol{A}-\boldsymbol{BK})^{n-1}\boldsymbol{B}]$$

要使两不等式同时成立,只能是

$$\operatorname{rank}[\boldsymbol{B}\quad (\boldsymbol{A}-\boldsymbol{BK})\boldsymbol{B}\quad \cdots\quad (\boldsymbol{A}-\boldsymbol{BK})^{n-1}\boldsymbol{B}] = \operatorname{rank}[\boldsymbol{B}\quad \boldsymbol{AB}\quad \cdots\quad \boldsymbol{A}^{n-1}\boldsymbol{B}]$$

所以状态反馈前后系统的能控性不变。关于状态反馈不保持原受控系统的能观测性问题将在后面的状态反馈极点配置中加以说明。

定理 4-2 输出反馈系统不改变原受控系统Σ_0的能控性和能观测性。

证明:因为输出反馈是状态反馈的一种特殊情况,因此输出反馈和状态反馈一样,也保持了受控系统的能控性不变。

关于能观测性不变,可由输出反馈前后两系统的能观测矩阵

$$\begin{bmatrix} \boldsymbol{C} \\ \boldsymbol{CA} \\ \vdots \\ \boldsymbol{CA}^{n-1} \end{bmatrix}$$

和

$$\begin{bmatrix} \boldsymbol{C} \\ \boldsymbol{C}(\boldsymbol{A}-\boldsymbol{BHC}) \\ \vdots \\ \boldsymbol{C}(\boldsymbol{A}-\boldsymbol{BHC})^{n-1} \end{bmatrix}$$

来证明。仿照定理 4-1 的证明方法,可以证明上述两能观测性矩阵的秩相等,因此输出反馈保持原受控系统的能观测性不变。

例 4-1 设系统的状态空间表达式为

$$\begin{cases} \dot{\boldsymbol{x}} = \begin{bmatrix} 1 & 2 \\ 3 & 1 \end{bmatrix}\boldsymbol{x} + \begin{bmatrix} 0 \\ 1 \end{bmatrix}u \\ y = [1\quad 2]\boldsymbol{x} \end{cases}$$

试分析系统引入状态反馈$\boldsymbol{K}=[3\quad 1]$后的能控性和能观测性。

解:容易判断原系统是能控且能观测的。引入$\boldsymbol{K}=[3\quad 1]$后,闭环系统$\Sigma_K$的状态空间表达式由式(4-3)可得

$$\begin{cases} \dot{\boldsymbol{x}} = \begin{bmatrix} 1 & 2 \\ 0 & 0 \end{bmatrix}\boldsymbol{x} + \begin{bmatrix} 0 \\ 1 \end{bmatrix}r \\ y = [1\quad 2]\boldsymbol{x} \end{cases}$$

不难判断,系统 Σ_K 是能控的,但不是能观测的。可见引入状态反馈 $\boldsymbol{K}=[3\quad 1]$后,闭环系统保持了能控性不变,而不能保持能观测性。

4.2　极点配置

控制系统的稳定性和动态性能主要取决于系统的闭环极点在根平面上的分布。因此在进行系统综合时,可以根据对系统性能的要求,规定系统的闭环极点应有的位置。所谓极点配置,就是通过选择适当的反馈形式和反馈矩阵,使系统的闭环极点恰好配置在所希望的位置上,以获得所希望的动态性能。

4.2.1　状态反馈极点配置

1. 极点配置定理

定理 4-3　受控系统 $\Sigma_0(\boldsymbol{A},\boldsymbol{B},\boldsymbol{C})$利用状态反馈矩阵 $\boldsymbol{K}$,能使其闭环极点任意配置的充要条件是受控系统 Σ_0 完全能控。

证明:为简单起见,设受控系统 Σ_0 为单变量系统,其状态空间表达式为

$$\begin{cases}\dot{x} = \boldsymbol{A}x + \boldsymbol{B}u \\ y = \boldsymbol{C}x\end{cases} \tag{4-9}$$

(1) 证充分性。即若 Σ_0 完全能控,则闭环极点必能任意配置。

设 Σ_0 完全能控,则必存在非奇异线性变换 $\boldsymbol{x}=\boldsymbol{P}\tilde{\boldsymbol{x}}$,将它化成能控标准型

$$\begin{cases}\dot{\tilde{x}} = \tilde{\boldsymbol{A}}\tilde{x} + \tilde{\boldsymbol{B}}u \\ y = \tilde{\boldsymbol{C}}\tilde{x}\end{cases} \tag{4-10}$$

式中

$$\boldsymbol{A} = \begin{bmatrix} 0 & 1 & 0 & \cdots & 0 \\ 0 & 0 & 1 & \cdots & 0 \\ \vdots & \vdots & \vdots & & \vdots \\ 0 & 0 & 0 & \cdots & 1 \\ -a_n & -a_{n-1} & -a_{n-2} & \cdots & -a_1 \end{bmatrix},\quad \tilde{\boldsymbol{B}} = \boldsymbol{P}^{-1}\boldsymbol{B} = \begin{bmatrix} 0 \\ 0 \\ \vdots \\ 0 \\ 1 \end{bmatrix}$$

$$\tilde{\boldsymbol{C}} = \boldsymbol{C}\boldsymbol{P} = [c_n \quad c_{n-1} \quad \cdots \quad c_1]$$

受控系统 Σ_0 的传递函数为

$$G_0(s) = \boldsymbol{C}(s\boldsymbol{I} - \boldsymbol{A})^{-1}\boldsymbol{B} = \frac{c_1 s^{n-1} + \cdots + c_{n-1}s + c_n}{s^n + a_1 s^{n-1} + \cdots + a_{n-1}s + a_n}$$

取状态反馈阵为

$$\tilde{\boldsymbol{K}} = [\tilde{k}_1 \quad \tilde{k}_2 \quad \cdots \quad \tilde{k}_n]$$

则闭环系统的系统矩阵$(\tilde{\boldsymbol{A}}-\tilde{\boldsymbol{B}}\tilde{\boldsymbol{K}})$为

$$\widetilde{\boldsymbol{A}}-\widetilde{\boldsymbol{B}}\widetilde{\boldsymbol{K}}=\begin{bmatrix}0 & 1 & \cdots & 0\\ \vdots & \vdots & & \vdots\\ 0 & 0 & \cdots & 1\\ -(a_n+\tilde{k}_1) & -(a_{n-1}+\tilde{k}_2) & \cdots & -(a_1+\tilde{k}_n)\end{bmatrix}$$

其闭环特征多项式为

$$|s\boldsymbol{I}-(\widetilde{\boldsymbol{A}}-\widetilde{\boldsymbol{B}}\widetilde{\boldsymbol{K}})|=s^n+(a_1+\tilde{k}_n)s^{n-1}+\cdots+(a_n+\tilde{k}_1) \tag{4-11}$$

而闭环系统的传递函数为

$$G_{\tilde{K}}(s)=\widetilde{\boldsymbol{C}}[s\boldsymbol{I}-(\widetilde{\boldsymbol{A}}-\widetilde{\boldsymbol{B}}\widetilde{\boldsymbol{K}})]^{-1}\widetilde{\boldsymbol{B}}=\frac{c_1s^{n-1}+\cdots+c_{n-1}s+c_n}{s^n+(a_1+\tilde{k}_n)s^{n-1}+\cdots+(a_n+\tilde{k}_1)} \tag{4-12}$$

设希望的闭环极点为 $s_1,s_2,\cdots,s_n$,则希望的闭环特征多项式为

$$(s-s_1)\cdots(s-s_n)=s^n+a_1^*s^{n-1}+\cdots+a_n^* \tag{4-13}$$

比较式(4-11)和式(4-13),若取

$$a_1+\tilde{k}_n=a_1^*$$
$$a_2+\tilde{k}_{n-1}=a_2^*$$
$$\vdots$$
$$a_n+\tilde{k}_1=a_n^*$$

可得

$$\widetilde{\boldsymbol{K}}=[\tilde{k}_1\quad \tilde{k}_2\quad \cdots\quad \tilde{k}_n]=[a_n^*-a_n\quad a_{n-1}^*-a_{n-1}\quad \cdots\quad a_1^*-a_1] \tag{4-14}$$

则闭环特征多项式与希望的特征多项式相等,也即实现了任意的极点配置。

根据状态反馈控制律在线性变换前后的表达式

$$u=r-\boldsymbol{Kx}=r-\boldsymbol{KP}\tilde{\boldsymbol{x}}=r-\widetilde{\boldsymbol{K}}\tilde{\boldsymbol{x}}$$

可得到原系统 Σ_0 的状态反馈阵为

$$\boldsymbol{K}=\widetilde{\boldsymbol{K}}\boldsymbol{P}^{-1} \tag{4-15}$$

(2) 证必要性。即若原系统 Σ_0 可由状态反馈任意配置极点,则 Σ_0 完全能控。采用反证法,即假设 Σ_0 通过状态反馈可任意配置极点,但 Σ_0 为不完全能控。

因为系统 Σ_0 不完全能控,故必可采用线性变换,将系统分解为能控和不能控两部分,即

$$\begin{cases}\dot{\tilde{\boldsymbol{x}}}=\begin{bmatrix}\widetilde{\boldsymbol{A}}_c & \widetilde{\boldsymbol{A}}_{12}\\ 0 & \widetilde{\boldsymbol{A}}_{\bar{c}}\end{bmatrix}\tilde{x}+\begin{bmatrix}\widetilde{\boldsymbol{B}}_1\\ 0\end{bmatrix}u\\ y=[\widetilde{\boldsymbol{C}}_1\quad \widetilde{\boldsymbol{C}}_2]\tilde{\boldsymbol{x}}\end{cases}$$

引入状态反馈

$$u = r - \tilde{K}\tilde{x}$$

式中

$$\tilde{K} = [\tilde{K}_c \quad \tilde{K}_{\bar{c}}]$$

系统变为

$$\begin{cases} \dot{\tilde{x}} = \begin{bmatrix} \tilde{A}_c - \tilde{B}_1\tilde{K}_c & \tilde{A}_{12} - \tilde{B}_1\tilde{K}_{\bar{c}} \\ 0 & \tilde{A}_{\bar{c}} \end{bmatrix}\tilde{x} + \begin{bmatrix} \tilde{B}_1 \\ 0 \end{bmatrix} r \\ y = [\tilde{C}_1 \quad \tilde{C}_2]\tilde{x} \end{cases}$$

对应的特征多项式为

$$|sI - (\tilde{A} - \tilde{B}\tilde{K})| = \begin{vmatrix} sI - (\tilde{A}_c - \tilde{B}_1\tilde{K}_c) & -(\tilde{A}_{12} - \tilde{B}_1\tilde{K}_{\bar{c}}) \\ 0 & sI - \tilde{A}_{\bar{c}} \end{vmatrix} =$$

$$|sI - (\tilde{A}_c - \tilde{B}_1\tilde{K}_c)| \cdot |sI - \tilde{A}_{\bar{c}}|$$

上式说明,利用状态反馈只能改变系统能控部分的极点,而不能改变不能控部分的极点。也就是说,在这种情况下,不可能任意配置系统的全部极点,这与假设相矛盾,因此系统是完全能控的。必要性得证。

2. 性质

(1) 状态反馈不能改变系统的零点。由上述定理的证明过程可以看出,状态反馈前后传递函数的分子多项式相同,也就是说状态反馈不能改变系统的零点。由于状态反馈可以任意配置极点,因此有可能使系统产生零、极点对消,从而使状态反馈不能保持原系统的能观测性。这就回答了前面曾提出的问题。只有当原系统不含有零点时,状态反馈才能保持原系统的能观测性。该性质适用于单输入系统,但不适用于多输入系统。

(2) 当受控系统不完全能控时,状态反馈只能任意配置系统能控部分的极点,而不能改变不能控部分的极点。

(3) 上述极点配置定理对多输入多输出系统也是成立的,区别在于后者的状态反馈阵 K 不是唯一的,而对单变量系统 K 阵是唯一的。原因在于多输入多输出系统的能控标准型不是唯一的。

3. K 阵的求法

在以上充分性的证明过程中实际上已经给出了求取状态反馈 K 阵的方法。

(1) 利用能控标准型求 K 阵。首先求线性变换 P 阵,令 $x = P\tilde{x}$,将 Σ_0 变换成能控标准型。然后根据要求的极点配置,计算状态反馈阵 $\tilde{K}$,即

$$\tilde{K} = [a_n^* - a_n \quad a_{n-1}^* - a_{n-1} \quad \cdots \quad a_1^* - a_1]$$

最后将 $\tilde{K}$ 变换成对原系统 Σ_0 的状态反馈阵 K,$K = \tilde{K}P^{-1}$。该方法比较麻烦,但对高阶系统是一种通用的计算方法,在利用计算机求 K 阵时,通常采用这种方法。

(2) 直接求 K 阵的方法。首先根据要求的极点配置,写出希望的闭环特征多项式。然后令状态反馈闭环系统的特征多项式 $|sI-(A-BK)|$ 与希望的特征多项式相等,得到 n

个代数方程。求解这个代数方程组,即可求出 $\boldsymbol{K}$ 阵。这种方法适用于低阶系统手工计算 $\boldsymbol{K}$ 阵的场合。

例 4-2 已知系统的状态空间表达式为

$$\begin{cases} \dot{\boldsymbol{x}} = \begin{bmatrix} 2 & 1 \\ -1 & 1 \end{bmatrix}\boldsymbol{x} + \begin{bmatrix} 1 \\ 2 \end{bmatrix}u \\ y = \begin{bmatrix} 1 & 0 \end{bmatrix}\boldsymbol{x} \end{cases}$$

试求使状态反馈系统具有极点为-1 和-2 的状态反馈阵 $\boldsymbol{K}$。

解:因为

$$\operatorname{rank}[\boldsymbol{B} \quad \boldsymbol{AB}] = \operatorname{rank}\begin{bmatrix} 1 & 4 \\ 2 & 1 \end{bmatrix} = 2 = n$$

所以原系统是完全能控的,通过状态反馈可以实现任意的极点配置。设

$$\boldsymbol{K} = [k_1 \quad k_2]$$

则状态反馈闭环系统的特征多项式为

$$|s\boldsymbol{I} - (\boldsymbol{A} - \boldsymbol{BK})| = \begin{vmatrix} s - 2 + k_1 & -1 + k_2 \\ 1 + 2k_1 & s - 1 + 2k_2 \end{vmatrix} =$$

$$s^2 + (-3 + k_1 + 2k_2)s + (-2 + k_1)(-1 + 2k_2) - (1 + 2k_1)(-1 + k_2)$$

而希望的特征多项式为

$$(s + 1)(s + 2) = s^2 + 3s + 2$$

令以上两特征多项式相等,可解得:$k_1 = 4, k_2 = 1$

所以

$$\boldsymbol{K} = [k_1 \quad k_2] = [4 \quad 1]$$

由 $\boldsymbol{K}$ 可画出状态反馈闭环系统的结构图,如图 4-3 所示。

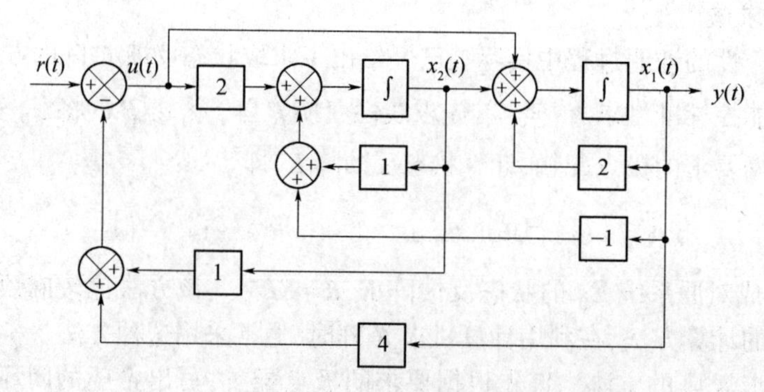

图 4-3　例 4-2 状态反馈闭环系统的结构图

例 4-3　已知系统的状态方程为

$$\dot{\boldsymbol{x}} = \begin{bmatrix} -1 & 0 & 0 \\ 0 & 0 & 1 \\ 0 & -3 & 1 \end{bmatrix}\boldsymbol{x} + \begin{bmatrix} 0 \\ 0 \\ 1 \end{bmatrix}u$$

试判断系统是否可以采用状态反馈,分别配置以下两组闭环极点:{-2,-2,-1};{-2,-2,-3}。若能配置,求出反馈阵 $\boldsymbol{K}$。

解法 1:(1) 判断系统的能控性。

$$\dot{\boldsymbol{x}} = \left[\begin{array}{c:cc} -1 & 0 & 0 \\ \hdashline 0 & 0 & 1 \\ 0 & -3 & 1 \end{array}\right]\boldsymbol{x} + \left[\begin{array}{c} 0 \\ \hdashline 0 \\ 1 \end{array}\right]u$$

对系统进行分块:子系统 1 是 1 维的不能控系统,特征值为-1;子系统 2 是 2 维能控标准型。由状态反馈性质知,当受控系统不完全能控时,状态反馈只能任意配置系统能控部分的极点,而不能改变不能控部分的极点。由此可以判断:

闭环极点{ -2,-2,-1 } 可以配置;

闭环极点{ -2,-2,-3 } 不可以配置。

(2) 状态反馈极点配置。

现在来配置能控部分的极点 {-2,-2 }。

令 $\boldsymbol{K} = [k_2 \quad k_3]$,原系统闭环特征多项式为

$$|s\boldsymbol{I} - \boldsymbol{A}| = s^2 - s + 3$$

而希望的特征多项式为

$$(s+2)(s+2) = s^2 + 4s + 4$$

$$[k_2 \quad k_3] = [4-3 \quad 4-(-1)] = [1 \quad 5]$$

或

$$|s\boldsymbol{I} - (\boldsymbol{A} - \boldsymbol{BK})| = \begin{vmatrix} s & -1 \\ 3+k_2 & s-1+k_3 \end{vmatrix} = s^2 + (-1+k_3)s + 3 + k_2$$

$$\begin{cases} -1 + k_3 = 4 \\ 3 + k_2 = 4 \end{cases}$$

$$[k_2 \quad k_3] = [1 \quad 5]$$

解法 2:(1) 判断系统的能控性。

$$\boldsymbol{Q}_c = [\boldsymbol{B} \quad \boldsymbol{AB} \quad \boldsymbol{A}^2\boldsymbol{B}] = \begin{bmatrix} 0 & 0 & 0 \\ 0 & 1 & 1 \\ 1 & 1 & -2 \end{bmatrix}$$

$$\mathrm{rank}\boldsymbol{Q}_c = 2$$

系统不完全能控,极点不能任意配置。

(2) 状态反馈极点配置。

令 $\boldsymbol{K} = [k_1 \quad k_2 \quad k_3]$,状态反馈闭环特征矩阵为

$$
s\boldsymbol{I}-(\boldsymbol{A}-\boldsymbol{BK})=\begin{bmatrix} s+1 & 0 & 0 \\ 0 & s & -1 \\ k_1 & 3+k_2 & s-1+k_3 \end{bmatrix}
$$

$$
|s\boldsymbol{I}-(\boldsymbol{A}-\boldsymbol{BK})|=(s+1)[s^2+(-1+k_3)s+3+k_2]
$$

由此可以看出,极点-1是不能配置的,可以选择k_2和k_3来配置另外两个极点,因此闭环极点{-2,-2,-1}可以配置;闭环极点{-2,-2,-3}是不可以配置的。

希望的特征多项式为

$$
(s+1)(s+2)(s+2)=(s+1)(s^2+4s+4)
$$

可求出

$$
[k_2\ k_3]=[1\quad 5]
$$

4.2.2 具有输入变换器和串联补偿器的状态反馈极点配置

上面讨论的状态反馈,在受控系统完全能控的情况下,可以实现任意的极点配置,但不能改变极点的个数,不能改变闭环零点。并且一旦闭环极点确定下来,还不能改变闭环传递系数。在系统设计时,有时由系统的稳态和动态性能所决定的期望的传递函数与原受控系统的传递函数在上述3个方面均不一致。在此情况下,单靠状态反馈是达不到要求的。此时可采用具有输入变换器和串联补偿器的状态反馈,如图4-4所示。

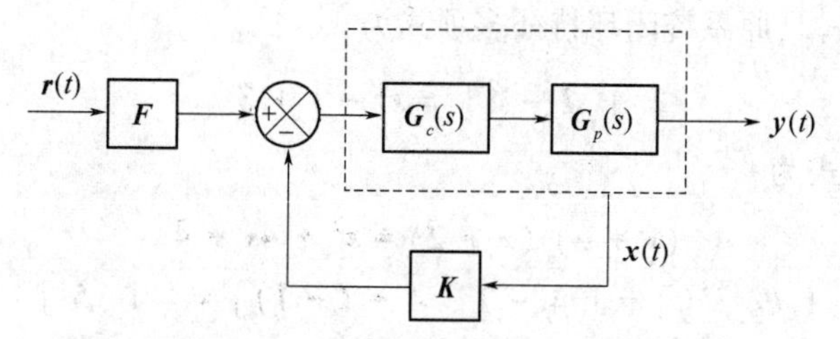

图4-4 具有输入变换器和串联补偿器的状态反馈系统

在图4-4中,$G_p(s)$是原受控系统,$G_c(s)$是串联补偿器,$\boldsymbol{F}$是输入变换器(比例环节)。设计的基本原理是,首先根据期望的闭环传递函数设计串联补偿器$G_c(s)$,实现要求的极点个数和要求的闭环零点。然后通过状态反馈实现要求的闭环极点。最后根据要求的闭环传递系数,确定输入变换器$\boldsymbol{F}$。

例4-4 已知原受控系统的结构图如图4-5所示。

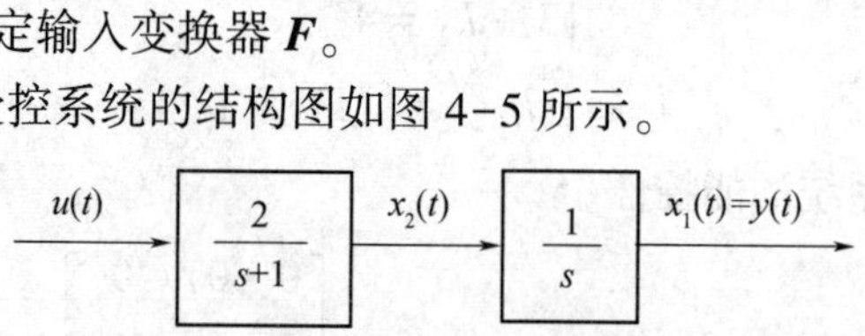

图4-5 例4-4受控系统的结构图

而期望的闭环传递函数为

$$
G_d(s)=\frac{4000}{(s^2+14.4s+100)(s+40)}
$$

试设计串联补偿器$G_c(s)$、状态反馈阵$\boldsymbol{K}$和输入变换器$\boldsymbol{F}$。

解：(1) 设计 $G_c(s)$。

由图 4-5,可写出受控系统的状态空间表达式和传递函数分别为

$$\begin{cases}\dot{\boldsymbol{x}} = \begin{bmatrix}0 & 1\\0 & -1\end{bmatrix}\boldsymbol{x} + \begin{bmatrix}0\\2\end{bmatrix}u\\ \boldsymbol{y} = \begin{bmatrix}1 & 0\end{bmatrix}\boldsymbol{x}\end{cases}$$

$$G_p(s) = \frac{2}{s(s+1)}$$

与期望的闭环传递函数相比,需要增加一个闭环极点。由于闭环极点的位置可由状态反馈自由地移动,所以从实现方便着眼,可选串联补偿器的传递函数为

$$G_c(s) = \frac{1}{s+2.5}$$

串联 $G_c(s)$ 后系统的结构图如图 4-6 所示。取 $G_c(s)$ 的输入为 $\bar{u}$,其输出为 x_3,则$G_c(s)G_p(s)$对应的状态空间表达式为

$$\begin{cases}\dot{\boldsymbol{x}} = \begin{bmatrix}0 & 1 & 0\\0 & -1 & 2\\0 & 0 & -2.5\end{bmatrix}\boldsymbol{x} + \begin{bmatrix}0\\0\\1\end{bmatrix}\bar{u}\\ \boldsymbol{y} = \begin{bmatrix}1 & 0 & 0\end{bmatrix}\boldsymbol{x}\end{cases}$$

(2) 设计状态反馈阵 $\boldsymbol{K}$。

设状态反馈阵 $\boldsymbol{K}$ 为

$$\boldsymbol{K} = [k_1 \quad k_2 \quad k_3]$$

则状态反馈闭环系统的特征多项式为

$$|s\boldsymbol{I} - (\boldsymbol{A} - \boldsymbol{BK})| = s^3 + (3.5 + k_3)s^2 + (2.5 + 2k_2 + k_3)s + 2k_1$$

又由期望的闭环传递函数的分母多项式

$$(s^2 + 14.4s + 100)(s + 40) = s^3 + 54.4s^2 + 676s + 4000$$

比较上述两个多项式,可得

$$\begin{cases}3.5 + k_3 = 54.4\\2.5 + 2k_2 + k_3 = 676\\2k_1 = 4000\end{cases}$$

解得

$$\boldsymbol{K} = [k_1 \quad k_2 \quad k_3] = [2000 \quad 311.3 \quad 50.9]$$

(3) 确定输入变换器 F。

因为状态反馈前的传递函数为

$$G_c(s)G_p(s) = \frac{2}{s(s+1)(s+2.5)}$$

而状态反馈不改变上述传递函数的分子多项式,所以

$$F = 4000/2 = 2000$$

状态反馈闭环系统的结构图如图4-6所示。

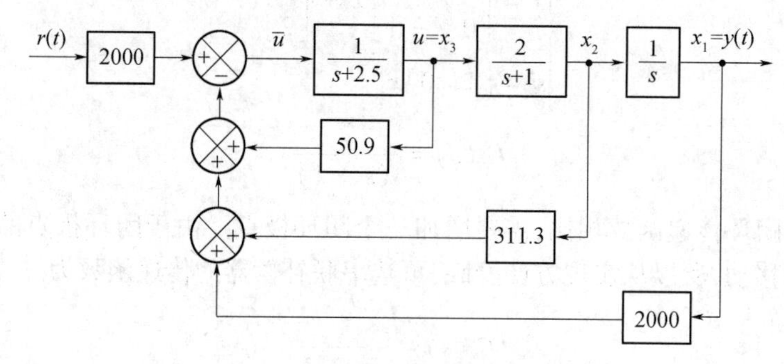

图4-6 例4-3状态反馈闭环系统的结构图

一般除上例所述情况外,有时还可能遇到下面几种情况。

(1) 需追加零点。如果期望的闭环传递函数存在零点,例如

$$G_d(s) = \frac{285.7(s+3.5)}{(s^2+7.07s+25)(s+40)}$$

而受控系统的传递函数为

$$G_p(s) = \frac{2}{s(s+1)}$$

因此串联补偿器需准确提供这个零点,同时还需提供一个极点。这个极点在保证稳定的前提下,可以任选,故补偿器的传递函数可选为

$$G_c(s) = \frac{s+3.5}{s+2.5}$$

(2) 需移动零点。设受控系统和期望的传递函数分别为

$$G_p(s) = \frac{2(s+0.5)}{s(s+1)},\quad G_d(s) = \frac{285.7(s+3.5)}{(s^2+7.07s+25)(s+40)}$$

为此,必须把零点从-0.5移动到-3.5。这实际上是以极点消去零点-0.5,然后再追加一个零点-3.5。补偿器的传递函数可选为

$$G_c(s) = \frac{s+3.5}{(s+0.5)(s+10)}$$

(3) 需消除零点。假设

$$G_p(s) = \frac{2(s+0.5)}{s(s+1)},\quad G_d(s) = \frac{400}{(s^2+7.07s+25)(s+40)}$$

为消除-0.5的零点,需要补偿器用一个极点来相消。除此之外,系统尚须追加一个极点,因此补偿器的传递函数可选为

$$G_c(s) = \frac{1}{(s+0.5)(s+10)}$$

需特别指出,上述零、极点相消只是对 s 平面的左半平面的零、极点而言,否则是不允许的。另外,系统中存在零、极点相消,其状态能控性或能观测性将受到破坏。

4.2.3　输出反馈极点配置

输出反馈有两种方式,下面均以多输入单输出受控对象为例来讨论。

(1) 输出反馈至状态微分,系统的结构图如图 4-7 所示。该受控系统的状态空间表达式为

$$\begin{cases}\dot{\boldsymbol{x}} = \boldsymbol{Ax} + \boldsymbol{Bu} \\ \boldsymbol{y} = \boldsymbol{Cx}\end{cases}$$

则输出反馈闭环系统为

$$\begin{cases}\dot{\boldsymbol{x}} = \boldsymbol{Ax} + \boldsymbol{Bu} - \boldsymbol{H}y \\ \boldsymbol{y} = \boldsymbol{Cx}\end{cases}$$

即

$$\begin{cases}\dot{\boldsymbol{x}} = (\boldsymbol{A} - \boldsymbol{HC})\boldsymbol{x} + \boldsymbol{Bu} \\ \boldsymbol{y} = \boldsymbol{Cx}\end{cases} \tag{4-16}$$

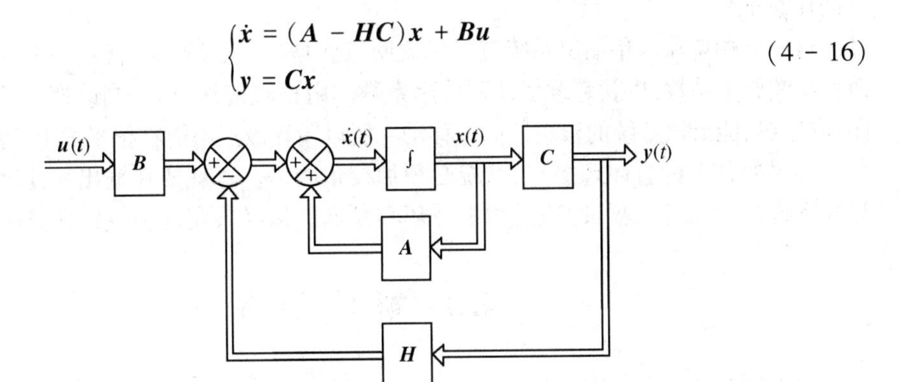

图 4-7　输出反馈至状态微分

定理 4-4　采用输出至状态微分的反馈可任意配置闭环极点的充要条件是:受控系统状态完全能观测。

证明:用对偶原理来证明。若$(\boldsymbol{A},\boldsymbol{B},\boldsymbol{C})$能观测,则对偶系统$(\boldsymbol{A}^{\mathrm{T}},\boldsymbol{C}^{\mathrm{T}},\boldsymbol{B}^{\mathrm{T}})$能控。由状态反馈极点配置定理可知,$(\boldsymbol{A}^{\mathrm{T}}-\boldsymbol{C}^{\mathrm{T}}\boldsymbol{H}^{\mathrm{T}})$的特征值可任意配置。而$(\boldsymbol{A}^{\mathrm{T}}-\boldsymbol{C}^{\mathrm{T}}\boldsymbol{H}^{\mathrm{T}})$的特征值与$(\boldsymbol{A}^{\mathrm{T}}-\boldsymbol{C}^{\mathrm{T}}\boldsymbol{H}^{\mathrm{T}})^{\mathrm{T}}=\boldsymbol{A}-\boldsymbol{HC}$的特征值是相同的,故当且仅当$(\boldsymbol{A},\boldsymbol{B},\boldsymbol{C})$能观测时,可以任意配置$(\boldsymbol{A}-\boldsymbol{HC})$的特征值。　[证毕]

该定理也可以用证明状态反馈极点配置定理的类似步骤来证明,并且可以看出输出至状态微分的反馈系统仍是能观测的,也未改变闭环零点,因此不一定能保持原受控系统的能控性。

输出反馈阵 $\boldsymbol{H}$ 的设计方法也与状态反馈阵 $\boldsymbol{K}$ 的设计方法类似。若期望的闭环极点是已知的,只需将相应的期望的系统特征多项式与该输出反馈闭环系统的特征多项式$|s\boldsymbol{I}-(\boldsymbol{A}-\boldsymbol{HC})|$相比较,即可求出输出反馈阵 $\boldsymbol{H}$。

(2) 输出反馈至参考输入,系统的结构图如图 4-8 所示,其中

$$\boldsymbol{u} = \boldsymbol{r} - \boldsymbol{Hy} \tag{4-17}$$

则输出反馈闭环系统的状态空间表达式为

$$\begin{cases}\dot{\boldsymbol{x}} = (\boldsymbol{A} - \boldsymbol{BHC})\boldsymbol{x} + \boldsymbol{Br} \\ \boldsymbol{y} = \boldsymbol{Cx}\end{cases} \tag{4-18}$$

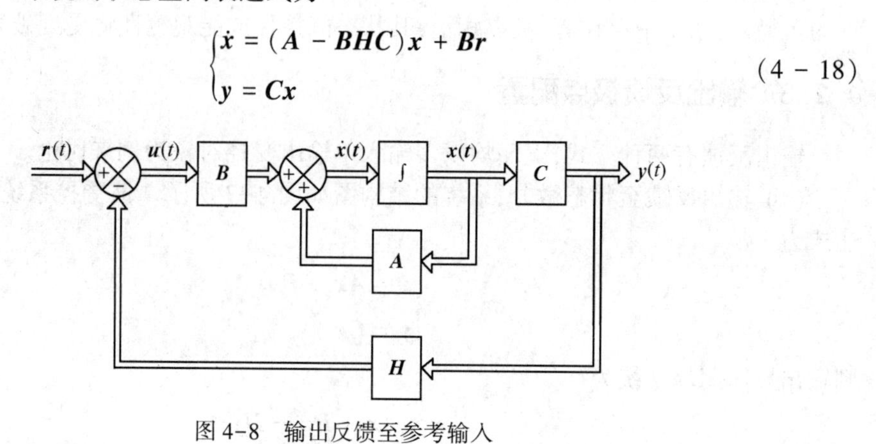

图4-8 输出反馈至参考输入

定理4-5 对完全能控的受控系统$(\boldsymbol{A},\boldsymbol{B},\boldsymbol{C})$,不能采用输出线性反馈来实现闭环极点的任意配置。

这一点用单输入单输出系统就可以说明,这时输出反馈阵$\boldsymbol{H}$就是一个反馈放大系数。改变反馈放大系数,也就是改变开环传递系数。由根轨迹法可知,当改变开环传递系数时,闭环极点只能沿该系统的根轨迹曲线移动。所以闭环极点不能在根平面上任意配置。

如果要任意配置闭环极点,系统必须加校正网络。这就要在输出线性反馈的同时,在受控系统中串联补偿器,即通过增加开环零极点的途径来实现极点的任意配置。

4.3 解耦控制

解耦控制又称为一对一控制,是多输入多输出线性定常系统综合理论中的一项重要内容。对于一般的多输入多输出受控系统来说,系统的每个输入分量通常与各个输出分量都互相关联(耦合),即一个输入分量可以控制多个输出分量。或反过来说,一个输出分量受多个输入分量的控制。这给系统的分析和设计带来很大的麻烦。所谓解耦控制就是寻求合适的控制规律,使闭环系统实现一个输出分量仅仅受一个输入分量的控制,也就是实现一对一控制,从而解除输入与输出间的耦合。

实现解耦控制的方法有两类:一类称为串联解耦;另一类称为状态反馈解耦。前者是频域方法,后者是时域方法。

4.3.1 解耦的定义

若一个系统$\Sigma(\boldsymbol{A},\boldsymbol{B},\boldsymbol{C})$的传递矩阵$\boldsymbol{G}(s)$是非奇异对角形矩阵,即

$$\boldsymbol{G}(s) = \begin{bmatrix} G_{11}(s) & & & \\ & G_{22}(s) & & \\ & & \ddots & \\ & & & G_{mm}(s) \end{bmatrix} \tag{4-19}$$

则称系统 $\Sigma(\boldsymbol{A},\boldsymbol{B},\boldsymbol{C})$ 是解耦的。

由式(4-19)可知,此时系统的输出为

$$\boldsymbol{Y}(s)=\boldsymbol{G}(s)\boldsymbol{U}(s)=\begin{bmatrix} G_{11}(s) & & & \\ & G_{22}(s) & & \\ & & \ddots & \\ & & & G_{mm}(s) \end{bmatrix}\begin{bmatrix} U_1(s) \\ U_2(s) \\ \vdots \\ U_m(s) \end{bmatrix}$$

整理可得

$$\begin{cases} Y_1(s)=G_{11}(s)U_1(s) \\ Y_2(s)=G_{22}(s)U_2(s) \\ \quad\vdots \\ Y_m(s)=G_{mm}(s)U_m(s) \end{cases} \tag{4-20}$$

由此可见,解耦实质上就是实现每一个输入只控制相应的一个输出,也就是一对一控制。通过解耦可将系统分解为多个独立的单输入单输出系统。解耦控制要求原系统输入与输出的维数要相同,反映在传递函数矩阵上就是 $\boldsymbol{G}(s)$ 应是 m 阶方阵。而要求 $\boldsymbol{G}(s)$ 是非奇异的,等价于要求 $G_{11}(s),G_{22}(s),\cdots,G_{mm}(s)$ 均不等于零。否则相应的输出与输入无关。

4.3.2　串联解耦

所谓串联解耦,就是在原反馈系统的前向通道中串联一个补偿器 $\boldsymbol{G}_c(s)$,使闭环传递矩阵 $\boldsymbol{G}_f(s)$ 为要求的对角形矩阵 $\boldsymbol{G}(s)$,系统的结构图如图 4-9 所示。

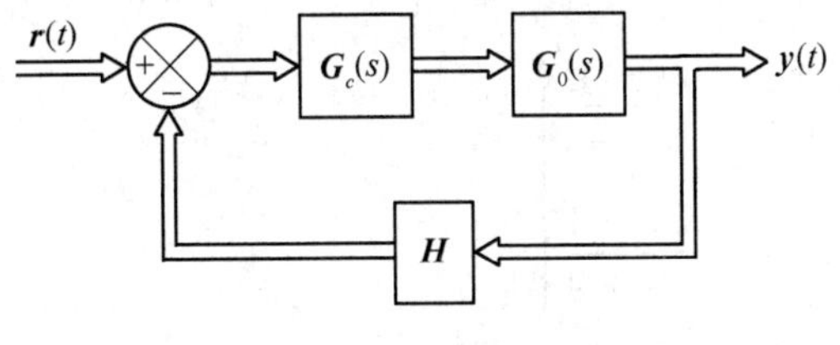

图 4-9　串联解耦

其中,$\boldsymbol{G}_0(s)$ 为受控对象的传递矩阵;$\boldsymbol{H}$ 为输出反馈矩阵。

为简单起见,设各传递矩阵的每一个元素均为严格真有理分式。由图 4-9 可得系统的闭环传递矩阵为

$$\boldsymbol{G}_f(s)=[\boldsymbol{I}+\boldsymbol{G}_p(s)\boldsymbol{H}]^{-1}\boldsymbol{G}_p(s)=\boldsymbol{G}(s)$$

式中,$\boldsymbol{G}_p(s)$ 为前向通道的传递矩阵。

所以

$$\boldsymbol{G}_p(s)=\boldsymbol{G}(s)[\boldsymbol{I}-\boldsymbol{H}\boldsymbol{G}(s)]^{-1}$$

而

$$\boldsymbol{G}_p(s)=\boldsymbol{G}_0(s)\boldsymbol{G}_c(s)$$

因此串联补偿器的传递矩阵为

$$\boldsymbol{G}_c(s)=\boldsymbol{G}_0^{-1}(s)\boldsymbol{G}(s)[\boldsymbol{I}-\boldsymbol{H}\boldsymbol{G}(s)]^{-1} \tag{4-21}$$

若是单位反馈时,即 $\boldsymbol{H}=\boldsymbol{I}$,则

$$G_c(s) = G_0^{-1}(s)G(s)[I - G(s)]^{-1} \tag{4-22}$$

一般情况下,只要 $G_0(s)$ 是非奇异的,系统就可以通过串联补偿器实现解耦控制。换句话说,$\det G_0(s) \neq 0$ 是通过串联补偿器实现解耦控制的一个充分条件。

例 4-5　设串联解耦系统的结构图如图4-9 所示,其中 $H=I$。受控对象 $G_0(s)$ 和要求的闭环传递矩阵 $G(s)$ 分别为

$$G_0(s) = \begin{bmatrix} \dfrac{1}{2s+1} & \dfrac{1}{s+1} \\ \dfrac{2}{2s+1} & \dfrac{1}{s+1} \end{bmatrix}, \quad G(s) = \begin{bmatrix} \dfrac{1}{s+2} & 0 \\ 0 & \dfrac{1}{s+5} \end{bmatrix}$$

求串联补偿器 $G_c(s)$。

解:由式(4-22)得

$$G_c(s) = G_0^{-1}(s)G(s)[I - G(s)]^{-1} =$$

$$\begin{bmatrix} \dfrac{1}{2s+1} & \dfrac{1}{s+1} \\ \dfrac{2}{2s+1} & \dfrac{1}{s+1} \end{bmatrix}^{-1} \begin{bmatrix} \dfrac{1}{s+2} & 0 \\ 0 & \dfrac{1}{s+5} \end{bmatrix} \begin{bmatrix} 1-\dfrac{1}{s+2} & 0 \\ 0 & 1-\dfrac{1}{s+5} \end{bmatrix}^{-1} =$$

$$\begin{bmatrix} -(2s+1) & (2s+1) \\ 2(s+1) & -(s+1) \end{bmatrix} \begin{bmatrix} \dfrac{1}{s+1} & 0 \\ 0 & \dfrac{1}{s+4} \end{bmatrix} =$$

$$\begin{bmatrix} -\dfrac{2s+1}{s+1} & \dfrac{2s+1}{s+4} \\ 2 & -\dfrac{s+1}{s+4} \end{bmatrix}$$

闭环系统的结构图如图 4-10 所示。

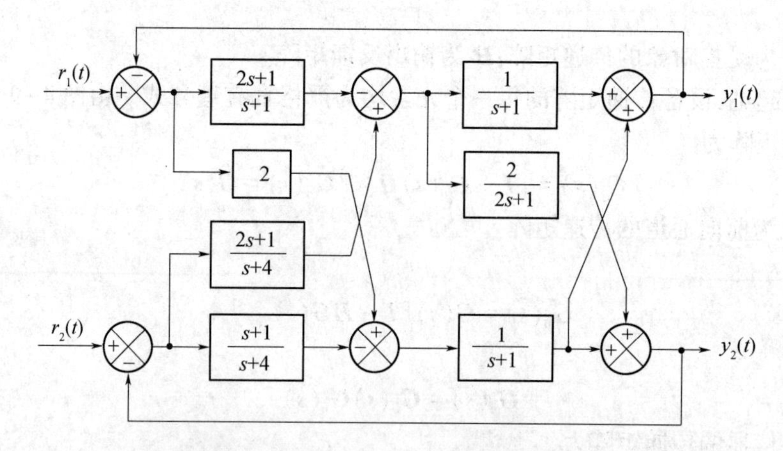

图 4-10　例 4-5 串联解耦系统的结构图

4.3.3　状态反馈解耦

1. 状态反馈解耦控制的结构

设受控系统的传递矩阵为 $\boldsymbol{G}(s)$，其状态空间表达式为

$$\begin{cases}\dot{\boldsymbol{x}} = \boldsymbol{A}\boldsymbol{x} + \boldsymbol{B}\boldsymbol{u} \\ \boldsymbol{y} = \boldsymbol{C}\boldsymbol{x}\end{cases} \tag{4-23}$$

利用状态反馈实现解耦控制，通常采用状态反馈加输入变换器的结构形式，如图 4-11 所示。其中 $\boldsymbol{K}$ 为状态反馈阵，是 $m\times n$ 阶常数阵，$\boldsymbol{F}$ 为 $m\times m$ 阶输入变换阵，$\boldsymbol{r}(t)$ 是 m 维参考输入向量。此时系统的控制规律为

$$\boldsymbol{u} = \boldsymbol{F}\boldsymbol{r} - \boldsymbol{K}\boldsymbol{x} \tag{4-24}$$

将式(4-24)代入原受控系统的状态空间表达式中，可得状态反馈闭环系统的状态空间表达式为

$$\begin{cases}\dot{\boldsymbol{x}} = (\boldsymbol{A} - \boldsymbol{B}\boldsymbol{K})\boldsymbol{x} + \boldsymbol{B}\boldsymbol{F}\boldsymbol{r} \\ \boldsymbol{y} = \boldsymbol{C}\boldsymbol{x}\end{cases} \tag{4-25}$$

则闭环系统的传递矩阵为

$$\boldsymbol{G}_{K,F}(s) = \boldsymbol{C}(s\boldsymbol{I} - \boldsymbol{A} + \boldsymbol{B}\boldsymbol{K})^{-1}\boldsymbol{B}\boldsymbol{F} \tag{4-26}$$

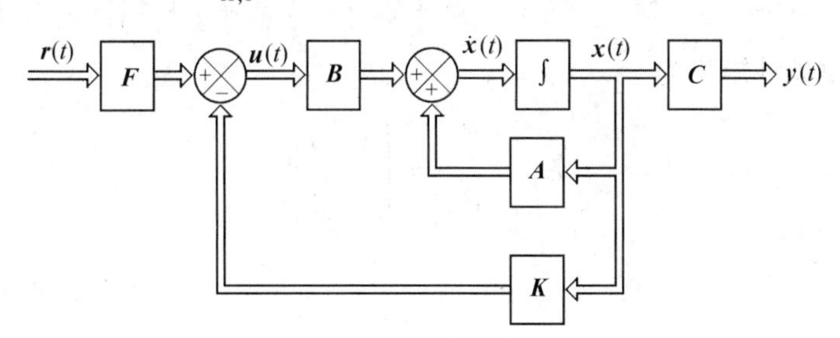

图 4-11　状态反馈解耦控制

如果存在某个 $\boldsymbol{K}$ 阵与 $\boldsymbol{F}$ 阵，使 $\boldsymbol{G}_{K,F}(s)$ 是对角形非奇异矩阵，就实现了解耦控制。关于状态反馈解耦控制的理论问题比较复杂，下面不加证明地给出状态反馈实现解耦控制的充分必要条件以及 $\boldsymbol{K}$ 阵、$\boldsymbol{F}$ 阵的求法。

定义两个不变量和一个矩阵：

$$d_i = \min\{\boldsymbol{G}_i(s)\ 中各元素分母与分子多项式幂次之差\} - 1 \tag{4-27}$$

$$\boldsymbol{E}_i = \lim_{s\to\infty} s^{d_i+1}\boldsymbol{G}_i(s) \tag{4-28}$$

$$\boldsymbol{E} = \begin{bmatrix}\boldsymbol{E}_1 \\ \boldsymbol{E}_2 \\ \vdots \\ \boldsymbol{E}_m\end{bmatrix} \tag{4-29}$$

称 d_i 为解耦阶常数,$\boldsymbol{E}$ 为可解耦性矩阵,是 $m\times m$ 阶方阵。$\boldsymbol{G}_i(s)$ 是受控系统的传递矩阵 $\boldsymbol{G}(s)$ 的第 i 个行向量。

定理 4-6 受控系统$(\boldsymbol{A},\boldsymbol{B},\boldsymbol{C})$通过状态反馈实现解耦控制的充分必要条件是可解耦性矩阵 $\boldsymbol{E}$ 是非奇异的,即

$$\det\boldsymbol{E} \neq 0 \tag{4-30}$$

例 4-6 设受控系统的传递矩阵为

$$\boldsymbol{G}(s)=\begin{bmatrix}\dfrac{s+2}{s^2+s+1} & \dfrac{1}{s^2+s+2}\\ \dfrac{1}{s^2+2s+1} & \dfrac{3}{s^2+s+4}\end{bmatrix}$$

试判断该系统是否可通过状态反馈实现解耦控制。

解:由 d_i 的定义,分别观察 $\boldsymbol{G}(s)$的第一行和第二行,可得 $d_1=1-1=0,d_2=2-1=1$。又由 $\boldsymbol{E}_i$ 的定义知

$$\boldsymbol{E}_1=\lim_{s\to\infty}s^{d_1+1}\boldsymbol{G}_1(s)=\lim_{s\to\infty}s\begin{bmatrix}\dfrac{s+2}{s^2+s+1} & \dfrac{1}{s^2+s+2}\end{bmatrix}=[1\quad 0]$$

$$\boldsymbol{E}_2=\lim_{s\to\infty}s^{d_2+1}\boldsymbol{G}_2(s)=\lim_{s\to\infty}s^2\begin{bmatrix}\dfrac{1}{s^2+2s+1} & \dfrac{3}{s^2+s+4}\end{bmatrix}=[1\quad 3]$$

所以系统的可解耦性矩阵为

$$\boldsymbol{E}=\begin{bmatrix}\boldsymbol{E}_1\\ \boldsymbol{E}_2\end{bmatrix}=\begin{bmatrix}1 & 0\\ 1 & 3\end{bmatrix}$$

因为

$$\det\boldsymbol{E}=\begin{vmatrix}1 & 0\\ 1 & 3\end{vmatrix}=3\neq 0$$

所以该系统可以通过状态反馈实现解耦控制。

2. *K* 阵、*F* 阵的求法

若已知受控系统$(\boldsymbol{A},\boldsymbol{B},\boldsymbol{C})$,求取状态反馈解耦控制的 $\boldsymbol{K}$ 阵、$\boldsymbol{F}$ 阵的一般步骤如下。

(1) 首先由$(\boldsymbol{A},\boldsymbol{B},\boldsymbol{C})$写出受控系统的传递矩阵 $\boldsymbol{G}(s)$。

(2) 再由 $\boldsymbol{G}(s)$求系统的两个不变量 d_i、$\boldsymbol{E}_i$,$i=1,2,\cdots,m$。

(3) 构造可解耦性矩阵 $\boldsymbol{E}=\begin{bmatrix}E_1\\ E_2\\ \vdots\\ E_m\end{bmatrix}$,并根据定理 4-6 判断系统是否可通过状态反馈实现解耦控制。

(4) 计算 $\boldsymbol{K}$ 阵、$\boldsymbol{F}$ 阵

$$\boldsymbol{K}=\boldsymbol{E}^{-1}\boldsymbol{L},\quad \boldsymbol{F}=\boldsymbol{E}^{-1} \tag{4-31}$$

式中

$$L = \begin{bmatrix} C_1 A^{d_1+1} \\ \vdots \\ C_m A^{d_m+1} \end{bmatrix} \tag{4-32}$$

而 C_i 是 C 阵的第 i 个行向量。

（5）写出状态反馈解耦系统的闭环传递矩阵 $G_{K,F}(s)$ 和状态空间表达式$(\tilde{A},\tilde{B},\tilde{C})$

$$G_{K,F}(s) = \begin{bmatrix} \frac{1}{s^{d_1+1}} & & & \\ & \frac{1}{s^{d_2+1}} & & \\ & & \ddots & \\ & & & \frac{1}{s^{d_m+1}} \end{bmatrix} \tag{4-33}$$

$$\tilde{A} = A - BE^{-1}L, \quad \tilde{B} = BE^{-1}, \quad \tilde{C} = C \tag{4-34}$$

上述结论的推导比较复杂，此处从略。由式(4-33)可以看出，解耦后的系统实现了一对一控制，并且每一个输入与相应的输出之间都是积分关系。因此称上述形式的解耦控制为积分型解耦控制。

例 4-7　已知系统的状态空间表达式为

$$\begin{cases} \dot{x} = \begin{bmatrix} -\frac{1}{2} & 0 \\ 0 & -1 \end{bmatrix} x + \begin{bmatrix} \frac{1}{2} & 0 \\ 0 & 1 \end{bmatrix} u \\ y = \begin{bmatrix} 1 & 1 \\ 2 & 1 \end{bmatrix} x \end{cases}$$

试求实现积分型解耦控制的 K 阵、F 阵。

解：由(A,B,C)可写出受控系统的传递矩阵

$$G(s) = C(sI - A)^{-1}B = \begin{bmatrix} \frac{1}{2s+1} & \frac{1}{s+1} \\ \frac{2}{2s+1} & \frac{1}{s+1} \end{bmatrix}$$

所以

$$d_1 = d_2 = 0$$

$$E_1 = \lim_{s\to\infty} s^{d_1+1} G_1(s) = \lim_{s\to\infty} s \begin{bmatrix} \frac{1}{2s+1} & \frac{1}{s+1} \end{bmatrix} = \begin{bmatrix} \frac{1}{2} & 1 \end{bmatrix}$$

$$E_2 = \lim_{s\to\infty} s^{d_2+1} G_2(s) = \lim_{s\to\infty} s \begin{bmatrix} \frac{2}{2s+1} & \frac{1}{s+1} \end{bmatrix} = [1 \quad 1]$$

$$\boldsymbol{E}=\begin{bmatrix}\boldsymbol{E}_1\\ \boldsymbol{E}_2\end{bmatrix}=\begin{bmatrix}\frac{1}{2} & 1\\ 1 & 1\end{bmatrix}$$

$$\det\boldsymbol{E}=\begin{vmatrix}\frac{1}{2} & 1\\ 1 & 1\end{vmatrix}=-\frac{1}{2}\neq 0$$

满足状态反馈解耦控制的充要条件。又

$$\boldsymbol{L}=\begin{bmatrix}\boldsymbol{C}_1\boldsymbol{A}^{d_1+1}\\ \boldsymbol{C}_2\boldsymbol{A}^{d_2+1}\end{bmatrix}=\begin{bmatrix}-\frac{1}{2} & -1\\ -1 & -1\end{bmatrix}$$

因此

$$\boldsymbol{K}=\boldsymbol{E}^{-1}\boldsymbol{L}=\begin{bmatrix}\frac{1}{2} & 1\\ 1 & 1\end{bmatrix}^{-1}\begin{bmatrix}-\frac{1}{2} & -1\\ -1 & -1\end{bmatrix}=\begin{bmatrix}-1 & 0\\ 0 & -1\end{bmatrix}$$

$$\boldsymbol{F}=\boldsymbol{E}^{-1}=\begin{bmatrix}-2 & 2\\ 2 & -1\end{bmatrix}$$

解耦后的闭环传递矩阵为

$$\boldsymbol{G}_{K,F}(s)=\begin{bmatrix}\frac{1}{s^{d_1+1}} & 0\\ 0 & \frac{1}{s^{d_2+1}}\end{bmatrix}=\begin{bmatrix}\frac{1}{s} & 0\\ 0 & \frac{1}{s}\end{bmatrix}$$

而闭环系统$(\widetilde{\boldsymbol{A}},\widetilde{\boldsymbol{B}},\widetilde{\boldsymbol{C}})$为

$$\widetilde{\boldsymbol{A}}=\boldsymbol{A}-\boldsymbol{B}\boldsymbol{E}^{-1}\boldsymbol{L}=\boldsymbol{A}-\boldsymbol{B}\boldsymbol{K}=\begin{bmatrix}-\frac{1}{2} & 0\\ 0 & -1\end{bmatrix}-\begin{bmatrix}\frac{1}{2} & 0\\ 0 & 1\end{bmatrix}\begin{bmatrix}-1 & 0\\ 0 & -1\end{bmatrix}=\begin{bmatrix}0 & 0\\ 0 & 0\end{bmatrix}$$

$$\widetilde{\boldsymbol{B}}=\boldsymbol{B}\boldsymbol{E}^{-1}=\begin{bmatrix}\frac{1}{2} & 0\\ 0 & 1\end{bmatrix}\begin{bmatrix}-2 & 2\\ 2 & -1\end{bmatrix}=\begin{bmatrix}-1 & 1\\ 2 & -1\end{bmatrix}$$

$$\widetilde{\boldsymbol{C}}=\boldsymbol{C}=\begin{bmatrix}1 & 1\\ 2 & 1\end{bmatrix}$$

4.4　状态观测器设计

由前面两节可知,对于线性定常系统,在一定条件下,可以通过状态反馈实现任意的

极点配置和解耦控制。但是由于在系统建模时状态变量选择的任意性,通常并不是全部的状态变量都是能直接量测到的,从而给状态反馈的实现带来了困难。为此,人们提出了状态重构或称为状态观测的问题。也就是设法利用系统中可以量测的变量来重构状态变量,从而实现状态反馈。在以下的讨论中,假设系统是线性定常系统,且不存在噪声。

4.4.1　状态重构原理

1. 状态观测器的构造

所谓状态观测器,就是人为地构造一个系统,从而实现状态重构也即状态观测。如何构造这样一个系统呢?直观的想法是按原系统的结构,构造一个完全相同的系统。由于这个系统是人为构造的,所以这个系统的状态变量是全都可以量测的。

设原系统为 $\Sigma(\boldsymbol{A},\boldsymbol{B},\boldsymbol{C})$,按上述想法构造的系统为 $\hat{\Sigma}(\boldsymbol{A},\boldsymbol{B},\boldsymbol{C})$,即

$$\begin{cases}\dot{\hat{\boldsymbol{x}}} = \boldsymbol{A}\hat{\boldsymbol{x}} + \boldsymbol{B}\boldsymbol{u} \\ \hat{\boldsymbol{y}} = \boldsymbol{C}\hat{\boldsymbol{x}}\end{cases} \tag{4-35}$$

式中,$\hat{\boldsymbol{x}}$ 表示 $\hat{\Sigma}$ 的状态,又称为状态 $\boldsymbol{x}$ 的估计值,则

$$\dot{\boldsymbol{x}} - \dot{\hat{\boldsymbol{x}}} = \boldsymbol{A}(\boldsymbol{x} - \hat{\boldsymbol{x}}) \tag{4-36}$$

其解为

$$\boldsymbol{x} - \hat{\boldsymbol{x}} = \mathrm{e}^{\boldsymbol{A}t}[\boldsymbol{x}(0) - \hat{\boldsymbol{x}}(0)]$$

当 $\boldsymbol{x}(0)=\hat{\boldsymbol{x}}(0)$ 时,必有 $\hat{\boldsymbol{x}}=\boldsymbol{x}$,即估计值与真实值相等。但在一般情况下,要保证任何时刻的初始条件完全相同是无法做到的。为消除状态误差,可以在此基础上引入误差 $(\boldsymbol{x}-\hat{\boldsymbol{x}})$ 的反馈,也即 $(\boldsymbol{y}-\hat{\boldsymbol{y}})$ 的反馈,如图 4-12 所示。图中用来实现状态重构的系统 $\hat{\Sigma}$ 称为状态观测器,$\boldsymbol{G}$ 称为状态观测器的反馈矩阵。

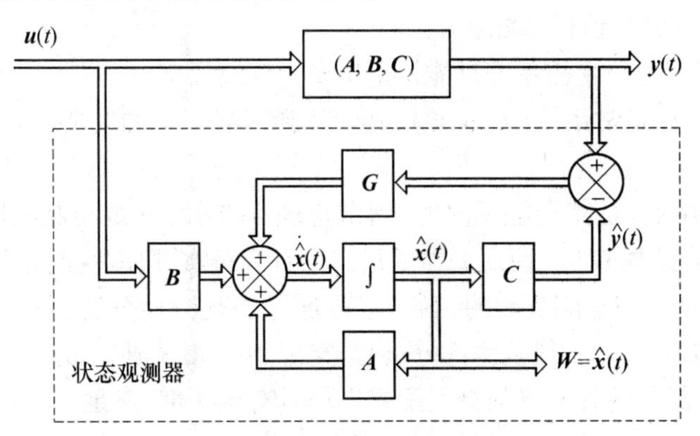

图 4-12　状态观测器的结构图

由图 4-12 可得观测器的状态方程

$$\dot{\hat{\boldsymbol{x}}} = \boldsymbol{A}\hat{\boldsymbol{x}} + \boldsymbol{G}(\boldsymbol{y} - \hat{\boldsymbol{y}}) + \boldsymbol{B}\boldsymbol{u} = (\boldsymbol{A} - \boldsymbol{G}\boldsymbol{C})\hat{\boldsymbol{x}} + \boldsymbol{B}\boldsymbol{u} + \boldsymbol{G}\boldsymbol{y} \tag{4-37}$$

所以状态估计的误差为

$$\dot{\boldsymbol{x}} - \dot{\hat{\boldsymbol{x}}} = (\boldsymbol{A} - \boldsymbol{GC})(\boldsymbol{x} - \hat{\boldsymbol{x}})$$

该方程的解为

$$\boldsymbol{x} - \hat{\boldsymbol{x}} = \mathrm{e}^{(\boldsymbol{A}-\boldsymbol{GC})t}[\boldsymbol{x}(0) - \hat{\boldsymbol{x}}(0)]$$

显然,只要选择观测器的系数矩阵$(\boldsymbol{A}-\boldsymbol{GC})$的特征值均具有负实部,就可以使状态估计$\hat{\boldsymbol{x}}$逐渐逼近状态的真实值$\boldsymbol{x}$,即

$$\lim_{t\to\infty}(\boldsymbol{x} - \hat{\boldsymbol{x}}) = 0 \tag{4-38}$$

因此把这类观测器称为渐近观测器,简称为观测器。

2. 观测器的极点配置和存在条件

观测器的极点也就是$(\boldsymbol{A}-\boldsymbol{GC})$的特征值,它对于观测器的性能是至关重要的,这是因为:

(1) 要使式(4-37)定义的观测器成立,必须保证观测器的极点均具有负实部。

(2) 观测器的极点决定了$\hat{\boldsymbol{x}}$逼近$\boldsymbol{x}$的速度,负实部越大,逼近速度越快,也就是观测器的响应速度越快。

(3) 其极点还决定了观测器的抗干扰能力。响应速度越快,观测器的频带越宽,抗干扰的能力越差。

通常将观测器的极点配置得使观测器的响应速度比受控系统稍快些,这就要求其极点可以任意配置。那么在满足什么条件时,观测器的极点才可以任意配置呢?

定理 4-7 线性定常系统$(\boldsymbol{A},\boldsymbol{B},\boldsymbol{C})$,其观测器的极点可任意配置的充要条件是$(\boldsymbol{A},\boldsymbol{B},\boldsymbol{C})$是完全能观测的。

证明:若$(\boldsymbol{A},\boldsymbol{C})$是能观测的,由对偶原理知,其对偶系统$(\boldsymbol{A}^{\mathrm{T}},\boldsymbol{C}^{\mathrm{T}})$是能控的。又由状态反馈极点配置的充要条件知,适当选择反馈阵$\boldsymbol{G}^{\mathrm{T}}$,可使$(\boldsymbol{A}^{\mathrm{T}}-\boldsymbol{C}^{\mathrm{T}}\boldsymbol{G}^{\mathrm{T}})$的特征值任意配置。由于$(\boldsymbol{A}^{\mathrm{T}}-\boldsymbol{C}^{\mathrm{T}}\boldsymbol{G}^{\mathrm{T}})$的特征值与其转置矩阵$(\boldsymbol{A}-\boldsymbol{GC})$的特征值相同,因此适当选择$\boldsymbol{G}$阵,可使$(\boldsymbol{A}-\boldsymbol{GC})$的特征值任意配置。 [证毕]

另外,是否对任意的受控系统都能构造出渐近观测器呢?

定理 4-8 线性定常系统$(\boldsymbol{A},\boldsymbol{B},\boldsymbol{C})$,其渐近观测器存在的充要条件是其不能观测部分是渐近稳定的。

证明:若$(\boldsymbol{A},\boldsymbol{B},\boldsymbol{C})$是完全能观测的,则由定理4-7知,其观测器的极点可任意配置,就一定能通过适当选择$\boldsymbol{G}$阵,使观测器的极点均具有负实部,故观测器是存在的。

若$(\boldsymbol{A},\boldsymbol{B},\boldsymbol{C})$是不完全能观测的,则一定可通过能观测性分解,将系统分解为能观测部分和不能观测部分。对于能观测部分,根据定理4-7,其相应的观测器的极点可任意配置,故一定能将这部分的观测器的极点配置得均具有负实部,满足渐近观测器的要求。对于不能观测部分,若这部分是渐近稳定的,则由式(4-36)可知,当$t\to\infty$时,这部分的状态误差将趋于零,也满足渐近观测器的要求。因此渐近观测器存在的充要条件是其不能观测部分是渐近稳定的。

4.4.2 全维状态观测器的设计

状态观测器根据其维数的不同可分成两类。一类是观测器的维数与受控系统

$(\boldsymbol{A},\boldsymbol{B},\boldsymbol{C})$ 的维数 n 相同，称为全维状态观测器或 n 维状态观测器。另一类是观测器的维数小于 $(\boldsymbol{A},\boldsymbol{B},\boldsymbol{C})$ 的维数，称为降维状态观测器。前面所构造的观测器，就是全维状态观测器。由全维状态观测器的状态方程式(4-37)可知，在受控系统 $(\boldsymbol{A},\boldsymbol{B},\boldsymbol{C})$ 和观测器的极点位置为已知的情况下，观测器的设计任务就是确定反馈矩阵 $\boldsymbol{G}$，这是一个 $n\times m$ 阶常数阵。

全维状态观测器的设计方法类似于状态反馈极点配置问题的设计方法。首先根据要求的观测器的极点配置，写出观测器希望的特征多项式。然后令观测器的特征多项式 $\det(s\boldsymbol{I}-\boldsymbol{A}+\boldsymbol{GC})$ 等于希望的特征多项式，即可解得 $\boldsymbol{G}$ 阵，进而可写出观测器的状态方程。

例 4-8　设线性定常系统的状态空间表达式为

$$\begin{cases}\dot{\boldsymbol{x}}=\begin{bmatrix}-1 & 1\\ 0 & -2\end{bmatrix}\boldsymbol{x}+\begin{bmatrix}0\\ 1\end{bmatrix}\boldsymbol{u}\\ \boldsymbol{y}=\begin{bmatrix}2 & 0\end{bmatrix}\boldsymbol{x}\end{cases}$$

试设计全维状态观测器使其极点为-10，-10。

解：因为

$$\operatorname{rank}\begin{bmatrix}\boldsymbol{C}\\ \boldsymbol{CA}\end{bmatrix}=2$$

所以系统是完全能观测的，状态观测器是存在的，并且其极点可以任意配置。根据观测器的极点要求，可写出观测器希望的特征多项式为

$$(s+10)(s+10)=s^2+20s+100$$

令观测器的反馈矩阵为

$$\boldsymbol{G}=\begin{bmatrix}g_1\\ g_2\end{bmatrix}$$

则观测器的特征多项式为

$$|s\boldsymbol{I}-(\boldsymbol{A}-\boldsymbol{GC})|=\begin{vmatrix}s+(1+2g_1) & -1\\ 2g_2 & s+2\end{vmatrix}=$$

$$s^2+(3+2g_1)s+(2+4g_1+2g_2)$$

令上述两特征多项式相等得

$$\begin{cases}3+2g_1=20\\ 2+4g_1+2g_2=100\end{cases}$$

解得 $g_1=8.5$，$g_2=32$。所以全维状态观测器为

$$\dot{\hat{\boldsymbol{x}}}=(\boldsymbol{A}-\boldsymbol{GC})\hat{\boldsymbol{x}}+\boldsymbol{Bu}+\boldsymbol{Gy}=$$

$$\begin{bmatrix}-18 & 1\\ -64 & -2\end{bmatrix}\hat{\boldsymbol{x}}+\begin{bmatrix}0\\ 1\end{bmatrix}\boldsymbol{u}+\begin{bmatrix}8.5\\ 32\end{bmatrix}\boldsymbol{y}$$

由上式可画出全维状态观测器的结构图,如图4-13所示。

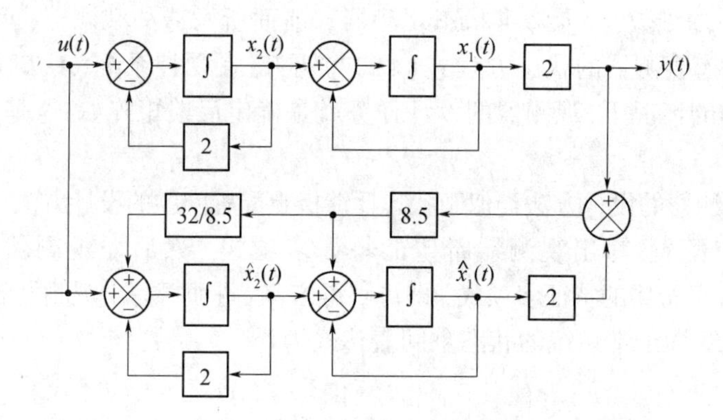

图4-13 例4-8系统的全维状态观测器的结构图

4.4.3 降维状态观测器的设计

前面所介绍的全维状态观测器,其维数和被控系统的维数相同,但实际上,由于受控系统的输出量 $\boldsymbol{y}$ 总是能够量测的,因此可以利用系统的输出来直接产生部分状态变量。这样所需估计的状态变量的个数就可以减少,从而降低观测器的维数,简化观测器的结构。若状态观测器的维数小于受控系统的维数,就称为降维状态观测器,简称降维观测器。

1. 降维观测器的构造

设受控系统

$$\begin{cases}\dot{\boldsymbol{x}} = \boldsymbol{A}\boldsymbol{x} + \boldsymbol{B}\boldsymbol{u} \\ \boldsymbol{y} = \boldsymbol{C}\boldsymbol{x}\end{cases} \tag{4-39}$$

是完全能观测的,并且 $\boldsymbol{x}$ 是 n 维的,$\boldsymbol{y}$ 是 q 维的。为把 $\boldsymbol{x}$ 分解为 $\tilde{\boldsymbol{x}}_1$ 和 $\tilde{\boldsymbol{x}}_2$ 两部分,其中 $\tilde{\boldsymbol{x}}_2$ 是 q 个直接由输出测得的状态变量,为此引入下列线性变换,即令

$$\boldsymbol{x} = \boldsymbol{Q}\tilde{\boldsymbol{x}} \tag{4-40}$$

式中

$$\boldsymbol{Q}^{-1} = \begin{bmatrix}\boldsymbol{D} \\ \boldsymbol{C}\end{bmatrix} \tag{4-41}$$

$\boldsymbol{C}$ 为受控系统的输出矩阵,是 $q\times n$ 阶矩阵。$\boldsymbol{D}$ 为 $(n-q)\times n$ 阶,并保证使 $\boldsymbol{Q}^{-1}$ 为非奇异的任意矩阵。则变换后受控系统的状态空间表达式为

$$\begin{cases}\dot{\tilde{\boldsymbol{x}}} = \tilde{\boldsymbol{A}}\tilde{\boldsymbol{x}} + \tilde{\boldsymbol{B}}\boldsymbol{u} \\ \boldsymbol{y} = \tilde{\boldsymbol{C}}\tilde{\boldsymbol{x}}\end{cases} \tag{4-42}$$

式中

$$\tilde{\boldsymbol{x}} = \begin{bmatrix}\tilde{\boldsymbol{x}}_1 \\ \tilde{\boldsymbol{x}}_2\end{bmatrix},\ \tilde{\boldsymbol{A}} = \boldsymbol{Q}^{-1}\boldsymbol{A}\boldsymbol{Q} = \begin{bmatrix}\tilde{\boldsymbol{A}}_{11} & \tilde{\boldsymbol{A}}_{12} \\ \tilde{\boldsymbol{A}}_{21} & \tilde{\boldsymbol{A}}_{22}\end{bmatrix},\ \tilde{\boldsymbol{B}} = \boldsymbol{Q}^{-1}\boldsymbol{B} = \begin{bmatrix}\tilde{\boldsymbol{B}}_1 \\ \tilde{\boldsymbol{B}}_2\end{bmatrix}$$

$$\tilde{\boldsymbol{C}} = \boldsymbol{C}\boldsymbol{Q} \tag{4-43}$$

由下列恒等式

$$C = CQQ^{-1} = \widetilde{C}\begin{bmatrix} D \\ C \end{bmatrix} \qquad 及 \qquad C = [\mathbf{0} \quad \boldsymbol{I}]\begin{bmatrix} \boldsymbol{D} \\ \boldsymbol{C} \end{bmatrix}$$

所以

$$\widetilde{\boldsymbol{C}} = [\mathbf{0} \quad \boldsymbol{I}] \tag{4-44}$$

故

$$\boldsymbol{y} = \widetilde{\boldsymbol{C}}\tilde{\boldsymbol{x}} = \tilde{\boldsymbol{x}}_2 \tag{4-45}$$

将式(4-42)展开,有

$$\dot{\tilde{\boldsymbol{x}}}_1 = \widetilde{\boldsymbol{A}}_{11}\tilde{\boldsymbol{x}}_1 + \widetilde{\boldsymbol{A}}_{12}\boldsymbol{y} + \widetilde{\boldsymbol{B}}_1\boldsymbol{u} \tag{4-46}$$

$$\dot{\tilde{\boldsymbol{x}}}_2 = \widetilde{\boldsymbol{A}}_{21}\tilde{\boldsymbol{x}}_1 + \widetilde{\boldsymbol{A}}_{22}\boldsymbol{y} + \widetilde{\boldsymbol{B}}_2\boldsymbol{u} \tag{4-47}$$

由此可见,通过上述线性变换,将受控系统的状态变量分成了两部分,其中 $\tilde{\boldsymbol{x}}_1$ 是$(n-q)$个需要估计的状态变量,$\tilde{\boldsymbol{x}}_2$ 是 q 个可由输出 $\boldsymbol{y}$ 量测的状态变量。所以构造以 $\tilde{\boldsymbol{x}}_1$ 为状态的子系统的观测器,就是构造受控系统的降维观测器。设这个子系统的输出为 $\boldsymbol{y}_1=\widetilde{\boldsymbol{A}}_{21}\tilde{\boldsymbol{x}}_1$,于是这个$(n-q)$维子系统的状态方程为

$$\begin{cases} \dot{\tilde{\boldsymbol{x}}}_1 = \widetilde{\boldsymbol{A}}_{11}\tilde{\boldsymbol{x}}_1 + \widetilde{\boldsymbol{A}}_{12}\boldsymbol{y} + \widetilde{\boldsymbol{B}}_1\boldsymbol{u} \\ \boldsymbol{y}_1 = \widetilde{\boldsymbol{A}}_{21}\tilde{\boldsymbol{x}}_1 = \dot{\boldsymbol{y}} - \widetilde{\boldsymbol{A}}_{22}\boldsymbol{y} - \widetilde{\boldsymbol{B}}_2\boldsymbol{u} \end{cases} \tag{4-48}$$

由于已假设原受控系统是能观测的,而坐标变换又不改变系统的能观测性,因此变换后的系统仍是能观测的,其子系统$(\widetilde{\boldsymbol{A}}_{11},\widetilde{\boldsymbol{A}}_{21})$也是能观测的,所以这个子系统的渐近观测器是存在的。仿造全维观测器的设计方法,来构造这个子系统的观测器。因为 $\boldsymbol{u}$ 是已知的,而 $\boldsymbol{y}$ 是可量测的,故$(\widetilde{\boldsymbol{A}}_{12}\boldsymbol{y}+\widetilde{\boldsymbol{B}}_1\boldsymbol{u})$是已知的,相当于这个子系统的输入部分。设该子系统观测器的反馈矩阵为 $\widetilde{\boldsymbol{G}}_1$,这是一个$(n-q)\times q$ 阶矩阵,则该子系统的观测器方程为

$$\begin{aligned} \dot{\hat{\tilde{\boldsymbol{x}}}}_1 &= (\widetilde{\boldsymbol{A}}_{11} - \widetilde{\boldsymbol{G}}_1\widetilde{\boldsymbol{A}}_{21})\hat{\tilde{\boldsymbol{x}}}_1 + \widetilde{\boldsymbol{G}}_1\boldsymbol{y}_1 + (\widetilde{\boldsymbol{A}}_{12}\boldsymbol{y} + \widetilde{\boldsymbol{B}}_1\boldsymbol{u}) = \\ &\quad (\widetilde{\boldsymbol{A}}_{11} - \widetilde{\boldsymbol{G}}_1\widetilde{\boldsymbol{A}}_{21})\hat{\tilde{\boldsymbol{x}}}_1 + \widetilde{\boldsymbol{G}}_1(\dot{\boldsymbol{y}} - \widetilde{\boldsymbol{A}}_{22}\boldsymbol{y} - \widetilde{\boldsymbol{B}}_2\boldsymbol{u}) + (\widetilde{\boldsymbol{A}}_{12}\boldsymbol{y} + \widetilde{\boldsymbol{B}}_1\boldsymbol{u}) \end{aligned} \tag{4-49}$$

但在式(4-49)中含有输出量的导数 $\dot{\boldsymbol{y}}$,这将把输出 $\boldsymbol{y}$ 中的高频噪声进一步增强,严重时将使观测器不能正常工作。为避免这一现象,作如下变量代换,令

$$\boldsymbol{z}_1 = \hat{\tilde{\boldsymbol{x}}}_1 - \widetilde{\boldsymbol{G}}_1\boldsymbol{y}$$

则

$$\dot{\boldsymbol{z}}_1 = \dot{\hat{\tilde{\boldsymbol{x}}}}_1 - \widetilde{\boldsymbol{G}}_1\dot{\boldsymbol{y}} \tag{4-50}$$

代入式(4-49),可得

$$\begin{cases} \dot{\boldsymbol{z}}_1 = (\widetilde{\boldsymbol{A}}_{11} - \widetilde{\boldsymbol{G}}_1\widetilde{\boldsymbol{A}}_{21})\boldsymbol{z}_1 + (\widetilde{\boldsymbol{B}}_1 - \widetilde{\boldsymbol{G}}_1\widetilde{\boldsymbol{B}}_2)\boldsymbol{u} + [(\widetilde{\boldsymbol{A}}_{11} - \widetilde{\boldsymbol{G}}_1\widetilde{\boldsymbol{A}}_{21})\widetilde{\boldsymbol{G}}_1 + \widetilde{\boldsymbol{A}}_{12} - \widetilde{\boldsymbol{G}}_1\widetilde{\boldsymbol{A}}_{22}]\boldsymbol{y} \\ \hat{\tilde{\boldsymbol{x}}}_1 = \boldsymbol{z}_1 + \widetilde{\boldsymbol{G}}_1\boldsymbol{y} \end{cases} \tag{4-51}$$

式(4-51)就是子系统的观测器方程,也就是受控系统$(\widetilde{\boldsymbol{A}},\widetilde{\boldsymbol{B}},\widetilde{\boldsymbol{C}})$的降维观测器方程,其中 $\boldsymbol{z}_1$ 是该观测器的状态向量,而 $\hat{\tilde{\boldsymbol{x}}}_1$ 是该状态观测器的输出。整个系统$(\widetilde{\boldsymbol{A}},\widetilde{\boldsymbol{B}},\widetilde{\boldsymbol{C}})$的全部状

态估计为

$$\hat{\tilde{x}} = \begin{bmatrix} \hat{\tilde{x}}_1 \\ \hat{\tilde{x}}_2 \end{bmatrix} = \begin{bmatrix} z_1 + \tilde{G}_1 y \\ y \end{bmatrix} = \begin{bmatrix} I \\ 0 \end{bmatrix} z_1 + \begin{bmatrix} \tilde{G}_1 \\ I \end{bmatrix} y \tag{4-52}$$

求得了受控系统$(\tilde{A},\tilde{B},\tilde{C})$的降维观测器之后,再经过反变换即可得到原受控系统$(A,B,C)$的降维观测器。

2. 降维观测器的设计

综上所述,降维观测器的设计步骤如下:

(1) 判断受控系统(A,B,C)的能观测性,确定降维观测器的维数$(n-q)$。

(2) 作线性变换$x=Q\tilde{x}$,将$(n-q)$个待估计的状态变量分离出来,并按式(4-42)写出变换后的受控系统$(\tilde{A},\tilde{B},\tilde{C})$。

(3) 按式(4-51)构造$(n-q)$维观测器,全部状态变量由式(4-52)给出。

(4) 对$\hat{\tilde{x}}$作反变换,即$\hat{x}=Q\hat{\tilde{x}}$,得到对原受控系统的全部状态估计$\hat{x}$。

按以上设计方法构成的$(n-q)$维降维观测器的结构图如图4-14所示。

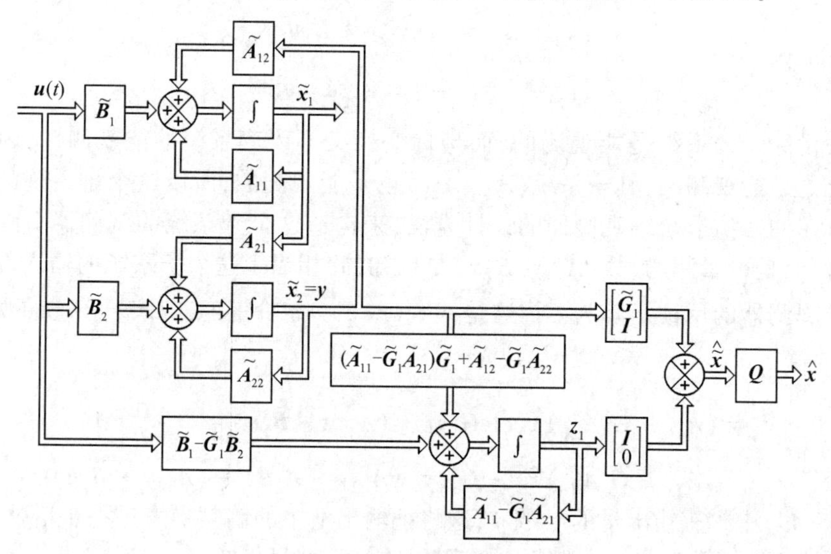

图4-14 降维观测器的结构图

例4-9 已知受控系统的状态空间表达式为

$$\begin{cases} \dot{x} = \begin{bmatrix} -1 & 0 & 0 \\ 0 & 1 & 1 \\ 0 & 0 & 1 \end{bmatrix} x + \begin{bmatrix} 1 & 0 \\ 0 & 1 \\ 0 & 1 \end{bmatrix} u \\ y = \begin{bmatrix} 1 & 0 & 0 \\ 0 & 1 & 1 \end{bmatrix} x \end{cases}$$

试设计降维观测器,希望的特征值为-3。

解:(1) 检查受控系统的能观测性。

$$\text{rank}\begin{bmatrix}C\\CA\\CA^2\end{bmatrix}=\text{rank}\begin{bmatrix}1&0&0\\0&1&1\\-1&0&0\\0&1&2\end{bmatrix}=3=n$$

故能观测。由于 $q=2,n-q=1$,故降维观测器的维数为 1。

(2) 构造线性变换阵 $\boldsymbol{Q}$,求 $\widetilde{\boldsymbol{A}},\widetilde{\boldsymbol{B}},\widetilde{\boldsymbol{C}}$。

选 $\boldsymbol{D}=[0\quad 0\quad 1]$,则

$$\boldsymbol{Q}^{-1}=\begin{bmatrix}\boldsymbol{D}\\\boldsymbol{C}\end{bmatrix}=\begin{bmatrix}0&0&1\\1&0&0\\0&1&1\end{bmatrix},\quad \boldsymbol{Q}=\begin{bmatrix}0&1&0\\-1&0&1\\1&0&0\end{bmatrix}$$

$$\widetilde{\boldsymbol{A}}=\boldsymbol{Q}^{-1}\boldsymbol{A}\boldsymbol{Q}=\left[\begin{array}{c:cc}1&0&0\\\hdashline 0&-1&0\\1&0&1\end{array}\right]=\begin{bmatrix}\widetilde{\boldsymbol{A}}_{11}&\widetilde{\boldsymbol{A}}_{12}\\\widetilde{\boldsymbol{A}}_{21}&\widetilde{\boldsymbol{A}}_{22}\end{bmatrix}$$

$$\widetilde{\boldsymbol{B}}=\boldsymbol{Q}^{-1}\boldsymbol{B}=\left[\begin{array}{cc}0&1\\\hdashline 1&0\\0&2\end{array}\right]=\begin{bmatrix}\widetilde{\boldsymbol{B}}_1\\\widetilde{\boldsymbol{B}}_2\end{bmatrix}$$

$$\widetilde{\boldsymbol{C}}=\boldsymbol{C}\boldsymbol{Q}=\left[\begin{array}{c:cc}0&1&0\\0&0&1\end{array}\right]=[0\quad \boldsymbol{I}]$$

(3) 构造降维观测器。由降维观测器方程式(4-51),知

$$\dot{\boldsymbol{z}}_1=(\widetilde{\boldsymbol{A}}_{11}-\widetilde{\boldsymbol{G}}_1\widetilde{\boldsymbol{A}}_{21})\boldsymbol{z}_1+(\widetilde{\boldsymbol{B}}_1-\widetilde{\boldsymbol{G}}_1\widetilde{\boldsymbol{B}}_2)\boldsymbol{u}+[(\widetilde{\boldsymbol{A}}_{11}-\widetilde{\boldsymbol{G}}_1\widetilde{\boldsymbol{A}}_{21})\widetilde{\boldsymbol{G}}_1+\widetilde{\boldsymbol{A}}_{12}-\widetilde{\boldsymbol{G}}_1\widetilde{\boldsymbol{A}}_{22}]\boldsymbol{y}$$

其中,$\widetilde{\boldsymbol{G}}_1$ 为$(n-q)\times q$ 阶矩阵。本例 $\widetilde{\boldsymbol{G}}_1$ 为 1×2 阶矩阵,设 $\widetilde{\boldsymbol{G}}_1=[g_1\quad g_2]$,则

$$\widetilde{\boldsymbol{A}}_{11}-\widetilde{\boldsymbol{G}}_1\widetilde{\boldsymbol{A}}_{21}=1-g_2,\qquad \widetilde{\boldsymbol{B}}_1-\widetilde{\boldsymbol{G}}_1\widetilde{\boldsymbol{B}}_2=[-g_1\quad 1-2g_2]$$

$$\widetilde{\boldsymbol{A}}_{12}=[0\quad 0],\qquad \widetilde{\boldsymbol{G}}_1\widetilde{\boldsymbol{A}}_{22}=[-g_1\quad g_2]$$

$$\boldsymbol{y}=\begin{bmatrix}\tilde{x}_2\\\tilde{x}_3\end{bmatrix},\qquad \boldsymbol{u}=\begin{bmatrix}u_1\\u_2\end{bmatrix}$$

所以降维观测器方程为

$$\begin{cases}\dot{z}_1=(1-g_2)z_1+[-g_1\quad 1-2g_2]\begin{bmatrix}u_1\\u_2\end{bmatrix}+[2g_1-g_2g_2\quad -g_2^2]\begin{bmatrix}\tilde{x}_2\\\tilde{x}_3\end{bmatrix}\\\hat{\tilde{\boldsymbol{x}}}_1=z_1+\widetilde{\boldsymbol{G}}_1\boldsymbol{y}=z_1+g_1\tilde{x}_2+g_2\tilde{x}_3\end{cases}$$

确定 g_1、g_2。由观测器的特征多项式

$$|s\boldsymbol{I}-(\widetilde{\boldsymbol{A}}_{11}-\widetilde{\boldsymbol{G}}_1\widetilde{\boldsymbol{A}}_{21})|=s-(1-g_2)$$

及期望的特征多项式

$$s + 3$$

可得 $g_2-1=3$,解得 $g_2=4$。而 g_1 与特征值配置无关,取 $g_1=0$。故降维观测器方程最终可写成

$$\begin{cases} \dot{z}_1 = -3z_1 + \begin{bmatrix} 0 & -7 \end{bmatrix}\begin{bmatrix} u_1 \\ u_2 \end{bmatrix} + \begin{bmatrix} 0 & -16 \end{bmatrix}\begin{bmatrix} \tilde{x}_2 \\ \tilde{x}_3 \end{bmatrix} = \\ \qquad -3z_1 - 7u_2 - 16\tilde{x}_3 \\ \hat{\tilde{x}}_1 = z_1 + 4\tilde{x}_3 \end{cases}$$

而受控系统$(\tilde{A},\tilde{B},\tilde{C})$的全部状态变量的估计为

$$\hat{\tilde{x}} = \begin{bmatrix} \hat{\tilde{x}}_1 \\ y \end{bmatrix} = \begin{bmatrix} \hat{\tilde{x}}_1 \\ \hat{\tilde{x}}_2 \\ \hat{\tilde{x}}_3 \end{bmatrix}$$

(4) 将 $\hat{\tilde{x}}$ 变换回到原受控系统的状态空间,得

$$\hat{x} = Q\hat{\tilde{x}} = \begin{bmatrix} 0 & 1 & 0 \\ -1 & 0 & 1 \\ 1 & 0 & 0 \end{bmatrix}\begin{bmatrix} \tilde{x}_1 \\ \tilde{x}_2 \\ \tilde{x}_3 \end{bmatrix} = \begin{bmatrix} \tilde{x}_2 \\ -\tilde{x}_1 + \tilde{x}_3 \\ -\tilde{x}_1 \end{bmatrix}$$

由于 $\tilde{x}_2,\tilde{x}_3$ 不需估计,可用原受控系统的输出来代替。因为

$$y = \tilde{y} = \tilde{C}\tilde{x} = \begin{bmatrix} 0 & 1 & 0 \\ 0 & 0 & 1 \end{bmatrix}\begin{bmatrix} \hat{\tilde{x}}_1 \\ \hat{\tilde{x}}_2 \\ \hat{\tilde{x}}_3 \end{bmatrix} = \begin{bmatrix} \tilde{x}_2 \\ \tilde{x}_3 \end{bmatrix} = \begin{bmatrix} y_1 \\ y_2 \end{bmatrix}$$

所以

$$\tilde{x}_2 = y_1, \qquad \tilde{x}_3 = y_2$$

故

$$\hat{x} = \begin{bmatrix} y_1 \\ -z_1 - 3y_2 \\ z_1 + 4y_2 \end{bmatrix}$$

4.5　带状态观测器的状态反馈闭环系统

状态观测器解决了受控系统的状态重构问题,为那些状态变量不能直接量测得到的系统实现状态反馈创造了条件。但是,这种利用状态观测器所构成的状态反馈闭环系统与直接进行状态反馈的闭环系统之间究竟有何异同,下面进一步讨论这个问题。

4.5.1　系统的结构

带观测器的状态反馈闭环系统由3部分组成,即原受控系统、观测器和状态反馈。图

4-15 是一个带有全维状态观测器的状态反馈系统。

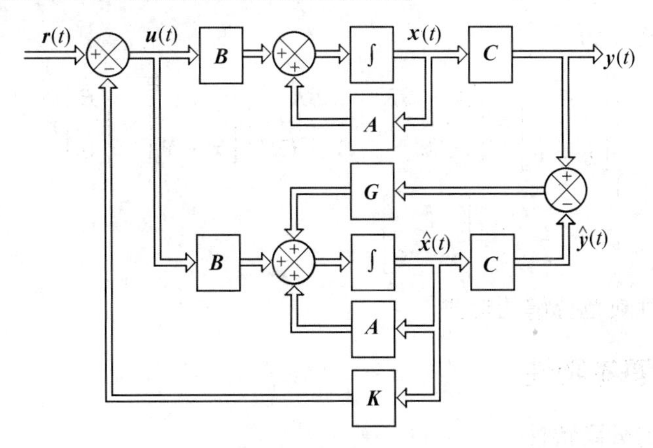

图 4-15　带状态观测器的状态反馈系统

由于受控系统既要实现观测器又要进行状态反馈,因此设受控系统是能控且能观的,其状态空间表达式为

$$\begin{cases}\dot{\boldsymbol{x}} = \boldsymbol{Ax} + \boldsymbol{Bu} \\ \boldsymbol{y} = \boldsymbol{Cx}\end{cases}$$

状态反馈控制律为

$$\boldsymbol{u} = \boldsymbol{r} - \boldsymbol{K}\hat{\boldsymbol{x}}$$

状态观测器方程为

$$\dot{\hat{\boldsymbol{x}}} = (\boldsymbol{A} - \boldsymbol{GC})\hat{\boldsymbol{x}} + \boldsymbol{Bu} + \boldsymbol{Gy}$$

由以上 3 式可得状态反馈闭环系统的状态空间表达式为

$$\begin{cases}\dot{\boldsymbol{x}} = \boldsymbol{Ax} - \boldsymbol{BK}\hat{\boldsymbol{x}} + \boldsymbol{Br} \\ \dot{\hat{\boldsymbol{x}}} = \boldsymbol{GCx} + (\boldsymbol{A} - \boldsymbol{GC} - \boldsymbol{BK})\hat{\boldsymbol{x}} + \boldsymbol{Br} \\ \boldsymbol{y} = \boldsymbol{Cx}\end{cases} \tag{4-53}$$

上式又可写成分块矩阵的形式

$$\begin{cases}\begin{bmatrix}\dot{\boldsymbol{x}} \\ \dot{\hat{\boldsymbol{x}}}\end{bmatrix} = \begin{bmatrix}\boldsymbol{A} & -\boldsymbol{BK} \\ \boldsymbol{GC} & \boldsymbol{A} - \boldsymbol{GC} - \boldsymbol{BK}\end{bmatrix}\begin{bmatrix}\boldsymbol{x} \\ \hat{\boldsymbol{x}}\end{bmatrix} + \begin{bmatrix}\boldsymbol{B} \\ \boldsymbol{B}\end{bmatrix}\boldsymbol{r} \\ \boldsymbol{y} = [\boldsymbol{C} \quad 0]\begin{bmatrix}\boldsymbol{x} \\ \hat{\boldsymbol{x}}\end{bmatrix}\end{cases} \tag{4-54}$$

显然这是一个 $2n$ 阶系统,有 $2n$ 个状态变量。为便于后面的分析,进一步取其中的 n 个状态变量为状态误差,即 $\boldsymbol{x}-\hat{\boldsymbol{x}}$,则

$$\dot{\boldsymbol{x}} - \dot{\hat{\boldsymbol{x}}} = (\boldsymbol{A} - \boldsymbol{GC})(\boldsymbol{x} - \hat{\boldsymbol{x}})$$

又

$$\dot{x} = Ax + Bu = Ax + B(r - K\hat{x}) = (A - BK)x + BK(x - \hat{x}) + Br$$

故式(4-54)又可变换为

$$\begin{cases} \begin{bmatrix} \dot{x} \\ \dot{x} - \dot{\hat{x}} \end{bmatrix} = \begin{bmatrix} A - BK & BK \\ 0 & A - GC \end{bmatrix} \begin{bmatrix} x \\ x - \hat{x} \end{bmatrix} + \begin{bmatrix} B \\ 0 \end{bmatrix} r \\ y = [C \quad 0] \begin{bmatrix} x \\ x - \hat{x} \end{bmatrix} \end{cases} \tag{4-55}$$

式(4-55)是能控性典范分解的形式。

4.5.2 系统的基本特性

1. 闭环极点的分离特性

由式(4-55),根据分块矩阵的行列式,可得闭环系统的特征多项式为

$$\left| sI - \begin{bmatrix} A - BK & BK \\ 0 & A - GC \end{bmatrix} \right| = \begin{vmatrix} sI - (A - BK) & -BK \\ 0 & sI - (A - GC) \end{vmatrix} =$$

$$|sI - (A - BK)| \cdot |sI - (A - GC)| \tag{4-56}$$

式(4-56)表明,由观测器构成的状态反馈闭环系统,其闭环极点等于原系统直接状态反馈闭环系统的极点与观测器的极点之和,并且两者是相互独立的,这给系统设计带来很大方便。因此,只要受控系统(A,B,C)是能控且能观的,则系统的状态反馈阵 K 和观测器的反馈阵 G 可分别根据各自的要求,独立进行配置。这种性质被称为分离特性。该特性对利用降维观测器构成的状态反馈系统也是成立的。

2. 传递矩阵的不变性

由式(4-55)可得带观测器的状态反馈系统的传递矩阵为

$$G(s) = [C \quad 0] \left[sI - \begin{bmatrix} A - BK & BK \\ 0 & A - GC \end{bmatrix} \right]^{-1} \begin{bmatrix} B \\ 0 \end{bmatrix} =$$

$$[C \quad 0] \begin{bmatrix} sI - (A - BK) & -BK \\ 0 & sI - (A - GC) \end{bmatrix}^{-1} \begin{bmatrix} B \\ 0 \end{bmatrix}$$

根据分块矩阵的求逆公式

$$\begin{bmatrix} R & S \\ 0 & T \end{bmatrix}^{-1} = \begin{bmatrix} R^{-1} & -R^{-1}ST^{-1} \\ 0 & T^{-1} \end{bmatrix}$$

有

$$G(s) = [C \quad 0] \begin{bmatrix} [sI - (A - BK)]^{-1} & [sI - (A - BK)]^{-1} \cdot BK \cdot [sI - (A - GC)^{-1}] \\ 0 & [sI - (A - GC)]^{-1} \end{bmatrix} \begin{bmatrix} B \\ 0 \end{bmatrix} =$$

$$C[sI - (A - BK)]^{-1}B \tag{4-57}$$

由此可见,带观测器的状态反馈闭环系统的传递矩阵等于直接状态反馈闭环系统的传递矩阵。换句话说,两者的外部特性完全相同,而与是否采用观测器无关。因此,观测

器渐近给出 $\hat{x}$ 并不影响闭环系统的外部特性。

3. 两类系统的等效性

由式(4-55)还可以看出,通过选择 $\boldsymbol{G}$ 阵,可使 $\boldsymbol{A}-\boldsymbol{GC}$ 的特征值均具有负实部,所以必有 $\lim\limits_{t\to\infty}|\boldsymbol{x}-\hat{\boldsymbol{x}}|=0$。因此,当 $t\to\infty$ 时,必有

$$\begin{cases}\dot{\boldsymbol{x}}=(\boldsymbol{A}-\boldsymbol{BK})\boldsymbol{x}+\boldsymbol{B}\boldsymbol{r}\\ \boldsymbol{y}=\boldsymbol{C}\boldsymbol{x}\end{cases}$$

成立。这表明,带观测器的状态反馈系统,只有当 $t\to\infty$,即进入稳态时,才会与直接状态反馈系统完全等价。但可以通过选择 $\boldsymbol{G}$ 阵来加快 $\hat{\boldsymbol{x}}$ 渐近于 $\boldsymbol{x}$ 的速度。

另外,由于带观测器状态反馈系统的极点是由直接状态反馈系统的极点和观测器的极点所组成,并且等于直接状态反馈系统的极点,因此观测器的极点全部被闭环零点所对消。故带观测器的闭环系统一定不是能控且能观测的。由于式(4-55)已是能控性典型分解的形式,因此 $\boldsymbol{x}-\hat{\boldsymbol{x}}$ 是不能控的。由于原系统是能控的,故观测器的状态 $\hat{\boldsymbol{x}}$ 是不能控的。

例 4-10　设受控系统的传递函数为

$$G_o(s)=\frac{1}{s(s+6)}$$

设计全维状态观测器,并用状态反馈将闭环极点配置为 $-4\pm j6$。

解:(1) 由传递函数可知,该系统是能控且能观测的,因而存在状态观测器并可通过状态反馈实现要求的极点配置。根据分离特性可分别对 $\boldsymbol{G}$ 阵与 $\boldsymbol{K}$ 阵进行设计。

(2) 求状态反馈阵 $\boldsymbol{K}$。为方便观测器的设计,可直接由传递函数写出系统的能控标准型实现,即

$$\begin{cases}\dot{\boldsymbol{x}}=\begin{bmatrix}0&1\\0&-6\end{bmatrix}\boldsymbol{x}+\begin{bmatrix}0\\1\end{bmatrix}u\\ y=[1\quad 0]\boldsymbol{x}\end{cases}$$

令

$$\boldsymbol{K}=[k_1\quad k_2]$$

则闭环特征多项式为

$$|s\boldsymbol{I}-(\boldsymbol{A}-\boldsymbol{BK})|=s^2+(6+k_2)s+k_1$$

而希望的特征多项式为

$$(s+4+j6)(s+4-j6)=s^2+8s+52$$

令上述两特征多项式相等,得

$$k_1=52,\quad k_2=2$$

即

$$\boldsymbol{K}=[52\quad 2]$$

(3) 设计全维观测器。为使观测器的状态变量 $\hat{\boldsymbol{x}}$ 能较快地趋向原系统的状态变量

$\boldsymbol{x}$,且又考虑到噪声问题,一般取观测器的极点离虚轴的距离比闭环系统希望极点的位置大2~3倍为宜。本例取观测器的极点均为-10。令

$$\boldsymbol{G}=\begin{bmatrix}G_1\\G_2\end{bmatrix}$$

则观测器的特征多项式为

$$|s\boldsymbol{I}-(\boldsymbol{A}-\boldsymbol{GC})|=s^2+(6+G_1)s+6G_1+G_2$$

希望的特征多项式为

$$(s+10)^2=s^2+20s+100$$

令上述两特征多项式相等,解得 $G_1=14, G_2=16$,即 $\boldsymbol{G}=\begin{bmatrix}14\\16\end{bmatrix}$,所以全维状态观测器方程为

$$\dot{\hat{\boldsymbol{x}}}=(\boldsymbol{A}-\boldsymbol{GC})\hat{\boldsymbol{x}}+\boldsymbol{G}y+\boldsymbol{b}u=$$

$$\begin{bmatrix}-14 & 1\\-16 & -6\end{bmatrix}\hat{\boldsymbol{x}}+\begin{bmatrix}14\\16\end{bmatrix}y+\begin{bmatrix}0\\1\end{bmatrix}u$$

带观测器的状态反馈闭环系统的结构图如图4-16所示。

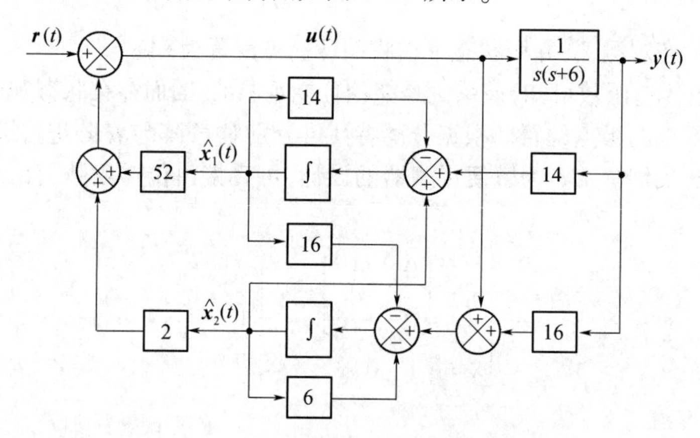

图4-16　例4-10带观测器的状态反馈闭环系统的结构图

解题示范

例4-11　已知线性定常系统的传递函数为

$$G(s)=\frac{10}{s(s+1)(s+2)}$$

欲将闭环极点配置在 $s_1=-2, s_2=-1+\mathrm{j}, s_3=-1-\mathrm{j}$,试确定状态反馈阵 $\boldsymbol{K}$。

解法1:因为给定系统的传递函数无零极点相消,所以给定系统为能控的,能够通过状态反馈将闭环极点配置在希望的位置上。由给定的传递函数可写出相应的能控标准型

$$\begin{cases} \dot{\boldsymbol{x}} = \begin{bmatrix} 0 & 1 & 0 \\ 0 & 0 & 1 \\ 0 & -2 & -3 \end{bmatrix} \boldsymbol{x} = \begin{bmatrix} 0 \\ 0 \\ 1 \end{bmatrix} u \\ \boldsymbol{y} = [10 \quad 0 \quad 0] \boldsymbol{x} \end{cases}$$

该状态反馈阵为

$$\boldsymbol{K} = [k_1 \quad k_2 \quad k_3]$$

则闭环系统的特征多项式为

$$|s\boldsymbol{I} - (\boldsymbol{A} - \boldsymbol{BK})| = s^3 + (3 + k_3)s^2 + (2 + k_2)s + k_1$$

又希望的特征多项式为

$$(s + 2)(s + 1 - \mathrm{j})(s + 1 + \mathrm{j}) = s^3 + 4s^2 + 6s + 4$$

令上述两特征多项式相等,可解得

$$k_1 = 4,\ k_2 = 4,\ k_3 = 1$$

所以

$$\boldsymbol{K} = [4 \quad 4 \quad 1]$$

解法 2:也可以把线性定常系统的传递函数串联分解为如图 4-17 所示的结构图。

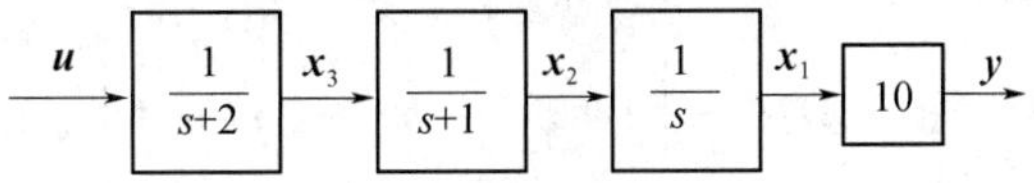

图 4-17　例 4-11 系统串联分解的结构图

这时,对应的系统状态空间表达式为

$$\begin{cases} \dot{\boldsymbol{x}} = \begin{bmatrix} 0 & 1 & 0 \\ 0 & -1 & 1 \\ 0 & 0 & -2 \end{bmatrix} \boldsymbol{x} + \begin{bmatrix} 0 \\ 0 \\ 1 \end{bmatrix} u \\ \boldsymbol{y} = [10 \quad 0 \quad 0] \boldsymbol{x} \end{cases}$$

该状态反馈阵为

$$\boldsymbol{K} = [k_1 \quad k_2 \quad k_3]$$

则闭环系统的特征多项式为

$$|s\boldsymbol{I} - (\boldsymbol{A} - \boldsymbol{BK})| = \begin{vmatrix} s & -1 & 0 \\ 0 & s + 1 & -1 \\ k_1 & k_2 & s + 2 + k_3 \end{vmatrix} = s^3 + (3 + k_3)s^2 + (2 + k_2 + k_3)s + k_1$$

又希望的特征多项式为

$$(s + 2)(s + 1 - \mathrm{j})(s + 1 + \mathrm{j}) = s^3 + 4s^2 + 6s + 4$$

令上述两特征多项式相等,可解得

$$k_1 = 4,\ k_2 = 3,\ k_3 = 1$$

所以

$$K=[4\quad 3\quad 1]$$

状态反馈阵与状态方程是相对应的。

例 4-12 已知系统的状态空间表达式为

$$A=\begin{bmatrix}0&0&5\\1&0&-1\\0&1&-3\end{bmatrix},\quad B=\begin{bmatrix}-2&0\\1&-2\\0&1\end{bmatrix},\quad C=[0\quad 0\quad 1]$$

设计输出反馈阵 $\boldsymbol{H}$,使闭环系统渐近稳定。

解:利用能观测性矩阵可以判定原系统是能观测的。列出原系统的特征多项式为

$$|sI-A|=s^3+3s^2+s-5$$

显然系统是不稳定的。

采用输出至输入的反馈控制,设 $\boldsymbol{u}=\boldsymbol{r}-\boldsymbol{Hy}$,并设输出反馈阵为

$$H=\begin{bmatrix}h_1\\h_2\end{bmatrix}$$

则闭环系统的系统矩阵为

$$A-BHC=\begin{bmatrix}0&0&5+2h_1\\1&0&-h_1+2h_1-1\\0&1&-h_2-3\end{bmatrix}$$

闭环特征多项式为

$$|sI-(A-BHC)|=s^3+(3+h_2)s^2+(1+h_1-2h_2)s+(-2h_1-5)$$

若选择两个输出反馈增益为

$$h_1=-3,\quad h_2=-2$$

则闭环系统特征多项式为

$$s^3+s^2+2s+1$$

应用劳斯判据可知闭环系统是渐近稳定的。实际上,此时闭环极点为 $s_1=-0.57$,$s_{2、3}=-0.22\pm j1.3$,都具有负实部。另外还可以看出,不管怎样选择 h_1 和 h_2,都不能使闭环特征多项式的 3 个系数为任意值,所以采用输出至输入的反馈控制不能任意配置闭环极点。

例 4-13 受控系统的结构图如图4-18所示,试设计状态反馈阵 $\boldsymbol{K}$,使闭环系统满足下列动态指标:

(1) 超调量 $\sigma\%\leqslant 5\%$。

(2) 峰值时间 $t_p\leqslant 0.5\text{s}$。

解:由图 4-18 中选定的状态变量,可以得到受控系统的状态空间描述的 3 个系数矩阵为

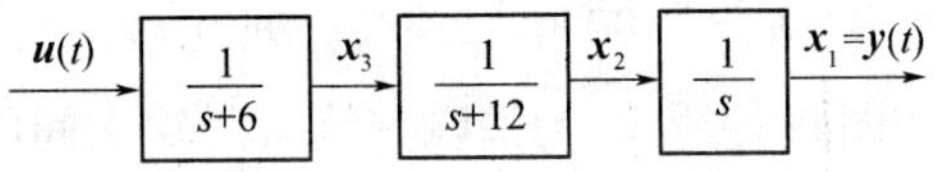

图 4-18　例 4-13 受控系统的结构图

$$A=\begin{bmatrix}0 & 1 & 0\\0 & -12 & 1\\0 & 0 & -6\end{bmatrix},\quad B=\begin{bmatrix}0\\0\\1\end{bmatrix},\quad C=[1\quad 0\quad 0]$$

将动态指标化为希望的闭环极点。本例无开环零点,所以闭环系统的动态性能完全由闭环极点所决定。希望的 3 个闭环极点可以这样安排:选择一对主导极点 s_1 和 s_2,另一个极点 s_3 远离 s_1 和 s_2。也就是说,把闭环系统近似成只有主导极点的二阶系统。利用典型二阶系统的超调量和峰值时间的公式

$$\sigma\% = \mathrm{e}^{-\pi\zeta/\sqrt{1-\zeta^2}}\times 100\% \leqslant 5\%$$

$$t_p = \pi/\omega_n\sqrt{1-\zeta^2} \leqslant 0.5$$

可以解得

$$\zeta \geqslant 0.707,\quad \omega_n \geqslant 9$$

取 $\zeta = 0.707$, $\omega_n = 10$,则主导极点为

$$s_{1,2} = -7.07 \pm \mathrm{j}7.07$$

而 s_3 选为

$$s_3 = -100$$

则希望的闭环特征多项式为

$$(s+100)(s^2+14.1s+100) = s^3+114.1s^2+1510s+10000$$

设状态反馈阵为

$$K=[k_1\quad k_2\quad k_3]$$

则闭环特征多项式为

$$|sI-(A-BK)| = \begin{vmatrix}s & -1 & 0\\0 & s+12 & -1\\k_1 & k_2 & s+6+k_3\end{vmatrix} =$$

$$s^3+(18+k_3)s^2+[12(6+k_3)+k_2]s+k_1$$

令上述两特征多项式相等得

$$\begin{cases}18+k_3 = 114.1\\12(6+k_3)+k_2 = 1510\\k_1 = 10000\end{cases}$$

解得状态反馈阵为

$$\boldsymbol{K}=[10000 \quad 284.8 \quad 96.1]$$

例 4-14 有一系统如图4-19所示,为消除其输入与输出间的耦合,并要求两个独立子系统的传递函数分别为 $1/(s+1)$ 和 $1/(5s+1)$,试求串联补偿器的传递矩阵 $\boldsymbol{G}_c(s)$。

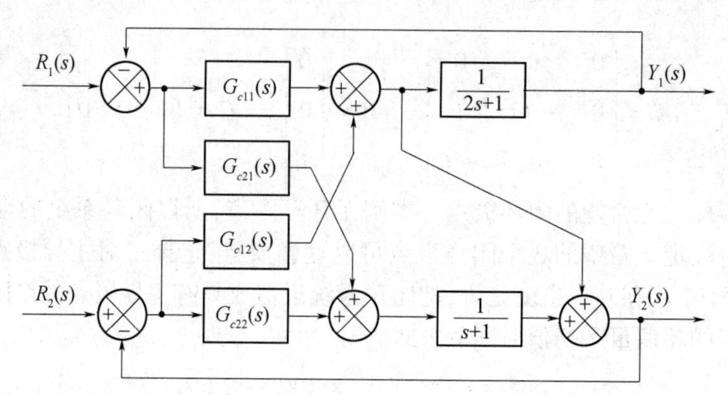

图 4-19 例 4-14 串联解耦系统的结构图

解:由图 4-19 可知,受控对象的传递矩阵为

$$\boldsymbol{G}_o(s)=\begin{bmatrix}\dfrac{1}{2s+1} & 0\\ 1 & \dfrac{1}{s+1}\end{bmatrix}$$

根据题意,要求的闭环传递矩阵为

$$\boldsymbol{G}(s)=\begin{bmatrix}\dfrac{1}{s+1} & 0\\ 0 & \dfrac{1}{5s+1}\end{bmatrix}$$

由式(4-22)可得串联补偿器的传递矩阵为

$$\boldsymbol{G}_c(s)=\boldsymbol{G}_o^{-1}(s)\boldsymbol{G}(s)[\boldsymbol{I}-\boldsymbol{G}(s)]^{-1}=$$

$$\begin{bmatrix}\dfrac{1}{2s+1} & 0\\ 1 & \dfrac{1}{s+1}\end{bmatrix}^{-1}\begin{bmatrix}\dfrac{1}{s+1} & 0\\ 0 & \dfrac{1}{5s+1}\end{bmatrix}\begin{bmatrix}1-\dfrac{1}{s+1} & 0\\ 0 & 1-\dfrac{1}{5s+1}\end{bmatrix}^{-1}=$$

$$\begin{bmatrix}2s+1 & 0\\ -(2s+1)(s+1) & s+1\end{bmatrix}\begin{bmatrix}\dfrac{1}{s+1} & 0\\ 0 & \dfrac{1}{5s+1}\end{bmatrix}\begin{bmatrix}\dfrac{s+1}{s} & 0\\ 0 & \dfrac{5s+1}{5s}\end{bmatrix}=$$

$$\begin{bmatrix}\dfrac{2s+1}{s} & 0\\ \dfrac{-(2s+1)(s+1)}{s} & \dfrac{s+1}{5s}\end{bmatrix}$$

例 4-15　设线性系统为

$$A=\begin{bmatrix}1&1&0\\0&2&0\\0&1&3\end{bmatrix},\quad B=\begin{bmatrix}1&1\\-1&1\\0&0\end{bmatrix},\quad C=\begin{bmatrix}1&0&0\\0&0&1\end{bmatrix}$$

试求实现积分型解耦控制的 K 阵、F 阵。

解：由(A,B,C)可写出受控系统的传递矩阵为

$$G(s)=C(sI-A)^{-1}B=\begin{bmatrix}\dfrac{s-3}{(s-1)(s-2)}&\dfrac{1}{(s-2)}\\-\dfrac{1}{(s-2)(s-3)}&\dfrac{1}{(s-2)(s-3)}\end{bmatrix}$$

所以

$$d_1=0,\qquad d_2=1$$

$$E_1=\lim_{s\to\infty}s^{d_1+1}G_1(s)=\lim_{s\to\infty}s\begin{bmatrix}\dfrac{s-3}{(s-1)(s-2)}&\dfrac{1}{s-2}\end{bmatrix}=[1\quad 1]$$

$$E_2=\lim_{s\to\infty}s^{d_2+1}G_2(s)=\lim_{s\to\infty}s^2\begin{bmatrix}-\dfrac{1}{(s-2)(s-3)}&\dfrac{1}{(s-2)(s-3)}\end{bmatrix}=[-1\quad 1]$$

$$E=\begin{bmatrix}E_1\\E_2\end{bmatrix}=\begin{bmatrix}1&1\\-1&1\end{bmatrix}$$

因为

$$\det E=\begin{vmatrix}1&1\\-1&1\end{vmatrix}=2\neq 0$$

满足状态反馈解耦控制的充要条件。又

$$L=\begin{bmatrix}C_1A^{d_1+1}\\C_2A^{d_2+1}\end{bmatrix}=\begin{bmatrix}C_1A\\C_2A^2\end{bmatrix}=\begin{bmatrix}1&1&0\\0&5&9\end{bmatrix}$$

因此

$$K=E^{-1}L=\begin{bmatrix}1&1\\-1&1\end{bmatrix}^{-1}\begin{bmatrix}1&1&0\\0&5&9\end{bmatrix}=\begin{bmatrix}\dfrac{1}{2}&-2&-\dfrac{9}{2}\\\dfrac{1}{2}&3&\dfrac{9}{2}\end{bmatrix}$$

$$F=E^{-1}=\begin{bmatrix}\dfrac{1}{2}&-\dfrac{1}{2}\\\dfrac{1}{2}&\dfrac{1}{2}\end{bmatrix}$$

解耦后的闭环传递矩阵为

$$G_{K,F}(s)=\begin{bmatrix}\frac{1}{s^{d_1+1}} & 0\\ 0 & \frac{1}{s^{d_2+1}}\end{bmatrix}=\begin{bmatrix}\frac{1}{s} & 0\\ 0 & \frac{1}{s^2}\end{bmatrix}$$

例 4-16 设受控对象的传递函数为

$$\frac{Y(s)}{U(s)}=\frac{2}{(s+1)(s+2)}$$

试设计全维状态观测器,将极点配置在-10,-10。

解:因该系统传递函数无零极点对消,故系统能控且能观。建立其能控标准型实现,则有

$$A=\begin{bmatrix}0 & 1\\ -2 & -3\end{bmatrix},\quad B=\begin{bmatrix}0\\ 1\end{bmatrix},\quad C=[2\quad 0]$$

令观测器的反馈矩阵为

$$G=\begin{bmatrix}g_1\\ g_2\end{bmatrix}$$

则观测器的特征多项式为

$$|sI-(A-GC)|=\begin{vmatrix}s+2g_1 & -1\\ 2+2g_2 & s+3\end{vmatrix}=$$

$$s^2+(3+2g_1)s+(6g_1+2g_2+2)$$

而期望的特征多项式为

$$(s+10)^2=s^2+20s+100$$

由两特征多项式相等,可得

$$g_1=8.5,\quad g_2=23.5$$

所以全维状态观测器为

$$\dot{\hat{x}}=(A-GC)\hat{x}+Bu+Gy=$$

$$\begin{bmatrix}-17 & 1\\ -49 & -3\end{bmatrix}\hat{x}+\begin{bmatrix}0\\ 1\end{bmatrix}u+\begin{bmatrix}8.5\\ 23.5\end{bmatrix}y$$

例 4-17 已知受控系统的状态空间表达式为

$$\begin{cases}\dot{x}=\begin{bmatrix}1 & 0\\ 0 & 0\end{bmatrix}x+\begin{bmatrix}1\\ 1\end{bmatrix}u\\ y=[2\quad -1]x\end{cases}$$

试设计降维观测器,使其极点为-10。

解:事实上对于单变量系统来说,能观测标准型状态空间表达式也满足降维观测器

设计时所要求的标准形式，即满足式(4-43)的要求。也就是说其后半部分状态变量与 $\boldsymbol{y}$ 相关，不需要估计，而前半部分状态变量需要构造观测器进行状态估计。因此，前面介绍的设计降维观测器所需的状态变换的方法和形式不是唯一的。本例利用能观标准型进行设计。

因为

$$\mathrm{rank}\boldsymbol{Q}_o = \mathrm{rank}\begin{bmatrix} \boldsymbol{C} \\ \boldsymbol{CA} \end{bmatrix} = \mathrm{rank}\begin{bmatrix} 2 & -1 \\ 2 & 0 \end{bmatrix} = 2$$

所以系统是能观测的。构造线性变换，由

$$\boldsymbol{Q}_o = \begin{bmatrix} 2 & -1 \\ 2 & 0 \end{bmatrix}, \quad \boldsymbol{Q}_o^{-1} = \begin{bmatrix} 0 & \frac{1}{2} \\ -1 & 1 \end{bmatrix}$$

取

$$\boldsymbol{T}_1 = \boldsymbol{Q}_o^{-1}\begin{bmatrix} 0 \\ 1 \end{bmatrix} = \begin{bmatrix} \frac{1}{2} \\ 1 \end{bmatrix}, \quad \boldsymbol{AT}_1 = \begin{bmatrix} 1 & 0 \\ 0 & 0 \end{bmatrix}\begin{bmatrix} \frac{1}{2} \\ 1 \end{bmatrix} = \begin{bmatrix} \frac{1}{2} \\ 0 \end{bmatrix}$$

线性变换阵为

$$\boldsymbol{T} = [T_1 \quad AT_1] = \begin{bmatrix} \frac{1}{2} & \frac{1}{2} \\ 1 & 0 \end{bmatrix}, \quad \boldsymbol{T}^{-1} = \begin{bmatrix} 0 & 1 \\ 2 & -1 \end{bmatrix}$$

能观测标准型为

$$\tilde{\boldsymbol{A}} = \boldsymbol{T}^{-1}\boldsymbol{AT} = \begin{bmatrix} 0 & 1 \\ 2 & -1 \end{bmatrix}\begin{bmatrix} 1 & 0 \\ 0 & 0 \end{bmatrix}\begin{bmatrix} \frac{1}{2} & \frac{1}{2} \\ 1 & 0 \end{bmatrix} = \begin{bmatrix} 0 & 0 \\ 1 & 1 \end{bmatrix}$$

$$\tilde{\boldsymbol{B}} = \boldsymbol{T}^{-1}\boldsymbol{B} = \begin{bmatrix} 0 & 1 \\ 2 & -1 \end{bmatrix}\begin{bmatrix} 1 \\ 1 \end{bmatrix} = \begin{bmatrix} 1 \\ 1 \end{bmatrix}$$

$$\tilde{\boldsymbol{C}} = \boldsymbol{CT} = [2 \quad -1]\begin{bmatrix} \frac{1}{2} & \frac{1}{2} \\ 1 & 0 \end{bmatrix} = [0 \quad 1]$$

由降维观测器方程式(4-51)

$$\begin{cases} \dot{\boldsymbol{z}}_1 = (\tilde{\boldsymbol{A}}_{11} - \tilde{\boldsymbol{G}}_1\tilde{\boldsymbol{A}}_{21})\boldsymbol{z}_1 + (\tilde{\boldsymbol{B}}_1 - \tilde{\boldsymbol{G}}_1\tilde{\boldsymbol{B}}_2)\boldsymbol{u} + [(\tilde{\boldsymbol{A}}_{11} - \tilde{\boldsymbol{G}}_1\tilde{\boldsymbol{A}}_{21})\tilde{\boldsymbol{G}}_1 + \tilde{\boldsymbol{A}}_{12} - \tilde{\boldsymbol{G}}_1\tilde{\boldsymbol{A}}_{22}]\boldsymbol{y} \\ \hat{\tilde{\boldsymbol{x}}}_1 = \boldsymbol{z}_1 + \tilde{\boldsymbol{G}}_1\boldsymbol{y} \end{cases}$$

因为 $\tilde{A}_{11}=0,\tilde{A}_{12}=0,\tilde{A}_{21}=1,\tilde{A}_{22}=1$。而降维观测器是一阶的，故设反馈阵为 g_1，则观测器的特征多项式为

$$|s\boldsymbol{I} - (\tilde{\boldsymbol{A}}_{11} - \tilde{\boldsymbol{G}}_1\tilde{\boldsymbol{A}}_{21})| = |s + g_1| = s + g_1$$

而希望的特征多项式为 $s+10$，所以 $\tilde{G}_1=g_1=10$。故降维观测器方程为

$$\begin{cases}\dot{z}_1 = (0-10\times1)z_1 + (1-10\times1)\boldsymbol{u} + [(0-10\times1)10+0-10\times1]\boldsymbol{y} = \\ \qquad -10z_1 - 9\boldsymbol{u} - 110\boldsymbol{y} \\ \hat{\bar{\boldsymbol{x}}}_1 = z_1 + 10\boldsymbol{y}\end{cases}$$

系统的整个状态估计为

$$\hat{\bar{\boldsymbol{x}}} = \begin{bmatrix}\boldsymbol{I}\\0\end{bmatrix}z_1 + \begin{bmatrix}\widetilde{\boldsymbol{G}}_1\\ \mathrm{I}\end{bmatrix}\boldsymbol{y} = \begin{bmatrix}1\\0\end{bmatrix}z_1 + \begin{bmatrix}10\\1\end{bmatrix}\boldsymbol{y}$$

变换成对原系统的状态估计为

$$\hat{\boldsymbol{x}} = \boldsymbol{T}\hat{\bar{\boldsymbol{x}}} = \begin{bmatrix}\frac{1}{2} & \frac{1}{2}\\ 1 & 0\end{bmatrix}\begin{bmatrix}1\\0\end{bmatrix}z_1 + \begin{bmatrix}\frac{1}{2} & \frac{1}{2}\\ 1 & 0\end{bmatrix}\begin{bmatrix}10\\1\end{bmatrix}\boldsymbol{y} =$$

$$\begin{bmatrix}\frac{1}{2}\\ 1\end{bmatrix}z_1 + \begin{bmatrix}\frac{11}{2}\\ 10\end{bmatrix}\boldsymbol{y}$$

系统的结构图如图 4-20 所示。

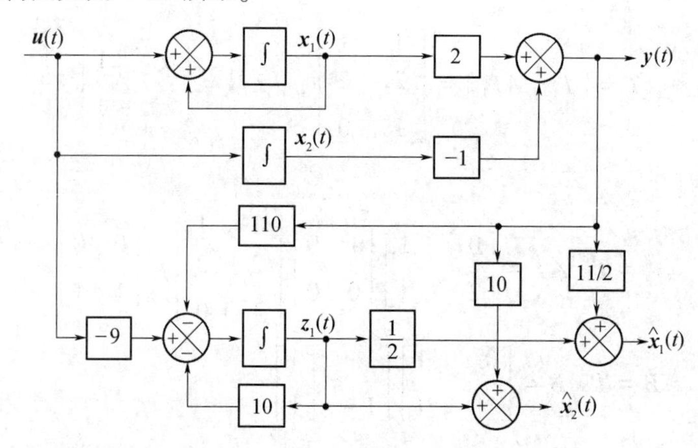

图 4-20　例 4-17 系统的结构图

例 4-18　已知系统的状态空间表达式为

$$\begin{cases}\dot{\boldsymbol{x}} = \begin{bmatrix}0 & 1\\ -1 & 0\end{bmatrix}\boldsymbol{x} + \begin{bmatrix}1\\0\end{bmatrix}\boldsymbol{u}\\ \boldsymbol{y} = [0 \quad 1]\boldsymbol{x}\end{cases}$$

(1) 若采用输出反馈,能否使闭环系统稳定?

(2) 若采用状态反馈,能否使闭环系统稳定?

(3) 设计降维观测器,并画出状态反馈闭环系统的结构图。

解:可知原受控系统有一对 $s_{1,2}=\pm\mathrm{j}$ 的极点,系统是不稳定的。

(1) 若采用输出至输入的反馈,则闭环系统的系统矩阵为

$$A-BHC=\begin{bmatrix}0&1\\-1&0\end{bmatrix}-\begin{bmatrix}1\\0\end{bmatrix}h[0\quad 1]=\begin{bmatrix}0&1-h\\-1&0\end{bmatrix}$$

其特征多项式为

$$|sI-(A-BHC)|=s^2-h+1$$

显然,反馈系数 $h(h>0)$ 取任何值都不能使系统稳定。

(2) 采用状态反馈,设状态反馈阵 $K=[k_1\quad k_2]$,则闭环系统的系统矩阵为

$$A-BK=\begin{bmatrix}0&1\\-1&0\end{bmatrix}-\begin{bmatrix}1\\0\end{bmatrix}[k_1\quad k_2]=\begin{bmatrix}-k_1&1-k_2\\-1&0\end{bmatrix}$$

其特征多项式为

$$|sI-(A-BK)|=s^2+k_1 s-k_2+1$$

若选 $k_1=1, k_2=-1$,则闭环系统极点 $s_{1,2}=-0.5\pm j1.32$,闭环系统稳定。

(3) 设计降维观测器。由受控系统的状态空间表达式可知,$y=[0\quad 1]\boldsymbol{x}$,已满足式(4-43)的要求,不需要再进行线性变换。x_2 可由 y 来决定,不需估计。而 x_1 需设计降维观测器进行状态估计。由式(4-51)可写出降维观测器方程为

$$\dot{z}_1=(A_{11}-G_1A_{21})z_1+(B_1-G_1B_2)u+[(A_{11}-G_1A_{21})G_1+A_{12}-G_1A_{22}]y$$

因为 $A_{11}=0, A_{12}=1, A_{21}=-1, A_{22}=0$,故上式又可写成

$$\dot{z}_1=G_1z_1+u+(1+G_1^2)y$$

选观测器的极点为-2,则 $G_1=-2$。将 $G_1=-2$ 代入上式得

$$\dot{z}_1=-2z_1+u+5y$$

所以

$$\hat{x}_1=z_1+G_1y=z_1-2y$$

$$\hat{x}_2=y=x_2$$

(4) 利用观测器构成上述状态反馈,则

$$u=r-K\hat{x}=r-[1\quad -1]\begin{bmatrix}\hat{x}_1\\\hat{x}_2\end{bmatrix}=r-\hat{x}_1+\hat{x}_2=$$

$$r-(z_1-2y)+y=r-z_1+3y=r-z_1+3x_2$$

将上述关系代入原系统,可得闭环系统的状态空间表达式为

$$\begin{cases}\dot{x}_1=x_2+u=4x_2-z_1+r\\\dot{x}_2=-x_1\\\dot{z}_1=-2z_1+u+5y=8x_2-3z_1+r\end{cases}$$

或者写成

$$\begin{cases}\begin{bmatrix}\dot{x}_1\\ \dot{x}_2\\ \dot{z}_1\end{bmatrix}=\begin{bmatrix}0 & 4 & -1\\ -1 & 0 & 0\\ 0 & 8 & -3\end{bmatrix}\begin{bmatrix}x_1\\ x_2\\ z_1\end{bmatrix}+\begin{bmatrix}1\\ 0\\ 1\end{bmatrix}r\\ y=x_2=\begin{bmatrix}0 & 1 & 0\end{bmatrix}\begin{bmatrix}x_1\\ x_2\\ z_1\end{bmatrix}\end{cases}$$

故带降维观测器的状态反馈闭环系统的特征多项式为

$$\left|s\boldsymbol{I}-\begin{bmatrix}0 & 4 & -1\\ -1 & 0 & 0\\ 0 & 8 & -3\end{bmatrix}\right|=\begin{vmatrix}s & -4 & 1\\ 1 & s & 0\\ 0 & -8 & s+3\end{vmatrix}=$$

$$s^3+3s^2+4s+4=(s+2)(s^2+s+2)$$

其闭环极点为

$$s_1=-2,\quad s_{2,3}=-0.5\pm\mathrm{j}1.32$$

显然,总的闭环极点是由观测器的极点和直接状态反馈闭环极点组成的,并且由降维观测器构成的闭环系统是稳定的。闭环系统的结构图如图4-21所示。

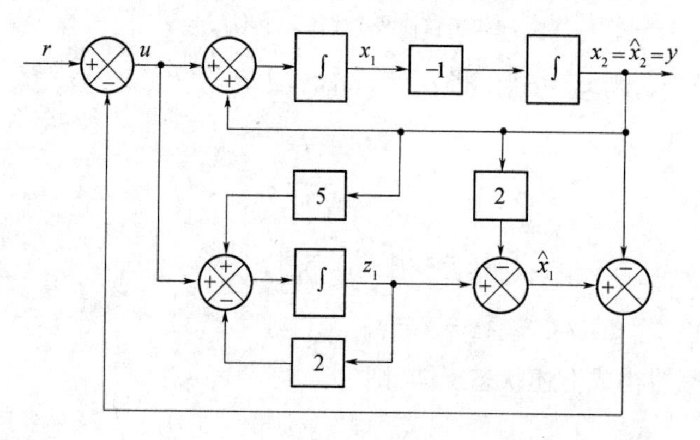

图4-21 例4-18带降维观测器的状态反馈系统的结构图

学习指导与小结

1. 基本概念

(1) 状态反馈与极点配置。

① 用状态反馈实现闭环极点任意配置的充要条件是被控系统能控。

② 状态反馈不改变系统的零点,只改变系统的极点。

③ 引入状态反馈后,系统能控性不变,但不一定能保持系统的能观测性。

(2) 输出反馈与极点配置。

① 用输出至状态微分的反馈可任意配置闭环极点的充要条件是被控系统完全能观测。

② 用输出至状态微分的反馈保持系统的能观测性,但不一定能保持系统的能控性。也不改变系统的闭环零点。

③ 用输出至参考输入的反馈不能实现任意的极点配置。若要任意配置闭环极点必须串联补偿器。这类输出反馈,可保持系统的能控性和能观测性不变。

(3) 解耦控制。

① 所谓解耦控制,就是一对一控制,即系统的传递矩阵为非奇异对角形矩阵。

② 实现串联解耦的充分条件是受控系统的传递矩阵是非奇异的。

③ 利用状态反馈实现解耦控制,一般采用状态反馈加输入变换器的结构形式。实现状态反馈解耦控制的充要条件是可解耦性矩阵是非奇异的。

(4) 状态观测器。

① 状态观测器的任务是实现状态估计,结构是渐近观测器,即当 $t\to\infty$ 时,$\hat{\boldsymbol{x}}=\boldsymbol{x}$。

② 状态观测器存在的充要条件是受控系统的不能观测部分是渐近稳定的。

③ 状态观测器极点可任意配置的充要条件是受控系统是完全能观测的。

(5) 带观测器的状态反馈闭环系统的性质。

① 闭环系统的极点具有分离特性,即闭环极点是由观测器的极点和直接状态反馈闭环系统的极点组成的,并且两者是相互独立的。设计时可分别独立进行。

② 闭环系统的传递矩阵具有不变性,也就是说总的闭环传递矩阵等于直接状态反馈闭环系统的传递矩阵。

2. 基本设计方法

(1) 熟练掌握状态反馈极点配置的设计方法。

(2) 熟练掌握串联解耦的设计方法。

(3) 掌握状态反馈解耦控制的设计方法。

(4) 熟练掌握全维状态观测器的设计方法。

(5) 掌握降维观测器的设计方法。

(6) 熟练掌握带全维状态观测器的状态反馈极点配置的设计方法,并会画出相应的闭环系统结构图。

习　题

4.1　已知系统的状态方程为

$$\begin{bmatrix}\dot{x}_1\\ \dot{x}_2\end{bmatrix}=\begin{bmatrix}2 & 1\\ -1 & 1\end{bmatrix}\begin{bmatrix}x_1\\ x_2\end{bmatrix}+\begin{bmatrix}1\\ 2\end{bmatrix}u$$

试求状态反馈阵 $\boldsymbol{K}$,使系统的特征值等于-1 和-2。

4.2 给定系统的状态空间表达式为

$$\begin{cases}\dot{\boldsymbol{x}}=\begin{bmatrix}-1 & -2 & -2\\ 0 & -1 & 1\\ 1 & 0 & -1\end{bmatrix}\boldsymbol{x}+\begin{bmatrix}2\\0\\1\end{bmatrix}u\\ \boldsymbol{y}=\begin{bmatrix}1 & 1 & 0\end{bmatrix}\boldsymbol{x}\end{cases}$$

要求通过状态反馈使系统具有特征根-1,-2和-2。试确定状态反馈阵,并画出状态反馈系统的结构图。

4.3 已知系统的传递函数为$1/s^2$,试确定能使闭环系统稳定的状态反馈阵$\boldsymbol{K}$。如果应用输出至输入的反馈控制,结果又将如何?

4.4 已知受控系统的结构图如下图所示。

(1) 写出系统的状态空间表达式。

(2) 试设计状态反馈阵$\boldsymbol{K}$,将闭环系统的特征值配置在$-3\pm j5$上。

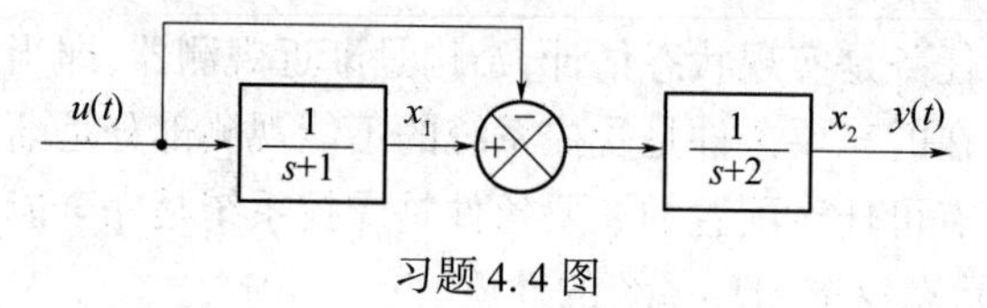

习题4.4图

4.5 受控系统的传递函数为

$$G(s)=\frac{(s-1)(s+2)}{(s+1)(s-2)(s+3)}$$

试问能否利用状态反馈,将传递函数变为

$$\frac{(s-1)}{(s+2)(s+3)} \text{ 和 } \frac{(s+2)}{(s+1)(s+3)}$$

若有可能,试分别求出状态反馈阵$\boldsymbol{K}$,并画出结构图。

4.6 已知系统的传递函数为

$$G(s)=\frac{(s+1)}{s^2(s+3)}$$

试设计状态反馈阵,将闭环极点配置在-2,-2和-1,并说明闭环系统是否能观测。

4.7 已知系统的状态方程为

$$\dot{\boldsymbol{x}}=\begin{bmatrix}-1 & 0 & 0\\ 0 & 0 & 1\\ 0 & -3 & 1\end{bmatrix}\boldsymbol{x}+\begin{bmatrix}0\\0\\1\end{bmatrix}u$$

试判断系统是否可以采用状态反馈,分别配置以下两组闭环极点:{-2,-2,-1};{-2,-2,-3}。若能配置,求出反馈阵$\boldsymbol{K}$。

4.8 试设计下图所示系统中串联补偿器$G_c(s)$,使系统实现解耦,且解耦后的传递矩阵为

$$
\boldsymbol{G}(s)=\begin{bmatrix}\dfrac{1}{s+1} & 0 \\ 0 & \dfrac{1}{s+1}\end{bmatrix}
$$

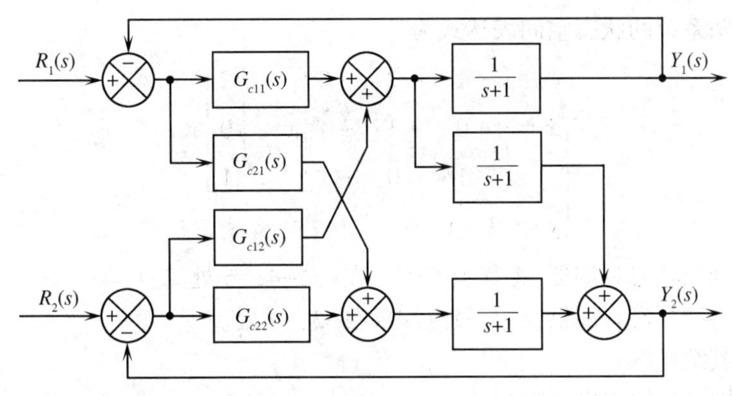

习题4.8图

4.9 求一串联补偿器 $\boldsymbol{G}_c(s)$，使受控系统 $\boldsymbol{G}_0(s)$ 解耦，且解耦后的传递矩阵 $\boldsymbol{G}(s)$ 为

$$
\boldsymbol{G}_0(s)=\begin{bmatrix}\dfrac{1}{s+1} & \dfrac{1}{s+2} \\ \dfrac{1}{s(s+1)} & \dfrac{1}{s}\end{bmatrix},\quad \boldsymbol{G}(s)=\begin{bmatrix}\dfrac{1}{(s+1)^2} & 0 \\ 0 & \dfrac{1}{(s+2)^2}\end{bmatrix}
$$

4.10 已知受控系统为

$$
\boldsymbol{A}=\begin{bmatrix}0 & 0 & 0 \\ 0 & 0 & 0 \\ 0 & 1 & 0\end{bmatrix},\quad \boldsymbol{B}=\begin{bmatrix}1 & 0 \\ 0 & 0 \\ 0 & 1\end{bmatrix},\quad \boldsymbol{C}=\begin{bmatrix}1 & 0 & 0 \\ 0 & 0 & 1\end{bmatrix}
$$

试利用状态反馈实现积分型解耦控制，求 $\boldsymbol{K}$ 阵、$\boldsymbol{F}$ 阵及解耦后的传递矩阵。

4.11 给定系统的状态空间表达式为

$$
\begin{cases}\dot{\boldsymbol{x}}=\begin{bmatrix}1 & 2 & 0 \\ 3 & -1 & 1 \\ 2 & 2 & 0\end{bmatrix}\boldsymbol{x}+\begin{bmatrix}2 \\ 1 \\ 1\end{bmatrix}u \\ \boldsymbol{y}=\begin{bmatrix}0 & 0 & 1\end{bmatrix}\boldsymbol{x}\end{cases}
$$

设计全维状态观测器，并将其极点配置为-3，-4及-5。

4.12 给定系统的传递函数为 $G(s)=1/s^3$。

(1) 设计状态反馈，使闭环极点为 $-3,-\dfrac{1}{2}\pm \mathrm{j}\dfrac{3}{2}$。

(2) 设计极点为-5的 n 维状态观测器。

(3) 写出带观测器的状态反馈闭环系统的状态空间表达式，并画出系统的结构图。

4.13 已知系统的状态空间表达式为

$$\begin{cases}\dot{\boldsymbol{x}}=\begin{bmatrix}0&1\\0&0\end{bmatrix}\boldsymbol{x}+\begin{bmatrix}0\\1\end{bmatrix}u\\ \boldsymbol{y}=[1\quad 0]\boldsymbol{x}\end{cases}$$

试设计全维状态观测器,使观测器的极点为$-r,-2r(r>0)$。

4.14 已知系统的状态空间表达式为

$$\begin{cases}\dot{\boldsymbol{x}}=\begin{bmatrix}-1&-2&-3\\0&-1&-1\\1&0&-1\end{bmatrix}\boldsymbol{x}+\begin{bmatrix}2\\0\\1\end{bmatrix}u\\ \boldsymbol{y}=[1\quad 1\quad 0]\boldsymbol{x}\end{cases}$$

(1) 设计全维状态观测器,将其极点配置在$-3,-4,-5$处。

(2) 设计降维状态观测器,将其极点配置在$-3,-4$处。

(3) 画出其结构图。

4.15 已知系统的传递函数为

$$G(s)=\frac{1}{s(s+1)(s+2)}$$

(1) 设计状态反馈阵$\boldsymbol{K}$,使闭环极点为$-3,-\frac{1}{2}\pm \mathrm{j}\frac{\sqrt{3}}{2}$。

(2) 设计全维状态观测器,并使观测器的极点均为-5。

(3) 设计降维状态观测器,并使观测器的极点均为-5。

(4) 分别画出闭环系统的结构图。

(5) 求出闭环传递函数。

4.16 已知系统的状态空间表达式为

$$\begin{cases}\dot{\boldsymbol{x}}=\boldsymbol{A}\boldsymbol{x}+\boldsymbol{B}\boldsymbol{u}\\ \boldsymbol{y}=\boldsymbol{C}\boldsymbol{x}\end{cases}$$

现引入状态反馈,$\boldsymbol{u}=\boldsymbol{r}-\boldsymbol{K}\hat{\boldsymbol{x}}$构成闭环系统,$\hat{\boldsymbol{x}}$为$\boldsymbol{x}$的估值。

(1) 写出该系统全维状态观测器的状态方程。

(2) 写出带全维状态观测器的状态反馈闭环系统的状态空间表达式,并画出闭环系统的结构图。

4.17 已知系统的状态空间表达式为

$$\begin{cases}\dot{\boldsymbol{x}}=\begin{bmatrix}-5&-1\\6&0\end{bmatrix}\boldsymbol{x}+\begin{bmatrix}0\\2\end{bmatrix}\boldsymbol{u}\\ \boldsymbol{y}=[0\quad 1]\boldsymbol{x}\end{cases}$$

(1) 设计全维状态观测器,将其极点配置在$-10\pm \mathrm{j}10$。

(2) 设计降维状态观测器,将其极点配置在-10。

(3) 在(2)的基础上,设计状态反馈阵$\boldsymbol{K}$,使闭环极点为$-5\pm \mathrm{j}5$,并画出闭环系统的结构图。

4.18　试判断下列系统通过状态反馈能否稳定。

(1) $\boldsymbol{A}=\begin{bmatrix}-1 & -2 & -2\\0 & -1 & 1\\1 & 0 & -1\end{bmatrix}$　　$\boldsymbol{B}=\begin{bmatrix}2\\0\\1\end{bmatrix}$

(2) $\boldsymbol{A}=\left[\begin{array}{ccc:cc}-2 & 1 & 0 & & \\0 & -2 & 1 & \multicolumn{2}{c}{0} \\0 & 0 & -2 & & \\\hdashline & 0 & & -5 & 1\\ & & & 0 & -5\end{array}\right]$　　$\boldsymbol{B}=\left[\begin{array}{c}4\\5\\0\\\hdashline 7\\0\end{array}\right]$

4.19　给定系统的状态空间表达式为

$$\dot{\boldsymbol{x}}(t)=\begin{bmatrix}3 & 1 & 0\\0 & 0 & -1\\0 & 1 & -1\end{bmatrix}\boldsymbol{x}(t)+\begin{bmatrix}0 & 0\\1 & 0\\0 & 1\end{bmatrix}\boldsymbol{u}(t)$$

$$\boldsymbol{y}(t)=\begin{bmatrix}2 & -1 & 1\\0 & 2 & 1\end{bmatrix}\boldsymbol{x}(t)$$

试确定该系统能否状态反馈解耦,若能,则将其解耦。

4.20　给定系统的状态空间表达式为

$$\dot{\boldsymbol{x}}(t)=\begin{bmatrix}-1 & -2 & 0\\0 & -1 & 1\\1 & 0 & -1\end{bmatrix}\boldsymbol{x}(t)+\begin{bmatrix}2\\0\\1\end{bmatrix}u(t)$$

$$\boldsymbol{y}(t)=[1\quad 0\quad 0]\,\boldsymbol{x}(t)$$

设计一个具有特征值为-1, -1,-1 的全维状态观测器。

4.21　有一系统

$$\dot{\boldsymbol{x}}(t)=\begin{bmatrix}-2 & 1\\0 & -1\end{bmatrix}\boldsymbol{x}(t)+\begin{bmatrix}0\\1\end{bmatrix}u(t)$$

$$\boldsymbol{y}(t)=[1\quad 0]\,\boldsymbol{x}(t)$$

(1) 画出模拟结构图。

(2) 若动态性能不满足要求,可否任意配置极点?

(3) 若指定极点为-3,-3,求状态反馈阵。

4.22　已知系统:

$$\dot{\boldsymbol{x}}(t)=\begin{pmatrix}-2 & 1\\0 & -1\end{pmatrix}\boldsymbol{x}(t)+\begin{pmatrix}0\\1\end{pmatrix}u(t)$$

$$\boldsymbol{y}(t)=(1\quad 0)\,\boldsymbol{x}(t)$$

设状态变量 x_2不能测取,试设计全维和降维观测器,使观测器极点为-3,-3。

第5章 控制系统的李雅普诺夫稳定性分析

一个控制系统要能够正常工作首要条件是保证系统是稳定的。因此,控制系统的稳定性分析是系统分析的首要任务。在经典控制理论中,已经提出了若干关于系统稳定性的判别方法,如劳斯判据、奈奎斯特判据和对数判据等。但这些判别方法只适用于线性定常系统,对于非线性系统和时变系统,上述判别方法不适用。因此迫切需要一种普遍适用的稳定性判别方法。

1892年,俄国学者李雅普诺夫(Lyapunov)在"运动稳定性一般问题"一文中,提出了著名的李雅普诺夫稳定性理论。该理论作为稳定性判别的通用方法,适用于各类控制系统。李雅普诺夫稳定性理论的核心是提出了判断系统稳定性的两种方法,分别被称为李雅普诺夫第一法和第二法。李雅普诺夫第一法是通过求解系统的微分方程,然后根据解的性质来判断系统的稳定性。其基本思路与分析方法和经典理论是一致的。该方法又称为间接法。而李雅普诺夫第二法的特点是不必求解系统的微分方程(或状态方程),而是首先构造一个类似于能量函数的李雅普诺夫函数,然后再根据李雅普诺夫函数的性质直接判断系统的稳定性。因此,该方法又称为直接法。由于求解非线性或时变系统的微分方程或状态方程的解通常是很困难的,所以这种方法显示出很大的优越性。

本章将详细介绍李雅普诺夫关于稳定性的定义、李雅普诺夫关于稳定性的基本定理以及稳定性的判别方法。着重介绍李雅普诺夫第二法。

5.1 李雅普诺夫稳定性定义

稳定性指的是系统在平衡状态下受到扰动后,系统自由运动的性质。因此,系统的稳定性是相对于系统的平衡状态而言的。对于线性定常系统,由于通常只存在唯一的一个平衡状态,所以,只有线性定常系统才能笼统地将平衡点的稳定性视为整个系统的稳定性。而对于其他系统,平衡点不止一个,系统中不同的平衡点有着不同的稳定性,我们只能讨论某一平衡状态的稳定性。为此,首先给出关于平衡状态的定义,然后再介绍李雅普诺夫关于稳定性的定义。

5.1.1 平衡状态

由于稳定性考察的是系统的自由运动,故令 $\boldsymbol{u}=0$。此时设系统的状态方程为

$$\dot{\boldsymbol{x}} = \boldsymbol{f}(\boldsymbol{x},t),\boldsymbol{x} \in \mathbf{R}^n \tag{5-1}$$

初始状态为 $\boldsymbol{x}(t_0)=\boldsymbol{x}_0$。对于系统式(5-1),若对所有的 t,状态 $\boldsymbol{x}$ 满足 $\dot{\boldsymbol{x}}=0$,则称该状态 $\boldsymbol{x}$ 为平衡状态,记为 $\boldsymbol{x}_e$。故有下式成立

$$\boldsymbol{f}(\boldsymbol{x}_e,t) = 0 \tag{5-2}$$

由平衡状态 $\boldsymbol{x}_e$ 在状态空间中所确定的点,称为平衡点。

根据上述平衡状态的定义可知,平衡状态 $\boldsymbol{x}_e$ 就是方程(5-2)的解。也就是说求式(5-2)这个代数方程的解,就是平衡状态。对于线性定常系统,其状态方程为

$$\dot{\boldsymbol{x}} = \boldsymbol{A}\boldsymbol{x}$$

系统的平衡状态应满足 $\boldsymbol{A}\boldsymbol{x}_e=0$。解此方程,当 $\boldsymbol{A}$ 是非奇异的,则系统存在唯一的一个平衡状态 $\boldsymbol{x}_e=0$。当 $\boldsymbol{A}$ 是奇异的,则系统有无穷多个平衡状态。显然对线性定常系统来说,当 $\boldsymbol{A}$ 是非奇异的,只有坐标原点是系统的唯一的一个平衡点。

对于非线性系统,方程 $\boldsymbol{f}(\boldsymbol{x}_e,t)=0$ 的解可能有多个,即可能有多个平衡状态。如

$$\begin{cases} \dot{x}_1 = -x_1 \\ \dot{x}_2 = x_1 + x_2 - x_2^3 \end{cases}$$

其平衡状态应满足下列方程

$$\begin{cases} -x_1 = 0 \\ x_1 + x_2 - x_2^3 = 0 \end{cases}$$

解得

$$\begin{cases} x_1 = 0 \\ x_2 = 0,1,-1 \end{cases}$$

因此该系统有 3 个平衡状态

$$\boldsymbol{x}_{e_1} = \begin{bmatrix} 0 \\ 0 \end{bmatrix},\quad \boldsymbol{x}_{e_2} = \begin{bmatrix} 0 \\ 1 \end{bmatrix},\quad \boldsymbol{x}_{e_3} = \begin{bmatrix} 0 \\ -1 \end{bmatrix}$$

由于非零的平衡点总可以通过坐标变换,将其移到状态空间的坐标原点,故为讨论方便又不失一般性,今后只取坐标原点作为系统的平衡点。

5.1.2　范数的概念

李雅普诺夫稳定性定义中采用了范数的概念,为此首先回顾一下范数的定义。在 n 维状态空间中,向量 $\boldsymbol{x}$ 的长度称为向量 $\boldsymbol{x}$ 的范数,用 $\|\boldsymbol{x}\|$ 表示,则

$$\|\boldsymbol{x}\| = \sqrt{x_1^2 + x_2^2 + \cdots + x_n^2} = (\boldsymbol{x}^{\mathrm{T}}\boldsymbol{x})^{\frac{1}{2}} \tag{5-3}$$

由范数的定义可知,向量$(\boldsymbol{x}-\boldsymbol{x}_e)$的范数可写成

$$\|\boldsymbol{x} - \boldsymbol{x}_e\| = \sqrt{(x_1 - x_{e_1})^2 + \cdots + (x_n - x_{e_n})^2} \tag{5-4}$$

通常又将 $\|\boldsymbol{x}-\boldsymbol{x}_e\|$ 称为 $\boldsymbol{x}$ 与 $\boldsymbol{x}_e$ 的距离。当向量$(\boldsymbol{x}-\boldsymbol{x}_e)$的范数限定在某一范围之内时,则记为

$$\|\boldsymbol{x} - \boldsymbol{x}_e\| \leqslant \varepsilon,\varepsilon > 0 \tag{5-5}$$

式(5-5)的几何意义为,在状态空间中以 $\boldsymbol{x}_e$ 为球心,以 ε 为半径的一个球域,记为 $S(\varepsilon)$。

利用范数的概念,讨论李雅普诺夫稳定性问题是非常方便的。

5.1.3 李雅普诺夫稳定性定义

1. 稳定和一致稳定

定义 对于系统 $\dot{\boldsymbol{x}}=f(\boldsymbol{x},t)$,若对任意给定的实数 $\varepsilon>0$,都对应存在另一个实数 $\delta(\varepsilon,\ t_0)>0$,使得一切满足 $\|\boldsymbol{x}_0-\boldsymbol{x}_e\|\leqslant\delta(\varepsilon,\ t_0)$ 的任意初始状态 $\boldsymbol{x}_0$ 所对应的解 $\boldsymbol{x}$,在所有时间内都满足

$$\|\boldsymbol{x}-\boldsymbol{x}_e\|\leqslant\varepsilon,t\geqslant t_0 \tag{5-6}$$

则称系统的平衡状态 $\boldsymbol{x}_e$ 是稳定的。若 δ 与 t_0 无关,则称平衡状态 $\boldsymbol{x}_e$ 是一致稳定的。

几何意义 上述定义中,给出了两个球域。一个是范数 $\|\boldsymbol{x}_0-\boldsymbol{x}_e\|\leqslant\delta$ 所规定的以 $\boldsymbol{x}_e$ 为球心,以 δ 为半径的初始状态 $\boldsymbol{x}_0$ 的球域 $S(\delta)$。另一个是范数 $\|\boldsymbol{x}-\boldsymbol{x}_e\|\leqslant\varepsilon$ 所规定的以 $\boldsymbol{x}_e$ 为球心,以 ε 为半径的状态解 $\boldsymbol{x}$ 的球域 $S(\varepsilon)$。若从初始状态球域 $S(\delta)$ 内出发的所有状态解 $\boldsymbol{x}$,在 $t\geqslant t_0$ 的所有时间内总不超出状态解球域 $S(\varepsilon)$,则称 $\boldsymbol{x}_e$ 是稳定的。在二维空间中,上述几何解释如图5-1所示。

另外,定义中对 ε、δ 的大小没有具体的要求,只要是有限的实数就可以。因此,若状态解是等幅振荡的自由运动,在经典理论中是不稳定的,而在李雅普诺夫的稳定性定义中是稳定的。对于非时变的定常系统来说,δ 与 t_0 无关。因此,若系统的平衡状态是稳定的,则一定是一致稳定的。

2. 渐近稳定

定义 对于系统 $\dot{\boldsymbol{x}}=\boldsymbol{f}(\boldsymbol{x},t)$,若对任意给定的实数 $\varepsilon>0$,总存在 $\delta(\varepsilon,t_0)>0$,使得从 $\|\boldsymbol{x}_0-\boldsymbol{x}_e\|\leqslant\delta$ 内任意初始状态 $\boldsymbol{x}_0$ 出发的状态解 $\boldsymbol{x}$,在所有时间内满足

$$\|\boldsymbol{x}-\boldsymbol{x}_e\|\leqslant\varepsilon,t\geqslant t_0$$

且对于任意小量 $\mu>0$,总有

$$\lim_{t\to\infty}\|\boldsymbol{x}-\boldsymbol{x}_e\|\leqslant\mu \tag{5-7}$$

则称平衡状态 $\boldsymbol{x}_e$ 是渐近稳定的。

几何意义 上述定义指出,如果平衡状态 $\boldsymbol{x}_e$ 是李雅普诺夫定义下的稳定,并且从球域 $S(\delta)$ 内出发的任意状态轨线 $\boldsymbol{x}$,当 $t\to\infty$ 时,不仅不会超出球域 $S(\varepsilon)$ 之外,而且最终收敛于 $\boldsymbol{x}_e$,则 $\boldsymbol{x}_e$ 为渐近稳定的。渐近稳定在二维空间中的几何解释如图5-2所示。

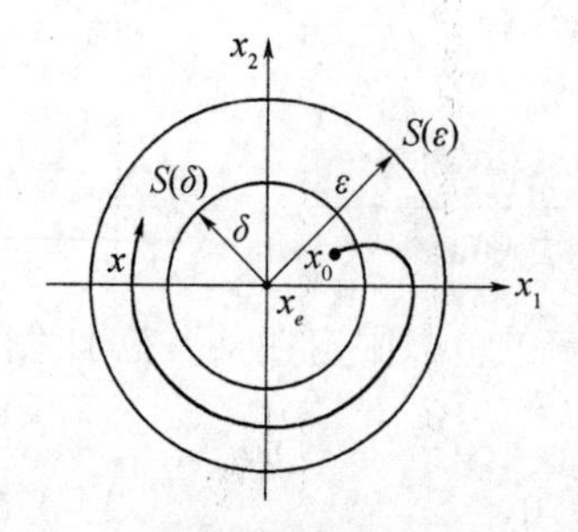

图5-1 李雅普诺夫稳定的几何解释

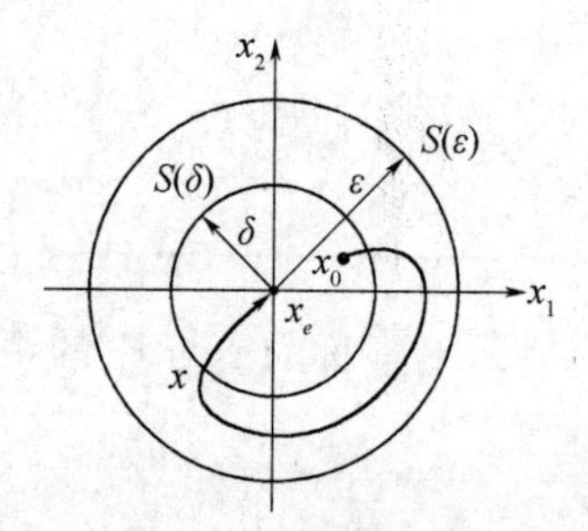

图5-2 李雅普诺夫渐近稳定的几何解释

显然,渐近稳定比稳定有更强的要求。另外,从上述定义还可以看出,经典理论中的稳定,就是这里所说的渐近稳定。

3. 大范围渐近稳定

定义　如果系统 $\dot{\boldsymbol{x}}=\boldsymbol{f}(\boldsymbol{x},t)$ 对整个状态空间中的任意初始状态 $\boldsymbol{x}_0$ 的每一个解,当 $t\to\infty$ 时,都收敛于 $\boldsymbol{x}_e$,则系统的平衡状态 x_e 叫作大范围渐近稳定的。

几何意义　实质上,大范围渐近稳定是把状态解的运动范围 $S(\varepsilon)$ 和初始状态的取值范围 $S(\delta)$ 都扩展到了整个状态空间。对于状态空间中的所有各点,如果由这些状态出发的状态轨迹都具有渐近稳定性,则该平衡状态称为大范围渐近稳定。大范围渐近稳定在二维空间的几何解释如图 5-3 所示。

显然,由于从状态空间中的所有点出发的轨迹都要收敛于 $\boldsymbol{x}_e$,因此这类系统只能有一个平衡状态,这也是大范围渐近稳定的必要条件。对于线性定常系统,当 $\boldsymbol{A}$ 为非奇异的,系统只有一个唯一的平衡状态 $\boldsymbol{x}_e=0$。所以若线性定常系统是渐近稳定的,则一定是大范围渐近稳定的。而对于非线性系统,由于系统通常有多个平衡点,因此非线性系统通常只能在小范围内渐近稳定。在实际工程问题中,人们总是希望系统是大范围渐近稳定的。

4. 不稳定

定义　如果对于某个实数 $\varepsilon>0$ 和任一实数 $\delta>0$,不管这两个实数有多小,在球域 $S(\delta)$ 内总存在一个初始状态 $\boldsymbol{x}_0$,使得从这一初始状态出发的轨迹最终将超出球域 $S(\varepsilon)$,则称该平衡状态是不稳定的。

几何意义　在二维状态空间中不稳定的几何解释如图 5-4 所示。对于线性定常系统来说,对于不稳定的平衡状态,其运动轨线理论上一定趋于无穷远。而对于非线性系统,由于通常有多个平衡点,因此对于不稳定的平衡状态,其运动轨线不一定趋于无穷远,可能趋于 $S(\varepsilon)$ 以外的某个平衡状态。

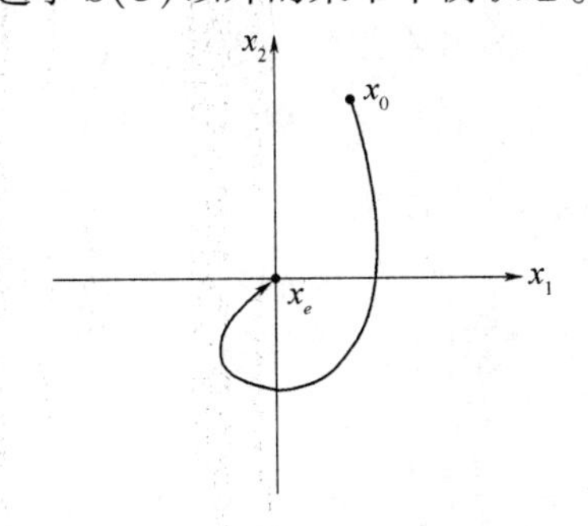

图 5-3　大范围渐近稳定的几何解释

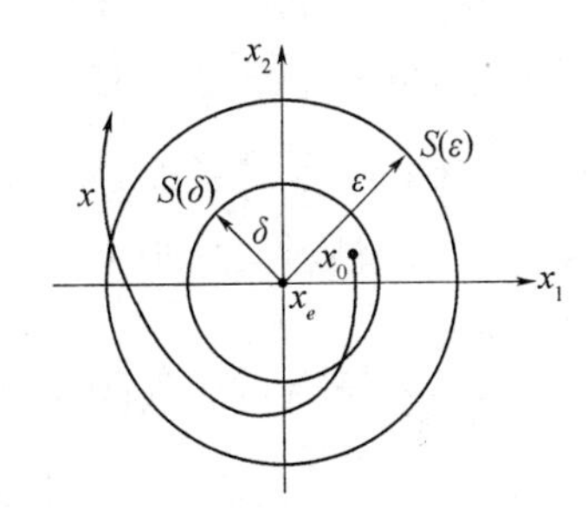

图 5-4　不稳定的几何解释

5.2　李雅普诺夫稳定性理论

李雅普诺夫稳定性理论的主要内容是提出了判别系统稳定性的两种方法,即李雅普诺夫第一法和李雅普诺夫第二法。特别是李雅普诺夫第二法,是一种具有普遍意义的稳定性判别方法。下面不加证明地给出这两种稳定性判别方法。

5.2.1　李雅普诺夫第一法

李雅普诺夫第一法的基本思想是利用系统的特征值或微分方程及状态方程的解的性质来判断系统的稳定性。通常又称为间接法。它适用于线性定常系统以及线性时变系统和非线性系统可以线性化的情况。

1. 线性定常系统

定理 5-1　线性定常系统 $\dot{\boldsymbol{x}}=\boldsymbol{A}\boldsymbol{x}$,渐近稳定的充要条件是 $\boldsymbol{A}$ 的特征值均具有负实部,即

$$\mathrm{Re}(\lambda_i)<0\quad(i=1,2,\cdots,n)$$

显然,这与经典理论中判别系统稳定性的结论是完全相同的。这里的渐近稳定就是经典理论中的稳定。

2. 线性时变系统

对于线性时变系统 $\dot{\boldsymbol{x}}=\boldsymbol{A}(t)\boldsymbol{x}$,由于矩阵 $\boldsymbol{A}(t)$ 不再是常数阵,故不能应用特征值来判断稳定性,需用状态解或状态转移矩阵 $\boldsymbol{\Phi}(t,t_0)$ 来分析稳定性。若矩阵 $\boldsymbol{\Phi}(t,t_0)$ 中各元素均趋于零,则不论初始状态 $\boldsymbol{x}(t_0)$ 为何值,当 $t\to\infty$ 时,状态解 $\boldsymbol{x}(t)$ 中各项均趋于零,因此系统是渐近稳定的。这里若采用范数的概念来分析稳定性,则将带来极大的方便。为此,首先引出矩阵范数的定义。

定义　矩阵 $\boldsymbol{A}$ 的范数定义为

$$\|\boldsymbol{A}\|=\left[\sum_{j=1}^{n}\sum_{i=1}^{m}a_{ij}^2\right]^{\frac{1}{2}}\tag{5-8}$$

由定义可知,$\|\boldsymbol{A}\|$ 也是一个标量,表示将矩阵 $\boldsymbol{A}$ 中的每个元素取平方和后再开方。如果把 $m\times n$ 矩阵 $\boldsymbol{A}$ 的全体看作是一个向量空间,那么也可以把一个 $m\times n$ 矩阵视为这个向量空间中的一个向量。再采用向量的范数的定义,就是矩阵 $\boldsymbol{A}$ 的范数的定义。

应用范数的概念讨论系统稳定性时,可以这样叙述:如果 $\lim\limits_{t\to\infty}\|\boldsymbol{\Phi}(t,t_0)\|$ 趋于零,即矩阵 $\boldsymbol{\Phi}(t,t_0)$ 中各元素均趋于零,则系统在原点处是渐近稳定的。

定理 5-2　线性时变系统 $\dot{\boldsymbol{x}}=\boldsymbol{A}(t)x$,其状态解为 $\boldsymbol{x}(t)=\boldsymbol{\Phi}(t,t_0)\boldsymbol{x}(t_0)$,系统稳定性的充要条件是:

若存在某正常数 $N(t_0)$,对于任意 t_0 和 $t\geqslant t_0$,有

$$\|\boldsymbol{\Phi}(t,t_0)\|\leqslant N(t_0)\tag{5-9}$$

则系统是稳定的。

若

$$\|\boldsymbol{\Phi}(t,t_0)\|\leqslant N\tag{5-10}$$

则系统是一致稳定的。

若

$$\lim_{t\to\infty}\|\boldsymbol{\Phi}(t,t_0)\|=0\tag{5-11}$$

则系统是渐近稳定的。

若存在某常数 $N>0, C>0$，对任意 t_0 和 $t \geqslant t_0$，有

$$\| \boldsymbol{\Phi}(t,t_0) \| \leqslant N\mathrm{e}^{-C(t-t_0)} \tag{5-12}$$

则系统是一致渐近稳定的。

按照李雅普诺夫关于稳定性的定义，上述前 3 项结论是很容易理解的。对于最后一项，实际上是第二、三两项的组合，因为

$$\| \boldsymbol{\Phi}(t,t_0) \| \leqslant N\mathrm{e}^{-C(t-t_0)} \leqslant N$$

满足了一致稳定条件。又因为

$$\lim_{t\to\infty} \mathrm{e}^{-C(t-t_0)} = 0$$

所以

$$\lim_{t\to\infty} \| \boldsymbol{\Phi}(t,t_0) \| = 0$$

满足了渐近稳定的条件，因此系统是一致渐近稳定的。

3. 非线性系统

设非线性系统的状态方程为

$$\dot{\boldsymbol{x}} = \boldsymbol{f}(\boldsymbol{x},t)$$

$\boldsymbol{f}(\boldsymbol{x},t)$ 对状态向量 $\boldsymbol{x}$ 有连续的偏导数。设系统的平衡状态为 $\boldsymbol{x}_e=0$，则在平衡状态 $\boldsymbol{x}_e=0$ 处可将 $\boldsymbol{f}(x,t)$ 展成泰勒级数，则得

$$\dot{\boldsymbol{x}} = \boldsymbol{A}\boldsymbol{x} + \boldsymbol{R}(\boldsymbol{x}) \tag{5-13}$$

式中，$\boldsymbol{A}$ 为 $n\times n$ 阶矩阵，它定义为

$$\boldsymbol{A} = \frac{\partial f(\boldsymbol{x},t)}{\partial \boldsymbol{x}^{\mathrm{T}}} = \begin{bmatrix} \dfrac{\partial f_1}{\partial x_1} & \dfrac{\partial f_1}{\partial x_2} & \cdots & \dfrac{\partial f_1}{\partial x_n} \\ \dfrac{\partial f_2}{\partial x_1} & \dfrac{\partial f_2}{\partial x_2} & \cdots & \dfrac{\partial f_2}{\partial x_n} \\ \vdots & \vdots & & \vdots \\ \dfrac{\partial f_n}{\partial x_1} & \dfrac{\partial f_n}{\partial x_2} & \cdots & \dfrac{\partial f_n}{\partial x_n} \end{bmatrix}$$

$\boldsymbol{R}(\boldsymbol{x})$ 为包含对 $\boldsymbol{x}$ 的二次及二次以上的高阶导数项。

对式(5-13)展开式取一次近似，可得线性化方程为

$$\dot{\boldsymbol{x}} = \boldsymbol{A}\boldsymbol{x} \tag{5-14}$$

定理 5-3 (1) 若方程(5-14)中的系数矩阵 $\boldsymbol{A}$ 的特征值均具有负实部，则系统(5-1)的平衡状态 $\boldsymbol{x}_e$ 是渐近稳定的，系统的稳定性与被忽略的高阶项 $\boldsymbol{R}(\boldsymbol{x})$ 无关。

(2) 若方程(5-14)中的系数矩阵 $\boldsymbol{A}$ 的特征值中，至少有一个具有正的实部，则不论高阶导数项 $\boldsymbol{R}(\boldsymbol{x})$ 情况如何，系统的平衡状态 $\boldsymbol{x}_e$ 总是不稳定的。

(3) 若方程(5-14)中的系数矩阵 $\boldsymbol{A}$ 的特征值中，至少有一个实部为零，则原非线性系统(5-1)的稳定性不能用线性化方程(5-14)来判断。系统的稳定性与被忽略的高次项有关。若要研究原系统的稳定性，必须分析原非线性方程。

5.2.2 二次型函数

在李雅普诺夫第二法中,用到了一类重要的标量函数,即二次型函数。因此在介绍李雅普诺夫第二法之前,先介绍一些有关二次型函数的预备知识。

1. 二次型函数的定义

定义 设 $\boldsymbol{x}$ 是 n 维列向量,称标量函数

$$v(\boldsymbol{x}) = \boldsymbol{x}^{\mathrm{T}}\boldsymbol{P}\boldsymbol{x} =$$

$$\begin{bmatrix} x_1 & x_2 & \cdots & x_n \end{bmatrix}\begin{bmatrix} p_{11} & p_{12} & \cdots & p_{1n} \\ p_{21} & p_{22} & \cdots & p_{2n} \\ \vdots & \vdots & & \vdots \\ p_{n1} & p_{n2} & \cdots & p_{nn} \end{bmatrix}\begin{bmatrix} x_1 \\ x_2 \\ \vdots \\ x_n \end{bmatrix} = \sum_{i,j=1}^{n} p_{ij}x_ix_j \quad (5-15)$$

为二次型函数,并将 $\boldsymbol{P}$ 称为二次型矩阵。式(5-15)是二次型函数的矩阵表达式,该式又可展开为

$$v(\boldsymbol{x}) = \sum_{i,j=1}^{n} p_{ij}x_ix_j = p_{11}x_1^2 + p_{12}x_1x_2 + \cdots + p_{nn}x_n^2 \quad (5-16)$$

由式(5-16)可知,二次型函数 $v(\boldsymbol{x})$ 实质上是关于 x_i 和 x_j 的二次多项式。由于多项式中,$p_{ij}x_ix_j$ 与 $p_{ji}x_jx_i$ 为同类项,合并后可再平分系数,因此可以整理成对称系数。也就是说,一个二次型函数总可以化成二次型矩阵 $\boldsymbol{P}$ 为实对称矩阵的二次型函数。

2. 标量函数 $v(\boldsymbol{x})$ 的定号性

设 $\boldsymbol{x}$ 是欧氏状态空间中的非零向量,$v(\boldsymbol{x})$ 是向量 $\boldsymbol{x}$ 的标量函数。

(1) 若

$$\begin{cases} v(\boldsymbol{x}) > 0, \ \boldsymbol{x} \neq 0 \\ v(\boldsymbol{x}) = 0, \ \boldsymbol{x} = 0 \end{cases}$$

称 $v(\boldsymbol{x})$ 为正定的。例如,$v(\boldsymbol{x}) = x_1^2 + 2x_2^2$。

(2) 若

$$\begin{cases} v(\boldsymbol{x}) \geqslant 0, \ \boldsymbol{x} \neq 0 \\ v(\boldsymbol{x}) = 0, \ \boldsymbol{x} = 0 \end{cases}$$

称 $v(\boldsymbol{x})$ 为正半定的。例如,$v(\boldsymbol{x}) = (x_1 + x_2)^2$。

(3) 如果 $-v(\boldsymbol{x})$ 是正定的,则称 $v(\boldsymbol{x})$ 为负定的,即

$$\begin{cases} v(\boldsymbol{x}) < 0, \ \boldsymbol{x} \neq 0 \\ v(\boldsymbol{x}) = 0, \ \boldsymbol{x} = 0 \end{cases}$$

例如,$v(\boldsymbol{x}) = -(x_1^2 + 2x_2^2)$。

(4) 如果 $-v(\boldsymbol{x})$ 是正半定的,则称 $v(\boldsymbol{x})$ 为负半定的,即

$$\begin{cases} v(\boldsymbol{x}) \leqslant 0, \ \boldsymbol{x} \neq 0 \\ v(\boldsymbol{x}) = 0, \ \boldsymbol{x} = 0 \end{cases}$$

例如，$v(\boldsymbol{x})=-(x_1+x_2)^2$。

（5）若 $v(\boldsymbol{x})$ 既可正也可负，则称 $v(\boldsymbol{x})$ 为不定的。例如，$v(\boldsymbol{x})=x_1x_2+x_2^2$。

3. 二次型函数的定号性判别准则

对于 $\boldsymbol{P}$ 为实对称矩阵的二次型函数 $v(\boldsymbol{x})$ 的定号性，可以用塞尔维斯特（Sylvester）准则来判定。

（1）正定：二次型函数 $v(\boldsymbol{x})$ 为正定的充要条件是，$\boldsymbol{P}$ 阵的所有各阶主子行列式均大于零，即

$$\Delta_1=p_{11}>0,\ \Delta_2=\begin{vmatrix}p_{11} & p_{12}\\ p_{21} & p_{22}\end{vmatrix}>0,\cdots,\Delta_n=\begin{vmatrix}p_{11} & \cdots & p_{1n}\\ \vdots & & \vdots\\ p_{n1} & \cdots & p_{nn}\end{vmatrix}>0 \tag{5-17}$$

（2）负定：二次型函数 $v(\boldsymbol{x})$ 为负定的充要条件是，$\boldsymbol{P}$ 阵的各阶主子式满足

$$(-1)^k\Delta_k>0,\qquad k=1,2,\cdots,n \tag{5-18}$$

即

$$\Delta_k\begin{cases}>0, k\text{ 为偶数},\\ <0, k\text{ 为奇数},\end{cases}\quad k=1,2,\cdots,n$$

（3）正半定：二次型函数 $v(\boldsymbol{x})$ 为正半定的充要条件是，$\boldsymbol{P}$ 的各阶主子式满足

$$\begin{cases}\Delta_k\geqslant 0,\\ \Delta_n=0,\end{cases}\quad k=1,2,\cdots,(n-1) \tag{5-19}$$

（4）负半定：二次型函数 $v(x)$ 为负半定的充要条件是，$\boldsymbol{P}$ 的各阶主子式满足

$$\begin{cases}\Delta_k\begin{cases}\geqslant 0, k\text{ 为偶数},\\ \leqslant 0, k\text{ 为奇数},\end{cases}\quad k=1,2,\cdots,(n-1)\\ \Delta_n=0,\end{cases} \tag{5-20}$$

（5）二次型矩阵 $\boldsymbol{P}$ 的定号性。由式（5-15）可知，二次型函数 $v(\boldsymbol{x})$ 和它的二次型矩阵 $\boldsymbol{P}$ 是一一对应的。这样，可以把二次型函数的定号性扩展到二次型矩阵 P 的定号性。设二次型函数 $v(\boldsymbol{x})=\boldsymbol{x}^{\mathrm{T}}\boldsymbol{P}\boldsymbol{x}$，$\boldsymbol{P}$ 为实对称矩阵，则定义如下：

当 $v(\boldsymbol{x})$ 是正定的，称 $\boldsymbol{P}$ 是正定的，记为 $P>0$；

当 $v(\boldsymbol{x})$ 是负定的，称 $\boldsymbol{P}$ 是负定的，记为 $P<0$；

当 $v(\boldsymbol{x})$ 是正半定的，称 $\boldsymbol{P}$ 是正半定的，记为 $\boldsymbol{P}\geqslant 0$；

当 $v(\boldsymbol{x})$ 是负半定的，称 $\boldsymbol{P}$ 是负半定的，记为 $\boldsymbol{P}\leqslant 0$。

例 5-1　已知 $v(\boldsymbol{x})=10x_1^2+4x_2^2+2x_1x_2$，试判定 $v(\boldsymbol{x})$ 是否正定。

解：

$$v(\boldsymbol{x})=10x_1^2+x_1x_2+x_1x_2+4x_2^2=$$

$$\begin{bmatrix}x_1 & x_2\end{bmatrix}\begin{bmatrix}10 & 1\\ 1 & 4\end{bmatrix}\begin{bmatrix}x_1\\ x_2\end{bmatrix}$$

因为 $\boldsymbol{P}$ 阵的各阶主子式为

$$\Delta_1 = 10 > 0, \quad \Delta_2 = \begin{vmatrix} 10 & 1 \\ 1 & 4 \end{vmatrix} > 0$$

所以 $v(\boldsymbol{x})$ 是正定的。

5.2.3 李雅普诺夫第二法

李雅普诺夫第二法又称为直接法,它可以不必求解系统的状态方程,而直接判定系统的稳定性。

1. 基本思想

李雅普诺夫第二法是从能量的观点出发得来的,它的基本思想是建立在古典的力学振动系统中一个直观的物理事实上。任何物理系统的运动都要消耗能量,并且能量总是大于零的。对于一个不受外部作用的系统,如果系统的能量随系统的运动和时间的增长而连续地减小,一直到平衡状态为止,则系统的能量将减少到最小,那么这个系统是渐近稳定的。但由于系统的形式是多种多样的,不可能找到一种能量函数的统一表达形式。因此,为克服这一困难,李雅普诺夫引入了一个虚构的能量函数,称为李雅普诺夫函数,记为 $v(\boldsymbol{x},t)$ 或 $v(\boldsymbol{x})$。由于 $v(\boldsymbol{x})$ 是表示能量的函数,所以 $v(\boldsymbol{x})>0$。这样就可以根据 $v(\boldsymbol{x})$ 的定号性来判断系统的稳定性。显然,若 $v(\boldsymbol{x})>0$,并且 $\dot{v}(\boldsymbol{x})<0$,则系统就是渐近稳定的。

例 5-2 图 5-5 为一个简单的 RC 一阶电路,试判断这个系统的稳定性。

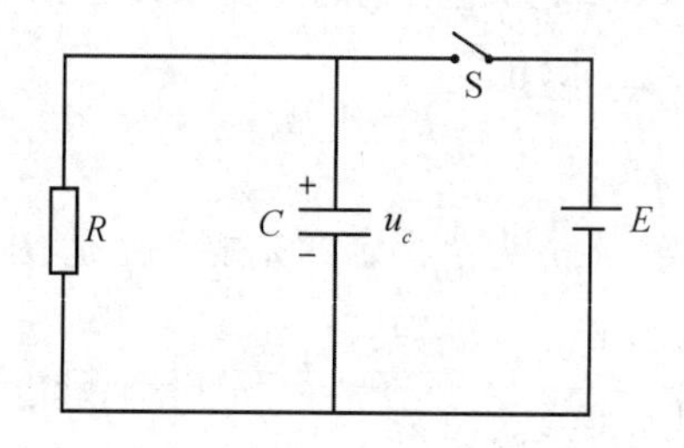

图 5-5 RC 一阶电路

解:选择状态变量 x_1 为电容上的电压 U_c,得系统的状态方程为

$$RC\dot{x}_1 + x_1 = 0$$

这是一个线性定常系统,其特征方程为

$$RCs + 1 = 0$$

其特征值为 $s=-\dfrac{1}{RC}$,由李雅普诺夫第一法可知,该系统是渐近稳定的。

现由能量的观点来考察这个系统。由上述状态方程可知其状态解为

$$x_1(t) = x_1(0)\mathrm{e}^{-\frac{t}{RC}}$$

电容器储存的电场能为

$$v(\boldsymbol{x}) = \frac{1}{2}CU_c^2 = \frac{1}{2}Cx_1^2 = \frac{1}{2}Cx_1^2(0)\mathrm{e}^{-\frac{2t}{RC}} > 0$$

它随时间的变化率是

$$\dot{v}(\boldsymbol{x}) = -\frac{2}{RC}v(\boldsymbol{x}) < 0$$

这表明本系统的运动是一个放电过程，其能量随时间而减少，直到系统运动到平衡状态 $\boldsymbol{x}_e=0$，其能量为零，运动停止在该平衡状态。根据李雅普诺夫关于稳定性定义，可以判断该系统在平衡状态 $\boldsymbol{x}_e=0$ 处是渐近稳定的。

2. 基本定理

李雅普诺夫第二法包括以下 5 个基本定理。

(1) 渐近稳定的判别定理一。

定理 5-4　设系统的状态方程为

$$\dot{\boldsymbol{x}} = \boldsymbol{f}(\boldsymbol{x},t)$$

其平衡状态为 $\boldsymbol{x}_e=0$，如果存在一个具有连续一阶偏导数的标量函数 $v(\boldsymbol{x},t)$，并且满足条件：①$v(\boldsymbol{x},t)$ 是正定的，②$\dot{v}(\boldsymbol{x},t)$ 是负定的，则系统在原点处的平衡状态是渐近稳定的。又当 $\|\boldsymbol{x}\|\to\infty$，有 $v(\boldsymbol{x},t)\to\infty$，则在原点处的平衡状态是大范围内渐近稳定的。

定理的几点解释如下：

① 物理意义：李雅普诺夫函数 $v(\boldsymbol{x},t)$ 是一个能量函数，能量总是大于零的，即 $v(\boldsymbol{x})>0$。若随系统的运动，能量在连续地减小，则 $\dot{v}(\boldsymbol{x},t)<0$。当能量最终耗尽，此时系统又回到平衡状态。符合渐近稳定的定义，所以是渐近稳定的。

② 几何意义：以二维状态空间为例，设李雅普诺夫函数为二次型函数，即

$$v(\boldsymbol{x}) = x_1^2 + x_2^2$$

一方面，$v(\boldsymbol{x})$ 是能量函数，若令 $v(\boldsymbol{x})=c_i$，取一系列常值 $0<c_1<c_2<c_3<\cdots$，则代表了不同能量的等值线。根据 $v(\boldsymbol{x})=x_1^2+x_2^2=c_i$，可知这些等值线是以原点为圆心，以 $\sqrt{c_i}$ 为半径的同心圆族。半径越小能量越小。当 $c_i\to0$ 时，$v(\boldsymbol{x})$ 趋于零。另一方面 $v(\boldsymbol{x})=x_1^2+x_2^2=\left(\sqrt{x_1^2+x_2^2}\right)^2$，所以 $v(\boldsymbol{x})$ 又表示状态 $\boldsymbol{x}$ 到原点距离的平方。若 $\dot{v}(\boldsymbol{x})<0$，表示随着时间的推移，能量不断地减小，同时状态 $\boldsymbol{x}$ 不断地趋向原点。最终当 $v(\boldsymbol{x})=0$ 时，状态收敛于坐标原点，如图 5-6 所示。

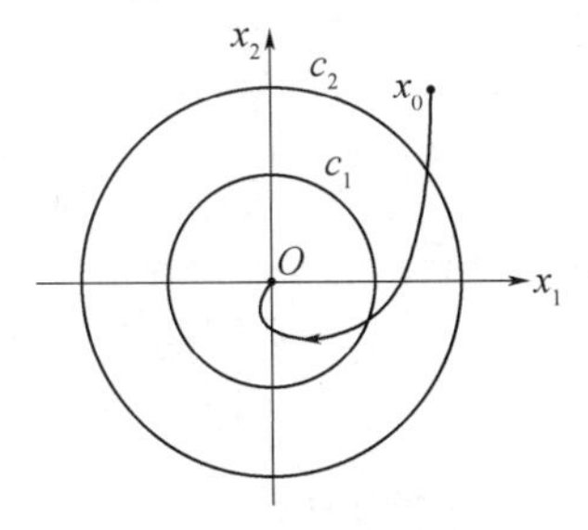

图 5-6　能量等值线与典型轨线

③ 该定理给出的是渐近稳定的充分条件，即如果能找到满足定理条件的 $v(\boldsymbol{x})$，则系统一定是渐近稳定的。但如果找不到这样的 $v(\boldsymbol{x})$，并不意味着系统是不稳定的。

④ 该定理本身并没有指明 $v(\boldsymbol{x})$ 的建立方法。一般情况下，$v(\boldsymbol{x})$ 不是唯一的。许多情况下，李雅普诺夫函数可以取为二次型函数，即 $v(\boldsymbol{x})=\boldsymbol{x}^{\mathrm{T}}\boldsymbol{P}\boldsymbol{x}$ 的形式，其中 $\boldsymbol{P}$ 阵的元素

可以是时变的,也可以是定常的。但在一般情况下,$\boldsymbol{v}(\boldsymbol{x})$不一定都是这种简单的二次型的形式。

该定理对于线性系统、非线性系统、时变系统及定常系统都是适用的,是一个最基本的稳定性判别定理。

例 5-3　设系统的状态方程为

$$\begin{cases}\dot{x}_1 = x_2 - x_1(x_1^2 + x_2^2)\\ \dot{x}_2 = -x_1 - x_2(x_1^2 + x_2^2)\end{cases}$$

试确定其平衡状态的稳定性。

解:由平衡点方程得

$$\begin{cases}x_2 - x_1(x_1^2 + x_2^2) = 0\\ -x_1 - x_2(x_1^2 + x_2^2) = 0\end{cases}$$

解得唯一的平衡点为$x_1=0,x_2=0$,即$\boldsymbol{x}_e=0$,为坐标原点。

选取李雅普诺夫函数为二次型函数,即

$$v(\boldsymbol{x}) = x_1^2 + x_2^2$$

显然$v(\boldsymbol{x})$是正定的。$v(\boldsymbol{x})$的一阶全导数为

$$\begin{aligned}\dot{v}(\boldsymbol{x}) &= \frac{\partial v}{\partial x_1}\dot{x}_1 + \frac{\partial v}{\partial x_2}\dot{x}_2 = 2x_1\dot{x}_1 + 2x_2\dot{x}_2\\ &= 2x_1[x_2 - x_1(x_1^2 + x_2^2)] + 2x_2[-x_1 - x_2(x_1^2 + x_2^2)]\\ &= -2(x_1^2 + x_2^2)^2\end{aligned}$$

因此$\dot{v}(\boldsymbol{x})$是负定的。又当$\|\boldsymbol{x}\|\to\infty$时,有$v(\boldsymbol{x})\to\infty$,故由定理5-4,平衡点$\boldsymbol{x}_e=0$是大范围渐近稳定的。

(2) 渐近稳定的判别定理二。

按照定理5-4判断系统稳定性时,寻找一个满足定理条件的$v(\boldsymbol{x})$有时是困难的,其原因在于$v(\boldsymbol{x})$必须满足$\dot{v}(\boldsymbol{x})$是负定的。而这个条件有时是很苛刻的,见下例。

例 5-4　设系统的状态方程为

$$\begin{cases}\dot{x}_1 = x_2\\ \dot{x}_2 = -x_1 - x_2\end{cases}$$

试确定平衡状态的稳定性。

解:由平衡点方程

$$\begin{cases}x_2 = 0\\ -x_1 - x_2 = 0\end{cases}$$

可知$\boldsymbol{x}_e=0$是唯一的一个平衡状态。选取

$$v(\boldsymbol{x}) = x_1^2 + x_2^2 > 0\quad(\text{正定})$$

则

$$\dot{v}(\boldsymbol{x}) = 2x_1\dot{x}_1^2 + 2x_2\dot{x}_2 = -2x_2^2 \leqslant 0$$

因此 $\dot{v}(\boldsymbol{x})$ 是负半定的。按照定理 5-4,该 $v(\boldsymbol{x})$ 不能作为系统的李雅普诺夫函数。也就是说,应用这个 $v(\boldsymbol{x})$,由定理 5-4 得不出系统稳定性的结论。这就提出了一个问题:能否把 $\dot{v}(\boldsymbol{x})$ 是负定的条件,用 $\dot{v}(\boldsymbol{x})$ 是负半定的来代替,进而判断系统的稳定性。这就是定理 5-5 的内容,它实际上是对定理 5-4 的一个补充。

定理 5-5　设系统的状态方程为

$$\dot{\boldsymbol{x}} = \boldsymbol{f}(\boldsymbol{x},t)$$

其平衡状态为 $\boldsymbol{x}_e = 0$,如果存在一个具有连续一阶偏导数的标量函数 $v(\boldsymbol{x},t)$,且满足条件:① $v(\boldsymbol{x},t)$ 是正定的,② $\dot{v}(\boldsymbol{x},t)$ 是负半定的,③ $\dot{v}(\boldsymbol{x},t)$ 在 $\boldsymbol{x}\neq 0$ 时不恒等于零,则在平衡点 $\boldsymbol{x}_e = 0$ 处是渐近稳定的。

定理中为什么附加了条件③就可以满足渐近稳定的要求呢?这是因为若条件②只要求 $\dot{v}(\boldsymbol{x})$ 是负半定的,则意味着在 $\boldsymbol{x}\neq 0$ 时,可能会出现 $\dot{v}(\boldsymbol{x}) = 0$。而对应于 $\dot{v}(\boldsymbol{x}) = 0$ 有两种可能的情况,下面以二维状态空间,并且以 $v(\boldsymbol{x}) = x_1^2 + x_2^2$ 为例加以说明。

① $\dot{v}(\boldsymbol{x})$ 恒等于零,即 $v(\boldsymbol{x}) = x_1^2 + x_2^2 \equiv C$。这一方面表示系统的能量是个常数,不会再减小。另一方面又表示系统的状态 $\boldsymbol{x}$ 距原点的距离也是一个常数,不会再减小而趋向原点。显然,此时系统一定不是渐近稳定的。非线性系统中的极限环便属于这种情况,如图 5-7(a)所示。

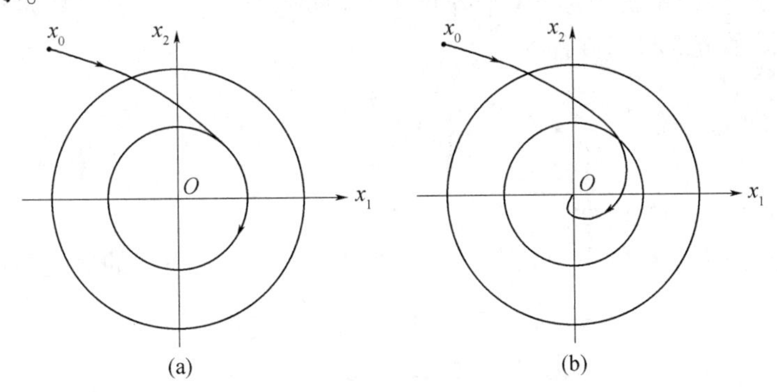

图 5-7　能量等值线与典型轨线

(a) $\dot{v}(\boldsymbol{x}) \equiv 0$;(b) $\dot{v}(\boldsymbol{x}) \neq 0$。

② $\dot{v}(\boldsymbol{x})$ 不恒等于零,即只在某个时刻暂时为零,而其他时刻均为负值。这表示能量的衰减不会终止。另一方面也表示状态 $\boldsymbol{x}$ 到原点的距离的平方也不会停留在某一定值 $v(\boldsymbol{x}) = x_1^2 + x_2^2 = C$ 上,其他时刻这个距离的变化率均为负值。因此状态 $\boldsymbol{x}$ 必然要趋向原点,所以系统一定是渐近稳定的,如图 5-7(b)所示。

再回到例 5-4,因为 $\dot{v}(\boldsymbol{x}) = -2x_2^2$,所以是负半定的。当 $\boldsymbol{x}\neq 0$ 时,即当 x_1 = 任意值,$x_2 = 0$ 时,$\dot{v}(\boldsymbol{x}) = 0$。由于

$$\dot{x}_2 = -x_1 - x_2$$

故当 x_1 = 任意值,$x_2 = 0$ 时,$\dot{x}_2 = -x_1 \neq 0$。即 x_2 的变化率不等于零,故 $x_2 = 0$ 是暂时的,不会恒等于零,因此 $\dot{v}(\boldsymbol{x}) = -2x_2^2$ 也不会恒等于零。按照定理 5-5,系统在 $\boldsymbol{x}_e = 0$ 处是渐近稳定的。又当 $\|\boldsymbol{x}\| \to \infty$ 时,$v(\boldsymbol{x}) \to \infty$,故 $\boldsymbol{x}_e = 0$ 也是大范围渐近稳定的。

为验证定理 5-5 的正确性,仍以例 5-4 加以说明。对于例 5-4,另选李雅普诺夫函

数为

$$v(\boldsymbol{x}) = \frac{1}{2}[(x_1 + x_2)^2 + 2x_1^2 + 2x_2^2] > 0$$

显然 $v(\boldsymbol{x})$ 是正定的。又

$$\dot{v}(\boldsymbol{x}) = (x_1 + x_2)(\dot{x}_1 + \dot{x}_2) + 2x_1\dot{x}_1 + x_2\dot{x}_2 = -(x_1^2 + x_2^2) < 0$$

即 $\dot{v}(\boldsymbol{x})$ 是负定的,满足定理5-4的条件,所以系统在 $\boldsymbol{x}_e = 0$ 处是渐近稳定的。由此可见,定理5-5是正确的。同时,对于一个给定的系统,判定渐近稳定的李雅普诺夫函数不是唯一的。

(3) 稳定的判别定理。

定理 5-6 设系统的状态方程为

$$\dot{\boldsymbol{x}} = \boldsymbol{f}(\boldsymbol{x}, t)$$

其平衡状态为 $\boldsymbol{x}_e = 0$,如果存在一个具有连续一阶偏导数的标量函数 $v(\boldsymbol{x}, t)$,且满足条件:① $v(\boldsymbol{x}, t)$ 是正定的,② $\dot{v}(\boldsymbol{x}, t)$ 是负半定的,③ $\dot{v}(\boldsymbol{x}, t)$ 在 $\boldsymbol{x} \neq 0$ 时存在某一 $\boldsymbol{x}$ 值使 $\dot{v}(\boldsymbol{x}, t)$ 恒为零,则系统在平衡点 $\boldsymbol{x}_e = 0$ 处是稳定的。

对该定理的说明与定理5-5的说明"①"相同。由于定理中包含了 $\dot{v}(\boldsymbol{x})$ 在某一 $\boldsymbol{x}$ 值恒等于零的情况,此时的 $v(\boldsymbol{x}) \equiv C$,系统的能量不再变化,故系统的运动不会趋于原点,而是等幅振荡状态,因此系统满足李雅普诺夫意义下的稳定,但不是渐近稳定。

例 5-5 设系统的状态方程为

$$\begin{cases} \dot{x}_1 = 4x_2 \\ \dot{x}_2 = -x_1 \end{cases}$$

试确定系统平衡状态的稳定性。

解:显然,原点为系统的平衡状态。选李雅普诺夫函数为下面的二次型函数,即

$$v(\boldsymbol{x}) = x_1^2 + 4x_2^2 > 0$$

$$\dot{v}(\boldsymbol{x}) = 2x_1\dot{x}_1 + 8x_2\dot{x}_2 = 8x_1x_2 - 8x_2x_1 = 0$$

可见,$\dot{v}(\boldsymbol{x})$ 在任意的 $\boldsymbol{x}$ 值上均保持为零。因此,系统在 $\boldsymbol{x}_e = 0$ 处是稳定的,但不是渐近稳定的。

(4) 不稳定的判别定理一。

定理 5-7 设系统的状态方程为

$$\dot{\boldsymbol{x}} = \boldsymbol{f}(\boldsymbol{x}, t)$$

其平衡状态为 $\boldsymbol{x}_e = 0$,如果存在一个具有连续一阶偏导数的标量函数 $v(\boldsymbol{x}, t)$,且满足条件:① $v(\boldsymbol{x}, t)$ 是正定的,② $\dot{v}(\boldsymbol{x}, t)$ 是正定的,则系统在原点处的平衡状态是不稳定的。

显然,当 $\dot{v}(\boldsymbol{x})$ 是正定的,表示系统的能量在不断增大,故系统的运动状态必将发散至无穷大,系统是不稳定的。

例 5-6 设系统的状态方程为

$$\begin{cases} \dot{x}_1 = x_1 + x_2 \\ \dot{x}_2 = -x_1 + x_2 \end{cases}$$

试判断系统平衡状态的稳定性。

解:显然,原点为平衡状态。选李雅普诺夫函数为下面的二次型函数,即

$$v(\boldsymbol{x}) = x_1^2 + x_2^2 > 0$$

$$\dot{v}(\boldsymbol{x}) = 2x_1\dot{x}_1 + 2x_2\dot{x}_2 = 2x_1^2 + 2x_2^2 > 0$$

所以系统满足定理 5-7 的条件,故在原点处系统是不稳定的。

(5) 不稳定的判别定理二。

仿照定理 5-5,不稳定的判别定理还可以在 $\dot{v}(\boldsymbol{x})$ 为正半定的情况下判别不稳定性。

定理 5-8　设系统的状态方程为

$$\dot{\boldsymbol{x}} = \boldsymbol{f}(\boldsymbol{x},t)$$

其平衡状态为 $\boldsymbol{x}_e = 0$,如果存在一个具有连续一阶偏导数的标量函数 $v(\boldsymbol{x},t)$,且满足条件:① $v(\boldsymbol{x},t)$ 是正定的,② $\dot{v}(\boldsymbol{x},t)$ 是正半定的,③ $\dot{v}(\boldsymbol{x},t)$ 在 $x \neq 0$ 时不恒等于零,则系统在原点处的平衡状态是不稳定的。

例 5-7　设系统的状态方程为

$$\begin{cases} \dot{x}_1 = x_2 \\ \dot{x}_2 = -x_1 + x_2 \end{cases}$$

试判断系统平衡状态的稳定性。

解:显然,原点为系统的平衡状态。选二次型函数作为李雅普诺夫函数,即

$$v(\boldsymbol{x}) = x_1^2 + x_2^2 > 0$$

$$\dot{v}(\boldsymbol{x}) = 2x_1\dot{x}_1 + 2x_2\dot{x}_2 = 2x_2^2 \geqslant 0 \quad (\text{正半定})$$

由于当 x_1 为任意值,$x_2 = 0$ 时,$\dot{v}(\boldsymbol{x}) = 0$,而

$$\dot{x}_2 = -x_1 + x_2 = -x_1 \neq 0$$

所以 $x_2 = 0$ 是暂时的,不会恒等于零。因此 $\dot{v}(\boldsymbol{x}) = 2x_2^2$,也不会恒等于零。按定理 5-8 知,系统是不稳定的。

综上所述,利用李雅普诺夫第二法判断系统的稳定性,关键是如何构造一个满足条件的李雅普诺夫函数,而李雅普诺夫第二法本身并没有提供构造李雅普诺夫函数的一般方法。所以,尽管李雅普诺夫第二法在原理上是简单的,但实际应用并不是一件易事。尤其对复杂的系统更是如此,需要有相当的经验和技巧。不过,对于线性系统和某些非线性系统,已经找到了一些可行的方法来构造李雅普诺夫函数。

5.3　线性系统的李雅普诺夫稳定性分析

针对常见的线性系统,从上述李雅普诺夫第二法中的基本定理出发,人们进一步找到了线性系统构造李雅普诺夫函数的方法以及判断系统渐近稳定的充要条件,从而使线性系统渐近稳定的判别变得非常简单。

5.3.1　线性定常连续系统

1. 渐近稳定的判别方法

定理 5-9　线性定常系统

$$\dot{\boldsymbol{x}} = \boldsymbol{A}\boldsymbol{x}$$

式中,$\boldsymbol{x}$ 是 n 维状态向量;$\boldsymbol{A}$ 是 $n \times n$ 常数阵,且是非奇异的。在平衡状态 $\boldsymbol{x}_e = 0$ 处,渐近稳定的充要条件是:对任意给定的一个正定对称矩阵 $\boldsymbol{Q}$,存在一个正定对称矩阵 $\boldsymbol{P}$,且满足矩阵方程

$$\boldsymbol{A}^{\mathrm{T}}\boldsymbol{P} + \boldsymbol{P}\boldsymbol{A} = -\boldsymbol{Q} \tag{5 - 21}$$

而标量函数 $v(\boldsymbol{x}) = \boldsymbol{x}^{\mathrm{T}}\boldsymbol{P}\boldsymbol{x}$ 是这个系统的一个二次型形式的李雅普诺夫函数。

证明:

充分性 如果满足上述要求的 $\boldsymbol{P}$ 存在,则系统在 $\boldsymbol{x}_e = 0$ 处是渐近稳定的。

设 $\boldsymbol{P}$ 是存在的,且 $\boldsymbol{P}$ 是正定的,即 $\boldsymbol{P} > 0$,故选 $v(\boldsymbol{x}) = \boldsymbol{x}^{\mathrm{T}}\boldsymbol{P}\boldsymbol{x}$。由塞尔维斯特判据知 $v(\boldsymbol{x}) > 0$,即也是正定的,则

$$\begin{aligned}
\dot{v}(\boldsymbol{x}) = \frac{\mathrm{d}}{\mathrm{d}t}(\boldsymbol{x}^{\mathrm{T}}\boldsymbol{P}\boldsymbol{x}) = \dot{\boldsymbol{x}}^{\mathrm{T}}\boldsymbol{P}\boldsymbol{x} + \boldsymbol{x}^{\mathrm{T}}\boldsymbol{P}\dot{\boldsymbol{x}} = \\
(\boldsymbol{A}\boldsymbol{x})^{\mathrm{T}}\boldsymbol{P}\boldsymbol{x} + \boldsymbol{x}^{\mathrm{T}}\boldsymbol{P}(\boldsymbol{A}\boldsymbol{x}) = \\
\boldsymbol{x}^{\mathrm{T}}\boldsymbol{A}^{\mathrm{T}}\boldsymbol{P}\boldsymbol{x} + \boldsymbol{x}^{\mathrm{T}}\boldsymbol{P}\boldsymbol{A}\boldsymbol{x} = \\
\boldsymbol{x}^{\mathrm{T}}(\boldsymbol{A}^{\mathrm{T}}\boldsymbol{P} + \boldsymbol{P}\boldsymbol{A})\boldsymbol{x} = \\
\boldsymbol{x}^{\mathrm{T}}(-\boldsymbol{Q})\boldsymbol{x}
\end{aligned}$$

已知 $\boldsymbol{Q} > 0$,故 $-\boldsymbol{Q} < 0$,即 $\dot{v}(\boldsymbol{x})$ 是负定的。因此,由定理 5-4 知,系统在 $\boldsymbol{x}_e = 0$ 处是渐近稳定的。

必要性 如果系统在 $\boldsymbol{x}_e = 0$ 是渐近稳定的,则必存在矩阵 $\boldsymbol{P}$,满足矩阵方程 $\boldsymbol{A}^{\mathrm{T}}\boldsymbol{P} + \boldsymbol{P}\boldsymbol{A} = -\boldsymbol{Q}$。

设合适的矩阵 $\boldsymbol{P}$ 具有下面形式

$$\boldsymbol{P} = \int_0^{\infty} \mathrm{e}^{\boldsymbol{A}^{\mathrm{T}}t}\boldsymbol{Q}\mathrm{e}^{\boldsymbol{A}t}\mathrm{d}t$$

那么被积函数一定是具有 $t^k\mathrm{e}^{\lambda t}$ 形式的诸项之和,其中 λ 是矩阵 $\boldsymbol{A}$ 的特征值。因为系统是渐近稳定的,必有 $\mathrm{Re}(\lambda) < 0$,因此积分一定存在。

若将 $\boldsymbol{P}$ 代入上述矩阵方程,可得

$$\begin{aligned}
\boldsymbol{A}^{\mathrm{T}}\boldsymbol{P} + \boldsymbol{P}\boldsymbol{A} = \int_0^{\infty} \boldsymbol{A}^{\mathrm{T}}\mathrm{e}^{\boldsymbol{A}^{\mathrm{T}}t}\boldsymbol{Q}\mathrm{e}^{\boldsymbol{A}t}\mathrm{d}t + \int_0^{\infty} \mathrm{e}^{\boldsymbol{A}^{\mathrm{T}}t}\boldsymbol{Q}\mathrm{e}^{\boldsymbol{A}t}\boldsymbol{A}\mathrm{d}t = \\
\int_0^{\infty} \mathrm{d}(\mathrm{e}^{\boldsymbol{A}^{\mathrm{T}}t}\boldsymbol{Q}\mathrm{e}^{\boldsymbol{A}t}) = \\
\mathrm{e}^{\boldsymbol{A}^{\mathrm{T}}t}\boldsymbol{Q}\mathrm{e}^{\boldsymbol{A}t} \big|_0^{\infty} = -\boldsymbol{Q}
\end{aligned}$$

[证毕]

在应用上述定理时,应注意下面几点:

(1) 如果任取一个正定矩阵 $\boldsymbol{Q}$,则满足矩阵方程 $\boldsymbol{A}^{\mathrm{T}}\boldsymbol{P} + \boldsymbol{P}\boldsymbol{A} = -\boldsymbol{Q}$ 的实对称矩阵 $\boldsymbol{P}$ 是唯一的。若 $\boldsymbol{P}$ 是正定的,系统在 $\boldsymbol{x}_e = 0$ 处是渐近稳定的。$\boldsymbol{P}$ 的正定性是一个充要条件。

(2) 如果 $\dot{v}(\boldsymbol{x}) = \boldsymbol{x}^{\mathrm{T}}(-\boldsymbol{Q})\boldsymbol{x}$ 沿任一轨线不恒等于零,则 $\boldsymbol{Q}$ 可取为正半定的,结论不变。

（3）为计算方便，在选定正定实对称矩阵 $\boldsymbol{Q}$ 时，可取 $\boldsymbol{Q}=\boldsymbol{I}$，于是矩阵 $\boldsymbol{P}$ 可按下式确定

$$\boldsymbol{A}^{\mathrm{T}}\boldsymbol{P}+\boldsymbol{P}\boldsymbol{A}=-\boldsymbol{I} \tag{5-22}$$

然后检验 $\boldsymbol{P}$ 是不是正定的。

2. 判断的一般步骤

定理5-9给出了判断线性定常连续系统渐近稳定的通用方法，其一般步骤是：

（1）确定系统的平衡状态 $\boldsymbol{x}_e$。

（2）取矩阵 $\boldsymbol{Q}=\boldsymbol{I}$，并且设实对称阵 $\boldsymbol{P}$ 为下面的形式：

$$\boldsymbol{P}=\begin{bmatrix} p_{11} & p_{12} & \cdots & p_{1n} \\ \vdots & \vdots & & \vdots \\ p_{n1} & p_{n2} & \cdots & p_{nn} \end{bmatrix}$$

（3）解矩阵方程 $\boldsymbol{A}^{\mathrm{T}}\boldsymbol{P}+\boldsymbol{P}\boldsymbol{A}=-\boldsymbol{I}$，求出 $\boldsymbol{P}$。

（4）利用塞尔维斯特判据，判断 $\boldsymbol{P}$ 的正定性。若 $\boldsymbol{P}>0$，正定，系统渐近稳定，且

$$v(\boldsymbol{x})=\boldsymbol{x}^{\mathrm{T}}\boldsymbol{P}\boldsymbol{x}$$

例5-8 设系统的状态方程为

$$\begin{bmatrix} \dot{x}_1 \\ \dot{x}_2 \end{bmatrix}=\begin{bmatrix} 0 & 1 \\ -1 & -1 \end{bmatrix}\begin{bmatrix} x_1 \\ x_2 \end{bmatrix}$$

其平衡状态在坐标原点，试判断该系统的稳定性。

解：取 $\boldsymbol{Q}=\boldsymbol{I}$，则矩阵 $\boldsymbol{P}$ 由下式确定

$$\boldsymbol{A}^{\mathrm{T}}\boldsymbol{P}+\boldsymbol{P}\boldsymbol{A}=-\boldsymbol{I}$$

即

$$\begin{bmatrix} 0 & -1 \\ 1 & -1 \end{bmatrix}\begin{bmatrix} p_{11} & p_{12} \\ p_{12} & p_{22} \end{bmatrix}+\begin{bmatrix} p_{11} & p_{12} \\ p_{12} & p_{22} \end{bmatrix}\begin{bmatrix} 0 & 1 \\ -1 & -1 \end{bmatrix}=\begin{bmatrix} -1 & 0 \\ 0 & -1 \end{bmatrix}$$

将上述矩阵方程展成联立方程组

$$\begin{cases} -2p_{12}=-1 \\ p_{11}-p_{12}-p_{22}=0 \\ 2p_{12}-2p_{22}=-1 \end{cases}$$

解得

$$\boldsymbol{P}=\begin{bmatrix} p_{11} & p_{12} \\ p_{12} & p_{22} \end{bmatrix}=\begin{bmatrix} \frac{3}{2} & \frac{1}{2} \\ \frac{1}{2} & 1 \end{bmatrix}$$

用塞尔维斯特判据判断 $\boldsymbol{P}$ 的正定性

$$\Delta_1=p_{11}=\frac{3}{2}>0$$

$$\Delta_2 = \begin{vmatrix} p_{11} & p_{12} \\ p_{12} & p_{22} \end{vmatrix} = \begin{vmatrix} \frac{3}{2} & \frac{1}{2} \\ \frac{1}{2} & 1 \end{vmatrix} > 0$$

可知 $\boldsymbol{P}>0$,正定,所以系统在原点处的平衡状态是渐近稳定的。而系统的李雅普诺夫函数及其导数分别为

$$v(\boldsymbol{x}) = \boldsymbol{x}^{\mathrm{T}}\boldsymbol{P}\boldsymbol{x} = \frac{1}{2}(3x_1^2 + 2x_1x_2 + 2x_2^2) > 0$$

$$\dot{v}(\boldsymbol{x}) = \boldsymbol{x}^{\mathrm{T}}(-\boldsymbol{I})\boldsymbol{x} = -(x_1^2 + x_2^2) < 0$$

由定理5-4也可以判定系统在平衡点处是渐近稳定的。

5.3.2 线性时变连续系统

1. 渐近稳定的判别方法

定理5-10 线性时变连续系统

$$\begin{cases} \dot{\boldsymbol{x}} = \boldsymbol{A}(t)\boldsymbol{x} \\ \boldsymbol{x}_e = 0 \end{cases} \tag{5-23}$$

在平衡点 $\boldsymbol{x}_e=0$ 处,渐近稳定的充要条件是:对任意给定的连续对称正定矩阵 $\boldsymbol{Q}(t)$,存在一个连续的对称正定矩阵 $\boldsymbol{P}(t)$,使得

$$\dot{\boldsymbol{P}}(t) = -\boldsymbol{A}^{\mathrm{T}}(t)\boldsymbol{P}(t) - \boldsymbol{P}(t)\boldsymbol{A}(t) - \boldsymbol{Q}(t) \tag{5-24}$$

并且

$$v(\boldsymbol{x},t) = \boldsymbol{x}^{\mathrm{T}}(t)\boldsymbol{P}(t)\boldsymbol{x}(t) \tag{5-25}$$

是系统的李雅普诺夫函数。

证明:只证充分性,即如果满足上述要求的 $\boldsymbol{P}$ 存在,则系统在 $\boldsymbol{x}_e=0$ 处是渐近稳定的。

设 $\boldsymbol{P}(t)$ 是存在的,且 $\boldsymbol{P}(t)$ 是正定的,即 $\boldsymbol{P}(t)>0$。故选 $v(\boldsymbol{x},t)=\boldsymbol{x}^{\mathrm{T}}(t)\boldsymbol{P}(t)\boldsymbol{x}(t)$,则 $v(\boldsymbol{x},t)>0$,即也是正定的。又

$$\begin{aligned} \dot{v}(\boldsymbol{x},t) = {} & \dot{\boldsymbol{x}}^{\mathrm{T}}\boldsymbol{P}(t)\boldsymbol{x} + \boldsymbol{x}^{\mathrm{T}}\dot{\boldsymbol{P}}(t)\boldsymbol{x} + \boldsymbol{x}^{\mathrm{T}}\boldsymbol{P}(t)\dot{\boldsymbol{x}} = \\ & [\boldsymbol{A}(t)\boldsymbol{x}]^{\mathrm{T}}\boldsymbol{P}(t)\boldsymbol{x} + \boldsymbol{x}^{\mathrm{T}}\dot{\boldsymbol{P}}(t)\boldsymbol{x} + \boldsymbol{x}^{\mathrm{T}}\boldsymbol{P}(t)[\boldsymbol{A}(t)\boldsymbol{x}] = \\ & \boldsymbol{x}^{\mathrm{T}}\boldsymbol{A}^{\mathrm{T}}(t)\boldsymbol{P}(t)\boldsymbol{x} + \boldsymbol{x}^{\mathrm{T}}\dot{\boldsymbol{P}}(t)\boldsymbol{x} + \boldsymbol{x}^{\mathrm{T}}\boldsymbol{P}(t)\boldsymbol{A}(t)\boldsymbol{x} = \\ & \boldsymbol{x}^{\mathrm{T}}[\boldsymbol{A}^{\mathrm{T}}(t)\boldsymbol{P}(t) + \dot{\boldsymbol{P}}(t) + \boldsymbol{P}(t)\boldsymbol{A}(t)]\boldsymbol{x} = -\boldsymbol{x}^{\mathrm{T}}\boldsymbol{Q}(t)\boldsymbol{x} \end{aligned}$$

故

$$\boldsymbol{Q}(t) = -\boldsymbol{A}^{\mathrm{T}}(t)\boldsymbol{P}(t) - \dot{\boldsymbol{P}}(t) - \boldsymbol{P}(t)\boldsymbol{A}(t)$$

若 $\boldsymbol{Q}$ 是正定对称矩阵,则 $\dot{v}(\boldsymbol{x},t)$ 是负定的。由定理5-4知,系统在 $\boldsymbol{x}_e=0$ 处是渐近稳定的。上式又可写成下面形式的矩阵方程

$$\dot{\boldsymbol{P}}(t) = -\boldsymbol{A}^{\mathrm{T}}(t)\boldsymbol{P}(t) - \boldsymbol{P}(t)\boldsymbol{A}(t) - \boldsymbol{Q}(t)$$

[证毕]

2. 判断的一般步骤

（1）确定系统的平衡状态。

（2）任选正定对称矩阵 $\boldsymbol{Q}(t)$，代入矩阵方程

$$\dot{\boldsymbol{P}}(t)=-\boldsymbol{A}^{\mathrm{T}}(t)\boldsymbol{P}(t)-\boldsymbol{P}(t)\boldsymbol{A}(t)-\boldsymbol{Q}(t)$$

解出矩阵 $\boldsymbol{P}(t)$。该矩阵方程属于黎卡提(Riccati)矩阵微分方程，其解为

$$\boldsymbol{P}(t)=\boldsymbol{\Phi}^{\mathrm{T}}(t_0,t)\boldsymbol{P}(t_0)\boldsymbol{\Phi}(t_0,t)-\int_{t_0}^{t}\boldsymbol{\Phi}^{\mathrm{T}}(\tau,t)\boldsymbol{Q}(\tau)\boldsymbol{\Phi}(\tau,t)\mathrm{d}\tau \tag{5-26}$$

式中，$\boldsymbol{\Phi}(\tau,t)$ 是系统 $\dot{\boldsymbol{x}}=\boldsymbol{A}(t)\boldsymbol{x}$ 的状态转移矩阵；$\boldsymbol{P}(t_0)$ 是黎卡提方程的初始条件。

同样，为计算方便，可选 $\boldsymbol{Q}(t)=\boldsymbol{Q}=\boldsymbol{I}$，则

$$\boldsymbol{P}(t)=\boldsymbol{\Phi}^{\mathrm{T}}(t_0,t)\boldsymbol{P}(t_0)\boldsymbol{\Phi}(t_0,t)-\int_{t_0}^{t}\boldsymbol{\Phi}^{\mathrm{T}}(\tau,t)\boldsymbol{\Phi}(\tau,t)\mathrm{d}\tau \tag{5-27}$$

（3）判断矩阵 $\boldsymbol{P}(t)$ 是否满足连续、对称正定性。若满足，则线性时变系统是渐近稳定的，且

$$v(\boldsymbol{x},t)=\boldsymbol{x}^{\mathrm{T}}(t)\boldsymbol{P}(t)\boldsymbol{x}(t)$$

5.3.3　线性定常离散系统

1. 渐近稳定的判别方法

定理 5-11　设线性定常离散系统为

$$\begin{cases}\boldsymbol{x}(k+1)=\boldsymbol{G}\boldsymbol{x}(k)\\ \boldsymbol{x}_e=0\end{cases} \tag{5-28}$$

式中，$\boldsymbol{G}$ 是 $n\times n$ 阶常系数非奇异矩阵。系统在平衡点 $\boldsymbol{x}_e=0$ 处渐近稳定的充要条件是：对任意给定的正定对称矩阵 $\boldsymbol{Q}$，存在一个正定对称矩阵 $\boldsymbol{P}$，且满足如下矩阵方程：

$$\boldsymbol{G}^{\mathrm{T}}\boldsymbol{P}\boldsymbol{G}-\boldsymbol{P}=-\boldsymbol{Q} \tag{5-29}$$

并且

$$v[\boldsymbol{x}(k)]=\boldsymbol{x}^{\mathrm{T}}(k)\boldsymbol{P}\boldsymbol{x}(k) \tag{5-30}$$

是这个系统的李雅普诺夫函数。

证明：设所选李雅普诺夫函数为

$$v[\boldsymbol{x}(k)]=\boldsymbol{x}^{\mathrm{T}}(k)\boldsymbol{P}\boldsymbol{x}(k)$$

因为 $\boldsymbol{P}$ 是正定的实对称矩阵，所以 $v[\boldsymbol{x}(k)]$ 是正定的。对于离散系统，要用差分 $\Delta v[\boldsymbol{x}(k)]$ 来代替连续系统中的 $\dot{v}(\boldsymbol{x})$。因此

$$\begin{aligned}\Delta v[\boldsymbol{x}(k)]=v[\boldsymbol{x}(k+1)]-v[\boldsymbol{x}(k)]=\\ \boldsymbol{x}^{\mathrm{T}}(k+1)\boldsymbol{P}\boldsymbol{x}(k+1)-\boldsymbol{x}^{\mathrm{T}}(k)\boldsymbol{P}\boldsymbol{x}(k)=\\ [\boldsymbol{G}\boldsymbol{x}(k)]^{\mathrm{T}}\boldsymbol{P}[\boldsymbol{G}\boldsymbol{x}(k)]-\boldsymbol{x}^{\mathrm{T}}(k)\boldsymbol{P}\boldsymbol{x}(k)=\\ \boldsymbol{x}^{\mathrm{T}}(k)\boldsymbol{G}^{\mathrm{T}}\boldsymbol{P}\boldsymbol{G}\boldsymbol{x}(k)-\boldsymbol{x}^{\mathrm{T}}(k)\boldsymbol{P}\boldsymbol{x}(k)=\\ \boldsymbol{x}^{\mathrm{T}}(k)[\boldsymbol{G}^{\mathrm{T}}\boldsymbol{P}\boldsymbol{G}-\boldsymbol{P}]\boldsymbol{x}(k)=\end{aligned}$$

$$\boldsymbol{x}^{\mathrm{T}}(k)[-\boldsymbol{Q}]\boldsymbol{x}(k)$$

由于 $v[\boldsymbol{x}(k)]$ 是正定的,根据渐近稳定的条件

$$\Delta v[\boldsymbol{x}(k)]=-\boldsymbol{x}^{\mathrm{T}}(k)\boldsymbol{Q}\boldsymbol{x}(k)$$

应是负定的,也即

$$\boldsymbol{Q}=-(\boldsymbol{G}^{\mathrm{T}}\boldsymbol{P}\boldsymbol{G}-\boldsymbol{P})$$

应是正定的。因此,对于 $\boldsymbol{P}>0$,系统渐近稳定的充分条件是 $\boldsymbol{Q}>0$。

反之,与线性连续系统类似,先给定一个实对称正定矩阵 $\boldsymbol{Q}$,然后由矩阵方程

$$\boldsymbol{G}^{\mathrm{T}}\boldsymbol{P}\boldsymbol{G}-\boldsymbol{P}=-\boldsymbol{Q}$$

解出 $\boldsymbol{P}$ 阵,若要系统在平衡状态 $\boldsymbol{x}_e=0$ 是渐近稳定的,则矩阵 $\boldsymbol{P}$ 为正定就是必要条件。

[证毕]

与线性定常连续系统类似,若 $\Delta v[\boldsymbol{x}(k)]=-\boldsymbol{x}^{\mathrm{T}}(k)\boldsymbol{Q}\boldsymbol{x}(k)$ 沿任一解的序列不恒等于零,则 $\boldsymbol{Q}$ 可取为正半定矩阵。

2. 判断的一般步骤

(1) 确定系统的平衡状态。

(2) 选正定矩阵 $\boldsymbol{Q}$,一般选 $\boldsymbol{Q}=\boldsymbol{I}$,则由矩阵方程

$$\boldsymbol{G}^{\mathrm{T}}\boldsymbol{P}\boldsymbol{G}-\boldsymbol{P}=-\boldsymbol{I} \tag{5-31}$$

解出 $\boldsymbol{P}$ 阵。

(3) 判断 $\boldsymbol{P}$ 阵的正定性,若 $\boldsymbol{P}>0$,则系统渐近稳定,且 $v[\boldsymbol{x}(k)]=\boldsymbol{x}^{\mathrm{T}}(k)\boldsymbol{P}\boldsymbol{x}(k)$ 是系统的李雅普诺夫函数。

例 5-9 设离散系统的状态方程为

$$\boldsymbol{x}(k+1)=\begin{bmatrix}\lambda_1 & 0\\ 0 & \lambda_2\end{bmatrix}\boldsymbol{x}(k)$$

试确定系统在平衡点处渐近稳定的条件。

解:选 $\boldsymbol{Q}=\boldsymbol{I}$,代入矩阵方程

$$\boldsymbol{G}^{\mathrm{T}}\boldsymbol{P}\boldsymbol{G}-\boldsymbol{P}=-\boldsymbol{I}$$

即

$$\begin{bmatrix}\lambda_1 & 0\\ 0 & \lambda_2\end{bmatrix}\begin{bmatrix}p_{11} & p_{12}\\ p_{12} & p_{22}\end{bmatrix}\begin{bmatrix}\lambda_1 & 0\\ 0 & \lambda_2\end{bmatrix}-\begin{bmatrix}p_{11} & p_{12}\\ p_{12} & p_{22}\end{bmatrix}=\begin{bmatrix}-1 & 0\\ 0 & -1\end{bmatrix}$$

于是可得

$$\begin{cases}p_{11}(1-\lambda_1^2)=1\\ p_{12}(1-\lambda_1\lambda_2)=0\\ p_{22}(1-\lambda_2^2)=1\end{cases}$$

解得

$$\begin{cases} p_{11} = \dfrac{1}{1 - \lambda_1^2} \\ p_{12} = 0 \\ p_{22} = \dfrac{1}{1 - \lambda_2^2} \end{cases}$$

即

$$\boldsymbol{P} = \begin{bmatrix} \dfrac{1}{1 - \lambda_1^2} & 0 \\ 0 & \dfrac{1}{1 - \lambda_2^2} \end{bmatrix}$$

要使 $\boldsymbol{P}$ 为正定的实对称矩阵,则要求

$$|\lambda_1| < 1, |\lambda_2| < 1$$

也就是说,当系统的特征根位于单位圆内时,系统的平衡点是渐近稳定的。显然,这一结论与经典理论中采样系统稳定的充要条件是完全相同的。

5.3.4 线性时变离散系统

1. 渐近稳定的判别方法

定理 5-12 设线性时变离散系统为

$$\begin{cases} \boldsymbol{x}(k+1) = \boldsymbol{G}(k+1,k)\boldsymbol{x}(k) \\ \boldsymbol{x}_e = 0 \end{cases} \tag{5-32}$$

系统在平衡点 $\boldsymbol{x}_e = 0$ 处大范围渐近稳定的充要条件是:对于任意给定的正对称矩阵 $\boldsymbol{Q}(k)$,存在一个实对称正定矩阵 $\boldsymbol{P}(k+1)$,且满足如下矩阵方程

$$\boldsymbol{G}^{\mathrm{T}}(k+1,k)\boldsymbol{P}(k+1)\boldsymbol{G}(k+1,k) - \boldsymbol{P}(k) = -\boldsymbol{Q}(k) \tag{5-33}$$

且标量函数

$$v[\boldsymbol{x}(k),k] = \boldsymbol{x}^{\mathrm{T}}(k)\boldsymbol{P}(k)\boldsymbol{x}(k) \tag{5-34}$$

为系统的李雅普诺夫函数。

证明:只证充分性。设选取李雅普诺夫函数为

$$v[\boldsymbol{x}(k),k] = \boldsymbol{x}^{\mathrm{T}}(k)\boldsymbol{P}(k)\boldsymbol{x}(k)$$

由于 $\boldsymbol{P}(k)$ 是正定的,故 $v[\boldsymbol{x}(k),k]$ 是正定的。取李雅普诺夫函数的一阶差分

$$\begin{aligned} \Delta v[\boldsymbol{x}(k),k] &= v[\boldsymbol{x}(k+1),k+1] - v[\boldsymbol{x}(k),k] = \\ &\boldsymbol{x}^{\mathrm{T}}(k+1)\boldsymbol{P}(k+1)\boldsymbol{x}(k+1) - \boldsymbol{x}^{\mathrm{T}}(k)\boldsymbol{P}(k)\boldsymbol{x}(k) = \\ &\boldsymbol{x}^{\mathrm{T}}(k)\boldsymbol{G}^{\mathrm{T}}(k+1,k)\boldsymbol{P}(k+1)\boldsymbol{G}(k+1,k)\boldsymbol{x}(k) - \boldsymbol{x}^{\mathrm{T}}(k)\boldsymbol{P}(k)\boldsymbol{x}(k) = \\ &\boldsymbol{x}^{\mathrm{T}}(k)[\boldsymbol{G}^{\mathrm{T}}(k+1,k)\boldsymbol{P}(k+1)\boldsymbol{G}(k+1,k) - \boldsymbol{P}(k)]\boldsymbol{x}(k) = \\ &\boldsymbol{x}^{\mathrm{T}}(k)[-\boldsymbol{Q}(k)]\boldsymbol{x}(k) \end{aligned}$$

故

$$Q(k)=-\left[G^{T}(k+1,k)P(k+1)G(k+1,k)-P(k)\right]$$

由渐近稳定的充分条件知,当$P(k)>0$正定时,$Q(k)$必须是正定的,才能使

$$\Delta v[x(k),k]=-x^{T}(k)Q(k)x(k)$$

为负定。

[证毕]

2. 判断的一般步骤

(1) 确定系统的平衡状态。

(2) 任选正定对称矩阵$Q(k)$,代入矩阵方程

$$G^{T}(k+1,k)P(k+1)G(k+1,k)-P(k)=-Q(k)$$

解出矩阵$P(k+1)$。该方程为矩阵差分方程,其解的形式为

$$P(k+1)=G^{T}(0,k+1)P(0)G(0,k+1)-\sum_{i=0}^{k}G^{T}(i,k+1)Q(i)G(i,k+1) \tag{5-35}$$

式中,$G(i,k+1)$为转移矩阵;$P(0)$是初始条件。当$Q(i)=I$时,有

$$P(k+1)=G^{T}(0,k+1)P(0)G(0,k+1)-\sum_{i=0}^{k}G^{T}(i,k+1)G(i,k+1) \tag{5-36}$$

(3) 判断$P(k+1)$的正定性,若正定,则系统是渐近稳定的,且李雅普诺夫函数为

$$v[x(k),k]=x^{T}(k)P(k)x(k)$$

5.4 非线性系统的李雅普诺夫稳定性分析

由上节可知,对于线性系统,从李雅普诺夫第二法的基本定理出发,人们已经找到了构造李雅普诺夫函数的一般性方法以及判断系统渐近稳定的充要条件。由于是充要条件,因此若满足条件,系统的平衡点是渐近稳定的。否则,平衡点就不是渐近稳定的。并且若系统是渐近稳定的,则必定是大范围渐近稳定的。

对于非线性系统,由于非线性系统的多样性和复杂性,人们至今没有找到构造李雅普诺夫函数的统一方法。但针对不同类型的非线性系统,已经找到了若干构造李雅普诺夫函数的特殊方法。本节将从李雅普诺夫第二法出发,介绍3种非线性系统的李雅普诺夫函数构造方法以及判断渐近稳定的充分条件,即克拉索夫斯基法、阿依捷尔曼法和变量-梯度法。

5.4.1 克拉索夫斯基法

针对一类非线性系统,克拉索夫斯基提出了从状态变量的导数$\dot{x}$来构造李雅普诺夫函数并判断系统渐近稳定的方法。

定理5-13 设非线性系统的状态方程为

$$\dot{x}=f(x)$$

已知系统的平衡状态为坐标原点,即

$$\boldsymbol{f}(0)=0$$

且 $\boldsymbol{f}(\boldsymbol{x})$ 对 $x_i(i=1,2,\cdots,n)$ 是可微的,系统的雅可比矩阵为

$$\boldsymbol{F}(\boldsymbol{x})=\frac{\partial \boldsymbol{f}(\boldsymbol{x})}{\partial \boldsymbol{x}^{\mathrm{T}}}=\begin{bmatrix} \frac{\partial f_1}{\partial x_1} & \frac{\partial f_1}{\partial x_2} & \cdots & \frac{\partial f_1}{\partial x_n} \\ \frac{\partial f_2}{\partial x_1} & \frac{\partial f_2}{\partial x_2} & \cdots & \frac{\partial f_2}{\partial x_n} \\ \vdots & \vdots & & \vdots \\ \frac{\partial f_n}{\partial x_1} & \frac{\partial f_n}{\partial x_2} & \cdots & \frac{\partial f_n}{\partial x_n} \end{bmatrix}$$

则该系统在平衡状态 $\boldsymbol{x}_e=0$ 是渐近稳定的充分条件是,下列矩阵

$$\hat{\boldsymbol{F}}(\boldsymbol{x})=\boldsymbol{F}^{\mathrm{T}}(\boldsymbol{x})+\boldsymbol{F}(\boldsymbol{x}) \tag{5-37}$$

在所有 $\boldsymbol{x}$ 处都是负定的,并且 $v(\boldsymbol{x})$ 是李雅普诺夫函数,即

$$v(\boldsymbol{x})=\dot{\boldsymbol{x}}^{\mathrm{T}}\dot{\boldsymbol{x}}=\boldsymbol{f}^{\mathrm{T}}(\boldsymbol{x})\boldsymbol{f}(\boldsymbol{x}) \tag{5-38}$$

如果当 $\|\boldsymbol{x}\|\to\infty$,有 $\boldsymbol{f}^{\mathrm{T}}(\boldsymbol{x})\boldsymbol{f}(\boldsymbol{x})\to\infty$,则平衡状态是大范围渐近稳定的。

证明:先证当 $\hat{\boldsymbol{F}}(\boldsymbol{x})$ 是负定时,$v(\boldsymbol{x})$ 是正定的。

因对任意的 n 维状态向量 $\boldsymbol{x}$,有

$$\begin{aligned}\boldsymbol{x}^{\mathrm{T}}\hat{\boldsymbol{F}}(\boldsymbol{x})\boldsymbol{x}=\boldsymbol{x}^{\mathrm{T}}[\boldsymbol{F}^{\mathrm{T}}(\boldsymbol{x})+\boldsymbol{F}(\boldsymbol{x})]\boldsymbol{x}= \\ \boldsymbol{x}^{\mathrm{T}}\boldsymbol{F}^{\mathrm{T}}(\boldsymbol{x})\boldsymbol{x}+\boldsymbol{x}^{\mathrm{T}}\boldsymbol{F}(\boldsymbol{x})\boldsymbol{x}= \\ [\boldsymbol{x}^{\mathrm{T}}\boldsymbol{F}(\boldsymbol{x})\boldsymbol{x}]^{\mathrm{T}}+\boldsymbol{x}^{\mathrm{T}}\boldsymbol{F}(\boldsymbol{x})\boldsymbol{x}= \\ 2\boldsymbol{x}^{\mathrm{T}}\boldsymbol{F}(\boldsymbol{x})\boldsymbol{x}\end{aligned}$$

式中,$\boldsymbol{x}^{\mathrm{T}}\boldsymbol{F}(\boldsymbol{x})\boldsymbol{x}$ 是标量,它等于自身的转置。

上式表明,当 $\hat{\boldsymbol{F}}(\boldsymbol{x})$ 是负定的,$\boldsymbol{F}(\boldsymbol{x})$ 也是负定的,也就有 $\boldsymbol{x}\neq 0$ 时,$F(\boldsymbol{x})\neq 0$。又由于

$$F(\boldsymbol{x})=\frac{\partial \boldsymbol{f}(\boldsymbol{x})}{\partial \boldsymbol{x}^{\mathrm{T}}}$$

所以在 $\boldsymbol{x}\neq 0$ 时,$\boldsymbol{f}(\boldsymbol{x})\neq 0$。又由已知当 $\boldsymbol{x}=0$ 时,$\boldsymbol{f}(\boldsymbol{x})=\boldsymbol{f}(0)=0$,所以

$$v(\boldsymbol{x})=\boldsymbol{f}^{\mathrm{T}}(\boldsymbol{x})\boldsymbol{f}(\boldsymbol{x})=\begin{cases} 0, & \boldsymbol{x}=0 \\ 正数, & \boldsymbol{x}\neq 0 \end{cases}$$

这表明,当 $\hat{\boldsymbol{F}}(\boldsymbol{x})$ 为负定时,$v(\boldsymbol{x})$ 是正定的。

其次证明当 $\hat{\boldsymbol{F}}(\boldsymbol{x})$ 为负定时,$\dot{v}(\boldsymbol{x})$ 是负定的。

由于

$$\dot{\boldsymbol{f}}(\boldsymbol{x})=\frac{\mathrm{d}\boldsymbol{f}(\boldsymbol{x})}{\mathrm{d}t}=\frac{\partial \boldsymbol{f}(\boldsymbol{x})}{\partial \boldsymbol{x}^{\mathrm{T}}}\frac{\mathrm{d}\boldsymbol{x}}{\mathrm{d}t}=\boldsymbol{F}(\boldsymbol{x})\dot{\boldsymbol{x}}=\boldsymbol{F}(\boldsymbol{x})\boldsymbol{f}(\boldsymbol{x})$$

因此有

$$\dot{v}(\boldsymbol{x})=\dot{\boldsymbol{f}}^{\mathrm{T}}(\boldsymbol{x})\boldsymbol{f}(\boldsymbol{x})+\boldsymbol{x}^{\mathrm{T}}(\boldsymbol{x})\dot{\boldsymbol{f}}(\boldsymbol{x})=$$

$$
\begin{aligned}
&[\boldsymbol{F}(\boldsymbol{x})\boldsymbol{f}(\boldsymbol{x})]^{\mathrm{T}}\boldsymbol{f}(\boldsymbol{x}) + \boldsymbol{f}^{\mathrm{T}}(\boldsymbol{x})\boldsymbol{F}(\boldsymbol{x})\boldsymbol{f}(\boldsymbol{x}) = \\
&\boldsymbol{f}^{\mathrm{T}}(\boldsymbol{x})\boldsymbol{F}^{\mathrm{T}}(\boldsymbol{x})\boldsymbol{f}(\boldsymbol{x}) + \boldsymbol{f}^{\mathrm{T}}(\boldsymbol{x})\boldsymbol{F}(\boldsymbol{x})\boldsymbol{f}(\boldsymbol{x}) = \\
&\boldsymbol{f}^{\mathrm{T}}(\boldsymbol{x})[\boldsymbol{F}^{\mathrm{T}}(\boldsymbol{x}) + \boldsymbol{F}(\boldsymbol{x})]\boldsymbol{f}(\boldsymbol{x}) = \\
&\boldsymbol{f}^{\mathrm{T}}(\boldsymbol{x})\hat{\boldsymbol{F}}(\boldsymbol{x})\boldsymbol{f}(\boldsymbol{x})
\end{aligned}
$$

如果 $\hat{\boldsymbol{F}}(\boldsymbol{x})$ 是负定的,则 $\dot{v}(\boldsymbol{x})$ 也是负定的。所以平衡状态 $\boldsymbol{x}_e=0$ 是渐近稳定的,$v(\boldsymbol{x})$ 是一个李雅普诺夫函数。如果随着 $\|\boldsymbol{x}\|\to\infty$,$\boldsymbol{f}^{\mathrm{T}}(\boldsymbol{x})\boldsymbol{f}(\boldsymbol{x})$ 也趋于无穷大,则由定理 5-4 知,平衡状态是大范围渐近稳定的。

[证毕]

例 5-10 设系统的状态方程为

$$
\begin{cases}
\dot{x}_1 = -3x_1 + x_2 \\
\dot{x}_2 = x_1 - x_2 - x_2^3
\end{cases}
$$

试用克拉索夫斯基法确定系统在平衡状态 $\boldsymbol{x}_e=0$ 的稳定性。

解:对系统方程,有

$$
\boldsymbol{f}(\boldsymbol{x}) = \begin{bmatrix} -3x_1 + x_2 \\ x_1 - x_2 - x_2^3 \end{bmatrix}, \ \boldsymbol{f}(0) = 0
$$

$$
\boldsymbol{F}(\boldsymbol{x}) = \begin{bmatrix} \dfrac{\partial f_1(x)}{\partial x_1} & \dfrac{\partial f_1(x)}{\partial x_2} \\ \dfrac{\partial f_2(x)}{\partial x_1} & \dfrac{\partial f_2(x)}{\partial x_2} \end{bmatrix} = \begin{bmatrix} -3 & 1 \\ 1 & -1-3x_2^2 \end{bmatrix}
$$

因此

$$
\begin{aligned}
&\hat{\boldsymbol{F}}(\boldsymbol{x}) = \boldsymbol{F}^{\mathrm{T}}(\boldsymbol{x}) + \boldsymbol{F}(\boldsymbol{x}) = \\
&\begin{bmatrix} -3 & 1 \\ 1 & -1-3x_2^2 \end{bmatrix} + \begin{bmatrix} -3 & 1 \\ 1 & -1-3x_2^2 \end{bmatrix} = \\
&\begin{bmatrix} -6 & 2 \\ 2 & -2-6x_2^2 \end{bmatrix}
\end{aligned}
$$

由塞尔维斯特准则,有

$$
\Delta_1 = -6 < 0
$$

$$
\Delta_2 = \begin{vmatrix} -6 & 2 \\ 2 & -2-6x_2^2 \end{vmatrix} = 36x_2^2 + 8 > 0
$$

所以 $\hat{\boldsymbol{F}}(\boldsymbol{x})$ 是负定的,平衡状态 $\boldsymbol{x}_e=0$ 是渐近稳定的。又当 $\|\boldsymbol{x}\|\to\infty$ 时,有

$$
\boldsymbol{f}^{\mathrm{T}}(\boldsymbol{x})\boldsymbol{f}(\boldsymbol{x}) = [-3x_1 + x_2 \quad x_1 - x_2 - x_2^3]\begin{bmatrix} -3x_1 + x_2 \\ x_1 - x_2 - x_2^3 \end{bmatrix} =
$$

$$
(-3x_1 + x_2)^2 + (x_1 - x_2 - x_2^3)^2 \to \infty
$$

则系统的平衡状态 $\boldsymbol{x}_e=0$ 处是大范围渐近稳定的。

关于定理的几点说明如下：

(1) 该定理仅是系统在平衡状态处渐近稳定的充分条件，若 $\hat{\boldsymbol{F}}(\boldsymbol{x})$ 不是负定的，则不能得出任何结论，此时这种方法无效。

(2) 使 $\hat{\boldsymbol{F}}(\boldsymbol{x})$ 为负定的必要条件是 $\boldsymbol{F}(\boldsymbol{x})$ 主对角线上的所有元素均不为零，即

$$\frac{\partial f_i(\boldsymbol{x})}{\partial x_i} \neq 0, i=1,2,\cdots,n$$

这实际上要求状态方程中第 i 个方程要含有 x_i 这个状态分量，否则 $\hat{\boldsymbol{F}}(\boldsymbol{x})$ 就不可能是负定的。因此当给定需要判别稳定性的系统状态方程时，首先观察其右端函数 $\boldsymbol{f}(\boldsymbol{x})$ 是否满足上述条件，如不满足，则不能采用克拉索夫斯基法。

例 5-11　设系统状态方程为

$$\begin{cases}\dot{x}_1=-3x_1+x_2\\ \dot{x}_2=x_1^2\end{cases}$$

若采用克拉索夫斯基法判断 $\boldsymbol{x}_e=0$ 的稳定性，则由

$$\boldsymbol{f}(\boldsymbol{x})=\begin{bmatrix}-3x_1+x_2\\ x_1^2\end{bmatrix}$$

得

$$\boldsymbol{F}(\boldsymbol{x})=\begin{bmatrix}\dfrac{\partial f_1}{\partial x_1} & \dfrac{\partial f_1}{\partial x_2}\\ \dfrac{\partial f_2}{\partial x_1} & \dfrac{\partial f_2}{\partial x_2}\end{bmatrix}=\begin{bmatrix}-3 & 1\\ 2x_1 & 0\end{bmatrix}$$

$$\hat{\boldsymbol{F}}(\boldsymbol{x})=\boldsymbol{F}^{\mathrm{T}}(\boldsymbol{x})+\boldsymbol{F}(\boldsymbol{x})=\begin{bmatrix}-6 & 1+2x_1\\ 1+2x_1 & 0\end{bmatrix}$$

由塞尔维斯特准则，有

$$\Delta_1=-6<0,\ \Delta_2=-(1+2x_1)^2\leqslant 0$$

故 $\hat{\boldsymbol{F}}(\boldsymbol{x})$ 不是负定的。这是由于 $\boldsymbol{f}_2(\boldsymbol{x})=x_1^2$ 中不含有 x_2。因此这种情况不能采用该定理。

(3) 线性系统可看作非线性系统的特殊情况，故该定理也适用于线性定常系统。设 $\dot{\boldsymbol{x}}=\boldsymbol{A}\boldsymbol{x}$，所以

$$\boldsymbol{F}(\boldsymbol{x})=\frac{\partial \boldsymbol{f}(\boldsymbol{x})}{\partial \boldsymbol{x}^{\mathrm{T}}}=\boldsymbol{A},\ \hat{\boldsymbol{F}}(\boldsymbol{x})=\boldsymbol{A}+\boldsymbol{A}^{\mathrm{T}}$$

若 $\boldsymbol{A}$ 为非奇异的，则当 $\hat{\boldsymbol{F}}(\boldsymbol{x})$ 为负定时，系统的平衡状态 $\boldsymbol{x}_e=0$ 是渐近稳定的。李雅普诺夫函数为

$$v(\boldsymbol{x})=\dot{\boldsymbol{x}}^{\mathrm{T}}\dot{\boldsymbol{x}}=\boldsymbol{x}^{\mathrm{T}}(\boldsymbol{A}^{\mathrm{T}}\boldsymbol{A})\boldsymbol{x}$$

(4) 克拉索夫斯基法的适用范围如下：

① 非线性特性能用解析表达式表示的单值函数。

② 非线性函数 $\boldsymbol{f}(\boldsymbol{x})$ 对 $x_i(i=1,2,\cdots,n)$ 是可导的。

③ $\dfrac{\partial \boldsymbol{f}_i(\boldsymbol{x})}{\partial x_i}\neq 0$。

5.4.2 阿依捷尔曼法

阿依捷尔曼法是一种线性近似方法,该方法的特点是首先将非线性系统中的非线性特性线性化,然后按线性系统李雅普诺夫函数的构造方法建立李雅普诺夫函数,再代入非线性系统中,根据渐近稳定的条件,得出非线性特性允许变化的区域,以保证非线性系统的稳定性。

阿依捷尔曼法对非线性系统的要求是:

(1) 系统中的非线性特性是一个单值非线性函数,且满足下列条件:

$$\begin{cases} \boldsymbol{f}(0)=0,\ x_i=0 \\ k_1<\dfrac{\boldsymbol{f}(x_i)}{x_i}<k_2,\ x_i\neq 0 \end{cases} \tag{5-39}$$

上述非线性函数 $\boldsymbol{f}(x_i)$ 显然是通过坐标原点且介于直线 k_1x_i 和 k_2x_i 之间的任意函数曲线,如图5-8所示。

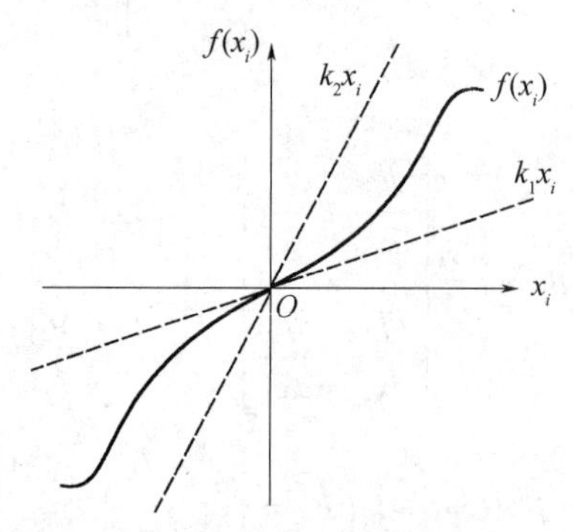

图5-8　非线性特性曲线

(2) 包含此类非线性环节的非线性系统的状态方程应为

$$\dot{\boldsymbol{x}}=\boldsymbol{A}\boldsymbol{x}+\boldsymbol{b}\boldsymbol{f}(x_i) \tag{5-40}$$

式中,$\boldsymbol{x}$ 为 n 维状态向量;$\boldsymbol{A}$ 为 $n\times n$ 非奇异常数矩阵;$\boldsymbol{b}$ 为 n 维常数向量。

显然,由式(5-40)可见,当 $\boldsymbol{x}=0$ 时,$\dot{\boldsymbol{x}}=0$,所以状态空间的原点就是这类系统的平衡状态。

对于满足上述条件的系统,阿依捷尔曼根据李雅普诺夫稳定性理论指出:把式(5-40)中的非线性函数用线性关系取代,即令 $\boldsymbol{f}(x_i)=k_ix_i$,如果线性化后的系统对于满足$k_1<k<k_2$的所有 k 值是渐近稳定的,那么,所选的李雅普诺夫函数 $v(\boldsymbol{x})$,使它在满足

$$k_1<\frac{\boldsymbol{f}(x_i)}{x_i}=k_i<k_2$$

的范围内,对时间的全导数 $\dot{v}(\boldsymbol{x})$ 是负定的,则由式(5-40)所描述的非线性系统在 $\boldsymbol{x}_e=0$ 处的平衡状态是大范围渐近稳定的。

因此,应用阿依捷尔曼法判定非线性系统渐近稳定的步骤为:

(1) 首先将系统中的非线性函数用线性关系 $\boldsymbol{f}(x_i)=k_ix_i$ 代替。

(2) 写出线性化后的系统方程,并按线性系统李雅普诺夫第二法的方法,构造李雅普诺夫函数 $v(\boldsymbol{x})=\boldsymbol{x}^{\mathrm{T}}\boldsymbol{P}\boldsymbol{x}$。令 $\boldsymbol{A}^{\mathrm{T}}\boldsymbol{P}+\boldsymbol{P}\boldsymbol{A}=-\boldsymbol{I}$,解出 $\boldsymbol{P}$ 阵,并使 $\boldsymbol{P}$ 是对称正定矩阵。

(3) 把上述 $v(\boldsymbol{x})$ 作为原非线性系统的李雅普诺夫函数,求出 $\dot{v}(\boldsymbol{x})$,并在保证 $\dot{v}(\boldsymbol{x})$ 是负定的条件下,确定 k_i 的取值范围。

(4) 检验原非线性特性的变化区域,若没有超出这个允许范围,则系统的平衡状态便是大范围渐近稳定的。

例 5-12　设非线性系统如图 5-9 所示。当参考输入 $r(t)=0$ 时,试用阿依捷尔曼法分析系统的稳定性。

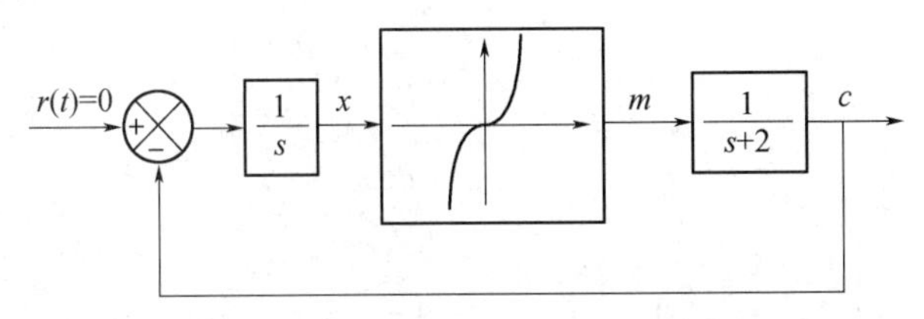

图 5-9　例 5-12 系统的结构图

解:(1) 首先建立原非线性系统的状态方程。当输入为零时,系统的方程可写为

$$\begin{cases}\ddot{x}+2\dot{x}+m=0\\ m=f(x)\end{cases}$$

式中,$f(x)$ 为单值非线性函数,其特性曲线如图 5-10 所示。

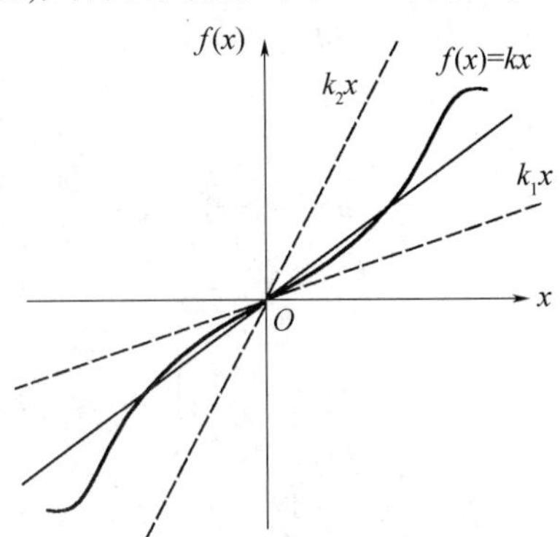

图 5-10　例 5-12 中的非线性特性

若选取状态变量为 $x_1=x,x_2=\dot{x}$,则系统的状态方程为

$$\begin{cases}\dot{x}_1=x_2\\ \dot{x}_2=-2x_2-f(x_1)\end{cases}$$

(2) 将非线性系统线性化。首先将非线性环节的输入/输出特性用一直线近似,即

$$m=f(x_1)\approx kx_1$$

取 $k=2$,则线性化状态方程为

$$\begin{cases}\dot{x}_1 = x_2 \\ \dot{x}_2 = -2x_2 - 2x_1\end{cases}$$

(3) 按线性定常系统构造李雅普诺夫函数。取二次型函数作为线性化系统的李雅普诺夫函数,则有

$$v(\boldsymbol{x}) = \boldsymbol{x}^{\mathrm{T}}\boldsymbol{P}\boldsymbol{x}$$

$$\dot{v}(\boldsymbol{x}) = -\boldsymbol{x}^{\mathrm{T}}\boldsymbol{Q}\boldsymbol{x}$$

令 $\boldsymbol{Q}=\boldsymbol{I}$,则 $\boldsymbol{P}$ 可由下式求得:

$$\boldsymbol{A}^{\mathrm{T}}\boldsymbol{P} + \boldsymbol{P}\boldsymbol{A} = -\boldsymbol{I}$$

设

$$\boldsymbol{P} = \begin{bmatrix} p_{11} & p_{12} \\ p_{12} & p_{22} \end{bmatrix}$$

将 $\boldsymbol{P}$ 代入上式,得

$$\begin{bmatrix} 0 & -2 \\ 1 & -2 \end{bmatrix}\begin{bmatrix} p_{11} & p_{12} \\ p_{12} & p_{22} \end{bmatrix} + \begin{bmatrix} p_{11} & p_{12} \\ p_{12} & p_{22} \end{bmatrix}\begin{bmatrix} 0 & 1 \\ -2 & -2 \end{bmatrix} = \begin{bmatrix} -1 & 0 \\ 0 & -1 \end{bmatrix}$$

整理得方程组

$$\begin{cases}4p_{11} = 1 \\ 2p_{11} - 4p_{12} - 4p_{22} = 0 \\ 2p_{12} - 4p_{22} = -1\end{cases}$$

解得

$$p_{11} = \frac{5}{4},\ p_{12} = \frac{1}{4},\ p_{22} = \frac{3}{8}$$

即

$$\boldsymbol{P} = \begin{bmatrix} \frac{5}{4} & \frac{1}{4} \\ \frac{1}{4} & \frac{3}{8} \end{bmatrix}$$

因此

$$v(\boldsymbol{x}) = \boldsymbol{x}^{\mathrm{T}}\boldsymbol{p}\boldsymbol{x} = \frac{5}{4}x_1^2 + \frac{1}{2}x_1x_2 + \frac{3}{8}x_2^2$$

由塞尔维斯特准则可以判定 $\boldsymbol{P}$ 是正定的,故 $v(\boldsymbol{x})$ 是正定的。

(4) 将上述 $v(\boldsymbol{x})$ 作为原非线性系统的李雅普诺夫函数,把原非线性系统的状态方程代入,可得原非线性系统的 $\dot{v}(\boldsymbol{x})$ 为

$$\dot{v}(\boldsymbol{x}) = \frac{5}{2}x_1\dot{x}_1 + \frac{1}{2}(\dot{x}_1x_2 + x_1\dot{x}_2) + \frac{3}{4}x_1\dot{x}_2 =$$

$$\frac{5}{2}x_1x_2+\frac{1}{2}\{x_2^2+x_1[-2x_2-f(x_1)]\}+\frac{3}{4}x_2[-2x_2-f(x_1)]=$$

$$-\left\{\frac{1}{2}\frac{f(x_1)}{x_1}x_2+\left[\frac{3}{4}\frac{f(x_1)}{x_1}-\frac{3}{2}\right]x_1x_2+x_2^2\right\}=$$

$$-\begin{bmatrix}x_1 & x_2\end{bmatrix}\begin{bmatrix}\frac{1}{2}\frac{f(x_1)}{x_1} & \frac{3}{8}\frac{f(x_1)}{x_1}-\frac{3}{4}\\ \frac{3}{8}\frac{f(x_1)}{x_1}-\frac{3}{4} & 1\end{bmatrix}\begin{bmatrix}x_1\\ x_2\end{bmatrix}$$

根据塞尔维斯特准则,可知当

$$\frac{1}{2}\frac{f(x_1)}{x_1}>0\ 或\ x_1f(x_1)>0$$

以及

$$\begin{vmatrix}\frac{1}{2}\frac{f(x_1)}{x_1} & \frac{3}{8}\frac{f(x_1)}{x_1}-\frac{3}{4}\\ \frac{3}{8}\frac{f(x_1)}{x_1}-\frac{3}{4} & 1\end{vmatrix}>0$$

时,$\dot{v}(\boldsymbol{x})$是负定的,从而可求得

$$0.573<\frac{f(x_1)}{x_1}=\frac{f(\boldsymbol{x})}{\boldsymbol{x}}<6.982$$

这样就确定了系统中的单值非线性函数的容许变化范围为 $m=6.982x$ 和$m=0.573x$所夹成的对称于原点的两个扇形区域。只要非线性环节的特性曲线在此范围变化,原非线性系统就是大范围渐近稳定的。

综上所述,阿依捷尔曼法不仅方法较简便、适用面广,而且有以下优点:

(1) 这种线性近似法与泰勒级数在平衡点附近展开方法的不同之处,在于它取过原点的直线全局近似,因此可以用来判断系统在大范围内的稳定性,而不受平衡点邻域的限制。

(2) 非线性特性的线性近似直线可以用解析法求取,也可以由实验数据得到。

(3) 在此法中可选择简单的二次型函数作为系统的李雅普诺夫函数。

(4) 对于包含几个非线性函数和具有多个变量的非线性函数的情况,此法也是适用的。

5.4.3 变量-梯度法

由舒尔茨(Schultz)和基布逊(Gibson)在 1962 年提出的变量-梯度法,为非线性系统构造李雅普诺夫函数提供了一种比较实用的方法。

1. 变量-梯度法的基本思想

设不受外部作用的非线性系统

$$\dot{\boldsymbol{x}}=\boldsymbol{f}(\boldsymbol{x},t)$$

的平衡状态是状态空间原点。先假设找到了判断其渐近稳定的李雅普诺夫函数 $v(\boldsymbol{x})$,它是状态 $\boldsymbol{x}$ 的显函数,而不是时间 t 的显函数,并且 $v(\boldsymbol{x})$ 的梯度 grad$\boldsymbol{v}$ 存在。grad$\boldsymbol{v}$ 是下面的 n 维列向量:

$$\text{grad}\boldsymbol{v} = \begin{bmatrix} \frac{\partial v}{\partial x_1} \\ \vdots \\ \frac{\partial v}{\partial x_n} \end{bmatrix} \text{或写成} \nabla \boldsymbol{v} = \begin{bmatrix} \frac{\partial v}{\partial x_1} \\ \vdots \\ \frac{\partial v}{\partial x_n} \end{bmatrix} = \begin{bmatrix} \nabla v_1 \\ \vdots \\ \nabla v_n \end{bmatrix} \tag{5-41}$$

舒尔茨和基布逊建议,先把 grad$\boldsymbol{v}$ 假设为某种形式,并由此求出符合要求的 $v(\boldsymbol{x})$ 和 $\dot{v}(\boldsymbol{x})$。由

$$\dot{v}(\boldsymbol{x}) = \frac{\partial v}{\partial x_1}\dot{x}_1 + \frac{\partial v}{\partial x_2}\dot{x}_2 + \cdots + \frac{\partial v}{\partial x_n}\dot{x}_n = (\text{grad}\boldsymbol{v})^{\mathrm{T}}\dot{\boldsymbol{x}} \tag{5-42}$$

可知,$v(\boldsymbol{x})$ 可由 grad$\boldsymbol{v}$ 做线性积分来求取,即

$$v(\boldsymbol{x}) = \int_0^t \dot{v}(\boldsymbol{x})\,\mathrm{d}t = \int_0^t (\text{grad}\boldsymbol{v})^{\mathrm{T}}\dot{\boldsymbol{x}}\,\mathrm{d}t = \int_0^x (\text{grad}\boldsymbol{v})^{\mathrm{T}}\mathrm{d}\boldsymbol{x} = \int_0^x \sum_{i=1}^{n} \nabla v_i \mathrm{d}x_i \tag{5-43}$$

式中,积分上限 $\boldsymbol{x}$ 是空间的一点 $(x_1, x_2, \cdots, x_n)$。若对 grad$\boldsymbol{v}$ 施加一点限制可以做到上述积分与路径无关,也就是若满足 grad$\boldsymbol{v}$ 的 n 维旋度等于零,即 rot(grad$\boldsymbol{v}$)= 0,则 v 可视为保守场,而式(5-43)与积分路径无关。

rot(grad$\boldsymbol{v}$)= 0 的充要条件是:grad$\boldsymbol{v}$ 的雅可比矩阵

$$\frac{\partial}{\partial \boldsymbol{x}}(\text{grad}\boldsymbol{v}) = \begin{bmatrix} \frac{\partial \nabla v_1}{\partial x_1} & \frac{\partial \nabla v_1}{\partial x_2} & \cdots & \frac{\partial \nabla v_1}{\partial x_n} \\ \vdots & \vdots & & \vdots \\ \frac{\partial \nabla v_n}{\partial x_1} & \frac{\partial \nabla v_n}{\partial x_2} & \cdots & \frac{\partial \nabla v_n}{\partial x_n} \end{bmatrix}$$

是对称矩阵,即

$$\frac{\partial \nabla v_i}{\partial x_j} = \frac{\partial \nabla v_j}{\partial x_i} \quad (i, j = 1, 2, \cdots, n) \tag{5-44}$$

当上述条件满足时,式(5-43)的积分路径可以任意选择,当然可以选择一条简单的路径,即依序沿各个坐标轴 x_i 方向积分:

$$v(\boldsymbol{x}) = \int_0^{x_1(x_2 = x_3 = \cdots = x_n = 0)} \nabla v_1 \mathrm{d}x_1 + \int_0^{x_2(x_1 = x_1, x_3 = \cdots = x_n = 0} \nabla v_2 \mathrm{d}x_2 + \cdots + \int_0^{x_n(x_1 = x_1, \cdots, x_{n-1} = x_{n-1})} \nabla v_n \mathrm{d}x_n \tag{5-45}$$

若按上述方法构造出的李雅普诺夫函数,满足 $\dot{v}(\boldsymbol{x})$ 是负定的,而 $v(\boldsymbol{x})$ 是正定的,则

系统在平衡点 $\boldsymbol{x}_e=0$ 处是渐近稳定的。

2. 构造 $v(\boldsymbol{x})$ 的一般步骤

综上所述,按变量-梯度法构造李雅普诺夫函数的步骤如下:

(1) 首先将李雅普诺夫函数的梯度设为如下形式

$$\mathrm{grad}\boldsymbol{v}=\begin{bmatrix} a_{11}x_1+a_{12}x_2+\cdots+a_{1n}x_n \\ a_{21}x_1+a_{22}x_2+\cdots+a_{2n}x_n \\ \vdots \\ a_{n1}x_1+a_{n2}x_2+\cdots a_{nn}x_n \end{bmatrix} \tag{5-46}$$

式中,$a_{ij}(i,j=1,2,\cdots,n)$ 为待定系数,它们可以是常数,也可以是 t 的函数,或者是 x_1, $x_2,\cdots,x_n$ 的函数。通常将 a_{ij} 选为常数。

(2) 利用式(5-42)由 grad$\boldsymbol{v}$ 构成 $\dot{v}(\boldsymbol{x})$。由 $\dot{v}(\boldsymbol{x})$ 是负定的条件,可以决定一部分待定参数 a_{ij}。

(3) 按限制条件(5-44),决定其余待定参数 a_{ij}。

(4) 按式(5-45)做线积分,求出 $v(\boldsymbol{x})$,并验证其正定性。如不正定,需重新选择诸待定参数 a_{ij},直到 $v(\boldsymbol{x})$ 是正定为止。

(5) 确定渐近稳定范围。

例 5-13　设系统方程为

$$\begin{cases} \dot{x}_1=-x_1+2x_1^2x_2 \\ \dot{x}_2=-x_2 \end{cases}$$

利用变量-梯度法构造李雅普诺夫函数,并分析系统的稳定性。

解:设 $v(\boldsymbol{x})$ 的梯度为

$$\nabla v=\begin{bmatrix} a_{11}x_1+a_{12}x_2 \\ a_{21}x_1+a_{22}x_2 \end{bmatrix}=\begin{bmatrix} \nabla v_1 \\ \nabla v_2 \end{bmatrix}$$

则由 ∇v 可写出 $\dot{v}(\boldsymbol{x})$,由式(5-42)得

$$\dot{v}(\boldsymbol{x})=(\nabla v)^{\mathrm{T}}\dot{\boldsymbol{x}}=(a_{11}x_1+a_{12}x_2)\dot{x}_1+(a_{21}x_1+a_{22}x_2)\dot{x}_2=$$
$$-a_{11}x_1^2+2a_{11}x_1^3x_2-a_{12}x_1x_2+2a_{12}x_1^2x_2^2-a_{21}x_1x_2-a_{22}x_2^2$$

又由限制条件式(5-44)得

$$\frac{\partial\nabla v_1}{\partial x_2}=a_{12}=\frac{\partial\nabla v_2}{\partial x_1}=a_{21}$$

故取 $a_{11}=1,a_{22}=2,a_{12}=a_{21}=0$,则

$$\dot{v}(\boldsymbol{x})=-x_1^2-2x_2^2+2x_1^3x_2=-2x_2^2-x_1^2(1-2x_1x_2)$$

所以若 $1-2x_1x_2>0$,即 $2x_1x_2<1$,则 $\dot{v}(\boldsymbol{x})$ 是负定的。按式(5-45)做线积分,有

$$v(\boldsymbol{x})=\int_0^{x_1}\nabla v_1\mathrm{d}x_1+\int_0^{x_2}\nabla v_2\mathrm{d}x_2=\frac{1}{2}x_1^2+x_2^2$$

可以看出,$v(\boldsymbol{x})$ 是正定的。因此,在 $2x_1x_2<1$ 的范围内,系统在 $\boldsymbol{x}_e=0$ 处是渐近稳定的。

必须指出,用这种方法若不能构造出满足要求的李雅普诺夫函数时,并不意味着平衡状态是不稳定的。

5.5 李雅普诺夫第二法在系统设计中的应用

李雅普诺夫第二法不仅可用于控制系统的稳定性分析,而且还能用来研究控制系统的设计问题。目前在控制系统的分析和设计中,李雅普诺夫第二法得到了越来越广泛的应用。本节将从下面3个方面介绍李雅普诺夫第二法在控制系统设计中的应用。

5.5.1 状态反馈的设计

在控制系统的设计中,若需通过状态反馈使闭环系统渐近稳定,除可利用状态反馈极点配置的方法外,还可以采用李雅普诺夫第二法来确定系统的校正方案。

设单输入、单输出线性定常系统的状态方程为

$$\dot{\boldsymbol{x}} = \boldsymbol{A}\boldsymbol{x} + \boldsymbol{B}u$$

若选取二次型函数为李雅普诺夫函数,即

$$v(\boldsymbol{x}) = \boldsymbol{x}^{\mathrm{T}}\boldsymbol{P}\boldsymbol{x}$$

则有

$$\begin{aligned}\dot{v}(\boldsymbol{x}) = {} & \dot{\boldsymbol{x}}^{\mathrm{T}}\boldsymbol{P}\boldsymbol{x} + \boldsymbol{x}^{\mathrm{T}}\boldsymbol{P}\dot{\boldsymbol{x}} = \\ & (\boldsymbol{A}\boldsymbol{x} + \boldsymbol{B}u)^{\mathrm{T}}\boldsymbol{P}\boldsymbol{x} + \boldsymbol{x}^{\mathrm{T}}\boldsymbol{P}(\boldsymbol{A}\boldsymbol{x} + \boldsymbol{B}u) = \\ & \boldsymbol{x}^{\mathrm{T}}\boldsymbol{A}^{\mathrm{T}}\boldsymbol{P}\boldsymbol{x} + (\boldsymbol{B}u)^{\mathrm{T}}\boldsymbol{P}\boldsymbol{x} + \boldsymbol{x}^{\mathrm{T}}\boldsymbol{P}\boldsymbol{A}\boldsymbol{x} + \boldsymbol{x}^{\mathrm{T}}\boldsymbol{P}\boldsymbol{B}u = \\ & \boldsymbol{x}^{\mathrm{T}}(\boldsymbol{A}^{\mathrm{T}}\boldsymbol{P} + \boldsymbol{P}\boldsymbol{A})\boldsymbol{x} + [(\boldsymbol{P}\boldsymbol{x})^{\mathrm{T}}\boldsymbol{B}u]^{\mathrm{T}} + \boldsymbol{x}^{\mathrm{T}}\boldsymbol{P}\boldsymbol{B}u\end{aligned}$$

式中,$\boldsymbol{P}$ 是 $n\times n$ 阶正定实对称矩阵。因为 $\boldsymbol{P}^{\mathrm{T}}=\boldsymbol{P}$,于是

$$\boldsymbol{x}^{\mathrm{T}}\boldsymbol{P}^{\mathrm{T}}\boldsymbol{B}u = \boldsymbol{x}^{\mathrm{T}}\boldsymbol{P}\boldsymbol{B}u$$

又 $\boldsymbol{x}^{\mathrm{T}}\boldsymbol{P}^{\mathrm{T}}\boldsymbol{B}u$ 是标量,所以

$$[\boldsymbol{x}^{\mathrm{T}}\boldsymbol{P}^{\mathrm{T}}\boldsymbol{B}u]^{\mathrm{T}} = \boldsymbol{x}^{\mathrm{T}}\boldsymbol{P}\boldsymbol{B}u$$

故

$$\dot{v}(\boldsymbol{x}) = \boldsymbol{x}^{\mathrm{T}}(\boldsymbol{A}^{\mathrm{T}}\boldsymbol{P} + \boldsymbol{P}\boldsymbol{A})\boldsymbol{x} + 2\boldsymbol{x}^{\mathrm{T}}\boldsymbol{P}\boldsymbol{B}u$$

如果选 $\boldsymbol{P}$ 使 $\boldsymbol{A}^{\mathrm{T}}\boldsymbol{P}+\boldsymbol{P}\boldsymbol{A}$ 为负定的,同时选输入量为

$$u = -k\boldsymbol{x}^{\mathrm{T}}\boldsymbol{P}\boldsymbol{B},\ k > 0 \tag{5-47}$$

则

$$2\boldsymbol{x}^{\mathrm{T}}\boldsymbol{P}\boldsymbol{B}u = -2k(\boldsymbol{x}^{\mathrm{T}}\boldsymbol{P}\boldsymbol{B})^2 < 0$$

此时,$\dot{v}(\boldsymbol{x})$ 为负定的,则系统是渐近稳定的。而输入 $u=-k\boldsymbol{x}^{\mathrm{T}}\boldsymbol{P}\boldsymbol{B}$ 是状态变量的线性组合,也正是前面介绍的状态反馈。

例 5-14 设系统的结构图如图5-11所示,对应的微分方程为

$$\ddot{x}_1 + x_1 = u$$

显然系统处于临界等幅振荡状态,属于李雅普诺夫意义下的稳定系统。若用李雅普诺夫第二法来决定控制规律 $u(t)$,使系统变为渐近稳定的,如何选取校正方案。

解:系统的状态方程为

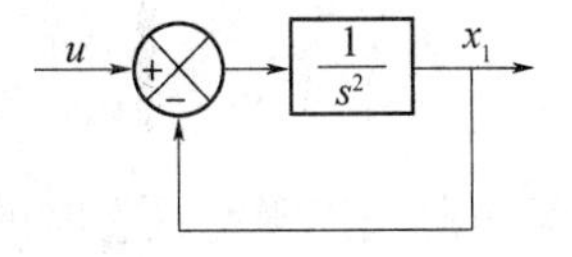

图 5-11　例 5-14 系统的结构图

$$\begin{cases}\dot{x}_1 = x_2 \\ \dot{x}_2 = -x_1 + u\end{cases}$$

取标准二次型函数作为李雅普诺夫函数,即

$$v(\boldsymbol{x}) = x_1^2 + x_2^2 = \boldsymbol{x}^{\mathrm{T}}\boldsymbol{P}\boldsymbol{x}, \quad \boldsymbol{P} = \boldsymbol{I}$$

则

$$\dot{v}(\boldsymbol{x}) = 2x_1\dot{x}_1 + 2x_2\dot{x}_2 = 2x_2 u$$

当

$$u(t) = -kx_2, \quad k>0$$

有

$$\dot{v}(\boldsymbol{x}) = -2kx_2^2 \leqslant 0$$

上式中 $\dot{v}(\boldsymbol{x})$ 是负半定的,除平衡点 $\boldsymbol{x}_e=0$ 外,其值均不恒等于零,故系统是渐近稳定的。当然上述结果也可以直接由式(5-47)得出

$$u(t) = -k\boldsymbol{x}^{\mathrm{T}}\boldsymbol{P}\boldsymbol{B} = -k\begin{bmatrix}x_1 & x_2\end{bmatrix}\begin{bmatrix}1 & 0 \\ 0 & 1\end{bmatrix}\begin{bmatrix}0 \\ 1\end{bmatrix} = -kx_2$$

由于 $x_2 = \dot{x}_1$,控制规律取自对 x_1 的速度反馈,用速度反馈来镇定控制系统也是工程设计中常用的经典方法。如果存在外部输入信号 $r(t)$,则控制规律可取为

$$u(t) = r(t) - kx_2$$

对应的结构图如图 5-12 所示。

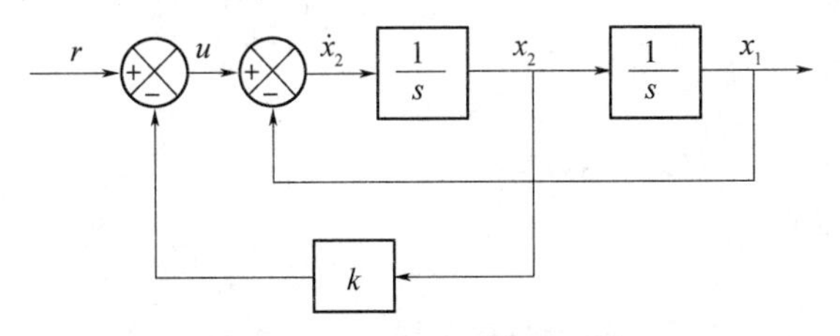

图 5-12　速度反馈校正系统

5.5.2　用李雅普诺夫函数估算系统响应的快速性

在前面的讨论中已知,李雅普诺夫函数 $v(\boldsymbol{x})$ 的物理意义是表示系统具有的能量多少,其值随状态点 $\boldsymbol{x}$ 的位置而变化。而从几何意义上来看,该函数又表示状态点 $\boldsymbol{x}$ 与系统平衡点 $\boldsymbol{x}_e=0$ 之间的距离远近。以二维空间为例,取李雅普诺夫函数是二次标准型,则

$$v(\boldsymbol{x}) = x_1^2 + x_2^2 = \|\boldsymbol{x}\|^2$$

显然,$v(\boldsymbol{x})$ 的大小与状态点 $\boldsymbol{x}$ 到原点距离的平方是一致的。因此,$v(\boldsymbol{x})$ 可作为度量 $\boldsymbol{x}$ 与

原点距离的一种尺度。$\dot{v}(\boldsymbol{x})<0$,则表示状态 $\boldsymbol{x}$ 趋向原点的速度,由此可定义一种估算系统瞬态响应的快速性指标。

定义 设平衡状态是状态空间的原点,系统是渐近稳定的,则称

$$\eta=-\frac{\dot{v}(\boldsymbol{x})}{v(\boldsymbol{x})} \tag{5-48}$$

为系统趋向于平衡状态时的快速性指标。

由于 $v(\boldsymbol{x})$ 是正定的,$\dot{v}(\boldsymbol{x})$ 是负定的,因此 η 对于渐近稳定的系统总是正值。η 越大说明系统趋于原点越快。如果取定义式(5-48)的最小值为 $\eta_{\min}$,即

$$\eta_{\min}=\min\left[-\frac{\dot{v}(\boldsymbol{x})}{v(\boldsymbol{x})}\right] \tag{5-49}$$

则该值表示系统趋向原点的最慢值。值得注意的是,$\eta_{\min}$ 仅依赖于李雅普诺夫函数的选取,不同形式的 $v(\boldsymbol{x})$,$\eta_{\min}$ 是不同的。作为动态性能指标,选择其中最大的 $\eta_{\min}$ 值作为系统响应的快速性指标是合理的。

对于线性定常系统,可以由判断渐近稳定的李雅普诺夫方程 $\boldsymbol{A}^{\mathrm{T}}\boldsymbol{P}+\boldsymbol{P}\boldsymbol{A}=-\boldsymbol{Q}$ 中的矩阵 $\boldsymbol{P}$ 和 $\boldsymbol{Q}$ 来确定 $\eta_{\min}$。可以证明,$\eta_{\min}$ 等于矩阵 $\boldsymbol{Q}\boldsymbol{P}^{-1}$ 的最小特征值。

例 5-15 已知系统的状态方程为

$$\begin{bmatrix}\dot{x}_1\\ \dot{x}_2\end{bmatrix}=\begin{bmatrix}0 & 1\\ -1 & -1\end{bmatrix}\begin{bmatrix}x_1\\ x_2\end{bmatrix}$$

试求系统的快速性指标 $\eta_{\min}$。

解:设 $\boldsymbol{Q}=\boldsymbol{I}$,按 $\boldsymbol{A}^{\mathrm{T}}\boldsymbol{P}+\boldsymbol{P}\boldsymbol{A}=-\boldsymbol{Q}$,可解出

$$\boldsymbol{P}=\begin{bmatrix}\frac{3}{2} & \frac{1}{2}\\ \frac{1}{2} & 1\end{bmatrix}$$

于是,李雅谱诺夫函数为

$$v(\boldsymbol{x})=\boldsymbol{x}^{\mathrm{T}}\boldsymbol{P}\boldsymbol{x}=\frac{1}{2}(3x_1^2+2x_1x_2+2x_2^2)$$

及

$$\dot{v}(\boldsymbol{x})=-\boldsymbol{x}^{\mathrm{T}}\boldsymbol{Q}\boldsymbol{x}=-\boldsymbol{x}^{\mathrm{T}}\boldsymbol{x}=-(x_1^2+x_2^2)$$

由此得

$$\eta=-\frac{\dot{v}(\boldsymbol{x})}{v(\boldsymbol{x})}=\frac{\boldsymbol{x}^{\mathrm{T}}\boldsymbol{Q}\boldsymbol{x}}{\boldsymbol{x}^{\mathrm{T}}\boldsymbol{P}\boldsymbol{x}}=\frac{2(x_1^2+x_2^2)}{3x_1^2+2x_1x_2+2x_2^2} \tag{5-50}$$

由式(5-49)知,η 的最小值 $\eta_{\min}$ 应满足

$$\frac{\mathrm{d}\eta}{\mathrm{d}x}=0$$

令 $\frac{\partial\eta}{\partial x_1}=0$,可以求得

$$x_1^2-x_1x_2-x_2^2=0$$

其解为

$$x_1=1.618x_2 \text{ 和 } x_1=-0.618x_2$$

由$\dfrac{\partial\eta}{\partial x_2}=0$,可得到同样结果。

以 $x_1=1.618x_2$ 代入式(5-50),得 $\eta_{\min1}=0.553$。以 $x_1=-0.618x_2$ 代入式(5-50),得 $\eta_{\min2}=1.447$。所以选取

$$\eta_{\min}=\eta_{\min1}=0.553$$

若采用求矩阵 $\boldsymbol{QP}^{-1}$的最小特征值的方法求 $\eta_{\min}$,由于 $\boldsymbol{Q}=\boldsymbol{I}$,可得

$$|\lambda\boldsymbol{I}-\boldsymbol{P}^{-1}|=0$$

求 $\boldsymbol{P}^{-1}$的特征值就相当于解

$$|\boldsymbol{I}-\lambda\boldsymbol{P}|=0$$

即

$$\begin{vmatrix} 1-\dfrac{3}{2}\lambda & -\dfrac{1}{2}\lambda \\ -\dfrac{1}{2}\lambda & 1-\lambda \end{vmatrix}=0$$

解得两个特征值为

$$\lambda_1=1.447,\lambda_2=0.553$$

因此,$\eta_{\min}=\lambda_2=0.553$,两种方法的结果完全相同。

5.5.3 参数最优化设计

在线性系统中,常常使用各种积分指标来评价系统的控制品质,如误差绝对值积分(IAE) 指标$\int_0^\infty |e(t)|\mathrm{d}t$、误差平方积分(ISE) 指标$\int_0^\infty e^2(t)\mathrm{d}t$ 以及其他二次型积分指标。用李雅普诺夫方法可以评价这些积分指标。下面考察在二次型积分指标最小意义下,如何利用李雅普诺夫第二法使系统的参数最优。

设线性系统的状态方程为

$$\dot{\boldsymbol{x}}=\boldsymbol{A}(\alpha)\boldsymbol{x}$$

其中,系统矩阵 $\boldsymbol{A}(\alpha)$表示 $\boldsymbol{A}$ 的某些元素依赖于可调参数 α。参数 α 的选择原则是使二次型积分指标

$$J=\int_0^\infty \boldsymbol{x}^{\mathrm{T}}\boldsymbol{Qx}\mathrm{d}t$$

达到最小,其中 $\boldsymbol{Q}$ 为正定或正半定常数矩阵。

用李雅普诺夫第二法解决这类问题是很有效的。由于矩阵 $\boldsymbol{A}(\alpha)$所描述的系统应当是渐近稳定的,因此由指标 J 中给定的 $\boldsymbol{Q}$ 阵,可以通过李雅普诺夫方程

$$\boldsymbol{A}^{\mathrm{T}}(\alpha)\boldsymbol{P}+\boldsymbol{PA}(\alpha)=-\boldsymbol{Q}$$

解出正定的含参数 α 的矩阵 $\boldsymbol{P}(\alpha)$。也就可以选取李雅普诺夫函数为

$$v(\boldsymbol{x})=\boldsymbol{x}^{\mathrm{T}}\boldsymbol{P}(\alpha)\boldsymbol{x}$$

而

$$\dot{v}(\boldsymbol{x})=-x^{\mathrm{T}}\boldsymbol{Q}\boldsymbol{x}$$

于是指标可以化为

$$J=\int_0^{\infty}\boldsymbol{x}^{\mathrm{T}}\boldsymbol{Q}\boldsymbol{x}\mathrm{d}t=\int_0^{\infty}-\dot{v}(\boldsymbol{x})\,\mathrm{d}t=-v(\boldsymbol{x})\Big|_{t=0}^{t=\infty}=$$

$$\boldsymbol{x}^{\mathrm{T}}(0)\boldsymbol{P}(\alpha)\boldsymbol{x}(0)-\boldsymbol{x}^{\mathrm{T}}(\infty)\boldsymbol{P}(\alpha)\boldsymbol{x}(\infty)$$

由于系统是渐近稳定的,所以有 $\boldsymbol{x}(\infty)=0$,则

$$J=\boldsymbol{x}^{\mathrm{T}}(0)\boldsymbol{P}(\alpha)\boldsymbol{x}(0)=v(\boldsymbol{x})\Big|_{t=0}\qquad(5-51)$$

这样问题转化为选择什么样的参数 α 使上式的 J 最小。这是函数求极值问题,可由其必要条件

$$\frac{\partial J}{\partial\alpha}=0$$

或充分必要条件

$$\frac{\partial J}{\partial\alpha}=0,\ \frac{\partial^2 J}{\partial\alpha^2}=0$$

解出 α。

由式(5-51)可以看出,一般情况下参数最优值与初始状态 $\boldsymbol{x}(0)$ 有关。在某些特殊情况下,例如 $\boldsymbol{x}(0)$ 只包含一个非零的分量,而其余分量均为零,则参数最优值也可以与 $\boldsymbol{x}(0)$ 无关。

例 5-16　设控制系统的结构图如图5-13所示,假设系统开始是静止的。试确定阻尼比 $\zeta>0$,使系统在单位阶跃函数 $r(t)=1(t)$ 的作用下,性能指标

$$J=\int_0^{\infty}(e^2+\beta\dot{e}^2)\,\mathrm{d}t,\beta\geqslant0$$

达到最小,其中 β 为给定的加权系数。

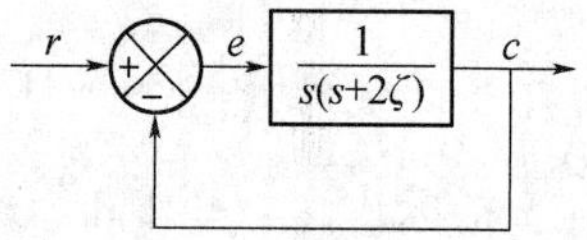

图 5-13　例 5-16 系统的结构图

解:(1) 列写状态方程。

选取二阶系统的两个状态变量为

$$\begin{cases}x_1=e=r-c\\x_2=\dot{e}=-\dot{c}\end{cases}$$

则状态方程为

$$\begin{bmatrix}\dot{x}_1\\\dot{x}_2\end{bmatrix}=\begin{bmatrix}0&1\\-1&-2\zeta\end{bmatrix}\begin{bmatrix}x_1\\x_2\end{bmatrix}$$

初始状态为

$$\begin{bmatrix}x_1(0)\\x_2(0)\end{bmatrix}=\begin{bmatrix}1\\0\end{bmatrix}$$

（2）二次型积分指标

$$J = \int_0^\infty (e^2 + \beta \dot{e}^2)\,\mathrm{d}t = \int_0^\infty (x_1^2 + \beta x_2^2)\,\mathrm{d}t =$$

$$\int_0^\infty [x_1 \quad x_2] \begin{bmatrix} 1 & 0 \\ 0 & \beta \end{bmatrix} \begin{bmatrix} x_1 \\ x_2 \end{bmatrix} \mathrm{d}t$$

即正定矩阵（$\beta=0$ 时为半正定矩阵）$\boldsymbol{Q}$ 为

$$\boldsymbol{Q} = \begin{bmatrix} 1 & 0 \\ 0 & \beta \end{bmatrix}$$

（3）由李雅普诺夫方程求 $\boldsymbol{P}(\zeta)$。

由 $\boldsymbol{A}^{\mathrm{T}}\boldsymbol{P}+\boldsymbol{P}\boldsymbol{A}=-\boldsymbol{Q}$，可解得

$$\boldsymbol{P} = \begin{bmatrix} \zeta+\dfrac{1+\beta}{4\zeta} & \dfrac{1}{2} \\ \dfrac{1}{2} & \dfrac{1+\beta}{4\zeta} \end{bmatrix}$$

（4）写出李雅普诺夫函数

$$v(\boldsymbol{x}) = \boldsymbol{x}^{\mathrm{T}}\boldsymbol{P}\boldsymbol{x} = \zeta x_1^2 + \frac{1+\beta}{4\zeta}(x_1^2+x_2^2) + x_1 x_2$$

因为 $x_2(0) = 0$，得

$$J = v(\boldsymbol{x})\Big|_{t=0} = \left(\zeta + \frac{1+\beta}{4\zeta}\right) x_1^2(0)$$

（5）求 J 的最小值。

令 $\dfrac{\partial J}{\partial \zeta}=0$，即

$$\frac{\partial J}{\partial \zeta} = 1 - \frac{1+\beta}{4\zeta^2} = 0$$

可得 J 为最小的 ζ 最优值，即

$$\zeta = \frac{\sqrt{1+\beta}}{2}$$

因此 ζ 的最优值与加权系数 β 有关。而当 $\beta=0$ 时，指标 J 化为误差平方积分（ISE）指标，此时参数最优值为 $\zeta=0.5$。而当 $\beta=1$ 时，$\zeta=0.707$，这时 $\boldsymbol{Q}=\boldsymbol{I}$，相应的指标 J 为标准的二次型积分指标，即

$$J = \int_0^\infty \boldsymbol{x}^{\mathrm{T}}\boldsymbol{x}\,\mathrm{d}t = \int_0^\infty \|\boldsymbol{x}\|^2\,\mathrm{d}t$$

此即经典控制理论中通常选取的最优性能指标。

解题示范

例 5-17　设系统的运动方程为

$$\dot{y} + y(y-1) = 0,\ y(0) = y_0$$

试分析该系统关于平衡状态的稳定性。

解:上述系统微分方程的解为

$$y(t) = \frac{1}{1 - \left(1 - \frac{1}{y_0}\right) e^{-t}}$$

该系统有两个平衡状态 $y_{e1}=0, y_{e2}=1$。在平衡状态 $y_{e2}=1$ 附近(这个范围是 $y_0>0$)出发的运动,当时间 t 充分大时,都趋向平衡状态 $y_{e2}=1$。所以 $y_{e2}=1$ 是 $y_0>0$ 范围内渐近稳定的平衡状态。

而在平衡状态 $y_{e1}=0$ 附近出发的运动,当时间 t 充分大时,或者趋向负的无限大($y_0<0$);或者趋向于另一平衡状态 $y_{e2}=1(y_0>0)$。所以 $y_{e1}=0$ 是不稳定的平衡状态。

例 5-18 非线性系统用下列微分方程描述:

$$\begin{cases} \dot{x}_1 = x_2 \\ \dot{x}_2 = -\alpha \sin x_1 - \beta \sin x_2 + \gamma u \end{cases} \tag{5-52}$$

式中,系数 α、β、γ 均大于零,设输入 u 为常数,试利用李雅普诺夫第一法判断其平衡状态的稳定性。

解:系统的平衡状态 $\boldsymbol{x}_e$ 可由 $\dot{x}_1=0$ 及 $\dot{x}_2=0$ 解出,有

$$\boldsymbol{x}_e = \begin{bmatrix} \arcsin \frac{\gamma}{\alpha} u \\ 0 \end{bmatrix} \tag{5-53}$$

对上述微分方程作变量置换,令

$$\begin{cases} y_1 = x_1 - \arcsin \frac{\gamma}{\alpha} u \\ y_2 = x_2 \end{cases}$$

新状态方程为

$$\begin{cases} \dot{y}_1 = y_2 \\ \dot{y}_2 = -\alpha \sin\left(y_1 + \arcsin \frac{\gamma}{\alpha} u\right) - \beta y_2 + \gamma u \end{cases}$$

将其线性化,得

$$\boldsymbol{A} = \begin{bmatrix} \frac{\partial f_1}{\partial y_1} & \frac{\partial f_1}{\partial y_2} \\ \frac{\partial f_2}{\partial y_1} & \frac{\partial f_2}{\partial y_2} \end{bmatrix}_{\substack{y_1=0 \\ y_2=0}} = \begin{bmatrix} 0 & 1 \\ -\alpha \cos\left(\arcsin \frac{\gamma}{\alpha} u\right) & -\beta \end{bmatrix}$$

这样得到原系统的线性化方程

$$\begin{cases} \dot{y}_1 = y_2 \\ \dot{y}_2 = -\alpha \cos\left(\arcsin \frac{\gamma}{\alpha} u\right) - \beta y_2 \end{cases} \tag{5-54}$$

它的特征方程是

$$\det(\lambda \boldsymbol{I}-\boldsymbol{A})=\lambda^2+\beta\lambda+\alpha\cos\left(\arcsin\frac{\gamma}{\alpha}u\right)=0$$

显然,当 $u>0$ 时,$\cos\left(\arcsin\frac{\gamma}{\alpha}u\right)>0$,线性化系统(5-54)的两个特征值均具有负实部,是渐近稳定的,且原系统(5-52)在平衡状态式(5-53)附近也是渐近稳定的。而当 $u<0$时,$\cos\left(\arcsin\frac{\gamma}{\alpha}u\right)<0$,线性化系统是不稳定的,且原非线性系统在平衡系统状态 $\boldsymbol{x}_e$ 附近也是不稳定的。

例 5-19　考察如下非线性系统平衡状态的稳定性:

$$\begin{cases}\dot{x}_1=x_2\\ \dot{x}_2=-\beta(1+x_2)^2x_2-x_1\quad(\beta>0)\end{cases}\tag{5-55}$$

解:显然 $\boldsymbol{x}_e=0$ 是系统的平衡状态。选择李雅普诺夫函数为

$$v(\boldsymbol{x})=x_1^2+x_2^2>0$$

则

$$\dot{v}(\boldsymbol{x})=2x_1\dot{x}_1+2x_2\dot{x}_2=-2\beta(1+x_2)^2x_2^2$$

显然,仅当 $x_2=0$ 或 $x_2=-1$ 以及任意的 x_1 有 $\dot{v}(\boldsymbol{x})=0$,而对其他非零的 x_2 以及任意的 x_1 都有 $\dot{v}(\boldsymbol{x})<0$。所以 $\dot{v}(\boldsymbol{x})$ 是负半定的。

进一步判断 $\dot{v}(\boldsymbol{x})$ 在系统(5-55)的非零状态运动轨线上是否恒为零。

反设 $\dot{v}(\boldsymbol{x})\equiv0$,这时存在两种情况:

(1) $x_2(t)\equiv0$ 及 x_1 任意。

(2) $x_2(t)\equiv-1$ 及 x_1 任意。

先看第一种情况。$x_2(t)\equiv0$ 意味着 $x_2(t)=0$ 和 $\dot{x}_2(t)=0$,将其代入方程(5-55)得 $x_1(t)=0$ 和 $\dot{x}_1=0$。所以在这种情况下,只有平衡状态 $x_1=x_2=0$ 满足 $\dot{v}(\boldsymbol{x})\equiv0$。

对于第二种情况,$x_2(t)\equiv-1$,这意味着 $x_2(t)=-1$ 和 $\dot{x}_2(t)\equiv0$,将其代入方程(5-55)得 $x_1(t)\equiv0$ 和 $\dot{x}_1(t)\equiv-1$,这个结果是矛盾的。所以这种情况不会发生。

综上所述,在方程(5-55)的非零状态轨线上 $\dot{v}(\boldsymbol{x})$ 不恒为零,所以 $\boldsymbol{x}_e=0$ 是系统(5-55)的渐近稳定的平衡状态。

例 5-20　试利用李雅普诺夫第二法确定图5-14所示系统大范围渐近稳定的 K 的取值范围。

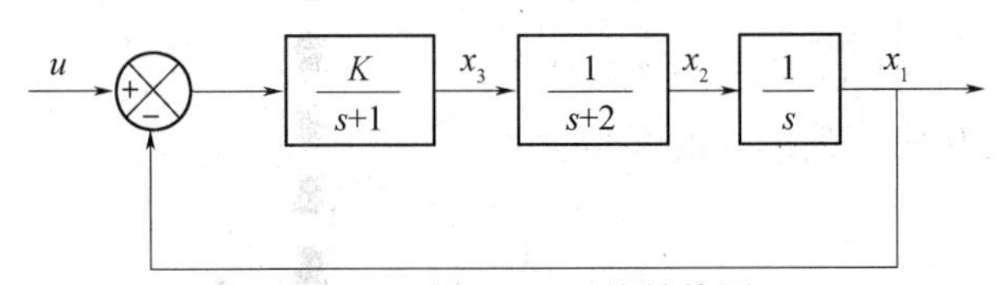

图 5-14　例 5-20 系统结构图

解:由图 5-14 可写出系统的状态方程

$$\begin{bmatrix}\dot{x}_1\\ \dot{x}_2\\ \dot{x}_3\end{bmatrix}=\begin{bmatrix}0&1&0\\0&-2&1\\-K&0&-1\end{bmatrix}\begin{bmatrix}x_1\\x_2\\x_3\end{bmatrix}+\begin{bmatrix}0\\0\\K\end{bmatrix}u$$

由于在研究系统的稳定性时,可令 $u=0$,且 $|\boldsymbol{A}|\neq 0$,故原点是系统的平衡状态。

假设选取正半定的实对称矩阵 $\boldsymbol{Q}$ 为

$$\boldsymbol{Q}=\begin{bmatrix}0 & & \\ & 0 & \\ & & 1\end{bmatrix}$$

则

$$\dot{v}(\boldsymbol{x})=-\boldsymbol{x}^{\mathrm{T}}\boldsymbol{Q}\boldsymbol{x}=-x_3^2$$

若取 $\dot{v}(\boldsymbol{x})\equiv 0$,则有 $x_3\equiv 0$,从而 x_1 和 x_2 亦恒等于零。可见,$\dot{v}(\boldsymbol{x})$ 只是在原点处才恒等于零,故可取 $\boldsymbol{Q}$ 为正半定的。

由下式可解出矩阵 $\boldsymbol{P}$:

$$\begin{bmatrix}0 & 0 & -K\\ 1 & -2 & 0\\ 0 & 1 & -1\end{bmatrix}\begin{bmatrix}p_{11} & p_{12} & p_{13}\\ p_{12} & p_{22} & p_{23}\\ p_{13} & p_{23} & p_{33}\end{bmatrix}+\begin{bmatrix}p_{11} & p_{12} & p_{13}\\ p_{12} & p_{22} & p_{23}\\ p_{13} & p_{23} & p_{33}\end{bmatrix}\begin{bmatrix}0 & 1 & 0\\ 0 & -2 & 1\\ -K & 0 & -1\end{bmatrix}=\begin{bmatrix}0 & & \\ & 0 & \\ & & -1\end{bmatrix}$$

解得

$$\boldsymbol{P}=\begin{bmatrix}\dfrac{K^2+12K}{12-2K} & \dfrac{6K}{12-2K} & 0\\ \dfrac{6K}{12-2K} & \dfrac{3K}{12-2K} & \dfrac{K}{12-2K}\\ 0 & \dfrac{K}{12-2K} & \dfrac{6}{12-2K}\end{bmatrix}$$

使 $\boldsymbol{P}$ 成为正定矩阵的充要条件为 $12-2K>0$ 和 $K>0$,即 $0<K<6$。因此,当 $0<K<6$ 时,系统是大范围渐近稳定的。

例 5-21 试确定下列系统平衡状态的稳定性:

$$\begin{cases}x_1(k+1)=x_1(k)+3x_2(k)\\ x_2(k+1)=-3x_1(k)-2x_2(k)-3x_3(k)\\ x_3(k+1)=x_1(k)\end{cases}$$

解:上述方程可写成下列形式的向量方程

$$\boldsymbol{x}(k+1)=\boldsymbol{G}\boldsymbol{x}(k)=\begin{bmatrix}1 & 3 & 0\\ -3 & -2 & -3\\ 1 & 0 & 0\end{bmatrix}\boldsymbol{x}(k)$$

选取李雅普诺夫函数为

$$v(\boldsymbol{x})=\boldsymbol{x}^{\mathrm{T}}(k)\boldsymbol{P}\boldsymbol{x}(k)$$

其中,$\boldsymbol{P}$ 是正定实对称矩阵。取 $\boldsymbol{Q}=\boldsymbol{I}$,则若系统是渐近稳定的,其充要条件是满足方程

$$\boldsymbol{G}^{\mathrm{T}}\boldsymbol{P}\boldsymbol{G}-\boldsymbol{P}=-\boldsymbol{Q}=-\boldsymbol{I}$$

上述方程又可展开为下面的方程组

$$\begin{cases} -6p_{12}+2p_{13}+9p_{22}-6p_{23}+p_{33}=-1 \\ 3p_{11}-12p_{12}+3p_{13}+6p_{22}-2p_{23}=0 \\ 3p_{12}+p_{13}-9p_{22}+3p_{23}=0 \\ 9p_{11}-12p_{12}+3p_{22}=-1 \\ -9p_{12}+6p_{22}-p_{23}=0 \\ 9p_{22}-p_{33}=-1 \end{cases}$$

解得

$$\boldsymbol{P}=\begin{bmatrix} p_{11} & p_{12} & p_{13} \\ p_{12} & p_{22} & p_{23} \\ p_{13} & p_{23} & p_{33} \end{bmatrix}=\begin{bmatrix} \dfrac{-19}{26\times 3} & \dfrac{-10}{13\times 3} & -\dfrac{1}{2} \\ \dfrac{-10}{13\times 3} & \dfrac{-49}{26\times 3} & \dfrac{-19}{13} \\ -\dfrac{1}{2} & \dfrac{-19}{13} & \dfrac{-121}{26} \end{bmatrix}$$

由于其主子式

$$p_{11}=\frac{-19}{78}<0,\quad \begin{vmatrix} p_{11} & p_{12} \\ p_{12} & p_{22} \end{vmatrix}=\frac{531}{78\times 78}>0$$

可见 $\boldsymbol{P}$ 不是正定矩阵,所以该系统在原点处不是渐近稳定的。

例 5-22　利用变量-梯度法判断如下非线性系统的渐近稳定性。

$$\begin{cases} \dot{x}_1=x_2 \\ \dot{x}_2=-x_2-x_1^3 \end{cases}$$

解:显然 $\boldsymbol{x}_e=0$ 是系统的平衡状态。现设李雅普诺夫函数 $v(\boldsymbol{x})$ 的梯度为

$$\mathrm{grad}\boldsymbol{v}=\begin{bmatrix} \nabla v_1 \\ \nabla v_2 \end{bmatrix}=\begin{bmatrix} a_{11}x_1+a_{12}x_2 \\ a_{21}x_1+a_{22}x_2 \end{bmatrix}$$

则由 grad$\boldsymbol{v}$ 可写出 $\dot{v}(\boldsymbol{x})$,即

$$\dot{v}(\boldsymbol{x})=(\mathrm{grad}\boldsymbol{v})^{\mathrm{T}}\dot{\boldsymbol{x}}=[a_{11}x_1+a_{12}x_2\quad a_{21}x_1+a_{22}x_2]\begin{bmatrix} x_2 \\ -x_2-x_1^3 \end{bmatrix}=$$

$$x_1x_2(a_{11}-a_{21}-a_{22}x_1^2)+x_2^2(a_{12}-a_{22})-a_{21}x_1^4$$

当

$$\begin{cases} a_{11}-a_{21}-a_{22}x_1^2=0 \\ a_{12}-a_{22}<0 \\ a_{21}>0 \end{cases}$$

时,$\dot{v}(\boldsymbol{x})$是负定的。

又由限制条件式(5-44),并设a_{12}和a_{21}为常数,有

$$\frac{\partial \nabla v_1}{\partial x_2}=a_{12}=\frac{\partial \nabla v_2}{\partial x_1}=a_{21}$$

综上所述,有

$$\begin{cases} a_{21}=a_{12} \\ 0<a_{12}<a_{22} \\ a_{11}=a_{12}+a_{22}x_1^2 \end{cases}$$

做线积分求$v(\boldsymbol{x})$

$$v(\boldsymbol{x})=\int_0^{x_1(x_2=0)}\nabla v_1 \mathrm{d}x_1+\int_0^{x_2(x_1=x_1)}\nabla v_2 \mathrm{d}x_2=$$

$$\int_0^{x_1}a_{11}x_1\mathrm{d}x_1+\int_0^{x_2(x_1=x_1)}(a_{21}x_1+a_{22}x_2)\mathrm{d}x_2=$$

$$\int_0^{x_1}(a_{12}+a_{22}x_1^2)x_1\mathrm{d}x_1+\int_0^{x_2}(a_{12}x_1+a_{22}x_2)\mathrm{d}x_2=$$

$$\frac{1}{2}a_{12}x_1^2+\frac{1}{4}a_{22}x_1^4+a_{12}x_1x_2+\frac{1}{2}a_{22}x_2^2=$$

$$\frac{1}{4}a_{22}x_1^4+\frac{1}{2}a_{12}\begin{bmatrix}x_1 & x_2\end{bmatrix}\begin{bmatrix}1 & 1 \\ 1 & \dfrac{a_{22}}{a_{12}}\end{bmatrix}\begin{bmatrix}x_1 \\ x_2\end{bmatrix}$$

由于$0<a_{12}<a_{22}$,故$v(\boldsymbol{x})$是正定的。而且当$\|x\|\to\infty$时,有$v(\boldsymbol{x})\to\infty$。所以原点是系统大范围渐近稳定的平衡状态。

学习指导与小结

本章详细介绍了李雅普诺夫稳定性理论,重点是李雅普诺夫第二法。学习过程中应深入理解和掌握以下几个重要问题。

1. 李雅普诺夫关于稳定性的4个定义

(1) 稳定。

(2) 渐近稳定。

(3) 大范围渐近稳定。

(4) 不稳定。

这4个定义全面地概括了古典和现代理论中对系统运动稳定性的描述,使稳定性分析有了一种严格的和统一的理论依据。它们都是在系统的外部输入为零时,即系统的自由运动以及在系统的平衡状态的基础上定义的。要深入理解这4个定义在状态空间中的几何意义,这对于理解这4个定义本身是很有帮助的。

2. 李雅普诺夫第二法的 5 个基本定理

(1) 要熟练掌握这 5 个基本定理的内容。这 5 个基本定理是：渐近稳定的判别定理一和定理二；稳定的判别定理；不稳定的判别定理一和定理二。

(2) 要搞清这 5 个定理之间的区别。其区别主要集中在对 $\dot{v}(\boldsymbol{x},t)$ 的定号性判别上，可以归纳为以下结论：

给定系统⇒构造 v 函数⇒充分条件

$$\begin{cases}\dot{\boldsymbol{x}}_1=\boldsymbol{f}(\boldsymbol{x},t)\\ \boldsymbol{x}_e=0\end{cases}\Rightarrow v(\boldsymbol{x},t)>0\Rightarrow\begin{cases}\left.\begin{array}{l}\text{定理一}:\dot{v}<0\\ \text{定理二}:\dot{v}\leqslant 0\ \text{且}\ \dot{v}\neq 0(\boldsymbol{x}\neq 0)\end{array}\right\}\text{渐近稳定}\\ \text{定理三}:\dot{v}\leqslant 0\qquad\qquad\qquad\qquad\ \ \text{稳定}\\ \left.\begin{array}{l}\text{定理四}:\dot{v}>0\\ \text{定理五}:\dot{v}\geqslant 0\ \text{且}\ \dot{v}\neq 0(\boldsymbol{x}\neq 0)\end{array}\right\}\text{不稳定}\end{cases}$$

(3) 可以把定理中的李雅普诺夫函数 $v(\boldsymbol{x},t)$ 看作是系统的能量函数，并结合从初始状态 $\boldsymbol{x}_0$ 出发的系统自由运动的状态轨线的运动情况，则更容易理解定理的内容和实质。

(4) 构造一个满足定理要求的李雅普诺夫函数，是李雅普诺夫第二法的关键。李雅普诺夫函数具有以下几个突出的性质：

① 李雅普诺夫函数是一个标量函数。

② 李雅普诺夫函数是一个正定函数。

③ 对于一个给定的系统，李雅普诺夫函数不是唯一的。

(5) 李雅普诺夫第二法的这 5 个基本定理对线性和非线性系统、定常和时变系统都是适用的，但都是充分条件，而不是充分必要条件。因此若能找到满足要求的李雅普诺夫函数，则可以得到系统稳定性的确切结论。否则，不能做出关于稳定性的任何结论。

3. 利用李雅普诺夫第二法分析线性系统的稳定性

对于线性系统，利用李雅普诺夫第二法分析稳定性都有统一的规律可循，要求熟练掌握。

(1) 线性定常连续系统。李雅普诺夫函数可用简单的二次型函数来构成，即

$$v(\boldsymbol{x})=\boldsymbol{x}^{\mathrm{T}}\boldsymbol{P}\boldsymbol{x}$$

$$\boldsymbol{A}^{\mathrm{T}}\boldsymbol{P}+\boldsymbol{P}\boldsymbol{A}=-\boldsymbol{I}$$

若解得的 $\boldsymbol{P}$ 阵是正定的，则系统在 $\boldsymbol{x}_e=0$ 处是渐近稳定的。

(2) 线性定常离散系统。李雅普诺夫函数也是简单的二次型函数，即

$$v[\boldsymbol{x}(k)]=\boldsymbol{x}^{\mathrm{T}}(k)\boldsymbol{P}\boldsymbol{x}(k)$$

$$\boldsymbol{G}^{\mathrm{T}}\boldsymbol{P}\boldsymbol{G}-\boldsymbol{P}=-\boldsymbol{I}$$

若解得的 $\boldsymbol{P}$ 阵是正定的，则系统在 $\boldsymbol{x}_e=0$ 处是渐近稳定的。

(3) 对于线性系统，上述结论都是充分必要条件，即若解得的 $\boldsymbol{P}$ 阵正定的，则系统是渐近稳定的。若 $\boldsymbol{P}$ 阵不是正定的，则系统不是渐近稳定的。并且若线性系统是渐近稳定的，则一定也是大范围渐近稳定的。

4. 利用李雅普诺夫第二法分析非线性系统的稳定性

由于非线性系统的复杂性，在利用李雅普诺夫第二法分析其稳定性时，到目前为止没有一种统一的方法可循，只能针对具体问题进行具体分析。本章所介绍的 3 种方法是目

前工程上应用较为广泛的方法。

克拉索夫斯基法和阿依捷尔曼法实际上属于线性化的方法,由此构造出的李雅普诺夫函数具有二次型函数的形式,计算较为方便。变量-梯度法构造的李雅普诺夫函数,虽不属于二次型的形式,但所取的梯度向量模式,可较好地满足各种约束条件,也是应用性很强的一种方法。

值得注意的是,以上3种方法,都是判断稳定性的充分条件。

5. 李雅普诺夫第二法在系统设计中的应用

除对利用李雅普诺夫第二法判断系统稳定性要求熟练掌握之外,还应了解李雅普诺夫第二法在系统设计中的应用。本章简要介绍了李雅普诺夫第二法在系统状态反馈设计、瞬态响应分析和参数最优化设计方面的应用,读者可以从中受到一些启发。随着研究的进展,李雅普诺夫稳定性理论的应用将会越来越广泛。

习　题

5.1　试确定下列二次型是否正定:

(1) $v(\boldsymbol{x})=x_1^2+4x_2^2+x_3^2+2x_1x_2-6x_2x_3-2x_1x_3$

(2) $v(\boldsymbol{x})=-x_1^2-10x_2^2-4x_3^2+6x_1x_2+2x_2x_3$

(3) $v(\boldsymbol{x})=10x_1^2+4x_2^2+x_3^2+2x_1x_2-2x_2x_3-4x_1x_3$

5.2　试确定下述二次型为正定时,待定常数的取值范围:

$$v(\boldsymbol{x})=a_1x_1^2+b_1x_2^2+c_1x_3^2+2x_1x_2-4x_2x_3-2x_1x_3$$

5.3　试用李雅普诺夫第二法判断下列线性系统的稳定性:

(1) $\begin{bmatrix}\dot{x}_1\\ \dot{x}_2\end{bmatrix}=\begin{bmatrix}0 & 1\\ -1 & -1\end{bmatrix}\begin{bmatrix}x_1\\ x_2\end{bmatrix}$　　(2) $\begin{bmatrix}\dot{x}_1\\ \dot{x}_2\end{bmatrix}=\begin{bmatrix}-1 & 1\\ 2 & -3\end{bmatrix}\begin{bmatrix}x_1\\ x_2\end{bmatrix}$

(3) $\begin{bmatrix}\dot{x}_1\\ \dot{x}_2\end{bmatrix}=\begin{bmatrix}-1 & 1\\ -1 & -1\end{bmatrix}\begin{bmatrix}x_1\\ x_2\end{bmatrix}$　　(4) $\begin{bmatrix}\dot{x}_1\\ \dot{x}_2\end{bmatrix}=\begin{bmatrix}1 & 0\\ 0 & 1\end{bmatrix}\begin{bmatrix}x_1\\ x_2\end{bmatrix}$

5.4　试确定下列系统平衡状态的稳定性:

$$\begin{cases}x_1(k+1)=x_1(k)+3x_2(k)\\ x_2(k+1)=-3x_1(k)-2x_2(k)-3x_3(k)\\ x_3(k+1)=x_1(k)\end{cases}$$

5.5　设离散系统的状态方程为

$$\boldsymbol{x}(k+1)=\boldsymbol{G}\boldsymbol{x}(k)$$

$$\boldsymbol{G}=\begin{bmatrix}0 & 1 & 0\\ 0 & 0 & 1\\ 0 & \dfrac{k}{2} & 0\end{bmatrix}\qquad (k>0)$$

求平衡点 $\boldsymbol{x}_e=0$ 渐近稳定时的 k 值范围。

5.6　试确定如图所示系统的增益 k 的稳定取值范围。

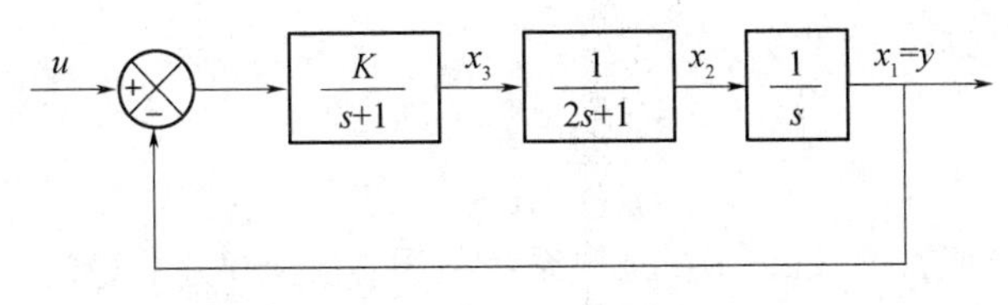

习题 5.6 图

5.7　试确定下列非线性系统在原点 $\boldsymbol{x}_e=0$ 处的稳定性：

(1) $\begin{cases}\dot{x}_1=x_1-x_2-x_1^3\\ \dot{x}_2=x_1+x_2-x_2^3\end{cases}$

(2) $\begin{cases}\dot{x}_1=-x_1+x_2+x_1(x_1^2+x_2^2)\\ \dot{x}_2=-x_1-x_2+x_2(x_1^2+x_2^2)\end{cases}$

5.8　试确定下列非线性系统在 $\boldsymbol{x}_e=0$ 处稳定时，参数 a 和 b 的取值范围。

$$\begin{cases}\dot{x}_1=x_2\\ \dot{x}_2=-ax_2-bx_2^3-x_1\end{cases}$$

其中，$a\geqslant0$，$b\geqslant0$，但两者不同时为零。

5.9　试证明系统

$$\begin{cases}\dot{x}_1=x_2\\ \dot{x}_2=-(a_1x_1+a_2x_1^2x_2)\end{cases}$$

在 $a_1>0$，$a_2>0$ 时是大范围渐近稳定的。

5.10　试用克拉索夫斯基法确定非线性系统

$$\begin{cases}\dot{x}_1=ax_1+x_2\\ \dot{x}_2=x_1-x_2+bx_2^3\end{cases}$$

在原点 $\boldsymbol{x}_e=0$ 处为渐近稳定时，参数 a 和 b 的取值范围。

5.11　用变量-梯度法构造下述非线性系统的李雅普诺夫函数。

$$\begin{cases}\dot{x}_1=-x_1+2x_1^2x_2\\ \dot{x}_2=-x_2\end{cases}$$

5.12　试用阿依捷尔曼法分析下图所示非线性系统在原点 $\boldsymbol{x}_e=0$ 处的稳定性。

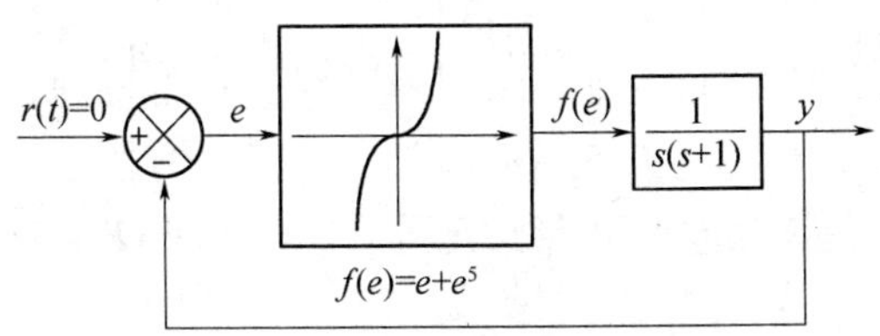

习题 5.12 图

5.13　确定下列系统在原点 $\boldsymbol{x}_e=0$ 处的稳定性。

$$\begin{cases}\dot{x}_1 = x_2 \\ \dot{x}_2 = -f(x_1) + x_2\end{cases}$$

式中,在 $x_1 \neq 0$ 时,$f(x_1)/x_1 > 0$。

5.14 设非线性系统方程为

$$\begin{cases}\dot{x}_1 = -f_1(x_1) + f_2(x_1, x_2) \\ \dot{x}_2 = f_3(x_2)\end{cases}$$

式中,$f_1(0) = f_3(0) = 0$,$f_2(0, x_2) = 0$。试求系统在原点 $\boldsymbol{x}_e = 0$ 处的稳定的充分条件。

5.15 设控制系统的结构图如图所示,假设系统开始是静止的,试求在单位阶跃函数作用下,使性能指标

$$J = \int_0^{\infty} (e^2 + k\dot{e}^2)\,\mathrm{d}t$$

取极小的 ρ 值($k \geqslant 0$)。

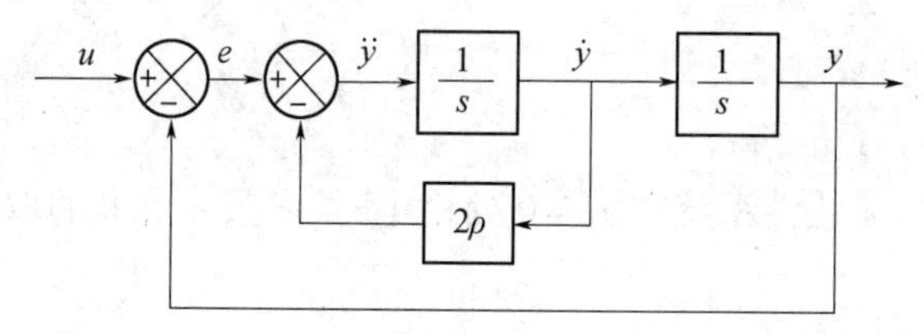

习题 5.15 图

5.16 取 $Q = 6I_2$,通过求解李雅普诺夫方程判断线性系统的稳定性。

$$\dot{\boldsymbol{x}}(t) = \begin{pmatrix}0 & -3 \\ 1 & -2\end{pmatrix}\boldsymbol{x}(t) + \begin{pmatrix}0 \\ 1\end{pmatrix}u(t)$$

5.17 已知二阶系统的状态方程为

$$\dot{\boldsymbol{x}}(t) = \begin{pmatrix}a_{11} & a_{12} \\ a_{21} & a_{22}\end{pmatrix}\boldsymbol{x}(t)$$

试确定系统在平衡状态处大范围渐近稳定的条件。

5.18 非线性微分方程为

$$\begin{cases}\dot{x}_1(t) = x_2(t) \\ \dot{x}_2(t) = -\sin x_1(t) - x_2(t)\end{cases}$$

试求系统的平衡点,然后对各平衡点进行线性化,并讨论平衡点的稳定性。

5.19 已知系统状态方程为

$$\dot{\boldsymbol{x}}(t) = \begin{bmatrix}2 & 0.5 & -3 \\ 0 & -1 & 0 \\ 0 & 0.5 & -1\end{bmatrix}\boldsymbol{x}(t) + \begin{bmatrix}1 & 0 \\ 0 & 2 \\ 1 & 0\end{bmatrix}\boldsymbol{u}(t)$$

当 $\boldsymbol{Q} = \boldsymbol{I}$ 时,$\boldsymbol{P}$ = ?若选择 $\boldsymbol{Q}$ 为正半正定阵,$\boldsymbol{Q}$ = ?对应 $\boldsymbol{P}$ = ?判断系统的稳定性。

第 6 章　现代控制理论的 MATLAB 仿真与系统试验

6.1　MATLAB 简介

MATLAB 是 MathWorks 公司开发的一种集数值计算、符号计算和图形可视化三大基本功能于一体的功能强大、操作简单的优秀工程计算应用软件。MATLAB 不仅可以处理代数问题和数值分析问题,而且还具有强大的图形处理及仿真模拟等功能,从而能够很好地帮助工程师及科学家解决实际的技术问题。

MATLAB 的含义是矩阵实验室(Matrix Laboratory),最初主要用于方便矩阵的存取,其基本元素是无需定义维数的矩阵。经过十几年的扩充和完善,现已发展成为包含大量实用工具箱(Toolbox)的综合应用软件,不仅成为线性代数课程的标准工具,而且适合具有不同专业研究方向及工程应用需求的用户使用。

MATLAB 最重要的特点是易于扩展。它允许用户自行建立完成指定功能的扩展 MATLAB 函数(称为 M 文件),从而构成适合于其他领域的工具箱,大大扩展了 MATLAB 的应用范围。目前,MATLAB 已成为国际控制界最流行的软件,控制界很多学者将自己擅长的 CAD 方法用 MATLAB 加以实现,出现了大量的 MATLAB 配套工具箱,如控制系统工具箱(Control Systems Toolbox)、系统识别工具箱(System Identification Toolbox)、鲁棒控制工具箱(Robust Control Toolbox)、信号处理工具箱(Signal Processing Toolbox)以及仿真环境 Simulink 等。

6.1.1　MATLAB 的安装

本节将讨论在 Microsoft Windows 环境下安装 MATLAB 7.0 的过程。

将 MATLAB 7.0 的安装盘放入光驱,系统将自动运行 auto-run. bat 文件,进行安装;也可以执行安装盘内的 setup. exe 文件启动 MATLAB 的安装程序。启动安装程序后,屏幕将显示安装 MATLAB 的安装向导界面,如图 6-1(a)所示,根据 Windows 安装程序的常识,不断单击 Next 按钮,输入正确的安装信息,具体操作过程如下:

(1) 输入正确的用户注册信息码。

(2) 选择接受软件公司的协议。

(3) 输入用户名和公司名。

(4) 选择 MATLAB 组件(Toolbox)。

(5) 选择软件安装路径和目录。

(6) 单击 Next 按钮进入正式的安装界面。安装过程界面如图 6-1(b)所示。

安装完毕后,选择 Restart my computer now 选项以重新启动计算机。重新启动计算机后,用户就可以单击图标使用 MATLAB 7.0 了。MATLAB 启动过程界面如图 6-2 所示。

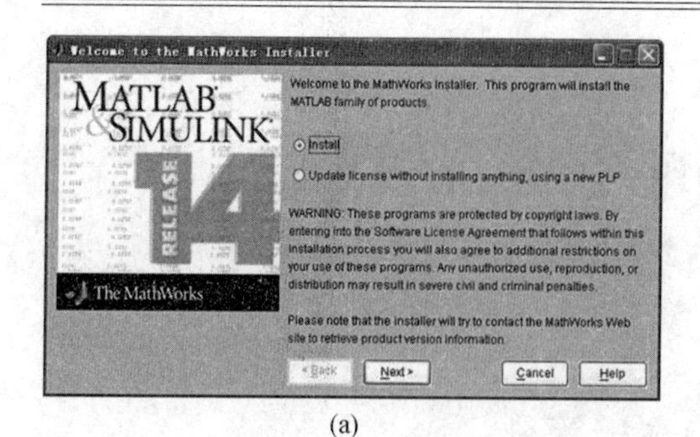

(a)

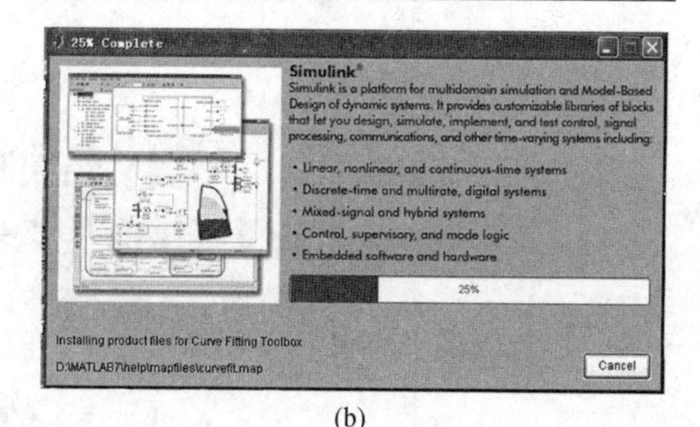

(b)

图6-1　MATLAB的安装

(a) MATLAB安装向导界面；(b) MATLAB文件复制界面。

图6-2　MATLAB启动过程界面

6.1.2　MATLAB工作界面

MATLAB 7.0的工作界面(见图6-3)共包括7个窗口,它们分别是主窗口(MATLAB)、命令窗口(Command Window)、命令历史记录窗口(Command History)、当前目录窗口(Current Directory)、工作窗口(Workspace)、帮助窗口(Help)和评述器窗口(M-file)。

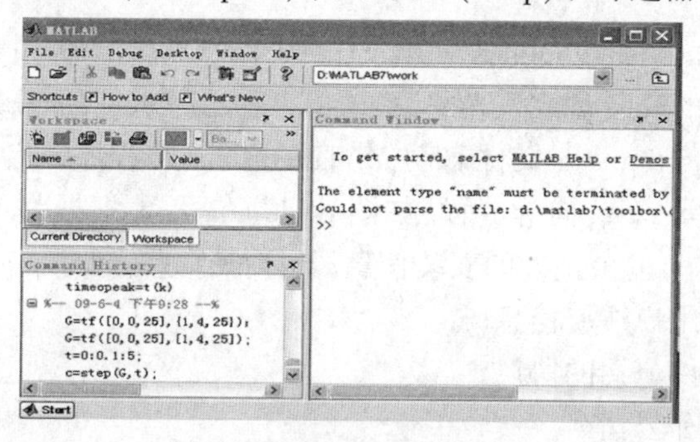

图6-3　MATLAB工作界面

主窗口兼容其他6个子窗口,用户可以在主窗口选择打开或关闭某个窗口。主窗口本身还包含6个菜单(File、Edit、Debug、Desktop、Window、Help)操作以及一个工具条的10个按钮控件。从左至右的按钮控件的功能依次为:新建、打开一个MATLAB文件、剪切、复制或粘贴所选定的对象、撤销或恢复上一次的操作、打开Simulink主窗口、打开UGI

主窗口、打开 MATLAB 帮助窗口、设置当前路径。

6.1.3　MATLAB 命令窗口

MATLAB 可以认为是一种解释性语言。在 MATLAB 命令窗口中，标志>>为命令提示符，在命令提示符后面键入一个 MATLAB 命令时，MATLAB 会立即对其进行处理，并显示处理结果。

这种方式简单易用，但在编程过程中要修改整个程序比较困难，并且用户编写的程序不容易保存。如果想把所有的程序输入完再运行调试，可以用鼠标单击快捷图标 或 File→New→M-file 菜单，进入 MATLAB 的内置程序编辑器，在弹出的编程窗口中逐行输入命令，输入完毕后单击 Debug→Run（或 F5 键）运行整个程序。运行过程中的错误信息和运行结果显示在命令窗口中。整个程序的源代码可以保存为扩展名为“.m”的 M 文件。

在介绍 MATLAB 的强大计算和图像处理功能前，可以先运行一个简单的程序。让大家领略一下 MATLAB 的非凡之处。

设二阶系统的状态空间表达式为

$$\begin{cases} \dot{\boldsymbol{x}} = \begin{bmatrix} 0 & 1 \\ -10 & -2 \end{bmatrix} \boldsymbol{x} + \begin{bmatrix} 0 \\ 1 \end{bmatrix} u \\ y = \begin{bmatrix} 1 & 0 \end{bmatrix} \boldsymbol{x} \end{cases}$$

求系统的阶跃响应，可以输入以下命令：

```
>> A=[0 1;-10 -2];B=[0;1];C=[1 0];D=0;      %输入系统四联矩阵
   step(A,B,C,D)                             %求阶跃响应
```

程序运行后会在一个新的窗口中显示出系统的时域动态响应曲线，如图 6-4 所示。

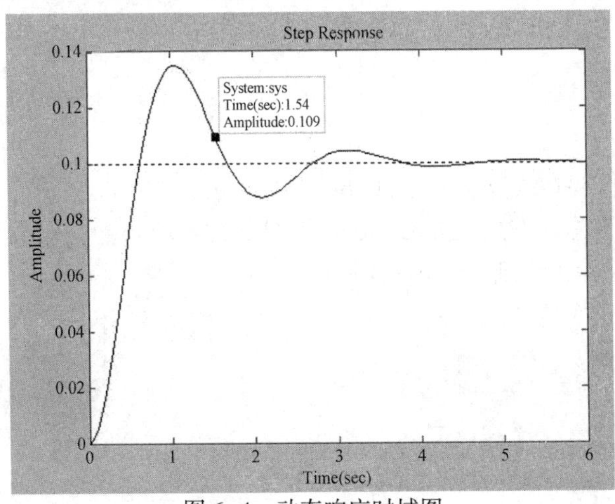

图 6-4　动态响应时域图

用鼠标左键单击动态响应曲线上的某一点,系统会提示其相应的响应时间和幅值。按住左键在曲线上移动鼠标的位置,可以很容易地根据幅值观察出上升时间、调节时间、峰值—峰值时间,进而求出超调量。可见,这些功能使此前非常复杂的工作变得简单方便。

MATLAB 的语法规则类似于 C 语言,变量名、函数名都与大小写有关,即变量 A 和 a 是两个完全不同的变量。应该注意所有的函数名均由小写字母构成。

MATLAB 是一个功能强大的工程应用软件,它提供了相当丰富的帮助信息,同时也提供了多种获得帮助的方法。如果用户第一次使用 MATLAB,则建议首先在>>提示符下键入 DEMO 命令,它将启动 MATLAB 的演示程序。用户可以在此演示程序中领略 MATLAB 所提供的强大的运算和绘图功能。

6.2　MATLAB 基本操作命令

本节简单介绍与本书前几章内容相关的一些 MATLAB 基本知识和操作命令。

6.2.1　简单矩阵的输入

MATLAB 是一种专门为矩阵运算设计的语言,所以在 MATLAB 中处理的所有变量都是矩阵。这就是说,MATLAB 只有一种数据形式,那就是矩阵,或者数的矩形阵列。标量可看作1×1的矩阵,向量可看作 n×1 或 1×n 的矩阵。这就是说,MATLAB 语言对矩阵的维数及类型没有限制,即用户无需定义变量的类型和维数,MATLAB 会自动获取所需的存储空间。

输入矩阵最便捷的方式为直接输入矩阵的元素,其定义如下:

(1) 元素之间用空格或逗号间隔。

(2) 用中括号([ ])把所有元素括起来。

(3) 用分号(;)指定行结束。

例如,在 MATLAB 的工作空间中,输入:

```
>> a=[2  3  4; 5  6  9]
```

则输出结果为

```
a=
   2  3  4
   5  6  9
```

矩阵 a 被一直保存在工作空间中,以供后面使用,直至修改它。

MATLAB 的矩阵输入方式很灵活,大矩阵可以分成 n 行输入,用回车符代替分号或用续行符号(...)将元素续写到下一行。例如:

```
a=[1, 2, 3; 4,5, 6; 7, 8, 9]
a=[1  2  3
   4  5  6
   7  8  9]
a=[1, 2, 3; 4, 5, ...
   6; 7, 8,9]
```

以上 3 种输入方式结果是相同的。一般若长语句超出一行,则换行前使用 3 个英文的句号表示续行符号(...)。

在 MATLAB 中,矩阵元素不限于常量,可以采用任意形式的表达式。同时,除了直接输入方式之外,还可以采用其他方式输入矩阵,如:

(1) 利用内部语句或函数产生矩阵。

(2) 利用 M 文件产生矩阵。

(3) 利用外部数据文件装入到指定矩阵。

6.2.2　复数矩阵的输入

MATLAB 允许在计算或函数中使用复数。输入复数矩阵有两种方法:

(1)a=[12;34]+i*[56;78]

(2)a=[12+56i;34+78i]

注意:当矩阵的元素为复数时,在复数实部与虚部之间不允许使用空格符。如1+5i将被认为是 1 和 5i 两个数。另外,MATLAB 表示复数时,复数单位也可以用 j。

6.2.3　MATLAB 语句和变量

MATLAB 是一种描述性语言。它对输入的表达式边解释边执行,就像 BASIC 语言中直接执行语句一样。

MATLAB 语句的常用格式为

变量=表达式[;]

或简化为

表达式[;]

表达式可以由操作符、特殊符号、函数、变量名等组成。方括号内是有关数据及参数,表达式的结果为一矩阵,它赋给左边的变量,同时显示在屏幕上。如果省略变量名和"="号,则 MATLAB 自动产生一个名为 ans 的变量来表示结果,并显示在屏幕上如:

1900/81

结果为:

```
ans=
     23.4568
```

ans 是 MATLAB 提供的固定变量,具有特定的功能,是不能由用户清除的。常用的固定变量还有 eps、pi、Inf、NaN 等。其特殊含义可以用 6.2.10 节介绍的方法查阅帮助。

MATLAB 允许在函数调用时同时返回多个变量,而一个函数又可以由多种格式进行调用,语句的典型格式可表示为

[返回变量列表]=函数名(输入变量列表)

例如用 step()函数来求取系统的阶跃响应,可由下面的格式调用:

[y,t,x]=step(A,B,C,D)

其中变量 A、B、C、D 表示系统四联矩阵,y 表示计算所得输出,t 为响应时间区间,x 为计算所得状态变量。

6.2.4 语句以“%”开始和以分号“;”结束的特殊效用

在MATLAB中以“%”开始的程序行,表示注解和说明。符号“%”类似于C++中的“//”。这些注解和说明是不执行的。这就是说,在MATLAB程序行中,出现“%”以后的一切内容都是可以忽略的。

分号用来取消显示,如果语句最后一个符号是分号,则显示功能被取消,但是命令仍在执行,而结果仅送入工作空间区保存,不再在命令窗口或其他窗口中显示。这一点在M文件中大量采用,以抑制不必要的信息显示。

6.2.5 工作空间信息的获取、退出和保存

MATLAB开辟有一个工作空间,用于存取已经产生的变量。变量一旦被定义,MATLAB系统会自动将其保存在工作空间里。在退出程序之前,这些变量将被保留在存储器中。

为了得到工作空间中的变量清单,可以在命令提示符>>后输入who或whos命令,当前存放在工作空间的除固定变量之外的所有变量便会显示在屏幕上。

命令clear能从工作空间中清除所有非永久性变量。如果只需要从工作空间中清除某个特定变量,如“x”,则应输入命令clear x。

当键入“exit”或“quit”时,MATLAB中所有变量将消失。如果在退出以前输入命令save,则所有的变量被保存在磁盘文件matlab.mat中。当再次进入MATLAB时,命令load将使工作空间恢复到以前的状态。

6.2.6 常数与算术运算符

MATLAB采用人们习惯使用的十进制数。如:

3　-99　0.0001　9.6397238　1.60210e-20

6.62252e23　2i　-3.14159i　3e5i

其中,$i=\sqrt{-1}$。

数值的相对精度为eps,它是一个符合IEEE标准的16位长的十进制数,其范围为$10^{-308}\sim10^{308}$。

MATLAB提供了常用的算术运算符:+,-,*,/(\),^(幂指数)。

应该注意:(/)右除法和(\)左除法这两种符号对数值操作时,其结果相同,其斜线下为分母,如1/4与4\1,其结果均为0.25,但对矩阵操作时,左、右除法是有区别的,相当于矩阵的求逆,主要用于解线性代数方程组。方程$AX=B$的解用左除,即$X=A\backslash B=A^{-1}B$;而方程$XA=B$的解用右除,即$X=B/A=BA^{-1}$,实际中,这类方程不多用。

6.2.7 选择输出格式

输出格式是指数据显示的格式,MATLAB提供的format命令可以控制结果矩阵的显示,而不影响结果矩阵的计算和存储。所有计算都是以双精度方式完成的。

(1) 如果矩阵的所有元素都是整数,则矩阵以不带小数点的格式显示。

如输入:

x=[-1　0　1]

则显示

x=

-1　0　1

（2）如果矩阵中至少有一个元素不是整数，则有多种输出格式。常见格式有以下四种：

① format short（短格式，也是系统默认格式）

② format short e（短格式科学表示）

③ format long（长格式）

④ format long e（长格式科学表示）

如：

x=[4/3　1.2345e-6]

对于以上 4 种格式，其显示结果分别为：

x=
1.3333　0.0000　　短格式定点十进制 5 位有效数字表示

x=
1.3333e+00　1.2345e-06　　短格式浮点十进制 5 位有效数字表示

x=
1.33333333333333　0.00000123450000　　长格式定点十进制 15 位有效数字表示

x=
1.33333333333333e+00　1.23450000000000e-06　　长格式浮点十进制 15 位有效数字表示

一旦调用了某种格式，则这种被选用的格式将保持，直到对格式进行了改变为止。

6.2.8　MATLAB 图形窗口

当调用了一个产生图形的函数时，MATLAB 会自动建立一个图形窗口。这个窗口还可分裂成多个窗口，并可在它们之间选择，这样在一个屏上可显示多个图形。

图形窗口中的图形可通过打印机打印出来。若想将图形导出并保存，可用鼠标单击菜单 File→Export，导出格式可选 emf、bmp、jpg 等。另外，命令窗口的内容也可由打印机打印出来：如果事先选择了一些内容，则可打印出所选择的内容；如果没有选择内容，则可打印出整个工作空间的内容。

6.2.9　剪贴板的使用

利用 Windows 的剪贴板可在 MATLAB 与其他应用程序之间交换信息。

（1）要将 MATLAB 的图形移到其他应用程序，首先按 Alt+Print Screen 键，将图形复制到剪贴板中,然后激活其他应用程序,选择 Edit(编辑)菜单中的 Paste(粘贴)命令,就可以在应用程序中得到 MATLAB 中的图形。当然还可以借助于 copy to Bitmap 或 copy to Metafile 选项来传递图形信息。

(2) 要将其他应用程序中的数据传递到 MATLAB,应先将数据放入剪贴板,然后在 MATLAB 中定义一个变量来接收。

如键入:　q=[

然后选择 Edit 菜单中的 Paste 命令,最后加上"]",这样可将应用程序中的数据送入 MATLAB 的 q 变量中。

6.2.10 MATLAB 编程指南

MATLAB 的编程效率比 BASIC、C、FORTRAN 和 PASCAL 等语言要高,且易于维护。在编写小规模的程序时,可直接在命令提示符>>后面逐行输入,逐行执行。对于较复杂且经常重复使用的程序,可按 6.1.3 介绍的方法进入程序编辑器编写 M 文件。

M 文件是用 MATLAB 语言编写的可在 MATLAB 环境中运行的磁盘文件。它分为脚本文件(Script File)和函数文件(Function File),这两种文件的扩展名都是 .m。

(1) 脚本文件是将一组相关命令编辑在一个文件中,也称命令文件。脚本文件的语句可以访问 MATLAB 工作空间中的所有数据,运行过程中产生的所有变量都是全局变量。例如若将前面示范中的语句以 .m 为扩展名存盘,就构成了 M 脚本文件,我们不妨将其文件名取为"Step _ Response"。命令语句为:

```
% 用于求取阶跃响应
A=[0 1;-10 -2];B=[0;1];C=[1 0];D=0;
step(A,B,C,D)
```

在该文件生成后,当你在命令窗口键入 step-Response 并回车时,程序立即运行,并打开一个新的窗口显示阶跃响应曲线,如前图 6-4 所示。

当你键入 help Step _ Response 时,屏幕上将显示文件开头部分的注释:

用于求取阶跃响应

很显然,在每一个 M 文件的开头,建立详细的注释是非常有用的。由于 MATLAB 提供了大量的命令和函数,想记住所有函数及调用方法一般不太可能,通过联机帮助命令 help 可容易地对想查询的各个函数的有关信息进行查询。该命令使用格式为:

help　命令或函数名

注意:若用户把文件存放在自己的工作目录上,在运行之前应该使该目录处在 MATLAB 的搜索路径上。当调用时,只需输入文件名,MATLAB 就会自动按顺序执行文件中的命令。

(2) 函数文件是用于定义专用函数的,文件的第一行以 function 作为关键字引导,后面为注释和函数体语句。其格式如下:

function 返回变量列表=函数名(输入变量列表)
注释说明语句段
函数体语句

函数就像一个黑箱,把一些数据送进去,经加工处理,再把结果送出来。在函数体内使用的除返回变量和输入变量这些在第一行 function 语句中直接引用的变量外,其他所有变量都是局部变量,执行完后,这些内部变量就被清除了。

函数文件的文件名与函数名相同(文件名后缀为 .m),它的执行与命令文件不同,不能键入其文件名来运行函数,M 函数必须由其他语句来调用,赋予它相应的参数方可正确地执行。这类似于 C 语言的可被其他函数调用的子程序。M 函数文件一旦建立,就可以同 MATLAB 基本函数库一样加以使用。

例 6-1　求一系列数的平均数,该函数的文件名为"mean. m"。

```
function    y=mean(x)
% 这是一个用于求平均数的函数
w=length(x);          % length 函数表示取向量 x 的长度(维数)
y=sum(x)/w;           % sum 函数表示求各元素的和
```

该文件第一行为定义行,指明是 mean 函数文件,y 是输出变量,x 是输入变量,其后的%开头的文字段是说明部分。真正执行的函数体部分仅为最后二行。其中变量 w 是局部变量,程序执行完后,便不存在了。

在 MATLAB 命令窗口中键入:

```
>> r=1:10;      % 表示 r 变量取 1~10 共 10 个数
   mean(r)
```

运行结果显示:

```
ans =
       5.5000
```

该例就是直接调用了所建立的 M 函数文件,求取数列 r 的平均数。

6.3　MATLAB 用于控制系统的计算与建模

MATLAB 是国际控制界目前使用最广的工具软件,几乎所有的控制理论与应用分支中都有 MATLAB 工具箱。本节结合前面所学状态空间法的基本内容,采用控制系统工具箱(Control Systems Toolbox),学习 MATLAB 的应用。

6.3.1　用 MATLAB 建立系统数学模型

1. 多项式模型——TF 对象(单输入单输出系统)

线性时不变(LTI)系统的传递函数模型可一般地表示为

$$G(s)=\frac{b_0s^m+b_1s^{m-1}+\cdots+b_{m-1}s+b_m}{s^n+a_1s^{n-1}+\cdots+a_{n-1}s+a_n}\qquad(n\geqslant m)\qquad(6-1)$$

将系统的分子和分母多项式的系数按降幂的方式以行向量的形式输入给两个变量 num 和 den,就可以轻易地将以上传递函数模型输入到 MATLAB 环境中,简称为 TF 模型,命令格式为

$$\mathrm{num}=[\mathrm{b}_0,\mathrm{b}_1,\cdots,\mathrm{b}_{m-1},\mathrm{b}_m]\qquad(6-2)$$

$$\text{den}=[1,a_1,a_2,\cdots,a_{n-1},a_n] \tag{6-3}$$

在MATLAB控制系统工具箱中,定义了tf()函数,它可由传递函数分子、分母给出的变量构造出单个的传递函数TF对象,从而使得系统模型的输入和处理更加方便。

该函数的调用格式为

$$G=\text{tf}(\text{num},\text{den}) \tag{6-4}$$

例6-2 在MATLAB中将$G(s)$创建为TF对象。给出一个简单的传递函数模型

$$G(s)=\frac{s+5}{s^4+2s^3+3s^2+4s+5}$$

可以由下面的命令输入到MATLAB工作空间中去。

```
>> num=[1,5];                  %输入传递函数分子多项式
   den=[1,2,3,4,5];            %输入传递函数分母多项式
   G=tf(num,den)               %创建G(s)为TF对象
```

运行结果:

```
   Transfer function:
            s + 5
   ----------------------------
   s^4 + 2s^3 + 3s^2 + 4s + 5
```

这时对象G可以用来描述给定传递函数的TF模型,作为其他函数调用的变量。

例6-3 一个稍微复杂一些的传递函数模型

$$G(s)=\frac{6(s+5)}{(s^2+3s+1)^2(s+6)}$$

该传递函数的TF模型可以通过下面的语句输入到MATLAB工作空间。

```
>> num=6*[1,5];                                   %输入传递函数分子多项式
   den=conv(conv([1,3,1],[1,3,1]),[1,6]);         %输入传递函数分母多项式
   tf(num,den)                                    %创建G(s)为TF对象
```

运行结果:

```
   Transfer function:
                  6 s + 30
   ----------------------------------------
   s^5 + 12 s^4 + 47 s^3 + 72 s^2 + 37 s + 6
```

其中,conv()函数(标准的MATLAB函数)用来计算两个向量的卷积,多项式乘法当然也可以用这个函数来计算。该函数允许任意地多层嵌套,从而表示复杂的计算。

2. 零极点模型——ZPK对象(单输入单输出系统)

线性时不变(LTI)系统的传递函数还可以写成零极点的形式

$$G(s)=k\frac{(s+z_1)(s+z_2)\cdots(s+z_m)}{(s+p_1)(s+p_2)\cdots(s+p_n)} \quad (n\geqslant m) \tag{6-5}$$

将系统增益、零点和极点以列向量的形式输入给3个变量K、Z和P,就可以将系统的零极点模型输入到MATLAB工作空间中,简称为ZPK模型,命令格式为

$$K = k \tag{6-6}$$

$$Z = [-z_1; -z_2; \cdots; -z_m] \tag{6-7}$$

$$P = [-p_1; -p_2; \cdots; -p_n] \tag{6-8}$$

在 MATLAB 控制工具箱中,定义了 zpk( ) 函数,由它可通过以上 3 个 MATLAB 变量构造出单个的传递函数 ZPK 对象,用于简单地表述零极点模型。该函数的调用格式为

$$G = \mathrm{zpk}(Z,P,K) \tag{6-9}$$

例 6-4　在 MATLAB 中将 $G(s)$ 创建为 ZPK 对象。给出某系统的零极点模型为

$$G(s) = 6\frac{(s+1.9294)(s+0.0353 \pm 0.9287j)}{(s+0.9567 \pm 1.2272j)(s-0.0433 \pm 0.6412j)}$$

该模型可以由下面的语句输入到 MATLAB 工作空间中。

```
>> K=6;                          %输入传递函数的增益、零点、极点
   Z=[-1.9294;-0.0353+0.9287j;-0.0353-0.9287j];
   P=[-0.9567+1.2272j;-0.9567-1.2272j;0.0433+0.6412j;0.0433-0.6412j];
   G=zpk(Z,P,K)                  %创建 G(s) 为 ZPK 对象
```

运行结果:

```
Zero/pole/gain:
   6 (s+1.929) (s^2 + 0.0706s + 0.8637)
   -----------------------------------------------------------------
   (s^2-0.0866s+0.413) (s^2 + 1.913s + 2.421)
```

注意:对于单变量系统,其零极点均是用列向量来表示的,故 Z、P 变量中各项均用分号(;)隔开。

3. 状态空间模型——SS 对象(含多输入多输出系统)

线性连续系统的状态空间表达式可用四联矩阵简记为

$$\Sigma(\boldsymbol{A},\boldsymbol{B},\boldsymbol{C},\boldsymbol{D})$$

因此,在 MATLAB 中可直接将四联矩阵输入到相应的 4 个常数矩阵 A,B,C,D 中作为状态空间模型,简称为 SS 对象。另外,为了在调用中方便,可输入以下命令

$$Gss = ss(A,B,C,D) \tag{6-10}$$

将四联矩阵创建为一个整体的 SS 对象。

例 6-5　在 MATLAB 中创建状态空间模型。设线性系统的状态空间表达式为

$$\begin{cases} \begin{bmatrix} \dot{x}_1 \\ \dot{x}_2 \end{bmatrix} = \begin{bmatrix} 0 & 1 \\ -2 & -3 \end{bmatrix}\begin{bmatrix} x_1 \\ x_2 \end{bmatrix} + \begin{bmatrix} 1 & 0 \\ 2 & 0 \end{bmatrix}\begin{bmatrix} u_1 \\ u_2 \end{bmatrix} \\ \begin{bmatrix} y_1 \\ y_2 \end{bmatrix} = \begin{bmatrix} 0 & 3 \\ 1 & 3 \end{bmatrix}\begin{bmatrix} x_1 \\ x_2 \end{bmatrix} + \begin{bmatrix} 1 & 0 \\ 0 & 2 \end{bmatrix}\begin{bmatrix} u_1 \\ u_2 \end{bmatrix} \end{cases}$$

该 LTI 对象可以由下面 MATLAB 语句创建为 SS 模型。

```
>>A=[0  1;-2  -3];               %输入状态空间矩阵
  B=[0  1;2  0];
```

```
C=[0  3;1  3];
D=[1  0;0  2];
Gss=ss(A,B,C,D)                %创建状态空间SS对象
```

结果显示:

```
a =                            b =
        x1    x2                       u1    u2
   x1    0     1                  x1    0     1
   x2   -2    -3                  x2    2     0

c =                            d =
        x1    x2                       u1    u2
   y1    0     3                  y1    1     0
   y2    1     3                  y2    2     0

Continuous-time model
```

4. 创建多变量系统传递函数阵

在MATLAB新版本中,数据的类型增加了单元型(cell)数据,可以用于各类混合数据的编程。对于多变量系统的传递函数阵,矩阵中每个元素不是简单的数值型数据,则利用这种单元型数据形式,可以将传递函数阵输入到MATLAB中。最简单的方法是逐个写出传递函数阵中各个元素的TF或ZPK对象,然后按顺序输入传递函数阵。

例6-6 已知多变量系统的传递函数阵为

$$\boldsymbol{G}(s)=\begin{bmatrix}\dfrac{1}{s+1} & 0 & \dfrac{s-1}{(s+1)(s+2)}\\[2ex] \dfrac{-1}{s-1} & \dfrac{1}{s+2} & \dfrac{1}{s+2}\end{bmatrix}$$

我们可以由下面的MATLAB语句简单地输入这个模型的TF对象。

```
>>G11=tf(1,[1 1]);G12=0;G13=tf([1 -1],conv([1 1],[1 2]));  %创建单元型数据为TF对象
  G21=tf(-1,[1 -1]);G22=tf(1,[1 2]);G23=tf(1 ,[1 2]);      %创建单元型数据为TF对象
  G=[G11 G12 G13;G21 G22 G23]                               %创建传递函数阵G
```

也可以按ZPK对象输入这个传递函数阵:

```
>>G11=zpk ([ ],[-1],1);G12=0;G13=zpk(1,[-1 -2],1);         %创建单元型数据为ZPK对象
  G21=zpk([ ],1,-1);G22=zpk([ ],-2,1);G23=zpk([ ],-2,1);   %创建单元型数据为ZPK对象
  G1=[G11 G12 G13;G21 G22 G23]                              %创建传递函数阵G1
```

结果显示G: 结果显示G1:

```
Transfer function from input 1 to output...   Zero/pole/gain from input 1 to output...
```

```
#1:       1                        #1:       1
     ---------------                   ---------------
        s + 1                              (s + 1)

#2:      -1                        #2:      -1
     ---------------                   ---------------
        s - 1                              (s - 1)
```

Transfer function from input 2 to output...　　Zero/pole/gain from input 2 to output...

```
#1:       0                        #1:       0
#2:       1                        #2:       1
     ---------------                   ---------------
        s + 2                              (s + 2)
```

Transfer function from input 3 to output...　　Zero/pole/gain from input 3 to output...

```
#1:      s - 1                     #1:       ( s - 1)
     --------------------------        ----------------------------
       s^2 + 3s + 2                       (s + 1)(s + 2)
#2:       1                        #2:       1
     ---------------                   ---------------
        s + 2                              (s + 2)
```

6.3.2　模型之间的转换

1. 由传递函数转换为状态空间表达式——系统的实现

由于状态选择的非唯一性，对于同一系统，可实现许多状态空间表达式。以下讨论的 MATLAB 命令只给出一种可能的状态空间表达式。

在控制系统工具箱中，定义的 ss( ) 函数，不仅可以直接创建 SS 模型，而且它可以从给定的 LTI 对象 G 得出等效的状态空间 SS 对象。

(1) 若闭环系统的传递函数可写为多项式形式

$$G(s)=\frac{\text{含 } s \text{ 的 } m \text{ 阶分子多项式}}{\text{含 } s \text{ 的 } n \text{ 阶分母多项式}}=\frac{\text{num}}{\text{den}}\quad (n \geqslant m)$$

则函数 ss( ) 的调用格式为

$$\text{Gss}=\text{ss}(\text{G}) \tag{6-11}$$

当 $n>m$ 时，实现的系统直联矩阵 $\boldsymbol{D}=0$。

(2) 若系统传递函数可写为零极点形式

$$G_1(s)=k\frac{(s+z_1)(s+z_2)\cdots(s+z_m)}{(s+p_1)(s+p_2)\cdots(s+p_n)}=\text{K}\cdot\frac{\text{Z}}{\text{P}}$$

则函数 ss( ) 的调用格式为

$$\text{Gss}=\text{ss}(\text{G1}) \tag{6-12}$$

例6-7　已知系统的闭环传递函数为

$$G(s)=\frac{s^3+12s^2+44s+48}{s^4+16s^3+86s^2+176s+105}=\frac{(s+2)(s+4)(s+6)}{(s+1)(s+3)(s+5)(s+7)}$$

根据传递函数的多项式形式TF模型,状态空间SS对象可用以下命令得出:

```
>> num=[1 12 44 48];                %输入传递函数分子多项式
   den=[1 16 86 176 105];           %输入传递函数分母多项式
   G=tf(num,den);                   %创建G(s)为TF对象
   Gss=ss(G)                        %将TF对象转换为SS对象
```

结果显示:

```
a=                                                b=
          x1        x2        x3        x4                 u1
    x1   -16    -2.688   -0.6875   -0.2051         x1      1
    x2    32         0         0         0         x2      0
    x3     0         8         0         0         x3      0
    x4     0         0         2         0         x4      0
c=                                                d=
          x1        x2        x3        x4                 u1
    y1     1     0.375    0.1719   0.09375         y1      0
Continuous-time model
```

若由传递函数的零极点模型ZPK求状态空间对象SS,则用以下命令得出:

```
>>K=1;                              %输入传递函数的增益
  Z=[-2;-4;-6];                     %输入传递函数的零点
  P=[-1;-3;-5;-7];                  %输入传递函数的极点
  G1=zpk(Z,P,K);                    %创建G(s)的ZPK对象
  Gss=ss(G1)                        %将ZPK对象转换为SS对象
```

注意:ZPK对象各零极点位置排序不同,得到的实现Gss不同。

结果显示:

```
a=                                   b=
        x1    x2    x3    x4                 u1
   x1   -1     1   0.5     2           x1     0
   x2    0    -3   0.5     2           x2     0
   x3    0     0    -5     4           x3     0
   x4    0     0     0    -7           x4     1
c=                                   d=
        x1    x2    x3    x4                 u1
   y1  0.5   0.5  0.25     1           y1     0
Continuous-time model
```

同样,如果系统为多输入多输出的LTI对象,也可以用ss( )函数将多变量系统的传

递函数阵进行状态实现。

例 6-8　试将例6-6中创建的传递函数阵转换成状态方程的 SS 模型。

解：例 6-6 中用下面 MATLAB 语句得出传递函数阵的 TF 模型，然后用 ss( ) 函数进行状态空间实现。

```
>>G11=tf(1,[1 1]); G12=0; G13=tf([1 -1],conv([1 1],[1 2]));   %创建单元型数据为 TF 对象
  G21=tf(-1,[1 -1]); G22=tf(1,[1 2]); G23=tf(1 ,[1 2]);
  G=[G11 G12 G13;G21 G22 G23];                                  %创建 G(s)为传递函数阵
  Gss=ss(G)                                                     %将 G(s)阵转换为 SS 对象
```

显示结果：

```
a =                                              b =
        x1   x2   x3   x4     x5    x6                 u1   u2   u3
   x1   -1    0    0    0      0     0            x1    1    0    0
   x2    0    1    0    0      0     0            x2    1    0    0
   x3    0    0   -2    0      0     0            x3    0    1    0
   x4    0    0    0   -3   -0.5     0            x4    0    0    1
   x5    0    0    0    4      0     0            x5    0    0    0
   x6    0    0    0    0      0    -2            x6    0    0    1
c =                                              d =
        x1   x2   x3   x4     x5    x6                 u1   u2   u3
   y1    1    0    0    1  -0.25     0            y1    0    0    0
   y2    0   -1    1    0      0     1            y2    0    0    0
Continuous-time model
```

由该例的结果可见，状态实现是 6 阶的，显然是一个非最小实现。

(3) 最小实现。在系统的实现模型中，往往出现阶次高于原系统阶次的现象。如何求取最小实现，当系统模型为传递函数 ZPK 对象时，可直接采用零极点对消法。然而对多变量系统或由状态空间 SS 对象给出的系统，求解系统的最小实现问题就不那么直观了。在控制系统工具箱中提供了 minreal( ) 函数，可方便地求出系统 LTI 对象的最小实现，该函数的调用格式为

$$\text{Gm}=\text{mineral}(\text{G}) \tag{6-13}$$

其中，G 为原系统的 LTI 对象，而 Gm 为最小实现后的 LTI 对象。

例 6-9　对例6-8中实现的 6 阶状态空间 SS 对象，求其最小实现。

解：系统的模型为状态空间 SS 对象，求最小实现的 MATLAB 命令为

```
>> A=[-1 0 0 0 0 0;0 1 0 0 0 0;0 0 -2 0 0 0;0 0 0 -3 -0.5 0;0 0 0 4 0 0;0 0 0 0 0 -2];
   B=[1 0 0;1 0 0;0 1 0;0 0 1;0 0 0;0 0 1];
   C=[1 0 0 1 -0.25 0;0 -1 1 0 0 1];
   D=zeros(2,3);                      %输入 2×3 零矩阵
   Gss=ss(A,B,C,D);                   %创建原系统 SS 对象
   Gm=mineral(Gss)                    %求最小实现
```

显示结果：

```
2 states removed.

a =
            x1        x2        x3        x4
   x1   0.9789   -0.2417  -0.05032   0.02024
   x2  -0.1469     -2.03   -0.1589    -1.373
   x3 -0.07381    -0.655     1.581     0.766
   x4    0.121   -0.1248    0.9842   -0.5303

b =
            u1            u2        u3
   x1    1.087     7.564e-068   0.01086
   x2   0.5703         0.1604     1.017
   x3   0.2864        -0.9172   -0.1951
   x4  -0.4697        -0.3647    0.9381

c =
            x1       x2       x3       x4
   y1   0.1141    1.223   0.2937  -0.2006
   y2  -0.9947   0.7191       -1  0.08991

d =
       u1  u2  u3
   y1   0   0   0
   y2   0   0   0

Continuous-time model.
```

显示结果中首先提示用户'2 states removed.'(两个状态被取消)。该实现为4阶的。

2. 由状态空间表达式转换为传递函数阵

(1) 由SS对象转化为TF对象。

状态空间模型$\Sigma(\boldsymbol{A},\boldsymbol{B},\boldsymbol{C},\boldsymbol{D})$与传递函数阵$\boldsymbol{G}(s)$的关系满足以下运算：

$$\boldsymbol{G}(s)=\boldsymbol{C}(s\boldsymbol{I}-\boldsymbol{A})^{-1}\boldsymbol{B}+\boldsymbol{D}$$

在控制系统工具箱中,定义的tf( )函数不仅能把TF的二联向量(num,den)创建为TF对象,也可以将SS对象的四联矩阵($\boldsymbol{A},\boldsymbol{B},\boldsymbol{C},\boldsymbol{D}$)转换为TF对象,调用的格式为

$$\text{G=tf(Gss)} \tag{6-14}$$

例6-10 单输入/单输出系统的状态空间表达式为

$$\begin{cases}\dot{\boldsymbol{x}}=\begin{bmatrix}0 & 1 & 0\\ -4 & -1 & 1\\ 0 & 0 & -20\end{bmatrix}x+\begin{bmatrix}0\\0\\20\end{bmatrix}u\\ \boldsymbol{y}=\begin{bmatrix}1 & 0 & 0\end{bmatrix}\boldsymbol{x}\end{cases}$$

其相应的传递函数 TF 模型可由下面 MATLAB 命令得出。

```
>>A=[0 1 0;-4 -1 1;0 0 -20];            %输入状态空间矩阵
  B=[0;0;20];
  C=[1 0 0];
  D=0;
  Gss=ss(A,B,C,D);                       %创建 SS 对象
  G=tf(Gss)                              %将 SS 对象转换成 TF 对象
```

显示结果：

```
    Transfer function:
               20
  -----------------------------
  s^3 + 21s^2 + 24s + 80
```

(2) 由 SS 对象转为 ZPK 模型。

同样，对于函数 zpk()的定义，不仅能将 ZPK 对象的三联向量(Z,P,K)创建为 ZPK 对象，也可以将 SS 对象的四联矩阵($\boldsymbol{A},\boldsymbol{B},\boldsymbol{C},\boldsymbol{D}$)转换为 ZPK 对象，其调用格式为

$$G1=zpk(Gss) \tag{6-15}$$

例 6-11　单输入/单输出系统的状态空间表达式为

$$\begin{cases}\dot{\boldsymbol{x}}=\begin{bmatrix}0 & 1 & 0\\0 & 0 & 1\\-160 & -56 & -14\end{bmatrix}x+\begin{bmatrix}0\\1\\-14\end{bmatrix}u\\ y=\begin{bmatrix}1 & 0 & 0\end{bmatrix}\boldsymbol{x}\end{cases}$$

相应的传递函数 ZPK 模型可由以下 MATLAB 命令求得。

```
>> A=[0 1 0;0 0 1;-160 -56 -14];        %输入状态空间矩阵
   B=[0;1;-14];
   C=[1 0 0];
   D=0;
   Gss=ss(A,B,C,D);                      %创建 SS 对象
   G1=zpk(Gss)                           %将 SS 对象转换成 ZPK 对象
```

显示结果：

```
    Zero/pole/gain:
                  s
    --------------------------
    (s+ 10) (s^2 + 4s + 16)
```

例 6-12　已知系统的状态空间表达式为

$$\begin{cases}\begin{bmatrix}\dot{x}_1\\ \dot{x}_2\end{bmatrix}=\begin{bmatrix}0 & 1\\-2 & -3\end{bmatrix}\begin{bmatrix}x_1\\x_2\end{bmatrix}+\begin{bmatrix}1 & 0\\0 & 1\end{bmatrix}\begin{bmatrix}u_1\\u_2\end{bmatrix}\\ \begin{bmatrix}y_1\\y_2\end{bmatrix}=\begin{bmatrix}0 & 1\\1 & 0\end{bmatrix}\begin{bmatrix}x_1\\x_2\end{bmatrix}\end{cases}$$

相应传递函数阵 $\boldsymbol{G}(s)$ 的 TF(或 ZPK)对象可由以下 MATLAB 命令得出。

```
>>A=[0 1;-2 -3];                                   %输入状态空间矩阵
  B=[1 0;0 1];
  C=[0 1;1 0];
  D=[0 0;0 0];
  Gss=ss(A,B,C,D);                                 %创建SS对象
  G=tf(Gss)       或       G1=zpk(Gss)             %将SS对象转换成TF或ZPK对象
```

显示结果 G:

```
Transfer function from input 1 to output...
 #1:          - 2
       ----------------------
          s^2 + 3s + 2
 #2:        s + 3
       ----------------------
          s^2 + 3s + 2
Transfer function from input 2 to output...
 #1:           s
       ----------------------
          s^2 + 3s + 2
 #2:           1
       ----------------------
          s^2 + 3s + 2
```

或显示结果 G1:

```
Zero/pole/gain from input 1 to output...
 #1:           -2
       ----------------------
          (s + 1)(s + 2)
 #2:        (s + 3)
       ----------------------
          (s + 1)(s + 2)
Zero/pole/gain from input 2 to output...
 #1:            s
       ----------------------
          (s + 1)(s + 2)
 #2:            1
       ----------------------
          (s + 1)(s + 2)
```

6.3.3 子系统的连接

一个控制系统通常由多个元部件相互连接组成,其中每个元部件都可以用一组微分方程或一个传递函数来描述,构成系统结构图中的子系统模型。基于结构图的互连信息,可以从子系统模型的描述来建立控制系统模型,下面仅讨论3种基本互联模型——串联、并联和反馈连接,并演示如何使用控制系统工具箱中的命令互联以 TF、ZPK 和 SS 形式给出的模型。

设给定两个子系统分别为

$$\Sigma_1(\boldsymbol{A}_1,\boldsymbol{B}_1,\boldsymbol{C}_1,\boldsymbol{D}_1),\qquad \Sigma_2(\boldsymbol{A}_2,\boldsymbol{B}_2,\boldsymbol{C}_2,\boldsymbol{D}_2)$$

1. 子系统串联

子系统串联的结构图如图 6-5 所示,其合成后的系统状态空间表达式为

$$\begin{cases}\begin{bmatrix}\dot{\boldsymbol{x}}_1\\ \dot{\boldsymbol{x}}_2\end{bmatrix}=\begin{bmatrix}\boldsymbol{A}_1 & 0\\ \boldsymbol{B}_2\boldsymbol{C}_1 & \boldsymbol{A}_2\end{bmatrix}\begin{bmatrix}\boldsymbol{x}_1\\ \boldsymbol{x}_2\end{bmatrix}+\begin{bmatrix}\boldsymbol{B}_1\\ \boldsymbol{B}_2\boldsymbol{D}_1\end{bmatrix}\boldsymbol{u}_1\\ \boldsymbol{y}_2=[\boldsymbol{D}_2\boldsymbol{C}_1\quad \boldsymbol{C}_2]\begin{bmatrix}\boldsymbol{x}_1\\ \boldsymbol{x}_2\end{bmatrix}+\boldsymbol{D}_2\boldsymbol{D}_1\boldsymbol{u}_1\end{cases}\tag{6-16}$$

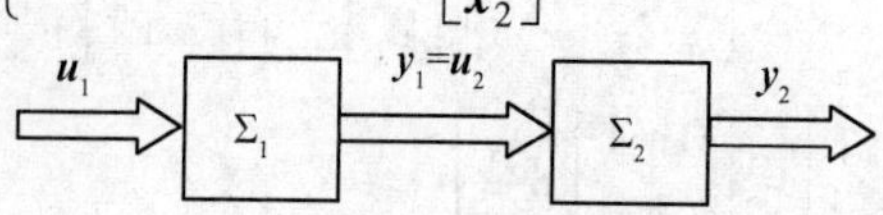

图 6-5 子系统串联

当相串联的各子系统在 MATLAB 中由任一种形式的 LTI 对象表出时，串联合成后等效的 LTI 对象可由以下 MATLAB 运算给出：

$$\begin{cases}\text{TF 对象:} & G = G2 * G1 \\ \text{ZPK 对象:} & Gzpk = G2zpk * G1zpk \\ \text{SS 对象:} & Gss = G2ss * G1ss\end{cases} \tag{6-17}$$

当系统为单变量对象时，两个子系统模型前后位置可以互换，但对多变量系统来说一般是不允许互换的。

2. 子系统并联

两个子系统并联的结构图如图 6-6 所示，其合成后的系统状态空间表达式为

$$\begin{cases}\begin{bmatrix}\dot{\boldsymbol{x}}_1 \\ \dot{\boldsymbol{x}}_2\end{bmatrix} = \begin{bmatrix}\boldsymbol{A}_1 & 0 \\ 0 & \boldsymbol{A}_2\end{bmatrix}\begin{bmatrix}\boldsymbol{x}_1 \\ \boldsymbol{x}_2\end{bmatrix} + \begin{bmatrix}\boldsymbol{B}_1 \\ \boldsymbol{B}_2\end{bmatrix}\boldsymbol{u} \\ \boldsymbol{y}_2 = [\boldsymbol{C}_1 \quad \boldsymbol{C}_2]\begin{bmatrix}\boldsymbol{x}_1 \\ \boldsymbol{x}_2\end{bmatrix} + (\boldsymbol{D}_2 + \boldsymbol{D}_1)\boldsymbol{u}\end{cases} \tag{6-18}$$

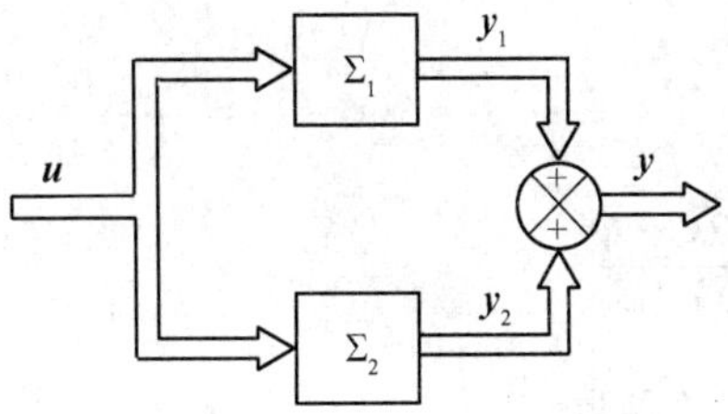

图 6-6　子系统并联

当并联的各子系统在 MATLAB 中由任一种形式的 LTI 对象表示出时，并联合成后等效的 LTI 对象可由以下 MATLAB 运算给出：

$$\begin{cases}\text{TF 对象:} & G=G1+G2 \\ \text{ZPK 对象:} & Gzpk=G1zpk+G2zpk \\ \text{SS 对象:} & Gss=G1ss+G2ss\end{cases} \tag{6-19}$$

3. 子系统反馈连接

典型的反馈系统结构图如图 6-7 所示，设子系统的系数矩阵 $\boldsymbol{D}_1=\boldsymbol{D}_2=0$，合成后反馈系统的状态空间表达式为

$$\begin{cases}\begin{bmatrix}\dot{\boldsymbol{x}}_1 \\ \dot{\boldsymbol{x}}_2\end{bmatrix} = \begin{bmatrix}\boldsymbol{A}_1 & -\boldsymbol{B}_1\boldsymbol{C}_2 \\ \boldsymbol{B}_2\boldsymbol{C}_1 & \boldsymbol{A}_2\end{bmatrix}\begin{bmatrix}\boldsymbol{x}_1 \\ \boldsymbol{x}_2\end{bmatrix} + \begin{bmatrix}\boldsymbol{B}_1 \\ 0\end{bmatrix}\boldsymbol{u} \\ \boldsymbol{y}_2 = [\boldsymbol{C}_1 \quad 0]\begin{bmatrix}\boldsymbol{x}_1 \\ \boldsymbol{x}_2\end{bmatrix}\end{cases} \tag{6-20}$$

当子系统均为 LTI 对象的 TF、ZPK 和 SS 中某一形式时，MATLAB 工具箱中提供了

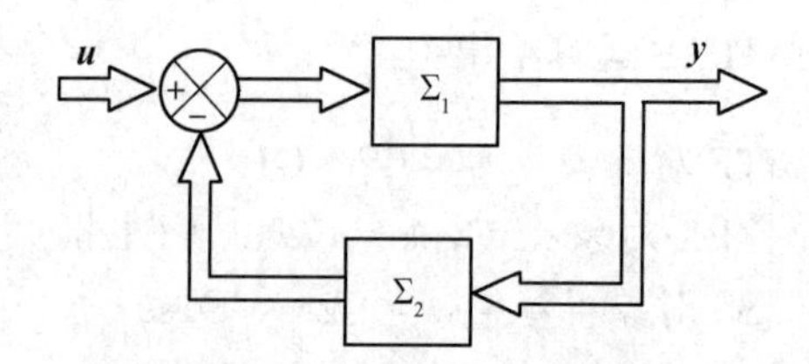

图 6-7　子系统反馈连接

feedback( )函数,用来求取反馈连接下合成的系统等效 LTI 模型,其调用格式为

$$\begin{cases}\text{TF 对象:} & G=\text{feedback}(G1,G2,\text{sign})\\ \text{ZPK 对象:} & Gzpk=\text{feedback}(G1zpk,G2zpk,\text{sign})\\ \text{SS 对象:} & Gss=\text{feedback}(G1ss,G2ss,\text{sign})\end{cases} \tag{6-21}$$

其中,变量 sign 用来表示正反馈或负反馈结构,sign=-1 表示负反馈系统的模型,若省略 sign 变量,则仍将表示负反馈结构;sign=+1 表示正反馈。

例 6-13　已知系统的串/并联结构如图 6-8 所示,其中:

$$G_1(s)=\frac{2s+3}{5s^2+2s+2},\qquad G_2(s)=\frac{5(s+2)}{(s+0.5)(s+8)};$$

$$G_3(s)=\frac{2s+6}{s^2+s+8},\qquad G_4(s)=\frac{(s+4)}{(s+1)(s^2+4s+1)}$$

试求合成系统的等效传递函数。

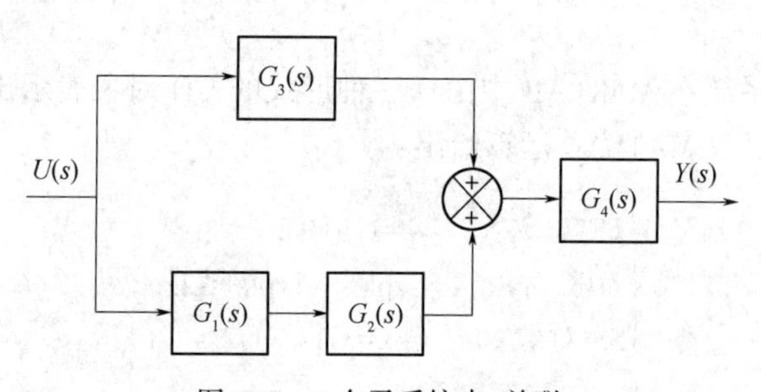

图 6-8　4 个子系统串/并联

解:在 MATLAB 中对于传递函数对象,进行相乘和相加的运算时,TF 形式和 ZPK 形式的子系统可以混合应用,不必化为统一模式,但运算结果一定会是 ZPK 模式。该系统运算的 MATLAB 命令为:

```
>> G1=tf([2 3],[5 2 2]);                      %将子系统 G1(s)创建为 TF 对象
   G2=zpk(-2,[-0.5; -8],5);                  %将子系统 G2(s)创建为 ZPK 对象
   G3=tf([2 6],[1 1 8]);                      %将子系统 G3(s)创建为 TF 对象
   G4=tf([1 4],conv([1 1],[1 4 1]));          %将子系统 G4(s)创建为 TF 对象
   G=G4*(G3+G2*G1)                            %求合成系统的等效传递函数
```

显示结果:

```
Zero/pole/gain:
s(s + 4)(s + 2.833)(s+9.057)(s + 0.9049)(s^2 + 0.1046s + 1.24)
---------------------------------------------------------------------
(s+3.732)(s+8)(s+1)(s+0.5)(s+0.2679)(s^2+0.4s+0.4)(s^2+s+8)
```

例 6-14　已知两个子系统的状态空间模型：

$$\boldsymbol{A}_1=\begin{bmatrix}0 & 1\\ -3 & -5\end{bmatrix},\quad \boldsymbol{B}_1=\begin{bmatrix}0\\ 1\end{bmatrix},\quad \boldsymbol{C}_1=[1\quad 2],\quad \boldsymbol{D}_1=[0]$$

$$\boldsymbol{A}_2=\begin{bmatrix}-3 & 1\\ 0 & -4\end{bmatrix},\quad \boldsymbol{B}_2=\begin{bmatrix}0\\ 4\end{bmatrix},\quad \boldsymbol{C}_2=[3\quad 0],\quad \boldsymbol{D}_2=[2]$$

试分别计算以串联、并联、负反馈连接 3 种方式互联的状态空间模型。

解：系统的 MATLAB 命令为：

```
>>A1=[0 1;-3 -5]; B1=[0;1]; C1=[1 2];D1=0;    %输入 G1ss 的状态空间矩阵
  G1ss=ss (A1,B1,C1,D1);                      %创建 G1ss 为 SS 对象
  A2=[-3 1;0 -4]; B2=[0;4]; C2=[3 0];D2=2;    %输入 G2ss 的状态空间矩阵
  G2ss=ss(A2,B2,C2,D2);                       %创建 G2ss 为 SS 对象
  Gs=G2ss * G1ss                              %串联的 SS 对象
  Gp=G1ss+G2ss                                %并联的 SS 对象
  Gf=feedback(G1ss,G2ss)                      %负反馈连接的 SS 对象
```

串联结果显示：

```
a =                                   b =
       x1   x2   x3   x4                     u1
  x1   -3    1    0    0                x1   0
  x2    0   -4    4    8                x2   0
  x3    0    0    0    1                x3   0
  x4    0    0   -3   -5                x4   1
c =                                   d =
       x1   x2   x3   x4                     u1
  y1    3    0    2    4                y1   0
Continuous-time model
```

并联结果显示：

```
a =                                   b =
       x1   x2   x3   x4                     u1
  x1    0    1    0    0                x1   0
  x2   -3   -5    0    0                x2   1
  x3    0    0   -3    1                x3   0
  x4    0    0    0   -4                x4   4
```

```
c =                          d =
       x1  x2  x3  x4               u1
   y1   1   2   3   0           y1   2
Continuous-time model
```

反馈结果显示:

```
a =                            b =
        x1   x2   x3   x4              u1
   x1    0    1    0    0         x1    0
   x2   -5   -9   -3    0         x2    1
   x3    0    0   -3    1         x3    0
   x4    4    8    0   -4         x4    0
c =                            d =
       x1  x2  x3  x4                  u1
   y1   1   2   0   0             y1    0
Continuous-time model
```

实际上子系统的连接,各子系统的模型形式可以任意取,即使子系统中有两种不同形式的模型,MATLAB都能够按串联、并联、反馈规律进行运算,但最终的结果一般优先随SS模型子系统模式,若子系统中没有SS模式,则随ZPK模式,最后才是TF模式。虽然不同的模型可以同时在运算中应用,最终若转化为传递函数模型,结果一定是相同的。

例6-15　若反馈系统为更复杂的结构如图6-9所示。其中

$$G_1(s)=\frac{s^3+7s^2+24s+24}{s^4+10s^3+35s^2+50s+24}$$

$$G_2(s)=\frac{10s+5}{s},H(s)=\frac{1}{0.01s+1}$$

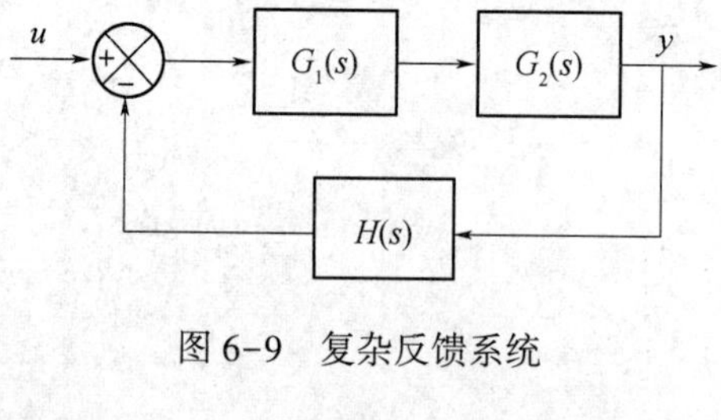

图6-9　复杂反馈系统

则闭环系统的传递函数可以由下面的MATLAB命令得出。

```
>> G1=tf([1,7,24,24],[1,10,35,50,24]);    %创建前向子系统G1为TF对象
   G2=tf([10,5],[1,0]);                   %创建前向子系统G2为TF对象
   H=tf([1],[0.01,1]);                    %创建反馈子系统H为TF对象
   Gf=feedback(G1*G2,H)                   %求闭环反馈系统的传递函数
```

得到结果:

```
Transfer function:
0.1 s^5 + 10.75 s^4 + 77.75 s^3 + 278.6 s^2 + 361.2 s + 120
------------------------------------------------------------------
0.01 s^6 + 1.1 s^5 + 20.35 s^4 + 110.5 s^3 + 325.2 s^2 + 384 s + 120
```

一般情况下,若求系统的传递函数模型,则应先将各子系统模型创建为 TF 对象或 ZPK 对象,然后再进行合成运算。

如果要求 SS 模型,由于状态的非唯一性,若系统已是 SS 对象,则不要化为 TF 对象进行计算,否则在相互转化中出现非最小实现,使 SS 模型复杂。

6.3.4 系统的零点、极点及特征多项式

系统的零、极点分析是系统性能分析的重要依据。在 MATLAB 中,提供了方便的求系统零、极点的 M 函数,对任意阶次的系统都可以简洁地求出。

1. 在 MATLAB 中创建特征多项式

特征多项式在传递函数 TF 对象中,是指其分母多项式 den,而对于状态空间 SS 对象,则表示为 $|\lambda \boldsymbol{I}-\boldsymbol{A}|$。在同一系统中,两者显然是等价的。即

$$\text{den} \Leftrightarrow |\lambda \boldsymbol{I}-\boldsymbol{A}| \tag{6-22}$$

显然,通过传递函数的极点获取 den 或者通过状态方程的 $\boldsymbol{A}$ 阵获取 $|\lambda \boldsymbol{I}-\boldsymbol{A}|$,均可以达到创建特征多项式的目的。

在 MATLAB 中,提供了以下命令,可以直接创建特征多项式的系数行向量,即

$$\text{den=poly(p)} \tag{6-23}$$

$$\text{den=poly(A)} \tag{6-24}$$

式中, p 为传递函数的极点向量;A 为状态方程的系统矩阵。

例 6-16　设系统矩阵

$$\boldsymbol{A}=\begin{bmatrix} 0 & 1 & 0 \\ 0 & 0 & 1 \\ -6 & -11 & -6 \end{bmatrix}$$

则函数 poly( )可以计算出矩阵的特征多项式的系数,即

```
>> A=[0 1 0 ;0 0 1 ;-6 -11 -6];        %输入矩阵 A
   den=poly(A)                          %求矩阵 A 的特征多项式系数
```

显示结果:

```
den=
      1.0000    6.0000    11.0000    6.0000
```

对应的特征多项式为

$$s^3+6s^2+11s+6$$

另外,如果已知系统的特征值 $\lambda_1=-1,\lambda_2=-2,\lambda_3=-3$。则函数 poly( )同样可以计算出相应的特征多项式的系数向量。即

```
>> p=[-1;-2 ;-3];                 %输入系统的特征值列向量
   den=poly(p)                    %求特征多项式系数行向量
```

显示结果:

```
den=
      1   6   11   6
```

可见,特征值向量 p 表示的就是系统矩阵 A 的特征值。

2. MATLAB 求特征值

设 den 是特征多项式的系数行向量,则 MATLAB 函数 roots( )可以直接求出特征方程在复数范围内的根。该函数的调用格式为

p=roots(den) (6-25)

显然,函数 roots( )与函数 poly( )是互为逆运算的。按照惯例,MATLAB 将多项式的根用列向量的方式存放。

例 6-17 已知系统的特征方程为

$$s^3+6s^2+11s+6=0$$

特征方程的解可由下面的 MATLAB 命令得出:

```
>>den=[1,6,11,6];            %输入特征多项式系数
  p=roots(den)               %求特征根
```

显示结果:

```
p=
    -3.0000
    -2.0000
    -1.0000
```

利用多项式求根函数 roots( ),不仅可以方便地求出系统的极点,也可以用于求传递函数的零点。根据求得的零极点分析系统的性能。

另外,对于状态空间对象的分析,MATLAB 还提供了一个函数 eig( ),可以直接计算矩阵 $\boldsymbol{A}$ 的特征值。其调用格式为

p=eig(A) (6-26)

例如对例 6-16 中的 $\boldsymbol{A}$ 阵,计算特征值可直接用下面命令:

```
>>A=[0 1 0 ;0 0 1; -6 -11 -6];
  p=eig(A)
```

结果显示:

```
p=
    -1.0000
    -2.0000
    -3.0000
```

可见,利用两种方法所得到的矩阵 $\boldsymbol{A}$ 的特征值是相同的。

3. 多项式求值

在 MATLAB 中,通过函数 polyval( )和 polyvalm( )可以求出多项式在给定点 x 的值。两者的调用格式为:

polyval(den,x) (6-27)

polyvalm(den,x) (6-28)

例如对上例中的特征多项式 den,求取多项式在 x 点的值,可输入如下命令:

```
>>den=[1 6 11 6];
  x=1;
  polyval(den,x)
```

结果显示：

```
ans=
    24
```

若求取多项式在向量 **x** 点的值，可输入如下命令：

```
>>x=[1,2,3,4];
  polyvalm(den, x)
```

结果显示：

```
ans=
    24   60   120   210
```

多项式的变量也可以是一个矩阵，在这种情况下，多项式变为矩阵多项式。设 **x** 取一方阵 **A**，则按上例的多项式可写成

$$\boldsymbol{A}^3+6\boldsymbol{A}^2+11\boldsymbol{A}+6\boldsymbol{I}$$

根据凯莱-哈密顿定理，当 **A** 阵为系统矩阵时，则多项式的值是等于零。

若任取

$$\boldsymbol{A}=\begin{bmatrix}0&1&0\\1&0&1\\1&2&3\end{bmatrix}$$

可用 MATLAB 命令计算矩阵多项式的值。

```
>>A=[0 1 0;1 0 1;1 2 3];          %输入矩阵 A
  den=[1 6 11 6];                 %输入多项式
  polyvalm(den, A)                %计算矩阵多项式的值
```

结果显示：

```
ans=
    13   14     9
    23   31    41
    59   91   145
```

4. 部分分式展开

考虑下列传递函数

$$\frac{M(s)}{N(s)}=\frac{\text{mum}}{\text{den}}=\frac{b_0s^n+b_1s^{n-1}+\cdots+b_{n-1}s+b_n}{a_0s^n+a_1s^{n-1}+\cdots+a_{n-1}s+a_n}$$

式中，$a_0\neq0$，但是 a_i 和 b_j 中某些量可能为零。

MATLAB 函数可将$\dfrac{M(s)}{N(s)}$展开成部分分式，直接求出展开式中的留数、极点和余项。该函数的调用格式为

$$[\text{r},\text{p},\text{k}]=\text{residue}(\text{hum},\text{den}) \tag{6-29}$$

则$\dfrac{M(s)}{N(s)}$的部分分式展开由下式给出：

$$\frac{M(s)}{N(s)}=\frac{r_1}{s+p_1}+\frac{r_2}{s+p_2}+\cdots+\frac{r_n}{s+p_n}+k(s)$$

与式(6-5)比较,上式中$-p_1,-p_2,\cdots,-p_n$为极点,$r_1,r_2,\cdots,r_n$为各极点的留数,$k(s)$为余项。

例 6-18 设传递函数为

$$G(s)=\frac{2s^3+5s^2+3s+6}{s^3+6s^2+11s+6}$$

该传递函数的部分分式展开由以下命令获得:

```
>> num=[2,5,3,6];               %输入分子多项式系数
   den=[1,6,11,6];              %输入分母多项式系数
   [r,p,k]=residue(num,den)     %部分分式展开
```

命令窗口中显示如下结果:

```
r=                 p=                 k=
   -6.0000            -3.0000            2
   -4.0000            -2.0000
    3.0000            -1.0000
```

其中留数为列向量 r,极点为列向量 p,余项为行向量 k。

由此可得出部分分式展开式:

$$G(s)=\frac{-6}{s+3}+\frac{-4}{s+2}+\frac{3}{s+1}+2$$

并可得到该传递函数的一个 SS 对象的对角形实现:

$$\boldsymbol{A}=\begin{bmatrix}-3 & & \\ & -2 & \\ & & -1\end{bmatrix},\boldsymbol{B}=\begin{bmatrix}1\\1\\1\end{bmatrix},\boldsymbol{C}=[-6\quad -4\quad 3],\quad \boldsymbol{D}=2$$

该函数也可以逆向调用,把部分分式展开转变回多项式的 TF 形式,命令格式为

$$[\text{num},\text{den}]=\text{residue}(\text{r},\text{p},\text{k}) \tag{6-30}$$

对上例有:

```
>> [num,den]=residue(r,p,k)
```

结果显示:

```
num=
        2.0000   5.0000   3.0000   6.0000
den=
        1.0000   6.0000   11.0000   6.0000
```

应当指出,如果$-p_j=-p_{j+1}=\cdots=-p_{j+m-1}$,则极点$-p_j$是一个$m$重极点。在这种情况下,部分分式展开式将包括下列诸项:

$$\frac{r_j}{s+p_j}+\frac{r_{j+1}}{(s+p_j)^2}+\cdots+\frac{r_{j+m-1}}{(s+p_j)^m}$$

例 6-19　设传递函数为

$$G(s)=\frac{s^2+2s+3}{(s+1)^3}=\frac{s^2+2s+3}{s^3+3s^2+3s+1}$$

则部分分式展开由以下命令获得：

```
>> p=[-1;-1;-1];                     %输入重极点
   num=[0,1,2,3];                    %输入分子多项式系数
   den=poly(p);                      %输入分母多项式系数
   [r,p,k]=residue(num,den)          %按重特征值部分分式展开
```

结果显示：

```
r=                p=                k=
   1.0000           -1.0000            []
   0.0000           -1.0000
   2.0000           -1.0000
```

其中由 poly( )命令将分母化为标准降幂排列多项式系数向量 den，k=[ ]为空矩阵。由上可得展开式为

$$G(s)=\frac{1}{s+1}+\frac{0}{(s+1)^2}+\frac{2}{(s+1)^3}+0$$

利用展开函数返回的变量 r,p,k,对无重特征值的系统,即可直接得到一个 SS 对象的对角形实现：

$$\boldsymbol{A}=\begin{bmatrix}-p_1 & & & \\ & -p_2 & & \\ & & \ddots & \\ & & & -p_n\end{bmatrix},\boldsymbol{B}=\begin{bmatrix}1\\1\\ \vdots\\1\end{bmatrix},\boldsymbol{C}=[r_1\quad r_2\quad\cdots\quad r_n],\boldsymbol{D}=k$$

当有重特征值时,可写出相应的约当标准型实现。设系统只有 l 重特征值$-p_1$,则

$$\boldsymbol{J}=\begin{bmatrix}-p_1 & 1 & & \\ & -p_1 & \ddots & \\ & & \ddots & 1\\ & & & -p_1\end{bmatrix},\widetilde{\boldsymbol{B}}=\begin{bmatrix}0\\ \vdots\\0\\1\end{bmatrix},\widetilde{\boldsymbol{C}}=[r_1\quad r_2\quad\cdots\quad r_l],\widetilde{\boldsymbol{D}}=k$$

对例 6-19,约当标准型实现为

$$\boldsymbol{J}=\begin{bmatrix}-1 & 1 & 0\\ 0 & -1 & 1\\ 0 & 0 & -1\end{bmatrix},\quad \widetilde{\boldsymbol{B}}=\begin{bmatrix}0\\0\\1\end{bmatrix},\quad \widetilde{\boldsymbol{C}}=[1\quad 0\quad 2],\widetilde{\boldsymbol{D}}=0$$

6.3.5　状态的线性变换与标准型

1. 状态空间 SS 对象的线性变换

令线性变换 $\boldsymbol{x}=\boldsymbol{T}\tilde{\boldsymbol{x}}$ 或 $\tilde{\boldsymbol{x}}=\boldsymbol{T}^{-1}\boldsymbol{x}$,其中 $\boldsymbol{T}$ 为任一非奇异 $n\times n$ 矩阵,则有关系式

$$\widetilde{\boldsymbol{A}}=\boldsymbol{T}^{-1}\boldsymbol{A}\boldsymbol{T},\widetilde{\boldsymbol{B}}=\boldsymbol{T}^{-1}\boldsymbol{B},\widetilde{\boldsymbol{C}}=\boldsymbol{C}\boldsymbol{T},\widetilde{\boldsymbol{D}}=\boldsymbol{D}$$

控制系统工具箱中提供了函数 ss2ss( )来完成状态空间 SS 对象的线性变换,该函数

的调用格式为

$$G1ss = ss2ss(Gss, T^{-1}) \tag{6-31}$$

其中,Gss 为原始的状态空间 SS 对象,$\boldsymbol{T}^{-1}$为变换矩阵 $\boldsymbol{T}$ 的逆阵,在 $\boldsymbol{T}^{-1}$下的变换结果由 G1ss 变量返回。

注意:在本函数的调用中,输入和输出的变量必须都是状态空间 SS 对象,而不可以是其他对象。另外,该函数在 MATLAB 中定义的线性变换与本书中的定义相反,即 $\tilde{\boldsymbol{x}}=\boldsymbol{T}\boldsymbol{x}$ 或 $\boldsymbol{x}=\boldsymbol{T}^{-1}\tilde{\boldsymbol{x}}$,则有关系式为

$$\widetilde{\boldsymbol{A}}=\boldsymbol{T}\boldsymbol{A}\boldsymbol{T}^{-1},\widetilde{\boldsymbol{B}}=\boldsymbol{T}\boldsymbol{B},\widetilde{\boldsymbol{C}}=\boldsymbol{C}\boldsymbol{T}^{-1},\widetilde{\boldsymbol{D}}=\boldsymbol{D}$$

因此,在应用 MATLAB 线性变换函数时,变换阵 $\boldsymbol{T}$ 应以逆阵 $\boldsymbol{T}^{-1}$代入计算。反之,MATLAB 线性变换函数自动产生的变换阵返回时,按本书的定义,应以逆阵 $\boldsymbol{T}^{-1}$看待。

例 6-20 已知系统原始状态空间 SS 模型为

$$\boldsymbol{A}=\begin{bmatrix}0 & 1\\ -2 & -3\end{bmatrix},\boldsymbol{B}=\begin{bmatrix}1\\ 2\end{bmatrix},\boldsymbol{C}=[3\quad 0],\boldsymbol{D}=0$$

若取非奇异变换阵

$$\boldsymbol{T}^{-1}=\begin{bmatrix}0.5 & 0.5\\ 0.5 & -0.5\end{bmatrix}$$

则变换后的状态空间 SS 对象可由以下 MATLAB 命令得到:

```
>> A=[0 1; -2 -3]; B=[1 ; 2]; C=[3 0]; D=0;      %输入系统矩阵
   Gss=ss(A,B,C,D);                               %创建 SS 对象
   T1=[0.5  0.5 ; 0.5  -0.5];                     %输入 T 的逆阵
   G1ss=ss2ss(Gss, T1)                            %对 SS 对象线性变换
```

结果显示:

```
a =                              b =

         x1    x2                       u1
   x1    -2     0                x1    1.5
   x2     3    -1                x2   -0.5


c =                              d =

         x1    x2                       u1
   y1     3     3                y1     0


Continuous-time model
```

2. 化矩阵 A 为对角线标准型

如果系统矩阵 $\boldsymbol{A}$ 的特征值 $\lambda_i(i=1,2,\cdots,n)$互不相同,必存在奇异变换矩阵 $\boldsymbol{T}$,使系统矩阵 $\boldsymbol{A}$ 化为对角标准型。在 MATLAB 中求特征值的函数 eig( ),在前面多项式运算中用来求矩阵 $\boldsymbol{A}$ 的特征值,当采用返回双变量格式时,就可以完成对矩阵 $\boldsymbol{A}$ 的对角化,其调用格式为

$$[T,\ A1]=\mathrm{eig}(A) \tag{6-32}$$

其中返回变量 $\boldsymbol{T}$ 为矩阵 $\boldsymbol{A}$ 相应于 λ_i 的特征向量组成的变换阵；$\boldsymbol{A}1$ 为变换后的对角形阵，也称特征值标准型。该 MATLAB 函数定义得变换关系与本书一致，即

$$\boldsymbol{A}1=\boldsymbol{T}^{-1}\boldsymbol{A}\boldsymbol{T}$$

例 6-21　已知系统的状态空间表达式为

$$\begin{cases}\begin{bmatrix}\dot{x}_1\\ \dot{x}_2\\ \dot{x}_3\end{bmatrix}=\begin{bmatrix}2 & -1 & -1\\ 0 & -1 & 0\\ 0 & 2 & 1\end{bmatrix}\begin{bmatrix}x_1\\ x_2\\ x_3\end{bmatrix}+\begin{bmatrix}7\\ 2\\ 3\end{bmatrix}u\\ y=\begin{bmatrix}1 & 2 & 1\end{bmatrix}\begin{bmatrix}x_1\\ x_2\\ x_3\end{bmatrix}\end{cases}$$

可用下面 MATLAB 命令将其化为对角标准型。

```
>> A=[2 -1 -1 ; 0 -1 0 ; 0 2 1];          %输入系统矩阵
   B=[7 ; 2 ; 3];
   C=[1 2 1];
   [T , A1]=eig(A)                        %将 A 阵化为对角形
   B1=inv(T) * B                          %求变换后的输入阵
   C1=C * T                               %求变换后的输出阵
```

结果显示：

```
T=                                A1=              B1=
    1.0000   0.7071        0           2  0   0        2.0000
         0        0   0.7071           0  1   0        7.0711
         0   0.7071  -0.7071           0  0  -1        2.8284

C1=
    1.0000   1.4142   0.7071
```

在 MATLAB 程序中，函数 inv( )是用来求矩阵的逆阵。

3. 化系统矩阵 A 为约当标准型

如果系统矩阵 $\boldsymbol{A}$ 的特征值 $\lambda_1,\lambda_2,\cdots,\lambda_l$ 有重根，设各根的重数为 $m_i,(i=1,2,\cdots,l)$ 则存在非奇异矩阵 $\boldsymbol{Q}$，将矩阵 $\boldsymbol{A}$ 化为约当标准型。在 MATLAB 中有相应的函数 jordan( )，可将具有重特征值的 $\boldsymbol{A}$ 阵化为约当标准型，其调用格式为

$$[Q,\ J]=\mathrm{jordan}(A) \tag{6-33}$$

其中，返回变量 $\boldsymbol{Q}$ 是由矩阵 $\boldsymbol{A}$ 相应于 λ_i 的特征向量和广义特征向量组成的变换阵。$\boldsymbol{J}$ 为变换后的约当标准型，其对角线上元素均由特征值 λ_i 组成，故也称特征值标准型。该 MATLAB 函数定义的变换关系也与本书一致，即

$$J=Q^{-1}AQ$$

显然,当每个特征值 λ_i 的重根数 $m_i=1$ 时,约当形变为标准对角形,因此,对角形作为约当标准型的特例,可以直接使用 jordan(A)函数进行变换。

例 6-22 已知系统矩阵

$$A=\begin{bmatrix}0 & 6 & -5\\1 & 0 & 2\\3 & 2 & 4\end{bmatrix}$$

可用下面的 MATLAB 命令将 A 阵化为约当标准型。

```
>> A=[0 6 -5 ; 1 0 2 ; 3 2 4];
   [Q, J]=jordan(A)
```

结果显示:

```
Q=                         J=
   -8    7    9              2  0  0
    4   -3   -4              0  1  1
    8   -5   -8              0  0  1
```

例 6-23 已知系统的矩阵

$$A=\begin{bmatrix}2 & -1 & 0 & 0 & 0 & 0\\0 & 2 & -1 & 0 & 0 & 0\\0 & 0 & 2 & 0 & 0 & 0\\0 & 0 & 0 & 3 & -0.5 & 0\\0 & 0 & 0 & 2 & 1 & 0\\0 & 0 & 0 & 0 & 0 & 2\end{bmatrix}$$

试求其特征值,并将 A 化为约当标准型。

解:利用 MATLAB 命令可直接得出:

```
>> A=[2 -1 0 0 0 0;0 2 -1 0 0 0;0 0 2 0 0 0;0 0 0 3 -0.5 0;0 0 0 2 1 0;0 0 0 0 0 2];
   P=eig(A)                          %求 A 的特征值
   [Q , J]=jordan(A)                 %化约当标准型
```

结果显示:

```
P=           Q=                        J=
               1  0  0  0  0  0          2  1  0  0  0  0
  2.0000       0 -1  0  0  0  0          0  2  1  0  0  0
  2.0000       0  0  1  0  0  0          0  0  2  0  0  0
  2.0000       0  1  1  1  1  0          0  0  0  2  1  0
  2.0000       0  2  0  2  0  0          0  0  0  0  2  0
  2.0000       0  0  1  0  1  1          0  0  0  0  0  2
```

可见,$\boldsymbol{A}$ 有 6 重特征值,约当标准型 $\boldsymbol{J}$ 含有 3 个约当子块。

对于特殊情况下的 m 重特征值,可能有 m 个独立的特征向量,这时化约当标准型的结果则为对角形。MATLAB 程序可自动地判断这些特殊情况,得出正确结果。

例 6-24　已知系统矩阵

$$\boldsymbol{A}=\begin{bmatrix}1 & 0 & -1\\0 & 1 & 0\\0 & 0 & 2\end{bmatrix}$$

当用 MATLAB 命令将 $\boldsymbol{A}$ 化为约当标准型时,由于独立的特征向量数与根的重数相等。MATLAB 程序自动将其化为对角形。

```
>> A=[1  0  -1; 0  1  0 ; 0  0  2];
   [Q, J]=jordan(A)
```

结果显示:

```
Q=                          J=
   1  -1  0                    1  0  0
   1   0  1                    0  2  0
   0   1  0                    0  0  1
```

可见,MATLAB 程序在运算中,将 $\lambda=1$ 的二重根,视为两个独立特征值来处理了。

4. 化 SS 对象为模态标准型或伴随标准型

在控制系统工具箱中提供了一个 canon(G, type)函数,可以将 LTI 对象化为模态标准型或伴随标准型,其调用格式为

$$[\text{G1ss},\ \text{Q}]=\text{canon}(\text{G},\ \text{type}) \tag{6-34}$$

式中,G 为原 LTI 模型的 SS 对象(或是 TF 对象、ZPK 对象),而 G1ss 为转换后的 SS 对象。Q 为返回的变换阵,该变换在 MATLAB 中的定义与本书中的定义相反,即 $\tilde{\boldsymbol{A}}=\boldsymbol{QAQ}^{-1}$,因此,在应用返回的变换阵 $\boldsymbol{Q}$ 时,按本书的定义,应以逆阵看待。type 变量可取两种形式:

(1)'companion'变换为伴随矩阵(友矩阵)标准型实现,亦即能控标准型实现。

(2)'model'变换为模态标准型实现,亦即约当实现。但可以自动地将共轭复极点以 2×2 对角块形式转化为实数实现。

例 6-25　将下面系统化为模态标准型和伴随阵标准型。

$$\begin{cases}\begin{bmatrix}\dot{x}_1\\\dot{x}_2\\\dot{x}_3\end{bmatrix}=\begin{bmatrix}-3 & -1 & -0.25\\4 & 0 & 0\\0 & 2 & 0\end{bmatrix}\begin{bmatrix}x_1\\x_2\\x_3\end{bmatrix}+\begin{bmatrix}0\\0\\1\end{bmatrix}u\\ y=\begin{bmatrix}2 & 5 & 9\end{bmatrix}\begin{bmatrix}x_1\\x_2\\x_3\end{bmatrix}\end{cases}$$

MATLAB 程序如下:

```
>>A=[-3 -1 -0.25 ; 4 0 0 ; 0 2 0];           %输入系统矩阵
  B=[0 ; 0 ; 1];
  C=[2  5  9];
  D=0;
  Gss=ss(A,B,C,D);                            %创建SS对象
  [G1ss , Q1]=canon(Gss,'model')              %化SS对象为模态标准型
  [G2ss , Q2]=canon(Gss,'companion')          %化SS对象为能控标准型
```

结果显示 G1ss：

```
a=
        x1    x2    x3
   x1   -1     1  |  0
   x2   -1    -1  |  0
   ...................
   x3    0     0  | -1

b=
          u1
   x1    1.25
   x2   -1.25
   x3    2.25

c=
         x1     x2    x3
   y1   -5.2   -1.6   6

d=
        u1
   y1   0

Continuous-time model

Q1=
     10.0000     5.0000     1.2500
      0.0000    -2.5000    -1.2500
      9.0000     4.5000     2.2500
```

G2ss：

```
a=
        x1   x2   x3
   x1   0    0    -2
   x2   1    0    -4
   x3   0    1    -3

b=
        u1
   x1   1
   x2   0
   x3   0

c=
        x1    x2     x3
   y1   9    -0.5   -3.5

d=
        u1
   y1   0

Continuous-time model

Q2=
      0    0   1
     -4   -3   0
      0   -1   0
```

若输入 MATLAB 命令求解矩阵 $\boldsymbol{A}$ 的特征值,则有:

```
>> P=eig(A)
      P=
         -1.0000+1.0000i
         -1.0000-1.0000i
         -1.0000
```

可见特征值中有一对共轭复根,$\lambda_{1,2}=-1\pm j$,当采用模态标准型变换时,自动地化为实数形式 2×2 对角块。

6.3.6　LTI 对象的域元素求取

在以上的 MATLAB 函数定义中,通过一些特定的变量,可以求得相应的 LTI 对象。如已知变量 num,den 可以得到 TF 对象 G;已知变量 Z,P,K 可以得到 ZPK 对象 G1;已知变量 A,B,C,D 可以得到 SS 对象 Gss。这些已知变量称为相应 LTI 对象的域元素。在 MATLAB 中,每类 LTI 对象除了这些基本域元素之外,还允许提供其他的域元素,通过对相应域元素的设置,使之功能更加广泛。LTI 对象的域元素可通过 MATLAB 中提供的 set( )命令显示出来。set( )命令是一个对象属性设置函数,可以对各类对象的域元素进行显示和修改。如若显示 TF 对象的域元素,可用下面的 MATLAB 命令:

```
>> set(tf)
```

显示内容:

```
          num: Ny-by-Nu cell of row vectors (Nu = no. of inputs)
          den: Ny-by-Nu cell of row vectors (Ny = no. of outputs)
     Variable: [ 's' | 'p' | 'z' | 'z^-1' | 'q' ]
           Ts: Scalar (sample time in seconds)
      ioDelay: Ny-by-Nu array (I/O delays)
   InputDelay: Nu-by-1 vector
  OutputDelay: Ny-by-1 vector
    InputName: Nu-by-1 cell array of strings
   OutputName: Ny-by-1 cell array of strings
   InputGroup: M-by-2 cell array for M input groups
  OutputGroup: P-by-2 cell array for P output groups
        Notes: Array or cell array of strings
     UserData: Arbitrary

Type "ltiprops tf" for more details.
```

其中,常用的域元素有:num,den 为分子和分母多项式系数行向量;Variable 定义了构成传递函数的算子符号类型,一般 s 与 p 用于连续系统,z 与 q 用于离散系统,q 为 z^{-1} 的简单记法;Ts 为离散系统采样周期;ioDelay 为连续系统延迟时间等。

1. 域元素的提取

(1) TF对象域元素num和den的提取。

TF对象可以是多变量系统的传递函数阵,也可以是单变量系统的传递函数。若G为传递函数阵,则要提取传递函数阵中任一元素的分子和分母多项式系数行向量。可调用以下命令:

$$num_{ij}=G.num\{i,j\} \tag{6-35}$$

$$den_{ij}=G.den\{i,j\} \tag{6-36}$$

其中,大括号内参数表示单元数组传递函数阵中元素的下标,i表示行号,j表示列号。由此可获得传递函数阵元素 $G_{ij}=\dfrac{num_{ij}}{den_{ij}}$。

若G为单变量系统传递函数,则提取分子、分母域元素。可调用以下命令:

$$den=G.den\{1\} \tag{6-37}$$

$$num=G.num\{1\} \tag{6-38}$$

(2) ZPK对象域元素Z,P,K的提取。

同样,对于多变量系统传递函数阵G1,可调用以下命令获取ZPK对象域元素的零点、极点向量和增益矩阵。

$$Z_{ij}=G1.Z\{i,j\} \tag{6-39}$$

$$P_{ij}=G1.P\{i,j\} \tag{6-40}$$

$$K=G1.K \tag{6-41}$$

其中,返回变量K为一个常数矩阵,即由传递函数阵中各元素 G_{ij} 的增益值 K_{ij} 组成的矩阵。由此可获得传递函数阵元素的零极点形式模型即 $G1_{ij}=K_{ij}\dfrac{Z_{ij}}{P_{ij}}=zpk(Z_{ij},P_{ij},K_{ij})$。

若G1为单变量系统传递函数,则提取零极点及增益值,可调用以下命令:

$$Z=G1.Z\{1\} \tag{6-42}$$

$$P=G1.P\{1\} \tag{6-43}$$

$$K=G1.K \tag{6-44}$$

零极点的求取,在系统分析中特别重要,MATLAB程序中除了以上求取零极点域元素的方法外,还提供了几个专用函数,对系统的分析十分方便。

在MATLAB控制系统工具箱中,给出了由任意LTI对象G(可以是TF、ZPK、SS中任一形式)求系统传递零点和极点的函数tzero()及pole(),它们的调用格式为

$$Z=tzero(G) \tag{6-45}$$

$$P=pole(G) \tag{6-46}$$

其中,G为给定LTI系统的任一模型,Z为返回的传递零点向量,P为返回的极点向量。

对于单变量系统,用函数tzero()也可以同时得到增益值K,只要将式(6-45)改为

$$[Z,K]=tzero(G) \tag{6-47}$$

另外,绘制系统零极点图的函数pzmap()也可以用与求取零、极点向量。其调用格式为

$$[P,Z]=pzmap(G) \tag{6-48}$$

例6-26 已知系统的状态空间表达式为

$$\boldsymbol{A}=\begin{bmatrix}0 & 1 & 0\\ -5 & -1 & 1\\ 0 & 0 & 0\end{bmatrix},\qquad \boldsymbol{B}=\begin{bmatrix}0\\0\\1\end{bmatrix}$$

$$\boldsymbol{C}=[1\quad 0\quad 1],\qquad \boldsymbol{D}=0$$

求其传递函数的零点、极点和增益。

解:MATLAB 程序如下:

```
>> A=[0 1 0;-5 -1 1;0 0 0];                 %输入系统矩阵
   B=[0;0;1];
   C=[1 0 1];
   D=0;
   Gss=ss(A,B,C,D);                          %创建 SS 对象
   [Z,K]=tzero(Gss)                          %提取零点向量和增益
   P=pole(Gss)                               %提取极点的量
```

显示结果:

```
Z=                              K=            P=
   -0.5000 + 2.3979i               10            -0.5000 + 2.1794i
   -0.5000 - 2.3979i                             -0.5000 - 2.1794i
                                                        0
```

例 6-27　已知双输入双输出系统的状态空间表达式为

$$\dot{\boldsymbol{x}}=\begin{bmatrix}2.25 & -5 & -1.25 & -0.5\\ 2.25 & -4.25 & -1.25 & -0.25\\ 0.25 & -0.5 & -1.25 & -1\\ 1.25 & -1.75 & -0.25 & -0.75\end{bmatrix}\boldsymbol{x}+\begin{bmatrix}4 & 6\\ 2 & 4\\ 2 & 2\\ 0 & 2\end{bmatrix}\boldsymbol{u}$$

$$\boldsymbol{y}=\begin{bmatrix}0 & 0 & 0 & 1\\ 0 & 2 & 0 & 2\end{bmatrix}\boldsymbol{x}$$

试提取多变量系统的传输零点。

解:tzero( )函数可直接用于多变量系统,则有以下 MALAB 程序:

```
>> A=[2.25 -5 -1.25 -0.5;2.25 -4.25 -1.25 -0.25;
   0.25 -0.5 -1.25 -1;1.25 -1.75 -0.25 -0.75];
   B=[4 6;2 4;2 2;0 2];
   C=[0 0 0 1;0 2 0 2];
   D=zeros(2,2);                  %输入 2×2 零矩阵 D
   Gss=ss(A,B,C,D);               %创建 SS 对象
   Z=tzero(Gss)                   %提取传输零点
```

显示结果:

```
Z=
   -0.6250 + 0.7806i
   -0.6250 - 0.7806i
```

(3) SS 对象域元素 A,B,C,D 阵的提取。

对于状态空间对象Gss,无论是多变量系统还是单变量系统,域元素的获取均调用以下命令:

$$\begin{cases}A=Gss.A\\B=Gss.B\\C=Gss.C\\D=Gss.D\end{cases}\tag{6-49}$$

2. 域元素的修改与赋值

若要对一个具体的域元素进行修改或赋值,则可以直接利用属性设置函数set()或用上节所介绍的域元素提取命令。set()函数的调用格式为

set(G,'属性1',属性值1,'属性2',属性值2,…)　　(6-50)

其中,G为LTI对象,可以取TF、ZPK、SS等各类对象形式。属性名指定对象的某一域元素,按给定的属性值对该域元素赋值。

如果我们想将传递函数的算子符号改变为P,还想考虑系统的延迟时间τ,即增加延迟环节传递函数为$e^{-\tau s}$,则可以使用以下MATLAB语句来实现:

set(G,'variable','p','ioDelay',τ)

或者用

G.variable='p'
G.ioDelay=τ

其中,'p'为字符串,τ为设定的数值。

例6-28　设系统的传递函数为

$$G(s)=\frac{2s+3}{s^3+2s^2+s+1}e^{-0.5s}$$

通过以下MATLAB命令进行属性设置,并把s变为p,则有

```
>> num=[2 3];
   den=[1 2 1 1];
   G=tf(num,den);
   set(G,'variable','p','ioDelay',0.5);
   G
```

显示结果:

```
Transfer function:
                         2 p + 3
exp(-0.5*p) * ---------------------------
                    p^3 + 2 p^2 + p + 1
```

6.4　MATLAB用于控制系统的分析与设计

6.4.1　MATLAB绘制二维图形的基本知识

通过前面的实例,我们已初步领略了MATLAB的绘图功能。MATLAB具有丰富的获

取图形输出的程序集。我们已用命令 plot( ) 产生线性 x-y 图形(若用命令 loglog、semilogx、semilogy 或 polar 取代命令 plot,可以产生对数坐标图和极坐标图)。所有这些命令的应用方式都是相似的,它们只是在如何给坐标轴进行分度和如何显示数据上有所差别。

1. 二维图形绘制

如果用户将 x 轴和 y 轴的两组数据分别在向量 x 和 y 中存储,且它们的长度相同,则命令

$$\text{plot}(x,y) \tag{6-51}$$

将画出 y 值相对于 x 值的关系图。

例 6-29 如果想绘制出一个周期内的正弦曲线,则首先应该用 t=0:0.01:2*pi(pi 是系统自定义的圆周率常数,可用 help 命令显示其定义)命令来产生自变量 t;然后由命令 y=sin(t) 对 t 向量求出正弦向量 y,这样就可以调用 plot(t,y) 来绘制出所需的正弦曲线,如图 6-10 所示。

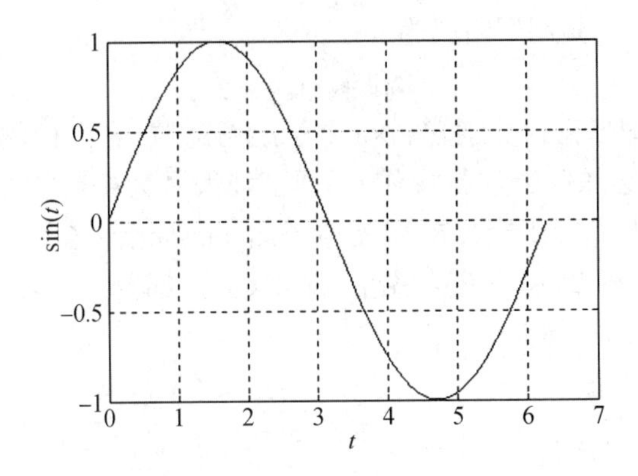

图 6-10 一个周期内的正弦曲线

2. 在一幅图上画多条曲线

利用具有多个输入变量的 plot( ) 命令,可以在一个绘图窗口上同时绘制多条曲线,命令格式为

$$\text{plot}(x1,y1,x2,y2,\cdots,xn,yn) \tag{6-52}$$

x1、y1、x2、y2 等一系列变量是一些向量对,每一个 x-y 对都可以用图解表示出来,因而可以在一幅图上画出多条曲线。多重变量的优点是它允许不同长度的向量在同一幅图上显示出来。每一对向量采用不同的线型以示区别。

另外,在一幅图上叠画一条以上的曲线时,也可以利用 hold 命令。hold 命令可以保持当前的图形,并且防止删除和修改比例尺。因此,后来画出的那条曲线将会重叠在原曲线图上。当再次输入命令 hold,会使当前的图形复原。也可以用带参数的 hold 命令——hold on 和 hold off 来启动或关闭图形保持。

3. 图形的线型和颜色

为了区分多幅图形的重叠表示,MATLAB 提供了一些绘图选项,可以用不同的线型或颜色来区分多条曲线,常用选项见表 6-1。

表 6-1　MATLAB 绘图命令的多种选项

选 项	意 义	选 项	意 义
'-'	实线	'--'	短划线
':'	虚线	'-.'	点划线
'r'	红色	'*'	用星号绘制各个数据点
'b'	蓝色	'o'	用圆圈绘制各个数据点
'g'	绿色	'.'	用圆点绘制各个数据点
'y'	黄色	'×'	用叉号绘制各个数据点

表 6-1 中绘出的各个选项有一些可以并列使用,能够对一条曲线的线型和颜色同时做出规定。例如'--g'表示绿色的短划线。带有选项的曲线绘制命令的调用格式为

$$\mathrm{plot}(X1,Y1,S1,X2,Y2,S2,\cdots) \tag{6-53}$$

式中,S1,S2,…为每条曲线指定的选项。

4. 子图命令

MATLAB 允许将一个图形窗口按矩阵形式分成多个子窗口,分别显示多个图形,这就要用到 subplot()函数,其调用格式为

$$\mathrm{subplot}(m,n,k) \tag{6-54}$$

该函数将把一个图形窗口分割成 m×n 个子绘图区域,m 为行数,n 为列数,用户可以通过参数 k 调用各子绘图区域进行操作,子图区域编号为按行从左至右从上到下编号。对一个子图进行的图形设置不会影响到其他子图,而且允许各子图具有不同的坐标系。例如,subplot(4,3,6)则表示将窗口分割成 4×3 个部分,在第 6 部分上绘制图形。MATLAB 最多允许 9×9 的分割。

例 6-30　子窗口绘图。

```
>> t=0:2*pi/180:2*pi;
   y1=sin(3*t);
   y2=exp(-0.5*t).*sin(3*t);
   subplot(121);plot(t,y1);                %在子窗口 1 绘图
   subplot(122);plot(t,y2)                 %在子窗口 2 绘图
```

函数 y2 中用到点乘'.'运算,是元素对元素的运算。具体定义请查看帮助。绘出的图形如图 6-11 所示。

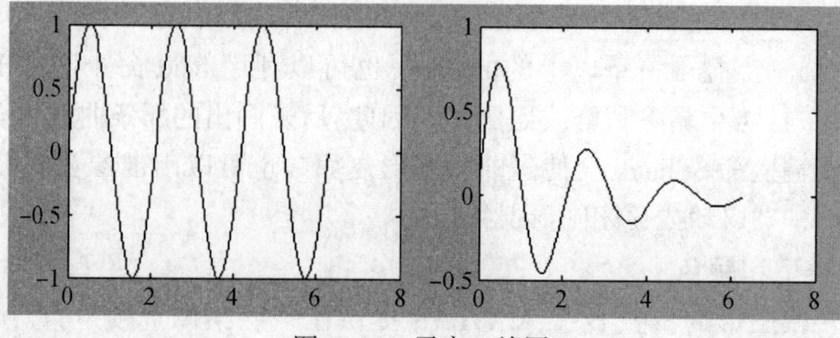

图 6-11　子窗口绘图

5. 加图形注释(网络线、图形标题、x 轴和 y 轴标记)

一旦在屏幕上显示出图形,就可以依次输入以下相应的图形注释命令将网络格线,图形标题,x、y 轴标记叠加在图形上。命令格式如下:

grid(网络线)　　(6 - 55)

title('图形标题')　　(6 - 56)

xlabel('x 轴标记')　　(6 - 57)

ylabel('y 轴标记')　　(6 - 58)

函数引号内的字符串将被写到图形的坐标轴上或标题位置。

6. 在图形屏幕上书写文本

如果想在图形窗口中书写文字,可以单击按钮 A ,选择屏幕上一点,单击鼠标,在光标处输入文字。另一种输入文字的方法是用 text( )命令。它可以在屏幕上以(x,y)为坐标的某处书写文字,命令格式如下:

text(x,y,'text')　　(6 - 59)

例如,利用语句

text(3,0.45,'sint')

将从点(3,0.45)开始,水平地写出“sint”。

7. 自动绘图算法及手工坐标轴定标

在 MATLAB 图形窗口中,图形的横、纵坐标是自动标定的,在另一幅图形画出之前,这幅图形作为现行图将保持不变,但是在另一幅图形画出后,原图形将被删除,坐标轴自动地重新标定。关于瞬态响应曲线、根轨迹、伯德图、奈奎斯特图等的自动绘图算法已经设计出来,它们对于各类系统具有广泛的适用性,但是并非总是理想的。因此,在某些情况下,可能需要放弃绘图命令中的坐标轴自动标定特性,由用户自己设定坐标范围,可以在程序中加入下列语句:

v = [x - min　x - max　y - min　y - max]　　(6 - 60)

axis(v)　　(6 - 61)

式中,v 是一个四元向量。axis(v)把坐标轴定标建立在规定的范围内。对于对数坐标图,v 的元素应为最小值和最大值的常用对数。

执行 axis(v)会把当前的坐标轴标定范围保持到后面的图中,再次键入 axis 可恢复系统的自动标定特性。

axis('sguare')能够把图形的范围设定在方形范围内。对于方形长宽比,其斜率为 1 的直线恰位于 45°上,它不会因屏幕的不规则形状而变形。axis('normal')将使长宽比恢复到正常状态。

8. 多窗口绘图

MATLAB 允许创建多个图形窗口分别绘图,前面使用 plot( )命令绘图时,是以默认方式创建 1 号窗口的。即如果窗口存在,则 plot 命令直接在当前窗口绘图;如果窗口不存在,则先默认执行命令 figure(1)创建 1 号窗口,然后再绘图。当再绘制新图形时,使用创建新窗口命令:

figure(N)　　(6 - 62)

式中,N 为创建绘图窗口序号。

例 6-31　多窗口绘图。

```
>> t=0:2*pi/180:2*pi;
   y1=sin(3*t);
   y2=exp(-0.5*t).*sin(3*t);
   plot(t,y1,'r')                    %默认创建 1 号窗口
   v=[0 2*pi -1 1];axis(v);          %手工定标
   grid                              %加网络线
   figure(2)                         %创建 2 号窗口
   plot(t,y2)
   v=[0 2*pi -1 1];axis(v);
   grid
```

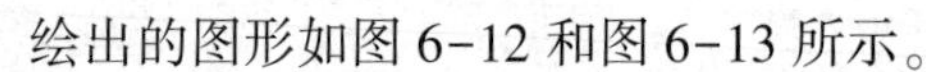

绘出的图形如图 6-12 和图 6-13 所示。

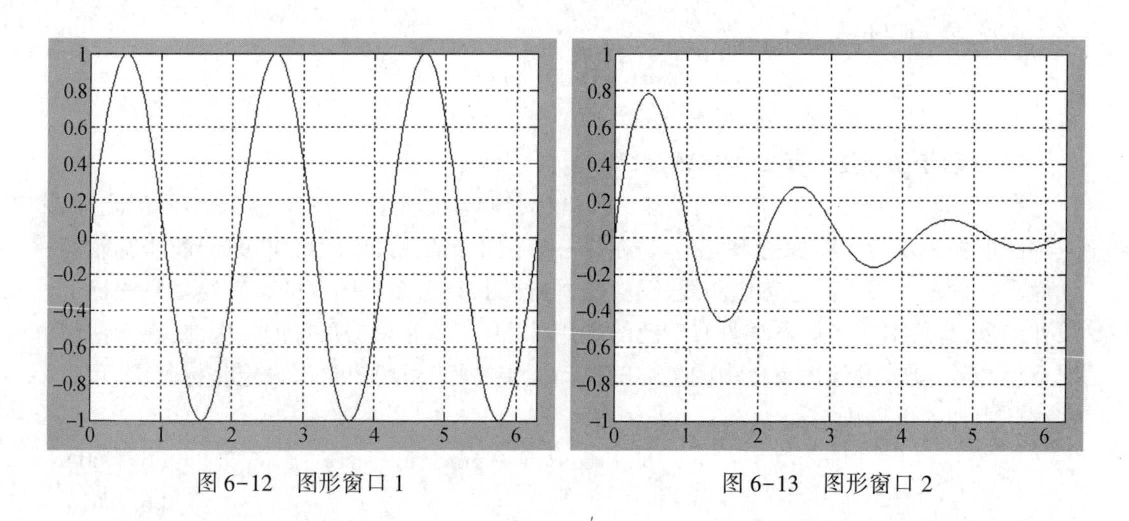

图 6-12　图形窗口 1　　　　图 6-13　图形窗口 2

6.4.2　用 MATLAB 分析控制系统性能

1. 时域响应分析

状态方程的全解取决于输入信号的具体形式和初始条件。在实际工程中,系统性能指标是在零初始条件下考察单位阶跃响应特性或单位脉冲响应特性。以下先讨论零初始条件下单位阶跃响应求解和单位脉冲响应求解。最后讨论任意输入下的时域响应分析。

1）线性系统时域响应解析法——部分分式法

用拉普拉斯变换法求系统的单位阶跃响应,可直接得出输出 $y(t)$ 随时间 t 变化的规律,对于高阶系统,输出的拉普拉斯变换像函数为

$$Y(s)=G(s)\cdot\frac{1}{s}=\frac{\text{mum}}{\text{den}}\cdot\frac{1}{s} \tag{6-63}$$

对函数 $Y(s)$ 进行部分分式展开,我们可以用 num,[den,0]来表示 $Y(s)$ 的分子和分母。利用 MATLAB 命令将其展开后,反变换求其时域响应就是很简单的事了。

例 6-32　给定系统的传递函数为

$$G(s)=\frac{s^3+7s^2+24s+24}{s^4+10s^3+35s^2+50s+24}$$

求单位阶跃响应可用以下命令对$\frac{G(s)}{s}$进行部分分式展开。

```
>> num=[1,7,24,24];
   den=[1,10,35,50,24];
   [r,p,k]=residue(num,[den,0])                %对输出 Y(s)进行部分分式展开
```

输出结果为

```
      r=                   p=                  k=
         -1.0000              -4.0000              [ ]
          2.0000              -3.0000
         -1.0000              -2.0000
         -1.0000              -1.0000
          1.0000                    0
```

输出函数为

$$Y(s)=\frac{-1}{s+4}+\frac{2}{s+3}-\frac{1}{s+2}-\frac{1}{s+1}+\frac{1}{s}+0$$

拉普拉斯反变换得

$$y(t)=-\mathrm{e}^{-4t}+2\mathrm{e}^{-3t}-\mathrm{e}^{-2t}-\mathrm{e}^{-t}+1$$

2) 单位阶跃响应函数调用

在控制系统工具箱中给出了一个函数 step( )来直接求取线性系统的单位阶跃响应。其调用格式为

$$y=\mathrm{step}(G,t) \tag{6-64}$$

式中,G 为给定系统的 LTI 对象模型。时间向量 t 由人工给定,一般可以由 t=0 :dt :t1 等步长地产生出来,其中 t1 为终止时间,dt 为步长,当然也允许使用不均匀生成的时间向量 t。在各计算点上得出的输出在 y 向量中返回。

另外,调用中时间向量 t 可以不人工给定,系统自动地按模型 G 的特性自动生成,且生成的时间 t 和输出 y 一起返回到 MATLAB 工作空间中,其调用格式为

$$[y\ ,\ t]=\mathrm{step}(G) \tag{6-65}$$

如果系统模型为 SS 对象,要获得状态变量在各个时刻的值,可调用以下格式:

$$[y\ ,\ t\ ,x]=\mathrm{step}(Gss) \tag{6-66}$$

当需要绘出响应曲线时,一种方法是调用以上函数时不返回任何变量,则 MATLAB 将自动绘制出阶跃响应输出曲线,同时用虚线绘制出稳态值;另一种方法是利用函数返回变量[y ,t],在二维平面上用绘图函数 plot( )来绘出响应曲线。其调用格式为

$$\mathrm{plot}(t,y) \tag{6-67}$$

在绘制二维图形时,横坐标取 t,纵坐标取 y。

例6-33　已知系统的状态空间表达式为

$$
\begin{cases}
\dot{\boldsymbol{x}} = \begin{bmatrix} -21 & 19 & -20 \\ 19 & -21 & 20 \\ 40 & -40 & -40 \end{bmatrix} \boldsymbol{x} + \begin{bmatrix} 0 \\ 1 \\ 2 \end{bmatrix} \boldsymbol{u} \\
\boldsymbol{y} = \begin{bmatrix} 1 & 0 & 2 \end{bmatrix} \boldsymbol{x}
\end{cases}
$$

该系统的阶跃响应可由下面的MATLAB命令得出。

```
>> A=[-21 19 -20;19 -21 20;40 -40 -40];   %输入系统矩阵
   B=[0;1;2];
   C=[1 0 2];
   D=0;
   Gss=ss(A,B,C,D);                        %创建SS对象
   [y,t,x]=step(Gss);                      %求阶跃响应
   Yss=dcgain(Gss);                        %求稳态值输出(即稳态增益)
   Yss=
      0.2562
   plot(t,y),figure,plot(t,x)              %分别绘出x和y的二维图形
```

调用函数的返回变量中有输出和状态变量矩阵,从而可以同时绘出输出变量与状态变量曲线,如图6-14(a)和图6-14(b)所示,绘图区域是自动选择的。

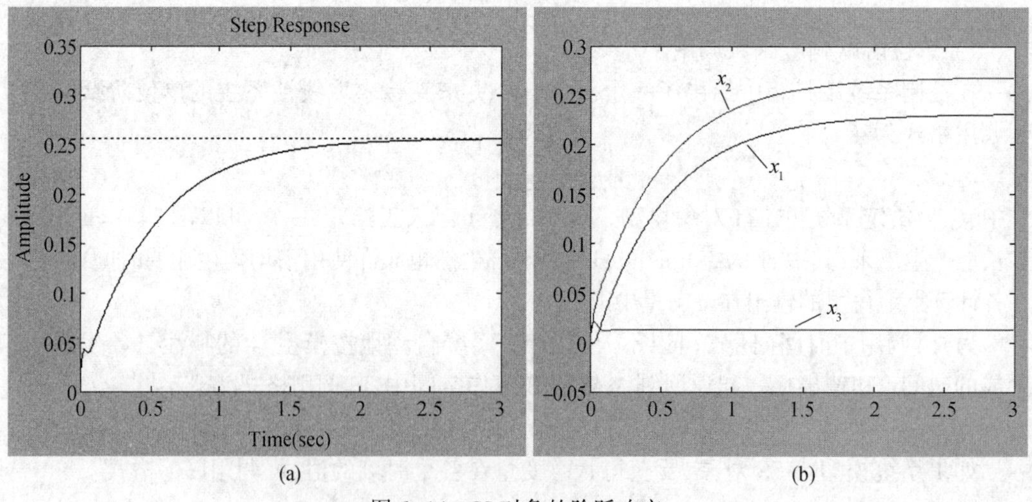

图6-14　SS对象的阶跃响应

(a) 输出曲线; (b) 状态变量曲线。

3）脉冲响应函数调用

线性系统的脉冲响应可以由控制系统工具箱中提供的impulse( )函数直接得出,其调用格式为

Y=impulse(G, t)　(6-68)

[y ,t]=impulse(G)　(6-69)

[y ,t ,x]=impulse(G)　(6-70)

impulse(G)　(6-71)

其中,各变量的说明与 step()函数是一样的,可参考应用。

例 6-34　求例6-33中系统的脉冲响应,时间向量人工给定为 0 ~ t1 = 2, 步长dt=0.01。

```
>> A=[-21 19 -20;19 -21 20 ;40 -40 -40];   %输入系统矩阵
   B=[0;1;2];
   C=[1 0 2];
   D=0;
   Gss=ss(A,B,C,D);                           %创建 SS 对象
   t=0:0.01:2;                                %从 0 到 2 每隔 0.1 取一个值
   [y,t,x]=impulse(Gss,t);                    %求脉冲响应
   plot(t,y),figure,plot(t,x)                 %绘制响应波形如图 6-15 所示。
```

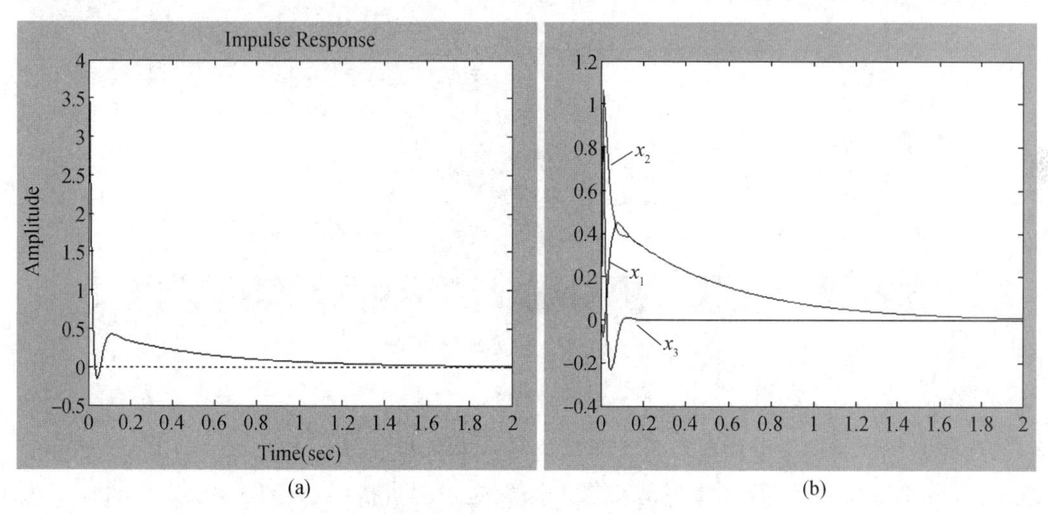

图 6-15　系统的脉冲响应曲线

(a) 输出变量 y; (b) 状态变量 x。

4) 零输入响应函数

控制系统工具箱中给出了 initial()函数。直接用于求零输入响应,其调用格式为

y=initial(G ,x0 ,t)　(6-72)

[y ,t]=initial(G ,x0)　(6-73)

[y , t ,x]=initial(G ,x0)　(6-74)

initial(G, x0)　(6-75)

式中,G为给定的LTI对象,x0为初始条件向量,其他各变量的说明与前面响应函数相同。该函数的应用关键是要给出确定的初始条件x0。

例6-35 已知系统的状态空间模型为

$$\begin{cases}\dot{\boldsymbol{x}} = \begin{bmatrix} 0 & 1 \\ -10 & -2 \end{bmatrix}\boldsymbol{x} + \begin{bmatrix} 0 \\ 1 \end{bmatrix}u \\ y = \begin{bmatrix} 1 & 0 \end{bmatrix}\boldsymbol{x}\end{cases}$$

试求系统在初始条件 $\boldsymbol{x}_0 = \begin{bmatrix} 1 \\ 0 \end{bmatrix}$ 下的响应,并与单位脉冲响应进行比较。

解:MATLAB程序如下:

```
>> A=[0 1;-10 -2];                     %输入系统矩阵
   B=[0;1];C=[1 0];D=0;
   Gss=ss(A,B,C,D);                    %创建SS对象
   X0=[1 0];                           %输入初始条件
   subplot(121);initial(Gss,X0)        %子窗口1绘零输入响应
   subplot(122);impulse(Gss)           %子窗口2绘脉冲响应
```

系统零输入响应与脉冲响应曲线如图6-16所示。

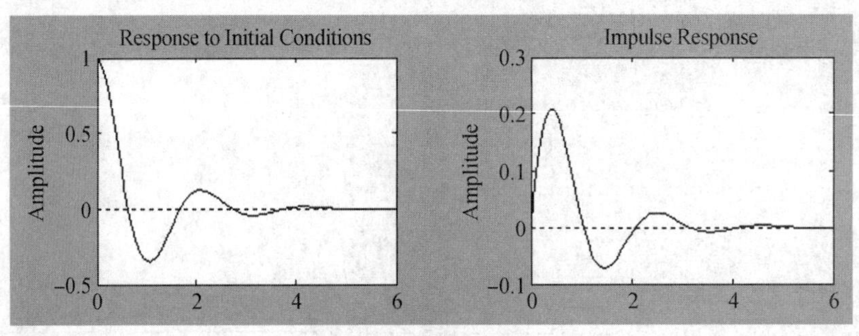

图6-16 时间响应图

5) 任意输入下的时域响应

线性系统的时域全响应可以分为零输入响应和零状态响应两部分,运用线性叠加原理,可以分别单独分析,最后叠加起来得出全解,也可以直接用MATLAB求出全响应。

(1) 在求任意输入下系统响应之前,首先介绍一个输入信号产生函数。在MATLAB控制系统工具箱中,给出了一个常用输入信号的自动生成函数gensig(),为系统的仿真提供了方便,该函数的调用格式为

$$[u,\ t] = \text{gensig}(\text{type},\text{tau}) \tag{6-76}$$

$$[u,\ t] = \text{gensig}(\text{type},\ \text{tau},\ \text{Tf},\ \text{Ts}) \tag{6-77}$$

其功能是按指定的type类型产生一个信号序列u(t),返回结果存放在变量u和t中,tau为指定信号周期,Tf定义信号持续时间,Ts为采样周期,决定了返回变量t的数值,type可以取以下3种类型的标识字符串:① 'sin'(正弦波);② 'square'(方波);③ 'pulse'(脉冲序列)。

例 6-36 生成一个周期为5s,持续时间为 30s,采样周期为 0.1s 的方波。可采用以下 MATLAB 命令:

```
>> [u,t]=gensig('square',5,30,0.01);
   plot(t,u)                              %画出输入波形
   axis([0 30 -1 2])                      %人工定义坐标范围
```

生成的 u(t)波形如图 6-17 所示。

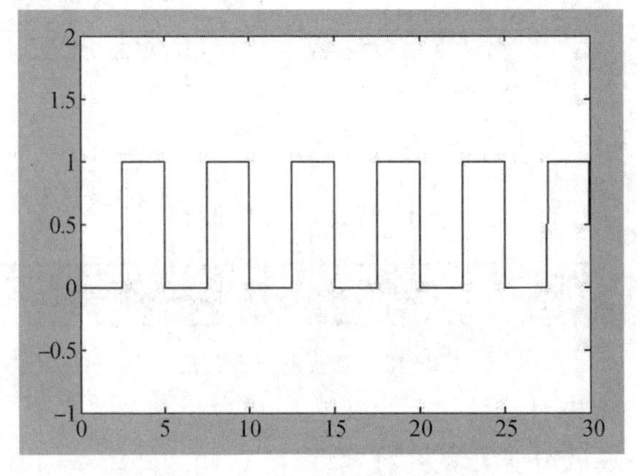

图 6-17 生成方波输入曲线

(2) 在控制系统工具箱中提供了 lsim( )函数,可对系统的任意输入进行仿真。且当存在非零初始条件时,可直接得出响应的全解。其调用格式为

$$y = \text{lsim}\ (G,\ u,\ t) \tag{6-78}$$

$$y = \text{lsim}\ (G,\ u,\ t,\ x0) \tag{6-79}$$

$$[y,\ t] = \text{lsim}\ (G,\ u,\ t,\ x0) \tag{6-80}$$

$$[y,\ t,\ x] = \text{lsim}\ (G,\ u,\ t,\ x0) \tag{6-81}$$

式中,G 为给定的 LTI 对象,(u, t)为给定输入变量,x0 为已知的初始条件。返回变量可以任取其中一个、两个或三个,当无返回变量时,lsim 函数在当前图形窗口中直接绘出响应曲线。

例 6-37 已知双输出系统的传递函数阵为

$$\boldsymbol{G}(s) = \begin{bmatrix} \dfrac{2s^2 + 5s + 1}{s^2 + 2s + 3} \\ \dfrac{s - 1}{s^2 + s + 5} \end{bmatrix}$$

设输入 $u(t)$ 为一方波,其周期为 4s,持续时间为 15s,采样周期为 0.1s,试求系统的方波响应。

解:用以下 MATLAB 语句得出系统的方波响应。

```
>> G=[tf([2 5 1],[1 2 3]);tf([1 -1],[1 1 5])];      %创建传递函数阵
   [u,t]=gensig('square',4,15,0.1);                  %生成输入信号
```

```
lsim(G,u,t)                                      %求系统的方波响应
```

两路输出的响应波形同时绘出如图6-18所示。

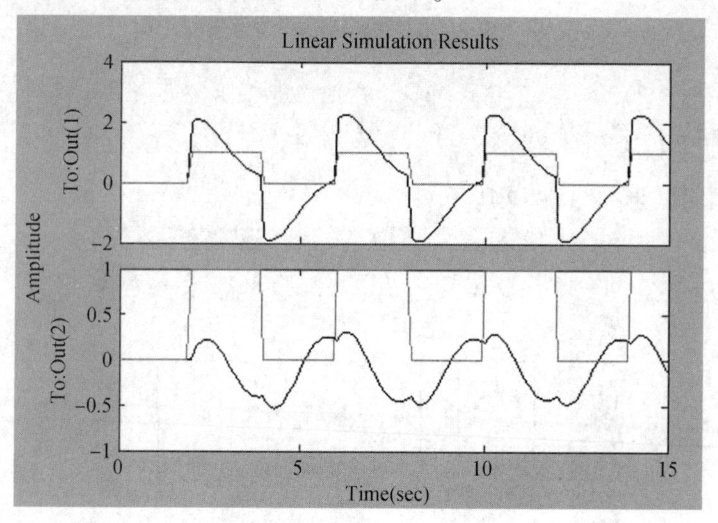

图6-18　系统的方波响应

例6-38　考虑例6-35中给出的系统模型，当 $x_0=\begin{bmatrix}1\\0\end{bmatrix}$，$u(t)=1+e^{-t}\cos(5t)$ 时，试求系统的时域全响应。

解：可用以下MATLAB语句直接得出系统的时域响应。

```
>> t=0:0.01:4;                                   %给出时间向量
   u=1+exp(-t).*cos(5*t);                        %输入函数
   A=[0 1;-10 -2];                               %输入系统矩阵
   B=[0;1];C=[1 0];D=0;
   Gss=ss(A,B,C,D);                              %创建SS对象
   X0=[1;0];                                     %初始条件
   initial(Gss,X0,t),hold,lsim(Gss,u,t), lsim(Gss,u,t,X0) %求全响应曲线
```

响应的全部曲线如图6-19所示。

2. 控制系统的能控性和能观测性分析

线性定常系统的能控性和能观测性，可以通过系统的SS对象构造能控阵和能观测阵来判据。

1）能控性分析

若构造一个能控阵为

$$\boldsymbol{T}_c=[\boldsymbol{B}\quad \boldsymbol{AB}\quad \cdots\quad \boldsymbol{A}^{n-1}\boldsymbol{B}]$$

如果

$$\mathrm{rank}\boldsymbol{T}_c=n$$

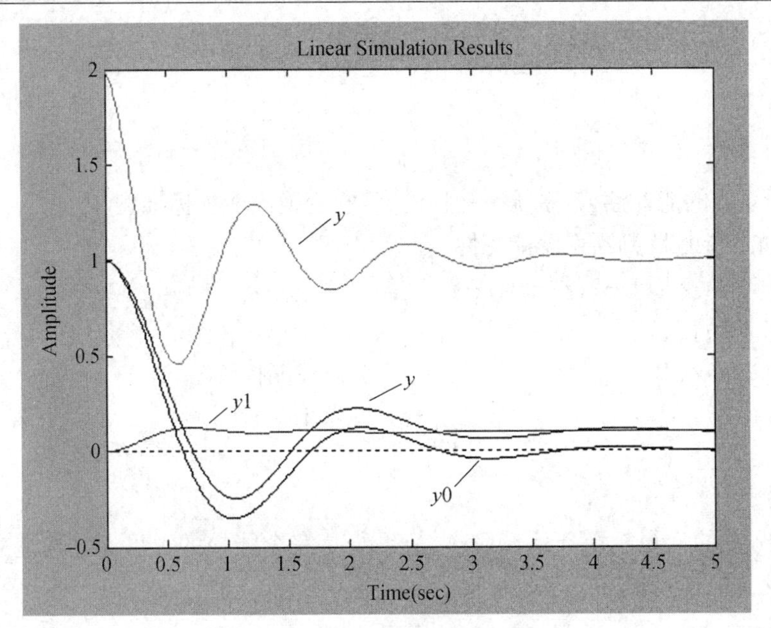

图 6-19　系统的响应曲线

$y0$—零输入响应；$y1$—零状态响应；y—全响应。

则系统是状态完全能控的。

在 MATLAB 中，能控阵 $\boldsymbol{T}_c$ 可由控制系统工具箱中提供的 ctrb( ) 函数自动产生出来，其调用格式为

$$\mathrm{Tc} = \mathrm{ctrb}(\mathrm{A},\mathrm{B}) \tag{6-82}$$

该矩阵的秩，可直接调用 MATLAB 命令计算，即

$$\mathrm{rank}(\mathrm{Tc}) \tag{6-83}$$

我们将 rank(Tc) 称作系统的可控性指数，它的值即为系统中能控状态的数目。

2）能观测性分析

若构造一个能观测阵为

$$\boldsymbol{T}_o = \begin{bmatrix} \boldsymbol{C} \\ \boldsymbol{CA} \\ \vdots \\ \boldsymbol{CA}^{n-1} \end{bmatrix}$$

如果

$$\mathrm{rank}\boldsymbol{T}_o = n$$

则系统是状态完全能观测的。

能观测阵也可以由控制系统工具箱中提供的 obsv( ) 函数直接得出。该函数的调用格式为

$$\mathrm{To} = \mathrm{obsv}\ (\mathrm{A},\mathrm{C}) \tag{6-84}$$

用 MATLAB 函数计算能观测性指数 rank(To)，即可判据系统的能观测性。

例 6-39　系统的状态空间表达式为

$$\begin{cases}\dot{\boldsymbol{x}} = \begin{bmatrix}0 & 2 & -2\\1 & 1 & -2\\2 & -2 & 1\end{bmatrix}\boldsymbol{x} + \begin{bmatrix}2\\1\\1\end{bmatrix}u\\ y = \begin{bmatrix}1 & 1 & 1\end{bmatrix}\boldsymbol{x}\end{cases}$$

试判断系统的能控性,若系统是能控的,将它变换成能控标准型。

解:首先按能控阵判断系统能控性。

```
>> A=[0 2 -2;1 1 -2;2 -2 1];
   B=[2;1;1];
   Tc=ctrb(A,B);                       %创建能控阵
   rank(Tc)                            %求 Tc 的秩
ans =
     3
```

可见,Tc 阵的秩为3,等于系统阶次,故系统是完全能控的。可通过构造非奇异变换阵 T,将其化为能控标准型。

```
>> iTc=inv(Tc);                        %求能控阵的逆阵
   T1=[0 0 1]*iTc;                     %求变换阵 T^-1的第一行向量
   iT=[T1;T1*A;T1*A^2];                %构造变换阵的逆阵 T^-1
   T=inv(iT);                          %求变换阵 T
   Ac=iT*A*T                           %变换为能控标准型
   Bc=iT*B
   C=[1 1 1];
   Cc=C*T
```

结果显示:

```
Ac =                                         Bc =
     -0.0000     1.0000     0.0000               0.0000
     -0.0000          0     1.0000                    0
     -2.0000     1.0000     2.0000               1.0000
Cc =
     -20.0000     -4.0000     4.0000
```

3. 线性系统的结构分解

若系统不完全能控或不完全能观测,则能控阵 Tc 或能观测阵 To 一定不满秩,此时可按能控性或能观测性进行结构分解。

1) 能控性分解

合理地选定变换阵 $\boldsymbol{T}$,可以将系统分解成以下的可控阶梯形式

$$\widetilde{A}=TAT^{-1}=\begin{bmatrix}\widetilde{A}_{\bar{C}} & 0\\ \widetilde{A}_{21} & \widetilde{A}_{C}\end{bmatrix}$$

$$\widetilde{B}=TB=\begin{bmatrix}0\\ \widetilde{B}_{C}\end{bmatrix}$$

$$\widetilde{C}=CT^{-1}=[\widetilde{C}_{\bar{C}}\quad \widetilde{C}_{C}]$$

式中,$\widetilde{A}_{\bar{C}}$的特征值称为系统的不可控模态。

控制系统工具箱中提供了 ctrbf( )函数,可以按以上定义关系,自动求取系统的可控阶梯变换,该函数的调用格式为

[Ac,Bc,Cc,T,K] = ctrbf(A,B,C)　　(6-85)

式中,(A,B,C)为给定系统的状态方程 SS 模型,返回的矩阵(Ac,Bc,Cc)为能控子系统 $\Sigma(A_c,B_c,C_c)$,返回的矩阵 T 为该标准型的变换阵,向量 K 为各子块的秩,K 返回的结果与可控性指数一致,即

sum(K)= rank(Tc)

2) 能观测性分析

合理地选择变换阵 T,可以按以下关系将系统分解成可观测阶梯形式:

$$\widetilde{A}=TAT^{-1}=\begin{bmatrix}\widetilde{A}_{\bar{0}} & \widetilde{A}_{12}\\ 0 & \widetilde{A}_{0}\end{bmatrix}$$

$$\widetilde{B}=TB=\begin{bmatrix}\widetilde{B}_{\bar{0}}\\ \widetilde{B}_{0}\end{bmatrix}$$

$$\widetilde{C}=CT^{-1}=[0\quad \widetilde{C}_{0}]$$

式中,$\widetilde{A}_0$的特征值又称为系统的不可观测模态。显然,与可控性分解的结构比较,两个系统结构是对偶的。

控制系统工具箱中提供了 obsvf( )函数,可以按以上定义关系自动地产生系统的能观测阶梯变换,其调用格式为

[Ao,Bo,Co,T,K]=obsvf(A,B,C)　　(6-86)

式中,(A,B,C)为给定系统的状态方程 SS 模型,返回的矩阵(Ao,Bo,Co)为能观测子系统 $\Sigma(Ao,Bo,Co)$,返回的矩阵 T 为该标准型的变换阵,向量 K 为各子块的秩。

例 6-40　已知系统的状态空间表达式为

$$\begin{cases}\dot{x}=\begin{bmatrix}0 & 0 & -1\\ 1 & 0 & -3\\ 0 & 1 & -3\end{bmatrix}x+\begin{bmatrix}1\\ 1\\ 0\end{bmatrix}u\\ y=[0\quad 1\quad -2]x\end{cases}$$

(1) 试判断系统是否完全能控,否则将系统按能控性分解。

(2) 试判断系统是否完全观测,否则将系统按观测性分解。

解:(1) 按能控性分解。

```
>> A=[0 0 -1;1 0 -3;0 1 -3];
   B=[1;1;0];
```

```
>> C=[0 1 -2];
   Tc=ctrb(A,B);                        %创建能控阵
   rank(Tc)                             %判能控性
   ans =
        2
```

可见,能控阵不满秩,系统不完全能控,按能控性进行分解。

```
>> [Ac,Bc,Cc,T,K]=ctrbf(A,B,C)
```

结果显示:

```
Ac=                                     T=
    -1.0000    0.0000   -0.0000            -0.5774    0.5774   -0.5774
    -2.1213   -2.5000    0.8660             0.4082   -0.4082   -0.8165
    -1.2247   -2.5981    0.5000            -0.7071   -0.7071         0
Bc=                                     Cc=
          0                                 1.7321    1.2247   -0.7071
          0                             K=
    -1.4142                                 1         1         0
```

(2) 按能观测性分解。

```
>> To=obsv(A,C);                        %创建能观测阵
   rank(To)                             %判能观测性
   ans =
        2
```

能观测阵不满秩,系统不完全能观测,可按能观测性分解成阶梯标准形式。

```
>> [Ao,Bo,Co,T,K]=obsvf(A,B,C)
```

结果显示:

```
Ao=                                     T=
    -1.0000   -1.3416   -3.8341             0.4082    0.8165    0.4082
     0.0000   -0.4000   -0.7348            -0.9129    0.3651    0.1826
          0    0.4899   -1.6000             0        -0.4472    0.8944
Bo=                                     Co=
     1.2247                                 0         0.0000   -2.2361
    -0.5477                             K=
    -0.4472                                 1    1         0
```

4. 李雅普诺夫稳定性判据

线性定常系统的稳定性,可以通过求特征值来判据,也可以采用李雅普诺夫函数进行判据。在MATLAB控制系统工具箱中提供了李雅普诺夫函数命令,用于李雅普诺夫稳定性分析。由李雅普诺夫第二法,线性定常系统稳定的充要条件为:

对于系统 $\dot{x}=Ax$，任意给定正定的实对称矩阵 Q，若存在一个正定的实对称矩阵 P，满足李雅普诺夫方程

$$A^{T}P+PA=-Q$$

则系统对于平衡点 $x=0$ 是大范围渐近稳定的，否则是不稳定的。

在控制系统工具箱中提供的 lyap( ) 函数，可用于求解李雅普诺夫方程。该函数的调用格式为

$$P=\text{lyap}(A,Q) \tag{6-87}$$

式中，A 为系统矩阵，Q 为任给的正定实对称阵，P 为李雅普诺夫方程的解矩阵。用塞尔维斯特判据检验 P 阵的正定性。

例 6-41　已知系统的状态方程为

$$\dot{x}=\begin{bmatrix}0 & 1\\-1 & -1\end{bmatrix}x$$

试用李雅普诺夫第二法判别系统稳定性。

解：设 $Q=I$，则用以下 MATLAB 命令求李雅普诺夫方程的解矩阵 P。

```
>> A=[0 1;-1 -1];                %输入系统矩阵
   Q=eye(2,2);                   %输入 2×2 单位矩阵 I
   P=Lyap(A,Q)                   %求解李雅普诺夫方程
```

结果显示：

```
P=
     1.5000     -0.5000
    -0.5000      1.0000
```

矩阵 P 的定号性计算，可由赛尔维斯特准则分析：

```
>> det(P(1,1))                   %计算一阶主子式
   ans=
        1.5000                   %一阶主子式大于零
>> det(P)                        %计算二阶行列式
   ans =
        1.2500                   %二阶行列式大于零
```

矩阵 P 是正定的，该系统对于平衡点 $x=0$ 是大范围渐近稳定的。

另外，P 阵的定号性，按塞尔维斯特准则，也可写成以下格式：

```
>> [det(P(1,1)) det(P)]          %计算各阶主子式
     ans =
          1.5000     1.2500      %各阶主子式均大于零
```

6.4.3　控制系统的设计

1. 极点配置算法

极点配置定理　设系统的状态空间表达式为

$$\begin{cases}\dot{x}=Ax+Bu\\ y=Cx\end{cases}$$

若系统的是完全能控的,即 $\text{rank}\boldsymbol{T}_c=n$,则可以引入状态反馈

$$\boldsymbol{u}=\boldsymbol{r}-\boldsymbol{K}\boldsymbol{x}$$

使闭环系统极点任意配置。对应的系统结构图如图 6-20 所示。

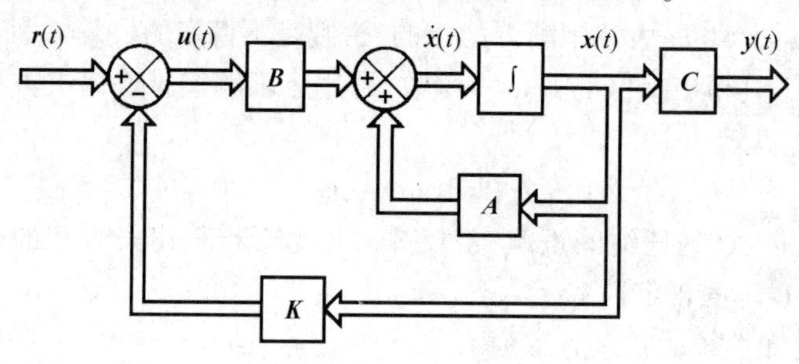

图 6-20 状态反馈结构图

闭环系统状态空间表达式为

$$\begin{cases}\dot{\boldsymbol{x}}=(\boldsymbol{A}-\boldsymbol{B}\boldsymbol{K})\boldsymbol{x}+\boldsymbol{B}\boldsymbol{r}\\ \boldsymbol{y}=\boldsymbol{C}\boldsymbol{x}\end{cases}$$

相应的传递矩阵为

$$\boldsymbol{G}(s)=\boldsymbol{C}[s\boldsymbol{I}-(\boldsymbol{A}-\boldsymbol{B}\boldsymbol{K})]^{-1}\boldsymbol{B}$$

由此可见,经过状态反馈后,系数矩阵 $\boldsymbol{B}$ 和 $\boldsymbol{C}$ 没有变化,仅是系统矩阵 $\boldsymbol{A}$ 发生了变化,变成了 $\boldsymbol{A}-\boldsymbol{B}\boldsymbol{K}$;也就是状态反馈阵 $\boldsymbol{K}$ 的引入,没有引入新的状态变量,也不增加系统的维数,但可通过 $\boldsymbol{K}$ 阵的选择自由地改变闭环系统的特征值,从而使闭环极点任意配置。

在 MATLAB 控制系统工具箱中,提供了两种函数 place( )和 acker( ),可以完成极点配置的计算。其调用格式分别如下。

1) 鲁棒极点配置算法(非奇异变换法)

$$\text{K}=\text{place}(\text{A},\ \text{B}\ ,\text{P}) \tag{6-88}$$

式中,(A ,B)为系统状态方程模型,P 为包含期望极点的向量,返回的变量 K 为状态反馈向量。

该算法是先通过变换矩阵 $\boldsymbol{T}$,将状态方程转换成能控标准型 $\tilde{\boldsymbol{A}}$,然后对其施加状态反馈,并将期望的特征方程 $f^*(s)=0$ 和加入状态反馈阵 $\tilde{\boldsymbol{K}}$ 后的特征方程 $f(s)=0$ 比较,令对应项系数相等,从而求出状态反馈阵 $\tilde{\boldsymbol{K}}$,然后按定义的变换关系 $\boldsymbol{x}=\boldsymbol{T}\tilde{\boldsymbol{x}}$得出 $\boldsymbol{K}$ 阵,即

$$\boldsymbol{K}=\tilde{\boldsymbol{K}}\boldsymbol{T}^{-1}=[a_n^*-a_n\quad a_{n-1}^*-a_{n-1}\quad\cdots\quad a_1^*-a_1]\boldsymbol{T}^{-1} \tag{6-89}$$

其中变换阵

$$\boldsymbol{T}=\boldsymbol{T}_c\boldsymbol{W}=[\boldsymbol{B}\quad \boldsymbol{A}\boldsymbol{B}\quad\cdots\quad \boldsymbol{A}^{n-1}B]\begin{bmatrix}a_{n-1} & a_{n-2} & \cdots & a_1 & 1\\ a_{n-2} & a_{n-3} & \cdots & 1 & 0\\ \vdots & \vdots & & \vdots & \vdots\\ a_1 & 1 & \cdots & 0 & 0\\ 1 & 0 & \cdots & 0 & 0\end{bmatrix}$$

place( )函数不仅适用于单变量系统,也适用于多变量系统的极点配置问题,但该函数不适用于含有多重期望极点问题。

例 6-42　已知系统的状态方程为

$$\dot{\boldsymbol{x}} = \begin{bmatrix} -2 & -2.5 & -0.5 \\ 1 & 0 & 0 \\ 0 & 1 & 0 \end{bmatrix} \boldsymbol{x} + \begin{bmatrix} 1 \\ 0 \\ 0 \end{bmatrix} u$$

希望极点为 $S_{1,2,3}=-1,-2,-3$。试设计状态反馈阵 $\boldsymbol{K}$,并检验 $\boldsymbol{A}-\boldsymbol{BK}$ 的特征值与希望极点是否一致。

解:MATLAB 源程序为

```
>> A=[-2 -2.5 -0.5;1 0 0;0 1 0];            %输入系统矩阵
   B=[1;0;0];
   Tc=ctrb(A,B);                             %创建能控矩阵
   rank(Tc)                                  %判能控性
ans=
     3
>> P=[-1 -2 -3];                             %输入期望极点
   K=place(A,B,P)                            %求反馈阵
K=
    4.0000      8.5000      5.5000
   Ac=A-B*K;                                 %求闭环系统阵
   eig(Ac)                                   %检验闭环特征值
ans=
      -3.0000
      -2.0000
      -1.0000
```

2) 阿克曼(Ackermann)算法

$$\text{K=acker(A, B, P)} \tag{6-90}$$

式中,(A,B)为状态方程模型,P 为包含期望极点位置的向量,返回的变量 K 为状态反馈向量。

该函数是按照阿克曼公式求反馈阵 $\boldsymbol{K}$ 的,即

$$\boldsymbol{K}=[0 \quad \cdots \quad 0 \quad 1]\boldsymbol{T}_c^{-1} f^*(\boldsymbol{A}) \tag{6-91}$$

其中,$\boldsymbol{T}_c$ 为能控阵,$f^*(\boldsymbol{A})$ 为期望极点所构成的特征多项式 $f^*(s)$ 的矩阵形式,即

$$f^*(\boldsymbol{A}) = a_n^* \boldsymbol{I} + a_{n-1}^* \boldsymbol{A} + \cdots + a_1^* \boldsymbol{A} + \boldsymbol{A}^n$$

阿克曼公式可以由前面式(6-89)推出,即

$$\boldsymbol{K} = \tilde{\boldsymbol{K}}\boldsymbol{T}^{-1} = \tilde{\boldsymbol{K}} \begin{bmatrix} \boldsymbol{T}_1 \\ \boldsymbol{T}_1\boldsymbol{A} \\ \vdots \\ \boldsymbol{T}_1\boldsymbol{A}^{n-1} \end{bmatrix}$$

$$= \boldsymbol{T}_1[a_n^* \boldsymbol{I} + a_{n-1}^* \boldsymbol{A} + \cdots + a_1^* \boldsymbol{A}^{n-1}] - \boldsymbol{T}_1[a_n \boldsymbol{I} + a_{n-1}\boldsymbol{A} + \cdots + a_1 \boldsymbol{A}^{n-1}]$$

$$= \boldsymbol{T}_1[a_n^* \boldsymbol{I} + a_{n-1}^* \boldsymbol{A} + \cdots + a_1^* \boldsymbol{A}^{n-1}] + \boldsymbol{T}_1 \boldsymbol{A}^n$$

$$= [0 \quad \cdots \quad 0 \quad 1]\boldsymbol{T}_C^{-1} \cdot f^*(\boldsymbol{A})$$

该函数仅用于单变量系统极点配置问题,但可以求解配置多重极点的问题。

2. 观测器设计

我们可以利用极点配置算法来设计观测器。由状态观测器结构图 6-21 可知,观测器的状态方程为

$$\dot{\hat{\boldsymbol{x}}} = (\boldsymbol{A} - \boldsymbol{LC})\hat{\boldsymbol{x}} + \boldsymbol{Bu} + \boldsymbol{Ly}$$

按上式可画出等效结构图如图 6-22 所示。

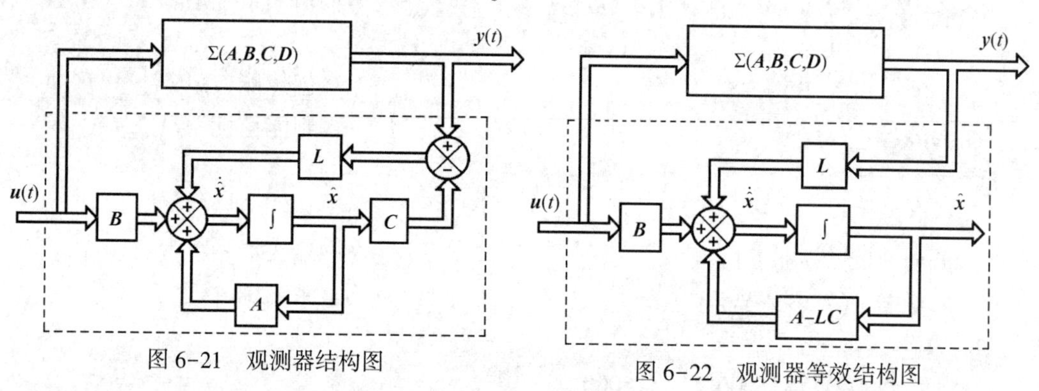

图 6-21　观测器结构图　　　　图 6-22　观测器等效结构图

如果调整反馈阵 $\boldsymbol{L}$,使观测器特征方程 $|s\boldsymbol{I}-(\boldsymbol{A}-\boldsymbol{LC})|=0$ 的特征值位于 s 左半平面且离虚轴足够远,就可以实现渐近估计。所以状态观测器的设计与状态反馈极点配置的设计类似。利用对偶原理,若原系统$(\boldsymbol{A}, \boldsymbol{C})$能观测,则对偶系统$(\boldsymbol{A}^{\mathrm{T}}, \boldsymbol{C}^{\mathrm{T}})$一定能控,即

$$\operatorname{rank}(\boldsymbol{A}^{\mathrm{T}}, \boldsymbol{C}^{\mathrm{T}}) = n$$

我们观察观测器的系统矩阵的转置:

$$(\boldsymbol{A} - \boldsymbol{LC})^{\mathrm{T}} = (\boldsymbol{A}^{\mathrm{T}} - \boldsymbol{C}^{\mathrm{T}}\boldsymbol{L}^{\mathrm{T}})$$

该形式与原系统状态反馈系统阵 $\boldsymbol{A}-\boldsymbol{BK}$ 相似,可视为其对偶系统的状态反馈。只是 $\boldsymbol{A}^{\mathrm{T}}$ 和 $\boldsymbol{C}^{\mathrm{T}}$ 分别代替了 $\boldsymbol{A}$ 和 $\boldsymbol{B}$,$\boldsymbol{L}^{\mathrm{T}}$ 代替了 $\boldsymbol{K}$。此时系统对对偶系统实行状态反馈设计,设计出的反馈阵 $\boldsymbol{L}^{\mathrm{T}}$ 即可得出 $\boldsymbol{L}$。因此,在 MATLAB 中,可以直接用 place( ) 或 acker ( ) 来进行状态观测器反馈阵的计算,其格式为

L=place(A′, B′, P)′　　(6-92)

L=acker(A′, B′, P)′　　(6-93)

式中,A′, B′是原系统系数矩阵的转置,P 为含有观测器希望极点的向量,L 为观测器反馈矩阵。

例 6-43　已知系统的状态空间表达式为

$$\begin{cases} \dot{\boldsymbol{x}} = \begin{bmatrix} -2 & -2.5 & -0.5 \\ 1 & 0 & 0 \\ 0 & 1 & 0 \end{bmatrix} \boldsymbol{x} + \begin{bmatrix} 1 \\ 0 \\ 0 \end{bmatrix} u \\ y = [1 \quad 4 \quad 3.5]\boldsymbol{x} \end{cases}$$

(1) 试设计一个状态观测器,使极点为 $s_{1,2,3}=-3,-5,-7$,求出所需观测器反馈阵 $\boldsymbol{L}$,

并验证此解。

(2) 令 $u(t)=0, \boldsymbol{x}(0)=\begin{bmatrix}1\\-0.75\\0.4\end{bmatrix}, \hat{\boldsymbol{x}}(0)=0$,试对原系统和观测器进行仿真,比较两者波形。

(3) 令 $u(t)=1, \boldsymbol{x}(0)=0, \hat{\boldsymbol{x}}(0)=0$,试对原系统和观测器进行仿真,比较两者波形。

解:(1) 用 MATLAB 设计状态观测器反馈阵 $\boldsymbol{L}$。

```
>> A=[-2 -2.5 -0.5;1 0 0;0 1 0];                %输入系统矩阵
   B=[1;0;0];C=[1   4   3.5];D=0;
   To=obsv(A,C);                                 %创建能观测矩阵
   rank(To)                                      %判能观测性
ans =

     3
>> P=[-3 -5 -7];                                 %输入希望极点
   L=place(A',C',P)'                             %求观测器反馈矩阵
   Ao=A-L*C;                                     %创建观测器系统矩阵
   eig(Ao)                                       %检验观测器特征值
   ans=                          L=
        -7.0000                    35.2324
        -5.0000                   -19.8169
        -3.0000                    16.2958
```

(2) 求零输入响应。

```
>> X0=[1;-0.75;0.4];                             %输入初始条件
   t=0:0.01:4;                                   %给出时间数组
   u=0*t;                                        %设定零输入信号
   Gss=ss(A,B,C,D);                              %创建原系统 SS 对象
   [y,t,x]=lsim(Gss,u,t,X0);                     %求系统时域响应并返回变量
   Goss=ss(Ao,L,C,D);                            %创建观测器的 SS 对象,L 代替 B
   [yc,t,xc]=lsim(Goss,y,t);                     %求观测器时域响应
   plot(t,yc,t,y,'--'), figure ,plot(t,xc,t,x,'--') %求响应曲线,比较波形
```

画出的响应波形如图 6-23 和图 6-24 所示,由曲线的比较可知,在时间 1.8s 以后,观测器状态的 3 条曲线,可以很好地逼近原系统状态的 3 条虚线。

(3) 求零状态响应。

```
>> t=0:0.01:20;                                  %输入新的时间向量
   u=1+0*t;                                      %产生单位阶跃输入
   Giss=ss(Ao,B,C,D);                            %创建分解系统 1 观测器模型
   [y,t,x]=lsim(Gss,u,t);                        %求原系统阶跃响应
   [yi,t,xi]=lsim(Giss,u,t);                     %求分解系统 1 对 u 的响应
   [yo,t,xo]=lsim(Goss,y,t);                     %求分解系统 2 对 y 的响应
   plot(t,x),figure,plot(t,xi),figure,plot(t,xo); %画原系统响应和观测器分解响应状态图
```

```
>> figure,plot(t,xi+xo,'--')                    %叠加分解图画出观测器响应
```

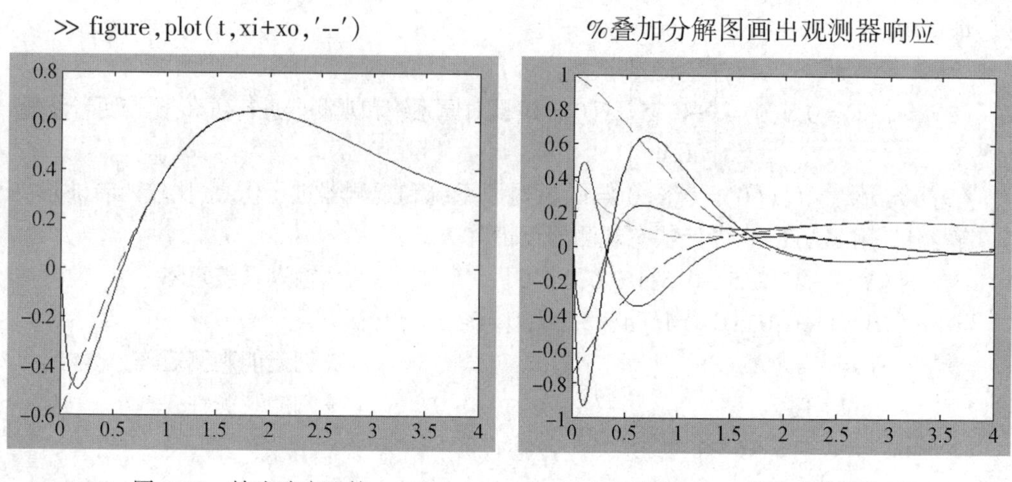

图 6-23　输出响应比较

图 6-24　状态响应比较

图 6-25 画出的是原系统的状态变量阶跃响应图。对观测器状态的响应,采用叠加的方法,分别求出两路输入(u 和 y)产生的响应,如图 6-26 和图 6-27 所示,最后叠加两路分量,得到观测器总响应如图 6-28 所示。比较图 6-25 和图 6-28 可知,观测器的输出基本上与原系统输出是一致的。

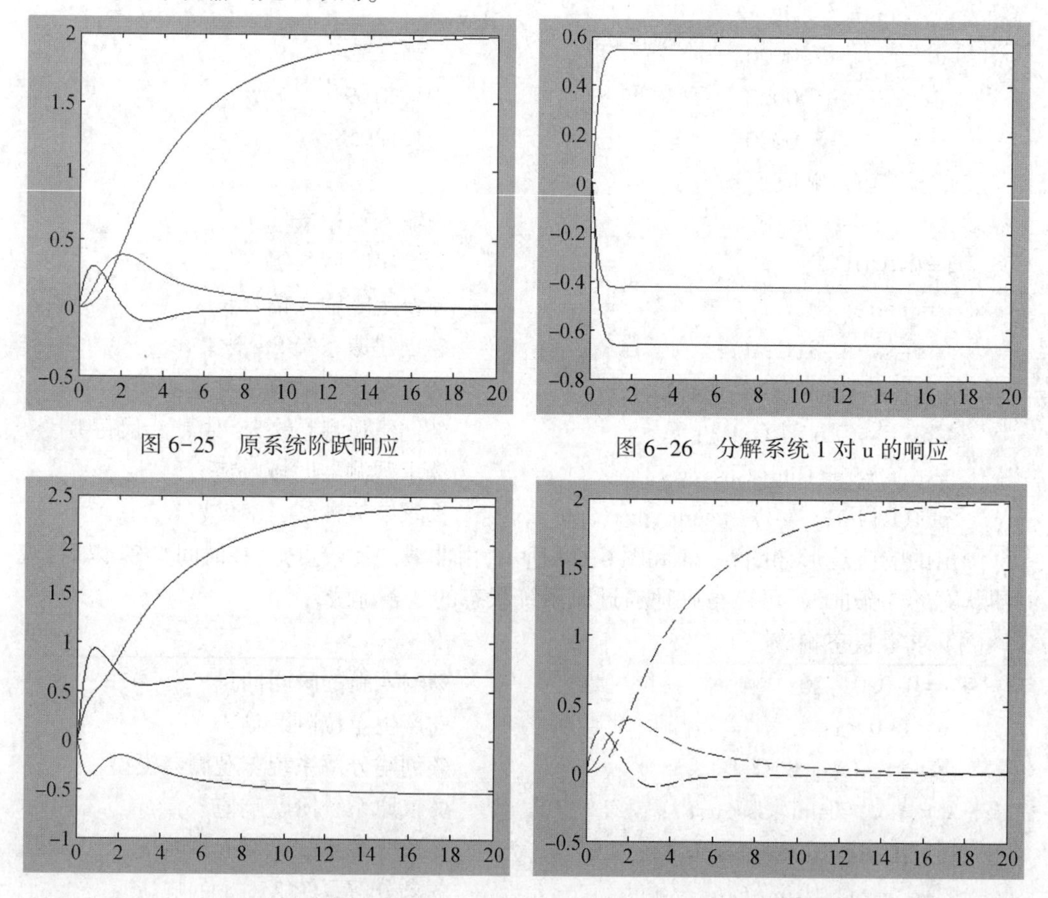

图 6-25　原系统阶跃响应

图 6-26　分解系统 1 对 u 的响应

图 6-27　分解系统 2 对 y 的响应

图 6-28　叠加分解图画出观测器响应

利用 MATLAB 函数 lsim( )也可以直接求出观测器的总响应,具体编程如下:

```
>> u=1+0*t;                          %观测器输入 1
   y=step(Gss,t);                    %观测器输入 2
   uc=[u y];                         %合并输入 1 和输入 2
   Gcss=ss(Ao,[B L],C,D);            %合并两路输入矩阵,创建观测器模型
   [yc,t,xc]=lsim(Gcss,uc,t);        %求出观测器的总响应
   plot(t,xc)                        %画出状态曲线
```

由此方法画出的图形与图 6-28 完全一致。

6.5　Simulink 方法建模与仿真

在一些实际应用中,如果系统的结构过于复杂,不适合用分析和编程的方法建模。在这种情况下,使用功能完善的 Simulink 程序可以方便地建立系统的数学模型。Simulink 是由 MathWorks 软件公司 1990 年为 MATLAB 提供的新的控制系统结构图编程与系统仿真的专用软件工具。它有两个显著的功能:Simu(仿真)与 Link(连接)。在该仿真环境下,用户程序其外观就是控制系统结构图,亦即建模过程可通过鼠标在模型窗口上“画”出所需的控制系统模型,然后利用 Simulink 提供的输入源模块对结构图所描述的系统施加激励,利用 Simulink 提供的输出显示模块获得系统的输出响应数据或时间响应曲线。与 MATLAB 中逐行输入命令相比,这种输入更容易,分析更直观。它成为图形化、模块化方式的控制系统仿真工具,这是控制系统仿真工具的一大突破性进步。下面简单介绍 Simulink 建立结构图模型的基本步骤与系统仿真的方法。

1. Simulink 的启动

在 MATLAB 命令窗口的工具栏中单击按钮或者在命令提示符>>下键入 simulink 命令,回车后即可启动 Simulink 程序。启动后软件自动打开 Simulink 模型库窗口,如图 6-29所示。这一模型库中含有许多子模型库,如 Sources(输入源模块库)、Sinks(输出显示模块库)、Nonlinear(非线性环节)等。若想建立一个控制系统结构框图,则应该选择 File→New 菜单中的 Model 选项,或选择工具栏上的 New Model 按钮,打开一个空白的模型编辑窗口,如图 6-30 所示。

2. 画出系统的各个模块

打开相应的子模块库,选择所需要的元素,用鼠标左键点中后拖到模型编辑窗口的合适位置。模块的输入/输出方向以及模块的颜色等外观的调整,可以用鼠标右键单击该模块图标,则会出现一个相应子菜单,选择相应的项进行调整。

3. 给出各个模块参数

由于选中的各个模块只包含默认的模型参数,如默认的传递函数模型为 1/(s+1)的简单格式,必须通过修改得到实际的模块参数。要修改模块的参数,可以用鼠标双击该模块图标,则会出现一个相应对话框,提示用户修改模块参数。

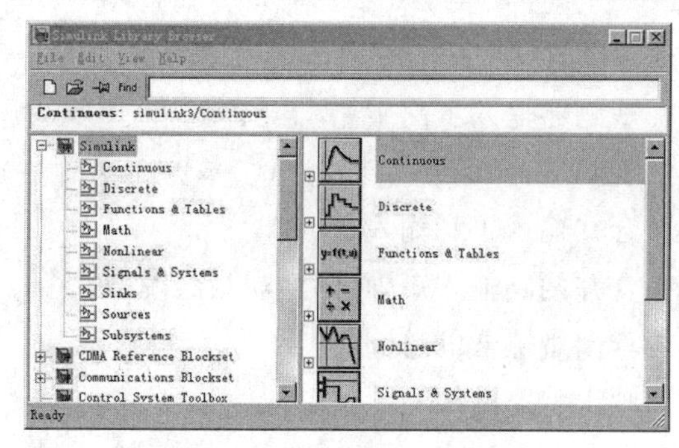

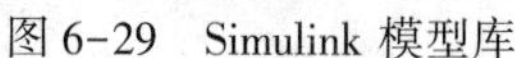
图 6-29　Simulink 模型库

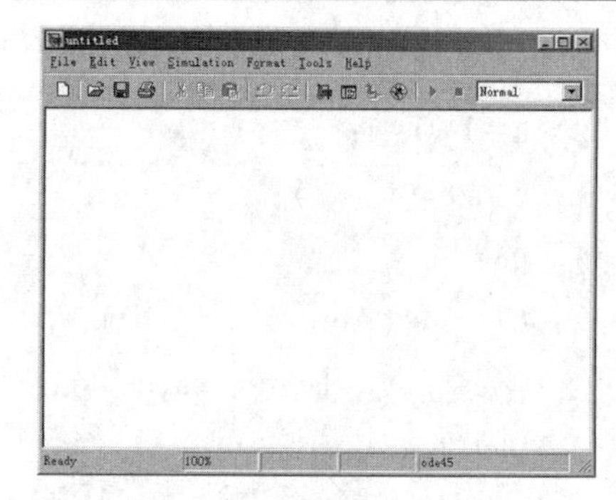

图 6-30　模型编辑窗口

4. 画出连接线

当所有的模块都画出来之后,可以再画出模块间所需要的连线,构成完整的系统。模块间连线的画法很简单,只需要用鼠标点按起始模块的输出端(三角符号),再拖动鼠标,到终止模块的输入端释放鼠标键,系统会自动地在两个模块间画出带箭头的连线。若需要从连线中引出节点,可在鼠标单击起始节点时按住 Ctrl 键,再将鼠标拖动到目的模块。

5. 输入和输出端子

在 Simulink 下允许有两类输入输出信号,第一类是仿真信号,可从 Source(输入源模块)图标中取出相应的输入信号端子,从 Sink(输出显示模块)图标中取出相应输出端子即可。第二类是要提取系统线性模型,则需要打开 Connection(连接模块库)图标,从中选取相应的输入输出端子。

6. 在图形中标注文字

当图形画好之后,可在图中任意位置标注变量符号或文字。选择希望的位置双击鼠标,则出现一个文字输入框,输入要标注的文字即可。

7. 新文件存储

结构图程序完成以后,保存时可选择 File 菜单中的 Save as(另存为)命令,将文件以扩展名 .mdl 存入用户程序存储区。这是特殊的 M 函数,或者又称为 S 函数,在 Simulink 中用于描述系统模型,是由结构图文件自动生成的。

8. 仿真参数设置和启动仿真

在编辑窗口中单击 Simulation→Simulation parameters 菜单,会出现一个参数对话框,在 Solver 模板中设置仿真范围 Start Time(开始时间)和 Stop Time(终止时间),仿真步长范围 Max step size(最大步长)和 Min step size(最小步长)。最后单击 Simulation→Start 菜单或单击相应的热键按钮 ▶ 启动仿真。注意:一旦设置了仿真终止时间,而且示波器的 parameter中的 Time range 设置为 auto,则示波器将自动地将该终止时间作为其时间域的范围。

例 6-44　典型二阶系统的结构图如图6-31所示。用 Simulink 对系统进行仿真分析。

(1) 按前面步骤,启动 Simulink 并打开一个空白的模型编辑窗口。

(2) 画出所需模块,并给出正确的参数:

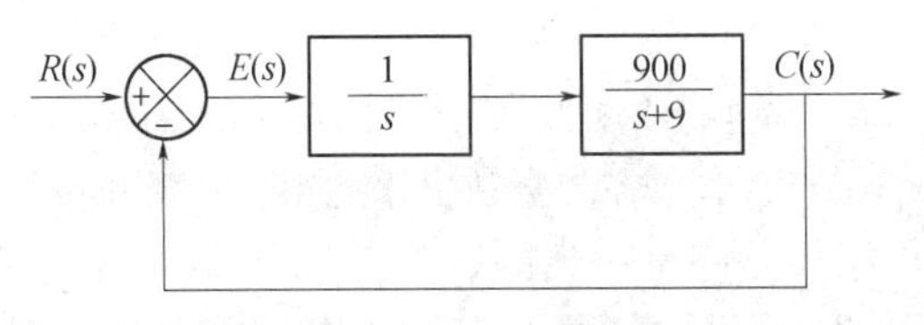

图6-31 典型二阶系统结构图

① 在Sources子模块库中选中阶跃输入(Step)图标,将其拖入编辑窗口,并用鼠标左键双击该图标,打开参数设定的对话框,将参数step time(阶跃时刻)设为0。

② 在Math(数学)子模块库中选中加法器(Sum)图标,拖到编辑窗口中,并双击该图标将参数List of signs(符号列表)设为|+-(表示输入为正,反馈为负)。

③ 在Continuous(连续)子模块库中选中积分器(Integrator)和传递函数(Transfer Fcn)图标,拖到编辑窗口中,并将传递函数分子(Numerator)改为[900],分母(Denominator)改为[1,9]。

④ 在Sinks(输出)子模块库中选择Scope(示波器)和Out1(输出端口模块)图标并将之拖到编辑窗口中。双击示波器模块,打开示波器窗口,在菜单栏中单击 按钮打开一个对话框,在General选项卡中设置:Number of axel:(1); Time range:(auto);Tick labels:(bottom axis only); sampling:(sample time/0),单击OK按钮确定。在窗口内单击鼠标右键,打开快捷菜单,选择Axes properties... 项,设置输出范围:Y-min:0;Y-max:2,单击OK按钮确定。

(3) 将画出的所有模块按图6-31用鼠标操作将其连接起来,构成一个原系统的框图描述,如图6-32所示。

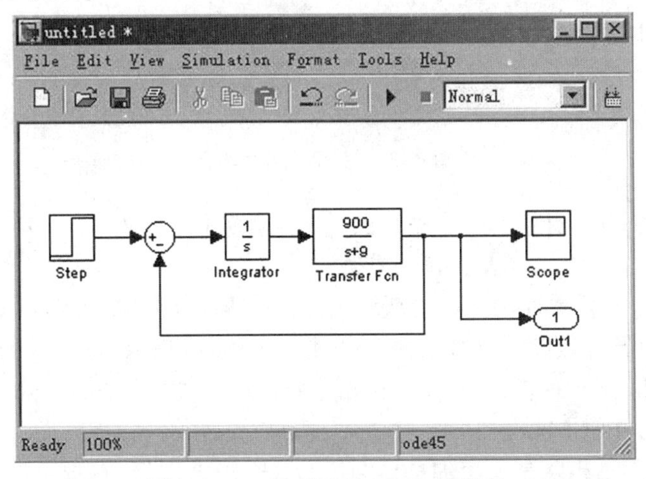

图6-32 二阶系统的Simulink实现

(4) 选择仿真控制参数,启动仿真过程。

① 单击Simulation打开Simulation parameters菜单,在Solver模板中设置Start Time:(0.0);Stop Time:(1.2);仿真步长范围Max step size:(0.005)。最后单击 按钮启动仿

真。双击示波器,在弹出的图形上会"实时地"显示出仿真结果。输出结果如图6-33所示。

在命令窗口中键入 whos 命令,会发现工作空间中增加了两个变量——tout 和 yout,这是因为 Simulink 中的 Out1 模块自动将结果写到了 MATLAB 的工作空间中。利用 MATLAB 命令 plot(tout,yout),可将结果绘制出来,如图6-34所示。比较图6-34和图6-33,可以发现这两种输出结果是完全一致的。

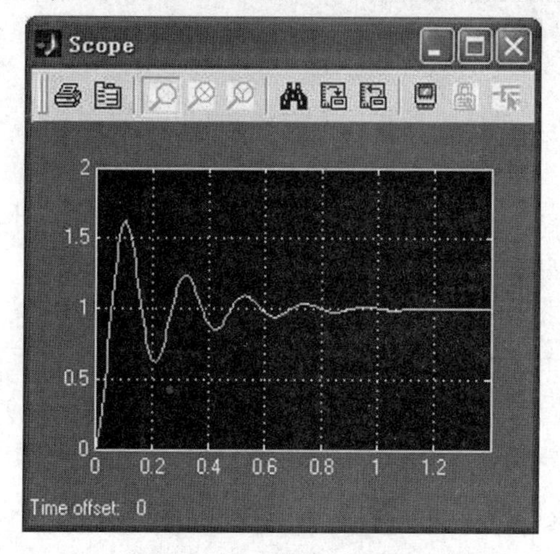

图6-33 仿真结果示波器显示

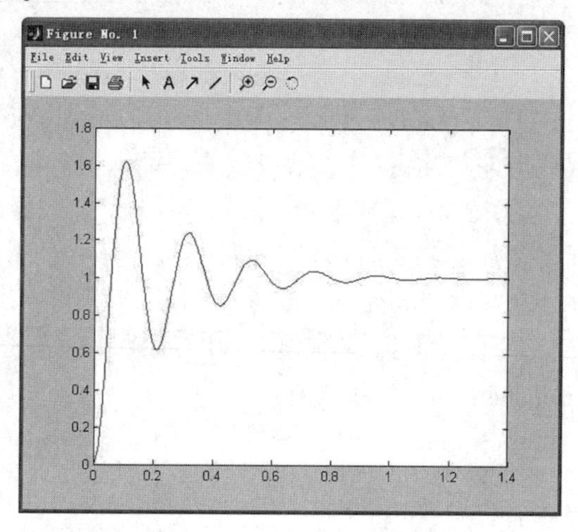

图6-34 利用 MATLAB 命令得出的系统响应曲线

例6-45 已知系统的结构图如图6-35所示,按图中选定的状态变量画出状态变量仿真图,用 Simulink 对系统进行仿真分析。

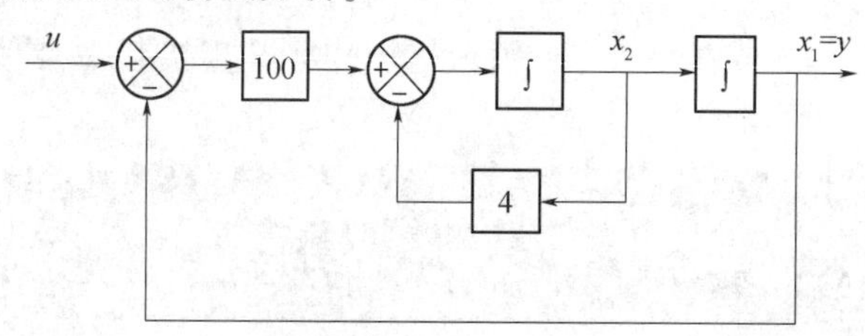

图6-35 状态变量仿真图

(1) 启动 Simulink 并打开一个空白的模型编辑窗口。

(2) 选择所需模块,并给出正确的参数。

① 在 Sources 子模块库中选中阶跃输入(Step)图标,将其拖入编辑窗口,并用鼠标左键双击该图标,打开参数设定的对话框,将参数 step time(阶跃时刻)设为1。

② 在 Math Operations(数学运算)子模块库中选中加法器(Sum)和增益(Gain)图标,拖到编辑窗口中,并双击加法器图标将参数 List of signs(符号列表)设为|+-(表示输入为正,反馈为负)。然后再复制一个加法器图标和一个增益图标,右键单击其中一个增益图标,选择 Format→Flip block 命令,将增益图标倒向。

③ 在 Continuous(连续)子模块库中,选择积分器(Integrator)图标并拖到编辑窗口中,同样复制一个或者再拖一个。

④ 在 Sinks(输出)子模块库中选择 Scope(示波器)图标并将之拖到编辑窗口中。单击 Parameter 图标 打开一个对话框,在 General 选项卡中将 Number of axes 的值设为

2,目的使示波器有两个输入,以同时显示两个状态。

(3) 将画出的所有模块按图 6-35 用鼠标操作将其连接起来,构成状态变量仿真图如图 6-36 所示。

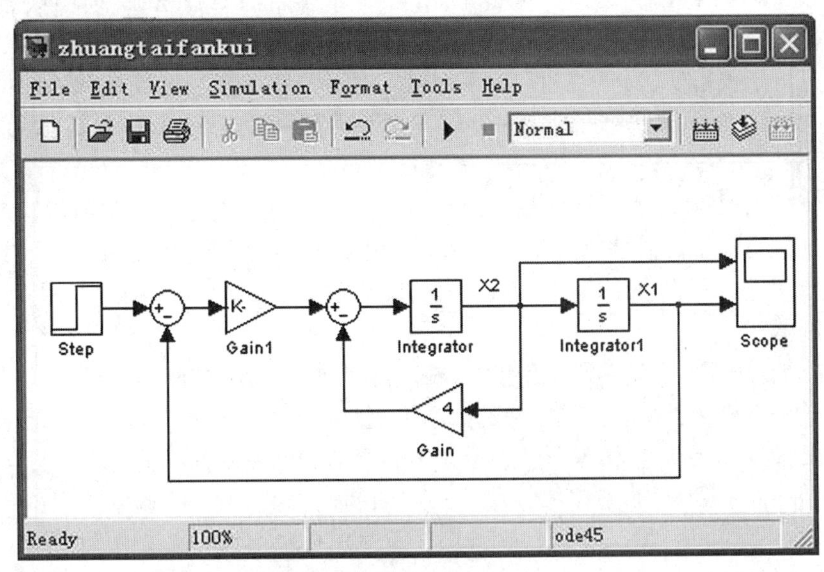

图 6-36　系统的 Simulink 实现

(4) 选择仿真控制参数,启动仿真过程。

单击 Simulation 打开 Simulation parameters 菜单,在 Solver 模板中设置 Start Time:(0.0);Stop Time:(4);仿真步长范围 Max step size:(0.005)。最后单击 ▶ 按钮启动仿真。双击示波器,在弹出的图形上会“实时地”显示出仿真结果。输出结果如图 6-37 所示。

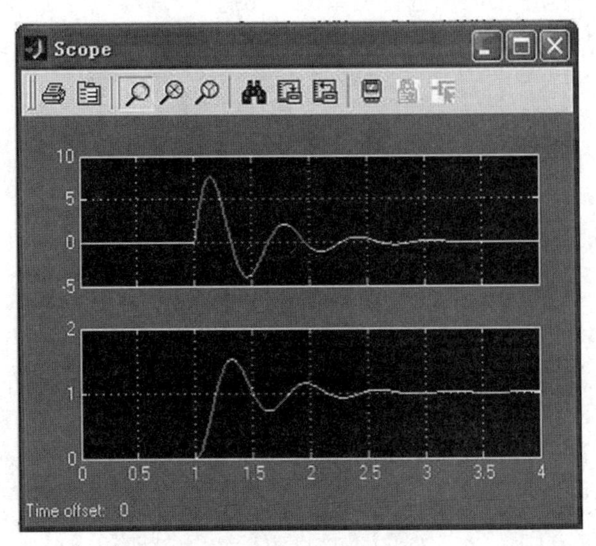

图 6-37　状态变量仿真

6.6 现代控制理论的模拟实验与 Simulink 仿真

“现代控制理论基础”是一门理论性和实践性很强的专业基础理论课,前面通过 MATLAB 仿真,可以方便地研究系统性能,验证理论的正确性,加深对理论知识的理解。本节再通过电子模拟实验,学习和掌握系统模拟电路的构成和测试技术,然后用 Simulink 仿真形象直观地验证试验结果,进一步培养学生的实际动手能力和分析、研究问题的能力。

在控制理论课程中,大部分院校目前拥有的实验设备是电子模拟学习机。这种专为教学实验制造的电子模拟学习机,体积较小,使用方便,实验箱中备有多个运算放大器构成的独立单元,再加上常用的电阻、电容等器件,通过手工连线,可以构成多种特性的被控对象和控制器。

在基础训练阶段,实验手段采用模拟方法,除了灵活方便之外,还具有以下两个优点:

(1) 电子模拟装置可建立较准确的数学模型,从而可以避免实际系统中常碰到的各种复杂因素,使初学者能够根据所学理论知识循序渐进地完成各项实验。

(2) 在工程实践中,电子模拟方法有一定的实用价值,也是实验室常用的一种实验方法。

以自动控制理论电子模拟学习机为核心的一组基本实验设备和仪器,共同完成对各种实验对象的模拟和测试任务,传统的测试手段下,构成基本实验必备仪器有以下几种:

(1) 电子模拟学习机。

(2) 超低频双踪示波器。

(3) 超低频信号发生器。

(4) 万用表。

按照被测系统的数学模型,在电子模拟学习机上用基本运放单元模拟出相应的电路模型,然后按图 6-38 所示的方法进行模拟实验测试。

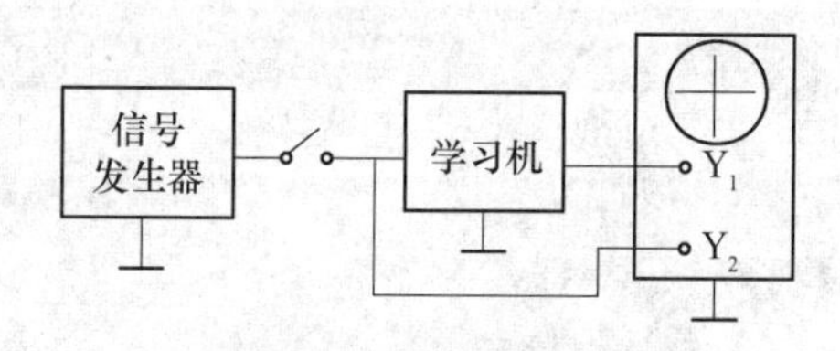

图 6-38 传统仪器组合

随着计算机软、硬件的快速发展,人们越来越多地利用计算机实现的虚拟仪器代替传统仪器。目前,大多数实验室都是用计算机来实现信号的产生、测量与显示、系统的控制及数据处理,使实验过程更加方便,功能更强大。现在的模拟实验组件是按图 6-39 来实现的。

A/D、D/A 卡起模拟信号与数字信号的转换作用,还可产生不同的输入信号(阶跃、三角、正弦等),供实验时选用。使用时用 RS232 串口电缆将 A/D、D/A 卡与计算机连接起来。如果配备打印机,则可在实验的同时将实验结果打印输出。由于计算机可以方便地输入数据、观察数据,初学者可以在屏幕的提示下进行实验过程,使学习变得更加轻松。

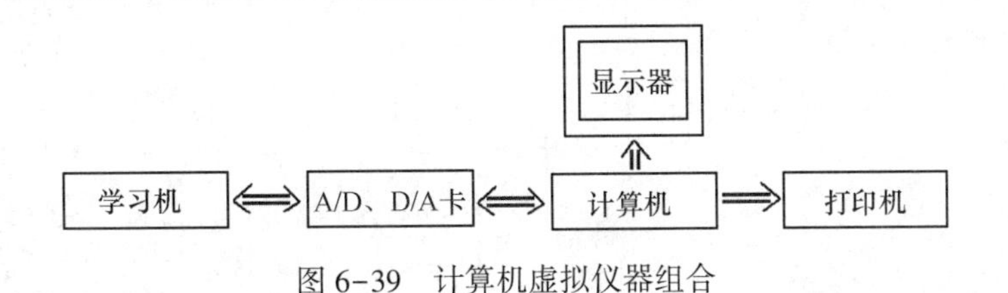

图 6-39　计算机虚拟仪器组合

实验一　时间响应测试

1. 实验的基本方法

控制系统的模拟实验是采用复合网络法来模拟各种典型环节，即利用运算放大器和 RC 组成的不同输入网络和反馈网络组合，模拟出各种典型环节，然后按照给定系统的结构图将这些模拟环节连接起来，便得到了相应的模拟系统。然后将输入信号加到模拟系统的输入端，使系统产生动态响应。这时，可利用计算机或示波器等测试仪器，测量系统的输出，便可观测到系统的动态响应过程，并进行性能指标的测量。若改变系统的某一参数，还可进一步分析研究参数对系统性能的影响。

在以下的实验过程中，为了更好地检验实验结果，避免过多地出现错误操作，我们将每一环节的正确结果，先通过 Simulink 仿真软件绘出正确的图形，以便于读者检验实验结果的正确性。

2. 时域性能指标测量方法

(1) 最大超调量 $\sigma\%$。利用示波器或计算机显示器上测到的输出波形，读出响应最大值和稳态值所具有的刻度值，代入下式算出超调量：

$$\sigma\% = \frac{Y_{\max} - Y_{\infty}}{Y_{\infty}} \times 100\% \qquad (6-94)$$

(2) 峰值时间 t_p。根据示波器或显示器上输出的波形最大值，找出对应这一点在水平时间方向上所具有的刻度值，即可换算出或读出峰值时间 t_p。

(3) 调节时间 t_s。同样，对应输出从零到进入 5%(或 2%)误差带的点，在水平方向上读出对应的刻度值，即可得到调节时间 t_s。

3. 实验内容

已知系统的状态空间表达式为

$$\begin{cases} \dot{\boldsymbol{x}} = \begin{bmatrix} 0 & 1 \\ -100 & -4 \end{bmatrix}\boldsymbol{x} + \begin{bmatrix} 0 \\ 100 \end{bmatrix}u \\ y = [1 \quad 0]\boldsymbol{x} \end{cases}$$

(1) 画出状态模拟图，按图接好系统，测试系统的阶跃响应特性。

(2) 设计状态反馈阵 $\boldsymbol{K}$，使闭环极点 $s_{1,2}=-5\pm5\mathrm{i}$。

① 用 MATLAB 程序进行设计，并求原系统和状态反馈系统阶跃响应。

② 用 Simulink 软件仿真原系统和状态反馈系统阶跃响应。

③ 用模拟电路进行状态反馈仿真测试，并记录加入状态反馈前后输出和状态的波形，分析结果。

4. 实验步骤

(1) 系统的状态模拟图如图 6-40 所示。

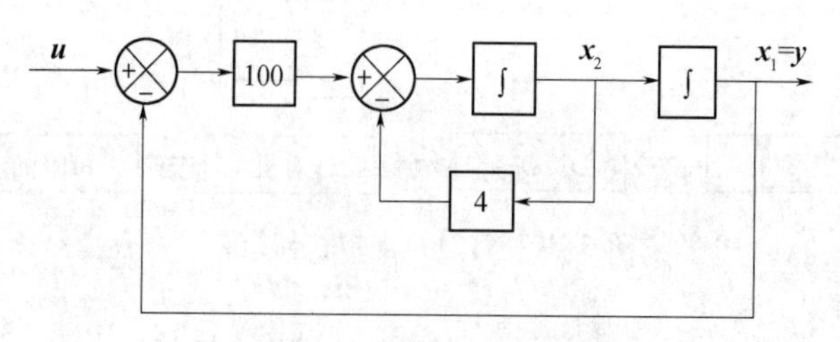

图 6-40　状态模拟图

若采用模拟实验箱模拟,为了节省运放单元且使电阻电容取值合理,可整理成便于运算放大器实现的典型环节形式,对应的结构图如图 6-41 所示。在模拟实验箱上,可按图 6-42所示电路实现图 6-41 的模拟仿真。

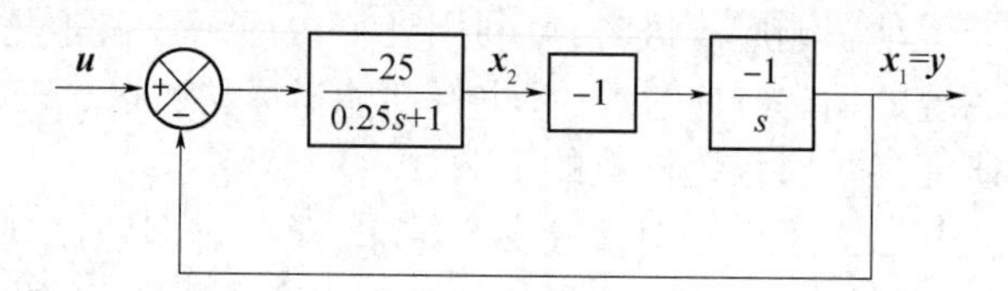

图 6-41　典型分解结构图

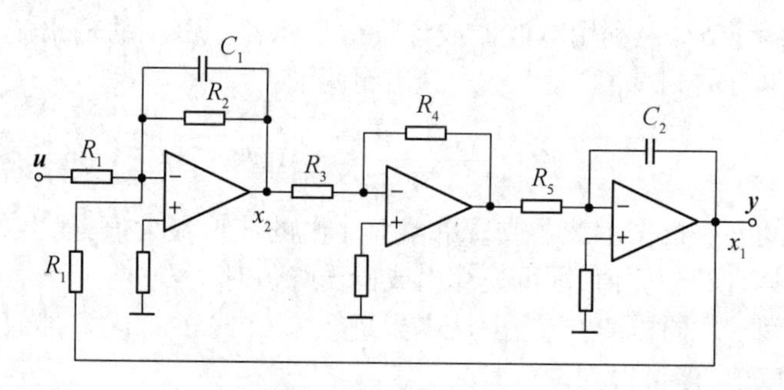

图 6-42　模拟电路图

取 $R_1=10\text{k}\Omega, C_1=1\mu\text{F}, R_2=250\text{k}\Omega, R_3=R_4=R_5=100\text{k}\Omega, C_2=10\mu\text{F}$,接好模拟电路,并按图6-43接好测试仪器。将状态变量 $\boldsymbol{x}_1,\boldsymbol{x}_2$ 两路信号分别接到双踪示波器或计算机 Y_1,Y_2 输入端,由信号发生器输入一个负阶跃信号,同时测试状态变量的时间响应,并记录波形于表 6-2 中。

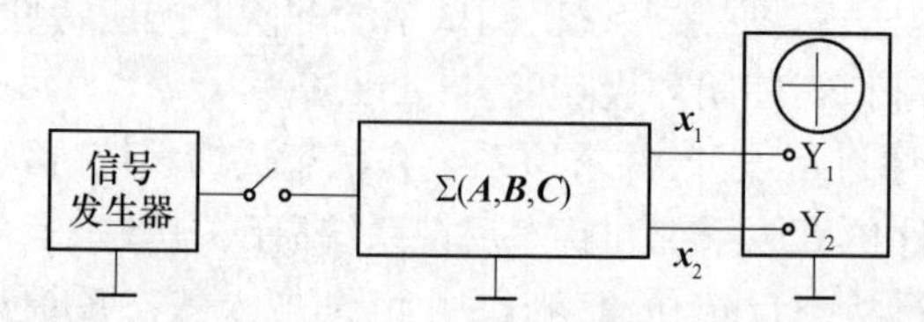

图 6-43　测试仪器连接

表 6-2　状态波形记录

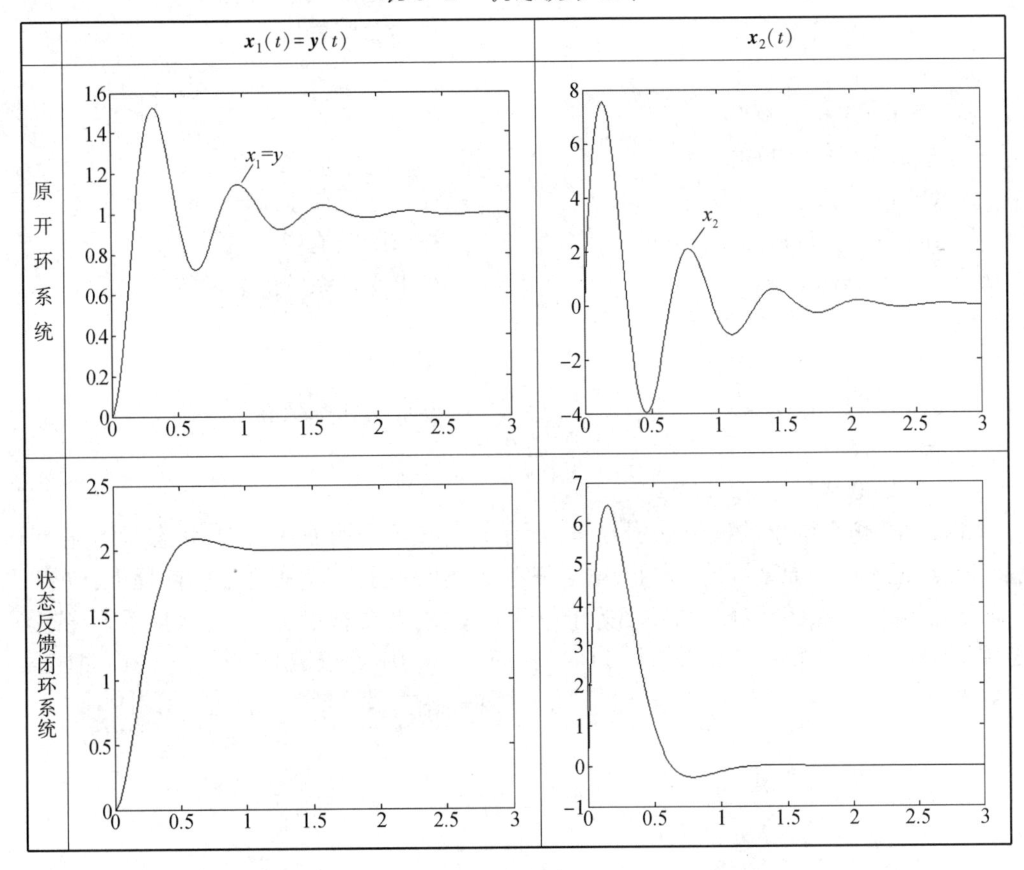

(2) 用 MATLAB 程序设计状态反馈闭环系统,使希望的极点为 $s_{1,2}=-5\pm5i$。

MATLAB 源程序如下:

```
>> A=[0 1;-100 -4];                    %输入系统矩阵
   B=[0;100];C=[1 0];D=0;
   Gss=ss(A,B,C,D);                     %创建 SS 对象
   eig(Gss)                             %求特征值
ans =
   -2.0000 + 9.7980i
   -2.0000 - 9.7980i
>> Tc=ctrb(A,B);                        %创建能控阵
   rank(Tc)                             %判断能控性
ans =
     2                                  %满秩可控
>> P=[-5+5i -5-5i];                     %输入希望极点
   K=place(A,B,P)                       %求状态反馈阵
K =
     -0.5000      0.0600
```

```
>> Ac=A-B*K;                              %创建反馈系统矩阵
    eig(Ac)                               %检验配置极点
ans =
   -5.0000 + 5.0000i
   -5.0000 - 5.0000i
>> Gcss=ss(Ac,B,C,D);                     %创建反馈系统SS对象
   step(Gss),hold,step(Gcss)              %求阶跃响应
    Go=dcgain(Gss)                        %求开环系统静态增益
Go =
      1
    Gc=dcgain(Gcss)                       %求闭环系统静态增益
Gc =
      2.0000
```

MATLAB仿真画出的波形如图6-44所示。比较图中两曲线可知,状态反馈配置了系统极点,但不改变原系统的(分子)增益和零点,最终在提高动态性能的前提下,改变了静态放大倍数,导致闭环静态增益不等于原开环增益,若要补偿这一点,保持系统稳态不变,则闭环增益应补偿一个倍数,即1/Gc。由于$x_1=y$,则改变输出矩阵Cc=C/Gc即可。

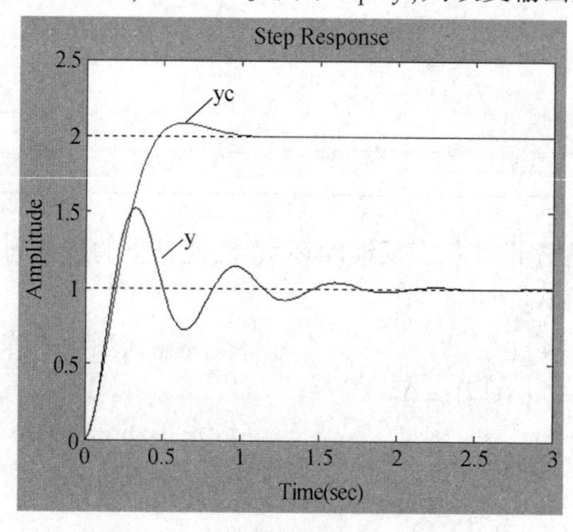

图6-44　系统加反馈前后的波形

用以下MATLAB命令绘出补偿后的波形:

```
>> Cc=C/Gc;                               %补偿静态增益
     step(Gss),hold,step(Ac,B,Cc,D)       %求补偿后的阶跃响应
   [y,t,x]=step(Gss);                     %返回状态变量
   [yc,t,xc]=step(Gcss,t);                %返回加反馈的状态变量
   plot(t,xc,'--',t,x)                    %求状态响应曲线
```

图6-45是补偿后的输出,稳态值与原系统一致。图6-46画出了相应的状态波形。

(3) Simulink仿真。

① 按状态模拟图(图6-40)做出的原系统结构图仿真模型如图6-47所示。

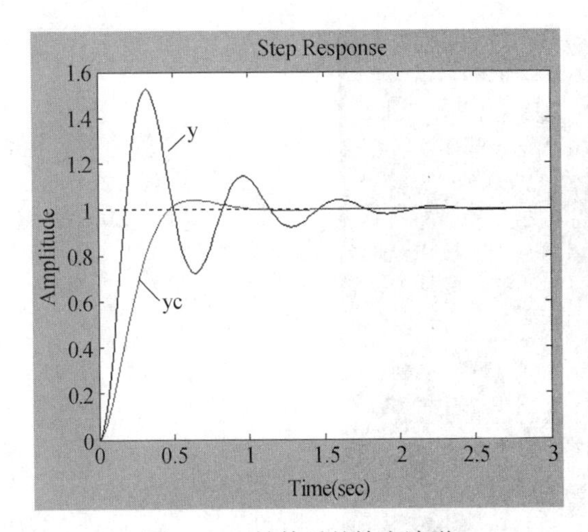

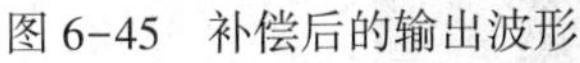
图 6-45　补偿后的输出波形

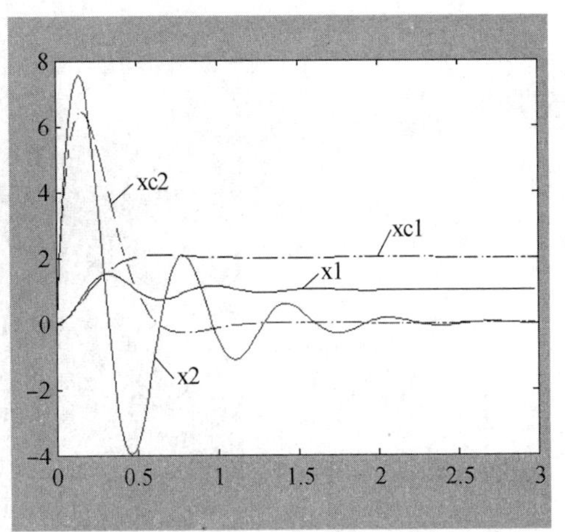

图 6-46　状态波形比较

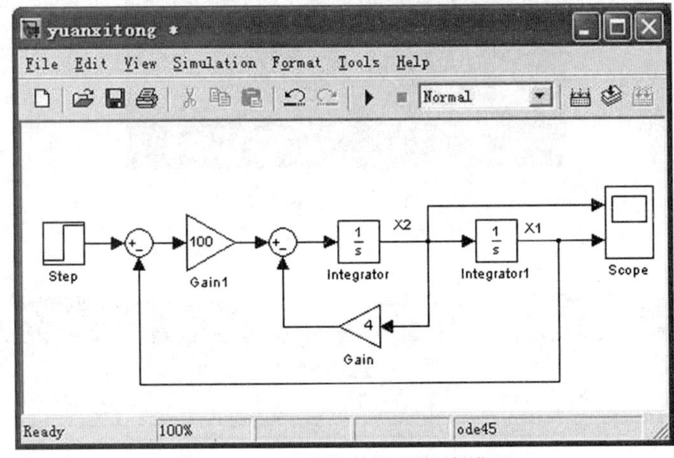

图 6-47　原系统结构图仿真模型

设置仿真参数(参照前例 6-45)。启动仿真过程,得到的响应波形如图 6-48 所示。

② 加入状态反馈的闭环系统状态模拟图如图 6-49 所示。

设置适当的仿真参数。启动仿真过程,得到的状态响应波形如图 6-50 和图 6-51 所示。

(4) 模拟线路仿真测试。状态反馈的闭环系统结构图如图 6-52 所示。按图 6-52 设计出适于模拟实验箱上实现的典型环节结构图如图 6-53 所示。

注意:图中的增益框(1/Gc)是为了补偿稳态增益而附加的(Gc=2)。

相应的模拟线路图如图 6-54 所示。图中最后一级是输出补偿增益(1/Gc)。

按图 6-43 的方法接好测试仪器,可直接测出状态变量 $\boldsymbol{x}_1$ 和 $\boldsymbol{x}_2$。另外,补偿后的输出 $\boldsymbol{y}$,可直接从输出端测出,记录波形于表 6-2 中,与开环响应波形比较,显然性能指标改善显著。

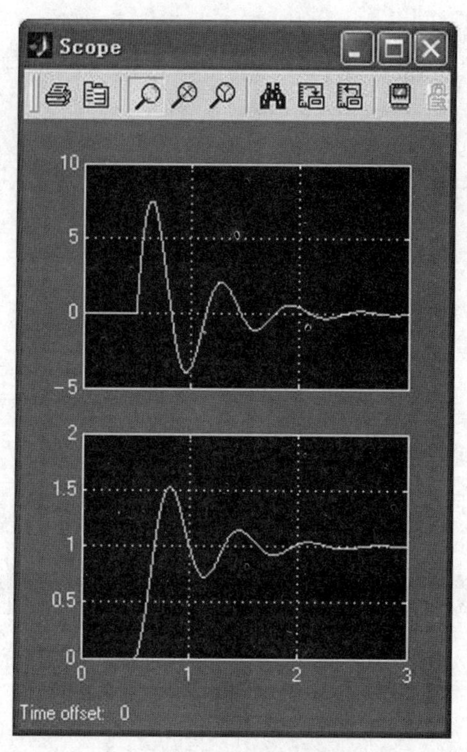

图 6-48　原系统状态响应

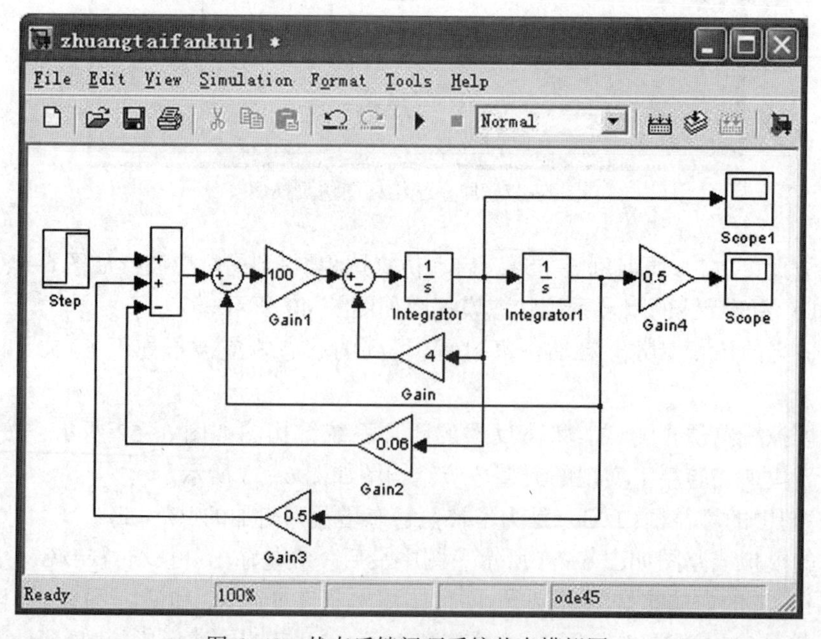

图 6-49　状态反馈闭环系统状态模拟图

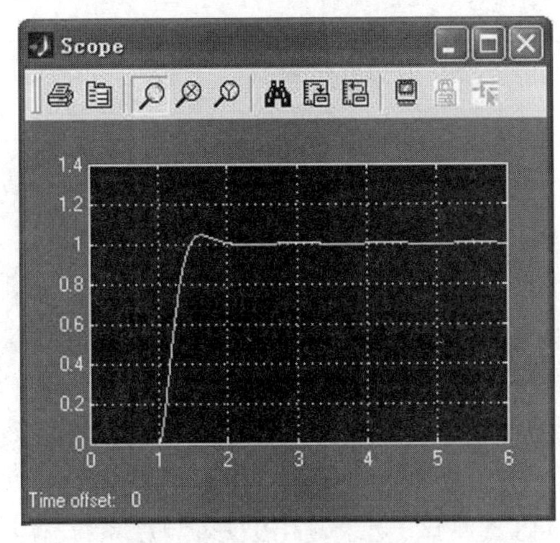

图 6-50　状态反馈闭环系统状态响应 x1

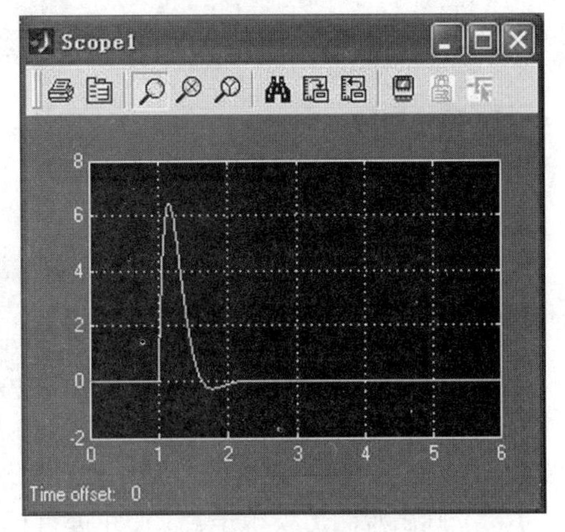

图 6-51　状态反馈闭环系统状态响应 x2

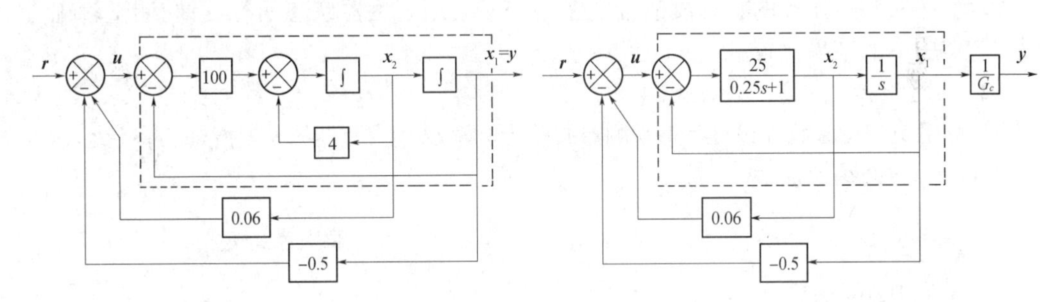

图 6-52　闭环系统结构图　　图 6-53　典型环节结构图

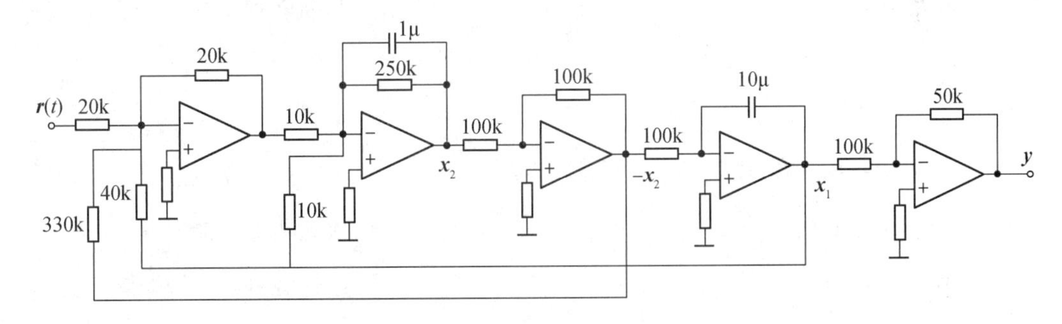

图 6-54　状态反馈的闭环系统结构图

（5）实验报告。

① 用解析法求出原系统的单位阶跃响应表达式，分析系统的响应性能。

② 从理论上计算按希望极点配置的状态反馈阵，验证 MATLAB 函数的正确性。

③ 整理实验记录波形，比较软件仿真与模拟仿真的区别和优缺点。

④ 总结模拟实验箱用于状态变量图仿真的特点，归纳按典型环节处理状态变量图的基本方法。

实验二　状态观测器设计及带观测器的闭环系统响应测试

1. 实验内容

已知系统的状态空间表达式为

$$\begin{cases}\dot{\boldsymbol{x}} = \begin{bmatrix} 0 & 1 \\ -100 & -4 \end{bmatrix}\boldsymbol{x} + \begin{bmatrix} 0 \\ 100 \end{bmatrix}u \\ y = \begin{bmatrix} 1 & 0 \end{bmatrix}\boldsymbol{x} \end{cases}$$

(1) 设计状态观测器,使观测器极点为 $s=-7\pm10\mathrm{i}$,画出状态变量图。

(2) 仿真状态观测器输出波形,与原系统波形比较,分析渐近特性与观测器极点的关系。

(3) 画出观测器模拟电路图,并进行模拟仿真测试,记录输出波形,与原系统输出比较。

(4) 按实验一设计的状态反馈希望极点-5±5i,用观测器状态实行反馈,测试输出波形并与实验一的结果比较。

2. 实验步骤

(1) 用 MATLAB 程序设计状态观测器的反馈矩阵 $\boldsymbol{L}$,使观测器的希望极点 $s_{1,2}=-7\pm10\mathrm{i}$。

MATLAB 源程序如下:

```
>> A=[0 1;-100 -4];                          %输入系统矩阵
   B=[0;100];C=[1 0];D=0;
   To=obsv(A,C);                             %创建能观测矩阵
   rank(To)                                  %判断能观测性
   ans =
        2
   P=[-7+10i -7-10i];                        %输入观测器极点
   L=place(A',C',P)'                         %求观测器反馈矩阵
   Ao=A-L*C                                  %创建观测器系统矩阵
   L=                     Ao=
     10.0000                 -10.0000      1.0000
      9.0000                -109.0000     -4.0000
    eig(Ao)                                   %检验观测器的特征值
    ans =
        -7.0000 +10.0000i
        -7.0000 -10.0000i
```

观测器的状态变量图如图 6-55 所示。按观测器系统阵 $\boldsymbol{A}_o=\boldsymbol{A}-\boldsymbol{LC}$，可画出等效的状态变量图如图 6-56 所示。

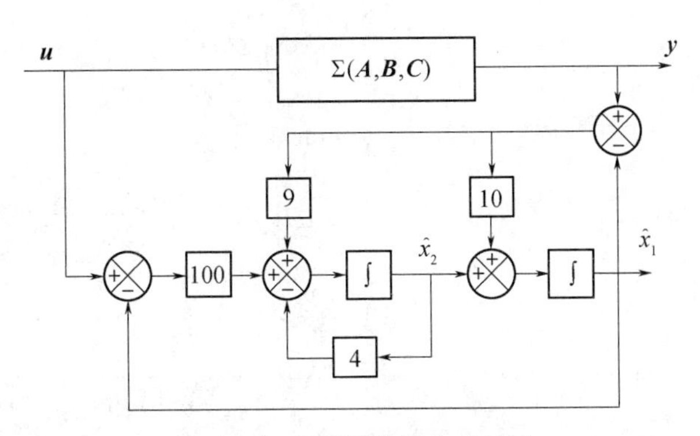

图 6-55　观测器的状态变量图

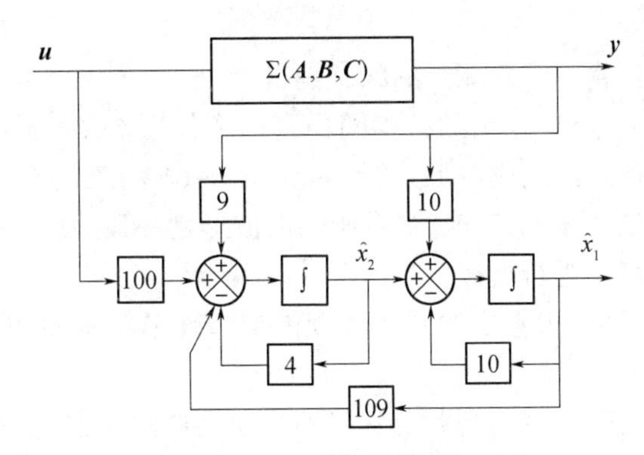

图 6-56　观测器等效状态变量图

(2) 用 MATLAB 程序求状态观测器的响应过程。

```
>> Gss=ss(A,B,C,D);                %创建原系统 SS 对象
   [y,t,x]=step(Gss);              %求原系统阶跃响应
   Bo=[B L];                       %创建观测器等效的输入矩阵
   Goss=ss(Ao,Bo,C,D);             %创建观测器 SS 对象
   u=1+0*t;                        %设定阶跃输入向量
   uo=[u y];                       %创建观测器输入向量
   [yc,t,xc]=lsim(Goss,uo,t);      %求观测器响应
   plot(t,yc,t,y,'--')             %画出输出波形
   plot(t,xc,t,x,'--')             %画出状态变量波形
```

图 6-57 是观测器的输出波形，与状态 x_1 的波形相等。图 6-58 是观测器的状态波形，显然与原系统的波形基本一致。

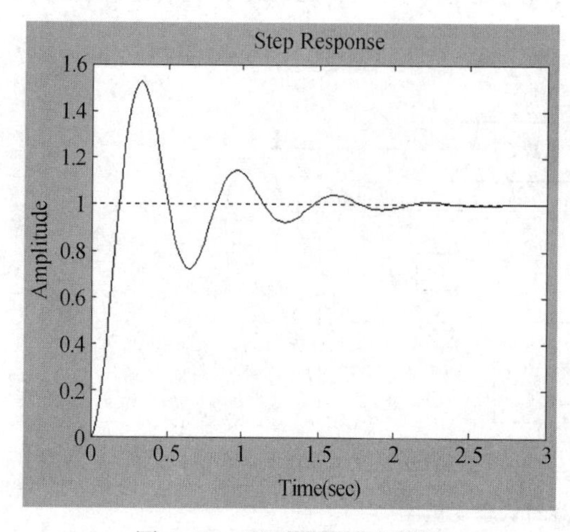

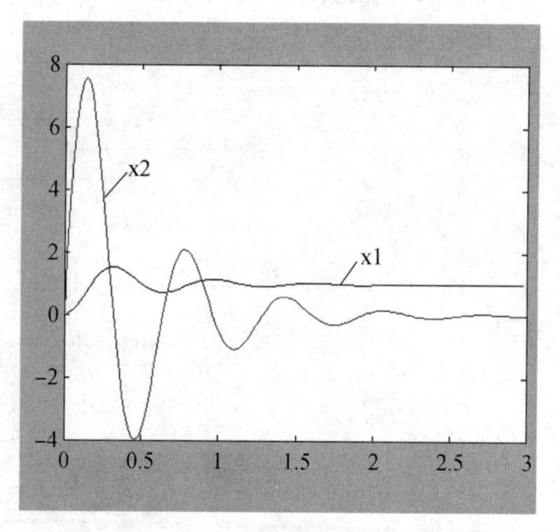

图 6-57　观测器的输出波形

图 6-58　观测器的状态波形

(3) 用 Simulink 仿真状态观测器的状态输出。

按状态模拟图(图 6-55)作出的结构图仿真模型如图 6-59 所示。设置合适的仿真参数,启动仿真过程,得到的响应波形如图 6-60、图 6-61 和图 6-62 所示。

Simulink 仿真的波形与 MATLAB 命令画出的波形是一致的。

(4) 在模拟实验箱上进行模拟仿真。

按图 6-56 设计出适于模拟实验箱上实现的典型环节结构图如图 6-63 所示。相应的模拟线路图如图 6-64 所示。

按图 6-43 的方法接好测试仪器,可直接测出观测器的状态变量 $\hat{x}_1,\hat{x}_2$。记录波形于表 6-3 中,与 Simulink 仿真的波形比较是否一致。

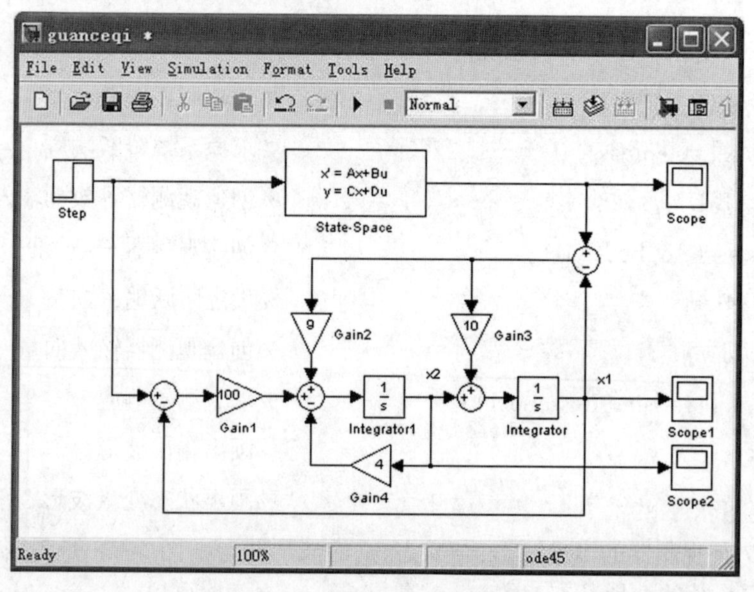

图 6-59　观测器结构图仿真模型

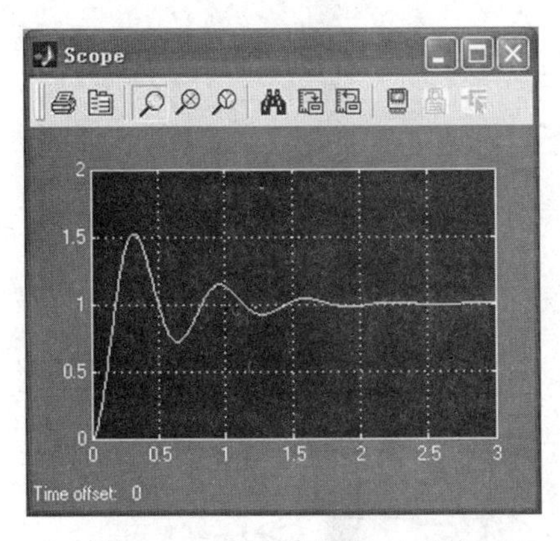

图 6-60　原系统状态 x1 响应

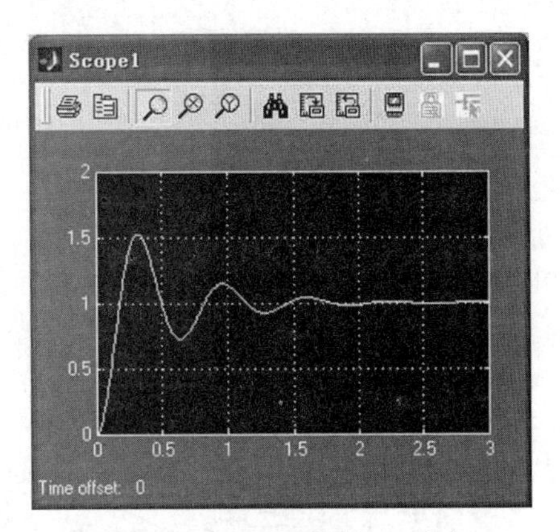

图 6-61　观测器状态 x1 响应

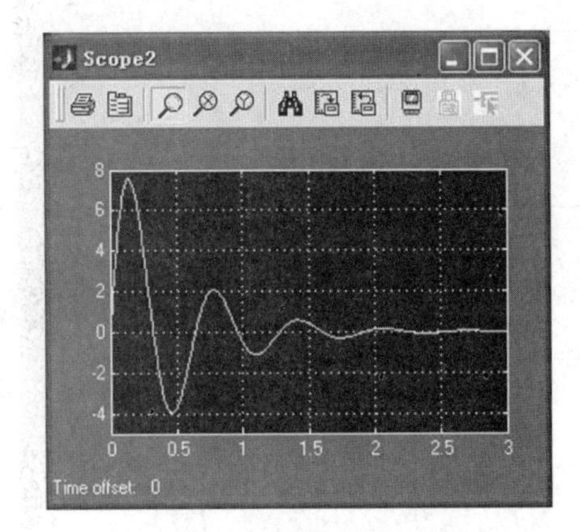

图 6-62　观测器状态 x2 响应

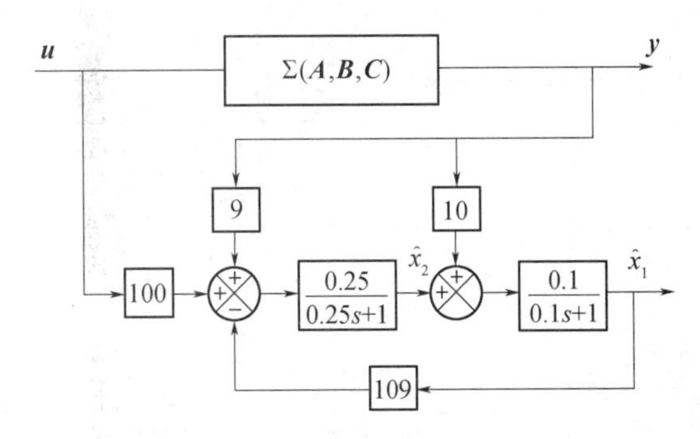

图 6-63　适于模拟的结构图

(5) 用观测器状态实现状态反馈。按实验一设计的闭环系统希望极点-5±5i 构成闭环反馈系统,在模拟实验箱上实现该系统的模拟线路图如图 6-65 所示。

按图 6-43 的方法接好测试仪器,可直接测出闭环系统的输出和状态。记录波形于表 6-3 中,并与实验一的结果比较。

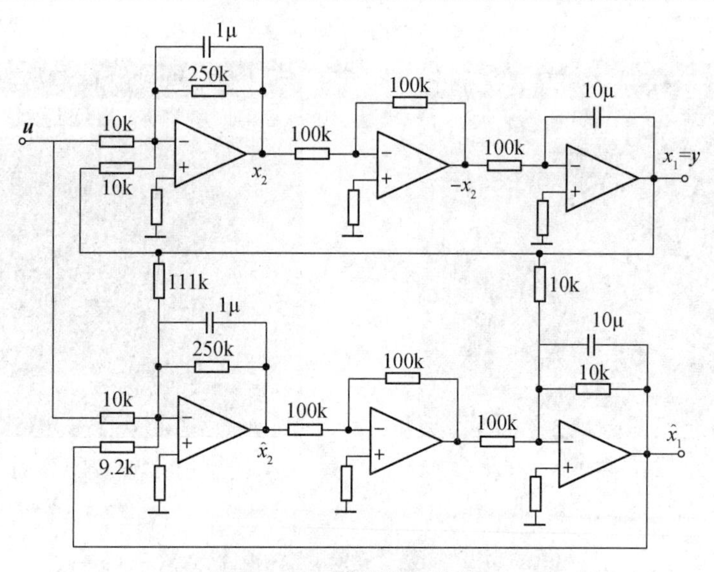

图 6-64 观测器模拟线路图

表 6-3 观测器状态测试记录

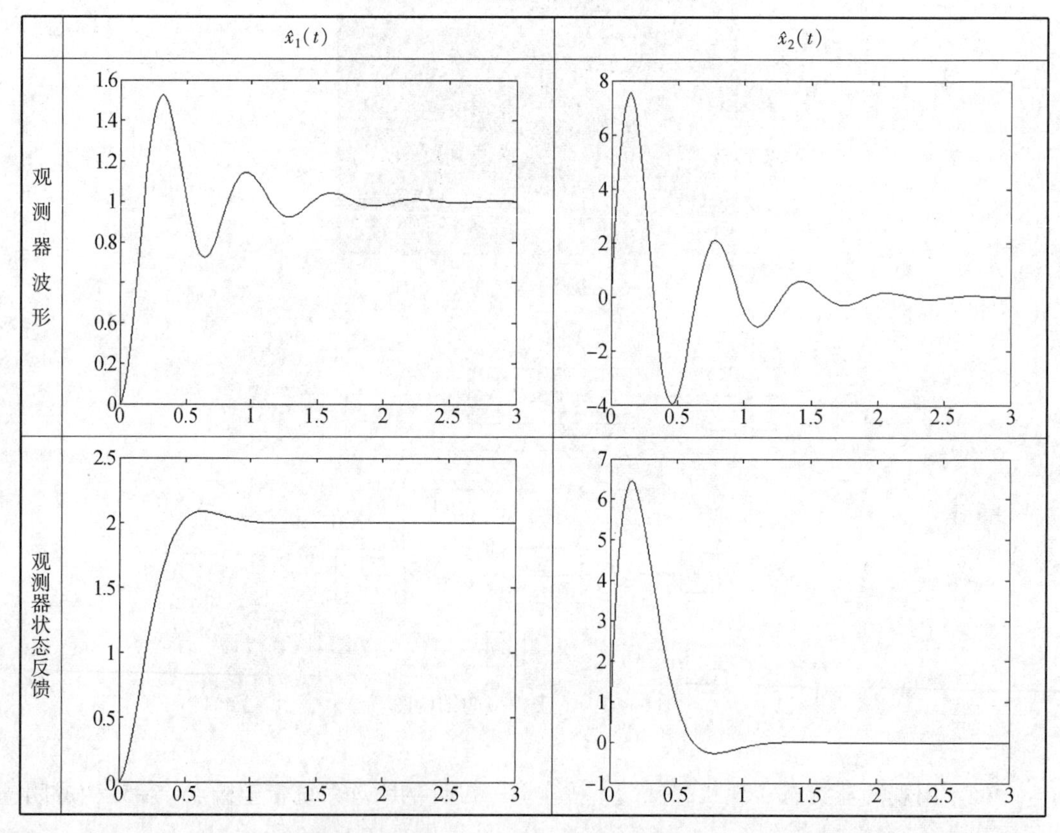

下面采用 Simulink 仿真观测器状态反馈构成的闭环控制系统,提供波形比较,看是否与模拟结果一致。

图 6-66 是观测器状态反馈的 Simulink 仿真图。

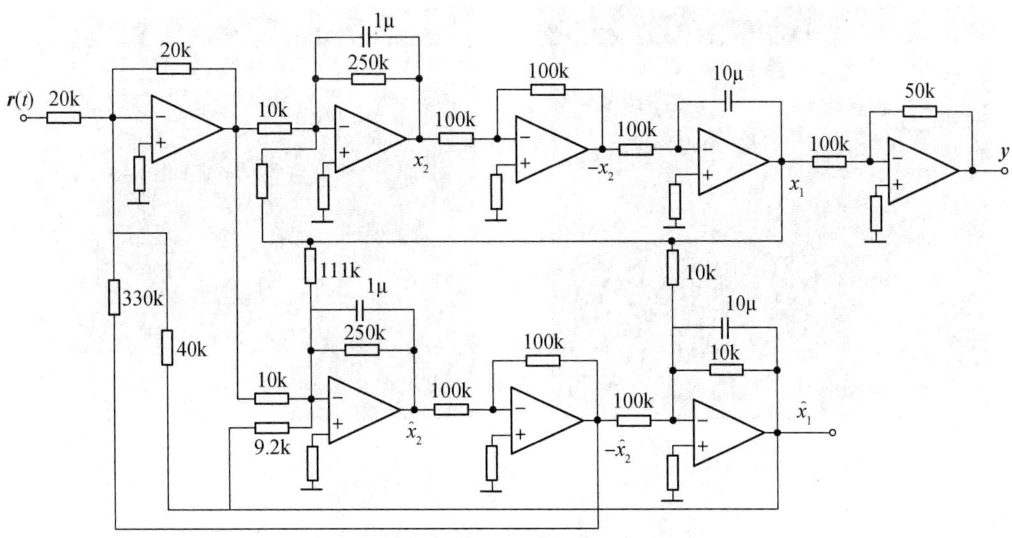

图 6-65　观测器状态实现反馈的模拟线路图

Simulink 仿真的结果如图 6-67、图 6-68 和图 6-69 所示。

3. 实验报告

(1) 按实验要求,完成观测器的理论设计,求出观测器反馈阵,与 MATLAB 函数的计算结果对照。

(2) 整理实验记录波形,比较观测器响应与原系统响应波形的关系。

(3) 比较观测器状态反馈闭环系统的输出与原直接反馈闭环系统的输出波形,验证观测器反馈与直接反馈的等效性。

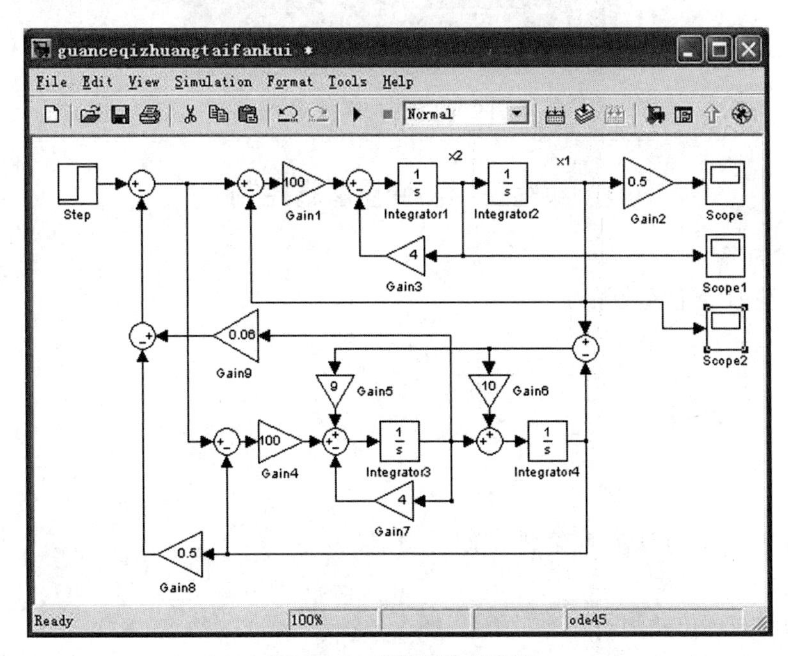

图 6-66　观测器状态反馈

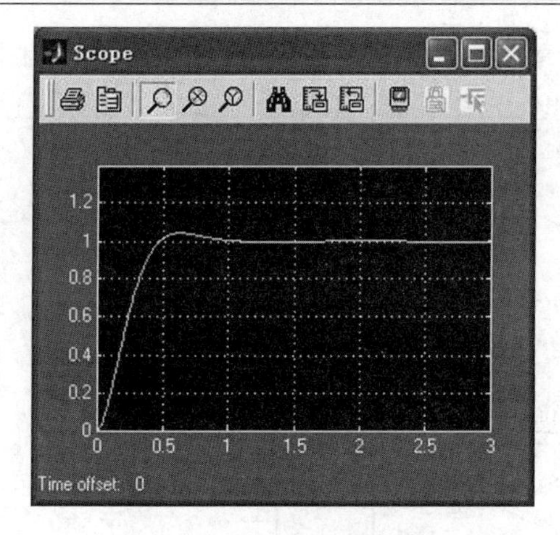

图 6-67　补偿闭环输出

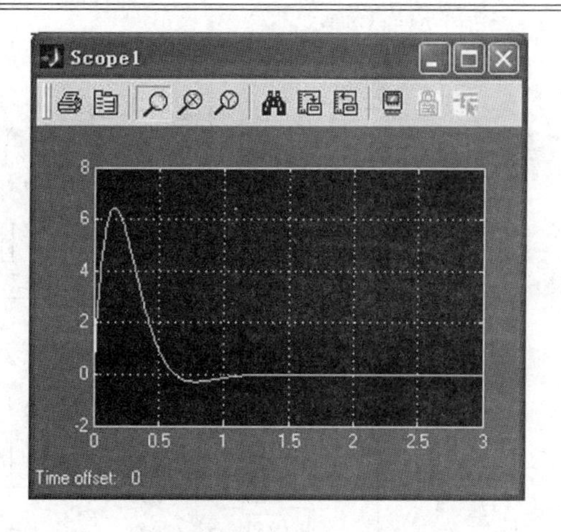

图 6-68　闭环状态 x1

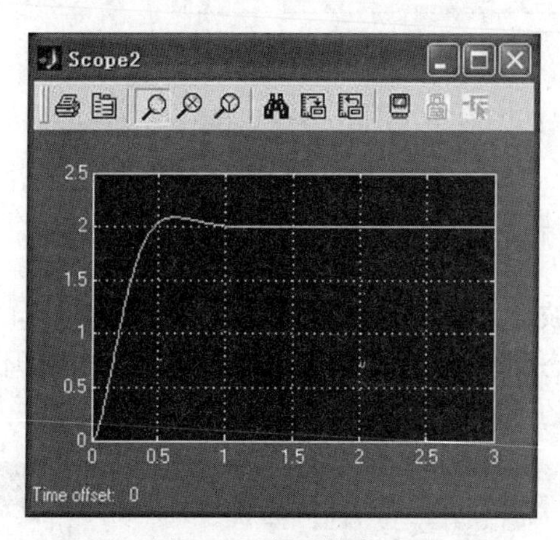

图 6-69　闭环状态 x2

实验三　多变量解耦控制

1. 实验内容

已知系统的传递函数阵为

$$\boldsymbol{G}_0(s)=\begin{bmatrix}\dfrac{1}{0.1s+1} & \dfrac{1}{0.01s+1}\\ 0 & \dfrac{2}{0.2s+1}\end{bmatrix}$$

若采用串联补偿的方法实现解耦控制,结构图如图 6-70所示。

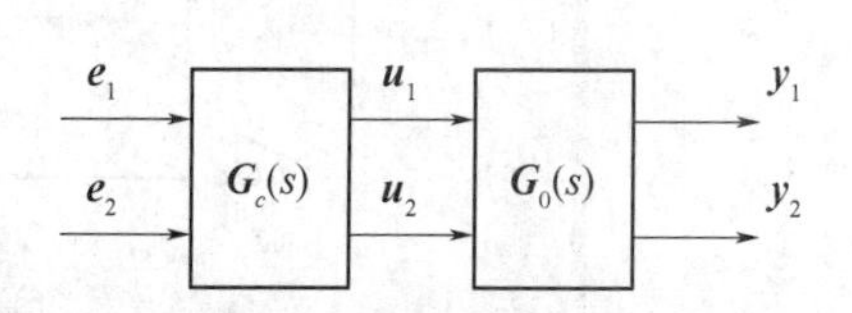

图 6-70　串联补偿解耦控制

设希望的开环传递函数阵为对角形,即

$$G_p(s)=\begin{bmatrix}\dfrac{1}{0.1s+1} & 0\\ 0 & \dfrac{2}{0.2s+1}\end{bmatrix}$$

则根据串联关系可得串联补偿器的传递矩阵为

$$G_c(s)=G_0(s)^{-1}G_p(s)=\begin{bmatrix}1 & -\dfrac{0.1s+1}{0.01s+1}\\ 0 & 1\end{bmatrix}$$

(1) 画出加串联补偿的开环系统结构图,并按结构图画出模拟线路图。

(2) 模拟测试加串联前开环系统的输出波形,并记录波形在表 6-4 中,并检验控制变量之间的耦合关系。

(3) 模拟测试加串联后开环系统的输出波形,并记录波形在表 6-5 中,并检验控制变量之间的解耦关系。

(4) 对串联解耦的开环系统,通过加反馈和串增益变换器的方法构成闭环系统,使动态过程加快,并保持原静态输出不变,测试实验波形并记录在表 6-6 中。

2. 实验步骤

(1) 按传递函数阵 $G_0(s)$ 可画出原系统结构图如图 6-71 中右半部所示。由此相应的模拟线路图如图 6-72 中右半部所示(注:模拟图中输出 y_2 附加了一级倒相器,目的是与输出 y_1 相位一致,便于测量)。按传递函数阵 $G_c(s)$ 可画出补偿器的结构图如图6-71中左半部所示(虚线内)。由此相应的模拟线路图如图6-72中左半部所示(虚线内)。

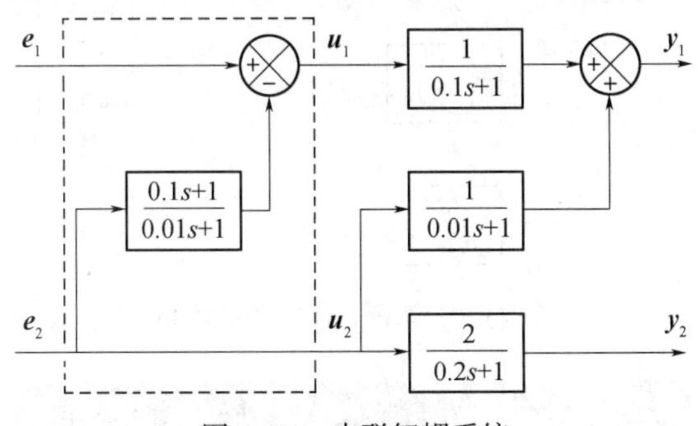

图 6-71　串联解耦系统

(2) 按图 6-72 中右半部接好线路,将两路输出 y_1 和 y_2 直接接入示波器的两路输入端,在 u_1 和 u_2 同时输入下,测试两输出的阶跃响应。接线图如图 6-73 所示,记录波形于表 6-4 中。

当断开其中一路输入,采用单输入控制时,测量各路输出,检测耦合的影响。与表 6-4中的波形记录比较可知,u_2 对 y_1 和 y_2 均有交叉耦合控制作用。

下面是采用 Simulink 仿真的过程:按图 6-73 画出的 Simulink 仿真图如图 6-74 所示,仿真结果如图 6-75 所示。

若将其中一路输入设置为零,两组仿真输出如图 6-76 及图 6-77 所示。显然,当两组波形叠加起来即为耦合结果,如图 6-75 所示。

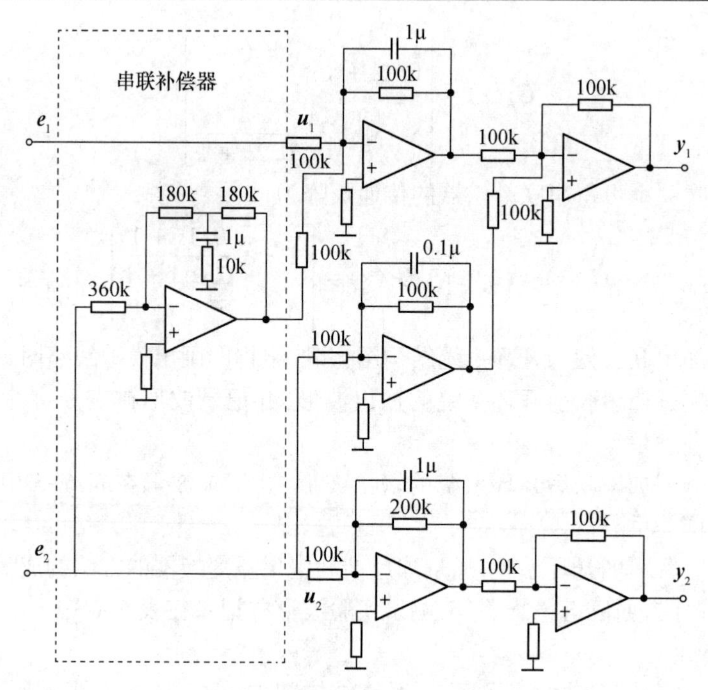

图6-72　串联解耦系统模拟线路图

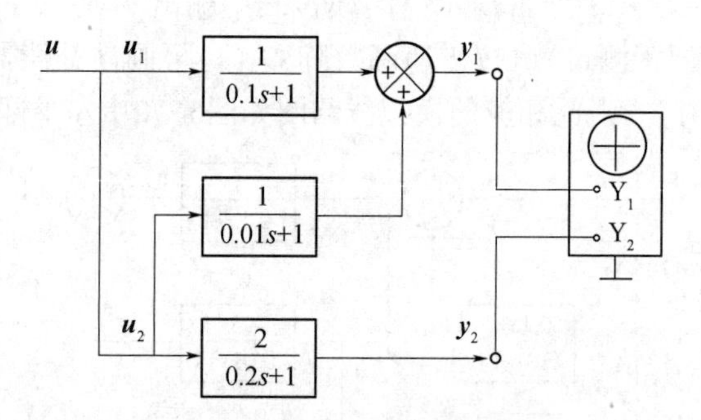

图6-73　交叉耦合作用测试线路图

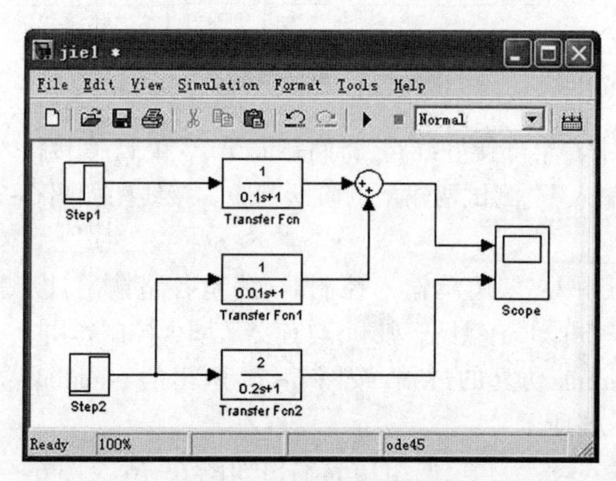

图6-74　Simulink 仿真图

表 6-4　有耦合的系统响应波形

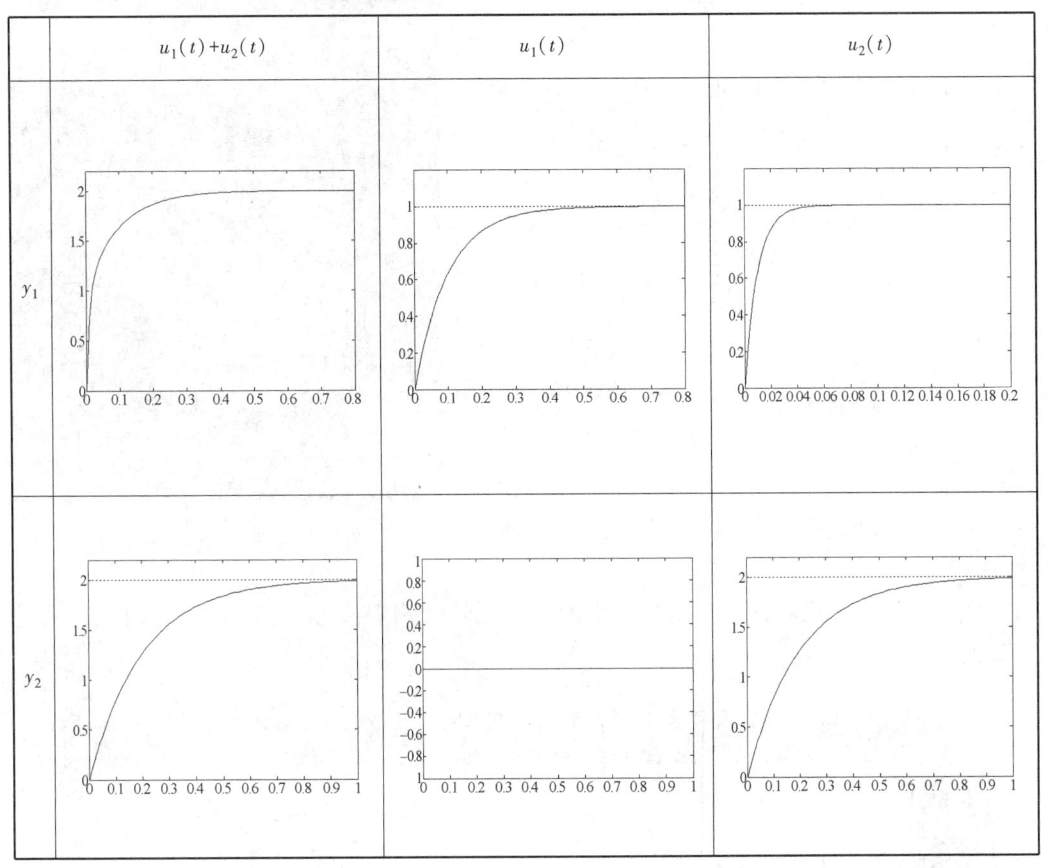

	$u_1(t)+u_2(t)$	$u_1(t)$	$u_2(t)$
y_1			
y_2			

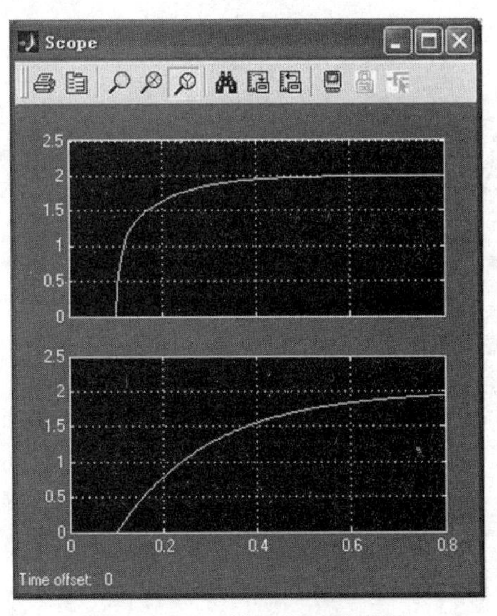

图 6-75　双输入作用响应图

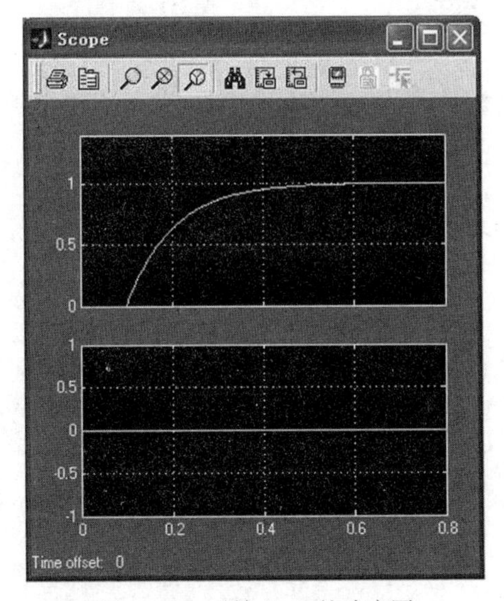

图 6-76　对输入 u_1 的响应图

用以下的 MATLAB 命令可以验证上述仿真结果。

```
≫G11=tf(1,[0.1 1]);G12=tf(1,[0.01 1]);G21=0;G22
=tf(2,[0.2 1]);                  %创建单元数据
  Go=[G11,G12,G21,G22];%创建传递函数阵
  t=0:0.01:0.8;                  %设定时间向量
  figure                         %打开一个新窗口
  v=[0 0.8 -0.5 2.5];            %设置坐标显示范围
  axis(v)
  hold,step(Go,t)                %求各单元阶跃响应
```

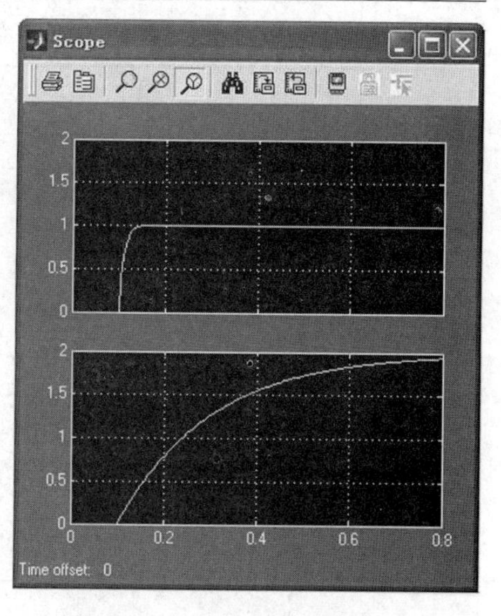

图 6-77　对输入 u_2 的响应图

图 6-78 显示了 MATLAB 函数画出的分单元阶跃响应波形,与表 6-4 的测试结果是一致的。

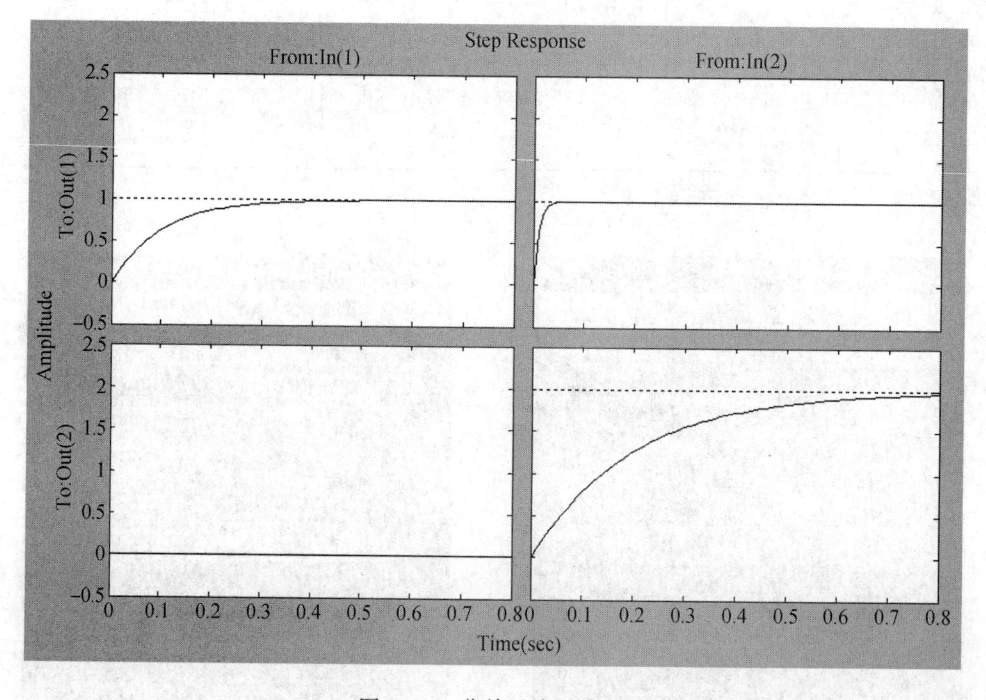

图 6-78　分单元阶跃响应

(3) 将图 6-72 中前半部串联补偿器加入开环系统,按前面的步骤测试两路输出,记录波形于表6-5中,然后检验解耦作用。可见,当只有 r_1 输入时,仅对输出 y_1 有控制作用;当只输入 r_2 时,只有输出 y_2 有响应。此时,系统已形成两路独立的控制通路,

各输入输出之间是一对一的关系。其等效的结构图可按解耦阵 $G_p(s)$ 画出，如图6-79所示。

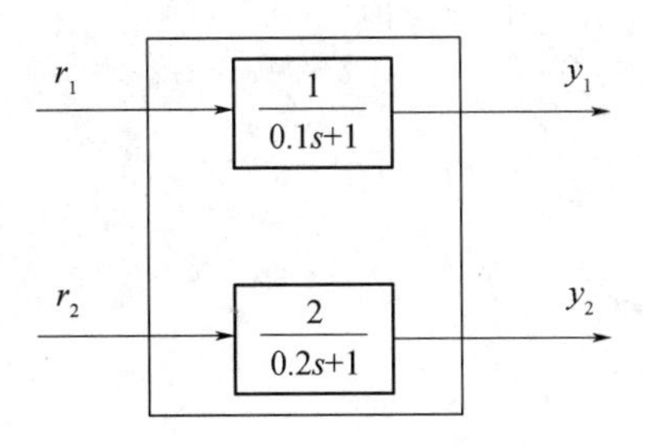

图 6-79　等效的解耦关系

表 6-5　串联补偿解耦开环系统输出响应测试

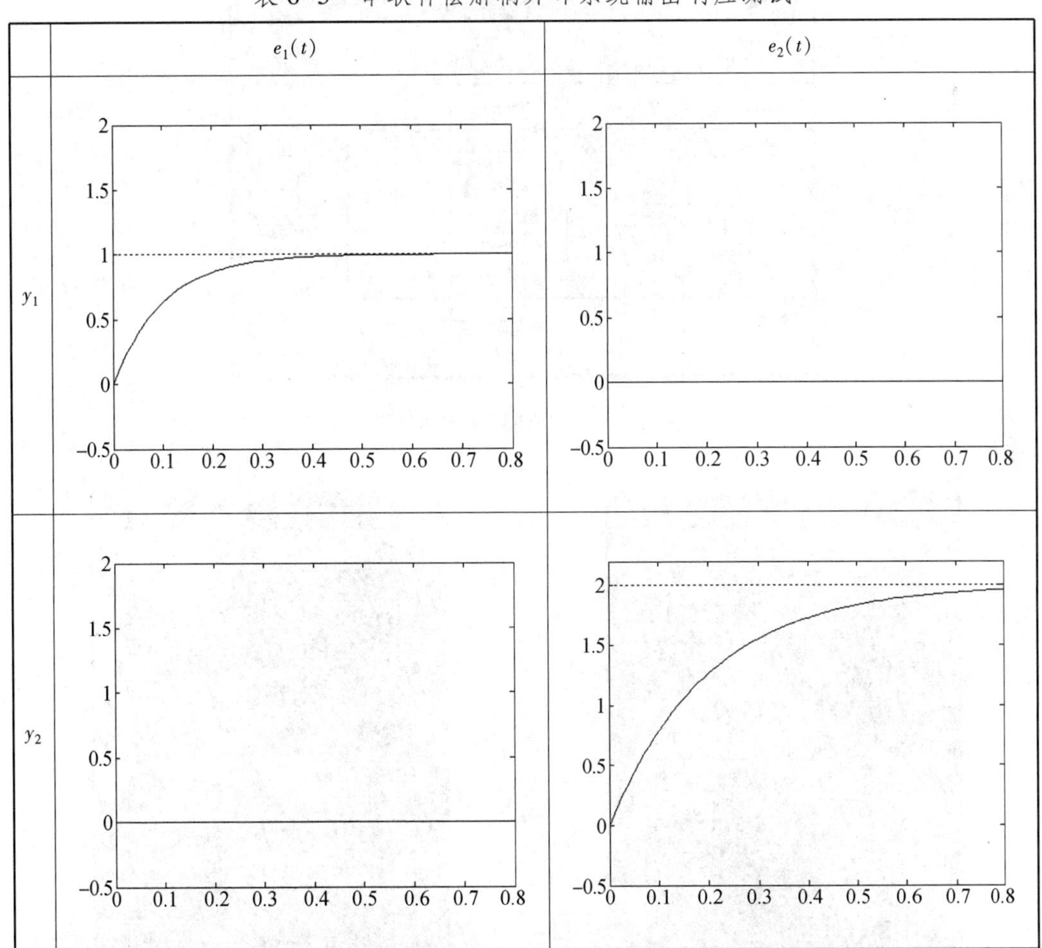

下面是采用 Simulink 仿真的过程：按图 6-72 画出的 Simulink 仿真图如图 6-80 所示，仿真结果如图 6-81 所示。

若将其中一路 e_1(或 e_2)输入设置为零，则输出 y_1(或 y_2)没有响应，两组仿真输出是一对一的。仿真结果如图 6-82 和图 6-83 所示。

用 MATLAB 对解耦后的传递函数阵 $\boldsymbol{G}_p(s)$ 进行仿真,其结果应与上述结果一致。

MATLAB 命令如下:

```
>> G11=tf(1,[0.1 1]);G12=0;G21=0;G22=tf(2,[0.2 1]);      %创建单元数据
   G=[G11,G12;G21,G22];                                  %创建传递函数阵
   t=0:0.01:0.8;                                         %设定时间向量
   figure                                                %打开一个新窗口
   v=[0 0.8 -0.5 2.2];                                   %设置坐标显示范围
   axis(v)
   hold,step(G,t)                                        %求各单元阶跃响应
```

显示结果如图 6-84 所示。

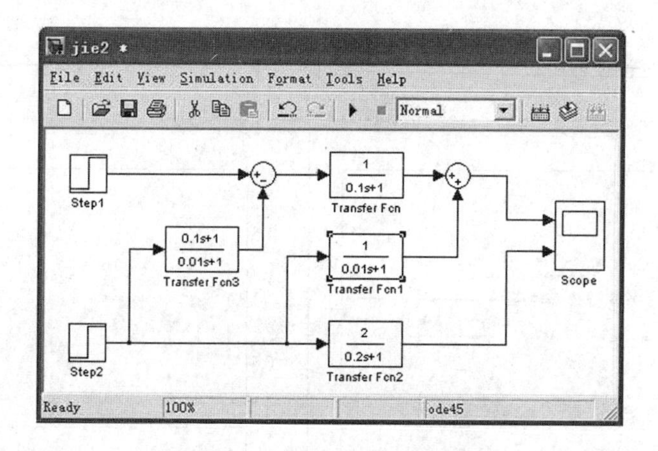

图 6-80　开环解耦系统仿真图

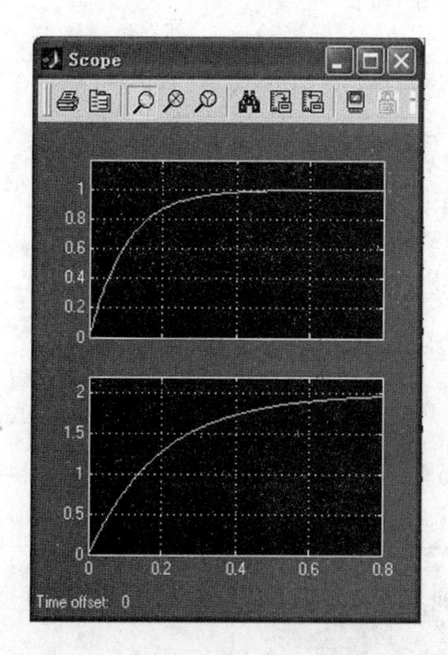

图 6-81　双输入时的响应

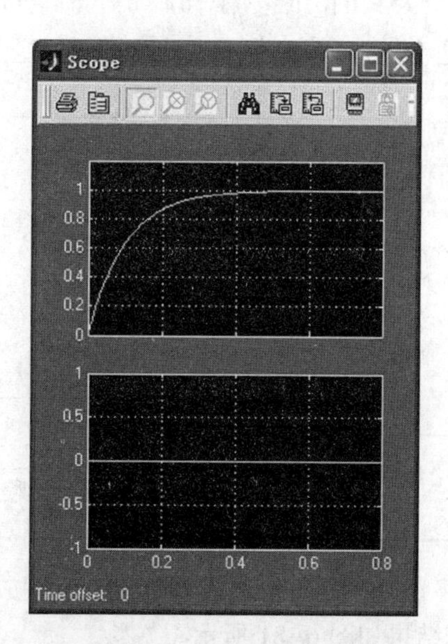

图 6-82　e_1 输入时的响应

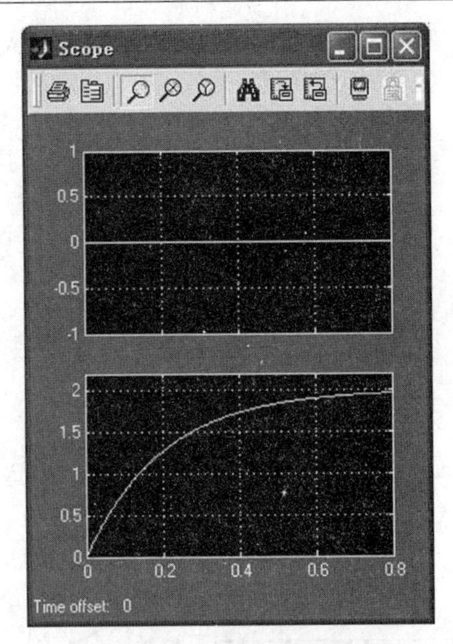

图 6-83　e_2 输入时的响应

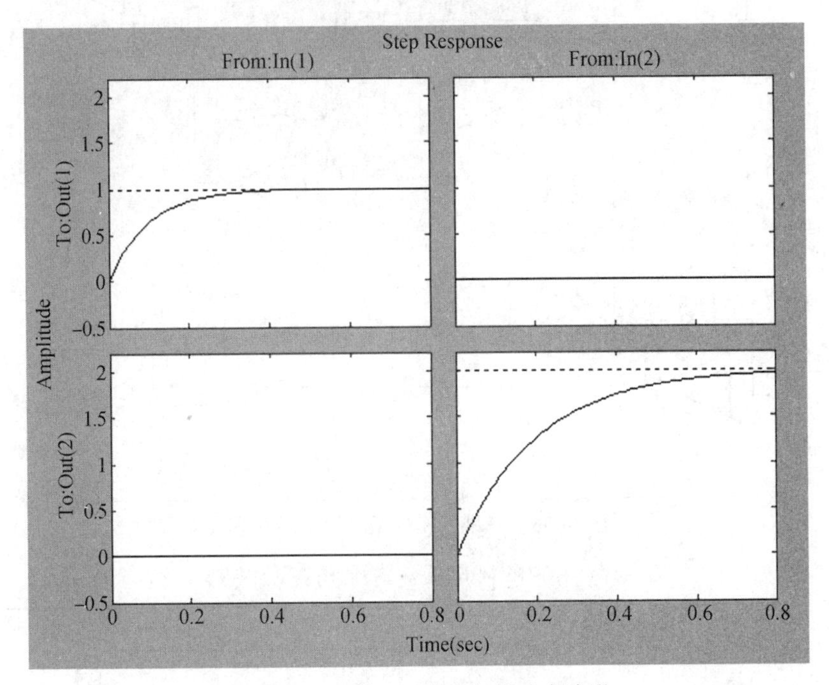

图 6-84　双输入双输出解耦响应波形

（4）按单回路系统的设计方法，对系统进行校正。通过反馈改变系统极点，使过渡过程加快，并串联静态增益变换器，补偿稳态性能，使稳态输出与原系统保持一致。校正过程可按图 6-85 进行。校正后的模拟电路图如图 6-86 所示。

测试校正后的闭环系统输出，响应过程加快 5 倍，稳态输出补偿到 2，与原开环系统保持一致。测出的波形记入表 6-6 中。作出 Simulink 仿真图如图 6-87 所示，仿真结果如图 6-88 所示。

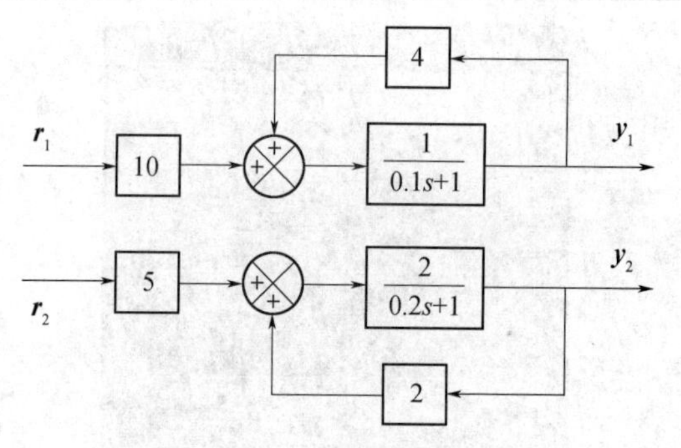

图 6-85　解耦校正设计

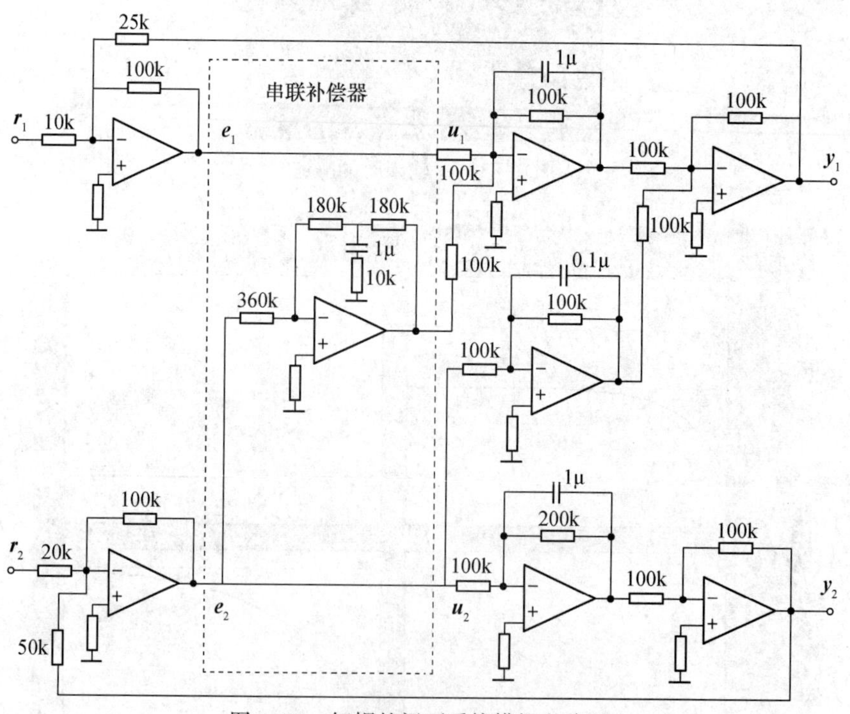

图 6-86　解耦的闭环系统模拟电路图

表 6-6　解耦后的闭环系统测试波形

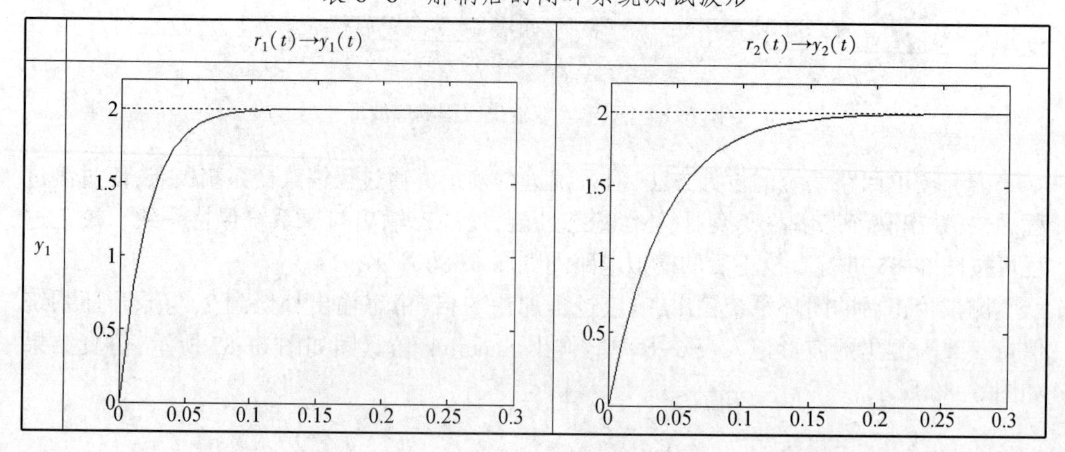

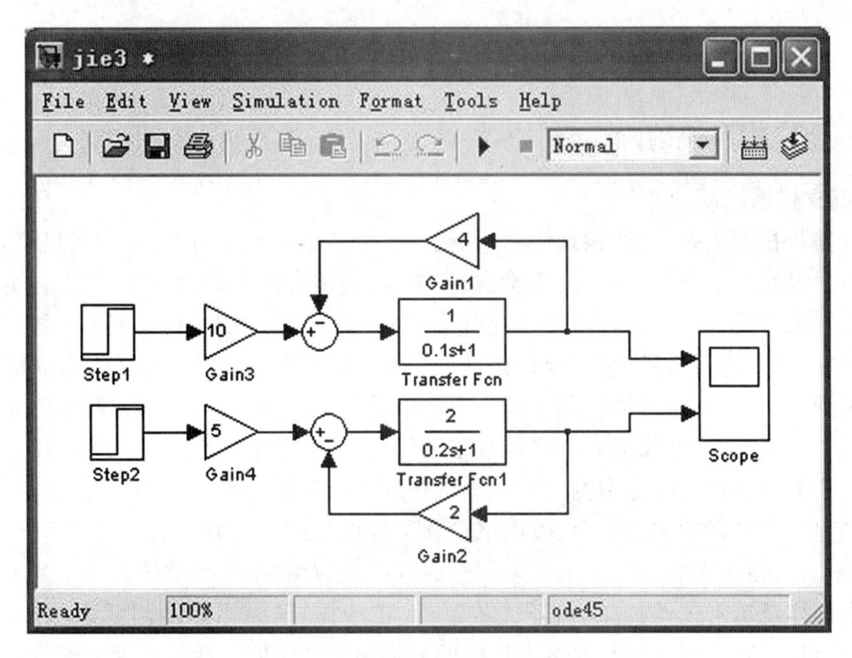

图 6-87　解耦的闭环系统仿真图

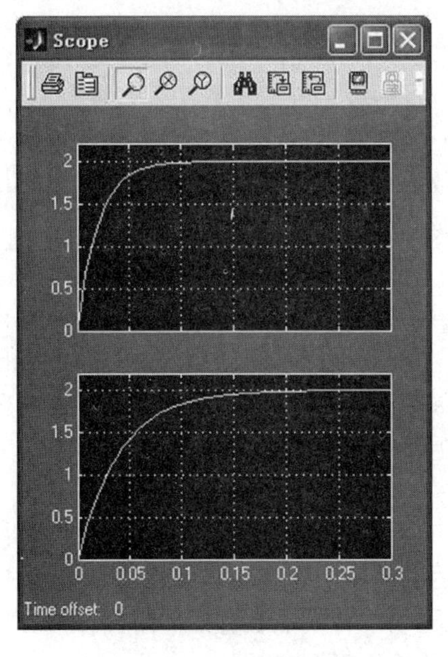

图 6-88　闭环系统波形

3. 实验报告

(1) 按实验要求,完成解耦控制的理论计算。

(2) 整理实验记录波形,比较解耦前后各输出对输入的响应情况。

(3) 分析解耦控制的意义,总结串联解耦的原理和闭环设计的特点。

6.7 现代控制理论的倒立摆实时控制实验

6.7.1 倒立摆系统简介

1. 倒立摆系统简介

倒立摆是机器人技术、控制理论、计算机控制等多个领域、多种技术的有机结合,其被控系统本身又是一个绝对不稳定、高阶次、多变量、强耦合的非线性系统,可以作为一个典型的控制对象对其进行研究。最初研究开始于20世纪50年代,麻省理工学院(MIT)的控制论专家根据火箭发射助推器原理设计出一级倒立摆实验设备。近年来,新的控制方法不断出现,人们试图通过倒立摆这样一个典型的控制对象,检验新的控制方法是否有较强的处理多变量、非线性和绝对不稳定系统的能力,从而从中找出最优秀的控制方法。倒立摆系统作为控制理论研究中的一种比较理想的实验手段,为自动控制理论的教学、实验和科研构建一个良好的实验平台,以用来检验某种控制理论或方法的典型方案,促进了控制系统新理论、新思想的发展。由于控制理论的广泛应用,由此系统研究产生的方法和技术将在半导体及精密仪器加工、机器人控制、人工智能、导弹拦截控制系统、航空对接控制、火箭发射中的垂直度控制、卫星飞行中的姿态控制和一般工业应用等方面具有广阔的利用开发前景。平面倒立摆可以比较真实地模拟火箭的飞行控制和步行机器人的稳定控制等方面的研究。

2. 倒立摆分类

倒立摆已经由原来的直线一级倒立摆扩展出很多种类,典型的有直线倒立摆、环形倒立摆、平面倒立摆和复合倒立摆等。倒立摆系统是在运动模块上装有倒立摆装置,由于在相同的运动模块上可以装载不同的倒立摆装置,倒立摆的种类由此而丰富很多,按倒立摆的结构来分,有以下类型的倒立摆:

1)直线倒立摆系列

直线倒立摆是在直线运动模块上装有摆体组件,直线运动模块有一个自由度,小车可以沿导轨水平运动,在小车上装载不同的摆体组件,可以组成很多类别的倒立摆,直线柔性倒立摆和一般直线倒立摆的不同之处在于,柔性倒立摆有两个可以沿导轨滑动的小车,并且在主动小车和从动小车之间增加了一个弹簧,作为柔性关节。直线倒立摆系列产品如图6-89所示。

2)环形倒立摆系列

环形倒立摆是在圆周运动模块上装有摆体组件,圆周运动模块有一个自由度,可以围绕齿轮中心做圆周运动,在运动手臂末端装有摆体组件,根据摆体组件的级数和串连或并联的方式,可以组成很多形式的倒立摆,如图6-90所示。

3)平面倒立摆系列

平面倒立摆是在可以做平面运动的运动模块上装有摆杆组件,平面运动模块主要有两类:一类是XY运动平台;另一类是两自由度SCARA机械臂。摆体组件也有一级、二级、三级和四级很多种,如图6-91所示。

4)复合倒立摆系列

复合倒立摆为一类新型倒立摆,由运动本体和摆杆组件组成,其运动本体可以很方便

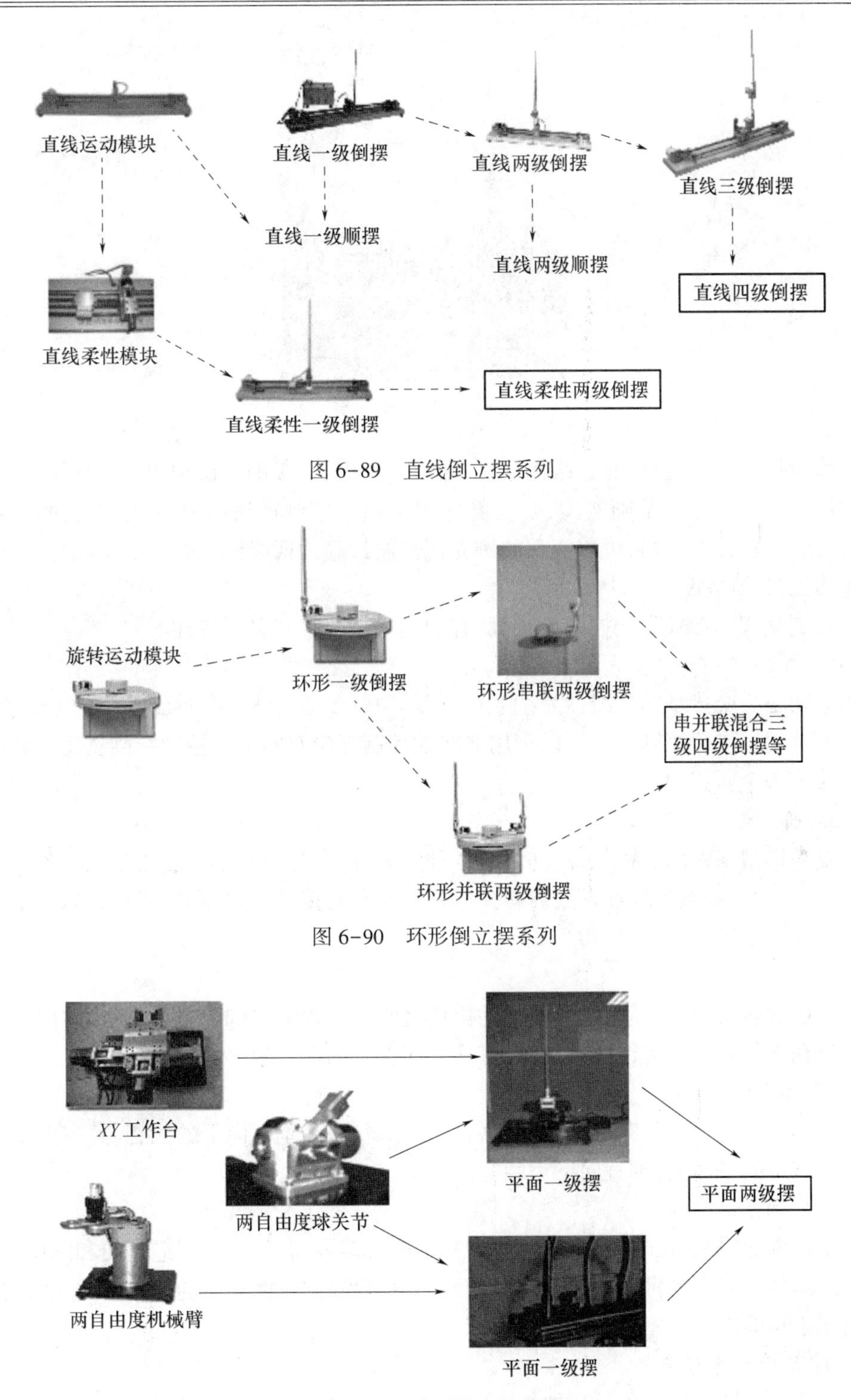

图 6-89　直线倒立摆系列

图 6-90　环形倒立摆系列

图 6-91　平面倒立摆系列

地调整成三种模式，一是 2) 中所述的环形倒立摆，还可以把本体翻转 90°，连杆竖直向下和竖直向上组成托摆和顶摆两种形式的倒立摆，如图 6-92 所示。

图6-92 复合倒立摆

按倒立摆的级数来分,有一级倒立摆、两级倒立摆、三级倒立摆和四级倒立摆,一级倒立摆常用于控制理论的基础实验,多级倒立摆常用于控制算法的研究,倒立摆的级数越高,其控制难度更大,目前,可以实现的倒立摆控制最高为四级倒立摆。

3. 倒立摆的特性

虽然倒立摆的形式和结构各异,但所有的倒立摆都具有以下特性:

1) 非线性

倒立摆是一个典型的非线性复杂系统,实际中可以通过线性化得到系统的近似模型,线性化处理后再进行控制。也可以利用非线性控制理论对其进行控制。倒立摆的非线性控制正成为一个研究的热点。

2) 不确定性

主要是模型误差以及机械传动间隙,各种阻力等,实际控制中一般通过减少各种误差来降低不确定性,如通过施加预紧力减少皮带或齿轮的传动误差,利用滚珠轴承减少摩擦阻力等不确定因素。

3) 耦合性

倒立摆的各级摆杆之间,以及和运动模块之间都有很强的耦合关系,在倒立摆的控制中一般都在平衡点附近进行解耦计算,忽略一些次要的耦合量。

4) 开环不稳定性

倒立摆的平衡状态只有两个,即在垂直向上的状态和垂直向下的状态,其中垂直向上为绝对不稳定的平衡点,垂直向下为稳定的平衡点。

5) 约束限制

由于机构的限制,如运动模块行程限制、电机力矩限制等,为了制造方便和降低成本,倒立摆的结构尺寸和电机功率都尽量要求最小,行程限制对倒立摆的摆起影响尤为突出,容易出现小车的撞边现象。

4. 控制器设计方法

控制器的设计是倒立摆系统的核心内容,因为倒立摆是一个绝对不稳定的系统,为使其保持稳定并且可以承受一定的干扰,需要给系统设计控制器,目前典型的控制器设计理论有 PID 控制、根轨迹以及频率响应法、状态空间法、最优控制理论、模糊控制理论、神经网络控制、拟人智能控制、鲁棒控制方法、自适应控制,以及这些控制理论的相互结合组成更加强大的控制算法。

6.7.2 运动控制基础实验

1. 实验平台简介

直线倒立摆各部分如图6-93所示。小车由电机通过同步带驱动在滑杆上来回运动,保持摆杆的平衡。电机编码器和角度编码器向运动控制器反馈小车和摆杆的位置(线位移和角位移)。

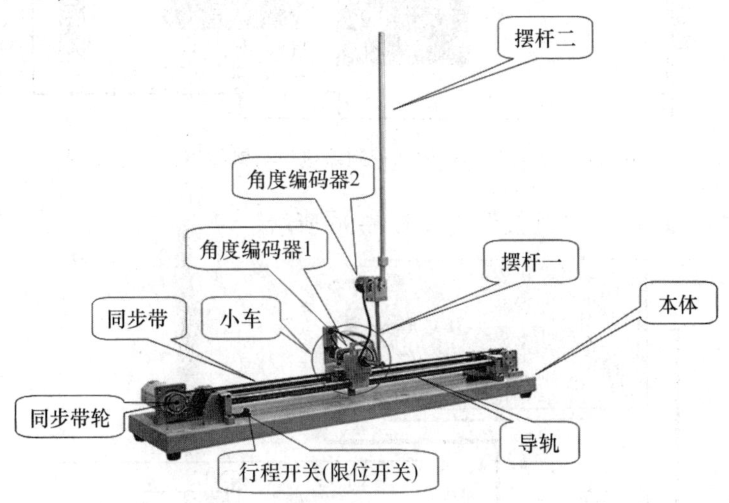

图6-93 直线倒立摆各部分

固高公司生产的GT系列运动控制器,可以同步控制四个运动轴,实现多轴协调运动。其核心由ADSP2181数字信号处理器和FPGA组成,可以实现高性能的控制计算,如图6-94所示。它适用于广泛的应用领域,包括机器人、数控机床、木工机械、印刷机械、装配生产线、电子加工设备、激光加工设备等。此运动控制卡的四个控制轴即四个控制通道,除了控制信号输出以外,还可以应用于数据信号的采集和反馈。

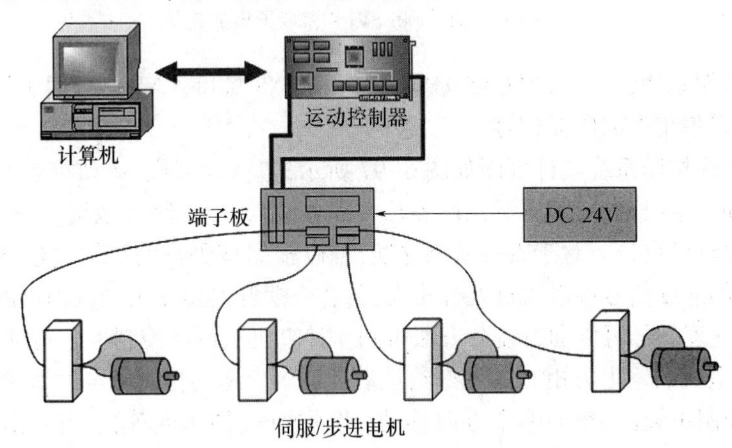

图6-94 固高运动控制器典型应用示意图

对于倒立摆系统而言,只使用与运动控制器相连的端子板四个通道中的一个通道,而其他通道就被利用于摆杆编码器数据的采集。

GT 运动控制器结构如图 6-95 所示。

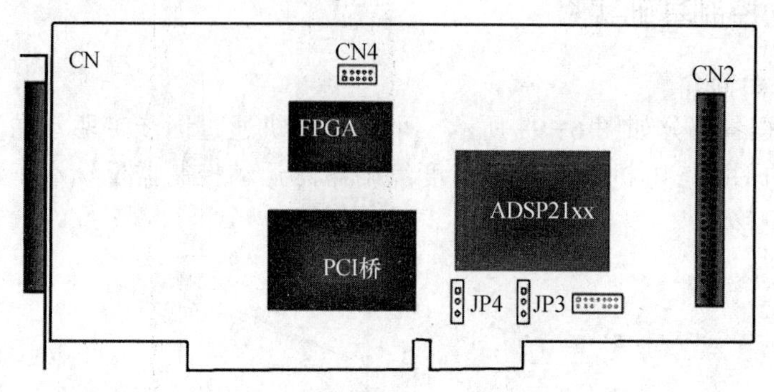

图 6-95 GT-400-SV 运动控制器接口与跳线器位置示意图

运动控制器和端子板的连接形式如图 6-96 所示。

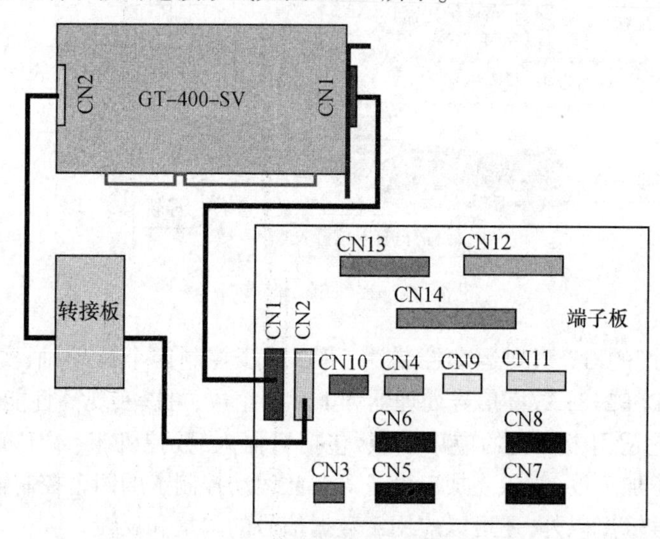

图 6-96 GT-400-SV 卡和端子板的连接

对于直线倒立摆,一般采用 CN5、CN6、CN7 和 CN8 接口,CN5 接口用于伺服电机的控制,其余用于采集角度编码器信号。

固高倒立摆控制系统硬件框图如图 6-97 所示,包括计算机、运动控制卡、伺服系统、倒立摆本体和光电码盘、反馈测量元件等几大部分,组成一个闭环系统。图 6-97 中光电码盘 1 由伺服电机自带。对于直线型倒立摆,可以根据该码盘的反馈通过换算获得小车的位移,小车的速度信号可以通过差分法得到;各个摆杆的角度由光电码盘测得并直接反馈到控制卡,速度信号可以通过差分方法得到。计算机从运动控制卡中实时读取数据,确定控制策略(电机的输出力矩),并发送给运动控制卡。运动控制卡经过 DSP 内部的控制算法实现该控制决策(小车向哪个方向移动、移动速度、加速度等),产生相应的控制量,使电机转动,带动小车运动,保持摆杆平衡。

2. 编码器原理及使用实验

本实验的目的是让实验者熟悉角度编码器的基本原理,掌握利用计算机和运动控制

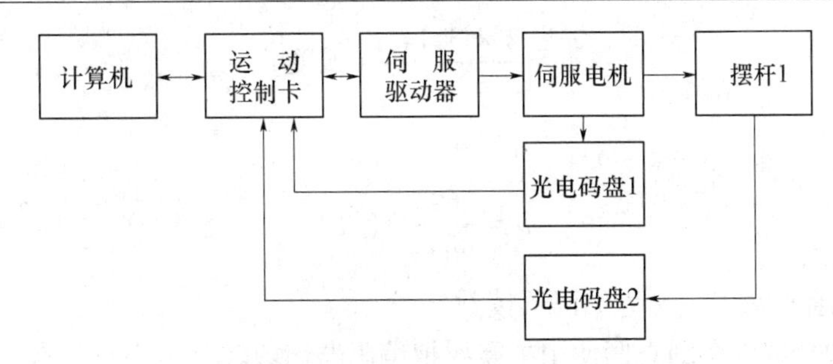

图6-97　倒立摆硬件系统框图

卡对编码器进行数据采集的方法,以及利用计算机对电机进行控制的基本原理和方法,了解机电一体化的两个重要内容:传感技术和运动控制技术。以便顺利完成倒立摆的各项实验。

1）编码器原理

旋转编码器是一种角位移传感器,它分为光电式、接触式和电磁感应式三种,其中光电式脉冲编码器是闭环控制系统中最常用的位置传感器。

旋转编码器有增量编码器和绝对编码器两种,图6-98为光电式增量编码器示意图,它由发光元件、光电码盘、光敏元件和信号处理电路组成。当码盘随工作轴一起转动时,光源透过光电码盘上的光阑板形成忽明忽暗的光信号,光敏元件把光信号转换成电信号,然后通过信号处理电路的整形、放大、分频、记数、译码后输出。为了测量出转向,使光阑板的两个狭缝比码盘两个狭缝距离小1/4节距,这样两个光敏元件的输出信号就相差π/2相位,将输出信号送入鉴向电路,即可判断码盘的旋转方向。

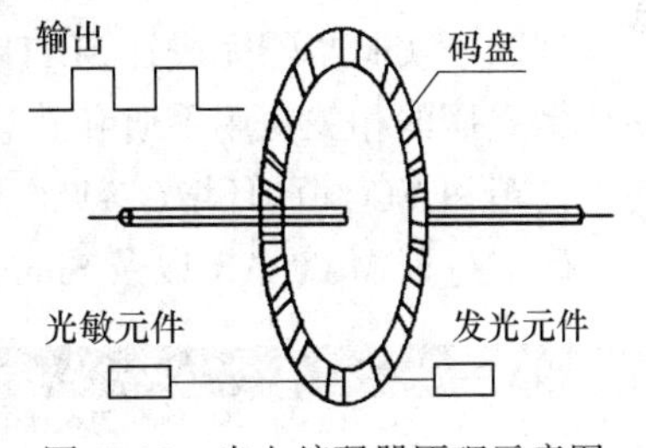

图6-98　光电编码器原理示意图

光电式增量编码器的测量精度取决于它所能分辨的最小角度α(分辨角、分辨率),而这与码盘圆周内所分狭缝的线数有关:

$$\alpha = \frac{360^\circ}{n}$$

式中,n为编码器线数。

由于光电式脉冲编码盘每转过一个分辨角就发出一个脉冲信号,因此,根据脉冲数目可得出工作轴的回转角度,由传动比换算出直线位移距离;根据脉冲频率可得工作轴的转速;根据光阑板上两条狭缝中信号的相位先后,可判断光电码盘的正、反转。

绝对编码器通过与位数相对应的发光二极管和光敏二极管对输出的二进制码来检测旋转角度。

与增量编码器原理相同,用于测量直线位移的传感器是光栅尺。

由于光电编码器输出的检测信号是数字信号,因此可以直接进入计算机进行处理,不需放大和转换等过程,使用非常方便,因此应用越来越广泛。

2）角度换算

对于线数为n的编码器,设信号采集卡倍频数为m,则有角度换算关系为

$$\phi = \frac{2 \times 3.14}{nm} N \text{（弧度）}$$

或

$$\phi = \frac{360^\circ}{nm} N \text{（度）}$$

式中,ϕ 为编码器轴转角; N 为编码器读数。

对于电机编码器,在倒立摆使用中需要把编码器读数转化为小车的水平位置,有以下转换关系:

$$l = \frac{3.14 \times \Phi}{nm} N$$

式中,l 为小车位移;Φ 为同步带轮直径。

3）编码器使用实验

本实验对象为倒立摆系统上的光电式旋转编码器,在充分理解以上实验原理的基础上进行摆杆角度检测实验。

按以下实验步骤完成在 MATLAB 下的摆杆角度检测实验,注意,在使用之前请仔细阅读倒立摆的相关使用手册和熟悉 MATLAB 部分知识,确定 MATLAB 已经安装好实时控制工具箱和 VC 编译环境(参见《固高 MATLAB 实时控制软件用户手册》)。

（1）打开 MATLAB 以及 Simulink 环境(图 6-99)。

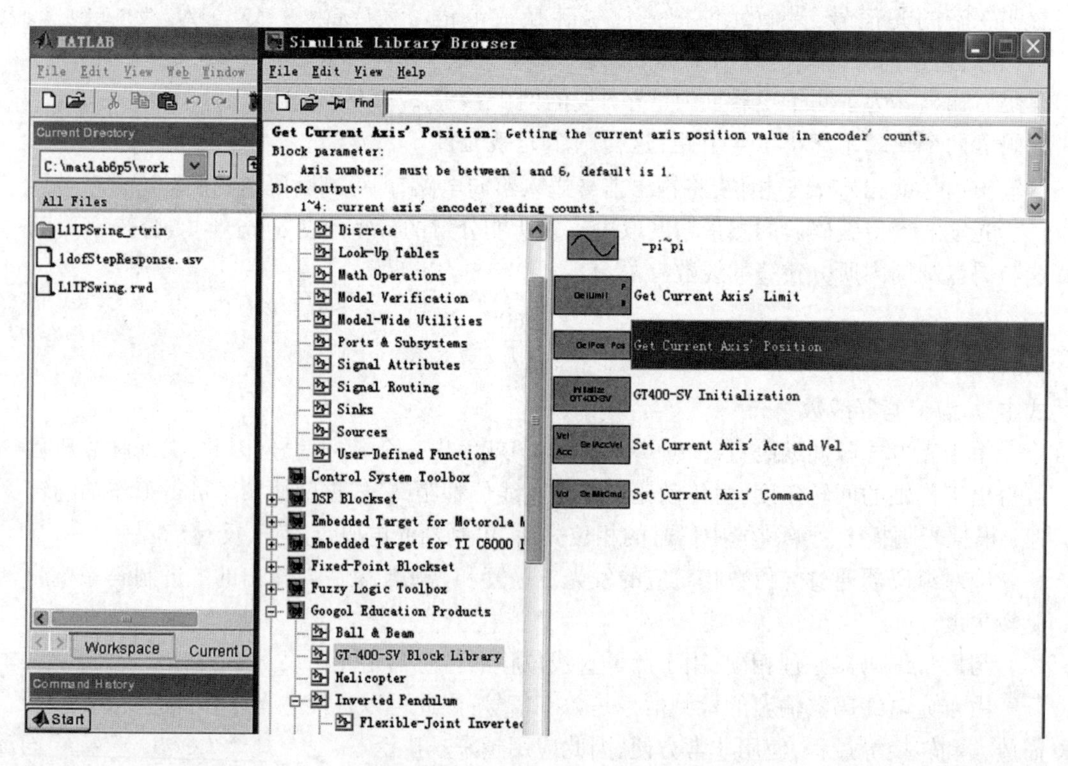

图 6-99 MATLAB 的 Simulink 窗口

(2) 在窗口的左上角单击“建立一个新窗口”，如图 6-100 所示。

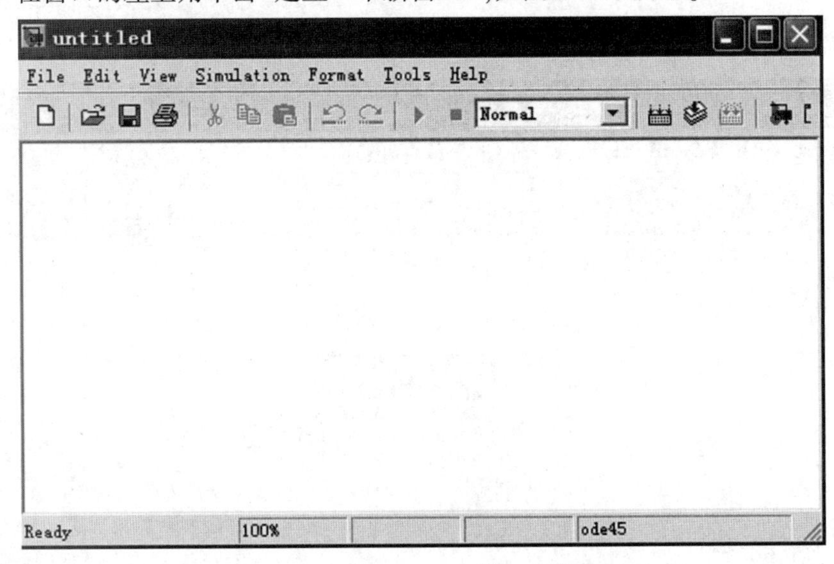

图 6-100　建立 Simulink 的一个新窗口

(3) 在 Simulink 窗口中，打开“Googol Education Products\GT-400-SV Block Library”，如图 6-101 所示。

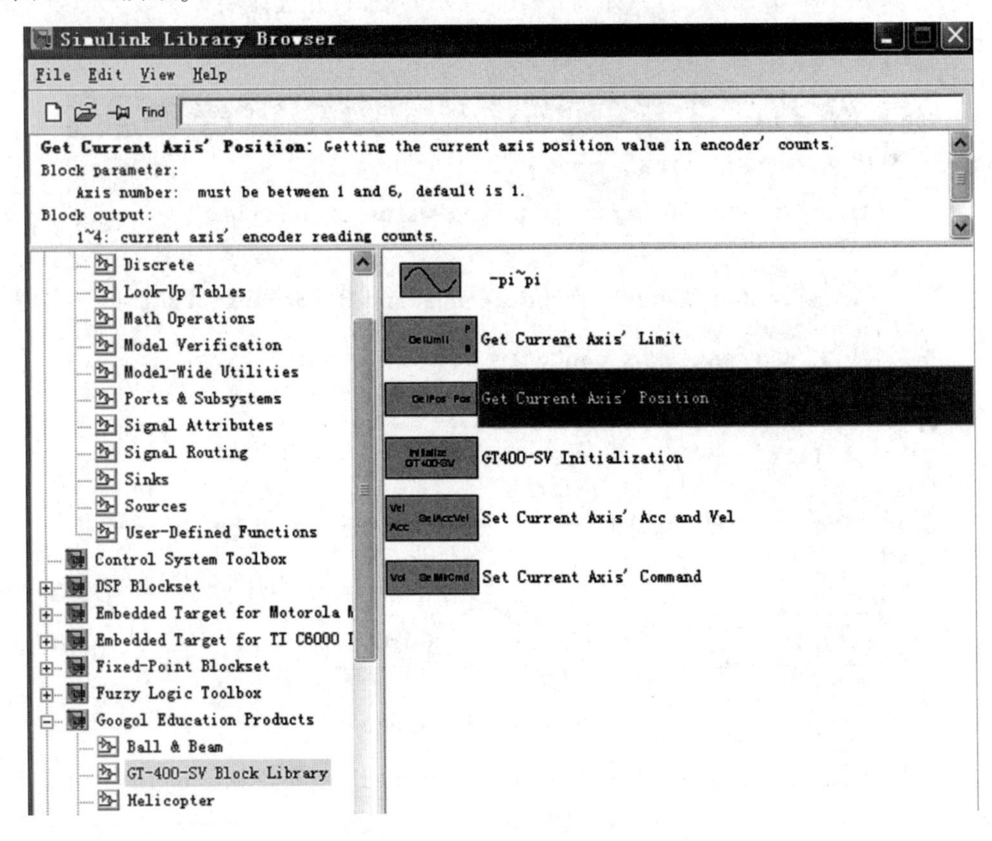

图 6-101　打开 GT-400-SV 模块库

(4) 在“Get Current Axis’Position”上单击鼠标左键并将模块拉到(以下简称为“拉”)刚才新建的窗口“untitled”中(图6-102)。

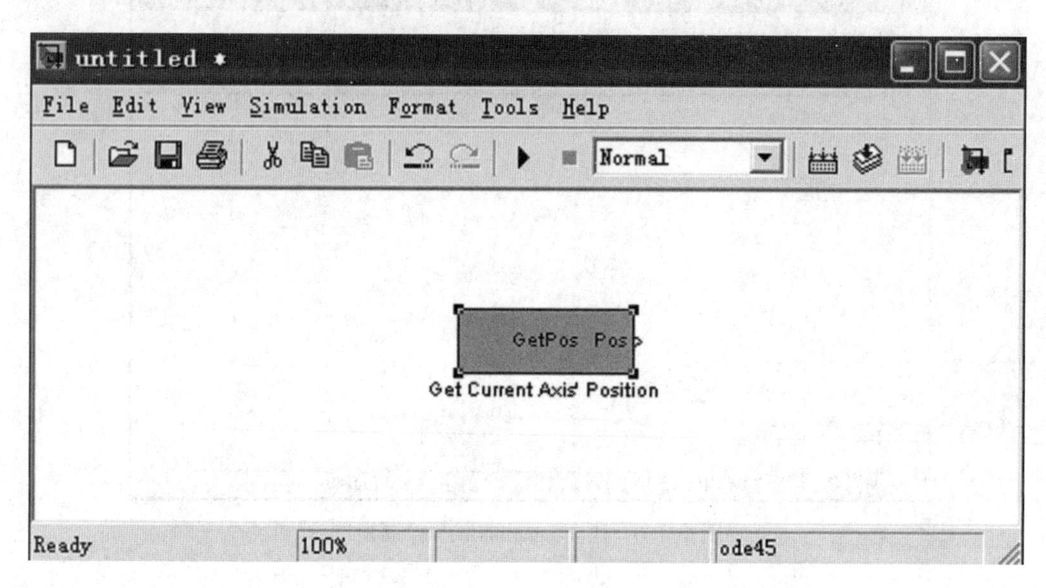

图6-102　把“Get Current Axis’ Position”模块拖放到新建窗口

(5) 双击“GetPos”模块,打开如图6-103所示的窗口,并选择轴号为“2”,即第一级摆杆连接的编码器,此编码器固定于小车上。

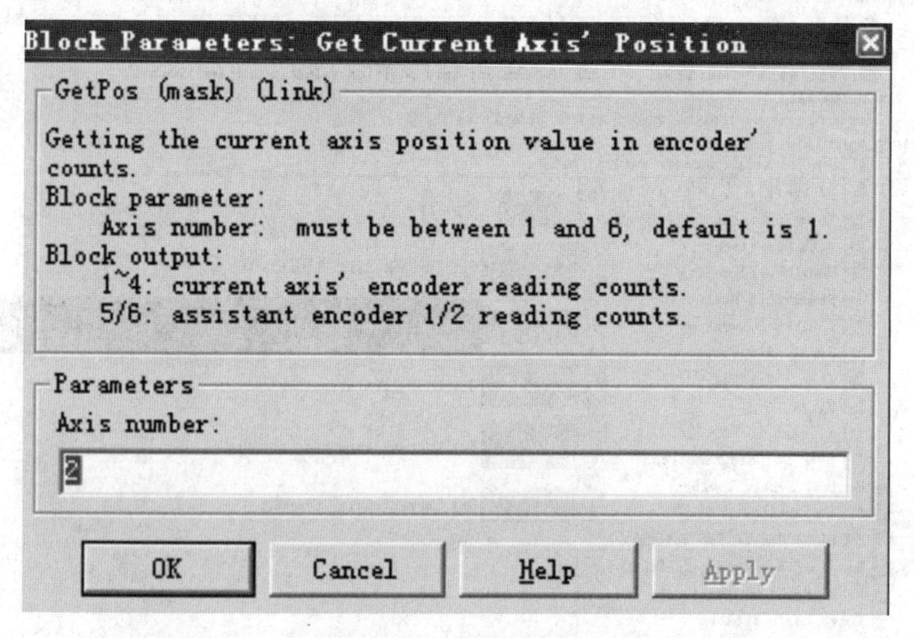

图6-103　选择轴号窗口

(6) 从“Simulink\Sinks”中拉一个“Scope”到“untitled”窗口中,如图6-104所示。

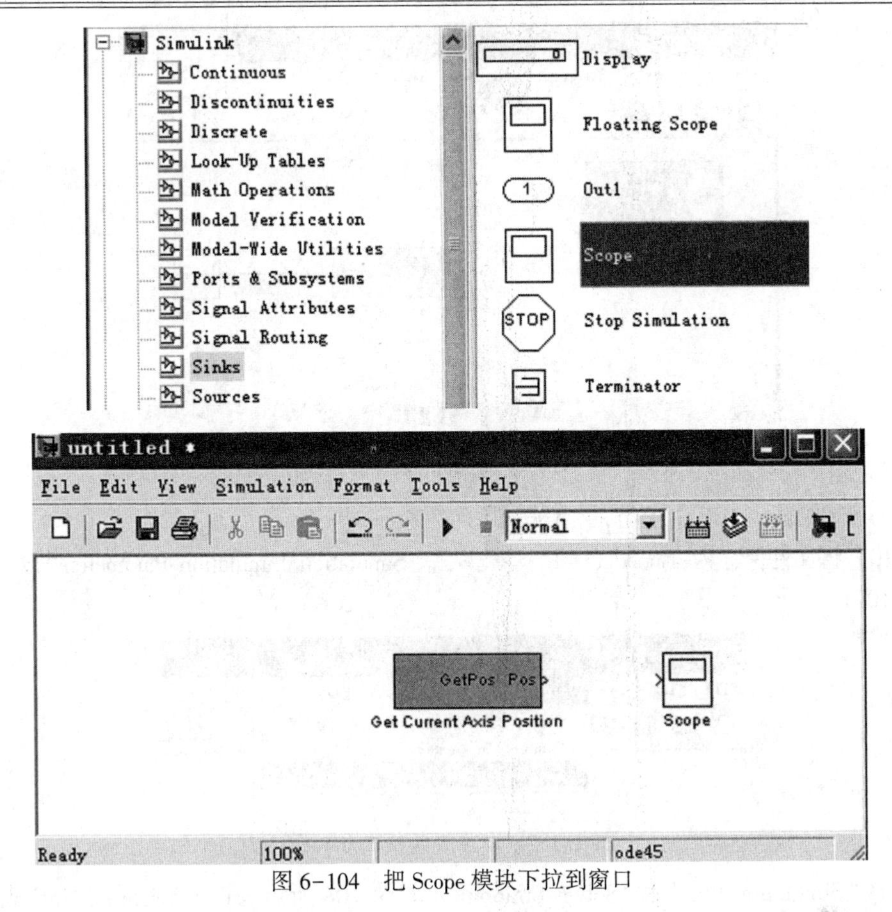

图 6-104　把 Scope 模块下拉到窗口

（7）连接两个模块（移动鼠标到“<“上，鼠标箭头变成“+”，按下鼠标左键并移动到“>”上，松开鼠标），见图 6-105。

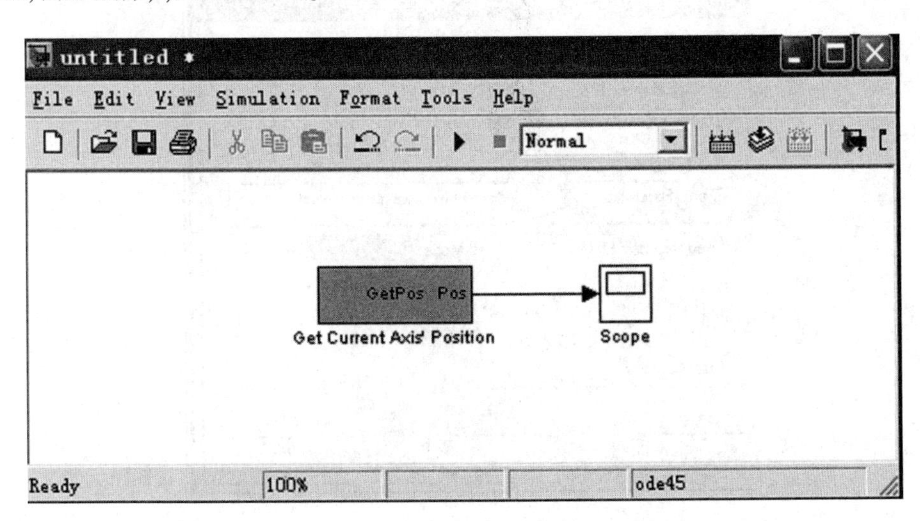

图 6-105　连接两个模块

（8）在“Googol Education Products\GT-400-SV Block Library”中拉一个“GT400-SV Initialization”模块到窗口中，如图 6-106 所示。

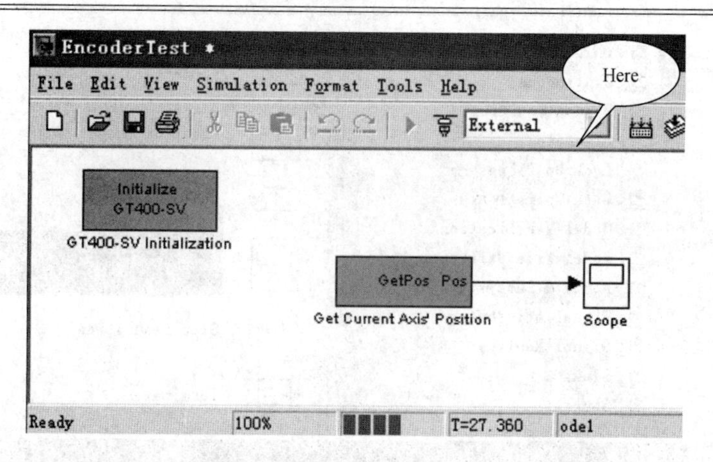

图 6-106　把“GT400-SV Initialization”模块拖放到窗口

(9) 选择图 6-106 中上方的“Normal”为“External”。

(10) 将文件保存为“EncoderTest”,单击菜单“Simulation\Simulation Parameters”设置参数(图 6-107)。

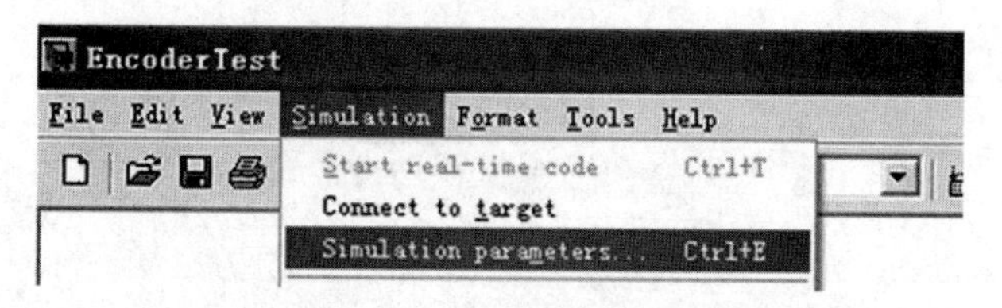

图 6-107　设置仿真参数的界面

修改“Simulation time”和“Solver options”如图 6-108 所示,其中仿真时间“inf”表示无穷长,步长设置为 0.005s。

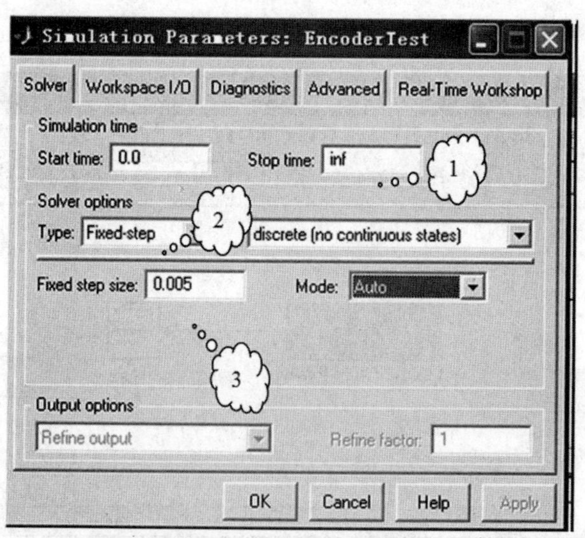

图 6-108　设置仿真参数

单击“Real-Time Workshop”打开如图 6-109 所示窗口。

(11) 单击“Browse”修改设置为“Real-Time Windows Target”(图 6-110)。

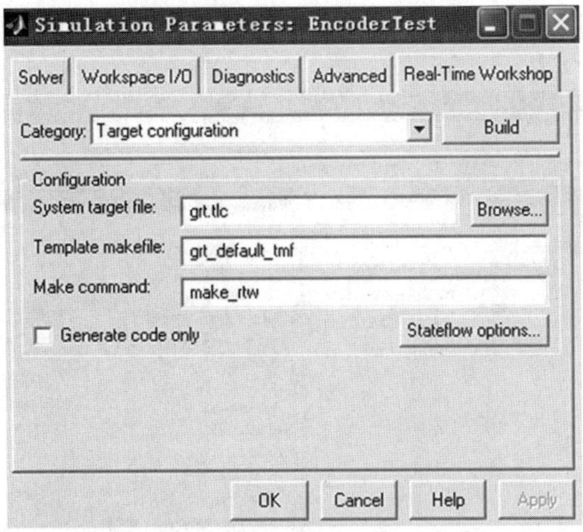

Simulation Parameters: EncoderTest

Solver | Workspace I/O | Diagnostics | Advanced | Real-Time Workshop

Category: Target configuration　Build

Configuration

System target file: grt.tlc　Browse...

Template makefile: grt_default_tmf

Make command: make_rtw

Generate code only　Stateflow options...

OK　Cancel　Help　Apply

图 6-109　“Real-Time Workshop”窗口

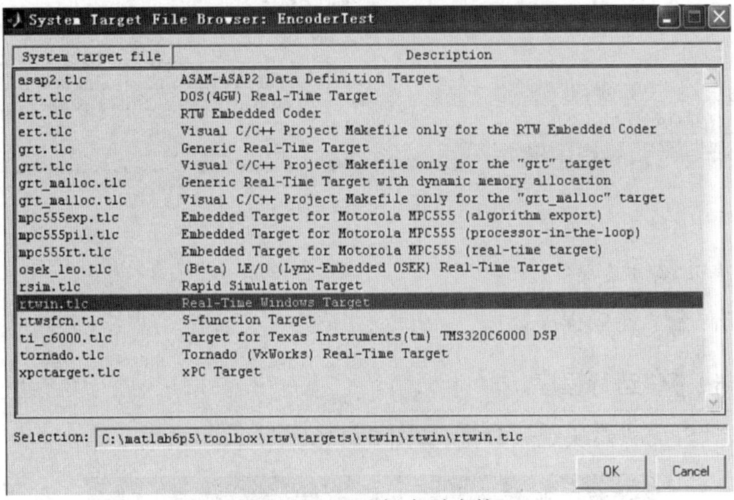

System Target File Browser: EncoderTest

System target file	Description
asap2.tlc	ASAM-ASAP2 Data Definition Target
drt.tlc	DOS(4GW) Real-Time Target
ert.tlc	RTW Embedded Coder
ert.tlc	Visual C/C++ Project Makefile only for the RTW Embedded Coder
grt.tlc	Generic Real-Time Target
grt.tlc	Visual C/C++ Project Makefile only for the "grt" target
grt_malloc.tlc	Generic Real-Time Target with dynamic memory allocation
grt_malloc.tlc	Visual C/C++ Project Makefile only for the "grt_malloc" target
mpc555exp.tlc	Embedded Target for Motorola MPC555 (algorithm export)
mpc555pil.tlc	Embedded Target for Motorola MPC555 (processor-in-the-loop)
mpc555rt.tlc	Embedded Target for Motorola MPC555 (real-time target)
osek_leo.tlc	(Beta) LE/O (Lynx-Embedded OSEK) Real-Time Target
rsim.tlc	Rapid Simulation Target
rtwin.tlc	Real-Time Windows Target
rtwsfcn.tlc	S-function Target
ti_c6000.tlc	Target for Texas Instruments(tm) TMS320C6000 DSP
tornado.tlc	Tornado (VxWorks) Real-Time Target
xpctarget.tlc	xPC Target

Selection: C:\matlab6p5\toolbox\rtw\targets\rtwin\rtwin\rtwin.tlc

OK　Cancel

图 6-110　选择实时内核

(12) 单击“OK”按钮,如图 6-111 所示。

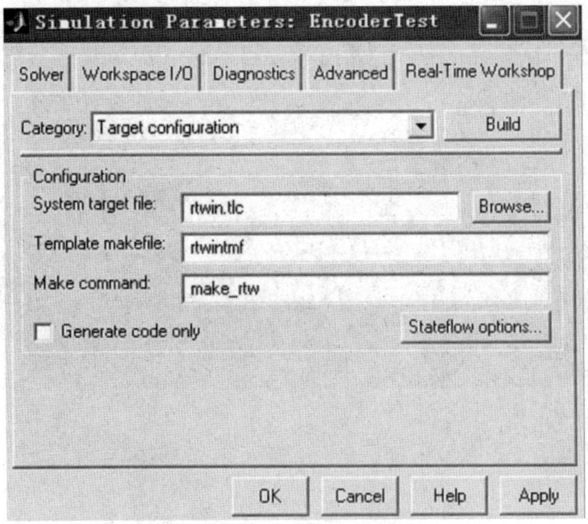

Simulation Parameters: EncoderTest

Solver | Workspace I/O | Diagnostics | Advanced | Real-Time Workshop

Category: Target configuration　Build

Configuration

System target file: rtwin.tlc　Browse...

Template makefile: rtwin.tmf

Make command: make_rtw

Generate code only　Stateflow options...

OK　Cancel　Help　Apply

图 6-111　完成后的窗口

(13) 单击“ ”编译程序,在Command窗口中会有编译信息显示(图6-112)。

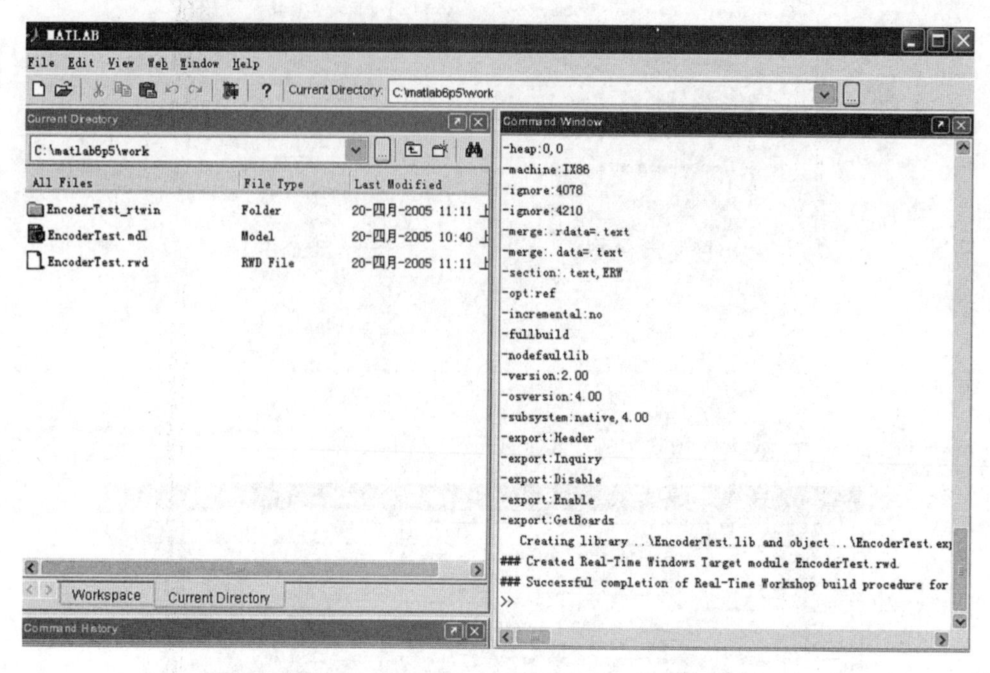

图6-112　编译信息窗口

(14) 打开电控箱电源。

(15) 单击“ ”连接程序。

(16) 单击“ ”运行程序。

(17) 双击“Scope”模块观察数据,如图6-113所示。

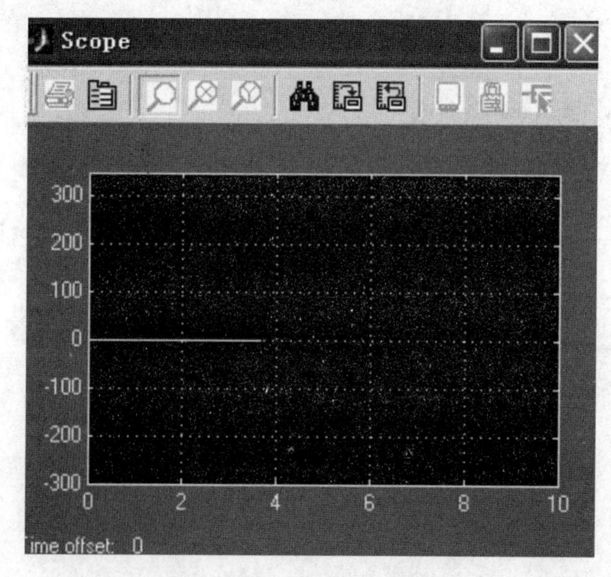

图6-113　数据结构显示窗口

(18) 手动逆时针转动摆杆一圈,观察显示结果(图 6-114),在数据超出显示范围时,单击“ ”进行缩放。

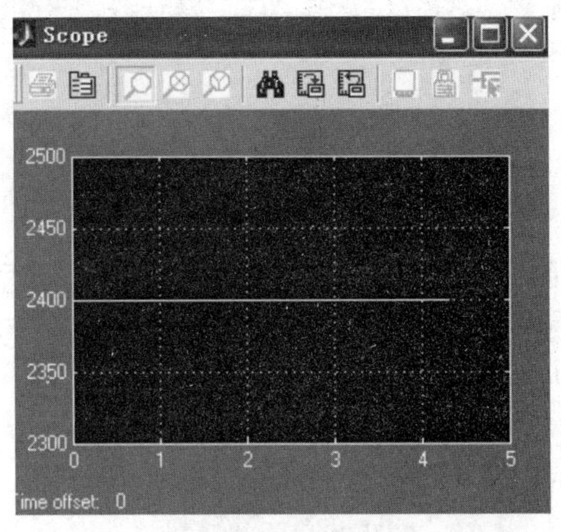

图 6-114　手动逆时针转动摆杆一圈的结果显示

从图 6-114 中可以看出,编码器读数为 2400,等于编码器的线数(600)的 4 倍(板卡 4 倍频),顺时针或逆时针转动摆杆,观察读数和摆杆实际角度。

(19) 记录实验结果,分析实验数据并完成实验报告。

备注:具体模型请参见 EncoderTest. mdl,其路径如下:

“matlabroot\toolbox\GoogolTech\InvertedPendulum\”,也可以在 Simulink 环境中打开模型:

进入 MATLAB Simulink 实时控制工具箱“Googol Education Products”打开“Inverted Pendulum\Basic Experiments”中的“Encoder Test Experiment”,如图 6-115 所示。

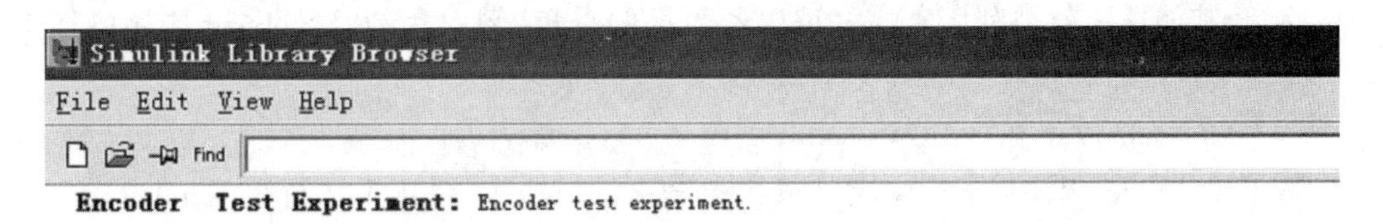

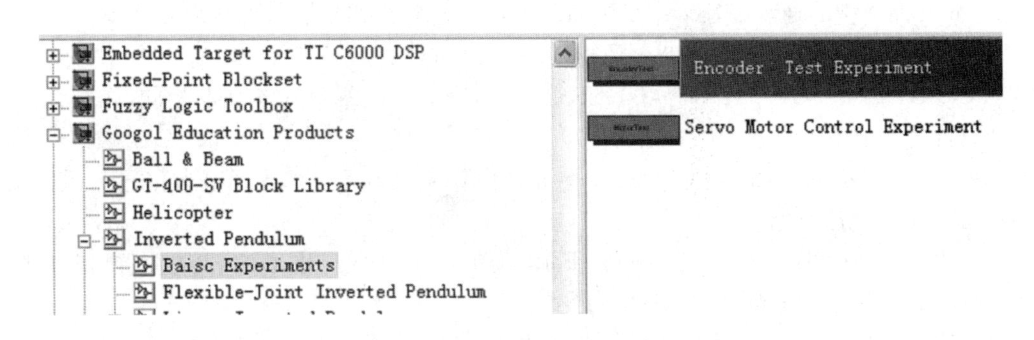

图 6-115　Simulink 环境中编码器测试实验窗口

系统模型如图 6-116 所示。

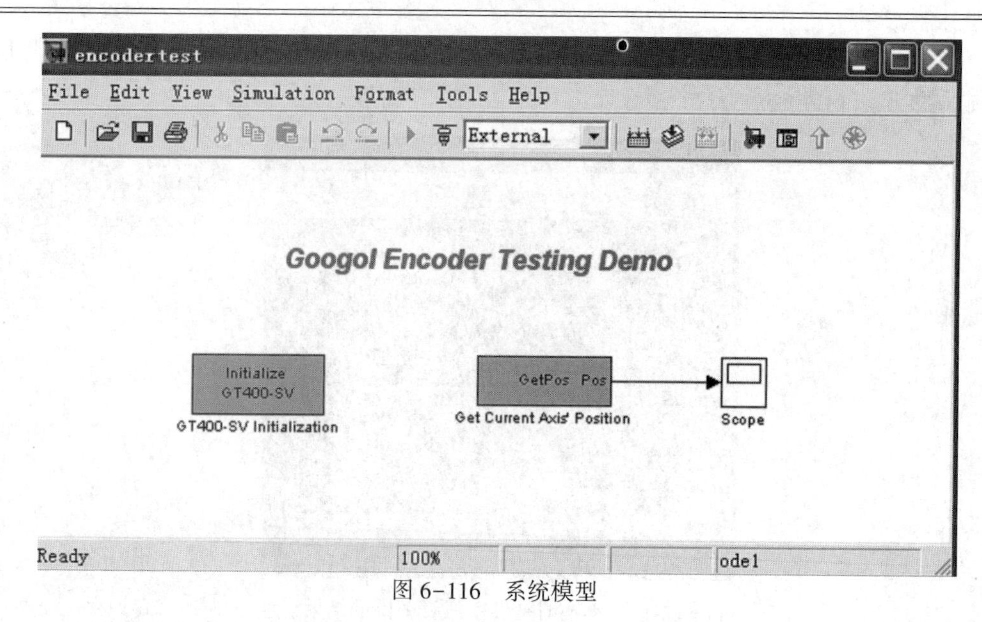

图6-116 系统模型

3. 运动控制卡DEMO软件操作说明

倒立摆系统是基于固高科技(深圳)有限公司自主研发的运动控制卡的教学设备,其运动控制卡型号为GT-400-SV-PCI。其DEMO软件位于产品光盘目录GT-400-SV-PCI文件夹下,程序为GT Commander3.1版。

GT Commander为GT运动控制卡的功能演示、测试及本公司XY(Z)平台控制软件。通过这个软件,用户可以快速了解、掌握GT400运动控制器的功能和命令,对GT400运动控制器进行测试,并且可以直接运行GT指令的批处理程序以实现简单的运动控制。

在倒立摆系统中,导轨上的小车是通过运动控制卡的第一通道来控制一个伺服电机转动的,而其他通道就被利用于摆杆编码器数据的采集,倒立摆的级数不同,应用的通道数不同。

1) GT Commander 窗口介绍

GT Commander R3.1分ISA接口版本和PCI接口版本,可正常运行于Windows 98和Windows 2000/XP环境下,适用于固高科技GT-400-SV-ISA,GT-400-SG-ISA,GT-400-SP-ISA三种类型的运动控制卡。GTCmdISA.exe适用于ISA接口的GT-400-SV-ISA, GT-400-SG-ISA, GT-400-SP-ISA运控卡。GTCmdPCI.exe适用于PCI接口的GT-400-SV-PCI, GT-400-SG-PCI, GT-400-SP-PCI运控卡。这两个版本基本相同,区别在于打开设备的方法不同。

运行GT Commander之前,必须保证相应的驱动程序已经正确安装,否则GTCommander无法开始。

本软件启动后的界面如图6-117所示,菜单和工具栏见图6-118,状态窗口如图6-119所示,基于轴的控制窗口见图6-120。

关于GT Commander R3.1软件的详细使用说明,请参考《运动控制器用户手册》中附录。

下面简单介绍针对倒立摆系统中应用此软件一些基本操作。

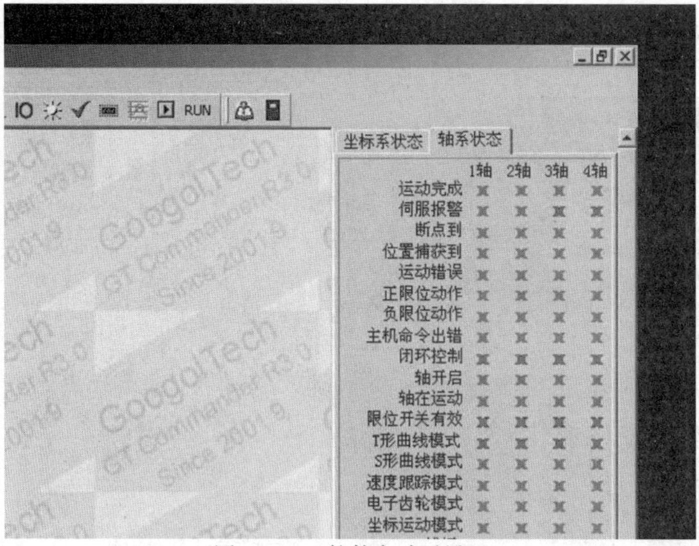

IO RUN
坐标系状态 轴系状态
1轴 2轴 3轴 4轴
运动完成
伺服报警
断点到
位置捕获到
运动错误
正限位动作
负限位动作
主机命令出错
闭环控制
轴开启
轴在运动
限位开关有效
T形曲线模式
S形曲线模式
速度跟踪模式
电子齿轮模式
坐标运动模式
GoogolTech
GT Commander R3.0
Since 2001.9

图 6-117　软件启动后界面

Menu
GT Commander PCI 3.1
File Edit View Window Help
IO RUN
General Windows Operation Toolbar
Control Form Toolbar
Exit and Help

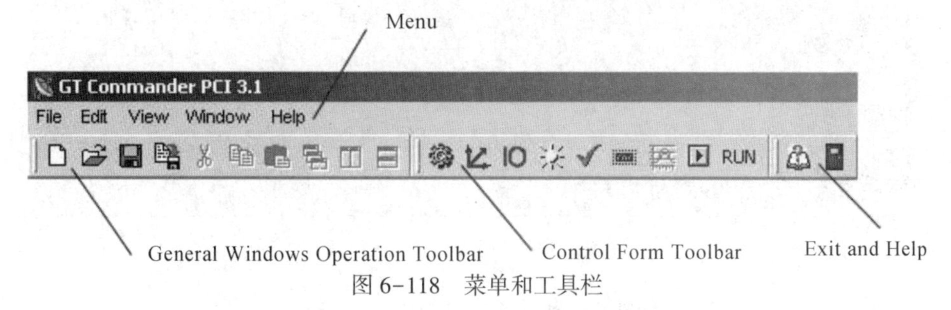

图 6-118　菜单和工具栏

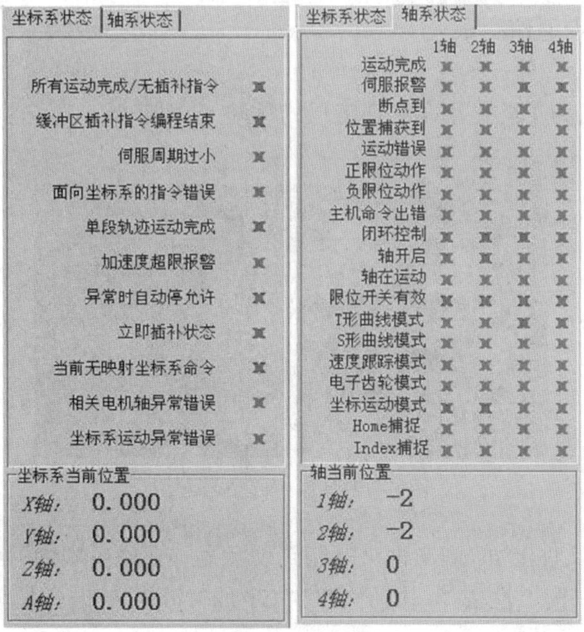

坐标系状态 轴系状态
所有运动完成/无插补指令
缓冲区插补指令编程结束
伺服周期过小
面向坐标系的指令错误
单段轨迹运动完成
加速度超限报警
异常时自动停允许
立即插补状态
当前无映射坐标系命令
相关电机轴异常错误
坐标系运动异常错误
坐标系当前位置
X轴: 0.000
Y轴: 0.000
Z轴: 0.000
A轴: 0.000
坐标系状态 轴系状态
1轴 2轴 3轴 4轴
运动完成
伺服报警
断点到
位置捕获到
运动错误
正限位动作
负限位动作
主机命令出错
闭环控制
轴开启
轴在运动
限位开关有效
T形曲线模式
S形曲线模式
速度跟踪模式
电子齿轮模式
坐标运动模式
Home捕捉
Index捕捉
轴当前位置
1轴: -2
2轴: -2
3轴: 0
4轴: 0

图 6-119　状态窗口

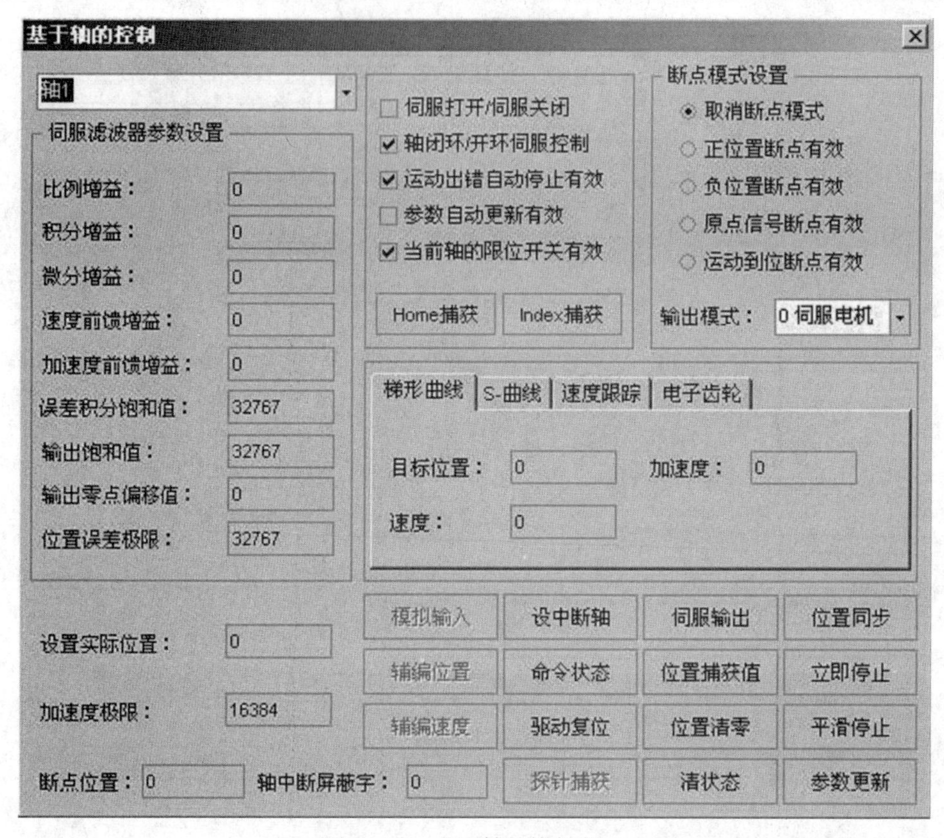

图 6-120 基于轴的控制窗口

2）GT Commander 在倒立摆系统中的简单使用

(1) 运动控制卡通信测试

① 通信测试

在初次使用前,为了防止小车失速造成的危险,建议卸载小车同步带。卸载方法如图 6-121 所示。

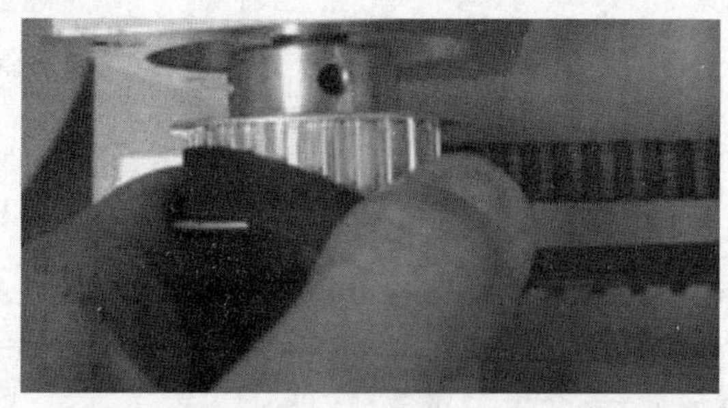

图 6-121 取下同步带方法

将倒立摆光盘文件上 demo 文件夹复制到硬盘上。在硬盘中的“DEMO”目录下,将文件“GTCmd. ini”的只读属性去掉。打开文件“GTCmd. ini”,根据产品修改相应参数设置,如下:

[CARD0]

LimitSense = 255;限位开关有效电平(意义为:限位开关低电平有效)

EncoderSense = 0;编码器计数方向

IntrTime = 1000;中断间隔时间

SampleTime = 200;DSP 采样周期

//cardtype 1: SV 2:SG 3:SP

CardType = 1;运动控制器型号

Address = 768;运动控制器基地址

//irq = 0 is recommended

Irq = 0;中断向量号(推荐使用 0)

修改参数设置后,保存文件。运行 GTCmdPCI_CH. exe 程序,如程序正常运行,证明运动控制器通信正常。如出现“GT 设备打开失败”信息框,则证明运动控制器通信失败。在通信成功的前提下,可以转入下一步,否则参考故障处理相关章节,确定问题所在,排除故障后重新测试。如果需要,请按照封面的公司信息与厂家联系。

② 开始其他测试

a. 打开电控箱电源。

b. 打开“DEMO2. 6”文件夹中“GTCMDPCI_CH”程序,如图 6-122 所示界面。

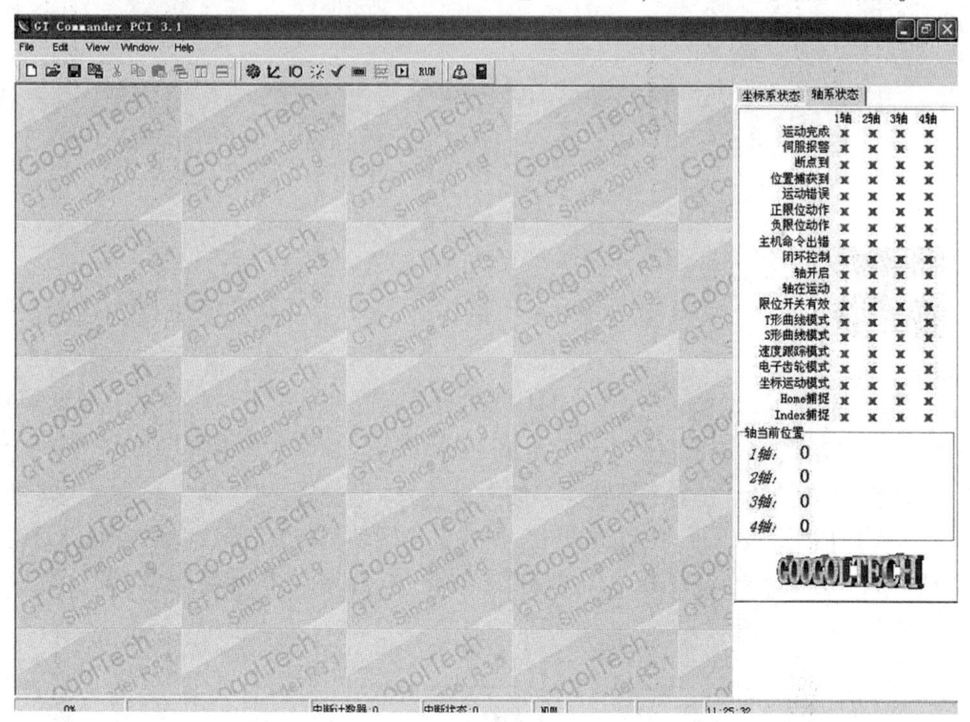

图 6-122　DEMO 程序界面

(2) 行程开关(限位开关)信号测试

单击“ ”进入运动控制卡基本参数设置(图 6-123)。

确认其中行程开关触发电平设置为 255,其意义为:限位开关低电平有效。

分别用挡片挡住左右两边的行程开关中间的 U 形槽,使正限位开关动作、负限位开

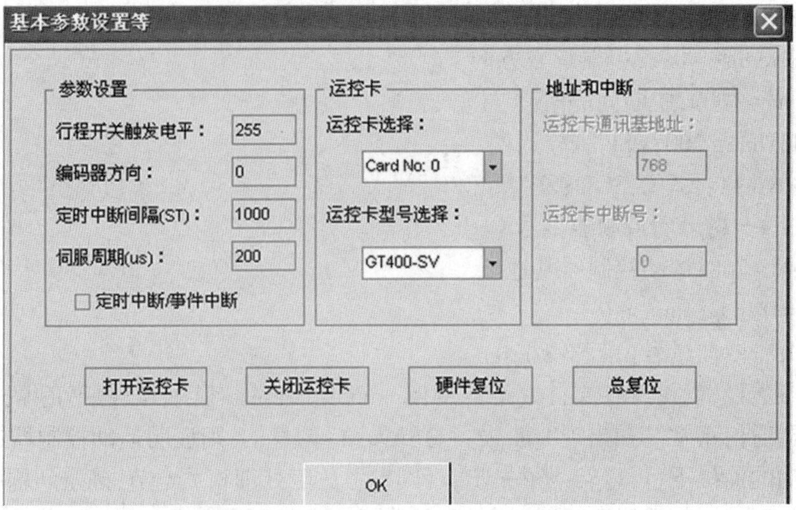

图6-123　运动控制卡基本参数设置窗口

关动作,观察行程开关的电源指示灯是否点亮和界面右边“轴系状态”中1轴的“正限位动作”和“负限位动作”是否有红色状态指示,如果无红色状态指示,请检查限位开关接线或限位开关是否损坏,图6-124所示为1轴的正限位动作(电机侧限位开关)。

图6-124　轴的检查界面

(3) 电机编码器信号测试

手动逆时针转动电机轴一圈,观察界面右下边“轴当前位置”中轴1的读数。运动控制卡为了提高精度,设计了4倍频的功能,所以电机转动一圈,其读数应该为电机编码器线数的4倍,例如:编码器线数为2500P/R(脉冲/圈),则电机转动一圈,其读数应为10000(图6-125)。

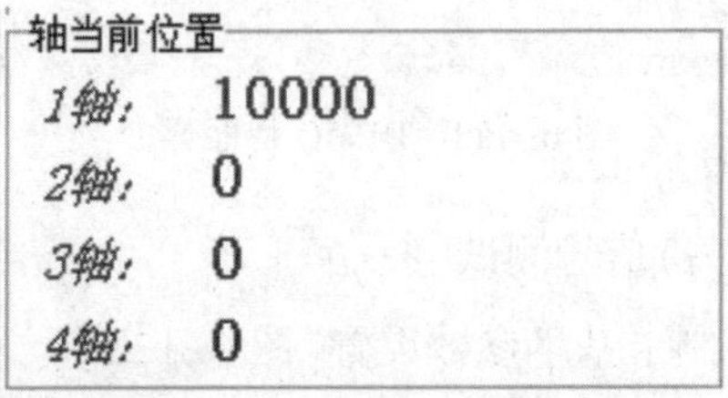

图6-125　电机编码器测试结果显示窗口

(4) 摆杆编码器信号测试

① 在如图 6-126 界面中选择轴 2。

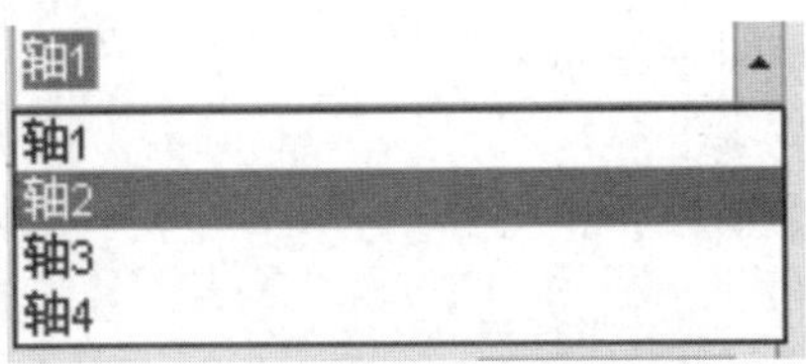

图 6-126　摆杆轴的选择窗口

② 逆时针转动一级摆杆一圈,然后让它静止下垂,观察编码器的读数(以编码器线数为 600P/R 为例,读数应该等于 4×编码器线数),正常应该显示如图 6-127 所示的结果。

轴当前位置

1轴:　-7

2轴:　2400

图 6-127　摆杆编码器测试结果显示窗口

③ 如果往相反方向转动,读数应该是"-2400",如果编码器读数不正常,请检查接线和电机编码器,同样,对于二级或三级倒立摆转动第二级摆杆以及第三级摆杆,观察 3 轴和 4 轴的读数是否正常。

④ 如果读数正常,结束编码器信号测试;如果存在异常,则需要仔细检查电气接线,排除故障。

(5) MATLAB Simulink 实时控制软件使用说明(MATLAB 版)

① 实时内核的安装以及 C 语言编译环境的选择

用户安装了 MATLAB/Real-Time Windows Target 和 Visual C/C++后,在使用实控软件前,必须在 MATLAB 下安装 Real-Time Windows Target 实时内核以及选择 C 语言编译环境(详细文档请参看 MATLAB 联机帮助),方法如下:

第一,**Real-Time Windows Target** 实时内核的安装。

在 MATLAB command 窗口中,键入

```
rtwintgt -install
```

MATLAB 显示以下的信息:

```
You are going to install the Real-Time Windows Target kernel.
Do you want to proceed? [y] :
```

继续安装内核,键入

```
y
```

MATLAB 安装内核,然后显示以下的信息:

```
The Real-Time Windows Target kernel has been successfully installed.
```

如果出现提示重启电脑的信息,必须在正确使用前重启电脑。

检查内核是否被正确安装。键入

```
rtwho
```

MATLAB 应该显示以下相似的信息:

```
Real-Time Windows Target version 2.2 (C) The MathWorks, Inc.
```

```
1994-2002
MATLAB performance = 100.0%
Kernel timeslice period = 1 ms
```

第二,选择C语言编译环境。

在MATLAB command 窗口中,键入

```
mex -setup
```

MATLAB显示以下的信息:

```
Please choose your compiler for building external interface (MEX) files. Would you like mex to locate installed compilers? ([y]/n):
```

键入

```
y
```

MATLAB显示下面的信息:

```
Select a compiler:
[1] : WATCOM compiler in c:\watcom
[2] : Microsoft compiler in c:\visual
[0] : None
Compiler:
```

选择Microsoft 编译器,键入数字2

MATLAB显示以下的信息:

```
Please verify your choices:
Compiler: Microsoft 5.0
Location: c:\visualAre these correct? ([y]/n)
```

键入

```
y
```

MATLAB显示下面的信息:

```
The default options file:
"C:\WINNT\Profiles\username\Application Data\MathWorks\MATLAB\mexopts.bat" is being updated.
```

在安装Real-Time Windows Target实时内核以及选择C语言编译环境后,可以开始使用实控软件了。

② 实控软件的界面

首先在Windows操作系统环境下启动MATLAB应用程序,在Command Windows窗口中键入Simulink命令或者单击工具栏上按钮,启动Simulink应用程序。

成功安装实控软件后,在"Simulink Library Browser"中添加了"Googol Education Products"子模块库,单击此模块库,在右边窗口中出现的展开模块中包括多个黄色项目(图6-128所示)。其中,"Inverted Pendulum"模块为固高倒立摆系列示例程序。"GT-400-SV Block Librabry"模块为固高GT-400-SV-PCI运动控制卡基本模块库,主要是运动控制板卡的功能函数的封装,如果对于C语言编程、MATLAB的CMEX功能或者板卡硬件

部分不是很熟悉,建议用户不要自行修改。

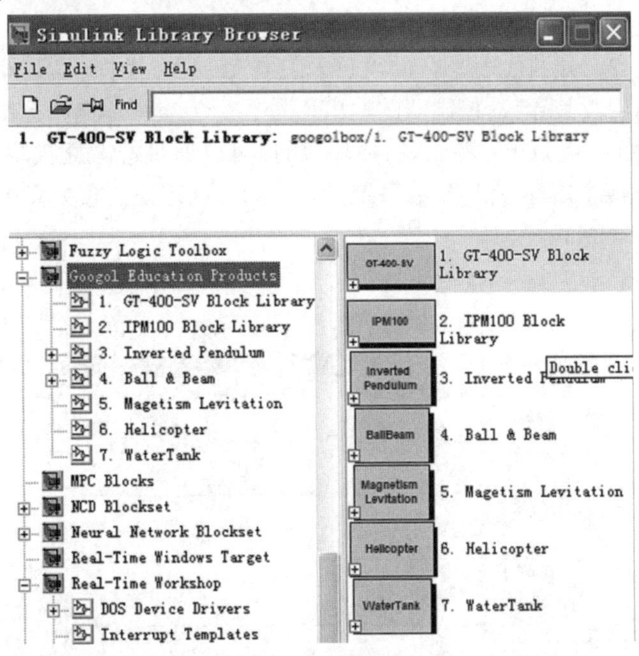

图 6-128　实控软件模块库

下面以直线二级倒立摆 LQR 算法实时控制示例程序为例子,介绍实控软件的界面,其他示例程序界面与此类似。

双击“Inverted Pendulum”下“Linear 2-Stage Inverted Pendulum LQR Control”模块(没有获得授权的用户将不能打开相应模块),控制程序界面如图 6-129 所示:

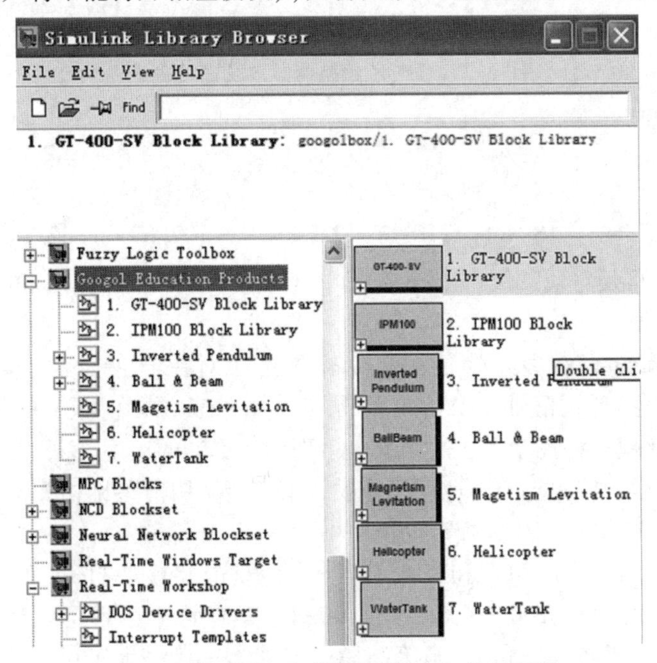

图 6-129　直线二级倒立摆的 LQR 仿真程序

可以看到,这是一个典型的闭环控制系统。其中“Real Control”模块(绿色)是倒立摆实时控制部分,“LQR Controller”模块(橙色)为LQR控制器。控制器输入信号为 $x, x', a1, a1', a2, a2'$,分别代表小车的位移及其导数、第一摆杆(靠近小车)的角度及其导数、第二杆的角度及其导数,控制器的输出信号Acc为小车加速度控制信号。

“LQR Controller”是LQR控制算法模块,用户可以通过修改此模块来构建自己的实时控制算法。控制算法模块将得到的系统输入运用控制理论的相关算法得出理论的系统输出,对于“LQR Controller”,其算法为

$$OutPut = x \cdot K_x + x' \cdot K_x' + a1 \cdot K_{a1} + a1' \cdot K_{a1'} + a2 \cdot K_{a2} + a2' \cdot K_{a2'}$$

双击“LQR Controller”,设置控制器参数如图6-130所示。

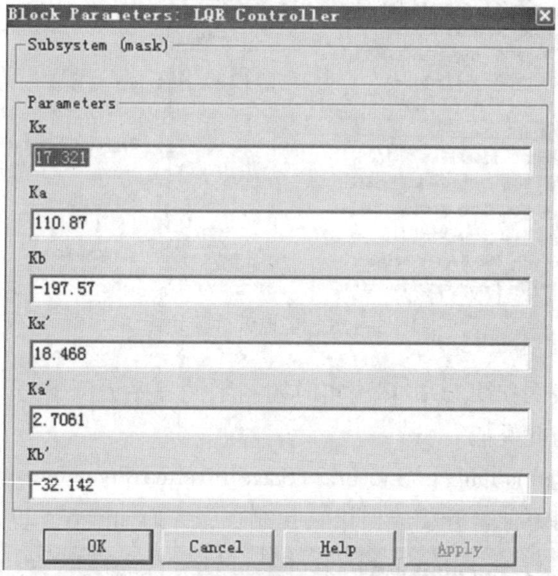

Block Parameters: LQR Controller
Subsystem (mask)
Parameters
Kx
17.321
Ka
110.87
Kb
-197.57
Kx'
18.468
Ka'
2.7061
Kb'
-32.142
OK　Cancel　Help　Apply

图6-130　LQR控制器参数设置对话框

其默认值为

$$[K_x \quad K_x' \quad K_{a1} \quad K_{a1'} \quad K_{a2} \quad K_{a2'}] =$$
$$[17.321 \quad 18.468 \quad 110.87 \quad 2.7061 \quad -197.57 \quad -32.142]$$

“Real Control”是直线二级倒立摆的硬件驱动部分,双击“Real Control”,可以看到其结构如图6-131所示。

其中,“Pendulum”模块(绿色)是二级倒立摆对象。它是由“GT400-SV Block Library”模块(蓝色)通过信号变换搭建而成,如图6-132所示。板卡的控制模式默认为速度控制模式,此模块将控制算法的结果包括理论运算的的速度“Vel”和加速度“Acc”输出到板卡。关于运动控制板卡的速度工作模式下功能调用请参见相关说明书。关于板卡的工作模式的意义,请参见相关板卡的说明书。

“Trigger and Safety”是触发和安全设置模块,双击此模块打开,如图6-133所示。“EntryAngle”是稳摆进入角度,当第一摆杆和第二摆杆均小于设定角度时,系统开始控制。“StopAngle”是系统停止角度,当第一摆杆或者第二摆杆大于设定角度时,系统停止控制,同时停止软件程序的执行。

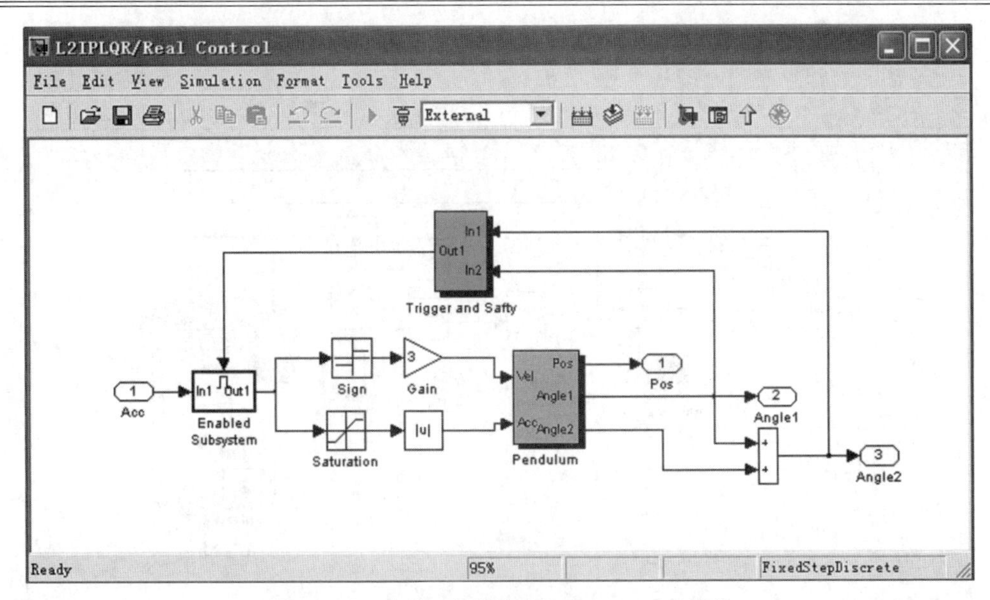

图 6-131　直线二级倒立摆“Real Control”模块

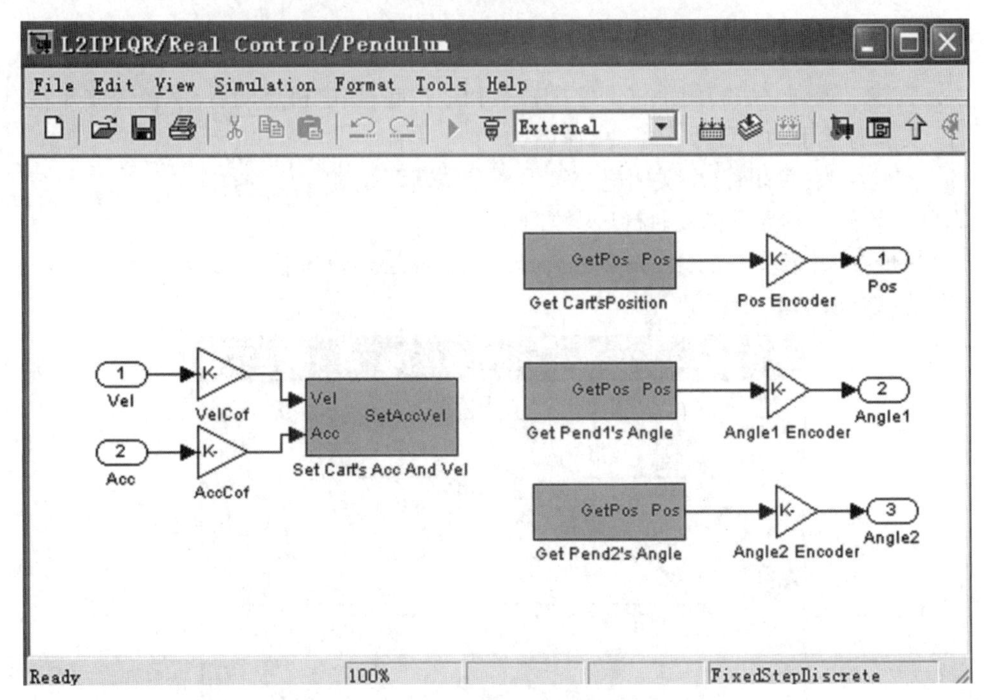

图 6-132　“Pendulum”模块

③ 实时控制的实验操作步骤

直线二级倒立摆的整个实验过程如下：

a. 检查电源线、数据线正确安装。关闭电控箱电源。将小车放在导轨中间。

b. 保证倒立摆杆垂直向下稳定。

c. 打开电控箱开关，接通电源。

d. 打开软件，设置正确的控制参数，开始实时控制。

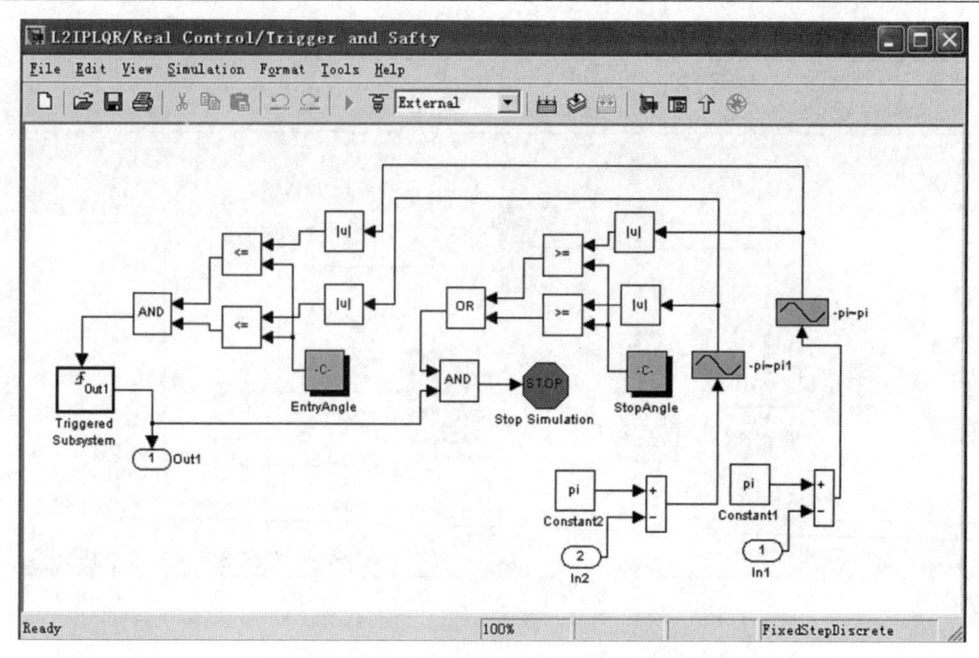

图 6-133　“Trigger and Safety”模块

e. 直线二级倒立摆需用手将倒立摆杆柔和地扶起,当电机启动后,手轻轻放开。

f. 实验时需手动保证小车不要“撞墙”。

g. 实验结束,关闭程序,关闭电控箱。

其中,软件的参数设置及执行步骤如下:

第一步:单击菜单“Simulation\Simulation parameters”设置仿真参数。单击“Solver”,按照图 6-134 所示进行设置。

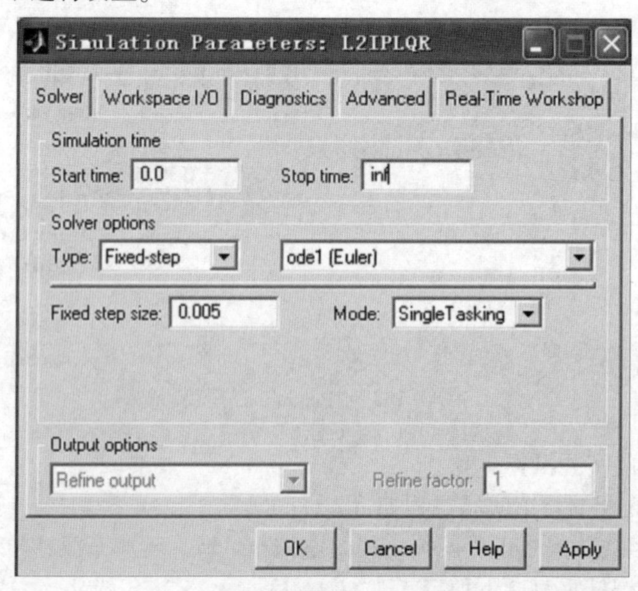

图 6-134　仿真参数设置

单击“Real-Time Workshop”,在出现的框图中单击“Browse”按钮,按照图 6-135 选择实时内核为“Real-Time Windows Target”。然后单击“OK”按钮确认。

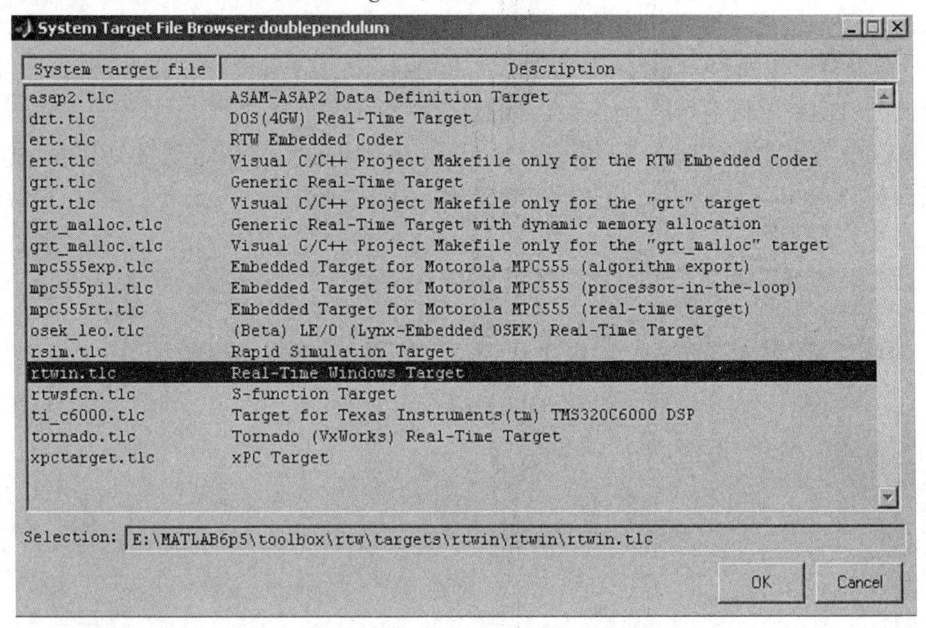

图 6-135　选择实时内核

第二步:双击“LQR Controller”,设置控制器参数(图 6-136 所示),单击“OK”按钮,使所设控制器参数生效。

第三步:编译。单击“Tools/Real-Time Workshop/Build Model”或者工具栏上的按钮,编译模型。

第四步:连接。选择菜单“Simulink/External”或者在工具栏 External 中选择仿真模式为外部模式。接着单击菜单“Simulink/Connect to target”或者工具栏上按钮,连接模型。

第五步:运行。单击菜单“Simulink/Start”或者工具栏上按钮,系统开始进行实时控制。

用户可通过修改控制器模块结构和参数,用自己的控制算法进行实时控制。一般情况下,用户不必修改“Real Control”驱动模块部分。

其余示例程序全部类似,用户可以根据提示完成相应的实验。关于在 Simulink 环境下实时控制的相关主题请参看 MATLAB 联机帮助。

④ 在线的实时参数调整

控制软件可以在其执行的过程中改变其模块或者 MATLAB 变量的参数值,新的参数值立刻取代旧值继续进行实时控制。这个特点使得用户很方便地在调试过程中修改控制参数。

改变模块参数值:先双击需改变参数的模块,改变参数值后,按“Apply”或者“OK”按钮。

改变变量参数值:先在 MATLAB command 命令行中输入改变的变量参数值后,然后单击仿真界面菜单中的“Edit/ Update Diagram”进行数据更新。

⑤ 数据的观察及记录

实控软件可以通过示波器“Simulink\Sinks\Scope”模块观察和记录各个信号。数据记录到 MATLAB 工作空间以及磁盘文件的步骤如下:

单击在菜单中的“Tools\ External Mode Control Panel”,在出现的对话框中单击“Signal & Triggering”。按照图6-136进行设置。其中“Duration”是记录的采样点数,用户可根据需要进行设置。

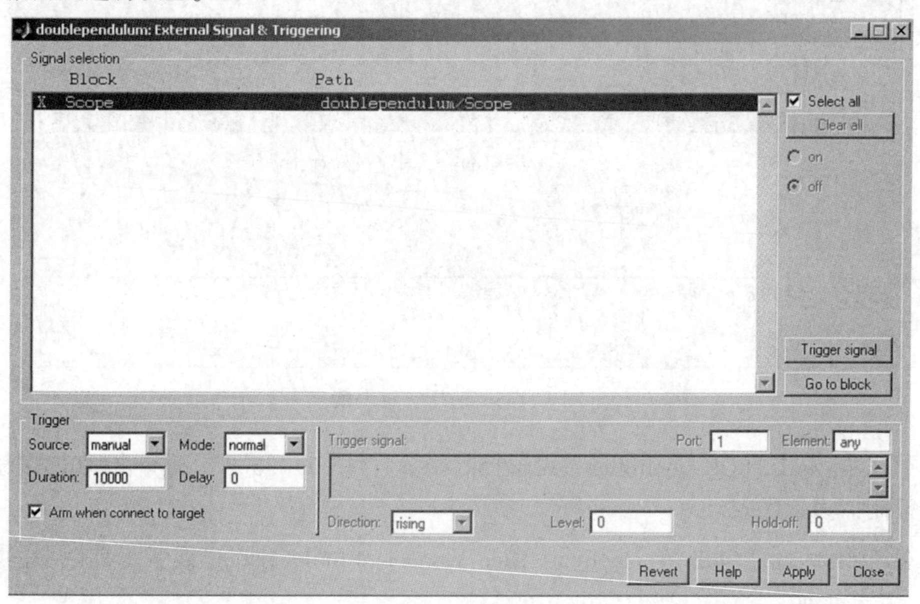

图6-136 Signal & Triggering 参数设置

单击控制界面的“Scope”模块,在工具条上单击“Parameters”按钮,打开对话框后单击“Data history”。

不选中“Limit data points to last”复选框,选中“Save data to workspace”复选框。如图6-137所示,然后确定。

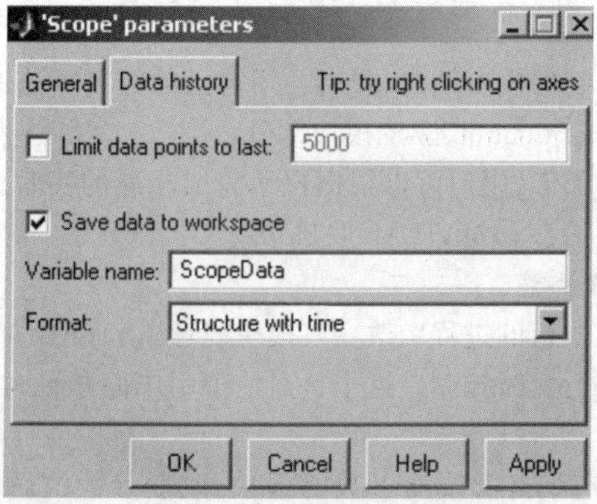

'Scope' parameters
General Data history Tip: try right clicking on axes
Limit data points to last: 5000
Save data to workspace
Variable name: ScopeData
Format: Structure with time
OK Cancel Help Apply

图6-137 示波器参数设置

观察记录下来的数据。例如观察前 1000 个采样点数据,在 MATLAB command 中输入如下的命令:

plot(ScopeData. time(1:1000) , ScopeData. signals. values(1:1000))

如果想存储数据到磁盘,输入

save ScopeData

MATLAB 将这个数据存为 ScopeData. mat 文件。

⑥ GT-400-SV Block Library 说明

GT-400-SV 模块库如图 6-138 所示。下面是各个模块的功能描述。

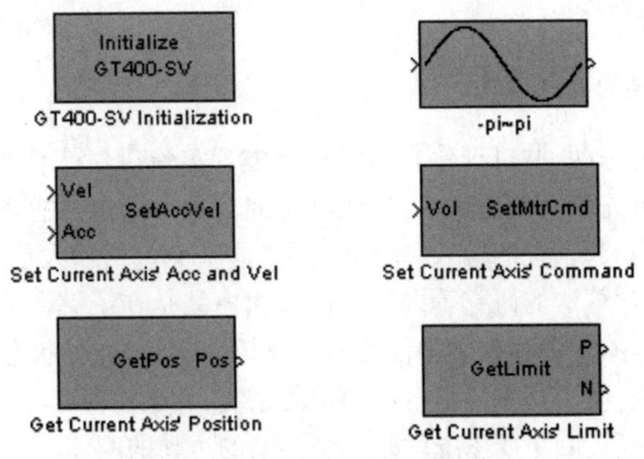

图 6-138　GT-400-SV 模块库

GT-400-SV Initialization 模块:

功能是 GT-400-SV-PCI 运动控制卡初始化。参数为控制模式,0 表示闭环控制; 1 表示开环控制。

Get Current Axis' Position 模块:

功能是读取当前轴的位置。参数为当前操作对应的轴号,输出为当前轴的编码器读数。

Set Current Axis' Acc and Vel 模块:

功能是设定当前轴的速度和加速度。参数为当前操作对应的轴号。

Set Current Axis' Command 模块:

功能是直接向电机伺服系统输出一控制电压值。参数为操作对应的轴号,模块的输入为向电机输出的电压值。

Get Current Axis' Limit 模块:

功能是读取当前轴的限位信号。参数为当前操作对应的轴号,P 输出为正限位信号,N 输出为负限位信,0 表示没有限位,1 表示有限位。

-pi~pi 模块:

把输入信号以为周期转换到-π~π之间。

实验一　直线一级倒立摆建模

一、实验目的

1. 了解机理法建模的基本步骤;

2. 会用机理法建立直线一级倒立摆的数学模型;

3. 掌握控制系统稳定性分析的基本方法。

二、实验要求

1. 采用机理法建立直线一级倒立摆的数学模型;

2. 分析直线一级倒立摆的稳定性,并在 MATLAB 中仿真验证。

三、实验设备

1. 直线一级倒立摆;

2. 计算机 MATLAB 平台。

四、实验内容

直线一级倒立摆的物理模型

系统建模可以分为两种:机理建模和实验建模。实验建模就是通过在研究对象上加上一系列的研究者事先确定的输入信号,激励研究对象并通过传感器检测其可观测的输出,应用数学手段建立起系统的输入-输出关系。这里面包括输入信号的设计选取,输出信号的精确检测,数学算法的研究等内容。机理建模就是在了解研究对象的运动规律基础上,通过物理、化学的知识和数学手段建立起系统内部的输入-状态关系。

对于倒立摆系统,由于其本身是自不稳定的系统,实验建模存在一定的困难。但是忽略掉一些次要的因素后,倒立摆系统就是一个典型的运动的刚体系统,可以在惯性坐标系内应用经典力学理论建立系统的动力学方程。下面采用其中的牛顿-欧拉方法建立直线一级倒立摆系统的数学模型。

1. 微分方程的推导

牛顿力学方法

在忽略了空气阻力和各种摩擦之后,可将直线一级倒立摆系统抽象成小车和匀质杆组成的系统,如图 6-139 所示。

不妨做以下假设:

M 小车质量

m 摆杆质量

b 小车摩擦系数

l 摆杆转动轴心到杆质心的长度

I 摆杆惯量

F 加在小车上的力

x 小车位置

ϕ 摆杆与垂直向上方向的夹角

θ 摆杆与垂直向下方向的夹角(考虑到摆杆初始位置为竖直向下)

图 6-140 是系统中小车和摆杆的受力分析图。其中,N 和 P 为小车与摆杆相互作用力的水平和垂直方向的分量。

注意:在实际倒立摆系统中检测和执行装置的正负方向已经完全确定,因而向量方向定义如图所示,图示方向为向量正方向。

分析小车水平方向所受的合力,可以得到以下方程:

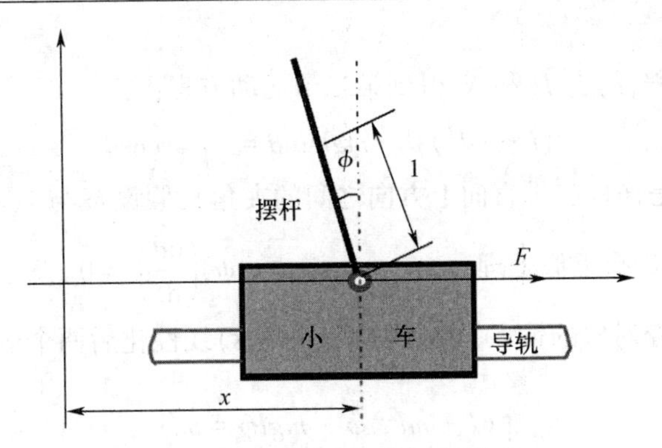

图 6-139　直线一级倒立摆模型

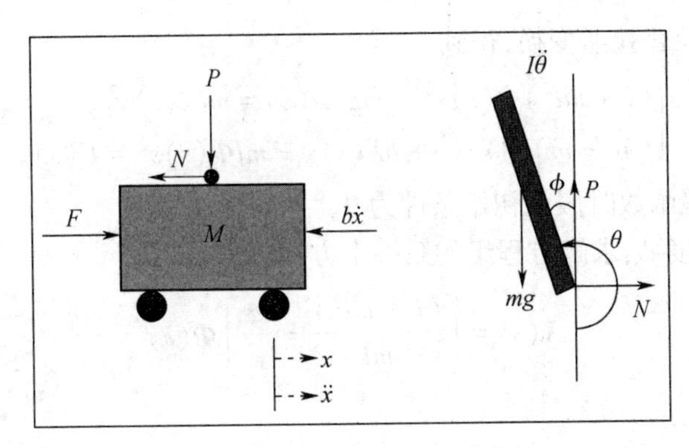

图 6-140　小车及摆杆受力分析

$$M\ddot{x} = F - b\dot{x} - N \tag{1}$$

由摆杆水平方向的受力进行分析可以得到下面等式：

$$N = m\frac{\mathrm{d}^2}{\mathrm{d}t^2}(x + l\sin\theta) \tag{2}$$

即

$$N = m\ddot{x} + ml\ddot{\theta}\cos\theta - ml\dot{\theta}^2\sin\theta \tag{3}$$

把这个等式代入式(1)中，就得到系统的第一个运动方程：

$$(M + m)\ddot{x} + b\dot{x} + ml\ddot{\theta}\cos\theta - ml\dot{\theta}^2\sin\theta = F \tag{4}$$

为了推出系统的第二个运动方程，我们对摆杆垂直方向上的合力进行分析，可以得到下面方程：

$$P - mg = m\frac{\mathrm{d}^2}{\mathrm{d}t^2}(l - l\cos\theta) \tag{5}$$

$$P - mg = -ml\ddot{\theta}\sin\theta - ml\dot{\theta}^2\cos\theta \tag{6}$$

力矩平衡方程如下：

$$-Pl\sin\theta - Nl\cos\theta = I\ddot{\theta} \tag{7}$$

注意：此方程中力矩的方向，由于 $\theta = \pi + \phi$，$\cos\phi = -\cos\theta$，$\sin\phi = -\sin\theta$，故等式前面有

负号。

合并这两个方程,约去 P 和 N,得到第二个运动方程:

$$(I + ml^2)\ddot{\theta} + mgl\sin\theta = -ml\ddot{x}\cos\theta \tag{8}$$

设 $\theta=\pi+\phi$(ϕ 是摆杆与垂直向上方向之间的夹角),假设 ϕ 与1(单位是弧度)相比很小,即 $\phi\ll1$,则可以进行近似处理:$\cos\theta=-1,\sin\theta=-\phi,\left(\frac{\mathrm{d}\theta}{\mathrm{d}t}\right)^2=0$。

用 u 来代表被控对象的输入力 F,式(4)和式(8)线性化后两个运动方程如下:

$$\begin{cases}(I + ml^2)\ddot{\phi} - mgl\phi = ml\ddot{x} \\ (M + m)\ddot{x} + b\dot{x} - ml\ddot{\phi} = u\end{cases} \tag{9}$$

对式(9)进行拉普拉斯变换,得到

$$\begin{cases}(I + ml^2)\Phi(s)s^2 - mgl\Phi(s) = mlX(s)s^2 \\ (M + m)X(s)s^2 + bX(s)s - ml\Phi(s)s^2 = U(s)\end{cases} \tag{10}$$

注意:推导传递函数时假设初始条件为0。

由于输出为角度 ϕ,求解方程组的第一个方程,可以得到

$$X(s) = \left[\frac{(I + ml^2)}{ml} - \frac{g}{s^2}\right]\Phi(s) \tag{11}$$

或

$$\frac{\Phi(s)}{X(S)} = \frac{mls^2}{(I + ml^2)s^2 - mgl} \tag{12}$$

如果令 $v=\ddot{x}$,则有

$$\frac{\Phi(s)}{V(S)} = \frac{ml}{(I + ml^2)s^2 - mgl} \tag{13}$$

把上式代入方程组的第二个方程,得到

$$(M + m)\left[\frac{(I + ml^2)}{ml} - \frac{g}{s^2}\right]\Phi(s)s^2 + b\left[\frac{(I + ml^2)}{ml} - \frac{g}{s^2}\right]\Phi(s)s - ml\Phi(s)s^2 = U(s) \tag{14}$$

整理后得到传递函数:

$$\frac{\Phi(s)}{X(S)} = \frac{\frac{ml}{q}s^2}{s^4 + \frac{b(I + ml^2)}{q}s^3 - \frac{(M + m)mgl}{q}s^2 - \frac{bmgl}{q}s} \tag{15}$$

其中,$q=[(M+m)(I+ml^2)-(ml)^2]$。

设系统状态空间方程为

$$\dot{x} = AX + Bu$$
$$y = CX + Du$$

方程组对 $\ddot{x},\ddot{\phi}$ 解代数方程,得到解如下:

$$\begin{cases} \dot{x} = \dot{x} \\ \ddot{x} = \dfrac{-(I + ml^2)b}{I(M + m) + Mml^2}\dot{x} + \dfrac{m^2gl^2}{I(M + m) + Mml^2}\phi + \dfrac{(I + ml^2)}{I(M + m) + Mml^2}u \\ \dot{\phi} = \dot{\phi} \\ \ddot{\phi} = \dfrac{-mlb}{I(M + m) + Mml^2}\dot{x} + \dfrac{mgl(M + m)}{I(M + m) + Mml^2}\phi + \dfrac{ml}{I(M + m) + Mml^2}u \end{cases} \tag{16}$$

整理后得到系统状态空间方程：

$$\begin{bmatrix} \dot{x} \\ \ddot{x} \\ \dot{\phi} \\ \ddot{\phi} \end{bmatrix} = \begin{bmatrix} 0 & 1 & 0 & 0 \\ 0 & \dfrac{-(I + ml^2)b}{I(M + m) + Mml^2} & \dfrac{m^2gl^2}{I(M + m) + Mml^2} & 0 \\ 0 & 0 & 0 & 1 \\ 0 & \dfrac{-mlb}{I(M + m) + Mml^2} & \dfrac{mgl(M + m)}{I(M + m) + Mml^2} & 0 \end{bmatrix} \begin{bmatrix} x \\ \dot{x} \\ \phi \\ \dot{\phi} \end{bmatrix} + \begin{bmatrix} 0 \\ \dfrac{(I + ml^2)}{I(M + m) + Mml^2} \\ 0 \\ \dfrac{ml}{I(M + m) + Mml^2} \end{bmatrix} u$$

$$y = \begin{bmatrix} x \\ \phi \end{bmatrix} = \begin{bmatrix} 1 & 0 & 0 & 0 \\ 0 & 0 & 1 & 0 \end{bmatrix} \begin{bmatrix} x \\ \dot{x} \\ \phi \\ \dot{\phi} \end{bmatrix} + \begin{bmatrix} 0 \\ 0 \end{bmatrix} u \tag{17}$$

由(9)的第一个方程为

$$(I + ml^2)\ddot{\phi} - mgl\phi = ml\ddot{x} \tag{18}$$

对于质量均匀分布的摆杆有

$$I = \frac{1}{3}ml^2 \tag{19}$$

于是可以得到

$$\left(\frac{1}{3}ml^2 + ml^2\right)\ddot{\phi} - mgl\phi = ml\ddot{x} \tag{20}$$

化简得到

$$\ddot{\phi} = \frac{3g}{4l}\phi + \frac{3}{4l}\ddot{x} \tag{21}$$

设 $X=\{x, \dot{x}, \phi, \dot{\phi}\}$，$u'=\ddot{x}$ 则有

$$\begin{bmatrix} \dot{x} \\ \ddot{x} \\ \dot{\phi} \\ \ddot{\phi} \end{bmatrix} = \begin{bmatrix} 0 & 1 & 0 & 0 \\ 0 & 0 & 0 & 0 \\ 0 & 0 & 0 & 1 \\ 0 & 0 & \dfrac{3g}{4l} & 0 \end{bmatrix} \begin{bmatrix} x \\ \dot{x} \\ \phi \\ \dot{\phi} \end{bmatrix} + \begin{bmatrix} 0 \\ 1 \\ 0 \\ \dfrac{3}{4l} \end{bmatrix} u'$$

$$y = \begin{bmatrix} x \\ \phi \end{bmatrix} = \begin{bmatrix} 1 & 0 & 0 & 0 \\ 0 & 0 & 1 & 0 \end{bmatrix} \begin{bmatrix} x \\ \dot{x} \\ \phi \\ \dot{\phi} \end{bmatrix} + \begin{bmatrix} 0 \\ 0 \end{bmatrix} u' \tag{22}$$

另外,也可以利用 MATLAB 中 tf2ss 命令对式(13)进行转化,求得上述状态方程。

2. 系统物理参数

实际系统的模型参数如下:

M	小车质量	1.096kg
m	摆杆质量	0.109kg
b	小车摩擦系数	0.1N/(m/s)
l	摆杆转动轴心到杆质心的长度	0.25m
I	摆杆惯量	0.0034kg · m^2

把实际系统参数代入模型中,得到实际系统的状态空间表达式如下:

$$\begin{bmatrix}\dot{x}_1\\\dot{x}_2\\\dot{x}_3\\\dot{x}_4\end{bmatrix}=\begin{bmatrix}0&1&0&0\\0&0&0&0\\0&0&0&1\\0&0&29.4&0\end{bmatrix}\begin{bmatrix}x_1\\x_2\\x_3\\x_4\end{bmatrix}+\begin{bmatrix}0\\1\\0\\3\end{bmatrix}u \tag{23}$$

$$y=\begin{bmatrix}1&0&0&0\\0&0&1&0\end{bmatrix}\begin{bmatrix}x_1\\x_2\\x_3\\x_4\end{bmatrix}+\begin{bmatrix}0\\0\end{bmatrix}u \tag{24}$$

实验二 一级倒立摆状态变量的时间响应

一、实验目的

1. 掌握用 MATLAB 方法对系统进行设计和仿真;
2. 学会用 Simulink 软件仿真方法,对系统进行仿真。

二、实验要求

用 Simulink 软件仿真求一级倒立摆状态变量的时间响应。

三、实验设备

1. 直线一级倒立摆;
2. 计算机 MATLAB 平台。

四、实验内容

1. 一级倒立摆系统的状态空间模型为

$$\begin{bmatrix}\dot{x}_1\\\dot{x}_2\\\dot{x}_3\\\dot{x}_4\end{bmatrix}=\begin{bmatrix}0&1&0&0\\0&0&0&0\\0&0&0&1\\0&0&29.4&0\end{bmatrix}\begin{bmatrix}x_1\\x_2\\x_3\\x_4\end{bmatrix}+\begin{bmatrix}0\\1\\0\\3\end{bmatrix}u$$

$$y=\begin{bmatrix}1&0&0&0\\0&0&1&0\end{bmatrix}\begin{bmatrix}x_1\\x_2\\x_3\\x_4\end{bmatrix}+\begin{bmatrix}0\\0\end{bmatrix}u$$

2. 按数学模型画出的系统状态图如图 6-141 所示。

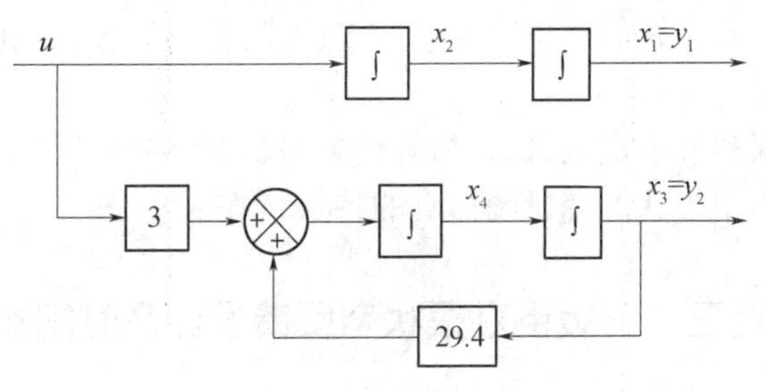

图 6-141　系统状态图

3. 按状态变量图作出 Simulink 仿真模型如图 6-142 所示。

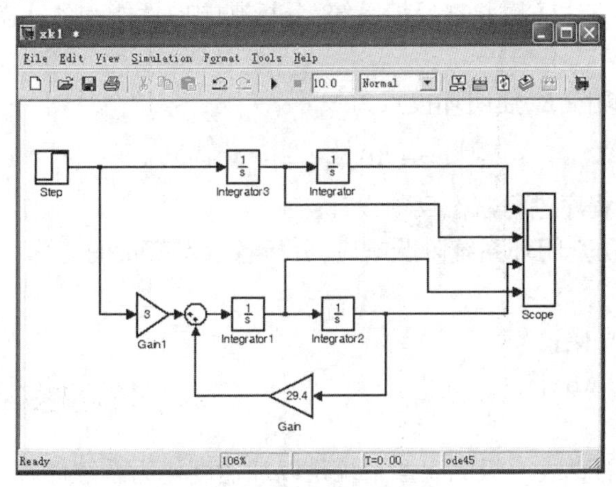

图 6-142　Simulink 仿真模型

4. 设置仿真参数(Step 模块中 Step time 改为 0,Final value 改为 0.5)。启动仿真过程,得到的响应波形如图 6-143 所示。

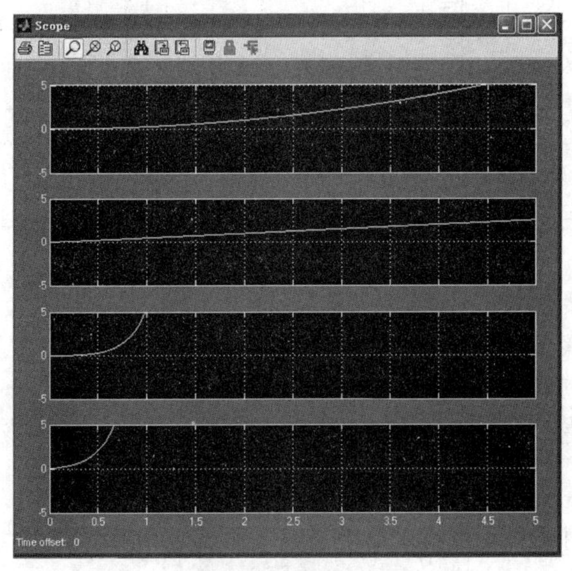

图 6-143　响应波形

五、实验报告

1. 用解析法求出原系统的单位阶跃响应表达式,分析系统的响应性能。

2. 完善实验步骤。

3. 整理实验数据和波形记录,比较仿真结果与解析结果的区别。

4. 总结 Simulink 用于状态变量图仿真的特点和基本方法。

实验三　一级倒立摆状态反馈设计及时间响应

一、实验目的

1. 掌握按希望的极点设计状态反馈阵 $\boldsymbol{K}$ 的方法;

2. 用 MATLAB 方法仿真状态反馈系统,分析其响应性能和各状态变量的变化。

二、实验要求

1. 设计状态反馈阵 $\boldsymbol{K}$,使闭环极点为

$$s_{1,2}=-10,s_{3,4}=-4\pm \mathrm{j}2\sqrt{3}$$

2. 用 MATLAB 程序进行状态反馈设计;

3. 用 Simulink 仿真闭环系统阶跃响应,分析各状态变量的变化。

三、实验设备

1. 直线一级倒立摆;

2. 计算机 MATLAB 平台。

四、实验内容

1. 实验所使用的直线一级倒立摆系统是以加速度作为系统的控制输入,根据经典力学理论建立一级倒立摆系统的状态空间模型为(将实际参数代入):

$$\begin{bmatrix}\dot{x}_1\\ \dot{x}_2\\ \dot{x}_3\\ \dot{x}_4\end{bmatrix}=\begin{bmatrix}0&1&0&0\\0&0&0&0\\0&0&0&1\\0&0&29.4&0\end{bmatrix}\begin{bmatrix}x_1\\x_2\\x_3\\x_4\end{bmatrix}+\begin{bmatrix}0\\1\\0\\3\end{bmatrix}u$$

$$y=\begin{bmatrix}1&0&0&0\\0&0&1&0\end{bmatrix}\begin{bmatrix}x_1\\x_2\\x_3\\x_4\end{bmatrix}+\begin{bmatrix}0\\0\end{bmatrix}u$$

2. 设计状态反馈阵 $\boldsymbol{K}$

按极点配置步骤进行计算。

(1) 直线一级倒立摆系统稳定性分析。

系统的特征方程:

$$|s\boldsymbol{I}-\boldsymbol{A}|=\begin{vmatrix}s&-1&0&0\\0&s&0&0\\0&0&s&-1\\0&0&-29.4&s\end{vmatrix}=s^4-29.4s^2$$

系统的四个特征根为[0　0　-5.42　5.42],由于有一个特征根在s右半平面,系统是不稳定的,必须设计相应的控制系统,才可使系统稳定,如状态反馈调节器等。

(2) 检验系统可控性。

能控性矩阵:

$$\boldsymbol{Q}_c = [\boldsymbol{B} \quad \boldsymbol{AB} \quad \boldsymbol{A}^2\boldsymbol{B} \quad \boldsymbol{A}^3\boldsymbol{B}] = \begin{bmatrix} 0 & 1 & 0 & 0 \\ 1 & 0 & 0 & 0 \\ 0 & 3 & 0 & 88.2 \\ 3 & 0 & 88.2 & 0 \end{bmatrix}$$

可求得其秩为 4,直线一级倒立摆系统完全能控。

(3) 根据调整时间和超调量的要求,并留有一定的裕量,选取期望的闭环极点。写出希望的闭环特征多项式。

(4) 状态反馈设计。

状态反馈的实现是利用状态反馈使系统的闭环极点位于所希望的极点位置。而状态反馈任意配置闭环极点的充分必要条件是被控系统可控。状态反馈系统的结构图如图6-144所示。

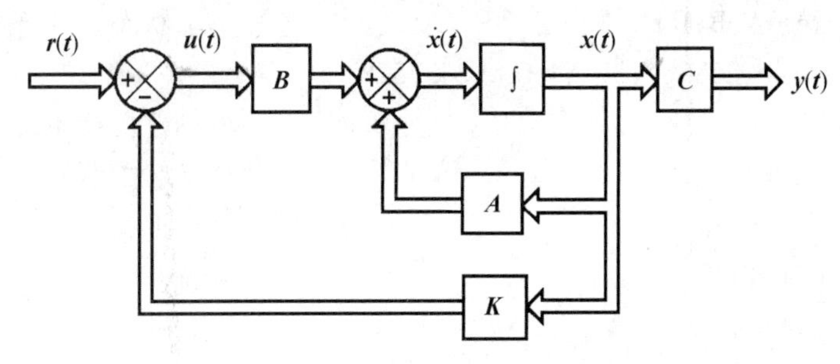

图 6-144　状态反馈系统的结构图

原系统的状态空间表达式为

$$\begin{cases} \dot{\boldsymbol{x}} = \boldsymbol{Ax} + \boldsymbol{Bu} \\ \boldsymbol{y} = \boldsymbol{Cx} \end{cases}$$

状态反馈控制律为

$$\boldsymbol{u} = \boldsymbol{r} - \boldsymbol{Kx}$$

式中,$\boldsymbol{r}$为$r \times 1$参考输入;$\boldsymbol{K}$为$r \times n$状态反馈阵。

状态反馈闭环系统的状态空间表达式为

$$\begin{cases} \dot{\boldsymbol{x}} = (\boldsymbol{A} - \boldsymbol{BK})\boldsymbol{x} + \boldsymbol{Br} \\ \boldsymbol{y} = \boldsymbol{Cx} \end{cases}$$

令状态反馈闭环系统的特征多项式$|s\boldsymbol{I}-(\boldsymbol{A}-\boldsymbol{BK})|$与希望的特征多项式相等,求出$\boldsymbol{K}$阵。

以上计算也可以采用 MATLAB 编程计算。可用 MATLAB 程序设计状态反馈闭环系统,使希望的极点为$s_{1,2}=-10$,$s_{3,4}=-4\pm j2\sqrt{3}$,MATLAB 源程序如下:

```
>>A=[0 1 0 0;0 0 0 0;0 0 0 1;0 0 29.4 0];
      B=[0;1;0;3];
      C=[1 0 0 0;0 0 1 0];D=[0;0];
        Gss=ss(A,B,C,D);                          %创建SS对象
        eig(Gss)                                  %求特征值
    ans =
        5.4222
      -5.4222
             0
             0
>> Tc=ctrb(A,B);                                  %创建能控矩阵
        rank(Tc)                                  %判能控性
ans =
              4                                   %满秩可控
>>P=[-10  -10  -4-2*sqrt(3)*i  -4+2*sqrt(3)*i];
                                                  %输入希望极点
       K=acker(A,B,P)                             %求状态反馈阵
K = -95.2381  -46.2585  137.5460  24.7528
>> Ac=A-B*K;                                      %创建反馈系统矩阵
        eig(Ac)                                   %检验配置极点
ans =
  -10.0000 + 0.0000i
  -10.0000 - 0.0000i
  -4.0000 + 3.4641i
  -4.0000 - 3.4641i
```

也可采用以下程序,求反馈矩阵$\boldsymbol{K}$及画出相应的响应波形:

```
A=[ 0 1 0 0; 0 0 0 0; 0 0 0 1; 0 0 29.4 0];
B=[ 0 1 0 3]';
C=[ 1 0 0 0; 0 0 1 0];
D=[ 0 0 ]';
J=[ -10 0 0 0; 0 -10 0 0; 0 0 -4-2* sqrt(3)* i 0;0 0 0 -4+2* sqrt(3)* i];
pa=poly(A);pj=poly(J);
M=[B A* B A^2* B A^3* B];
W=[ pa(4) pa(3) pa(2) 1; pa(3) pa(2) 1 0;pa(2) 1 0 0; 1 0 0 0];
T=M* W;
K=[pj(5)-pa(5) pj(4)-pa(4) pj(3)-pa(3) pj(2)-pa(2)]* inv(T)
Ac = [(A-B* K)];
Bc = [B]; Cc = [C]; Dc = [D];
T=0:0.005:5;
```

```
U=0.2* ones(size(T));
Cn=[1 0 0 0];
[Y,X]=lsim(Ac,Bc,Cc,Dc,U,T);
plot(T,X(:,1),'-'); hold on;
plot(T,X(:,2),'-.'); hold on;
plot(T,X(:,3),'.'); hold on;
plot(T,X(:,4),'-')
legend('CartPos','CartSpd','PendAng','PendSpd')
```

K =　-95.2381　-46.2585　137.5460　24.7528

状态反馈后时间响应波形如图 6-145 所示。

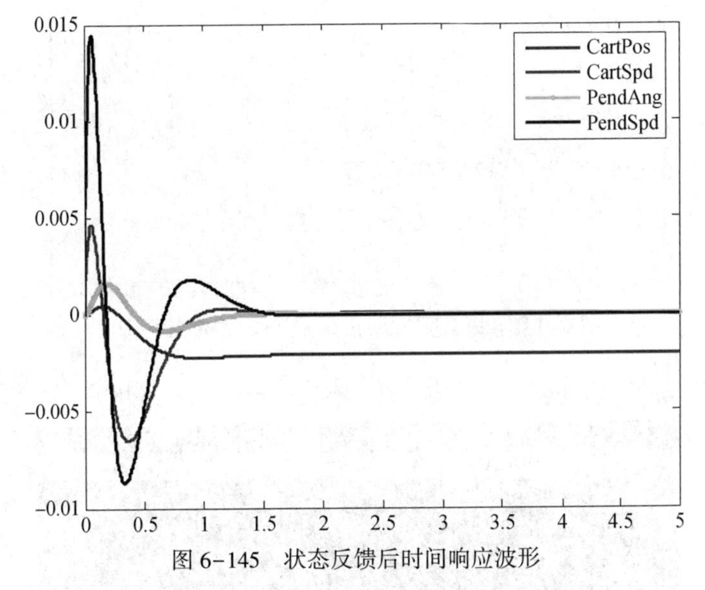

图 6-145　状态反馈后时间响应波形

3. 用 Simulink 仿真闭环系统阶跃响应，分析各状态变量的变化。画出状态反馈的闭环系统结构图如图 6-146 所示。

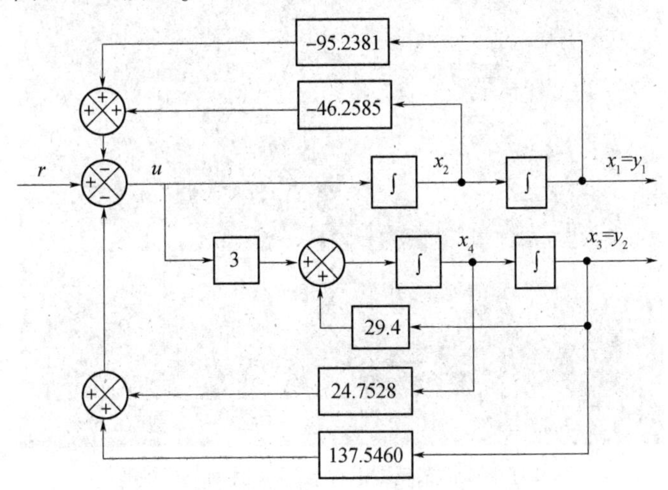

图 6-146　状态反馈的闭环系统结构图

4. 按图6-146作出Simulink结构图如图6-147所示。

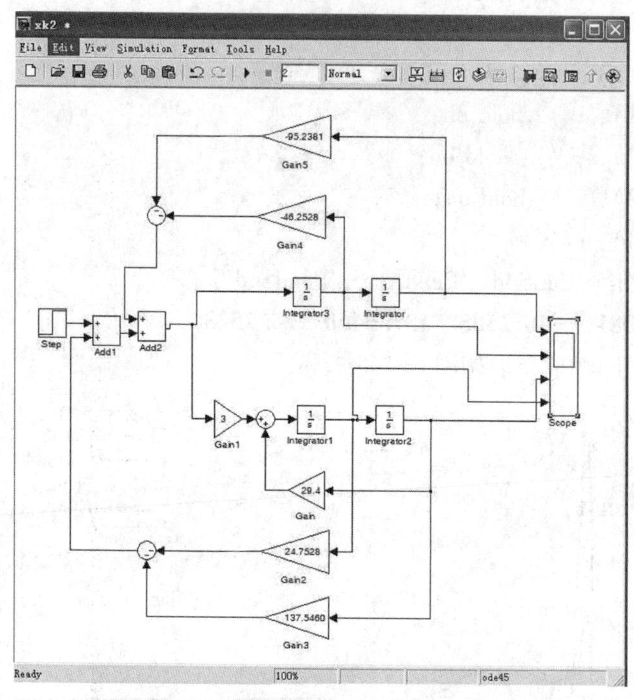

图6-147　状态反馈的闭环系统Simulink结构图

5. 设置仿真参数,启动仿真过程,得到的响应波形如图6-148所示。

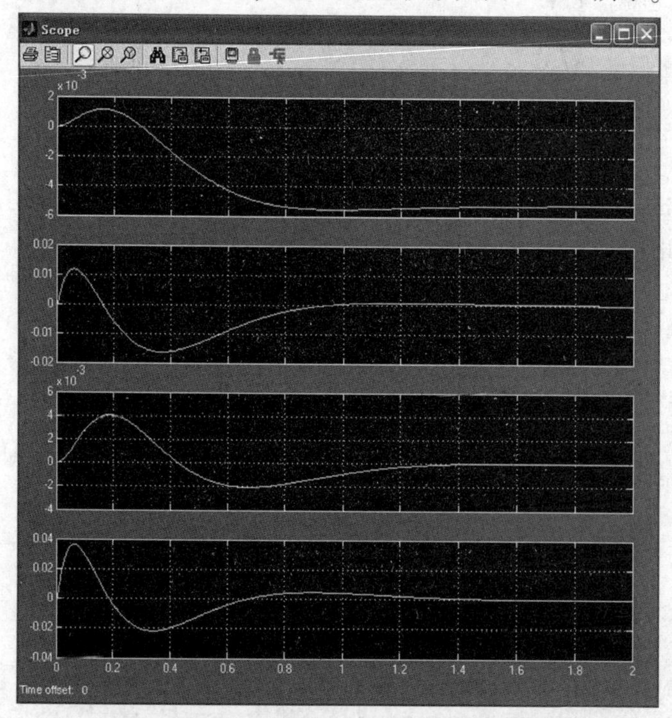

图6-148　状态反馈的闭环系统时间响应波形

6. 实验波形分析

补偿后的状态 $x_1, \dfrac{1}{G_c}x_1(t)$。

注：图中的增益框($1/G_c$)是为了补偿稳态增益而附加的($G_c=-0.0105$)。

引入状态反馈改变了系统的极点，状态响应波形明显得到改善，状态变量的过渡过程均变得平稳且快速。由于状态反馈改变了极点，从而影响了系统的静态增益值。要恢复原系统的静态增益值，需要在输出端补偿一个倍数。Simulink 结构图如图 6-149 所示，时间响应波形如图 6-150 所示。

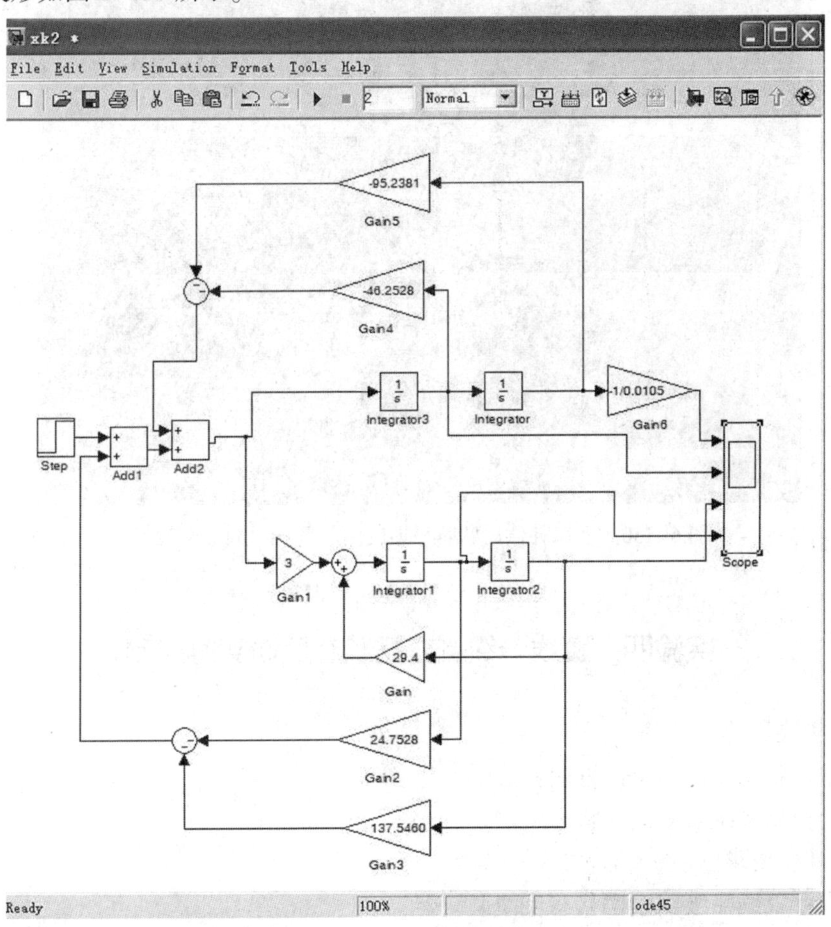

图 6-149　静态补偿状态反馈的闭环系统 Simulink 结构图

五、实验报告

1. 从理论上计算按希望极点配置的状态反馈阵，用 MATLAB 函数验证设计结果的正确性。

2. 完善实验步骤。

3. 整理实验记录波形。

4. 分析状态反馈对系统动态和静态的影响，归纳静态增益的补偿原则。

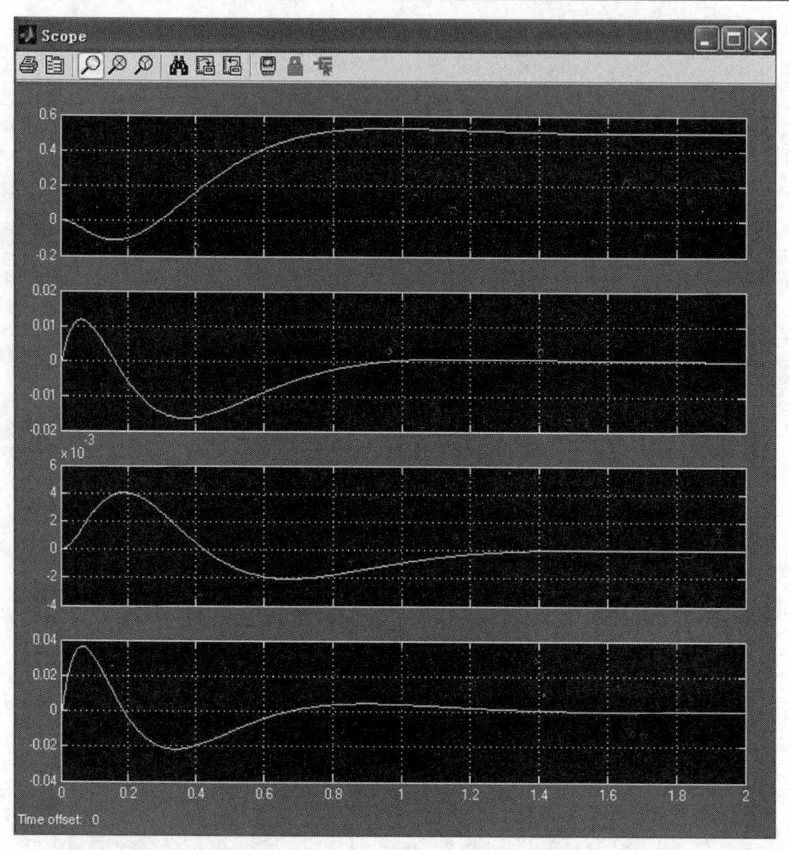

图6-150 静态补偿后状态反馈的闭环系统时间响应波形

实验四 直线一级倒立摆状态反馈实时控制

一、实验目的

1. 掌握状态反馈的设计方法;

2. 会根据系统需求设计状态反馈。

二、实验要求

1. 设计直线一级倒立摆状态反馈调节器;

2. 测试系统性能指标。

三、实验设备

1. 直线一级倒立摆;

2. 计算机 MATLAB 平台。

四、实验步骤

(1) 进入 MATLAB Simulink 实时控制工具箱"Googol Education Products",建立实时控制程序,打开"Inverted Pendulum\Linear Inverted Pendulum\Linear 1-Stage IP Experiment\Poles Experiments"中的"Poles Control Demo",直线一级倒立摆状态空间极点配置控制程序如图6-151所示。

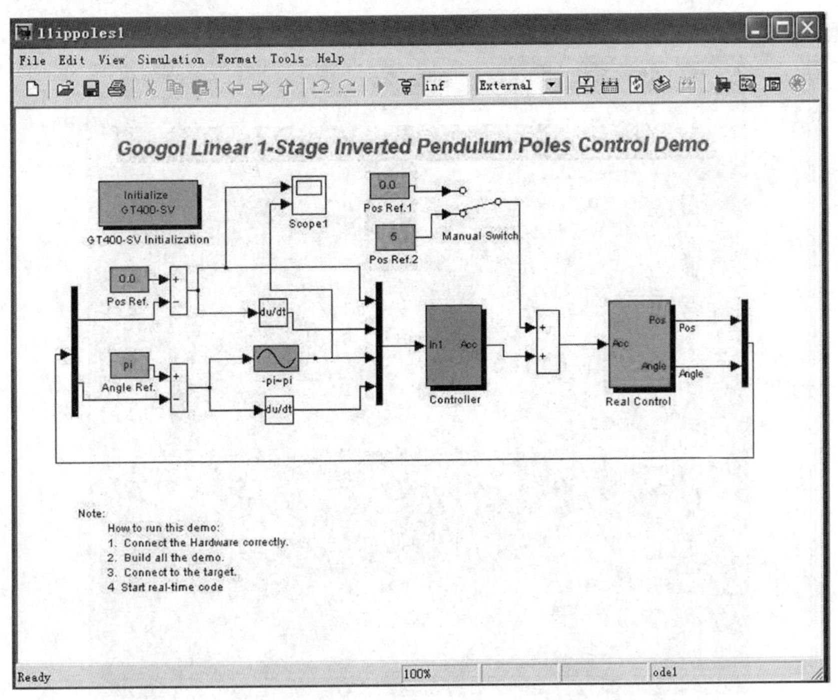

图6-151　直线一级倒立摆状态空间极点配置实时控制程序

(2) 单击“Controller”模块设置控制器参数，把前面仿真结果的参数输入到模块中（图6-152）。

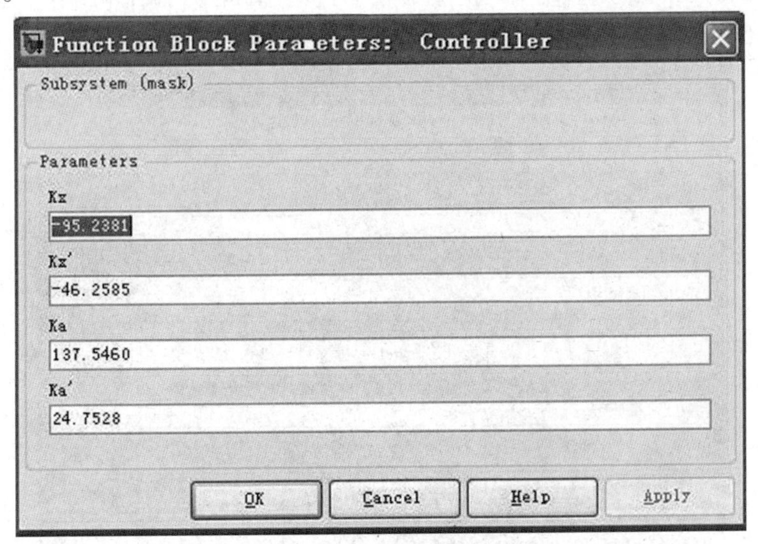

图6-152　控制器参数的设定

单击“OK”完成设定。

(3) 单击编译程序，完成后单击使计算机和倒立摆建立连接。

(4) 单击运行程序，检查电机是否上伺服，如果没有上伺服，请参见直线倒立摆使用手册相关章节。提起倒立摆的摆杆到竖直向上的位置，在程序进入自动控制后松开。

(5) 双击“Scope”观察实验结果,如图6-153所示。

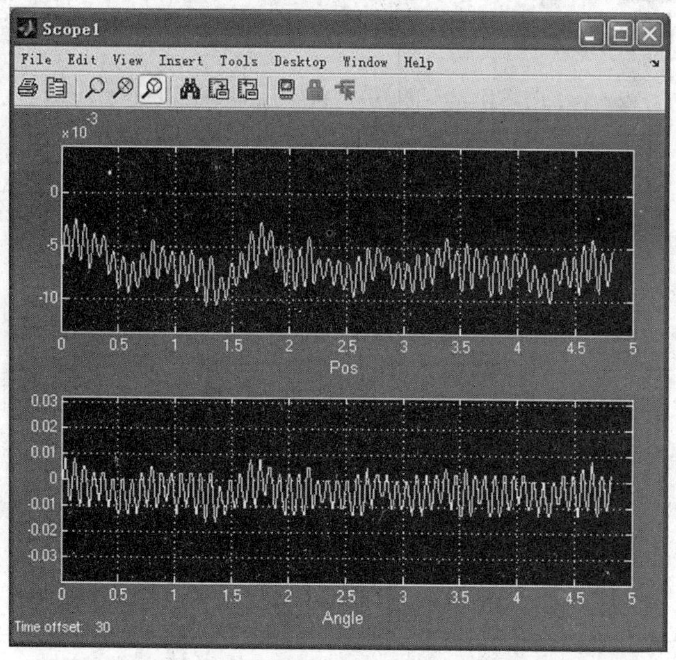

图6-153　直线一级倒立摆状态空间极点配置实时控制结果(平衡)

可以看出,系统可以在很小的振动范围内保持平衡,小车振动幅值约为0.01m,摆杆振动的幅值约为0.03rad,注意,不同的控制参数会有不同的控制结果。

在给定倒立摆新的位置后,系统响应如图6-154所示。

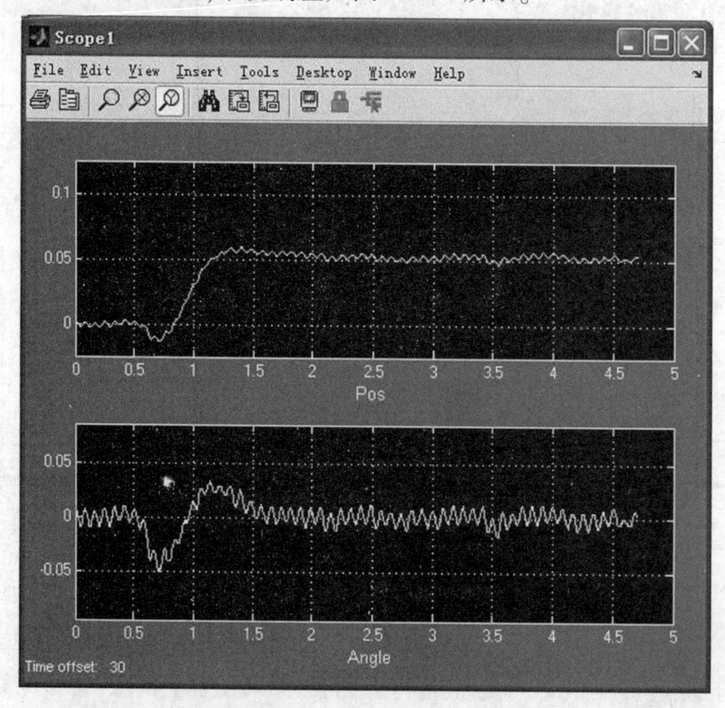

图6-154　直线一级倒立摆状态空间极点配置实时控制结果

从图 6-154 可以看出,系统稳定时间约为 2s,达到设计要求。

另给一组参数,进行不同状态反馈控制效果的比较。

令调节时间为 4.5s,期望极点为

$$\lambda_1 = -10, \lambda_2 = -10, \lambda_3 = -1 + j2\sqrt{3}, \lambda_4 = -1 - j2\sqrt{3}$$

按照前面同样的思路,可求出状态反馈后的时间响应波形如图 6-155 所示。

CartPos
CartSpd
PendAng
PendSpd
0.02
0.015
0.01
0.005
0
−0.005
−0.01
−0.015
0
0.5
1
1.5
2
2.5
3
3.5
4
4.5
5

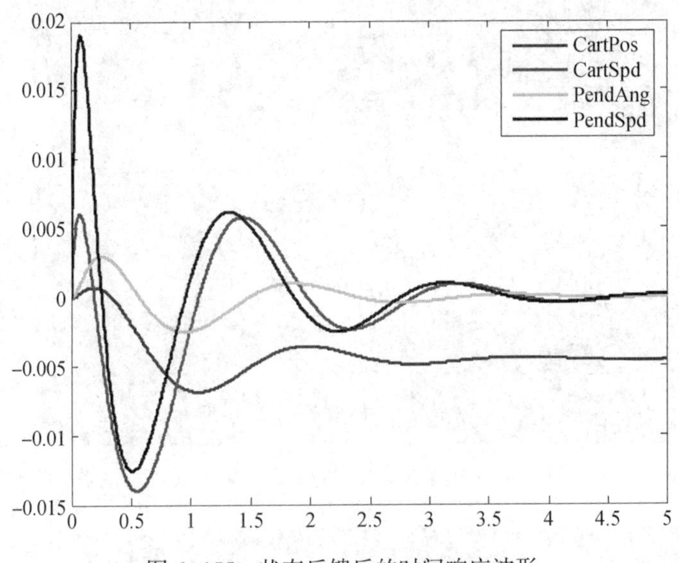

图 6-155　状态反馈后的时间响应波形

反馈矩阵参数为

$$K = \quad -44.2177 \quad -15.6463 \quad 75.5392 \quad 12.5488$$

进行实时控制过程如图 6-156~图 6-158 所示。

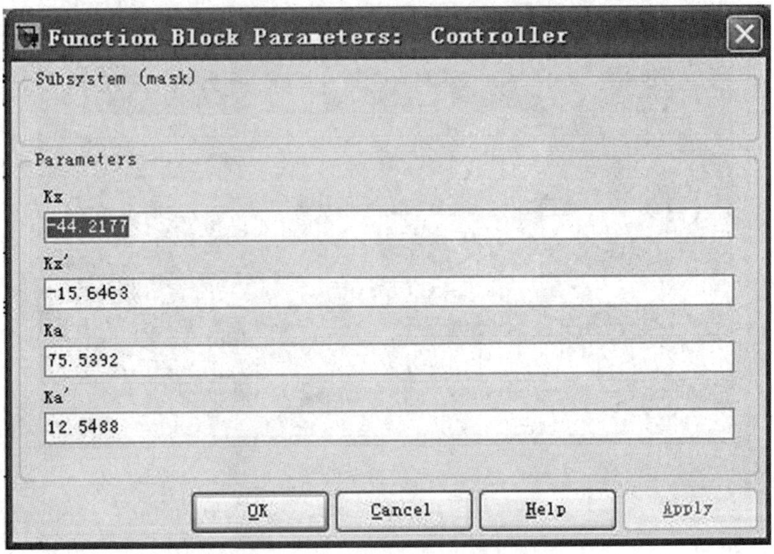

Function Block Parameters: Controller
Subsystem (mask)
Parameters
Kx
-44.2177
Kx'
-15.6463
Ka
75.5392
Ka'
12.5488
OK
Cancel
Help
Apply

图 6-156　“Controller”模块控制器参数的设置

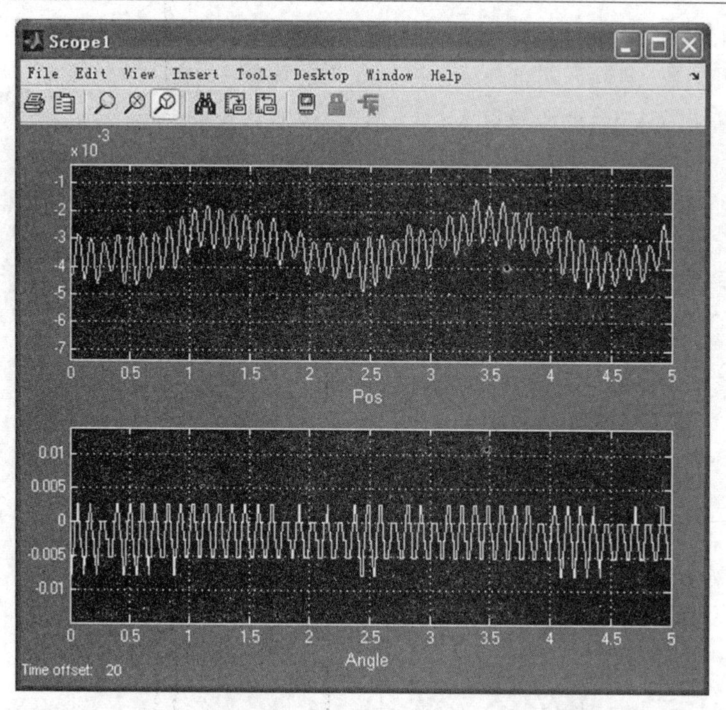

图 6-157　直线一级倒立摆状态空间极点配置实时控制结果(平衡)

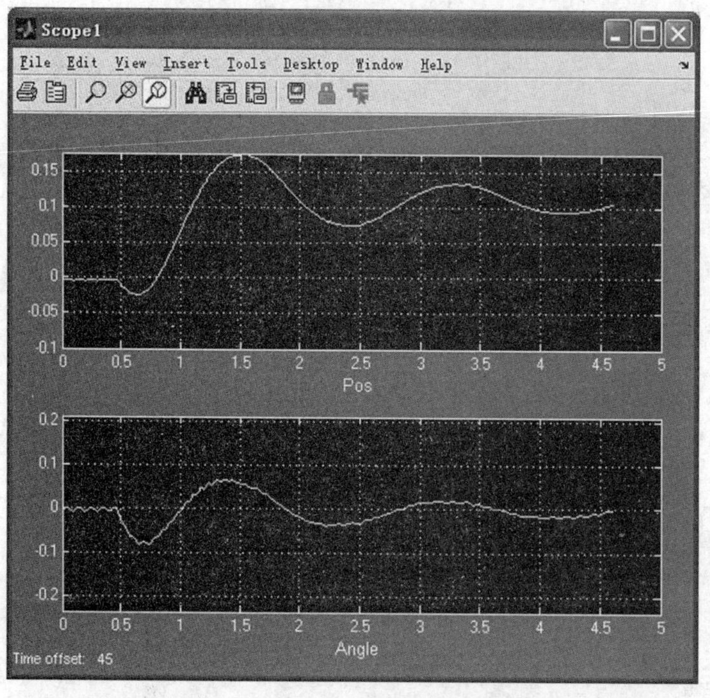

图 6-158　直线一级倒立摆状态空间极点配置实时控制结果

五、实验报告

1. 上机实验并记录实验结果,完成实验报告。
2. 完善第2组极点的仿真研究,进行不同状态反馈控制效果的比较。

实验五　直线一级倒立摆自动摆起控制实验

一、实验目的

1. 研究自起摆的控制策略；

2. 根据系统需求设计相应的控制器。

二、实验要求

实现直线一级倒立摆自起摆的控制。

三、实验设备

1. 直线一级倒立摆；

2. 计算机 MATLAB 平台。

四、实验步骤

对于直线一级倒立摆，其初始状态为静止下垂状态，为使其转化到竖直向上的状态，需要给摆杆施加力的作用。上面的实验，我们都是采用手动的方法将摆杆提起，下面我们采用自动摆起的方法对其进行控制。

1. 摆起的能量控制策略

单个不受约束的倒立摆系统的能量为

$$E = \frac{1}{2} J \dot{\phi}^2 + mgl(\cos\phi - 1)$$

有

$$\frac{\mathrm{d}E}{\mathrm{d}t} = J\dot{\phi}\ddot{\phi} - mgl\dot{\phi}\sin\phi = -mul\dot{\phi}\cos\phi$$

式中，u 为水平向右的控制量。

应用李雅普诺夫方法，令

$$V = \frac{1}{2}(E - E_{ref})^2$$

则

$$\frac{\mathrm{d}V}{\mathrm{d}t} = -(E - E_{ref})\, mul\dot{\phi}\cos\phi$$

因此，令

$$u = k(E - E_{ref})\dot{\phi}\cos\phi$$

注意：当 $\dot{\phi}=0$ 或 $\cos\phi=0$ 时，$u=0$。

另外，由于实际物理系统的限制，控制量不能太大，因此采用：

$$v = \begin{cases} \mathrm{sign}[(E - E_{ref})\cos\phi] \cdot ng & |\theta| \leqslant \dfrac{\pi}{2} \\ 0 & \end{cases}$$

式中，sign 为取符号函数，$n=\dfrac{v_{\max}}{g}$为常数。

2. 直线一级倒立摆摆起控制实验

实验步骤：

(1) 在 MATLAB Simulink 中打开直线一级倒立摆起摆控制程序(图 6-159)(进入 MATLAB Simulink 实时控制工具箱"Googol Education Products"打开" Inverted Pendulum\Linear Inverted Pendulum\Linear 1-Stage IP Swing-Up Control"中的 Swing-Up Control Demo)。

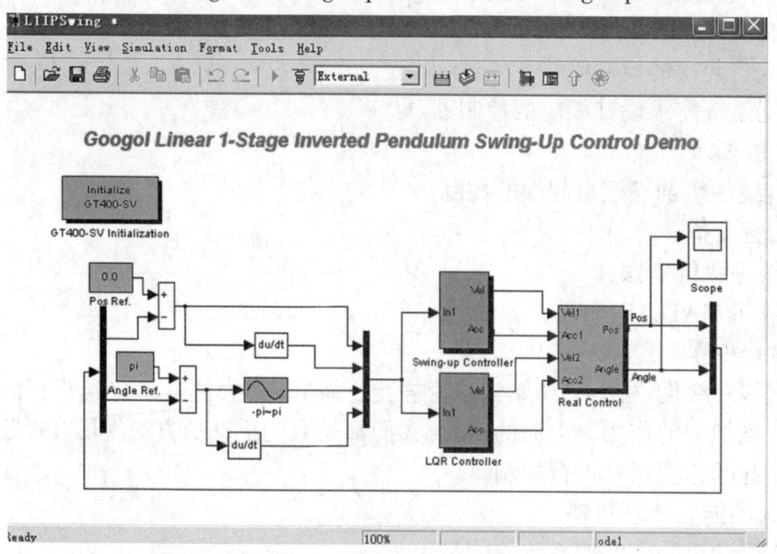

图 6-159 直线一级倒立摆摆起实时控制程序

(2) 其中,"Swing-up Controller"为起摆控制模块,如图 6-160 所示。

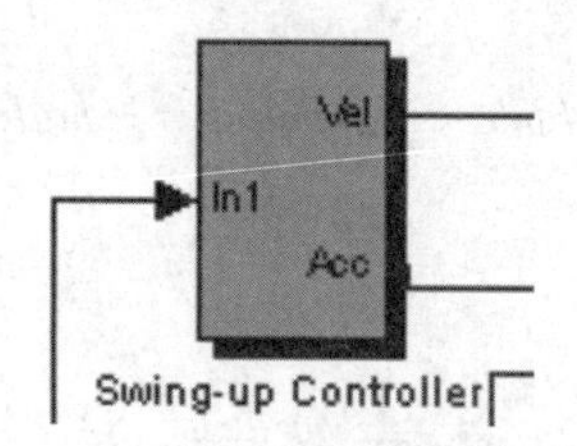

图 6-160 直线一级倒立摆起摆控制模块示意图

双击"Swing-up Controller"模块打开模块如图 6-161 所示。

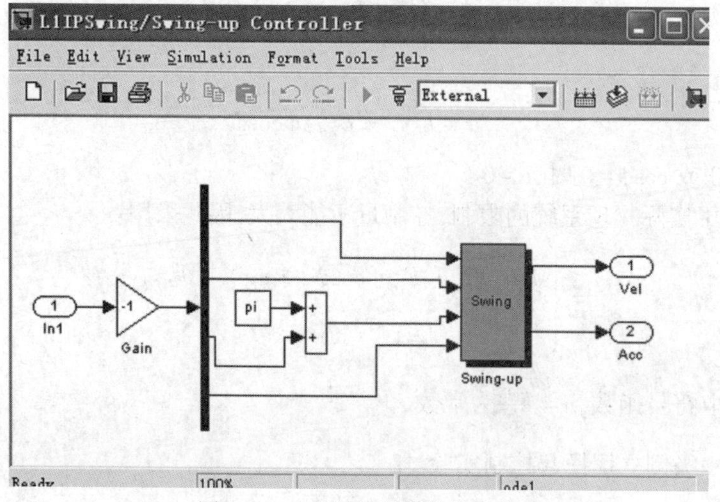

图 6-161 起摆控制模块的程序

其中,“Swing-up”模块为编写好的起摆函数。

双击“Swing-up”模块打开能量系数设置窗口(图 6-162)。

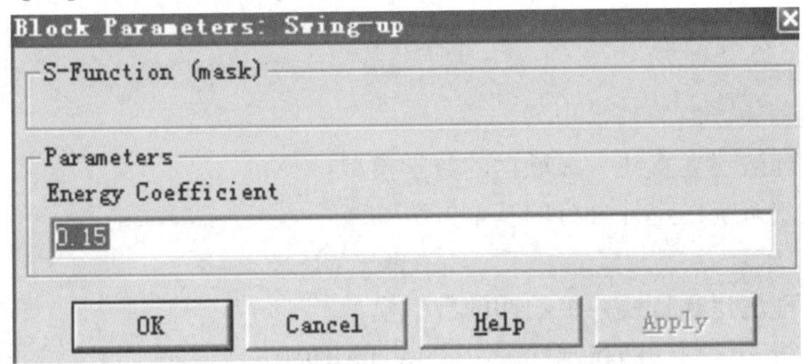

图 6-162　起摆函数能量系数设置对话框

(3) 在确认系数正确后,单击“”编译程序。

(4) 编译成功后,单击“”连接程序。

(5) 单击“”运行程序,得到如下的实验结果(图 6-163,图 6-164)。

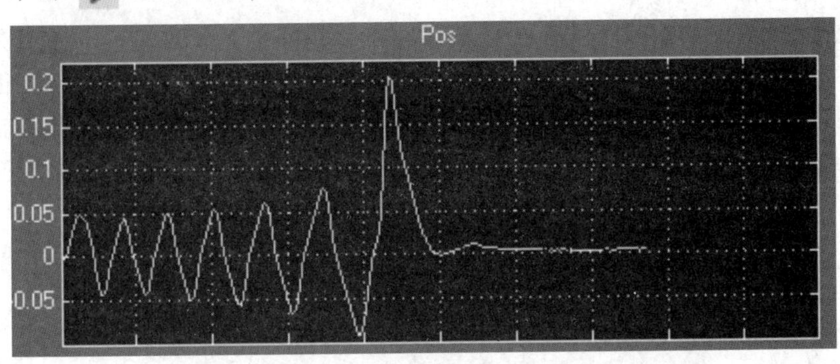

图 6-163　直线一级倒立摆起摆控制结果(小车位置)

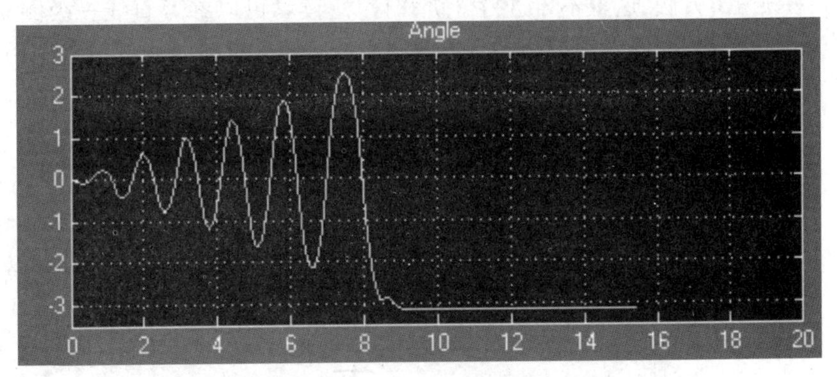

图 6-164　直线一级倒立摆起摆控制结果(摆杆角度)

可以看出,摆杆的角度的最大值慢慢加大,当进入一定的范围之内,开始进入稳摆控制,此时,小车平衡在初始位置(0)附近,摆杆平衡在竖直向上的位置(相对于初始位置,即静止下垂的角度为 pi)。

(6) 记录实验结果,分析实验数据,完成实验报告。

实验六　直线一级顺摆建模和实时控制

一、实验目的

1. 了解机理法建模的基本步骤;
2. 会用机理法建立直线一级顺摆的数学模型;
3. 掌握控制系统稳定性分析的基本方法。

二、实验要求

1. 采用机理法建立直线一级顺摆的数学模型;
2. 分析直线一级顺摆的稳定性,并在 MATLAB 中仿真验证;
3. 直线一级倒立摆的 PID 实时控制。

三、实验设备

1. 直线一级倒立摆;
2. 计算机 MATLAB 平台。

四、实验内容

直线一级倒立摆的摆杆在没有外力作用下,会保持静止下垂的状态,当受到外力作用后,摆杆的运动状态和钟摆类似,如果不存在摩擦力的作用,摆杆将持续摆动,很多情况下,我们并不希望出现这种持续振荡的情况,例如吊车在吊动物体的时候,我们希望物体能够很快地停止到指定的位置。下面我们对直线一级顺摆进行建模分析,并对其进行仿真和控制。

直线一级顺摆的建模与分析

1. 直线一级顺摆的建模

同直线一级倒立摆的物理模型相似,可以采用牛顿力学和拉格朗日方法进行建模和分析,对于牛顿力学方法,这里不再进行分析和计算,读者可以参考直线一级倒立摆的物理模型对其进行建模,下面采用拉格朗日方法对直线一级顺摆进行建模(图 6-165)。

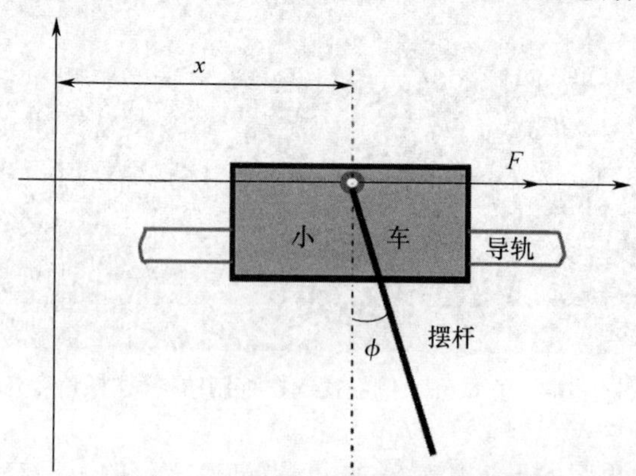

图 6-165　直线一级顺摆物理模型图

建模过程同倒立摆过程,故省略。

设 $X=\{x,\dot{x},\phi,\dot{\phi}\}$,系统状态空间方程为

$$\dot{\boldsymbol{X}} = \boldsymbol{AX} + \boldsymbol{Bu}$$
$$\boldsymbol{Y} = \boldsymbol{CX} + \boldsymbol{Du}$$

则有

$$\begin{bmatrix} \dot{x} \\ \ddot{x} \\ \dot{\phi} \\ \ddot{\phi} \end{bmatrix} = \begin{bmatrix} 0 & 1 & 0 & 0 \\ 0 & 0 & 0 & 0 \\ 0 & 0 & 0 & 1 \\ 0 & 0 & -\dfrac{3g}{4l} & 0 \end{bmatrix} \begin{bmatrix} x \\ \dot{x} \\ \phi \\ \dot{\phi} \end{bmatrix} + \begin{bmatrix} 0 \\ 1 \\ 0 \\ -\dfrac{3g}{4l} \end{bmatrix} u$$

$$\boldsymbol{y} = \begin{bmatrix} x \\ \phi \end{bmatrix} = \begin{bmatrix} 1 & 0 & 0 & 0 \\ 0 & 0 & 1 & 0 \end{bmatrix} \begin{bmatrix} x \\ \dot{x} \\ \phi \\ \dot{\phi} \end{bmatrix} + \begin{bmatrix} 0 \\ 0 \end{bmatrix} u$$

通过转化可以得到

$$\ddot{\phi} = -\frac{3g}{4l}\phi - \frac{3}{4l}\ddot{x}$$

摆杆角度和小车位置的传递函数为

$$\frac{\varphi(s)}{X(s)} = \frac{\dfrac{-3}{4l}s^2}{s^2 + \dfrac{3g}{4l}}$$

2. 实际系统模型

实际系统的物理参数见系统物理参数章节相关内容,把参数代入,可以得到系统的实际模型。

摆杆角度和小车位移的传递函数:

$$\frac{\varphi(s)}{X(s)} = \frac{-3s^2}{s^2 + 29.4}$$

摆杆角度和小车加速度之间的传递函数为

$$\frac{\varphi(s)}{V(s)} = \frac{-3}{s^2 + 29.4}$$

因此以小车加速度作为输入的系统状态方程为

$$\begin{bmatrix} \dot{x} \\ \ddot{x} \\ \dot{\phi} \\ \ddot{\phi} \end{bmatrix} = \begin{bmatrix} 0 & 1 & 0 & 0 \\ 0 & 0 & 0 & 0 \\ 0 & 0 & 0 & 1 \\ 0 & 0 & -29.4 & 0 \end{bmatrix} \begin{bmatrix} x \\ \dot{x} \\ \phi \\ \dot{\phi} \end{bmatrix} + \begin{bmatrix} 0 \\ 1 \\ 0 \\ -3 \end{bmatrix} u$$

$$\boldsymbol{y} = \begin{bmatrix} x \\ \phi \end{bmatrix} = \begin{bmatrix} 1 & 0 & 0 & 0 \\ 0 & 0 & 1 & 0 \end{bmatrix} \begin{bmatrix} x \\ \dot{x} \\ \phi \\ \dot{\phi} \end{bmatrix} + \begin{bmatrix} 0 \\ 0 \end{bmatrix} u$$

3. 直线一级顺摆的 PID 实时控制实验

实验步骤：

(1) 在 MATLAB Simulink 中打开直线一级顺摆实时控制程序如图 6-166 所示(进入 MATLAB Simulink 实时控制工具箱“Googol Education Products”打开“Inverted Pendulum\Linear Inverted Pendulum\Linear 1-Stage PendulumExperiment\ PID Experiments”中的“PID Control Demo”)。

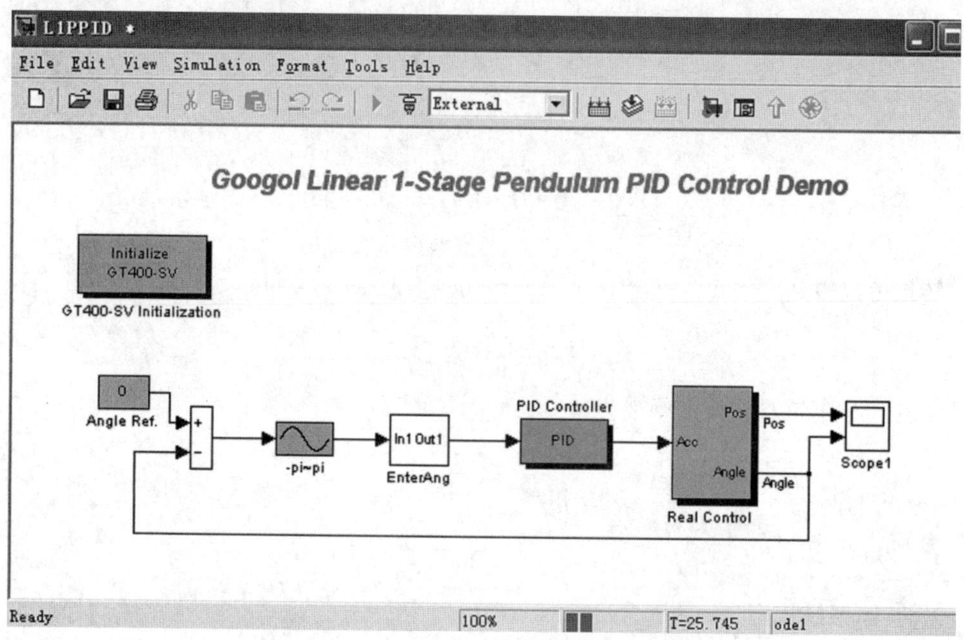

图 6-166　直线一级顺摆 PID 实时控制程序

(2) 双击“PID Controller”模块打开 PID 参数设置界面(图 6-167)。

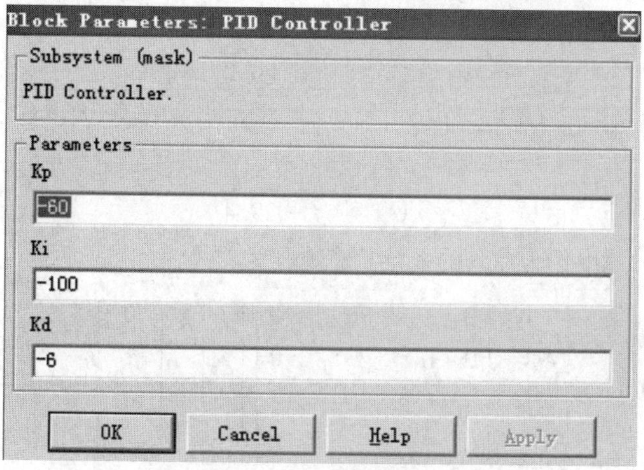

Block Parameters: PID Controller

Subsystem (mask)

PID Controller.

Parameters

Kp

-60

Ki

-100

Kd

-6

OK　Cancel　Help　Apply

图 6-167　PID 控制参数设定

把前面仿真得到的 PID 参数输入其中。

(3) 单击“ ”编译程序，在 MATLAB 命令窗口中有编译提示信息，在编译成功后进行以下实验。

(4) 打开电控箱电源,确认运行安全后进行下面的操作。

(5) 单击"[连接图标]"连接程序,在连接成功后单击"[运行图标]"运行程序,在系统保持稳定的情况下给系统施加干扰。

得到以下实控结果如图 6-168 所示。

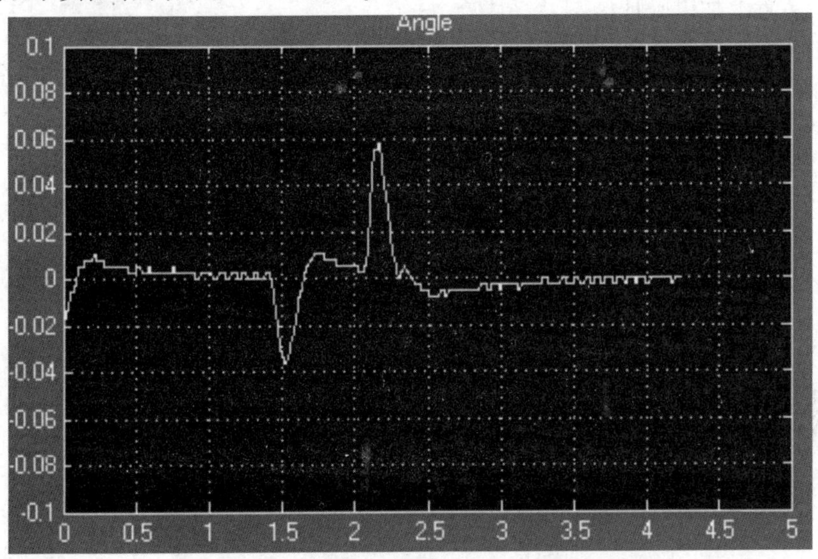

图 6-168　直线一级顺摆 PID 实时控制结果

可以看出,在施加干扰后,系统在 1s 内基本上可以回复到新的平衡状态,超调也较小。

注意:由于 PID 控制是单输出控制,因此我们并没有控制小车的位置,一般情况下,小车都会往一个方向做慢速的运动,当运动到一边时,需要手动挡一下摆杆,避免小车运动到限位,程序停止运行。

(6) 修改 PID 参数,再次进行实验,观察实验结果变化。

(7) 记录实验结果,完成实验报告。

实验七　直线一级倒立摆状态观测器的设计

实验目的和要求:

在实验三的基础上,设计一个全维或降维的状态观测器,来实现状态反馈。在 MATLAB 环境下进行仿真研究,比较两者的状态响应。

实验八　直线一级倒立摆带状态观测器的状态反馈实时控制

实验目的和要求:

在实验四和实验七的基础上,构成带状态观测器的状态反馈系统,进行实时控制。验证理论分析结果。

实验九　直线一级倒立摆系统稳定的控制器的设计及实时控制

实验目的和要求：

根据所学过的控制理论知识，任意设计一种控制策略，使直线一级倒立摆能稳定运行，在实验装置上加以验证。

附录　MATLAB 常用命令

MATLAB 具有许多预先定义的函数，供用户在求解许多不同类型的控制问题时调用。在附表中，我们列举了本书中用到的一些命令和矩阵函数。

附表　MATLAB 命令和矩阵函数

求解控制工程问题用的命令和矩阵函数	关于命令的功能、矩阵函数的意义，或语句的意义的说明
abs	绝对值
angle	相角
ans	显示答案的固有变量
acker	阿克曼算法求状态反馈
atan	反正切
axis	手工坐标轴分度
bode	伯德图
canon	化模态标准型或伴随标准型
clear	从工作空间中清除变量和函数
clg	清除屏幕图像
computer	计算机类型
conj	复数共轭
conv	求卷积，相乘
cos	余弦
cosh	双曲余弦
ctrb	求能控阵
ctrbf	求取系统的可控阶梯变换
dcgain	求静态增益
deconv	反卷积，多项式除法
det	行列式
diag	对角矩阵
eig	求特征值
exit	终止程序
exp	以 e 为底的指数函数
eye	单位矩阵
feedback	求反馈系统的传递函数
figure	创建新窗口
format long	15 位数字定标定点
format long e	15 位数字浮点
format short	5 位数字定标定点
format short e	5 位数字浮点
freqs	拉普拉斯变换频域响应
freqz	z 变换频域响应
gensig( )	信号自动生成函数
grid	画网格线
G. den	提取分子域元素
G. num	提取分母域元素
G1. Z{i,j}	获取 ZPK 对象域元素的零点
G1. P{i,j}	获取 ZPK 对象域元素的极点
G1. K	获取 ZPK 对象域元素的增益向量
hold	保持屏幕上的当前图形
i	$\sqrt{-1}$
imag	虚部
inf	无穷大（∞）
inv	矩阵求逆
impulse	求脉冲响应
initial	求零输入响应
j	$\sqrt{-1}$
jordan	化约当标准型
length	向量长度
linspace	线性间隔的向量
log	自然对数
loglog	对数坐标 x-y 图
logspace	对数间隔向量
log10	常用对数
lsim	任意输入响应
lyap	求解李雅普诺夫方程

(续)

求解控制工程问题用的命令和矩阵函数	关于命令的功能、矩阵函数的意义,或语句的意义的说明	求解控制工程问题用的命令和矩阵函数	关于命令的功能、矩阵函数的意义,或语句的意义的说明
margin	求幅值裕量和相角裕量	rlocus	画根轨迹
max	取最大值	roots	求多项式根
mean	求平均数	semilogx	半对数 $x-y$ 坐标图(x 轴为对数坐标)
min	取最小值	semilogy	半对数 $x-y$ 坐标图(y 轴为对数坐标)
mineral	求最小实现	set	属性设置
NaN	非数值	sign	符号函数
nyquist	奈奎斯特频率响应图	sin	正弦
ones	常数	sinh	双曲正弦
obsv	求能观测阵	size	行和列的维数
obsvf	能观测形结构分解	sqrt	求平方根
pi	π(圆周率)	ss	创建SS模型
place	鲁棒极点配置算法	ss2ss	状态空间SS对象的线性变换
plot	线性 $x-y$ 图形	step	求阶跃响应
polar	极坐标图形	subplot	分割窗口
pole	求极点	sum	求和
poly	求特征多项式	tan	正切
polyfit	多项式曲线拟合	tanh	双曲正切
polyval	多项式方程	text	在图中书写文本
polyvalm	求多项式值	tf	求LTI对象TF模型
prod	各元素的乘积	title	图形标题
pzmap	求零极点分布图	trace	矩阵的迹
		tzero	求零点
quit	退出程序	who(和 whos)	列出当前存储器中所有变量
rank	计算矩阵秩	xlable	x 轴标记
real	复数实部	ylable	y 轴标记
rem	余数或模数	zeros	零
residue	部分分式展开	zpk	创建零极点对象

参 考 文 献

[1] 常春馨．现代控制理论基础[M]. 北京:机械工业出版社,1988.

[2] 常春馨．现代控制理论概论[M]. 北京:机械工业出版社,1982.

[3] 王划一,等．现代控制理论基础[M]. 北京:国防工业出版社,2004.

[4] 王划一,等．自动控制原理[M]. 2 版. 北京:国防工业出版社,2009.

[5] 王照林,等．现代控制理论基础[M]. 北京:国防工业出版社,1981.

[6] 何钺,等．现代控制理论基础[M]. 北京:机械工业出版社,1988.

[7] 谢克明．现代控制理论基础[M]. 北京:北京工业大学出版社,2007.

[8] 胡寿松．自动控制原理[M]. 6 版. 北京:科学出版社,2013.

[9] (日)长田正,等．自动控制理论[M]. 张洪钺,译. 北京:国防工业出版社,1979.

[10] 吴麟．自动控制原理(下)[M]. 北京:清华大学出版社,1990.

[11] 薛定宇,陈阳泉．系统仿真技术与应用[M]. 北京:清华大学出版社,2002.

[12] 龚剑,朱亮．MATLAB5. X 入门与提高[M]. 北京:清华大学出版社,2000.

[13] 刘豹．现代控制理论[M]. 3 版. 北京:机械工业出版社,2014.

[14] 戴忠达．自动控制理论基础[M]. 北京:清华大学出版社,1990.

[15] 蔡尚峰．自动控制原理[M]. 北京:机械工业出版社,1980.

[16] 李友善．自动控制原理[M]. 北京:国防工业出版社,1989.

[17] 谢绪凯．自动控制理论基础[M]. 沈阳:辽宁人民出版社,1981.

[18] 张汉全,肖建,汪晓宁．自动控制理论[M]. 成都:西南交通大学出版社,2000.

[19] 孙亮．MATLAB 语言与控制系统仿真[M]. 北京:北京工业大学出版社,2001.

[20] 云舟工作室．MATLAB 数学建模基础教程[M]. 北京:人民邮电出版社,2001.

[21] 崔怡．MATLAB5. 3 实例详解[M]. 北京:航空工业出版社,2000.

[22] 楼顺天．MATLAB——程序设计语言[M]. 西安:西安电子科技大学出版社,1999.

[23] 薛定宇．控制系统计算机辅助设计[M]. 北京:清华大学出版社,1996.

[24] (美)迪安·K·弗雷德里克,乔·H·周．反馈控制问题[M]. 张彦斌,译. 西安:西安交通大学出版社,1978.

[25] (美)陈启宗．线性控制系统的分析与综合[M]. 林道垣,胡寿松,林代业,译. 北京:国防工业出版社,1978.

[26] (日)绪方胜彦．现代控制工程[M]. 卢伯英,等译. 北京:科学出版社,1976.

[27] (美)欣内尔斯 SM. 现代控制理论及应用[M]. 李育才,译. 北京:机械工业出版社,1980.

[28] (美)佛特曼 TE,等. 线性控制系统引论[M]. 吕林,等译. 北京:机械工业出版社,1980.

[29] (美)Katsuhiko Ohata. 现代控制工程[M]. 5 版. 北京:电子工业出版社,2011.

[30] 任兴权,薛定宇,李彦平．控制系统仿真与计算机辅助设计[M]. 沈阳:东北大学出版社,1996.

[31] 任兴权．控制系统仿真与计算机辅助设计[M]. 沈阳:东北大学出版社,1986.

[32] 薛定宇．反馈控制系统的分析与设计——MATLAB 语言应用[M]. 北京:清华大学出版社,2000.

[33] Math Works. MATLAB function reference. Release12. 1,2001.

[34] Math Works. MATLAB Release12. 1new features,2001.

[35] 魏克新,王云亮,陈志敏．MATLAB 语言与自动控制系统设计[M]. 北京:机械工业出版社,2002.

[36] 钱学森,宋健．工程控制论[M]. 北京:科学出版社,1980.